원리 학습을 기반으로 하는 **중학 과학의 새로운 패러다임**

중학 과학 3·1

정답과 해설은 EBS 중학사이트(mid.ebs.co.kr)에서 다운로드 받으실 수 있습니다.

| 교재 내용 문의 | 교재 내용 문의는 EBS 중학사이트 (mid.ebs.co.kr)의 교재 Q&A 서비스를 활용하시기 바랍니다. | 교재 정오표 공지 | 발행 이후 발견된 정오 사항을 EBS 중학사이트 정오표 코너에서 알려 드립니다. 교재학습자료 → 교재 → 교재 정오표 | 교재 정정 신청 | 공지된 정오 내용 외에 발견된 정오 사항이 있다면 EBS 중학사이트를 통해 알려 주세요. 교재학습자료 → 교재 → 교재 선택 → 교재 Q&A |

사뿐

중학 사회
중학 역사

사회를 한 권으로
가뿐하게!

원리 학습을 기반으로 하는 중학 과학의 새로운 패러다임

비욘드

중학 과학 3·1

구성과 특징

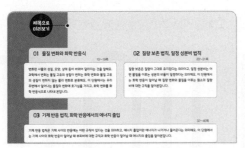

제목으로 미리보기

단원에서 학습해야 할 내용을 쉽고 흥미로운 이야기로 도입하였습니다.

그림을 떠올려! 기억하기

단원에서 학습할 내용의 기초가 되는 이전 개념을 대표적인 그림을 떠올려 기억할 수 있도록 구성하였습니다.

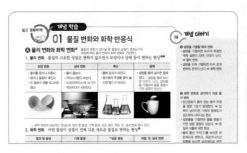

쉽고 정확하게! 개념 학습

교과서를 철저하게 분석하고, 중학생 눈높이에 맞는 설명과 예시, 생생한 사진과 삽화, 다양한 코너를 이용하여 개념을 정확하고 쉽게 이해할 수 있도록 구성하였습니다.

• 개념 더하기: 개념 이해를 돕기 위한 다양한 코너들 핵심 Tip / 원리 Tip / 암기 Tip / 적용 Tip

기초를 튼튼히! 개념 잡기

학습한 개념을 확실하게 잡을 수 있도록 간단하지만 날카로운 확인 문제로 구성하였습니다. 개념 학습과 실전을 연결시켜 주기 위한 중요한 단계입니다.

• 실험 Tip: 실험 분석을 돕기 위한 자료
• Plus 탐구: 같은 목표의 다른 실험 자료

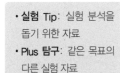 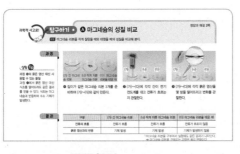

과학적 사고로! 탐구하기

교육과정에서 필수적으로 제시한 탐구 실험/자료를 [과정–결과와 정리–문제] 단계로 구성하였습니다. 과학적 사고로 문제를 해결할 수 있는 능력을 키울 수 있습니다.

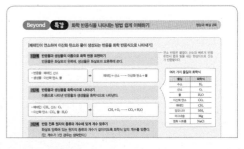

Beyond 특강

단원에 따라 다양한 내용의 특강으로 구성하여 학습의 효율을 극대화할 수 있도록 하였습니다.

실력을 키워! 내신 잡기

학교 시험 족보를 꼼꼼하게 분석하여 실제 출제되는 핵심 유형의 문제들로 구성하였습니다. 실력을 키워 학교 내신에 철저하게 대비할 수 있습니다.

실력의 완성! 서술형 문제

실제 학교 시험에서 출제되는 다양한 유형의 서술형 문제를 구성하여 실력을 완성할 수 있도록 하였습니다.

• 서술형 Tip: 서술형 문제의 답안 작성을 위한 팁
• Plus 문제: 한 문제에서 다른 관점으로 물어 볼 수 있는 또 다른 문제

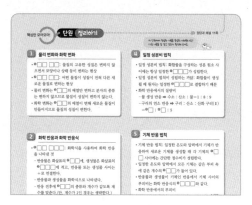

핵심만 모아모아! 단원 정리하기

각 중단원에서 학습한 개념 중 핵심 내용만 모아서 짧은 시간에 전체 단원을 복습할 수 있도록 구성하였습니다.

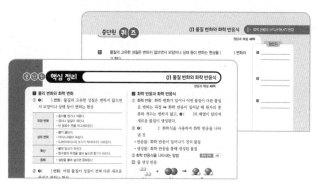

중단원 핵심 정리 / 중단원 퀴즈

학교 시험에 대비하여 개념을 빠르게 복습할 수 있도록 개념 정리와 퀴즈 문제로 구성하였습니다. 시험 직전에 효과적으로 이용할 수 있습니다.

실전에 도전! 단원 평가하기

대단원 내용에 대한 개념, 응용, 통합 등 다양한 관점의 문제들로 구성하여 실전 실력을 평가할 수 있도록 구성하였습니다.

- 내 실력 진단하기: 각 문제마다 맞았는지 틀렸는지 표시하여 어느 중단원 부분이 부족한지 한 눈에 볼 수 있는 코너

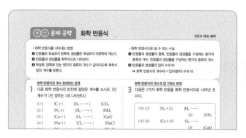

○○ 문제 공략

시험에 자주 출제되는 문제를 공략하기 위한 코너로 구성하였습니다. 암기 문제 / 계산 문제 / 개념 이해 문제 / 모형 문제 / 그림 문제 등 단원별 빈출 유형을 집중 훈련할 수 있습니다.

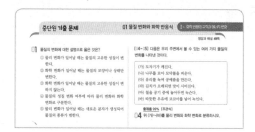

중단원 기출 문제

실제 학교 기출 문제 중 출제 비중이 높은 문제들로 구성하였습니다. 고난도 문제, 서술형 문제를 통하여 학교 시험 100점을 향해 완벽한 대비를 할 수 있습니다.

정답과 해설

문제의 전반적인 해설과, 옳은 선지와 옳지 않은 선지에 대한 친절한 해설로 구성하였습니다.

- 자료 분석: 고난도 문제를 쉽게 해결할 수 있는 자료 분석 및 재해석 코너

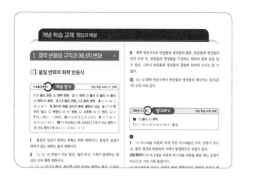

중학 과학 교과서 들여다보기

차례

비욘드 중학 과학 3-2 내용 미리 보기

I

화학 반응의 규칙과 에너지 변화

제목으로 미리보기

01 물질 변화와 화학 반응식

변화란 사물의 성질, 모양, 상태 등이 바뀌어 달라지는 것을 말해요. 과학에서 변화는 물질 고유의 성질이 변하는 화학 변화와 물질 고유의 성질이 변하지 않는 물리 변화로 분류해요. 이 단원에서는 우리 주변에서 일어나는 물질의 변화에 호기심을 가지고, 화학 변화를 화학 반응식으로 나타내 본답니다.

02 질량 보존 법칙, 일정 성분비 법칙

질량 보존은 질량이 그대로 유지된다는 의미이고, 일정 성분비는 어떤 물질을 이루는 성분의 비율이 일정하다는 의미예요. 이 단원에서는 화학 반응이 일어날 때 질량 변화와 물질을 이루는 원소의 질량비에 대한 규칙을 알아본답니다.

03 기체 반응 법칙, 화학 반응에서의 에너지 출입

기체 반응 법칙은 기체 사이의 반응에는 어떤 규칙이 있다는 것을 의미하고, 에너지 출입이란 에너지가 나가거나 들어온다는 의미예요. 이 단원에서는 기체 사이의 화학 반응이 일어날 때 부피비에 대한 규칙과 화학 반응이 일어날 때 에너지의 출입을 알아본답니다.

1 | 물체와 물질, 물질의 성질 　　　　　〉〉〉 초등학교 3학년 물질의 성질

금속은 단단하고, 광택이 있어.

고무는 쉽게 구부러지고, 늘어났다 되돌아와.

플라스틱은 다양한 모양의 물체를 다른 물질보다 쉽게 만들 수 있어.

금속 집게　　　　　　고무풍선　　　　　　　플라스틱 바구니

- (**❶**　　　): 모양이 있고 공간을 차지하고 있는 것
- (**❷**　　　): 금속, 플라스틱, 나무, 고무 등과 같이 물체를 만드는 재료
- 물체를 이루고 있는 물질은 각각 서로 다른 성질이 있음

2 | 물질의 변화 　　　　　〉〉〉 초등학교 3학년 물질의 성질

 +  →

물　　　　　봉사　　　　폴리비닐 알코올　　　　탱탱볼

- 미숫가루와 설탕을 섞으면 섞기 전과 섞은 후 미숫가루와 설탕의 성질이 (**❸**　　　)
- 물, 붕사, 폴리비닐 알코올을 섞어 탱탱볼을 만들면 섞기 전과 섞은 후 물질의 성질이 (**❹**　　　)

3 | 초의 연소 반응의 생성물 　　　　　〉〉〉 초등학교 6학년 연소와 소화

푸른색 염화 코발트 종이 ── 셀로판 테이프
초

유리판

석회수

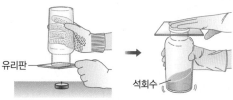

- (**❺**　　　): 물질이 공기 중의 산소와 빠르게 반응하여 열과 빛을 내며 타는 현상
- 푸른색 염화 코발트 종이의 색깔 변화: 푸른색 염화 코발트 종이가 붉게 변함 ➡ 초의 연소 후 (**❻**　　　) 생성
- 석회수의 변화: 석회수가 뿌옇게 흐려짐 ➡ 초의 연소 후 (**❼**　　　) 생성
- 물질이 연소하면 연소 전의 물질과는 다른 새로운 물질이 만들어짐

정답 ❶ 물체 ❷ 물질 ❸ 변하지 않음 ❹ 변함 ❺ 연소 ❻ 물 ❼ 이산화 탄소

01 물질 변화와 화학 반응식

A 물리 변화와 화학 변화 [1]

물질의 변화가 일어날 때 물질의 성질이 변하는가의 여부에 따라 물리 변화와 화학 변화로 구분한다.

1. 물리 변화 물질의 고유한 성질은 변하지 않으면서 모양이나 상태 등이 변하는 현상 [2][3]

모양 변화	상태 변화	확산	용해
• 종이를 접거나 자른다. • 컵이나 달걀이 깨진다. • 빈 음료수 캔을 찌그러뜨린다.	• 물이 끓는다. • 아이스크림이 녹는다. • 드라이아이스의 크기가 작아지다가 사라진다.	• 물에 잉크가 퍼진다. • 향수병의 뚜껑을 열어 놓으면 향기가 퍼진다.	• 설탕을 물에 넣으면 용해된다. – 설탕을 물에 녹이면 단맛이 나고, 설탕물을 가열하여 물을 증발시키면 설탕이 남는다.

┌ 화학 변화의 대표적인 현상으로 열과 빛 발생, 기체 발생, 앙금 생성, 색깔, 맛, 냄새 변화 등이 있다.

2. 화학 변화 어떤 물질이 성질이 전혀 다른 새로운 물질로 변하는 현상 [4]

열과 빛 발생	기체 발생	*앙금 생성	색깔, 맛, 냄새 변화
• 양초, 종이, 나무 등이 열과 빛을 내며 탄다. ➡ 물질의 *연소 • 반딧불이의 몸에서 빛이 난다.	• 달걀 껍데기와 식초가 반응하면 이산화 탄소가 발생한다. • *발포정을 물에 넣으면 기포가 발생한다.	• 아이오딘화 칼륨 수용액에 질산 납 수용액을 떨어뜨리면 노란색 앙금이 생성된다. • 석회수에 이산화 탄소를 넣으면 뿌옇게 흐려진다.	• 철이 녹슨다. – 부식 • 김치가 시어진다. • 깎아 놓은 사과의 색깔이 변한다. • 과일이 익으면서 색깔과 맛이 변한다. • 가을이 되면 단풍잎이 붉은색으로 변한다.

3. 물리 변화와 화학 변화의 입자 배열

구분	물리 변화		화학 변화	
입자 배열 변화	분자의 종류는 변하지 않음 물 —기화→ 수증기		새로운 물질이 생성됨 물 —전기 분해→ 산소 수소	
변하는 것	분자의 배열		• 원자의 배열 • 물질의 성질	• 분자의 종류
변하지 않는 것	• 원자의 배열 • 분자의 종류와 개수 • 물질의 전체 질량	• 원자의 종류와 개수 • 물질의 성질	• 원자의 종류와 개수 • 물질의 전체 질량	

4. 물리 변화와 화학 변화에서 물질의 성질 변화 탐구 14쪽

① 물리 변화: 물질의 성질이 변하지 않는다. ➡ 분자의 배열만 변하고 분자의 종류가 변하지 않기 때문
  └ 분자는 물질의 성질을 나타내는 가장 작은 입자이므로 분자의 종류가 변하지 않으면 물질의 성질도 변하지 않는다.

② 화학 변화: 물질의 성질이 변한다. ➡ 원자의 배열이 변해 분자의 종류가 다른 새로운 물질이 만들어지기 때문

---

❶ 설탕을 가열할 때의 변화
• 설탕을 가열하면 녹아서 투명한 액체 설탕이 되며, 단맛이 난다. ➡ 물리 변화
• 설탕을 오래 가열하면 타서 검게 변하며, 쓴맛이 난다. ➡ 화학 변화

❷ 화학 변화로 생각하기 쉬운 물리 변화
• 탄산음료가 들어 있는 병의 뚜껑을 열면 기포가 발생한다. ➡ 압력이 낮아지면 기체의 용해도가 감소하여 나타나는 현상
• 설탕물을 가열하여 물을 증발시키면 설탕 결정이 남는다. ➡ 용질의 석출에 의한 현상
• 물에 황산 구리(Ⅱ)를 녹이면 파란색으로 변하고, 과망가니즈산 칼륨을 녹이면 보라색으로 변한다. ➡ 용해에 의한 현상

❸ 물리 변화의 예
• 그릇이 깨진다.
• 철사가 휘어진다.
• 물이 얼어 얼음이 된다.
• 꽃향기가 멀리 퍼진다.
• 가는 철을 뭉쳐 강철 솜을 만든다.

❹ 화학 변화의 예
• 사과가 오래되면 썩는다. – 부패
• 불판 위의 고기가 익는다.
• 상처에 과산화 수소수를 바르면 기포가 생성된다.
• 밀가루 반죽을 오븐에 넣고 가열하면 반죽이 부풀어 오른다. ┐ 밀가루 반죽에 넣은 베이킹파우더의 주성분인 탄산수소 나트륨이 분해되어 이산화 탄소가 발생하기 때문

용어 사전

*연소(탈 燃, 불사를 燒)
물질이 산소와 빠르게 반응하면서 열과 빛을 내는 현상
*발포정(일어날 發, 거품 泡, 덩이 錠)
약물 이외에 탄산수소 나트륨을 함유하고 있고, 액체에 잘 녹는 알약
*앙금
두 종류의 수용액을 섞을 때 생성되는, 물에 잘 녹지 않는 고체 물질

1 다음은 물질의 변화에 대한 설명이다. (　　) 안에 알맞은 말을 고르시오.

> 물질의 고유한 성질은 변하지 않으면서 모양이나 상태가 변하는 현상을 ㉠ (물리 변화 , 화학 변화)라 하고, 물질이 성질이 전혀 다른 새로운 물질로 변하는 현상을 ㉡ (물리 변화 , 화학 변화)라고 한다.

2 물리 변화의 예는 '물리', 화학 변화의 예는 '화학'이라고 쓰시오.

(1) 포도가 익는다. .... (　　　)
(2) 물에 잉크가 퍼진다. .... (　　　)
(3) 가위로 종이를 자른다. .... (　　　)
(4) 드라이아이스가 사라진다. .... (　　　)
(5) 철로 만든 오래된 기차가 녹슨다. .... (　　　)
(6) 달걀 껍데기에 식초를 떨어뜨리면 이산화 탄소가 발생한다. · (　　　)

3 그림은 물질의 변화를 모형으로 나타낸 것이다.

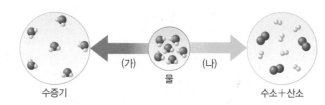

수증기　(가)　물　(나)　수소+산소

(가)와 (나)를 물리 변화와 화학 변화로 구분하시오.

4 물리 변화와 화학 변화에 대한 설명으로 옳은 것은 ○, 옳지 않은 것은 ×로 표시하시오.

(1) 물리 변화는 분자의 종류와 분자의 배열이 변한다. .... (　　　)
(2) 물리 변화는 원자의 종류와 물질의 성질이 변하지 않는다. ..... (　　　)
(3) 화학 변화가 일어나면 물질의 상태나 모양만 변한다. .... (　　　)
(4) 화학 변화가 일어날 때 빛과 열이나 기체가 발생하기도 한다. . (　　　)

5 화학 변화가 일어날 때 변하는 것을 모두 고르시오.

> 원자의 배열　　　분자의 종류　　　원자의 종류
> 원자의 개수　　　물질의 성질　　　물질의 전체 질량

Ⓑ 화학 반응과 화학 반응식

1. 화학 반응 화학 변화가 일어나 어떤 물질이 다른 물질로 변하는 과정 ➡ 화학 반응이 일어날 때 원자의 종류와 개수는 변하지 않고, 원자의 배열이 달라져 새로운 물질이 생성된다.

예 물 생성 반응

수소　　　＋　　　산소　　　➡　　　물

2. 화학 반응식 화학식❶을 사용하여 화학 반응을 나타낸 것❷ ──화학 반응을 입자 모형으로 나타낼 수 있지만 화학식을 이용하여 나타내면 화학 반응을 간단하게 나타낼 수 있다.
① 반응물: 화학 반응이 일어나기 전의 물질
② 생성물: 화학 반응을 통해 생성된 물질

3. 화학 반응식을 나타내는 방법(예 물 생성 반응) `Beyond 특강 15쪽`

1단계	• 반응물은 화살표의 왼쪽에, 생성물은 화살표의 오른쪽에 적는다. • 반응물과 생성물이 여러 개인 경우 '+'로 연결한다.	• 반응물: 수소, 산소　　• 생성물: 물 수소＋산소 ⟶ 물
2단계	반응물과 생성물을 화학식으로 나타낸다.	• 수소: H_2, 산소: O_2　　• 물: H_2O $H_2+O_2 \longrightarrow H_2O$
3단계	• 화살표 양쪽에 있는 원자의 종류와 개수가 같아지도록 화학식 앞의 *계수를 맞춘다. 계수를 맞추는 까닭: 반응 전후 원자는 새로 생겨나거나 없어지지 않으므로 화살표 양쪽에 있는 원자의 종류와 개수가 같아야 하기 때문(계수를 맞추기 위해 화학식을 바꾸면 전혀 다른 물질의 화학식이 된다.) • 계수는 가장 간단한 정수비로 나타내며, 1은 생략한다.	• 반응 전후 산소 원자가 2개로 같아지도록 H_2O 앞에 2를 쓴다. $H_2+O_2 \longrightarrow \underline{2}H_2O$ 　　2개　　　2×1개 • 반응 전후 수소 원자가 4개로 같아지도록 H_2 앞에 2를 쓴다. $\underline{2}H_2+O_2 \longrightarrow \underline{2}H_2O$ 　2×2개　　　2×2개

4. 화학 반응식으로 알 수 있는 것❸❹
① 반응물과 생성물의 종류, 반응물과 생성물을 구성하는 분자의 종류와 개수, 반응물과 생성물을 구성하는 원자의 종류와 개수를 알 수 있다.　계수는 그 물질의 입자 수를 나타내므로 계수비=입자 수의 비이다.
② 반응물과 생성물의 입자 수의 비를 알 수 있다. ➡ 화학 반응식의 계수비＝입자 수의 비

화학 반응식	반응물		생성물
	예 암모니아의 생성 반응 N_2	＋　　　　$3H_2$　　　⟶	$2NH_3$
입자 모형			
물질의 종류	질소	수소	암모니아
분자의 종류와 개수	질소 분자 1개	수소 분자 3개	암모니아 분자 2개
원자의 종류와 개수	질소 원자 2개	수소 원자 6개	질소 원자 2개, 수소 원자 6개
반응식의 계수비	1	: 　3　 :	2
입자(분자) 수의 비	1	: 　3　 :	2

└─반응물과 생성물이 모두 분자로 존재하는 물질인 경우 화학 반응식의 계수비＝분자 수의 비이다.

---

❶ 화학식
물질을 원소 기호와 숫자를 이용하여 나타낸 것
• 분자로 존재하는 물질: 분자를 이루는 원자의 종류와 개수를 이용하여 나타낸다.
　예 산소: O_2, 물: H_2O
• 분자로 존재하지 않는 물질: 금속인 마그네슘은 수많은 마그네슘 원자가 연속적으로 배열되어 있으므로 원소 기호인 Mg로 나타내고, 분자 1개를 구분할 수 없는 물질인 염화 나트륨은 물질을 이루는 원자인 나트륨과 염소가 1 : 1의 개수비로 배열되어 있으므로 NaCl로 나타낸다.

❷ 여러 가지 화학 반응식
• 메테인의 연소 반응
　$CH_4+2O_2 \longrightarrow CO_2+2H_2O$
• 마그네슘의 연소 반응
　$2Mg+O_2 \longrightarrow 2MgO$
• 마그네슘과 묽은 염산의 반응
　$Mg+2HCl \longrightarrow MgCl_2+H_2$

❸ 화학 반응식으로 알 수 없는 것
• 반응물과 생성물을 구성하는 원자의 크기, 모양, 질량
• 반응물과 생성물의 질량

❹ 물 생성 반응의 화학 반응식과 계수비, 입자(분자) 수의 비
• 화학 반응식
　$2H_2+O_2 \longrightarrow 2H_2O$
• 계수비=입자(분자) 수의 비
　수소 : 산소 : 물=2 : 1 : 2
　수소 분자 4개와 산소 분자 2개가 반응하면 물 분자 4개가 생성된다.

용어 사전

***계수(묶을 係, 셈 數)**
화학 반응식에서 화학식 앞에 있는 숫자

6 화학 반응과 화학 반응식에 대한 설명이다. ( ) 안에 알맞은 말을 고르시오.

(1) 화학 반응이 일어날 때 원자의 종류와 개수는 ㉠ (변하고 , 변하지 않고), 원자의 배열은 ㉡ (변한다 , 변하지 않는다).

(2) 화학 반응식을 나타낼 때 반응물은 화살표의 ㉠ (왼쪽 , 오른쪽)에, 생성물은 화살표의 ㉡ (왼쪽 , 오른쪽)에 쓴다.

(3) 화학 반응식을 나타낼 때 화살표 양쪽에 있는 ㉠ (원자 , 분자)의 종류와 개수가 같아지도록 화학식 앞의 계수를 맞추고, 계수가 ㉡ (1 , 2)인 경우에는 생략한다.

7 그림은 질소와 수소가 반응하여 암모니아가 생성되는 반응을 모형으로 나타낸 것이다.

이 반응을 화학 반응식으로 나타내시오.

8 다음 화학 반응식의 빈칸에 알맞은 계수를 쓰시오. (단, 계수가 1인 경우는 1로 나타낸다.)

(1) $2H_2O_2 \longrightarrow ($ ____ $)H_2O + O_2$

(2) (㉠ ____)$Mg + O_2 \longrightarrow ($㉡ ____ $)MgO$

(3) $Mg + ($ ____ $)HCl \longrightarrow MgCl_2 + H_2$

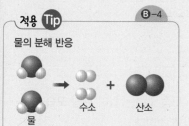
9 화학 반응식으로 알 수 있는 것은 ○, 알 수 없는 것은 ×로 표시하시오.

(1) 반응물과 생성물의 종류 ( )

(2) 반응물과 생성물의 질량 ( )

(3) 반응물과 생성물의 입자의 크기 ( )

(4) 반응물과 생성물의 입자 수의 비 ( )

(5) 반응물과 생성물을 구성하는 원자의 종류 ( )

10 다음은 수소와 산소가 반응하여 물이 생성되는 반응을 화학 반응식으로 나타낸 것이다.

$$2H_2 + O_2 \longrightarrow 2H_2O$$

(1) 반응물의 분자의 종류와 개수를 각각 쓰시오.

(2) 생성물을 구성하는 원자의 종류와 개수를 각각 쓰시오.

(3) 반응물과 생성물의 계수비(수소 : 산소 : 물)를 쓰시오.

(4) 반응물과 생성물의 분자 수의 비(수소 : 산소 : 물)를 쓰시오.

탐구하기 ● Ⓐ 마그네슘의 성질 비교

목표 마그네슘 리본을 작게 잘랐을 때와 태웠을 때의 성질을 비교해 본다.

과정

실험 Tip

과정 ❸의 묽은 염산 대신 사용할 수 있는 물질
과정 ❸에서 묽은 염산 대신 식초를 떨어뜨려도 같은 결과를 얻을 수 있다. 식초는 마그네슘과 반응하여 수소 기체가 발생한다.

(가) 긴 마그네슘 리본 (나) 작게 자른 마그네슘 리본 (다) 마그네슘 리본을 태운 재
❶ 길이가 같은 마그네슘 리본 3개를 준비하여 (가)~(다)와 같이 만든다.

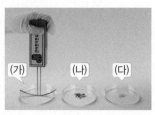
(가) (나) (다)
❷ (가)~(다)에 각각 간이 전기 전도계를 대고 전류가 흐르는지 관찰한다.

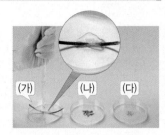
(가) (나) (다)
❸ (가)~(다)에 각각 묽은 염산을 몇 방울 떨어뜨리고 변화를 관찰한다.

결과

구분	(가) 긴 마그네슘 리본	(나) 작게 자른 마그네슘 리본	(다) 마그네슘 리본을 태운 재
전류의 흐름	전류가 흐름	전류가 흐름	전류가 흐르지 않음
묽은 염산과의 반응	기체 발생	기체 발생	기체가 발생하지 않음

마그네슘 리본을 구부려서 실험해도 같은 결과가 나타난다.
➡ 마그네슘 리본을 구부리는 과정은 물리 변화이다.

정리

• (가)와 (나)는 모두 전류가 흐르고, 묽은 염산과 반응하여 기체가 발생하므로 성질이 같다. (다)는 전류가 흐르지 않고, 묽은 염산과 반응하여 기체가 발생하지 않으므로 (가), (나)와 성질이 다르다. ➡ 작게 자른 마그네슘은 마그네슘의 성질을 가지고, 마그네슘을 태운 재는 마그네슘의 성질을 가지지 않는다.

마그네슘을 태울 때(연소) 일어나는 변화	전류의 흐름	묽은 염산과의 반응
마그네슘이 공기 중의 산소와 반응하여 산화 마그네슘이 생성된다. ➡ $2Mg+O_2 \longrightarrow 2MgO$	마그네슘은 전기 전도성이 있어 전류가 흐르고, 산화 마그네슘은 전기 전도성이 없어 전류가 흐르지 않는다.	마그네슘은 묽은 염산과 반응하여 수소 기체가 발생하고, 산화 마그네슘은 묽은 염산과 반응하여 수소 기체가 발생하지 않는다. ➡ $Mg+2HCl \longrightarrow MgCl_2+H_2$

• 마그네슘 리본을 작게 잘라도 마그네슘의 성질은 변하지 않는다. ➡ 마그네슘 리본을 자르는 과정은 (㉠) 변화이다.
• 마그네슘 리본을 태우면 마그네슘의 성질이 변한다. ➡ 마그네슘 리본을 태우는 과정(연소)은 (㉡) 변화이다.

확인 문제

1 위 실험에 대한 설명으로 옳은 것은 ○, 옳지 않은 것은 ×로 표시하시오.

(1) 마그네슘 리본과 작게 자른 마그네슘 리본은 성질이 같다. ( )
(2) 마그네슘 리본과 마그네슘 리본을 태운 재는 같은 물질이다. ( )
(3) 마그네슘을 자르는 과정에서 물질의 성질이 변한다. ( )
(4) 마그네슘 리본을 자르면 마그네슘 리본을 구성하는 원자의 배열이 변한다. ( )
(5) 마그네슘을 태우는 과정에서 물질의 성질이 변하지 않는다. ( )

실전 문제

2 그림 (가)는 나무가 타는 모습, (나)는 컵이 깨진 모습, (다)는 금속이 녹슨 모습을 나타낸 것이다.

(가) (나) (다)

(가)~(다) 중 변화가 일어날 때 물질의 성질이 변하는 것을 모두 고른 것은?

① (가)   ② (다)   ③ (가), (나)
④ (가), (다)   ⑤ (나), (다)

[메테인이 연소하여 이산화 탄소와 물이 생성되는 반응을 화학 반응식으로 나타내기]

1단계 반응물과 생성물의 이름으로 화학 반응 표현하기

반응물은 화살표의 왼쪽에, 생성물은 화살표의 오른쪽에 쓴다.

— 연소 반응은 물질이 산소와 빠르게 반응하면서 열과 빛을 내는 현상이므로 산소가 반응물이다.

- 반응물: 메테인, 산소
- 생성물: 이산화 탄소, 물

➡ 메테인+산소 ⟶ 이산화 탄소+물

여러 가지 물질의 화학식

물질	화학식
수소	H_2
산소	O_2
물	H_2O
이산화 탄소	CO_2
메테인	CH_4
암모니아	NH_3
마그네슘	Mg
염화 나트륨	$NaCl$

2단계 반응물과 생성물을 화학식으로 나타내기

이름으로 나타낸 반응물과 생성물을 화학식으로 나타낸다.

- 메테인: CH_4, 산소: O_2
- 이산화 탄소: CO_2, 물: H_2O

➡ $CH_4 + O_2 \longrightarrow CO_2 + H_2O$

3단계 반응 전후 원자의 종류와 개수에 맞게 계수 맞추기

화살표 양쪽에 있는 원자의 종류와 개수가 같아지도록 화학식 앞의 계수를 맞춘다.
(단, 계수가 1인 경우는 생략한다.)

반응물과 생성물의 원자 개수 비교	수소(H) 원자 개수 맞추기	산소(O) 원자 개수 맞추기
C 개수는 같고, H와 O 개수는 서로 다르다.	H_2O 앞에 2를 붙이면 H 개수가 4개로 같아진다.	O_2 앞에 2를 붙이면 O 개수가 4개로 같아진다.
$CH_4 + O_2 \longrightarrow CO_2 + H_2O$	$CH_4 + O_2 \longrightarrow CO_2 + 2H_2O$	$CH_4 + 2O_2 \longrightarrow CO_2 + 2H_2O$
• 반응물: C 1개, H 4개, O 2개	• 반응물: C 1개, H 4개, O 2개	• 반응물: C 1개, H 4개, O 4개
• 생성물: C 1개, H 2개, O 3개	• 생성물: C 1개, H 4개, O 4개	• 생성물: C 1개, H 4개, O 4개

[메테인 연소 반응의 화학 반응식으로 알 수 있는 것]

$$CH_4 + 2O_2 \longrightarrow CO_2 + 2H_2O$$

물질의 종류	분자의 종류와 개수	원자의 종류와 개수	화학 반응식의 계수비	입자(분자) 수의 비
• 반응물: 메테인, 산소 • 생성물: 이산화 탄소, 물	• 반응물: 메테인 분자 1개, 산소 분자 2개 • 생성물: 이산화 탄소 분자 1개, 물 분자 2개	• 반응물: 탄소 원자 1개, 수소 원자 4개, 산소 원자 4개 • 생성물: 탄소 원자 1개, 수소 원자 4개, 산소 원자 4개	메테인 : 산소 : 이산화 탄소 : 물=1 : 2 : 1 : 2	메테인 : 산소 : 이산화 탄소 : 물=1 : 2 : 1 : 2

1 다음은 위와 같은 과정으로 질소(N_2) 기체와 산소(O_2) 기체가 반응하여 이산화 질소(NO_2) 기체가 생성되는 반응을 화학 반응식으로 나타내는 과정이다. ⑤~◉에 알맞은 내용을 쓰시오.

1단계	질소+(⑤) ⟶ 이산화 질소
2단계	$N_2 + O_2 \longrightarrow$ (ⓒ)
3단계	❶ 질소 원자의 개수를 맞춘다. $N_2 + O_2 \longrightarrow$ (ⓒ)NO_2 ❷ 산소 원자의 개수를 맞춘다. $N_2 +$ (ⓔ)$O_2 \longrightarrow$ (ⓒ)NO_2 ❸ 화학 반응식을 완성한다. (◉)

2 다음 화학 반응식의 ⑤~ⓒ에 알맞은 계수를 쓰시오. (단, 계수가 1인 경우는 1로 나타낸다.)

(1) (⑤   )$H_2 +$ (ⓒ   )$Cl_2 \longrightarrow$
   (ⓒ   )HCl

(2) (⑤   )$Cu +$ (ⓒ   )$O_2 \longrightarrow$
   (ⓒ   )CuO

(3) $C_2H_5OH +$ (⑤   )$O_2 \longrightarrow$
   (ⓒ   )$CO_2 +$ (ⓒ   )H_2O

(4) $Na_2CO_3 +$ (⑤   )$CaCl_2 \longrightarrow$
   (ⓒ   )$NaCl +$ (ⓒ   )$CaCO_3$

(5) $2NaHCO_3 \longrightarrow$ (⑤   )$Na_2CO_3 +$
   (ⓒ   )$H_2O +$ (ⓒ   )CO_2

A 물리 변화와 화학 변화

01 물질의 변화에 대한 설명으로 옳지 <u>않은</u> 것은?

① 물질의 모양만 변하는 현상은 물리 변화이다.
② 새로운 물질이 생성되는 현상은 화학 변화이다.
③ 화학 변화가 일어날 때는 물질의 성질이 변한다.
④ 물리 변화가 일어날 때는 물질의 성질이 변하지 않는다.
⑤ 물질의 상태 변화는 화학 변화이고, 물질의 연소는 물리 변화이다.

중요

02 다음은 우리 주변에서 볼 수 있는 여러 가지 물질의 변화를 나타낸 것이다.

> (가) 컵이 깨진다.
> (나) 젖은 빨래가 마른다.
> (다) 딸기가 빨갛게 익는다.
> (라) 오래된 기차가 붉게 녹슨다.
> (마) 양초가 빛과 열을 내며 탄다.
> (바) 향수를 뿌리면 향기가 퍼진다.

이 변화를 물리 변화와 화학 변화로 옳게 구분한 것은?

	물리 변화	화학 변화
①	(가), (나), (다)	(라), (마), (바)
②	(가), (나), (바)	(다), (라), (마)
③	(가), (다), (바)	(나), (라), (마)
④	(나), (다), (라)	(가), (마), (바)
⑤	(다), (마), (바)	(가), (나), (라)

03 물질의 변화의 종류가 나머지와 <u>다른</u> 하나는?

① 김치가 오래되면 맛이 시어진다.
② 가는 철을 뭉쳐 강철 솜을 만든다.
③ 가을이 되면 단풍잎이 붉게 변한다.
④ 발포정을 물에 넣으면 기포가 발생한다.
⑤ 염화 나트륨 수용액과 질산 은 수용액이 반응하면 흰색 앙금이 생성된다.

04 그림은 캠핑을 가서 식사를 준비할 때 일어나는 여러 가지 변화를 나타낸 것이다.

㉠~㉤을 물리 변화와 화학 변화로 옳게 구분한 것은?

① ㉠ – 화학 변화
② ㉡ – 물리 변화
③ ㉢ – 화학 변화
④ ㉣ – 화학 변화
⑤ ㉤ – 물리 변화

05 화학 변화가 일어날 때 관찰할 수 있는 현상이 <u>아닌</u> 것은?

① 기체가 발생한다.
② 앙금이 생성된다.
③ 열과 빛이 발생한다.
④ 물질의 상태만 변한다.
⑤ 색깔, 냄새, 맛이 변한다.

중요 【주관식】

06 화학 변화가 일어날 때 변하지 않는 것을 〈보기〉에서 모두 고르시오.

> **보기**
> ㄱ. 원자의 배열
> ㄴ. 원자의 종류
> ㄷ. 분자의 종류
> ㄹ. 원자의 개수
> ㅁ. 물질의 성질
> ㅂ. 물질의 전체 질량

[07~08] 그림은 물의 2가지 변화를 모형으로 나타낸 것이다.

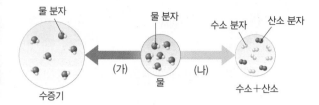

중요
07 이에 대한 설명으로 옳지 <u>않은</u> 것은?

① (가)에서 분자의 배열이 변한다.
② (가)에서 물질의 성질이 변하지 않는다.
③ (나)에서 원자의 배열이 변한다.
④ (나)에서 원자의 종류가 변하지 않는다.
⑤ (가)와 (나) 모두 분자의 종류가 변하지 않는다.

08 (가), (나)와 종류가 같은 변화의 예를 옳게 짝 지은 것은?

① (가) – 종이를 태운다.
② (가) – 사과가 오래되면 썩는다.
③ (나) – 잉크가 물속으로 퍼진다.
④ (나) – 빈 음료수 캔을 찌그러뜨린다.
⑤ (나) – 흰색 설탕을 오래 가열하면 갈색으로 변한다.

09 다음은 우리 주변에서 일어나는 몇 가지 현상이다.

> (가) 종이를 자른다.
> (나) 설탕을 물에 넣으면 녹는다.
> (다) 드라이아이스의 크기가 작아진다.

이 현상들의 공통점으로 옳은 것은?

① 물질의 상태가 변한다.
② 물질의 성질이 변한다.
③ 물질을 구성하는 분자의 배열이 변한다.
④ 물질을 구성하는 원자의 종류와 개수가 변한다.
⑤ 물질을 구성하는 분자의 종류와 개수가 변한다.

10 다음 설명과 관계있는 물질의 변화로 옳은 것은?

> • 물질을 구성하는 원자의 종류가 변하지 않는다.
> • 물질을 구성하는 원자의 배열이 변한다.

① 유리컵이 깨진다.
② 주전자의 물이 끓는다.
③ 밖에 세워 둔 자전거가 녹이 슨다.
④ 탄산음료의 마개를 열면 기포가 생긴다.
⑤ 물에 황산 구리(Ⅱ)를 녹이면 파란색으로 변한다.

탐구 14쪽

11 그림과 같이 (가) 긴 마그네슘 리본, (나) 작게 자른 마그네슘 리본, (다) 마그네슘 리본을 태운 재를 준비한 후 실험하여 표와 같은 결과를 얻었다.

	(가)	(나)	(다)
구분	(가)	(나)	(다)
전류의 흐름	흐름	흐름	흐르지 않음
묽은 염산과의 반응	기체 발생	기체 발생	(㉠)

이에 대한 설명으로 옳은 것은?

① ㉠에 알맞은 내용은 '기체 발생'이다.
② 마그네슘 리본을 태우면 물리 변화가 일어난다.
③ 마그네슘 리본을 태워도 마그네슘의 성질이 변하지 않는다.
④ 마그네슘 리본을 자르면 성질이 다른 새로운 물질로 변한다.
⑤ 마그네슘 리본을 태우면 물질을 구성하는 원자의 배열이 변한다.

Ⓑ 화학 반응과 화학 반응식

12 화학 반응에 대한 설명으로 옳지 <u>않은</u> 것은?

① 원자의 배열이 변한다.
② 원자의 개수가 변한다.
③ 원자의 종류는 변하지 않는다.
④ 화학 변화가 일어나 새로운 물질이 생성된다.
⑤ 화학 반응으로 생성된 물질을 생성물이라고 한다.

13 화학 반응식을 나타내는 방법에 대한 설명으로 옳은 것을 〈보기〉에서 모두 고른 것은?

보기
ㄱ. 반응물은 화살표의 오른쪽에, 생성물은 화살표의 왼쪽에 쓴다.
ㄴ. 반응 전후의 원자의 종류와 개수가 같아지도록 화학식 앞의 계수를 맞춘다.
ㄷ. 화학식 앞의 계수가 1인 경우에는 1이라고 쓴다.

① ㄱ   ② ㄴ   ③ ㄱ, ㄷ
④ ㄴ, ㄷ   ⑤ ㄱ, ㄴ, ㄷ

중요
14 화학 반응식을 옳게 나타낸 것은?

① $H_2+Cl_2 \longrightarrow HCl$
② $Cu+O_2 \longrightarrow CuO$
③ $Na+Cl_2 \longrightarrow 2NaCl$
④ $2H_2O_2 \longrightarrow H_2O+O_2$
⑤ $2Na+2HCl \longrightarrow 2NaCl+H_2$

15 다음은 에테인(C_2H_6)의 연소 반응을 화학 반응식으로 나타낸 것이다.

$2C_2H_6+(㉠\quad)O_2 \longrightarrow$
$(㉡\quad)CO_2+(㉢\quad)H_2O$

㉠~㉢에 알맞은 계수를 옳게 짝 지은 것은?

	㉠	㉡	㉢		㉠	㉡	㉢
①	3	2	3	②	7	2	7
③	7	4	6	④	14	2	6
⑤	14	4	3				

【주관식】
16 다음 내용을 화학 반응식으로 나타냈을 때 각 화학식의 계수의 합을 구하시오.

탄산 나트륨(Na_2CO_3)과 염화 칼슘($CaCl_2$)이 반응하여 탄산 칼슘($CaCO_3$)과 염화 나트륨($NaCl$)이 생성된다.

17 그림은 어떤 화학 반응을 모형으로 나타낸 것이다.

 + →

이를 화학 반응식으로 옳게 표현한 것은?

① $A_2+B_2 \longrightarrow 2AB$
② $A_2+B_2 \longrightarrow AB_2$
③ $A_2+2B_2 \longrightarrow A_2B_4$
④ $A_2+2B_2 \longrightarrow 2AB_2$
⑤ $A_2+2B_2 \longrightarrow 2A_2B$

중요
18 화학 반응식으로 알 수 있는 것이 <u>아닌</u> 것은?

① 반응물과 생성물의 종류
② 반응물과 생성물의 성질
③ 반응물과 생성물의 입자 수의 비
④ 반응물과 생성물을 구성하는 원자의 개수
⑤ 반응물과 생성물을 구성하는 분자의 종류

[19~20] 다음은 메테인과 산소가 반응하여 이산화 탄소와 물이 생성되는 반응을 화학 반응식으로 나타낸 것이다.

$CH_4+2O_2 \longrightarrow CO_2+2H_2O$

19 이에 대한 설명으로 옳지 <u>않은</u> 것을 모두 고르면? (2개)

① 생성물은 2가지이다.
② 반응물은 메테인과 산소이다.
③ 반응 전후 산소 원자의 개수는 변하지 않는다.
④ 반응이 일어나면 수소 원자의 개수는 감소한다.
⑤ 반응이 일어나면 분자의 전체 개수는 증가한다.

【주관식】
20 메테인 분자 2개가 충분한 양의 산소와 반응할 때 생성되는 이산화 탄소 분자와 물 분자의 개수를 각각 구하시오.

단계별 서술형

1 그림과 같이 3개의 페트리 접시에 길게 자른 마그네슘 리본, 작게 자른 마그네슘 리본, 마그네슘 리본을 태운 재를 각각 담은 후, 각각 묽은 염산을 떨어뜨렸다.

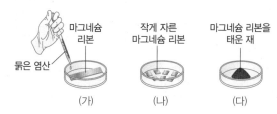

(1) (가)~(다)에서 일어나는 변화를 각각 서술하시오.

_____

(2) (1)에서 답한 실험 결과를 이용하여 마그네슘을 자르는 과정과 마그네슘을 태우는 과정이 각각 물리 변화인지 화학 변화인지를, 그 까닭을 포함하여 서술하시오.

_____

_____

1 (1) 마그네슘과 묽은 염산이 반응하면 기체가 발생한다는 것을 떠올린다.
(2) 물리 변화와 화학 변화의 정의를 떠올려 보고, 이를 이용하여 실험 결과와 관련지어 서술한다.
→ 필수 용어: 물질의 성질

단어 제시형

2 그림은 물의 2가지 변화를 모형으로 나타낸 것이다. (가)와 (나)를 물리 변화와 화학 변화로 각각 구분하여 쓰고, 그 까닭을 다음 단어를 모두 포함하여 서술하시오.

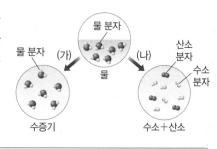

> 분자의 배열, 원자의 배열, 분자의 종류

_____

_____

2 모형에서 분자 배열, 원자 배열, 분자 종류의 변화를 각각 확인하고, 물리 변화와 화학 변화의 특징을 떠올려 본다.

Plus 문제 **2-1**

(가), (나)의 변화에서 물질의 성질은 각각 어떻게 변하는지 서술하시오.

_____

_____

서술형

3 다음은 3가지 화학 반응을 화학 반응식으로 나타낸 것이다.

> (가) $N_2 + 3H_2 \longrightarrow 2NH_3$
> (나) $2KClO_3 \longrightarrow KCl + O_2$
> (다) $Fe_2O_3 + 3CO \longrightarrow 2Fe + 3CO_2$

(가)~(다)의 화학 반응식 중 옳지 <u>않은</u> 것을 골라 옳게 고치고, 그 까닭을 서술하시오.

_____

_____

3 화학 반응의 특징과 화학 반응식을 나타내는 방법을 떠올려 본다.
→ 필수 용어: 원자의 종류와 개수, 계수

02 질량 보존 법칙, 일정 성분비 법칙

ⓐ 질량 보존 법칙

1. 질량 보존 법칙(라부아지에, 1772년) 화학 반응이 일어날 때 반응물의 전체 질량과 생성물의 전체 질량은 항상 같다.

> 반응물의 전체 질량=생성물의 전체 질량

① **성립하는 까닭**: 화학 반응이 일어날 때 물질을 구성하는 원자의 배열은 달라지지만 원자의 종류와 개수는 변하지 않기 때문
② **성립하는 변화**: 물리 변화와 화학 변화에서 모두 성립한다. ❶

2. 여러 가지 화학 반응에서 질량 변화 탐구 24쪽   Beyond 특강 26쪽

① 앙금 생성 반응에서 질량 변화❷(**예** 염화 나트륨 수용액과 질산 은 수용액의 반응)

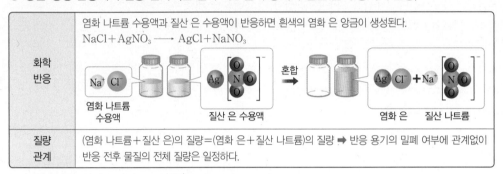

화학 반응	염화 나트륨 수용액과 질산 은 수용액이 반응하면 흰색의 염화 은 앙금이 생성된다. $NaCl+AgNO_3 \longrightarrow AgCl+NaNO_3$
질량 관계	(염화 나트륨＋질산 은)의 질량＝(염화 은＋질산 나트륨)의 질량 ➡ 반응 용기의 밀폐 여부에 관계없이 반응 전후 물질의 전체 질량은 일정하다.

② 기체 발생 반응에서 질량 변화❸(**예** 탄산 칼슘과 묽은 *염산의 반응)

화학 반응	탄산 칼슘과 묽은 염산이 반응하면 염화 칼슘과 물이 생성되고, 이산화 탄소 기체가 발생한다. $CaCO_3+2HCl \longrightarrow CaCl_2+H_2O+CO_2$	
질량 관계	**열린 용기** 질량: 반응 전>반응 후 ➡ 발생한 기체기 용기 밖으로 빠져나가므로 질량이 감소한다.	**닫힌 용기** 질량: 반응 전=반응 후 ➡ 발생한 기체가 용기 안에 있으므로 질량이 일정하다.
	(탄산 칼슘＋염화 수소)의 질량＝(염화 칼슘＋물＋이산화 탄소)의 질량	

③ **연소 반응에서 질량 변화❹**┌반응물이나 생성물에 기체가 포함된 반응: 반응 후 질량이 변하는 것처럼 보이지만 기체의 질량까지 고려하면 반응 전후 질량이 변하지 않는다.

구분	나무의 연소		강철 솜의 연소	
화학 반응	나무＋산소 ⟶ 재＋이산화 탄소＋수증기		철＋산소 ⟶ 산화 철	
질량 관계	**열린 용기** 발생한 기체가 용기 밖으로 빠져나가므로 질량이 감소한다.	**닫힌 용기** 발생한 기체가 용기 안에 있으므로 반응 전후 질량이 일정하다.	**열린 용기** 철이 공기 중의 산소와 결합하므로 질량이 증가한다.	**닫힌 용기** 결합한 산소의 질량을 합하면 반응 전후 질량이 일정하다.
	(나무＋산소)의 질량＝ (재＋이산화 탄소＋수증기)의 질량		(철＋산소)의 질량＝산화 철의 질량	

---

❶ **물리 변화에서의 질량 보존 법칙**
상태 변화나 용해와 같은 물리 변화가 일어나도 물질의 질량은 변하지 않는다. ➡ 물리 변화가 일어나면 물질을 구성하는 분자의 배열은 변하지만 분자를 구성하는 원자의 종류나 개수가 변하지 않기 때문이다.
예 얼음이 녹아 물이 될 때 얼음과 물의 질량은 같다.

❷ **여러 가지 앙금 생성 반응**
• 염화 나트륨＋질산 은 ⟶
 염화 은(흰색 앙금)＋질산 나트륨
• 염화 칼슘＋탄산 나트륨 ⟶
 탄산 칼슘(흰색 앙금)＋염화 나트륨
• 질산 납＋아이오딘화 칼륨 ⟶
 아이오딘화 납(노란색 앙금)＋
 질산 칼륨

❸ **여러 가지 기체 발생 반응**
• 탄산 칼슘＋묽은 염산 ⟶
 염화 칼슘＋물＋이산화 탄소
• 마그네슘＋묽은 염산 ⟶
 염화 마그네슘＋수소
• 탄산수소 나트륨 ⟶
 탄산 나트륨＋물＋이산화 탄소

❹ **닫힌 용기에서 일어나는 연소 반응의 질량 변화 모형**
• 나무의 연소

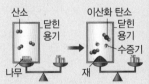

• 강철 솜의 연소

용어 사전

*염산
수소와 염소가 결합하여 생성된 물질인 염화 수소(HCl)를 물에 녹인 용액

1 질량 보존 법칙에 대한 설명으로 옳은 것은 ○, 옳지 않은 것은 ×로 표시하시오.

(1) 화학 반응이 일어날 때 반응물의 전체 질량과 생성물의 전체 질량은 같다. ( )

(2) 질량 보존 법칙이 성립하는 까닭은 화학 반응이 일어날 때 물질을 구성하는 원자의 종류와 개수가 변하지 않기 때문이다. ( )

(3) 물리 변화에서는 질량 보존 법칙이 성립하지 않는다. ( )

(4) 기체가 발생하는 반응에서는 질량 보존 법칙이 성립하지 않는다. ( )

2 그림과 같이 염화 나트륨 수용액과 질산 은 수용액의 질량을 측정한 다음, 두 수용액을 섞어 반응시킨 후 다시 전체 질량을 측정하였다.

(가)   (나)

이 실험에 대한 설명에서 ( ) 안에 알맞은 말을 쓰거나 고르시오.

(1) 염화 나트륨 수용액과 질산 은 수용액이 반응하면 염화 은의 흰색 ( ) 이/가 생성된다.

(2) (가)와 (나)의 질량을 등호나 부등호로 비교하면 (가) ( ) (나)이다.

(3) (나)에서 반응 후 혼합 용액이 들어 있는 용기의 뚜껑을 열었을 때 전체 질량은 (증가한다 , 감소한다 , 일정하다).

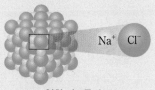
3 열린 용기에서 반응이 일어날 때 질량이 증가하면 '증가', 감소하면 '감소', 일정하면 '일정'이라고 쓰시오.

(1) 나무를 연소시킨다. ( )
(2) 강철 솜을 연소시킨다. ( )
(3) 묽은 염산과 탄산 칼슘을 반응시킨다. ( )
(4) 염화 칼슘 수용액과 탄산 나트륨 수용액을 반응시킨다. ( )

4 물 27 g이 모두 분해되어 수소 기체와 산소 기체가 발생하였다. 산소 기체 24 g이 발생했다면 발생한 수소 기체의 질량을 구하시오.

02 질량 보존 법칙, 일정 성분비 법칙

개념 더하기

⑧ 일정 성분비 법칙

1. 일정 성분비 법칙(프루스트, 1799년) *화합물을 구성하는 성분 원소 사이에는 항상 일정한 질량비가 성립한다. ┌ 원자는 각각 일정한 질량이 있으므로 화합물을 구성하는 성분 원소 사이에는 항상 일정한 질량비가 성립한다.

① 성립하는 까닭: 화합물이 생성될 때 원자는 일정한 개수비로 결합하기 때문

② 성립하는 물질: 혼합물에서는 성립하지 않고 화합물에서만 성립한다. ❶

2. 모형을 이용한 일정 성분비 법칙의 이해 `Beyond 특강` `27쪽`

① 물 분자와 과산화 수소 분자에서 성분 원소의 질량비 ❷　(원자의 상대적 질량은 수소: 1, 산소: 16이다.)

구분	물		과산화 수소	
모형과 구성 원소		수소 원자 2개 산소 원자 1개	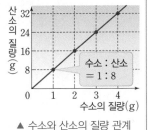	수소 원자 2개 산소 원자 2개
원자의 개수비	수소 : 산소=2 : 1		수소 : 산소=2 : 2=1 : 1	
질량비	수소 : 산소=(2×1) : (1×16)=1 : 8		수소 : 산소=(2×1) : (2×16)=1 : 16	

② 여러 가지 화합물의 질량비　(원자의 상대적 질량은 수소: 1, 탄소: 12, 질소: 14, 산소: 16, 구리: 64이다.)

구분	이산화 탄소	암모니아	산화 구리(Ⅱ)
모형	O C O	N H H H	Cu²⁺ O²⁻
원자의 개수비	탄소 : 산소=1 : 2	질소 : 수소=1 : 3	구리 : 산소=1 : 1
질량비	탄소 : 산소 =(1×12) : (2×16)=3 : 8	질소 : 수소 =(1×14) : (3×1)=14 : 3	구리 : 산소 =(1×64) : (1×16)=4 : 1

3. 물 생성 반응에서 질량비　수소와 산소를 혼합한 기체에 전기 불꽃을 가하면 수소 기체와 산소 기체가 항상 1 : 8의 질량비로 반응하여 물이 생성된다. 물을 구성하는 수소와 산소의 질량비는 1 : 8이다.

수소+산소 ⟶ 물
질량비 ➡ 1 : 8 : 9

실험	반응 전 기체의 질량(g)		반응 후 남은	반응한 기체의 질량(g)	
	수소	산소	기체의 질량(g)	수소	산소
1	2	8	수소, 1	1	8
2	2	16	없음	2	16

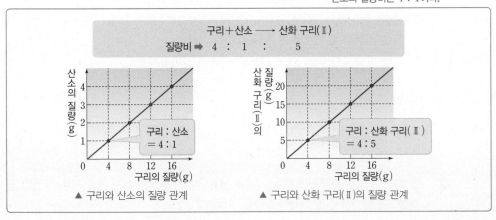

▲ 수소와 산소의 질량 관계

4. 구리의 연소 반응에서 질량비　구리를 가열하면 구리와 공기 중의 산소가 항상 4 : 1의 질량비로 반응하여 산화 구리(Ⅱ)가 생성된다. ❸❹ `탐구` `25쪽` 산화 구리(Ⅱ)를 구성하는 구리와 산소의 질량비는 4 : 1이다.

구리+산소 ⟶ 산화 구리(Ⅱ)
질량비 ➡ 4 : 1 : 5

▲ 구리와 산소의 질량 관계　　▲ 구리와 산화 구리(Ⅱ)의 질량 관계

---

❶ 혼합물에서 일정 성분비 법칙이 성립하지 않는 까닭
혼합물은 2가지 이상의 물질이 섞여 있는 물질로, 성분 물질이 섞이는 비율이 일정하지 않으므로 일정 성분비 법칙이 성립하지 않는다.

❷ 물과 과산화 수소
같은 종류의 원소로 이루어진 화합물이라도 구성하는 원자 수의 비가 다르면 성분 원소의 질량비가 다르므로 다른 물질이다.

❸ 일정량의 구리의 연소 반응에서 질량 변화
일정량의 구리를 가열하면 질량이 증가하다가 일정해진다. 이는 더 이상 공기 중의 산소와 반응할 구리가 없기 때문이다.

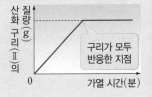

❹ 산화 마그네슘 생성 반응에서 질량비
마그네슘을 가열하면 마그네슘과 산소가 항상 3 : 2의 질량비로 반응하여 산화 마그네슘이 생성된다.
마그네슘+산소 ⟶ 산화 마그네슘

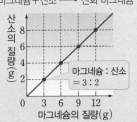

▲ 마그네슘과 산소의 질량 관계

`용어 사전`

*화합물(될 化, 합할 合, 물건 物)
2가지 이상의 원소가 결합하여 생성된 물질

핵심 Tip

• **일정 성분비 법칙**: 화합물을 구성하는 성분 원소 사이에는 항상 일정한 질량비가 성립한다.
• 물을 구성하는 원소의 질량비는 수소 : 산소=1 : 8이다.
• 구리와 산소가 반응하여 산화 구리(Ⅱ)가 생성될 때 질량비는 구리 : 산소=4 : 1이다.

5 일정 성분비 법칙에 대한 설명으로 옳은 것은 ○, 옳지 않은 것은 ×로 표시하시오.

(1) 화합물을 구성하는 성분 원소 사이에 항상 일정한 부피비가 성립한다.
( )

(2) 화합물이 생성될 때 원자들은 항상 일정한 개수비로 결합한다. ( )

(3) 일정 성분비 법칙은 혼합물과 화합물에서 모두 성립한다. ( )

(4) 같은 종류의 원소로 이루어진 화합물은 모두 성분 원소의 질량비가 같다.
( )

6 일정 성분비 법칙이 성립하는 물질은 ○, 성립하지 않는 물질은 ×로 표시하시오.

(1) 물　　　　　( )　　　(2) 공기　　　　　( )

(3) 소금물　　　( )　　　(4) 암모니아　　　( )

(5) 탄산음료　　( )　　　(6) 산화 구리(Ⅱ)　( )

7 그림은 일산화 탄소를 모형으로 나타낸 것이다. 일산화 탄소에 대한 설명에서 빈칸에 알맞은 내용을 쓰시오. (단, 원자의 상대적 질량은 탄소: 12, 산소: 16이다.)

(1) 탄소 원자와 산소 원자의 개수비(탄소 : 산소)는 ( )이다.
(2) 일산화 탄소를 구성하는 탄소와 산소의 질량비(탄소 : 산소)는 ( )이다.

8 그림은 물을 모형으로 나타낸 것이며, 물을 구성하는 수소와 산소의 질량비는 1 : 8로 일정하다. 빈칸에 알맞은 내용을 쓰시오.

(1) 수소 5 g을 완전히 반응시켜 물을 생성할 때 필요한 산소의 최소 질량은 ( ) g이다.
(2) 물 18 g을 얻기 위해 필요한 수소의 질량은 (㉠) g이고, 산소의 질량은 (㉡) g이다.

적용 Tip　B-4

구리 가루 8 g의 연소 반응에서 질량 변화

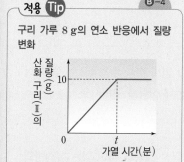

• 생성된 산화 구리(Ⅱ)의 질량: 10 g
• 구리 8 g과 결합한 산소의 질량: 10 g−8 g=2 g
• 산화 구리(Ⅱ)를 구성하는 구리와 산소의 질량비는 8 g : 2 g=4 : 1이다.
• 구리 8 g이 모두 반응하는 데 걸린 시간: t분

9 그림은 구리를 연소시킬 때 반응하는 구리와 산소의 질량 관계를 나타낸 것이다.

(1) 반응하는 구리와 산소의 질량비(구리 : 산소)를 구하시오.
(2) 구리 20 g을 완전히 연소시킬 때 필요한 산소의 최소 질량을 구하시오.

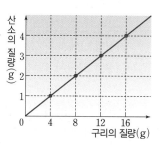

과학적 사고로! 탐구하기 • Ⓐ 화학 반응에서의 질량 변화

목표 앙금 생성 반응과 기체 발생 반응이 일어날 때 반응 전후의 질량 변화를 알아본다.

과정

[실험 1] 앙금 생성 반응에서의 질량 변화

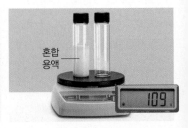

❶ 2개의 유리병에 염화 나트륨 수용액과 질산 은 수용액을 각각 넣은 후 전체 질량을 측정한다.

❷ 두 수용액을 섞은 후 일어나는 변화를 관찰한다.
– 염화 은의 흰색 앙금이 생성된다.

❸ 반응이 끝나면 전체 질량을 측정한다.

[실험 2] 기체 발생 반응에서의 질량 변화

❶ 묽은 염산이 든 작은 유리 용기와 탄산 칼슘을 유리병에 넣고 뚜껑을 닫은 후 질량을 측정한다.

❷ 유리병을 기울여 반응시키면서 변화를 관찰한 후 질량을 측정한다.
– 이산화 탄소 기체가 발생한다.

❸ 유리병의 뚜껑을 열고 질량을 측정한다.

[유의점]
[실험 2]의 과정 ❶에서 묽은 염산이 든 작은 유리 용기를 유리병에 넣을 때 묽은 염산이 쏟아지지 않도록 주의한다.

결과

구분	과정 ❶의 질량(g)	과정 ❸의 질량(g)	구분	과정 ❶의 질량(g)	과정 ❷의 질량(g)	과정 ❸의 질량(g)
실험 1	109	109	실험 2	42	42	41

정리

• 앙금 생성 반응에서 반응 전후 질량이 일정하다. ➡ (㉠   ) 법칙이 성립한다.
• 기체가 발생하는 반응이 닫힌 용기에서 일어나면 반응 전후 질량이 일정하고, 열린 용기에서 일어나면 반응 후 질량이 감소한다. 그러나 용기를 빠져나간 기체의 질량까지 고려하면 반응 전후 질량이 일정하다. ➡ (㉡   ) 법칙이 성립한다.

확인 문제

1 위 실험에 대한 설명으로 옳은 것은 ○, 옳지 않은 것은 ×로 표시하시오.

(1) **[실험 1]**에서 염화 은의 흰색 앙금이 생성된다. (   )
(2) **[실험 1]**에서 반응이 일어난 후 유리병의 뚜껑을 열면 질량이 감소할 것이다. (   )
(3) **[실험 2]**에서 이산화 탄소 기체가 발생한다. (   )
(4) **[실험 2]**에서 (탄산 칼슘+염화 수소)의 질량＞(염화 칼슘+물+이산화 탄소)의 질량이다. (   )
(5) 열린 용기에서 **[실험 2]**의 반응이 일어나면 질량 보존 법칙이 성립하지 않는다. (   )

실전 문제

2 탄산 나트륨 수용액 15 g과 염화 칼슘 수용액 15 g을 섞어 반응시켰을 때 혼합 용액의 전체 질량을 구하시오.

3 묽은 염산이 든 시험관과 탄산 칼슘이 들어 있는 유리병의 전체 질량이 150 g이다. 두 물질을 반응시킨 후 유리병의 뚜껑을 열었을 때 전체 질량에 대한 설명으로 옳은 것을 고르시오.

(가) 0 g이다.	(나) 150 g이다.
(다) 150 g보다 작다.	(라) 150 g보다 크다.

과학적 사고로!

탐구하기 ● ❸ 산화 구리(Ⅱ)를 구성하는 원소의 질량비

목표 산화 구리(Ⅱ)를 구성하는 구리와 산소 사이의 질량 관계를 설명해 본다.

과정

❶ 도가니 4개의 질량을 각각 측정한 후 도가니에 구리 가루를 각각 0.4 g, 0.8 g, 1.2 g, 1.6 g씩 넣는다.

❷ 도가니 속 구리 가루의 색깔이 검은색으로 변할 때까지 가열한다.
– 구리가 산소와 반응하여 검은색의 산화 구리(Ⅱ)가 생성된다.

❸ 각 도가니의 전체 질량을 측정하여 산화 구리(Ⅱ)의 질량을 구한다.

> 생성된 산화 구리(Ⅱ)의 질량＝ 도가니의 전체 질량－도가니의 질량

결과

구리의 질량(g)	산화 구리(Ⅱ)의 질량(g)	산소의 질량(g)	질량비 (구리 : 산소)
0.4	0.5	0.1	4 : 1
0.8	1.0	0.2	4 : 1
1.2	1.5	0.3	4 : 1
1.6	2.0	0.4	4 : 1

> 산소의 질량＝산화 구리(Ⅱ)의 질량－구리의 질량

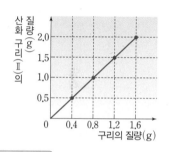

정리

• 붉은색의 구리를 가열하면 공기 중의 산소와 결합하여 검은색의 산화 구리(Ⅱ)가 생성된다.
• 산화 구리(Ⅱ)를 구성하는 구리와 산소의 질량비는 구리 : 산소＝(㉠   )로 일정하다.
➡ (㉡   ) 법칙이 성립한다.

확인 문제

1 위 실험에 대한 설명으로 옳은 것은 ○, 옳지 않은 것은 ×로 표시하시오.

⑴ 구리를 가열하면 산소와 결합하여 산화 구리(Ⅱ)가 생성된다. ( )

⑵ 생성된 산화 구리(Ⅱ)의 질량에서 구리의 질량을 빼면 반응한 산소의 질량을 구할 수 있다. ( )

⑶ 구리의 질량을 다르게 해도 구리와 결합하는 산소의 질량은 일정하다. ( )

⑷ 산화 구리(Ⅱ)를 구성하는 구리와 산소의 질량비는 항상 일정하다. ( )

⑸ 구리 2.0 g을 가열하면 산화 구리(Ⅱ) 3.0 g이 생성된다. ( )

실전 문제

[2~3] 그림은 공기 중에서 구리를 가열할 때 반응하는 구리와 생성되는 산화 구리(Ⅱ)의 질량 관계를 나타낸 것이다.

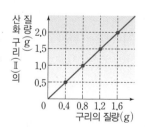

2 구리 2.4 g이 모두 반응하기 위해 필요한 산소의 최소 질량을 구하시오.

3 산화 구리(Ⅱ) 6.0 g을 만들기 위해 필요한 구리의 질량을 구하시오.

[앙금 생성 반응에서의 질량 보존 법칙]

예 염화 나트륨 수용액과 질산 은 수용액의 반응

염화 나트륨 수용액과 질산 은 수용액이 반응하면 흰색의 염화 은 앙금이 생성된다.

$$NaCl + AgNO_3 \longrightarrow AgCl + NaNO_3$$
염화 나트륨　질산 은　　　염화 은　질산 나트륨

❶ 반응을 모형으로 나타내면 다음과 같다.

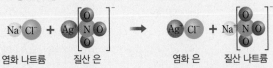

염화 나트륨　　질산 은　　　　염화 은　　질산 나트륨

❷ 모형에서 반응 전후 원자의 종류와 개수를 확인한다.

구분	반응 전		반응 후	
	염화 나트륨	질산 은	염화 은	질산 나트륨
나트륨 원자(개)	1			1
염소 원자(개)	1		1	
은 원자(개)		1	1	
질소 원자(개)		1		1
산소 원자(개)		3		3

❸ 반응 전후 원자의 종류와 개수를 이용하여 질량을 비교한다.

반응 전후 원자의 종류와 개수가 같다. ➡ 반응 전 물질의 전체 질량과 반응 후 물질의 전체 질량이 같다. ➡ 질량 보존 법칙이 성립한다.

[기체 발생 반응에서의 질량 보존 법칙]

예 탄산 칼슘과 묽은 염산의 반응

탄산 칼슘과 묽은 염산이 반응하면 염화 칼슘과 물이 생성되고, 이산화 탄소 기체가 발생한다.

$$CaCO_3 + 2HCl \longrightarrow CaCl_2 + H_2O + CO_2$$
탄산 칼슘　염화 수소　　염화 칼슘　물　이산화 탄소

❶ 반응을 모형으로 나타내면 다음과 같다.

탄산 칼슘　　염화 수소　　　　염화 칼슘　　물　　이산화 탄소

❷ 모형에서 반응 전후 원자의 종류와 개수를 확인한다.

구분	반응 전		반응 후		
	탄산 칼슘	염화 수소	염화 칼슘	물	이산화 탄소
칼슘 원자(개)	1		1		
탄소 원자(개)	1				1
산소 원자(개)	3			1	2
수소 원자(개)		2		2	
염소 원자(개)		2	2		

❸ 반응 전후 원자의 종류와 개수를 이용하여 질량을 비교한다.

반응 전후 원자의 종류와 개수가 같다. ➡ 반응 전 물질의 전체 질량과 반응 후 물질의 전체 질량이 같다. ➡ 질량 보존 법칙이 성립한다.

[1~2] 다음은 탄산 나트륨 수용액과 염화 칼슘 수용액의 반응을 화학 반응식과 모형으로 나타낸 것이다.

$$Na_2CO_3 + CaCl_2 \longrightarrow CaCO_3 + 2NaCl$$
탄산 나트륨　염화 칼슘　　탄산 칼슘　염화 나트륨

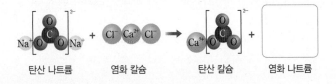

탄산 나트륨　　염화 칼슘　　　탄산 칼슘　　염화 나트륨

1 빈칸에 알맞은 모형을 그리시오.

2 이 반응에서 반응물과 생성물의 질량 관계를 옳게 나타낸 것은?

① 염화 칼슘의 질량=염화 나트륨의 질량
② (탄산 나트륨+염화 칼슘)의 질량=탄산 칼슘의 질량
③ 탄산 나트륨의 질량=(탄산 칼슘+염화 나트륨)의 질량
④ (탄산 나트륨+염화 나트륨)의 질량=(염화 칼슘+탄산 칼슘)의 질량
⑤ (탄산 나트륨+염화 칼슘)의 질량=(탄산 칼슘+염화 나트륨)의 질량

[물 분자에서의 일정 성분비 법칙]

❶ 스타이로폼 공 준비하기
흰색 스타이로폼 공 10개와 빨간색 스타이로폼 공 10개를 준비한 후 흰색 공에는 숫자 1을, 빨간색 공에는 숫자 16을 쓴다. ➡ 흰색 공은 수소 원자, 빨간색 공은 산소 원자를 나타내며, 1과 16은 각각 수소 원자와 산소 원자의 상대적 질량이다.

❷ 스타이로폼 공으로 물 분자 모형 만들기
흰색 공 2개와 빨간색 공 1개를 이쑤시개로 연결하여 그림과 같이 물 분자 모형을 만든다.

▲ 물 분자 모형

❸ 물 분자 모형에서 원자의 개수비와 질량비 알아보기

물 분자의 개수(개)	반응에 참여한 전체 개수(개)		원자의 개수비 (1 : 16)	반응한 원자의 질량		질량비 (1 : 16)
	1	16		1	16	
1	2	1	2 : 1	2	16	1 : 8
2	4	2	2 : 1	4	32	1 : 8
3	6	3	2 : 1	6	48	1 : 8
4	8	4	2 : 1	8	64	1 : 8
5	10	5	2 : 1	10	80	1 : 8

❹ 최대로 만들 수 있는 물 분자 모형과 남는 스타이로폼 공의 개수 알아보기
물 분자 모형을 최대 5개 만들 수 있고, 빨간색 스타이로폼 공 5개가 남는다. ➡ 수소 원자와 산소 원자는 항상 2 : 1의 개수비로 반응하여 물 분자를 생성하기 때문

❺ 물 분자를 구성하는 성분 원소의 질량비가 일정한 것으로 알 수 있는 사실

화합물이 생성될 때 질량이 일정한 원자가 일정한 개수비로 결합한다. → 화합물을 구성하는 성분 원소 사이에 일정한 질량비가 성립한다. → 일정 성분비 법칙이 성립한다.

[아이오딘화 납 생성 반응에서의 일정 성분비 법칙]
아이오딘화 칼륨 수용액과 질산 납 수용액이 반응하면 노란색의 아이오딘화 납 앙금이 생성된다.

아이오딘화 칼륨 + 질산 납 ⟶ 아이오딘화 납(노란색 앙금) + 질산 칼륨

❶ 아이오딘화 납 생성 과정을 볼트와 너트 모형으로 나타내기

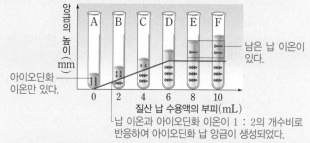
납 이온   아이오딘화 이온   아이오딘화 납

납 이온과 아이오딘화 이온은 1 : 2의 개수비로 결합하여 아이오딘화 납 앙금을 생성한다. ➡ 아이오딘화 납을 구성하는 납과 아이오딘 사이에 일정한 질량비가 성립한다.

❷ 아이오딘화 납 생성 반응 실험의 결과 해석하기
아이오딘화 칼륨 수용액 6 mL에 농도가 같은 질산 납 수용액의 부피를 다르게 하여 반응시켰을 때 생성된 앙금의 높이는 그림과 같다.

- B, C: 생성되는 앙금의 높이가 높아진다. ➡ 반응하지 않고 남은 아이오딘화 이온이 있다.
- D 이후: 앙금이 더 이상 증가하지 않는다. ➡ D에서 아이오딘화 이온이 납 이온과 모두 반응하였다.
- E, F: 앙금이 더 이상 증가하지 않는다. ➡ 반응하지 않고 남은 납 이온이 있다.
- 아이오딘화 칼륨 수용액 6 mL와 질산 납 수용액 6 mL가 완전히 반응하였다. ➡ 농도가 같은 아이오딘화 칼륨 수용액과 질산 납 수용액은 1 : 1의 부피비로 반응한다.
- 아이오딘화 납을 구성하는 납과 아이오딘의 질량비는 일정하다. ➡ 일정 성분비 법칙이 성립한다.

[3~4] 그림 (가)와 같이 빨간색 스타이로폼 공 10개와 흰색 스타이로폼 공 10개를 준비한 후, 그림 (나)와 같이 빨간색 스타이로폼 공 1개와 흰색 스타이로폼 공 2개를 이쑤시개로 연결하여 화합물 A_2B의 모형을 만들었다. (단, 흰색 스타이로폼 공은 A 원자의 모형, 빨간색 스타이로폼 공은 B 원자의 모형이다.)

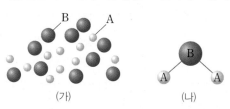
(가)   (나)

3 최대로 만들 수 있는 화합물 A_2B의 개수를 구하시오.

4 화합물 A_2B를 구성하는 A와 B의 질량비(A : B)를 구하시오. (단, 원자의 상대적 질량은 A: 1, B: 16이다.)

Ⓐ 질량 보존 법칙

01 질량 보존 법칙에 대한 설명으로 옳은 것은?

① 물리 변화에서는 성립하지 않는다.
② 앙금 생성 반응에서는 성립하지 않는다.
③ 화학 반응이 일어날 때는 항상 성립한다.
④ 상태 변화가 일어날 때는 성립하지 않는다.
⑤ 생성물의 전체 질량이 반응물의 전체 질량보다 크다.

중요
02 화학 반응이 일어날 때 질량 보존 법칙이 성립하는 까닭으로 옳은 것은?

① 물질의 성질이 변하지 않기 때문이다.
② 모든 원자는 크기와 질량이 같기 때문이다.
③ 반응 후 새로운 원자가 생성되기 때문이다.
④ 물질을 구성하는 원자의 종류와 개수가 변하지 않기 때문이다.
⑤ 물질을 구성하는 분자의 종류와 개수가 변하지 않기 때문이다.

03 질량 보존 법칙이 성립하는 변화로 옳은 것을 〈보기〉에서 모두 고른 것은?

┌─ 보기 ─
ㄱ. 얼음이 녹아 물이 된다.
ㄴ. 물에 설탕을 녹여 설탕물을 만든다.
ㄷ. 도가니에 구리 가루를 넣고 가열한다.
ㄹ. 염화 나트륨 수용액에 질산 은 수용액을 떨어뜨린다.
└─

① ㄱ, ㄷ ② ㄴ, ㄹ ③ ㄱ, ㄴ, ㄷ
④ ㄴ, ㄷ, ㄹ ⑤ ㄱ, ㄴ, ㄷ, ㄹ

[주관식]
04 다음 반응에서 반응물과 생성물의 질량 관계를 (가)~(라)의 기호와 등호나 부등호를 이용하여 나타내시오.

탄산 나트륨 + 염화 칼슘
(가)   (나) ⟶ 탄산 칼슘 + 염화 나트륨
                    (다)   (라)

탐구 24쪽

05 그림과 같이 염화 나트륨 수용액과 질산 은 수용액의 질량을 측정한 다음, 두 수용액을 섞어 반응시킨 후 다시 전체 질량을 측정하였다.

이에 대한 설명으로 옳은 것은?

① 반응 후 흰색 앙금인 질산 나트륨이 생성된다.
② 반응 후 생성된 앙금의 양만큼 질량이 증가한다.
③ 반응 후 발생한 기체의 양만큼 질량이 감소한다.
④ 이 반응에서는 질량 보존 법칙이 성립하지 않는다.
⑤ 반응 전후 물질을 구성하는 원자의 종류는 변하지 않는다.

중요
06 그림과 같이 탄산 칼슘과 묽은 염산을 반응시키면서 반응 전후 질량을 측정하였다.

(가) 반응 전   (나) 반응 후   (다) 뚜껑을 연 후

(가)~(다)의 질량을 옳게 비교한 것은?

① (가)>(나)>(다) ② (가)>(나)=(다)
③ (가)=(나)>(다) ④ (가)<(나)=(다)
⑤ (가)=(나)=(다)

07 그림과 같이 묽은 염산이 담긴 삼각 플라스크에 탄산 칼슘이 든 고무풍선을 씌운 후, 묽은 염산과 탄산 칼슘을 반응시켰다. 이에 대한 설명으로 옳지 <u>않은</u> 것은?

① 반응 후 전체 질량은 증가한다.
② 기체가 발생하여 고무풍선이 부풀어 오른다.
③ 삼각 플라스크 안에서는 화학 변화가 일어난다.
④ 반응 후 고무풍선을 제거하면 전체 질량이 감소한다.
⑤ 반응 전후 물질을 구성하는 원자가 없어지거나 새로 생성되지 않는다.

08 그림과 같이 막대저울의 양쪽에 같은 질량의 강철 솜을 매달아 수평을 맞춘 후 강철 솜 B를 가열하였다.

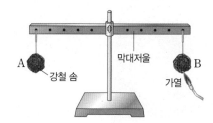

이에 대한 설명으로 옳지 <u>않은</u> 것은?

① 강철 솜이 연소하여 산화 철이 생성된다.
② 강철 솜을 가열하면 화학 변화가 일어난다.
③ 강철 솜 B는 가열해도 강철 솜 A와 성질이 같다.
④ 강철 솜 B를 가열하면 공기 중의 산소와 결합한다.
⑤ 가열한 후 막대저울이 강철 솜 B 쪽으로 기울어진다.

【주관식】

09 다음은 탄소의 연소 반응을 나타낸 것이다.

> 탄소＋산소 ⟶ 이산화 탄소

탄소 15 g이 완전히 연소하여 이산화 탄소 55 g이 생성되었을 때 반응한 산소의 질량을 구하시오.

중요

10 다음은 몇 가지 반응을 나타낸 것이다.

> (가) 마그네슘을 연소시킨다.
> (나) 나무 도막을 연소시킨다.
> (다) 묽은 염산에 분필 조각을 넣는다.
> (라) 탄산 나트륨 수용액과 염화 칼슘 수용액을 섞는다.

이 반응이 열린 용기에서 일어날 때 질량 변화를 옳게 짝지은 것은?

	질량 증가	질량 감소	질량 일정
①	(가)	(나)	(다), (라)
②	(가)	(나), (다)	(라)
③	(나), (다)	(라)	(가)
④	(나), (라)	(가)	(다)
⑤	(라)	(나), (다)	(가)

B 일정 성분비 법칙

11 일정 성분비 법칙에 대한 설명으로 옳은 것을 〈보기〉에서 모두 고른 것은?

> 보기
> ㄱ. 모든 물질에서 일정 성분비 법칙이 성립한다.
> ㄴ. 화합물을 구성하는 성분 원소 사이에 일정한 부피비가 성립한다.
> ㄷ. 화합물이 생성될 때 원자는 일정한 개수비로 결합하기 때문에 일정 성분비 법칙이 성립한다.

① ㄱ ② ㄷ ③ ㄱ, ㄴ
④ ㄴ, ㄷ ⑤ ㄱ, ㄴ, ㄷ

중요

12 일정 성분비 법칙이 성립하지 <u>않는</u> 것은?

① 수소＋산소 ⟶ 물
② 질소＋수소 ⟶ 암모니아
③ 구리＋산소 ⟶ 산화 구리(Ⅱ)
④ 물＋암모니아 ⟶ 암모니아수
⑤ 마그네슘＋산소 ⟶ 산화 마그네슘

13 그림은 물과 과산화 수소의 분자 모형을 나타낸 것이다. 이에 대한 설명으로 옳은 것은? (단, 원자의 상대적 질량은 수소: 1, 산소: 16이다.)

① 물과 과산화 수소는 성분 원소의 종류가 다르다.
② 물과 과산화 수소는 성분 원자의 개수비가 같다.
③ 물과 과산화 수소는 성분 원소의 질량비가 다르다.
④ 물을 구성하는 수소와 산소의 질량비는 1 : 16이다.
⑤ 과산화 수소를 구성하는 수소 원자와 산소 원자의 개수비는 1 : 2이다.

【주관식】

14 그림은 메테인 분자 모형을 나타낸 것이다. 메테인을 구성하는 탄소와 수소의 질량비 (탄소 : 수소)를 구하시오. (단, 원자의 상대적 질량은 수소: 1, 탄소: 12이다.)

15 그림은 볼트(B)와 너트(N)를 이용하여 화합물 모형 BN_2 를 만드는 과정을 나타낸 것이다.

B + 2N → BN_2

볼트(B) 14개와 너트(N) 14개를 이용하여 화합물 BN_2를 만들 때, (가) 최대로 만들 수 있는 화합물 BN_2의 개수와 (나) 화합물 BN_2를 구성하는 볼트(B)와 너트(N)의 질량비(B : N)를 옳게 짝 지은 것은? (단, 볼트 1개의 질량은 5 g, 너트 1개의 질량은 2 g이다.)

	(가)	(나)		(가)	(나)
①	5개	5 : 2	②	5개	5 : 4
③	7개	5 : 2	④	7개	5 : 4
⑤	14개	5 : 2			

16 표는 수소와 산소를 반응시켜 물을 생성할 때 반응하는 두 기체의 질량 관계를 나타낸 것이다.

실험	반응 전 기체의 질량(g)		반응 후 남은 기체의 종류와 질량(g)
	수소	산소	
1	0.3	1.6	㉠
2	0.4	3.2	없음
3	0.5	㉡	산소, 0.5

이에 대한 설명으로 옳은 것은?

① 실험 1에서 ㉠은 '산소, 0.1'이다.
② 실험 3에서 ㉡은 '4.0'이다.
③ 실험 2에서 생성되는 물의 질량은 4.0 g이다.
④ 반응하는 수소와 산소의 질량비는 8 : 1이다.
⑤ 생성되는 물의 질량이 가장 큰 것은 실험 3이다.

중요

17 그림은 구리와 산소가 반응하여 산화 구리(Ⅱ)가 생성될 때 구리와 산소의 질량 관계를 나타낸 것이다. (가) 구리 24 g을 완전히 연소시키기 위해 필요한 산소의 질량과 이때 (나) 생성된 산화 구리(Ⅱ)의 질량을 옳게 나타낸 것은?

	(가)	(나)		(가)	(나)
①	4 g	28 g	②	4 g	30 g
③	6 g	30 g	④	6 g	32 g
⑤	8 g	32 g			

[18~19] 그림 (가)와 같이 도가니 4개에 구리 가루를 각각 0.4 g, 0.8 g, 1.2 g, 1.6 g씩 넣고 가열하여 산화 구리(Ⅱ)가 생성될 때 구리와 산화 구리(Ⅱ)의 질량 관계는 그림 (나)와 같았다.

구리 가루

(가)

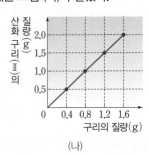

(나)

중요

18 이에 대한 설명으로 옳은 것을 〈보기〉에서 모두 고른 것은?

| 탐구 | 25쪽 |

보기

ㄱ. 구리와 산소가 반응하는 질량비는 4 : 1이다.
ㄴ. 산화 구리(Ⅱ) 15 g을 얻기 위해 필요한 구리의 질량은 10 g이다.
ㄷ. 붉은색의 구리 가루를 가열하면 검은색의 산화 구리(Ⅱ)가 생성된다.

① ㄱ ② ㄴ ③ ㄱ, ㄷ
④ ㄴ, ㄷ ⑤ ㄱ, ㄴ, ㄷ

19 반응하는 구리의 질량이 증가해도 변하지 <u>않는</u> 것은?

① 구리와 반응하는 산소의 질량
② 생성되는 산화 구리(Ⅱ)의 질량
③ 반응하는 구리와 산소의 질량비
④ 반응하는 구리와 산소의 전체 질량
⑤ 구리가 산소와 완전히 반응하는 데 걸리는 시간

[주관식]

20 표는 마그네슘의 연소 반응에서 반응한 마그네슘과 생성된 산화 마그네슘의 질량 관계를 나타낸 것이다.

마그네슘의 질량(g)	0.3	0.6	0.9	1.2
산화 마그네슘의 질량(g)	0.5	1.0	1.5	2.0

산화 마그네슘이 생성될 때 (가) 반응하는 마그네슘과 산소의 질량비(마그네슘 : 산소)와 (나) 마그네슘 1.5 g을 완전히 연소시킬 때 필요한 산소의 최소 질량을 구하시오.

서술형

1 그림은 탄산 칼슘과 묽은 염산의 반응을 모형으로 나타낸 것이다.

탄산 칼슘   염화 수소   염화 칼슘   이산화 탄소   물

모형을 참고로 하여 이 반응에서 질량 보존 법칙이 성립하는 까닭을 원자와 관련지어 서술하시오.

서술형

2 그림과 같이 열린 공간에서 나무 도막과 강철 솜을 연소시켰다. 나무 도막과 강철 솜이 모두 연소되었을 때 질량 변화를 각각 쓰고, 그 까닭을 서술하시오.

나무 도막   강철 솜

(가)   (나)

2 나무 도막과 강철 솜을 연소시킬 때 생성되는 물질이 무엇인지 생각해 본다.
→ 필수 용어: 이산화 탄소와 수증기, 산소

Plus 문제 **2-1**

나무 도막과 강철 솜의 연소 반응이 닫힌 용기에서 일어날 때 반응 전후 물질의 전체 질량은 각각 어떻게 변하는지 서술하시오.

단어 제시형

3 그림은 물과 과산화 수소의 분자 모형을 나타낸 것이다. 물과 과산화 수소의 성질이 같은지 또는 다른지를 쓰고, 그 까닭을 다음 단어를 모두 포함하여 서술하시오.

물   과산화 수소

> 원자의 개수비, 성분 원소, 질량비

서술형

4 그림은 구리 8 g을 도가니에 넣고 연소시킬 때 생성된 산화 구리(Ⅱ)의 질량 변화를 나타낸 것이다. 이때 반응이 진행되면서 질량이 증가하다가 더 이상 증가하지 않고 일정하게 유지되는 까닭을 서술하시오.

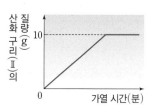

03 기체 반응 법칙, 화학 반응에서의 에너지 출입

개념 더하기

A 기체 반응 법칙

1. **기체 반응 법칙(게이뤼삭, 1808년)** 일정한 온도와 압력에서 기체가 반응하여 새로운 기체를 생성할 때 각 기체의 부피 사이에는 간단한 정수비가 성립한다.

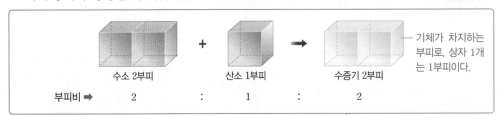
온도와 압력에 따라 기체의 부피가 변하므로
일정한 온도와 압력에서 기체 반응 법칙이 성립한다.

① 성립하는 반응: 반응물과 생성물이 모두 기체인 경우에만 성립한다. ❶

② 수증기 생성 반응에서 부피 관계: 일정한 온도와 압력에서 수소 기체와 산소 기체가 반응하여 수증기가 생성될 때 기체의 부피비는 수소 : 산소 : 수증기＝2 : 1 : 2이다. **탐구** 36쪽

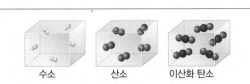

수소 2부피 ＋ 산소 1부피 → 수증기 2부피

기체가 차지하는 부피로, 상자 1개는 1부피이다.

부피비 ➡ 2 : 1 : 2

2. **기체의 부피와 분자 수** 일정한 온도와 압력에서 모든 기체는 같은 부피 속에 같은 개수의 분자가 들어 있다. ➡ 일정한 온도와 압력에서 기체의 부피비와 분자 수의 비는 같다. ❷

수소　　산소　　이산화 탄소

같은 부피 속에 들어 있는 수소, 산소, 이산화 탄소의 분자 수는 같다. 그러나 분자를 구성하는 원자 수는 분자의 종류에 따라 다를 수 있으므로 같은 부피 속에 들어 있는 원자 수는 다를 수 있다.

3. **기체 사이의 반응에서 화학 반응식과 부피의 관계** 일정한 온도와 압력에서 반응물과 생성물이 모두 기체인 경우 기체 사이의 부피비는 각 기체의 분자 수의 비, 화학 반응식의 계수비와 같다. ❸ – 화학 반응식의 계수비는 분자 수의 비와 같고, 기체의 부피비는 분자 수의 비와 같기 때문

> 화학 반응식의 계수비＝분자 수의 비＝부피비(기체의 반응)

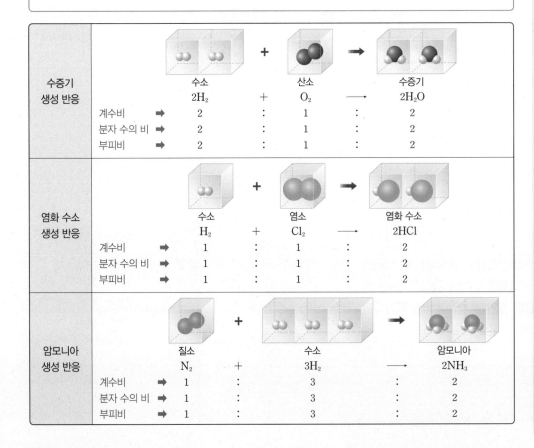

수증기 생성 반응	수소 $2H_2$		산소 O_2		수증기 $2H_2O$
계수비 ➡	2	:	1	:	2
분자 수의 비 ➡	2	:	1	:	2
부피비 ➡	2	:	1	:	2
염화 수소 생성 반응	수소 H_2		염소 Cl_2		염화 수소 $2HCl$
계수비 ➡	1	:	1	:	2
분자 수의 비 ➡	1	:	1	:	2
부피비 ➡	1	:	1	:	2
암모니아 생성 반응	질소 N_2		수소 $3H_2$		암모니아 $2NH_3$
계수비 ➡	1	:	3	:	2
분자 수의 비 ➡	1	:	3	:	2
부피비 ➡	1	:	3	:	2

개념 더하기

❶ 기체 반응 법칙이 성립하는 반응
기체 반응 법칙은 기체 사이의 반응에서만 성립한다. 따라서 반응물과 생성물 중에 기체가 아닌 물질이 있는 반응에서는 기체 반응 법칙이 성립하지 않는다.

예 탄소와 산소가 반응하여 이산화 탄소가 생성되는 반응

탄소＋산소 ⟶ 이산화 탄소
고체　기체　　　　기체

❷ 아보가드로의 분자설과 기체 반응 법칙

• 돌턴의 원자설과 기체 반응 법칙: 기체가 원자로 이루어져 있다고 가정하고, 수증기 생성 반응에서 기체 반응 법칙을 설명하려고 하면 산소 원자가 반으로 쪼개져야 하므로 돌턴의 원자설에 어긋난다.

수소　　산소　　수증기

• 아보가드로의 분자설과 기체 반응 법칙: 아보가드로는 기체 반응 법칙을 설명하기 위해 분자 개념을 도입하여 '일정한 온도와 압력에서 모든 기체는 같은 부피 속에 같은 개수의 분자를 포함한다.'고 주장하였다. 수증기 생성 반응을 분자 모형으로 나타내면 원자가 쪼개지지 않으면서 기체 반응 법칙을 설명할 수 있다.

수소　　산소　　수증기

❸ 이산화 질소의 생성 반응에서 화학 반응식과 부피의 관계

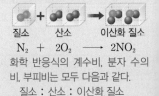
질소　　산소　　이산화 질소
N_2 ＋ $2O_2$ ⟶ $2NO_2$

화학 반응식의 계수비, 분자 수의 비, 부피비는 모두 다음과 같다.

질소 : 산소 : 이산화 질소
＝ 1 : 2 : 2

핵심 Tip

- **기체 반응 법칙**: 일정한 온도와 압력에서 기체가 반응하여 새로운 기체를 생성할 때 각 기체의 <u>부피</u> 사이에는 간단한 <u>정수비</u>가 성립한다.
- 일정한 온도와 압력에서 모든 기체는 <u>같은 부피</u> 속에 같은 개수의 분자가 들어 있다.
- **기체 사이의 반응에서 부피비**
  수소 : 산소 : 수증기= 2 : 1 : 2
  수소 : 염소 : 염화 수소= 1 : 1 : 2
  질소 : 수소 : 암모니아= 1 : 3 : 2

1 기체 반응 법칙에 대한 설명으로 옳은 것은 ○, 옳지 않은 것은 ×로 표시하시오.

(1) 일정한 온도와 압력에서 반응하는 기체와 생성되는 기체의 부피 사이에는 간단한 정수비가 성립한다. ( )

(2) 모든 화학 반응에서 기체 반응 법칙이 성립한다. ( )

(3) 일정한 온도와 압력에서 기체의 부피비는 질량비와 같다. ( )

2 그림은 일정한 온도와 압력에서 수소 기체와 산소 기체가 반응하여 수증기가 생성될 때 기체의 부피 관계를 나타낸 것이다.

(1) 반응이 일어날 때 기체 사이의 부피비(수소 : 산소 : 수증기)를 쓰시오.

(2) 수증기 생성 반응에서 각 기체의 부피비가 (1)의 답처럼 성립하는 것과 가장 관계있는 화학 반응의 법칙을 쓰시오.

(3) 수소 기체 40 mL와 산소 기체 20 mL를 완전히 반응시켰을 때 생성되는 수증기의 부피를 구하시오.

암기 Tip

A-3

기체 사이의 반응에서 부피비
- **수소 : 염소 : 염화 수소= 1 : 1 : 2**
- **질소 : 수소 : 암모니아= 1 : 3 : 2**
- **수소 : 산소 : 수증기= 2 : 1 : 2**
➡ 염화 수소 11, 암모니아 13, 수증기 21

3 온도와 압력이 일정할 때 1 L의 같은 용기 3개에 각각 수소 기체, 산소 기체, 수증기가 들어 있다. 각 기체의 분자 수를 비교하여 ㉠, ㉡에 알맞은 등호나 부등호를 쓰시오.

수소 (㉠) 산소 (㉡) 수증기

4 온도와 압력이 일정할 때 수소 기체 50 mL와 염소 기체 50 mL를 반응시켰더니 두 기체가 모두 반응하여 염화 수소 기체 100 mL가 생성되었다. 이 반응에서 각 기체의 부피비(수소 : 염소 : 염화 수소)를 구하시오.

적용 Tip

A-3

암모니아 생성 반응에서의 부피비

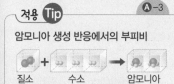

질소   수소   암모니아

- 반응을 화학 반응식으로 나타낼 때 각 기체의 계수비는 다음과 같다.
  질소 : 수소 : 암모니아= 1 : 3 : 2
- 질소 기체 10 mL와 수소 기체 30 mL가 반응하여 암모니아 기체 20 mL가 생성된다.
- 질소 분자 1개와 수소 분자 3개가 반응하여 암모니아 분자 2개가 생성된다.

5 그림은 온도와 압력이 일정할 때 질소 기체와 수소 기체가 반응하여 암모니아 기체가 생성되는 반응을 모형으로 나타낸 것이다.

질소 기체 30 mL와 수소 기체 100 mL가 완전히 반응하여 암모니아 기체가 생성되었다. 다음 값을 각각 구하시오.

(1) 남는 기체의 종류와 부피(mL)

(2) 생성되는 암모니아 기체의 부피(mL)

03 기체 반응 법칙, 화학 반응에서의 에너지 출입

B 화학 반응에서의 에너지 출입

1. 화학 반응에서의 에너지 출입 화학 반응이 일어날 때는 에너지를 방출하거나 흡수한다. ❶❷

2. 발열 반응 화학 반응이 일어날 때 에너지를 방출하는 반응 ❸

① 에너지 출입과 주변의 온도 변화: 반응이 일어나는 쪽에서 주변으로 에너지를 방출하므로 주변의 온도가 높아진다.

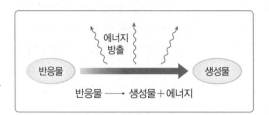

반응물 ⟶ 생성물+에너지

② 발열 반응의 예: 호흡❹, 연소 반응, 금속이 녹스는 반응, 산과 염기의 반응, 금속과 산의 반응, 산화 칼슘과 물의 반응 등
<u>부식</u>   <u>중화 반응</u>

▲ 연료가 연소할 때 열에너지와 빛에너지를 방출한다.

▲ 철이 산소와 반응하여 녹이 슬 때 에너지를 방출한다.

▲ 염산(산)과 수산화 나트륨(염기) 수용액이 반응할 때 에너지를 방출한다. ❺

3. 흡열 반응 화학 반응이 일어날 때 에너지를 흡수하는 반응 ❻

① 에너지 출입과 주변의 온도 변화: 반응이 일어나는 쪽에서 주변의 에너지를 흡수하므로 주변의 온도가 낮아진다.

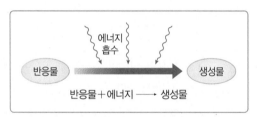

반응물+에너지 ⟶ 생성물

② 흡열 반응의 예: *광합성, 물의 전기 분해, 탄산수소 나트륨의 열분해, 질산 암모늄과 물의 반응, 수산화 바륨과 염화 암모늄의 반응, 소금과 물의 반응 등

▲ 식물이 빛에너지를 흡수하여 광합성을 한다.

▲ 물이 전기 에너지를 흡수하여 수소와 산소로 분해된다.

▲ 베이킹파우더에 들어 있는 탄산수소 나트륨을 가열하면 에너지를 흡수하여 분해된다.
└이산화 탄소가 발생하여 빵을 부풀어 오르게 한다.

4. 화학 반응에서 출입하는 에너지의 활용 탐구 37쪽

발열 반응	연료 (천연가스, 석유 등)	연료가 연소할 때 방출하는 에너지를 이용하여 음식을 조리하거나 난방을 한다. – 천연가스나 석유 등 화석 연료의 연소는 대표적인 발열 반응이다.
	발열 도시락, 발열 컵	산화 칼슘과 물이 반응할 때 방출하는 에너지로 용기 안의 음식을 데운다. – 발열 도시락에 들어 있는 발열제의 주성분이 산화 칼슘이다.
	흔드는 휴대용 손난로	철 가루가 공기 중의 산소와 반응할 때 방출하는 에너지로 손을 따뜻하게 한다.
	*제설제(염화 칼슘)	염화 칼슘이 물에 녹을 때 방출하는 에너지를 이용하여 도로의 눈을 녹인다.
흡열 반응	냉찜질 주머니, 손 냉장고	질산 암모늄이 물에 녹을 때 에너지를 흡수하여 주변의 온도가 낮아지므로 열을 내리거나 통증을 완화시킨다.

---

❶ **화학 반응에서의 에너지 출입**
화학 반응에서 반응물과 생성물은 고유의 에너지를 가지고 있다. 그런데 반응물과 생성물이 가진 에너지 차가 있으므로 반응이 일어날 때 이 에너지 차만큼 에너지를 방출하거나 흡수한다.

❷ **상태 변화에서의 에너지 출입**
물질의 상태 변화가 일어날 때에도 에너지를 흡수하거나 방출한다. 융해, 기화, 승화(고체 → 기체)는 열에너지를 흡수하는 상태 변화이고, 응고, 액화, 승화(기체 → 고체)는 열에너지를 방출하는 상태 변화이다.

❸ **발열 반응에서의 에너지 변화**

반응물의 에너지＞생성물의 에너지

❹ **호흡**
호흡에서 포도당과 산소가 반응할 때 에너지를 방출하는데, 이 에너지는 체온 유지, 운동 등에 사용된다.

❺ **산과 염기**
산은 푸른색 리트머스 종이를 붉게 만드는 물질이고, 염기는 붉은색 리트머스 종이를 푸르게 만드는 물질이다.

❻ **흡열 반응에서의 에너지 변화**

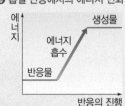

반응물의 에너지＜생성물의 에너지

용어 사전

*광합성(빛 光, 합할 合, 이룰 成)
녹색식물이 빛에너지를 이용하여 이산화 탄소와 수분으로 유기물을 합성하는 과정

*제설제(없앨 除, 눈 雪, 약제 劑)
도로에 쌓이는 눈을 녹이는 물질

6 화학 반응에서의 에너지 출입에 대한 설명으로 옳은 것은 ○, 옳지 않은 것은 ×로 표시하시오.

(1) 화학 반응이 일어날 때는 항상 에너지를 흡수한다. ( )
(2) 발열 반응이 일어나면 주변의 온도가 낮아진다. ( )
(3) 흡열 반응은 화학 반응이 일어날 때 에너지를 흡수하는 반응이다. ( )
(4) 철이 산소와 반응하여 녹이 슬 때 주변으로부터 에너지를 흡수한다. ( )

7 그림은 어떤 화학 반응이 일어날 때 에너지의 이동 방향을 나타낸 것이다.

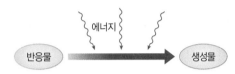

이에 대한 설명에서 ( ) 안에 알맞은 말을 고르시오.

(1) 이 반응은 (발열 , 흡열) 반응이다.
(2) 이 반응이 일어나면 주변의 온도가 (높아 , 낮아)진다.
(3) (호흡 , 광합성)은 이와 같은 에너지 이동이 나타난다.

8 발열 반응의 예는 '발열', 흡열 반응의 예는 '흡열'이라고 쓰시오.

(1) 공기 중에서 나무가 탄다. ( )
(2) 수산화 바륨과 염화 암모늄을 반응시킨다. ( )
(3) 염산과 수산화 나트륨 수용액을 반응시킨다. ( )
(4) 물에 전류를 흘려주어 수소와 산소로 분해한다. ( )
(5) 묽은 염산에 마그네슘 조각을 넣어 반응시킨다. ( )
(6) 탄산수소 나트륨을 가열하여 탄산 나트륨, 물, 이산화 탄소로 분해한다.
( )

9 다음은 흔드는 휴대용 손난로와 냉찜질 주머니의 원리에 대한 설명이다. ㉠, ㉡에 알맞은 말을 쓰시오.

(가) 흔드는 휴대용 손난로를 흔들면 부직포 안에 들어 있는 철 가루가 공기 중의 산소와 반응하면서 에너지를 (㉠)하므로 주변의 온도가 (㉡)진다.

(나) 냉찜질 주머니를 세게 누르면 물이 든 비닐 주머니가 터져 질산 암모늄이 물에 녹으면서 에너지를 (㉠)하므로 주변의 온도가 (㉡)진다.

과학적 사고로!

탐구하기 ⓐ 수증기 생성 반응에서의 부피 관계

목표 수증기 생성 반응에서 반응하는 기체 사이의 부피 관계를 알아본다.

과정

실험 Tip

수소 기체와 산소 기체를 얻는 방법

수소 기체와 산소 기체는 기체 발생 장치를 이용하여 얻을 수 있다. 수소 기체는 마그네슘에 묽은 염산을 가하면 발생하고, 산소 기체는 이산화 망가니즈에 과산화 수소수를 가하면 발생한다.

❶ 물 합성 장치의 기체 주입구를 열고 주사기를 이용하여 수소 기체 6 mL를 넣은 후, 같은 방법으로 산소 기체 6 mL를 넣는다.

❷ 기체 주입구를 닫고 점화기를 눌러 수소 기체와 산소 기체를 완전히 반응시킨 후, 남은 기체의 부피를 측정한다.

점화기를 누르면 수소와 산소가 반응하여 수증기가 생성되며, 생성된 수증기는 물로 액화하므로 수증기의 부피를 직접 측정할 수는 없다.

❸ 물 합성 장치에 넣는 수소 기체와 산소 기체의 부피를 달리하여 실험을 반복한다.

결과

[유의점]
• 수소 기체는 가연성이 있으므로 열로부터 멀리 한다.
• 수소 기체와 산소 기체는 폭발적으로 반응하므로 안전에 유의한다.

실험	반응 전 기체의 부피(mL)		반응 후 남은 기체의 종류와 부피(mL)	반응한 기체의 부피(mL)		반응한 기체의 부피비 (수소 : 산소)
	수소	산소		수소	산소	
1	6	6	산소, 3	6	3	6 : 3 = 2 : 1
2	6	3	없음	6	3	6 : 3 = 2 : 1
3	8	3	수소, 2	6	3	6 : 3 = 2 : 1
4	8	4	없음	8	4	8 : 4 = 2 : 1

정리

• 일정한 온도와 압력에서 수소 기체와 산소 기체가 반응하여 수증기가 생성될 때 반응하는 수소와 산소의 부피비(수소 : 산소)는 (㉠   )이다.
• 일정한 온도와 압력에서 기체가 반응하여 새로운 기체를 생성할 때 각 기체의 부피 사이에는 간단한 정수비가 성립한다. ➡ (㉡   ) 법칙이 성립한다.

확인 문제

1 위 실험에 대한 설명으로 옳은 것은 ○, 옳지 않은 것은 ×로 표시하시오.

(1) 수소 기체와 산소 기체는 1 : 2의 부피비로 반응하여 수증기를 생성한다. ( )

(2) 수소 기체와 산소 기체가 반응하여 수증기가 생성되는 반응에서 기체 반응 법칙이 성립한다. ( )

(3) 수소 기체 8 mL와 산소 기체 8 mL를 완전히 반응시키면 산소 기체 4 mL가 남는다. ( )

(4) 수소 기체 12 mL와 산소 기체 5 mL를 완전히 반응시키면 남는 기체 없이 모두 반응한다. ( )

실전 문제

2 표는 일정한 온도와 압력에서 수소 기체와 염소 기체가 반응하여 염화 수소 기체가 생성될 때 기체의 부피 관계를 나타낸 것이다.

실험	반응 전 기체의 부피(mL)		반응 후 남은 기체의 종류와 부피(mL)	생성된 염화 수소의 부피(mL)
	수소	염소		
1	15	10	㉠	20
2	15	15	없음	30
3	20	30	㉡	40

㉠, ㉡에 알맞은 기체의 종류와 부피를 각각 쓰시오.

탐구하기 ● **ⓑ 에너지 출입을 이용한 장치 만들기**

목표 발열 반응과 흡열 반응을 이용한 장치를 만들어 보고, 에너지가 출입하는 것을 알아본다.

과정

[실험 1] 발열 반응을 이용한 손난로 만들기

❶ 부직포 주머니에 철 가루, 숯가루, 질석, 소금을 한 숟가락씩 넣고 소량의 물을 넣는다.

❷ 열 봉합기로 부직포 주머니의 입구를 밀봉한다.

❸ 부직포 주머니를 흔들어 준 후 손이나 팔에 대어 보면서 변화를 확인한다.

[실험 2] 흡열 반응을 이용한 손 냉장고 만들기

❶ 큰 비닐 팩에 질산 암모늄을 약 30 g 넣은 후, 작은 비닐 팩에 물을 약 20 mL 넣고 입구를 닫아 질산 암모늄이 들어 있는 큰 비닐 팩에 넣는다.

❷ 열 봉합기로 큰 비닐 팩을 밀봉한 후, 작은 비닐 팩을 눌러 터트려 안에 있는 물이 질산 암모늄과 반응하게 한다.

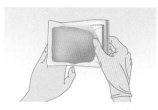

❸ 물과 질산 암모늄의 반응 후 비닐 팩을 손이나 팔에 대어 보면서 변화를 관찰한다.

[유의점]
• 열 봉합기를 사용할 때 화상을 입지 않도록 주의한다.
• [실험 2]에서 큰 비닐 팩을 밀봉하기 전에 비닐 팩 안의 공기를 최대한 빼낸다.

결과

• **[실험 1]**에서 만든 부직포 주머니를 흔들면 주머니가 따뜻해진다.
• **[실험 2]**에서 만든 비닐 팩이 차가워진다.

정리

• **[실험 1]**에서 만든 손난로의 철 가루가 공기 중의 산소와 반응하여 산화 철이 되면서 에너지를 (㉠   )하므로 주변의 온도가 높아져 손난로가 따뜻해진다. ➡ 철과 산소의 반응은 (㉡   ) 반응이다.
• **[실험 2]**에서 만든 손 냉장고의 질산 암모늄이 물과 반응할 때 에너지를 (㉢   )하므로 주변의 온도가 낮아져 손 냉장고가 차가워진다. ➡ 질산 암모늄과 물의 반응은 (㉣   ) 반응이다.

확인 문제

1 위 실험에 대한 설명으로 옳은 것은 ○, 옳지 않은 것은 ×로 표시하시오.

(1) **[실험 1]**에서 손난로를 흔들면 주머니 안의 철이 공기 중의 산소와 반응하여 에너지를 흡수한다. (   )

(2) **[실험 2]**에서 비닐 팩을 누르면 질산 암모늄이 물과 반응하여 에너지를 방출한다. (   )

(3) **[실험 1]**에서 열에너지의 출입 방향은 산화 칼슘과 물의 반응과 같다. (   )

(4) **[실험 2]**에서 열에너지의 출입 방향은 수산화 바륨과 염화 암모늄의 반응과 같다. (   )

실전 문제

2 다음은 화학 반응에서 출입하는 에너지를 활용한 몇 가지 장치를 나타낸 것이다.

> (가) 냉찜질 팩   (나) 발열 도시락   (다) 휴대용 손난로

(가)~(다)의 장치에서 이용하는 반응을 옳게 나타낸 것을 모두 고르면? (2개)

① (가) – 발열 반응   ② (가) – 흡열 반응
③ (나) – 발열 반응   ④ (나) – 흡열 반응
⑤ (다) – 흡열 반응

A 기체 반응 법칙

01 그림은 일정한 온도와 압력에서 수소 기체와 산소 기체가 반응하여 수증기가 생성될 때 기체의 부피 관계를 나타낸 것이다.

수증기 30 L를 만들기 위해 필요한 수소 기체와 산소 기체의 최소 부피를 옳게 짝 지은 것은?

	수소	산소		수소	산소
①	15 L	10 L	②	15 L	15 L
③	15 L	30 L	④	30 L	15 L
⑤	30 L	30 L			

02 25 ℃, 1기압에서 기체 반응 법칙이 성립하는 화학 반응이 아닌 것은?

① 수소+산소 ⟶ 수증기
② 질소+수소 ⟶ 암모니아
③ 수소+염소 ⟶ 염화 수소
④ 질소+산소 ⟶ 이산화 질소
⑤ 탄소+산소 ⟶ 이산화 탄소

중요

탐구 36쪽

03 표는 일정한 온도와 압력에서 수소 기체와 산소 기체가 반응하여 수증기가 생성될 때 기체의 부피 관계를 나타낸 것이다.

실험	반응 전 기체의 부피(mL)		반응 후 남은 기체의 종류와 부피(mL)	생성된 수증기의 부피(mL)
	수소	산소		
1	30	10	㉠	20
2	30	15	없음	30
3	40	30	산소, 10	㉡

이에 대한 설명으로 옳지 않은 것은?

① 실험 1에서 ㉠은 '수소, 10'이다.
② 실험 3에서 ㉡은 '40'이다.
③ 반응하는 기체의 부피비는 수소 : 산소 : 수증기=2 : 1 : 2이다.
④ 실험 1에서 수소 기체를 더 넣으면 생성되는 수증기의 부피가 늘어난다.
⑤ 실험 3에서 반응 후 남는 기체가 있는 까닭은 기체 반응 법칙으로 설명할 수 있다.

04 그림과 같이 20 ℃, 1기압에서 1 L의 용기 속에 산소 기체, 질소 기체, 이산화 탄소 기체가 들어 있다.

(가) ~ (다)의 기체 분자 수를 옳게 비교한 것은?

① (가)>(나)>(다)
② (가)=(나)>(다)
③ (가)=(나)=(다)
④ (다)>(가)>(나)
⑤ (다)>(나)>(가)

중요

05 그림은 온도와 압력이 일정할 때 수소 기체와 산소 기체가 반응하여 수증기가 생성되는 반응을 모형으로 나타낸 것이다.

이에 대한 설명으로 옳은 것은?

① 이 반응의 화학 반응식은 $2H_2+O_2 \longrightarrow H_2O$이다.
② 반응이 일어나는 동안 분자의 종류와 개수는 변하지 않는다.
③ 수소 기체 2 L와 산소 기체 1 L를 반응시키면 수증기 3 L가 생성된다.
④ 반응하는 기체의 원자 수의 비는 수소 : 산소 : 수증기=2 : 1 : 2이다.
⑤ 수소 분자 10개와 산소 분자 5개가 반응하면 수증기 분자 10개가 생성된다.

[주관식]

06 다음은 온도와 압력이 일정할 때 질소 기체와 수소 기체가 반응하여 암모니아 기체가 생성되는 반응을 화학 반응식으로 나타낸 것이다.

$$N_2+3H_2 \longrightarrow 2NH_3$$

수소 기체 15 mL가 충분한 양의 질소 기체와 완전히 반응할 때 생성되는 암모니아 기체의 부피를 구하시오.

07 표는 일정한 온도와 압력에서 임의의 기체 A와 기체 B가 반응하여 기체 C가 생성될 때 기체의 부피 관계를 나타낸 것이다.

실험	반응 전 기체의 부피(mL)		반응 후 남은 기체의 종류와 부피(mL)	생성된 기체 C의 부피(mL)
	A	B		
1	20	20	B, 10	20
2	35	15	A, 5	30

이 반응을 화학 반응식으로 나타낸 것으로 옳은 것은?

① A+B ⟶ C ② A+2B ⟶ 2C
③ 2A+B ⟶ 2C ④ A+3B ⟶ 2C
⑤ 3A+B ⟶ 2C

Ⓑ 화학 반응에서의 에너지 출입

중요
08 화학 반응에서의 에너지 출입에 대한 설명으로 옳지 <u>않은</u> 것은?

① 발열 반응이 일어나면 주변의 온도가 높아진다.
② 흡열 반응은 주변의 에너지를 흡수하는 반응이다.
③ 화학 반응이 일어날 때는 에너지를 흡수하거나 방출한다.
④ 철이 녹스는 반응이 일어나면 주변으로 에너지를 방출한다.
⑤ 염산과 수산화 나트륨 수용액의 반응이 일어나면 주변의 온도가 낮아진다.

09 그림은 화학 반응이 일어날 때의 에너지 출입을 나타낸 것이다. 이와 같은 에너지 출입이 일어나는 예로 옳은 것은?

① 식물이 광합성을 한다.
② 질산 암모늄과 물을 섞어 반응시킨다.
③ 산화 칼슘에 물을 떨어뜨려 반응시킨다.
④ 물에 전류를 흘려주면 수소와 산소로 분해된다.
⑤ 탄산수소 나트륨을 가열하면 탄산 나트륨, 물, 이산화 탄소로 분해된다.

10 다음 (가)와 (나) 반응의 공통점으로 옳은 것은?

(가) 묽은 염산에 아연 조각을 넣는다.
(나) 묽은 염산에 수산화 나트륨 수용액을 넣는다.

① 물이 생성된다.
② 앙금이 생성된다.
③ 기체가 발생한다.
④ 주변의 온도가 높아진다.
⑤ 주변에서 에너지를 흡수한다.

[주관식]
11 다음은 에너지 출입을 활용한 몇 가지 장치를 나타낸 것이다.

(가) 발열 도시락 (나) 냉찜질 주머니
(다) 휴대용 손난로 (라) 염화 칼슘 제설제

발열 반응을 활용한 장치를 모두 고르시오.

12 질산 암모늄과 물의 반응을 이용하여 손 냉장고를 만들었다. 이 손 냉장고에서 일어나는 반응과 에너지 출입 방향이 같은 것은?

① 나무의 연소 반응 ② 산화 칼슘과 물의 반응
③ 철이 녹스는 반응 ④ 묽은 염산과 아연의 반응
⑤ 수산화 바륨과 질산 암모늄의 반응

탐구 37쪽
13 다음은 화학 반응에서의 에너지 출입을 활용한 장치를 만드는 과정이다.

(가) 부직포 주머니에 철 가루, 숯가루, 질석, 소금을 한 숟가락씩 넣고 소량의 물을 넣는다.
(나) 열 봉합기로 부직포 주머니의 입구를 밀봉한 후 흔든다.

이에 대한 설명으로 옳은 것은?

① 부직포 주머니가 차가워진다.
② 철 가루가 공기 중의 산소와 반응한다.
③ 부직포 주머니에서 흡열 반응이 일어난다.
④ 같은 원리를 이용하여 냉찜질 주머니를 만들 수 있다.
⑤ 부직포 주머니에서 일어나는 반응으로 주변의 온도가 낮아진다.

서술형

1 그림은 일정한 온도와 압력에서 일산화 탄소 기체와 산소 기체가 반응하여 이산화 탄소 기체가 생성될 때 기체의 부피 관계를 나타낸 것이다.

 + →

일산화 탄소   산소   이산화 탄소

일산화 탄소 기체 10 mL와 산소 기체 10 mL가 반응할 때 반응하지 않고 남는 기체의 종류와 부피를 쓰고, 그 까닭을 반응하는 기체의 부피비를 포함하여 서술하시오.

_____

_____

1 먼저 그림으로 제시된 기체의 부피 관계를 해석하여 부피비를 구한다.
→ 필수 용어: 기체의 부피비

Plus 문제 1-1

이 반응을 화학 반응식으로 나타내시오.

_____

단계별 서술형 단어 제시형

2 표는 일정한 온도와 압력에서 질소 기체와 수소 기체가 반응하여 암모니아 기체가 생성될 때 기체의 부피 관계를 나타낸 것이다.

실험	반응 전 기체의 부피(mL)		반응 후 남은 기체의 종류와 부피(mL)	생성된 암모니아의 부피(mL)
	질소	수소		
1	15	50	수소, 5	30
2	30	30	질소, 20	20

(1) 이 반응의 화학 반응식을 쓰시오.

_____

(2) 이 반응의 화학 반응식을 나타낼 때 계수비를 (1)의 답과 같이 나타낸 까닭을 다음 단어를 모두 포함하여 서술하시오.

> 기체, 계수비, 부피비

_____

_____

2 (1) 표를 해석하여 반응하는 기체의 부피비를 알아낸다.
(2) 기체 사이의 반응에서 화학 반응식의 계수비를 알 수 있는 방법을 떠올려 본다.

서술형

3 그림과 같이 물을 적신 나무판 위에 수산화 바륨과 염화 암모늄을 넣은 삼각 플라스크를 올려놓고 유리 막대로 잘 저은 후, 삼각 플라스크를 들어 올리면 나무판이 삼각 플라스크에 달라붙어 같이 들어 올려진다. 그 까닭을 화학 반응에서의 에너지 출입, 주변의 온도 변화와 관련지어 설명하시오.

수산화 바륨 + 염화 암모늄

물

나무판

_____

_____

3 수산화 바륨과 염화 암모늄의 반응에서의 에너지 출입을 떠올려 본다.
→ 필수 용어: 에너지, 주변의 온도, 물이 언다.

Plus 문제 3-1

이 반응과 에너지 출입이 같은 화학 반응의 예를 2가지 쓰시오.

_____

이 단원에서 학습한 내용을 확실히 이해했나요?
다음 내용을 잘 알고 있는지 확인해 보세요.

1 물리 변화와 화학 변화

- ❶□□ □□: 물질의 고유한 성질은 변하지 않으면서 모양이나 상태 등이 변하는 현상
- ❷□□ □□: 어떤 물질이 성질이 전혀 다른 새로운 물질로 변하는 현상
- 물리 변화는 ❸□□의 배열만 변하고 분자의 종류는 변하지 않으므로 물질이 성질이 변하지 않는다.
- 화학 변화는 ❹□□의 배열이 변해 새로운 물질이 만들어지므로 물질의 성질이 변한다.

2 화학 반응과 화학 반응식

- ❶□□ □□□: 화학식을 사용하여 화학 반응을 나타낸 것
  - 반응물은 화살표의 ❷□□에, 생성물은 화살표의 ❸□□□에 적고, 반응물 또는 생성물 사이는 +로 연결한다.
  - 반응물과 생성물을 화학식으로 나타낸다.
  - 반응 전후에 ❹□□의 종류와 개수가 같도록 계수를 맞춘다.(단, 계수가 1인 경우는 생략한다.)
- 화학 반응식으로 알 수 있는 것: 반응물과 생성물의 종류, 분자(원자)의 종류와 개수, 입자 수의 비(화학 반응식의 계수비❺□ 입자 수의 비)

3 질량 보존 법칙

- 질량 보존 법칙: 화학 반응이 일어날 때 반응물의 전체 질량과 생성물의 전체 질량은 항상 ❶□□.
- 질량 보존 법칙이 성립하는 까닭: 화학 반응이 일어날 때 물질을 구성하는 원자의 종류와 ❷□□가 변하지 않기 때문
- 화학 반응 전후 물질의 질량 변화
  - 앙금 생성 반응: 열린 용기와 닫힌 용기에서 모두 ❸□□
  - 기체 발생 반응, 나무의 연소: 열린 용기에서는 ❹□□, 닫힌 용기에서는 일정
  - 금속의 연소: 열린 용기에서는 ❺□□, 닫힌 용기에서는 일정

4 일정 성분비 법칙

- 일정 성분비 법칙: 화합물을 구성하는 성분 원소 사이에는 항상 일정한 ❶□□□가 성립한다.
- 일정 성분비 법칙이 성립하는 까닭: 화합물이 생성될 때 원자는 일정한 ❷□□□로 결합하기 때문
- 화학 반응에서의 질량비
  - 물 생성 반응 ➡ 수소 : 산소 : 물=1 : 8 : 9
  - 구리의 연소 반응 ➡ 구리 : 산소 : 산화 구리(Ⅱ)
    =❸□ : ❹□ : 5

5 기체 반응 법칙

- 기체 반응 법칙: 일정한 온도와 압력에서 기체가 반응하여 새로운 기체를 생성할 때 각 기체의 ❶□□ 사이에는 간단한 정수비가 성립한다.
- 일정한 온도와 압력에서 모든 기체는 같은 부피 속에 같은 개수의 ❷□□가 들어 있다.
- 반응물과 생성물이 기체인 반응에서 기체 사이의 부피비는 화학 반응식의 ❸□□□와 같다.
- 화학 반응에서의 부피비
  - 수증기 생성 반응 ➡ 수소 : 산소 : 수증기=❹□ : ❺□ : 2
  - 암모니아 생성 반응 ➡ 질소 : 수소 : 암모니아 =1 : 3 : 2

6 화학 반응에서의 에너지 출입

- ❶□□ 반응: 화학 반응이 일어날 때 에너지를 방출하는 반응 ➡ 주변의 온도가 ❷□□진다.
  예 연소 반응, 금속이 녹는 반응, 산과 염기의 반응, 금속과 산의 반응, 산화 칼슘과 물의 반응 등
- ❸□□ 반응: 화학 반응이 일어날 때 에너지를 흡수하는 반응 ➡ 주변의 온도가 ❹□□진다.
  예 광합성, 물의 전기 분해, 탄산수소 나트륨의 열분해, 질산 암모늄과 물의 반응, 수산화 바륨과 염화 암모늄의 반응 등
- 화학 반응에서 출입하는 에너지의 활용: 발열 도시락, 흔드는 휴대용 손난로는 ❺□□ 반응, 냉찜질 주머니는 ❻□□ 반응을 활용한다.

01. 물질 변화와 화학 반응식	01	02	03	04	05	06	07	08				
02. 질량 보존 법칙, 일정 성분비 법칙	09	10	11	12	13	14	15	16	23	24		
03. 기체 반응 법칙, 화학 반응에서의 에너지 출입	17	18	19	20	21	22	25					

상중**하**

01 화학 변화에 해당하는 것은?

① 유리 그릇이 깨진다.
② 가위로 종이를 자른다.
③ 쇳물을 틀에 부어 굳힌다.
④ 불판 위에 올려놓은 고기가 익는다.
⑤ 부엌에서 나는 음식 냄새가 집 전체로 퍼진다.

상**중**하

02 그림은 주변에서 볼 수 있는 물질 변화를 나타낸 것이다.

(가) 달걀이 깨진다.　　　(나) 단풍잎이 붉게 변한다.

이에 대한 설명으로 옳은 것은?

① (가)는 물질의 성질이 변한다.
② (가)는 새로운 분자가 생성된다.
③ (나)는 원자의 배열이 변한다.
④ (나)는 분자의 종류가 변하지 않는다.
⑤ (가)와 (나)는 모두 물리 변화가 일어난다.

상중하

03 다음은 설탕에서 나타나는 몇 가지 현상이다.

(가) 설탕을 물에 녹이면 설탕물이 된다.
(나) 설탕물을 증발 접시에 담고 가열하여 물을 증발시키면 증발 접시에 설탕이 남는다.
(다) 흰 설탕을 가열하면 투명한 액체 설탕이 된다.
(라) 액체 설탕을 더 오래 가열하면 설탕이 검게 탄다.

이에 대한 설명으로 옳은 것은?

① (가)에서 설탕의 원자의 종류가 변한다.
② (나)에서 설탕의 원자의 배열이 변한다.
③ (다)에서 설탕의 분자의 종류가 변한다.
④ (라)에서 설탕의 성질이 변한다.
⑤ (다)와 (라)에서 생성된 물질은 설탕의 단맛이 난다.

자료 분석 | 정답과 해설 11쪽

상중**하**

04 다음에서 설명하는 변화가 나타나는 반응이 <u>아닌</u> 것은?

• 원자의 배열이 달라진다.
• 처음과는 다른 새로운 물질이 생성된다.

① 벽난로에서 장작이 탄다.
② 깎아 놓은 사과의 색깔이 변한다.
③ 철로 만든 오래된 대문이 녹슨다.
④ 가늘게 만든 철을 뭉쳐 강철 솜을 만든다.
⑤ 달걀 껍데기에 식초를 떨어뜨리면 기포가 발생한다.

상**중**하

05 그림과 같이 (가) 긴 마그네슘 리본, (나) 작게 자른 마그네슘 리본, (다) 마그네슘 리본을 태운 재를 준비하였다.

(가)　　　(나)　　　(다)

이에 대한 설명으로 옳지 않은 것을 모두 고르면? (2개)

① (가) → (나)의 변화에서 원자의 배열이 변한다.
② (가) → (다)의 변화에서 마그네슘의 성질이 변한다.
③ (가)에 묽은 염산을 떨어뜨리면 화학 변화가 일어난다.
④ (나)에 묽은 염산을 떨어뜨리면 기체가 발생한다.
⑤ (다)에 간이 전기 전도계를 대면 전류가 흐른다.

상**중**하

06 메테인의 연소 반응을 화학 반응식으로 나타내는 방법에 대한 설명으로 옳지 <u>않은</u> 것은?

① 반응물인 메테인과 산소는 화살표의 왼쪽에, 생성물인 이산화 탄소와 물은 화살표의 오른쪽에 쓴다.
② 메테인은 CH_4, 산소는 O_2, 이산화 탄소는 CO_2, 물은 H_2O로 나타낸다.
③ 반응 전후의 원자의 종류와 개수가 같도록 계수를 맞춘다.
④ 계수는 가장 간단한 정수비로 나타내며, 1은 생략한다.
⑤ 화학 반응식은 $CH_4 + 2O_2 \longrightarrow CO_2 + H_2O$이다.

【주관식】 상 **중** 하

07 다음은 3가지 반응의 화학 반응식이다.

> (가) $aN_2 + bO_2 \longrightarrow cNO_2$
> (나) $aKClO_3 \longrightarrow bKCl + cO_2$
> (다) $C_2H_5OH + aO_2 \longrightarrow bCO_2 + cH_2O$

반응 (가)~(다)의 계수 a, b, c의 합($a+b+c$)의 크기를 등호나 부등호를 이용하여 비교하시오. (단, 계수가 1인 경우도 표시한다.)

자료 분석 | 정답과 해설 12쪽

상 **중** 하

08 다음은 질소와 수소가 반응하여 암모니아가 생성되는 반응을 화학 반응식으로 나타낸 것이다.

> $$N_2 + 3H_2 \longrightarrow 2NH_3$$

이 화학 반응식으로 알 수 없는 것은?

① 질소와 수소 중 원자의 질량이 큰 것은 질소이다.
② 반응물은 질소와 수소이고, 생성물은 암모니아이다.
③ 반응물과 생성물을 구성하는 원자는 질소와 수소이다.
④ 분자 수의 비는 질소 : 수소 : 암모니아=1 : 3 : 2이다.
⑤ 반응물의 분자의 개수는 질소 분자 1개, 수소 분자 3개이다.

상 중 **하**

09 그림과 같이 탄산 나트륨 수용액과 염화 칼슘 수용액의 질량을 측정한 다음, 두 수용액을 섞어 반응시킨 후 다시 전체 질량을 측정하였다.

(가)와 (나)의 질량 비교와 이를 통해 알 수 있는 법칙을 옳게 나타낸 것은?

	질량 비교	알 수 있는 법칙
①	(가) > (나)	질량 보존 법칙
②	(가) > (나)	일정 성분비 법칙
③	(가) = (나)	질량 보존 법칙
④	(가) = (나)	일정 성분비 법칙
⑤	(가) < (나)	기체 반응 법칙

상 **중** 하

10 그림은 탄산 칼슘과 묽은 염산의 반응을 모형으로 나타낸 것이다.

이에 대한 설명으로 옳지 <u>않은</u> 것은?

① 반응 후 물질의 종류는 변한다.
② 반응 후 원자의 개수는 변한다.
③ 질량 보존 법칙을 설명할 수 있다.
④ 반응 전후 원자의 종류는 변하지 않는다.
⑤ 반응물의 전체 질량과 생성물의 전체 질량이 같다.

상 **중** 하

11 열린 용기에서 화학 반응이 일어날 때 반응 후 질량이 감소하는 것을 모두 고르면? (2개)

① 구리판을 가열한다.
② 나무에 불을 붙인다.
③ 강철 솜을 도가니에 넣고 가열한다.
④ 염화 나트륨 수용액에 질산 은 수용액을 떨어뜨린다.
⑤ 묽은 염산에 탄산 칼슘이 주성분인 분필 조각을 넣는다.

【주관식】 상 **중** 하

12 탄산수소 나트륨 84 g을 가열하여 완전히 분해시켰더니 탄산 나트륨 53 g과 물 9 g이 생성되고, 이산화 탄소가 발생하였다. 이때 발생한 이산화 탄소의 질량을 구하시오.

상 중 **하**

13 그림은 물과 과산화 수소의 분자 모형을 나타낸 것이다. 물과 과산화 수소에서 서로 같은 것은?

① 분자식
② 물질의 성질
③ 성분 원소의 종류
④ 성분 원자의 개수비
⑤ 성분 원소의 질량비

14 그림은 볼트(B) 10개와 너트(N) 15개를 이용하여 화합물 모형 BN₃를 만드는 과정을 나타낸 것이다.

상**중**하

B + 3N → BN₃

이에 대한 설명으로 옳은 것은? (단, 볼트 1개의 질량은 5 g, 너트 1개의 질량은 2 g이다.)

① 이 반응은 $B+3N \longrightarrow 3BN_3$으로 나타낼 수 있다.
② 최대로 만들 수 있는 화합물 BN₃는 10개이다.
③ 화합물 BN₃를 만들고 남는 것은 너트 5개이다.
④ 최대로 만든 화합물 BN₃의 전체 질량은 35 g이다.
⑤ 화합물 BN₃를 구성하는 질량비는 볼트 : 너트=
　5 : 6이다.

[주관식]
상**중**하

15 그림은 암모니아를 구성하는 질소와 수소의 질량 관계를 나타낸 것이다. 암모니아 5.1 g을 만들기 위해 필요한 질소와 수소의 질량을 각각 구하시오.

질소 14.0　수소 3.0

상**중**하

16 그림 (가)와 같이 6개의 시험관 A~F에 10 % 아이오딘화 칼륨 수용액을 6 mL씩 넣고, 10 % 질산 납 수용액을 각각 0, 2, 4, 6, 8, 10 mL씩 넣었을 때 생성되는 앙금의 높이는 그림 (나)와 같았다.

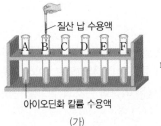

질산 납 수용액

아이오딘화 칼륨 수용액

(가)

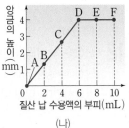

(나)

이에 대한 설명으로 옳은 것은?

① 시험관 A~C에는 납 이온이 들어 있다.
② 시험관 D에 아이오딘화 칼륨 수용액을 더 넣으면 앙금의 높이가 증가한다.
③ 시험관 E에 질산 납 수용액을 더 넣으면 앙금의 높이가 증가한다.
④ 같은 농도의 아이오딘화 칼륨 수용액과 질산 납 수용액은 1 : 2의 부피비로 반응한다.
⑤ 이 실험을 통해 일정 성분비 법칙을 설명할 수 있다.

자료 분석 | 정답과 해설 12쪽

[17~18] 그림은 온도와 압력이 일정할 때 일산화 탄소 기체와 산소 기체가 반응하여 이산화 탄소 기체가 생성되는 반응을 모형으로 나타낸 것이다.

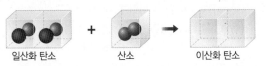

일산화 탄소　　　　산소　　　　이산화 탄소

상**중**하

17 생성된 이산화 탄소 분자 모형을 옳게 나타낸 것은?

①　　②　　③
④　　⑤

[주관식]
상**중**하

18 일산화 탄소 기체 1 L에 들어 있는 분자의 개수를 N이라고 할 때 (가) 일산화 탄소 기체 2 L가 완전히 반응하기 위해 필요한 산소 기체의 부피와 이때 (나) 생성된 이산화 탄소 분자의 개수를 구하시오.

상**중**하

19 표는 일정한 온도와 압력에서 임의의 기체 A와 기체 B가 반응하여 새로운 기체 C가 생성될 때 반응 전후 기체의 부피를 나타낸 것이다.

실험	반응 전 기체의 부피(mL)		반응 후 남은 기체의 종류와 부피(mL)	반응 후 기체 전체의 부피(mL)
	A	B		
1	5	20	B, 5	15
2	20	30	㉠	㉡

이에 대한 설명으로 옳은 것을 〈보기〉에서 모두 고른 것은?

보기
ㄱ. 반응하는 기체의 부피비는 A : B=1 : 2이다.
ㄴ. ㉠은 'A, 10'이다.
ㄷ. ㉡은 '20'이다.

① ㄱ　　　② ㄴ　　　③ ㄱ, ㄷ
④ ㄴ, ㄷ　　　⑤ ㄱ, ㄴ, ㄷ

자료 분석 | 정답과 해설 13쪽

20 다음은 몇 가지 화학 반응을 나타낸 것이다.

상<u>중</u>하

> (가) 식물이 광합성을 한다.
> (나) 양초가 빛과 열을 내며 탄다.
> (다) 아연을 묽은 염산에 넣어 반응시킨다.
> (라) 산화 칼슘에 물을 떨어뜨려 반응시킨다.
> (마) 물에 전류를 흘려 수소와 산소로 분해한다.

이 반응을 발열 반응과 흡열 반응으로 옳게 구분한 것은?

	발열 반응	흡열 반응
①	(가), (나), (다)	(라), (마)
②	(가), (나), (라)	(다), (마)
③	(나), (다)	(가), (라), (마)
④	(나), (다), (라)	(가), (마)
⑤	(다), (라), (마)	(가), (나)

21 그림은 어떤 화학 반응이 일어날 때 에너지 출입을 나타 낸 것이다.

상<u>중</u><u>하</u>

다음은 이 반응에 대한 설명이다. 내용이 옳지 <u>않은</u> 것은?

> 반응이 일어날 때 ① 주변으로 에너지를 방출하는 ② 발열 반응으로, 이 반응이 일어나면 ③ 주변의 온도 가 낮아진다. ④ 금속이 녹스는 반응과 ⑤ 산과 염기의 반응은 이와 같은 에너지 출입이 나타난다.

22 화학 반응에서 일어나는 에너지 출입을 활용한 장치와 이 용할 수 있는 반응을 옳게 짝 지은 것을 모두 고르면? (2개)

상<u>중</u><u>하</u>

① 손 냉장고 – 철과 산소의 반응
② 발열 컵 – 산화 칼슘과 물의 반응
③ 발열 도시락 – 질산 암모늄과 물의 반응
④ 냉찜질 주머니 – 질산 암모늄과 물의 반응
⑤ 휴대용 손난로 – 수산화 바륨과 염화 암모늄의 반응

상<u>중</u>하

23 그림과 같이 탄산 칼슘이 들어 있는 삼각 플라스크와 묽은 염산을 담은 시험관을 넣은 비커의 전체 질량을 측정한 다 음, 두 물질을 반응시킨 후 다시 전체 질량을 측정하였다.

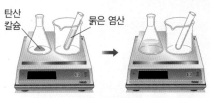

(1) 묽은 염산과 탄산 칼슘을 반응시킨 후 질량 변화를 쓰고, 그 까닭을 서술하시오.

_____

(2) 이 실험을 통해 질량 보존 법칙이 성립함을 확인하 려고 할 때 실험 장치에서 수정해야 할 것을, 그 까 닭과 함께 서술하시오.

_____

상<u>중</u>하

24 그림은 마그네슘을 연소 시킬 때 반응한 마그네 슘과 생성된 산화 마그네 슘의 질량 관계를 나타 낸 것이다. 산화 마그네 슘 20 g을 얻기 위해 필

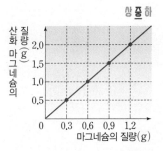

요한 마그네슘과 산소의 최소 질량을, 구하는 과정과 함께 서술하시오.

_____

_____

상<u>중</u>하

25 그림은 몇 가지 화학 반응을 분류하는 과정을 나타낸 것 이다.

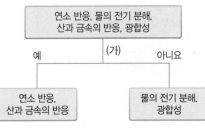

(가)에 알맞은 질문 2가지를 각각 화학 반응에서의 에너지 출입 및 주변의 온도 변화와 관련지어 서술하시오.

_____

_____

II

기권과 날씨

제목으로 미리보기

그림을 떠올려!

기억하기

이 단원을 학습하기 전에, 이전에 배운 내용 중 꼭 알아야 할 개념들을 그림과 함께 떠올려 봅시다.

1 | 날씨 요소 ——————————— 〉〉〉 초등학교 5학년 날씨와 우리 생활

(❶   ): 공기 중에 수증기가 포함된 정도

(❷   ): 공기가 이동하는 현상

(❸   ): 공기의 무게 때문에 생기는 공기의 압력

2 | 날씨 현상 (1) ——————————— 〉〉〉 초등학교 5학년 날씨와 우리 생활

(❹   ): 차가운 안경알 주위에 김이 서린 현상

(❺   ): 공기 중의 수증기가 응결하여 풀잎 등에 물방울로 맺히는 현상

(❻   ): 공기 중의 수증기가 응결하여 지표면 가까이에 떠 있는 현상

3 | 날씨 현상 (2) ——————————— 〉〉〉 초등학교 5학년 날씨와 우리 생활

(❼   ): 공기 중의 수증기가 응결하여 높은 하늘에 작은 물방울이나 얼음 알갱이 상태로 떠 있는 현상

(❽   ): 구름 속의 얼음 알갱이가 커지고 무거워져 지표면으로 떨어지는 현상

(❾   ): 구름 속의 물방울이 커지고 무거워져 지표면으로 떨어지거나 얼음 알갱이가 커지고 무거워져 지표면으로 떨어지면서 기온이 높은 곳을 지나는 동안 물방울이 되어 떨어지는 현상

정답 ❶ 습도 ❷ 바람 ❸ 기압 ❹ 응결 ❺ 이슬 ❻ 안개 ❼ 구름 ❽ 눈 ❾ 비

개념 학습

01 기권과 지구 기온

A 기권의 층상 구조

1. 대기와 기권 ― 지구계는 기권, 지권, 수권, 생물권, 외권으로 이루어져 있다.

① **대기**: 지구를 둘러싸고 있는 기체(공기)

② **기권**: 지구 표면을 둘러싸고 있는 대기로, 대기권이라고도 한다.

③ **대기의 분포**

• 대기는 지표에서 높이 약 1000 km까지 분포한다.

• 대기는 대부분 지표 부근에 존재하며, 높이 올라갈수록 희박해진다.

④ **대기의 성분❶** ┌ 대부분의 공기가 지표 부근에 존재하므로 공기의 대부분이 대류권에 분포한다.

• **대기의 구성**
  : 대기는 여러 가지 기체로 이루어져 있다.
• **대기의 조성(부피비)**
  : 질소>산소>아르곤>이산화 탄소> …
• 질소와 산소가 대부분을 차지한다.

▲ 대기의 조성(부피비)

❶ 대기의 성분
• 대기는 질소(78 %)와 산소(21 %)가 대부분을 차지하고 있으며, 그 밖에 아르곤, 이산화 탄소 등으로 이루어져 있다.
• 대기에서 수증기가 차지하는 비율은 매우 적다. 또한 대기 중의 수증기는 시간과 장소에 따라 양이 변하지만, 기상 현상을 일으키는 중요한 역할을 한다.

2. 기권의 층상 구조

① **구분 기준**: 높이에 따른 기온 변화

② **구분**: 지표에서부터 대류권, 성층권, 중간권, 열권의 4개 층으로 구분한다.

┌ 높이 올라갈수록 기온이 낮아지는 대류권과 중간권에서는
  대류가 일어난다.

구분	높이에 따른 기온 변화	높이에 따른 기온 변화가 나타나는 까닭
열권(높이 약 80~1000 km)	상승	태양 에너지에 의해 직접 가열되기 때문
중간권(높이 약 50~80 km)	하강	높이 올라갈수록 지표에서 방출되는 에너지가 적게 도달하기 때문
성층권(높이 약 11~50 km)	상승	오존층❷에서 태양에서 오는 자외선을 흡수하여 가열되기 때문
대류권(지표~높이 약 11 km)	하강	높이 올라갈수록 지표에서 방출되는 에너지가 적게 도달하기 때문

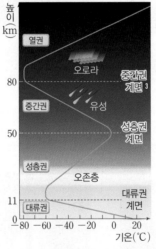

▲ 기권의 층상 구조

❷ 오존층
높이 약 20~30 km에 오존이 집중적으로 모여 있는 구간으로, 오존이 자외선을 흡수하여 지구의 생명체를 보호한다.

❸ 기권 각 층의 경계면
기권 각 층의 경계면은 아래층의 이름을 붙여 대류권 계면(대류권과 성층권의 경계면), 성층권 계면(성층권과 중간권의 경계면), 중간권 계면(중간권과 열권의 경계면)이라고 한다.

❹ 높이에 따른 기온 분포와 대류
대류권과 중간권에서는 높이 올라갈수록 기온이 낮아지므로, 아래쪽에 따뜻한 공기가 있고 위쪽에 찬 공기가 있다. 따라서 아래쪽의 따뜻한 공기가 위로 올라가고 위쪽의 찬 공기가 아래로 내려오는 대류가 일어난다.

③ 기권 각 층의 특징

대류권	성층권	중간권	열권
• 대류❹가 일어나고 수증기가 있어서 기상 현상이 나타난다. • 공기의 대부분이 모여 있다.	• 대류가 일어나지 않는 안정한 층이다. ➡ 장거리 비행기의 항로로 이용된다. • 오존층에서 태양의 자외선을 흡수한다.	• 대류가 일어나지만 수증기가 거의 없어서 기상 현상이 나타나지 않는다. • *유성이 관측된다. • 중간권과 열권의 경계면 부근에서 최저 기온이 나타난다.	• 공기가 매우 희박하여, 낮과 밤의 기온 차가 크다. • *오로라가 나타난다. • 인공위성의 궤도로 이용되기도 한다.

┌ 높이 약 80 km 부근은 기권에서 기온이 가장 낮다.

용어 사전

*유성(흐를 流, 별 星)
우주의 물질이 지구의 대기 속에 들어와 공기와의 마찰에 의해 타면서 빛을 내는 것

*오로라(aurora)
태양에서 날아오는 전기를 띤 입자가 상층 대기에서 대기 입자와 충돌하여 빛을 내는 현상

1 기권에 대한 설명으로 옳은 것은 ○, 옳지 않은 것은 ×로 표시하시오.

(1) 높이 올라갈수록 공기의 양이 많아진다. ( )
(2) 지표로부터 높이 약 1000 km까지의 구간이다. ( )
(3) 지구 표면을 둘러싸고 있는 대기와 우주 공간을 포함한다. ( )

2 다음은 대기의 조성에 대한 설명이다. ( ) 안에 알맞은 말을 고르시오.

> 대기는 질소, 산소, 아르곤, 이산화 탄소 등의 여러 가지 기체로 이루어져 있으며, ㉠ (질소 , 산소)가 가장 많은 양을 차지하고 다음으로 ㉡ (질소 , 산소)가 많은 양을 차지한다.

3 그림은 기권의 층상 구조를 나타낸 것이다.

(1) 대류가 일어나는 층의 기호와 이름을 모두 쓰시오.
(2) 대기가 안정하여 장거리 비행기의 항로로 이용되는 층의 기호와 이름을 쓰시오.
(3) 낮과 밤의 기온 차가 가장 큰 층의 기호와 이름을 쓰시오.

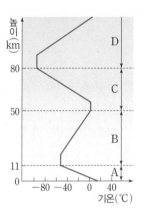

4 다음과 같은 현상이 나타나는 기권의 층을 각각 쓰시오.

(가) ( ) (나) ( ) (다) ( )

5 대류권에 대한 설명에는 '대', 성층권에 대한 설명에는 '성', 중간권에 대한 설명에는 '중', 열권에 대한 설명에는 '열'이라고 쓰시오.

(1) 공기의 대부분이 분포한다. ( )
(2) 높이 올라갈수록 기온이 높아지며, 인공위성의 궤도로 이용되기도 한다.
( )
(3) 오존층에서 자외선을 흡수하여 높이 올라갈수록 기온이 높아진다. ( )
(4) 대류가 일어나지만 수증기가 거의 없어서 기상 현상이 나타나지 않는다.
( )

개념 학습

01 기권과 지구 기온

B 지구의 복사 평형과 지구 온난화

1. 지구의 복사 평형

① *복사 에너지❶: 물체의 표면에서 복사에 의해 방출되는 에너지

② 복사 평형: 물체가 흡수하는 복사 에너지양과 방출하는 복사 에너지양이 같아서 온도가 일정하게 유지되는 상태 **탐구** 52, 53쪽 — 물체가 흡수하는 복사 에너지양이 방출하는 복사 에너지양보다 많으면 물체의 온도가 높아진다.

③ 지구의 복사 평형

• 지구는 흡수하는 태양 복사 에너지❷양과 방출하는 지구 복사 에너지양이 같다.

• 지구의 평균 기온이 거의 일정하게 유지된다.

지구가 흡수하는 태양 복사 에너지양	• 지표에 흡수 50 % • 대기와 구름에 흡수 20 %
지구가 방출하는 지구 복사 에너지양	• 우주로 방출 70 %

지구가 흡수하는 태양 복사 에너지양
=지구가 방출하는 지구 복사 에너지양
➡ 지구는 복사 평형 상태이다.

▲ 지구의 복사 평형

2. 온실 효과 — 만약 지구에 대기가 없다면 온실 효과가 일어나지 않아서 평균 온도가 달과 같이 낮아질 것이다.

① 온실 효과: 지표에서 방출하는 지구 복사 에너지의 일부를 대기가 흡수했다가 지표로 다시 방출하여 지구의 평균 기온이 높게 유지되는 현상

② 지구의 온실 효과

• 지구는 대기가 있어서 온실 효과가 일어나지만, 달은 대기가 없어서 온실 효과가 일어나지 않는다.

• 지구와 달은 태양으로부터의 거리가 거의 같지만, 지구는 달보다 높은 온도에서 복사 평형이 일어나므로 달에 비해 평균 온도가 높다. ❸

• 지구에서는 대기가 지구 복사 에너지의 일부를 흡수하였다가 다시 우주와 지표로 방출한다.
➡ 지구의 평균 온도는 약 15 ℃로 높게 유지된다.

• 만약 지구에 대기가 없다면 흡수한 태양 복사 에너지를 지표면이 모두 복사 에너지로 방출할 것이다.
➡ 지구의 평균 온도는 현재보다 낮아질 것이다.

▲ 온실 효과

3. 지구 온난화

① 지구 온난화: 대기 중 온실 기체❹의 양이 증가하면서 온실 효과가 강화되어 지구의 평균 기온이 높아지는 현상 — 최근 화석 연료의 사용량 증가로 대기 중의 이산화 탄소 농도가 증가하고 있다. 이로 인해 지구 온난화가 강화되고 있다.

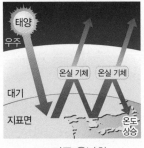

▲ 지구 온난화

• 지구 온난화에 가장 큰 영향을 미치는 온실 기체
➡ 이산화 탄소
• 이산화 탄소 농도와 평균 기온의 관계 ➡ 대기 중의 이산화 탄소 농도가 증가할수록 지구의 평균 기온이 상승한다.

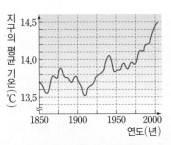

▲ 지구의 평균 기온 변화

② 지구 온난화의 영향: 빙하의 면적 감소, 해수면 상승, 육지 면적 감소, 기상 이변 증가, 농작물 생산량 감소, *만년설 감소, 생태계 변화 등

개념 더하기

❶ 복사 에너지
모든 물체는 복사 에너지를 방출하며, 물체의 온도가 높을수록 복사 에너지를 많이 방출한다.

❷ 태양 복사 에너지
태양이 방출하는 복사 에너지를 태양 복사 에너지라고 한다. 태양이 방출하는 복사 에너지 중 매우 적은 양이 지구에 도달하지만, 기상 현상 등 여러 가지 자연 현상을 일으킨다.

❸ 대기가 없는 달의 복사 평형
달에는 대기가 없으므로 흡수한 태양 복사 에너지를 달 표면에서 모두 복사 에너지로 방출한다. 따라서 달의 평균 온도는 −18 ℃로 지구보다 낮다.

❹ 온실 기체
지구 대기 중의 수증기, 이산화 탄소, 메테인 등은 지구 복사 에너지를 흡수한 후 지표로 다시 방출하여 온실 효과를 일으킨다. 이와 같이 온실 효과를 일으키는 기체를 온실 기체라고 한다.

용어 사전

*복사(바퀴살 輻, 쏠 射)
열이 물질의 도움 없이 직접 전달되는 방법

*만년설(일만 萬, 해 年, 눈 雪)
매우 추운 지방이나 높은 산지에서 언제나 녹지 않고 쌓여 있는 눈

6 복사 에너지와 복사 평형에 대한 설명으로 옳은 것은 ○, 옳지 않은 것은 ×로 표시하시오.

(1) 물체의 온도가 낮을수록 복사 에너지를 많이 방출한다. (　　　)
(2) 복사 평형 상태에서는 물체의 온도가 일정하게 유지된다. (　　　)
(3) 물체의 표면에서 방출되는 모든 에너지를 복사 에너지라고 한다. (　　　)

7 그림은 지구의 복사 평형을 나타낸 것이다. (　　) 안에 알맞은 말을 고르시오.

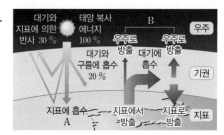

(1) 지표에 흡수되는 에너지 A는 (50 , 80) %이다.
(2) 우주로 방출되는 에너지 B는 (70 , 100) %이다.
(3) 지구는 흡수하는 태양 복사 에너지양과 방출하는 지구 복사 에너지양이 (같다 , 다르다).
(4) 지구의 평균 온도는 (계속 높아진다 , 일정하게 유지된다 , 계속 낮아진다).

8 지구와 달의 복사 평형 과정에 해당하는 내용을 옳게 연결하시오.

(1) 지구 •
(2) 달 •

• ㉠ 흡수한 태양 복사 에너지를 표면에서 모두 복사 에너지로 방출한다.
• ㉡ 표면에서 방출한 에너지의 일부를 대기에서 흡수하였다가 다시 우주와 표면으로 방출한다.

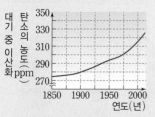
9 다음은 지구 온난화에 대한 설명이다. 빈칸에 알맞은 말을 쓰시오.

> 최근 들어 대기 중 온실 기체의 양이 증가하면서 (㉠　　　　　)이/가 강화되어 지구의 평균 기온이 높아지고 있는데, 지구 온난화에 가장 큰 영향을 미치는 온실 기체는 (㉡　　　　　)이다.

10 지구 온난화의 영향에 대한 설명으로 옳은 것은 ○, 옳지 않은 것은 ×로 표시하시오.

(1) 빙하가 녹아 빙하의 면적이 감소한다. (　　　)
(2) 해수면이 낮아져 육지의 면적이 증가한다. (　　　)
(3) 폭우, 폭설 등의 기상 이변이 증가하고, 생태계가 변한다. (　　　)

탐구하기 ⓐ 복사 평형 실험

정답과 해설 **14**쪽

목표 물체가 흡수하고 방출하는 에너지양의 관계에 따라 물체의 온도가 변하여 복사 평형에 도달하는 과정을 알아본다.

과정

[유의점]
뜨거워진 적외선등에 손이나 피부가 닿지 않도록 주의한다.

실험 Tip

실험 시작 시점
검은색 알루미늄 컵 속 공기의 온도가 실험실의 기온과 같아졌을 때 적외선등을 켜고 실험을 시작한다.

디지털 온도계
적외선등
검은색 알루미늄 컵

└─ 적외선등은 태양, 검은색 알루미늄 컵은 지구에 해당한다.

❶ 검은색 알루미늄 컵에 디지털 온도계를 꽂은 뚜껑을 덮는다.
❷ 적외선등에서 30 cm 정도 떨어진 곳에 컵을 놓는다.
❸ 적외선등을 켜고 2분 간격으로 컵 속 공기의 온도가 일정하게 유지될 때까지 온도를 측정한다.
❹ 측정한 온도를 표에 기록하고, 그래프로 그린다.

> 컵 속 공기의 온도가 일정하게 유지될 때의 온도
> =컵 속 공기의 복사 평형 온도

결과

• 시간에 따른 컵 속 공기의 온도 변화

시간(분)	온도(℃)	시간(분)	온도(℃)
0	25.3	14	47.9
2	29.7	16	48.3
4	36.1	18	48.6
6	40.8	20	48.7
8	43.9	22	48.7
10	45.8	24	48.7
12	47.1	26	48.7

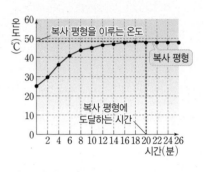

• 실험 시작 후 20분까지는 컵 속 공기의 온도가 높아지다가 20분 이후에는 일정하게 유지된다.

정리

• 실험 시작 후 20분까지는 컵이 흡수하는 에너지양이 방출하는 에너지양보다 (㉠   ) 때문에 컵 속 공기의 온도가 높아진다.
• 실험 시작 후 20분 이후에는 컵이 흡수하는 에너지양과 방출하는 에너지양이 (㉡   ) 때문에 컵 속 공기의 온도가 일정하게 유지된다.
• 실험 시작 후 20분 후에 컵 속 공기는 (㉢   ) 상태에 도달하였다.
• 지구가 태양 복사 에너지를 계속 흡수하면서도 평균 기온이 일정하게 유지되는 까닭은 지구가 흡수하는 태양 복사 에너지양과 방출하는 지구 복사 에너지양이 같아서 (㉣   )을 이루기 때문이다.

Plus 탐구

[과정]
❶ 검은색 알루미늄 컵 2개에 디지털 온도계를 꽂은 뚜껑을 각각 덮는다.
❷ 적외선등에서 15 cm, 30 cm 정도 떨어진 곳에 컵을 각각 놓는다.
❸ 적외선등을 켜고 2분 간격으로 각각의 컵 속 공기의 온도가 일정하게 유지될 때까지 온도를 측정한다.
❹ 측정한 온도를 표에 기록하고, 그래프로 그린다.

[결과]
• 적외선등에서 15 cm 정도 떨어진 곳에 놓은 컵(A) 속 공기의 온도가 30 cm 정도 떨어진 곳에 놓은 컵(B) 속 공기의 온도보다 빨리 높아진다.
• A가 B보다 컵 속 공기의 온도가 빨리 일정해진다.
• 일정해진 컵 속 공기의 온도는 A가 B보다 높다.

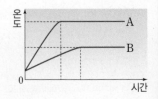

확인 문제

1 그림과 같이 장치한 후 적외선등을 켜고 2분 간격으로 컵 속 공기의 온도를 측정하는 실험을 하였다.

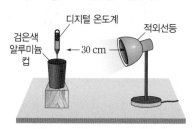

이에 대한 설명으로 옳은 것은 ○, 옳지 않은 것은 ×로 표시하시오.

(1) 적외선등은 지구, 검은색 알루미늄 컵은 태양에 비유된다. (   )

(2) 실험 시작 직후에는 컵이 흡수하는 에너지양이 방출하는 에너지양보다 적다. (   )

(3) 시간이 흐르면 컵 속 공기의 온도는 일정하게 유지된다. (   )

(4) 지구의 복사 평형을 알아보기 위한 실험이다. (   )

2 그림과 같이 검은색 알루미늄 컵 2개를 장치한 후 적외선등을 켜고 2분 간격으로 컵 속 공기의 온도를 측정하는 실험을 하였다.

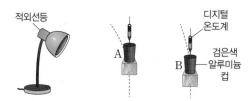

(1) 이 실험에서 태양에 비유되는 것을 쓰시오.

(2) 어느 정도 시간이 지나면 컵 A, B 속 공기의 온도는 어떻게 되는지 쓰시오.

(3) 복사 평형 온도가 더 높은 컵의 기호를 쓰시오.

실전 문제

3 그림은 적외선등에서 30 cm 정도 떨어진 곳에 검은색 알루미늄 컵을 놓고 적외선등을 켠 후 2분 간격으로 컵 속 공기의 온도를 측정하여 나타낸 것이다.

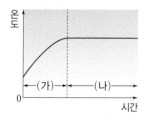

이에 대한 설명으로 옳지 <u>않은</u> 것은?

① 검은색 알루미늄 컵은 지구에 비유된다.
② 지구는 (가)와 같은 상태이다.
③ (나)는 복사 평형 상태이다.
④ (가)에서는 흡수하는 에너지양이 방출하는 에너지양보다 많다.
⑤ (나)에서는 흡수하는 에너지양과 방출하는 에너지양이 같다.

4 그림은 적외선등에서 15 cm, 30 cm 정도 떨어진 곳에 검은색 알루미늄 컵을 각각 놓고 적외선등을 켠 후 2분 간격으로 컵 속 공기의 온도를 측정하여 나타낸 것이다.

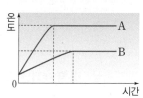

이에 대한 설명으로 옳은 것을 〈보기〉에서 모두 고른 것은?

보기
ㄱ. A는 적외선등에서 30 cm 정도 떨어진 곳의 컵 속 공기의 온도이다.
ㄴ. 어느 정도 시간이 지나면 컵이 흡수하는 에너지양과 방출하는 에너지양이 같아진다.
ㄷ. 적외선등과 컵 B 사이의 거리가 현재보다 멀어지면 복사 평형을 이룰 때 컵 속 공기의 온도는 더 높아질 것이다.

① ㄱ   ② ㄴ   ③ ㄱ, ㄷ
④ ㄴ, ㄷ   ⑤ ㄱ, ㄴ, ㄷ

Ⓐ 기권의 층상 구조

중요

01 기권에 대한 설명으로 옳지 <u>않은</u> 것을 모두 고르면? (2개)

① 질소와 산소 등으로 이루어져 있다.
② 지구 표면을 둘러싸고 있는 대기이다.
③ 높이에 관계없이 대기의 양이 일정하다.
④ 지표로부터 높이 약 100 km까지의 구간이다.
⑤ 높이에 따른 기온 변화를 기준으로 4개의 층으로 구분한다.

02 그림은 지구의 대기를 구성하는 기체의 부피비를 나타낸 것이다.

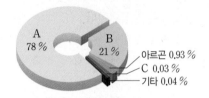

아르곤 0.93 %
C 0.03 %
기타 0.04 %

A, B, C에 해당하는 기체를 옳게 짝 지은 것은?

	A	B	C
①	산소	질소	이산화 탄소
②	산소	이산화 탄소	질소
③	질소	산소	이산화 탄소
④	질소	이산화 탄소	산소
⑤	이산화 탄소	산소	질소

[03~07] 그림은 기권의 층상 구조를 나타낸 것이다.

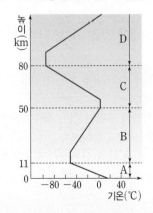

[주관식]

03 지구를 둘러싸고 있는 기권은 4개의 층으로 구분한다. 이와 같이 구분하는 기준을 쓰시오.

04 A층~D층 중 다음과 같은 특징이 나타나는 층의 기호와 이름을 옳게 짝 지은 것은?

• 공기의 대부분이 분포한다.
• 높이 올라갈수록 기온이 낮아진다.
• 구름이 발생하고 기상 현상이 나타난다.

① A, 대류권　　② B, 성층권　　③ C, 성층권
④ C, 중간권　　⑤ D, 열권

05 B층에 대한 설명으로 옳은 것은?

① 오로라가 나타난다.
② 낮과 밤의 기온 차가 가장 크다.
③ 높이 올라갈수록 기온이 낮아진다.
④ 대류가 일어나고 기상 현상이 나타난다.
⑤ 오존층에서 자외선을 흡수하여 지구의 생명체를 보호한다.

[주관식]

06 다음과 같은 특징이 나타나는 층의 기호와 이름을 쓰시오.

• 유성이 관측되기도 한다.
• 높이 올라갈수록 기온이 낮아진다.
• 대류가 활발하게 일어나지만 기상 현상은 나타나지 않는다.

▲ 유성

07 D층에서 높이 올라갈수록 기온이 높아지는 까닭으로 옳은 것은?

① 기상 현상이 일어나기 때문이다.
② 공기가 매우 희박하기 때문이다.
③ 밤낮의 기온 차가 매우 크기 때문이다.
④ 태양 에너지에 의해 직접 가열되기 때문이다.
⑤ 지표면에서 방출하는 복사 에너지를 흡수하기 때문이다.

중요

08 기권의 각 층에 대한 설명으로 옳지 <u>않은</u> 것을 모두 고르면? (2개)

① 대류권에서는 비나 눈 등의 기상 현상이 나타난다.
② 성층권은 장거리 비행기의 항로로 이용된다.
③ 대류권과 성층권의 경계를 성층권 계면이라고 한다.
④ 중간권은 인공위성의 궤도로 이용되기도 한다.
⑤ 열권은 공기가 매우 희박하고, 대류가 일어나지 않는다.

【주관식】

09 그림은 고위도 지방에서 주로 관측되는 현상을 나타낸 것이다.

이와 같은 현상의 이름과 이 현상이 나타나는 기권의 층을 쓰시오.

ⓑ 지구의 복사 평형과 지구 온난화

중요

10 복사 에너지에 대한 설명으로 옳지 <u>않은</u> 것을 모두 고르면? (2개)

① 복사 에너지는 물체의 내부에서 복사에 의해 방출되는 에너지이다.
② 온도가 높은 물체만 복사 에너지를 방출한다.
③ 지구 복사 에너지는 지구가 방출하는 복사 에너지이다.
④ 태양 복사 에너지는 태양이 방출하는 복사 에너지이다.
⑤ 복사 에너지는 물질의 도움을 받지 않고 직접 전달되는 에너지이다.

【주관식】

11 물체가 흡수하는 복사 에너지양과 방출하는 복사 에너지양이 같아서 온도가 일정하게 유지되는 상태를 무엇이라고 하는지 쓰시오.

[12~14] 그림과 같이 장치한 후 적외선등을 켜고 2분 간격으로 컵 속 공기의 온도를 측정하는 실험을 하였다.

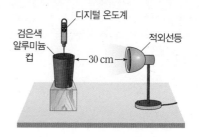

탐구 52쪽

12 시간에 따른 컵 속 공기의 온도 변화를 그래프로 옳게 나타낸 것은?

① 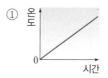   ②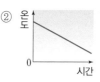

③ 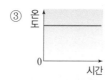   ④

⑤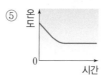

탐구 52쪽

13 이 실험을 통해 알아보고자 하는 사실로 옳은 것은?

① 온실 효과가 나타나는 까닭
② 지구 온난화가 나타나는 까닭
③ 밤낮의 기온 차가 생기는 까닭
④ 지구의 평균 기온이 일정하게 유지되는 까닭
⑤ 대류권에서 높이 올라갈수록 기온이 낮아지는 까닭

중요

탐구 52쪽

14 이 실험에 대한 설명으로 옳은 것은?

① 컵은 태양에 비유된다.
② 컵 속 공기의 온도는 계속 높아진다.
③ 어느 정도 시간이 지난 후에 컵은 에너지를 흡수하지 않는다.
④ 적외선등과 컵 사이의 거리가 멀어지면 복사 평형을 이루지 않는다.
⑤ 실험 시작 직후에는 컵이 흡수하는 에너지양이 방출하는 에너지양보다 많다.

[15~16] 그림은 지구의 복사 평형을 나타낸 것이다.

[주관식]
15 A~E 중 온실 효과와 가장 관계 있는 에너지의 출입 과정을 고르시오.

중요
16 이에 대한 설명으로 옳은 것을 모두 고르면? (2개)

① A는 (B+C+D)와 같다.
② B는 30 %이다.
③ (C+D)는 50 %보다 적다.
④ 지구의 평균 기온은 계속 높아진다.
⑤ E의 양이 많아지면 지구의 평균 기온이 낮아진다.

17 그림 (가)와 (나)는 달과 지구의 복사 에너지 출입을 나타낸 것이다.

(가)   (나)

이에 대한 설명으로 옳은 것을 〈보기〉에서 모두 고른 것은?

보기
ㄱ. (가)에서는 흡수하는 에너지양이 방출하는 에너지양보다 많다.
ㄴ. (나)에서는 대기에 의한 온실 효과가 일어난다.
ㄷ. (가)는 (나)보다 평균 온도가 낮다.
ㄹ. 지구에 대기가 없다면 복사 평형이 이루어지지 않을 것이다.

① ㄱ, ㄴ   ② ㄱ, ㄷ   ③ ㄴ, ㄷ
④ ㄴ, ㄹ   ⑤ ㄷ, ㄹ

18 그림은 지구 온난화가 일어나는 과정을 나타낸 것이다.

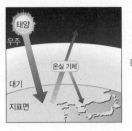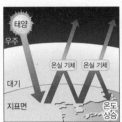

지구 온난화를 일으키는 온실 기체만으로 옳게 짝 지은 것은?

① 산소, 메테인   ② 질소, 아르곤
③ 수증기, 산소   ④ 수증기, 질소
⑤ 이산화 탄소, 수증기

중요
19 그림은 최근 약 160년 동안 대기 중의 이산화 탄소 농도 변화를 나타낸 것이다.

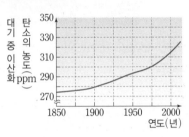

이에 대한 설명으로 옳은 것을 〈보기〉에서 모두 고른 것은?

보기
ㄱ. 이 기간 동안 지구의 평균 기온은 낮아졌을 것이다.
ㄴ. 대기 중의 이산화 탄소 농도가 증가하면 온실 효과가 크게 일어난다.
ㄷ. 대기 중의 이산화 탄소 농도가 증가한 주요 원인은 화석 연료의 사용량 증가이다.

① ㄱ   ② ㄷ   ③ ㄱ, ㄴ
④ ㄴ, ㄷ   ⑤ ㄱ, ㄴ, ㄷ

20 지구 온난화가 진행됨에 따라 일어나는 환경 변화로 옳지 않은 것은?

① 육지 면적이 넓어진다.
② 농작물 생산량이 감소한다.
③ 해발 고도가 낮은 섬들이 침수된다.
④ 태풍, 가뭄 등의 기상 이변이 자주 일어난다.
⑤ 동해에 한류성 어종이 감소하고, 난류성 어종이 증가한다.

서술형

1 지구 표면은 대기로 둘러싸여 있다. 기권의 역할을 2가지 서술하시오.

_____

_____

단계별 서술형

2 그림은 기권의 구조를 나타낸 것이다.

(1) A~D 각 층의 이름을 쓰시오.

_____

(2) A층과 C층의 공통점과 차이점을 서술하시오.

_____

_____

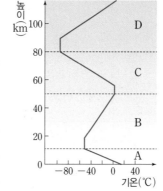

단어 제시형

3 그림 (가)와 같이 장치한 후 검은색 알루미늄 컵에 적외선등을 비췄다. (나)는 시간에 따른 알루미늄 컵 속 공기의 온도 변화를 나타낸 것이다. A, B 구간과 같은 온도 분포가 나타나는 까닭을 다음 단어를 모두 포함하여 서술하시오.

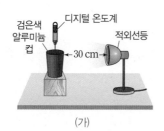

(가)   (나)

┌─────────────────────────────┐
│ 흡수하는 에너지양, 방출하는 에너지양, 복사 평형 │
└─────────────────────────────┘

_____

_____

3 컵 속 공기가 흡수하는 에너지양과 방출하는 에너지양의 대소 관계를 이용하여 서술한다.

Plus 문제 3-1

검은색 알루미늄 컵을 적외선등에서 50 cm 거리에 두고 실험을 하였을 때 B 구간의 온도 분포를 서술하시오.

_____

_____

서술형

4 지구는 계속 햇빛을 받고 있지만 평균 기온이 거의 일정하게 유지된다. 그 까닭을 서술하시오.

_____

_____

02 구름과 강수

Ⓐ 대기 중의 수증기

1. 증발과 응결

① *증발: 물 표면에서 물이 수증기로 변하는 현상 [예] 컵에 담아 둔 물이 줄어든다. 젖은 빨래가 마른다.

② *응결: 공기 중의 수증기가 물로 변하는 현상 [예] 새벽에 풀잎에 이슬이 맺힌다. 찬 음료수 캔 표면에 물방울이 맺힌다.

┌─ 공기의 포화 상태는 포화 수증기량과 현재 공기 중의 실제 수증기량으로 판단한다.

2. 공기의 불포화 상태와 *포화 상태

불포화 상태 − 증발량＞응결량		포화 상태❶ − 증발량＝응결량	
공기가 수증기를 더 포함할 수 있는 상태		공기가 수증기를 최대로 포함하고 있는 상태	

3. 포화 수증기량 `Beyond 특강` (66쪽)

① 포화 수증기량: 포화 상태의 공기 1 kg에 들어 있는 수증기의 양(g)

② 포화 수증기량의 변화 요인: 기온 ➡ 기온이 높을수록 포화 수증기량은 증가한다.❷ `탐구` 64쪽

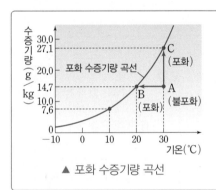

- A: 포화 수증기량 곡선 아래 공기
  ➡ 불포화 상태(실제 수증기량＜포화 수증기량)
- B, C: 포화 수증기량 곡선상의 공기
  ➡ 포화 상태(실제 수증기량＝포화 수증기량)
- A 공기를 포화 상태로 만드는 방법
  ➡ 기온을 낮춘다.(A → B)
  ➡ 수증기를 공급한다.(A → C)

▲ 포화 수증기량 곡선

4. 이슬점과 응결량 `Beyond 특강` (66쪽)

┌─ 이슬점에서의 포화 수증기량＝실제 수증기량

① 이슬점❸: 공기 중의 수증기가 응결하기 시작하는 온도

② 이슬점의 변화 요인: 공기 중의 수증기량 ➡ 공기 중의 수증기량이 많을수록 이슬점이 높아진다.

③ 응결량: 공기가 냉각되어 이슬점보다 더 낮은 온도가 될 때 응결되는 물의 양
  ➡ 실제 수증기량(g/kg) − 냉각된 기온에서의 포화 수증기량(g/kg)

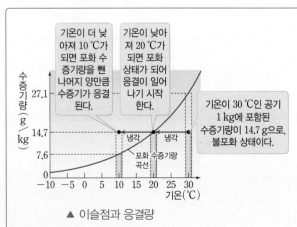

기온이 더 낮아져 10 ℃가 되면 포화 수증기량을 뺀 나머지 양만큼 수증기가 응결된다.

기온이 낮아져 20 ℃가 되면 포화 상태가 되어 응결이 일어나기 시작한다.

기온이 30 ℃인 공기 1 kg에 포함된 수증기량이 14.7 g으로, 불포화 상태이다.

- 이슬점: 불포화 상태의 공기가 냉각되어 포화 상태가 될 때의 온도
  ➡ 20 ℃
- 10 ℃로 냉각되었을 때 응결량
  ➡ 실제 수증기량(g/kg) − 냉각된 기온에서의 포화 수증기량(g/kg)
  ＝14.7 g/kg − 7.6 g/kg
  ＝7.1 g/kg

▲ 이슬점과 응결량

개념 더하기

❶ 물의 증발과 포화

비커에 $\frac{2}{3}$ 정도의 물을 넣고 공기 중에 놓아 두면 물이 계속 증발하여 물의 높이가 점점 낮아진다. 반면 동일한 조건에서 비커를 수조로 덮어 두면 물의 높이가 낮아지다가 어느 정도 시간이 흐르면 더 이상 변하지 않는다. 이는 수조 안이 포화 상태에 도달하였기 때문이며, 이로부터 일정한 양의 공기가 포함할 수 있는 수증기의 양에는 한계가 있음을 알 수 있다.

❷ 기온에 따른 포화 수증기량

기온이 10 ℃일 때 공기 1 kg에는 최대 7.6 g의 수증기를 포함할 수 있는데, 기온이 20 ℃로 높아지면 공기 1 kg에는 최대 14.7 g의 수증기를 포함할 수 있다. 따라서 기온이 10 ℃에서 20 ℃로 높아지면 공기 1 kg이 최대로 포함할 수 있는 수증기량은 7.1 g 증가한다.

❸ 이슬점

- 응결이 시작되는 온도
- 상대 습도가 100 %일 때의 온도
- 실제 수증기량과 포화 수증기량이 같아질 때의 온도
- 기온이 같아도 공기 중에 수증기가 많이 포함되어 있으면 이슬점이 높다.
- 기온이 달라도 공기 중에 포함된 수증기량이 같으면 이슬점이 같다.

`용어 사전`

*증발(찔 蒸, 쏠 發)
액체 상태에서 기체 상태로 변하는 현상

*응결(엉길 凝, 맺을 結)
한데 엉겨 뭉친 상태

*포화(가득 찰 飽, 화할 和)
최대한도로 가득 찬 상태

1 증발과 응결에 대한 설명으로 옳은 것은 ○, 옳지 않은 것은 ×로 표시하시오.

(1) 물걸레로 청소한 바닥이 마르는 것은 응결에 의한 현상이다. (　　　)

(2) 맑은 날 새벽에 지표면 부근에 안개가 생기는 것은 증발에 의한 현상이다.

(　　　)

(3) 불포화 상태의 공기에서는 증발이 일어난다. (　　　)

2 다음은 포화 상태와 불포화 상태에서 물의 증발을 알아보기 위한 실험이다. (　　　) 안에 알맞은 말을 고르시오.

> (가)의 비커를 공기 중에 놓아 두면 물이 계속 증발하여 물의 높이가 점점 ㉠ (낮아 , 높아)진다. 반면 (나)의 비커에서는 물의 높이가 낮아지다가 어느 정도 시간이 흐르면 더 이상 변하지 않는다. 이는 수조 안이 ㉡ (포화 , 불포화) 상태에 도달하였기 때문이다.

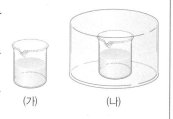

(가)　　　(나)

3 대기 중의 수증기에 대한 설명으로 옳은 것은 ○, 옳지 않은 것은 ×로 표시하시오.

(1) 기온이 낮아지면 포화 수증기량이 증가한다. (　　　)

(2) 포화 수증기량은 포화 상태의 공기 1 kg에 들어 있는 수증기의 양(g)이다.

(　　　)

(3) 실제 수증기량이 많을수록 이슬점이 낮아진다. (　　　)

(4) 이슬점에서의 포화 수증기량은 실제 수증기량과 같다. (　　　)

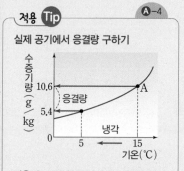
4 그림은 기온에 따른 포화 수증기량 곡선을 나타낸 것이다.

(1) A~D 중 포화 상태의 공기를 모두 쓰시오.

(2) A~D 중 포화 수증기량이 가장 적은 공기를 쓰시오.

(3) A~D 중 이슬점이 가장 높은 공기를 쓰시오.

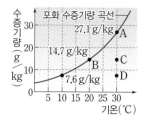

5 그림은 기온에 따른 포화 수증기량 곡선을 나타낸 것이다.

(1) 공기 A의 포화 수증기량을 쓰시오.

(2) 공기 A의 이슬점을 쓰시오.

(3) 1 kg의 공기 A를 10 ℃로 냉각시킬 때 응결되는 수증기량을 구하시오.

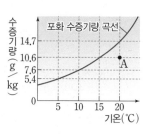

B 상대 습도

1. 상대 *습도

① 상대 습도: 공기가 습하거나 건조한 정도로, 현재 기온에서의 포화 수증기량에 대한 실제 수증기량의 비를 백분율(%)로 나타낸 것이다. ❶

└ 상대 습도는 실제 수증기량이 많을수록, 포화 수증기량이 적을수록 높다.

$$상대\ 습도(\%) = \frac{현재\ 공기\ 중에\ 포함된\ 수증기량(g/kg)}{현재\ 기온에서\ 포화\ 수증기량(g/kg)} \times 100$$

② 포화 수증기량 곡선에서 상대 습도 구하는 방법 **Beyond 특강** (66쪽)

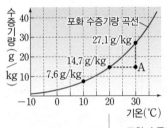

- 공기 A의 기온은 30 ℃이므로 포화 수증기량은 27.1 g/kg이다.
- 공기 A의 실제 수증기량은 14.7 g/kg이다.
- 공기 A의 상대 습도(%)

$$= \frac{현재\ 공기\ 중에\ 포함된\ 수증기량(g/kg)}{현재\ 기온에서\ 포화\ 수증기량(g/kg)} \times 100$$

$$= \frac{14.7\ g/kg}{27.1\ g/kg} \times 100 ≒ 54.2\ \%$$

└ 포화 수증기량 곡선상에 있는 공기는 포화 수증기량과 실제 수증기량이 같으므로, 상대 습도는 100 %이다.

2. 상대 습도의 변화 ❷

① 상대 습도는 공기 중의 수증기량과 기온의 영향을 받는다. ❸

② 실제 수증기량이 많을수록, 기온이 낮을수록 상대 습도가 높아진다. ➡ 실제 수증기량이 많을수록, 포화 수증기량이 적을수록 상대 습도가 높아진다.

기온이 일정할 때 (포화 수증기량이 일정할 때)		공기가 포함하고 있는 실제 수증기량이 증가하면 상대 습도가 높아진다. − 실제 수증기량이 감소하면 상대 습도가 낮아진다.
수증기량이 일정할 때		기온이 낮아지면 포화 수증기량이 감소하므로 상대 습도가 높아진다. − 기온이 높아지면 포화 수증기량이 증가하므로 상대 습도가 낮아진다.

3. 맑은 날 하루 동안의 기온, 상대 습도, 이슬점의 변화 ❹

① 기온과 상대 습도: 맑은 날에는 공기 중의 수증기량이 거의 변하지 않는다. ➡ 기온에 따라 포화 수증기량이 달라져 상대 습도가 변한다.

- 기온이 높은 낮에는 포화 수증기량이 증가한다. ➡ 상대 습도가 낮아진다.
- 기온이 낮은 밤에는 포화 수증기량이 감소한다. ➡ 상대 습도가 높아진다.

② 이슬점: 거의 일정하다. ➡ 맑은 날 하루 동안 공기 중에 포함된 수증기량의 변화가 거의 없기 때문이다.

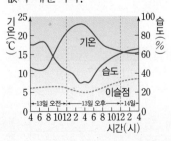

기온	오후 2~3시경에 가장 높고, 새벽에 가장 낮다.
상대 습도	오후 2~3시경에 가장 낮고, 새벽에 가장 높다. − 상대 습도는 기온과 반대로 나타난다. ➡ 공기 중의 수증기량이 일정할 때 기온이 높을수록 포화 수증기량이 증가하여 상대 습도가 낮아지기 때문이다.
이슬점	크게 변하지 않는다.

▲ 맑은 날 기온, 상대 습도, 이슬점의 변화

❶ 상대 습도가 100 %인 경우
- 포화 상태일 때
- 포화 수증기량 곡선상에 위치할 때
- 현재 기온과 이슬점이 같을 때
- 실제 수증기량과 포화 수증기량이 같을 때
- 건구 온도와 습구 온도가 같을 때

❷ 상대 습도의 변화
상대 습도가 높을수록 공기 중에 포함되어 있는 수증기량이 포화 수증기량에 가까워지므로, 증발이 잘 일어나지 않는다. 따라서 기온이 높더라도 상대 습도가 높은 날에는 빨래가 잘 마르지 않는다.

❸ 밀폐된 실내에서 난방기를 켰을 때 상대 습도의 변화
밀폐된 실내에서 난방기를 켜면 기온이 상승하므로 포화 수증기량이 증가한다. 한편 밀폐된 실내에서는 수증기의 유입이 없으므로 실제 수증기량은 일정하다. 따라서 상대 습도는 낮아진다.

❹ 날씨에 따른 상대 습도 변화
흐린 날은 맑은 날보다 대체로 기온 변화가 작기 때문에 상대 습도 변화도 작다.

용어 사전
*습도(젖을 濕, 법도 度)
공기 중에 수증기가 포함된 정도

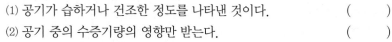
6 상대 습도에 대한 설명으로 옳은 것은 ○, 옳지 않은 것은 ×로 표시하시오.

⑴ 공기가 습하거나 건조한 정도를 나타낸 것이다. ( )
⑵ 공기 중의 수증기량의 영향만 받는다. ( )
⑶ 포화 상태일 때 상대 습도는 100 %이다. ( )
⑷ 밀폐된 실내에서 난방기를 켜면 상대 습도는 높아진다. ( )

7 그림은 기온에 따른 포화 수증기량 곡선을 나타낸 것이다.

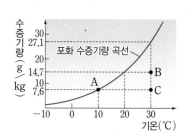

⑴ 상대 습도가 가장 높은 공기를 쓰시오.
⑵ 공기 B의 상대 습도를 구하는 식을 완성하시오.

$$상대습도(\%)=\frac{(ⓒ\quad)\ g/kg}{(㉠\quad)\ g/kg}\times100$$

⑶ 공기 B와 C의 상대 습도를 부등호로 비교하시오.

8 다음은 상대 습도의 변화에 대한 설명이다. ( ) 안에 알맞은 말을 고르시오.

기온이 일정할 때 공기가 포함하고 있는 실제 수증기량이 감소하면 상대 습도가 ㉠(높아 , 낮아)지고, 실제 수증기량이 일정할 때 기온이 낮아지면 포화 수증기량이 ㉡(증가 , 감소)하므로 상대 습도가 ㉢(높아 , 낮아)진다.

[9~10] 그림은 어느 날 하루 동안의 기온, 상대 습도, 이슬점의 변화를 나타낸 것이다.

9 빈칸에 알맞은 말을 쓰시오.

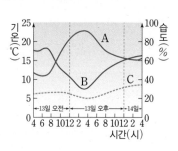

⑴ ( ) 날의 기온, 상대 습도, 이슬점의 변화이다.
⑵ 상대 습도를 나타내는 것은 ( )이다.
⑶ 하루 동안 ( )과 상대 습도의 변화는 반대로 나타난다.

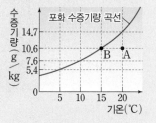
10 맑은 날 하루 동안의 기온, 상대 습도, 이슬점의 변화에 해당하는 설명을 옳게 연결하시오.

⑴ 기온 •　　• ㉠ 기온이 가장 높은 시간에 가장 낮게 나타난다.
⑵ 상대 습도 •　　• ㉡ 하루 동안 크게 변하지 않는다.
⑶ 이슬점 •　　• ㉢ 오후 2~3시경에 가장 높고, 새벽에 가장 낮다.

개념 학습

02 구름과 강수

개념 더하기

C 구름

1. 구름의 생성 [탐구 65쪽]

이슬점에 도달하는 일정한 높이에서부터 응결이 시작되므로, 구름의 밑면은 편평하다.

① 구름: 수증기가 응결❶하여 생긴 물방울이나 얼음 알갱이가 하늘에 떠 있는 것

② 구름의 생성 과정: 공기 덩어리가 상승하면서 단열 팽창하여 생성된다.

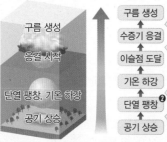

구름 생성	수증기가 응결하여 생긴 작은 물방울이나 얼음 알갱이가 모여 구름이 된다.
수증기 응결	
이슬점 도달	공기 덩어리의 기온이 낮아져 이슬점에 도달하면 수증기가 응결하기 시작한다.
기온 하강	공기 덩어리가 단열 팽창하면서 주변의 공기를 밀어내는 데 열을 소모하여 기온이 낮아진다.
단열 팽창❷	
공기 상승	높이 올라갈수록 주변 공기의 압력이 낮아지므로 공기 덩어리가 상승하면 부피가 팽창한다.

③ 구름이 생성되는 경우(공기가 상승하는 경우)

지표면의 일부가 강하게 가열될 때	따뜻한 공기와 찬 공기가 만날 때	이동하는 공기가 산을 만나 산 사면을 따라 상승할 때	주변보다 기압이 낮아 공기가 모여들 때
가벼워진 공기가 상승한다.	따뜻한 공기가 찬 공기 위로 올라간다.		저기압에서는 구름이 생성되어 날씨가 흐리다.
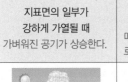	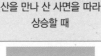 따뜻한 공기 / 찬 공기		

2. 구름의 모양❸

구름은 모양에 따라 층운형 구름과 적운형 구름으로 분류한다.

층운형 구름	적운형 구름
• 옆으로 넓게 퍼진 모양 • 상승 기류가 약할 때 만들어진다. • 넓은 지역에 지속적인 비가 내린다.	• 위로 솟은 모양 • 상승 기류가 강할 때 만들어진다. • 좁은 지역에 소나기가 내린다. 

D 강수

구름에서 비나 눈 등이 만들어져서 지표로 떨어지는 현상 ➡ 강수 과정을 설명하는 이론에는 병합설과 빙정설이 있다.

열대 지방, 저위도 지방 ➡ *병합설	중위도나 고위도 지방 ➡ *빙정설
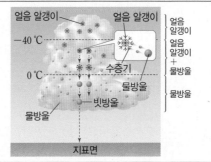	
• 구름의 구성: 물방울 • 구름 속의 크고 작은 물방울들이 서로 부딪치면서 합쳐져 점점 커지고,❹ 무거워지면 지표면으로 떨어져 비(따뜻한 비)가 된다.	• 구름의 구성: 물방울, 얼음 알갱이(빙정) 구름 속의 온도가 −40~0 °C인 구간에서 일어난다. • 물방울에서 증발한 수증기가 얼음 알갱이에 달라붙어 얼음 알갱이가 커지고 무거워져 떨어지면 눈이 되고, 떨어지다가 녹으면 비(차가운 비)가 된다.

개념 더하기

❶ 수증기의 응결

수증기의 응결이 잘 일어나려면 구름 속에 수증기의 응결을 도와주는 먼지, 연기, 소금 알갱이 등의 물질이 있어야 한다.

❷ 단열 변화

외부와 열을 주고받지 않는 상태에서 공기의 부피가 변하면서 기온이 변하는 현상이다.
• 단열 팽창: 공기 상승 → 부피 팽창 → 기온 하강
• 단열 압축: 공기 하강 → 부피 압축 → 기온 상승

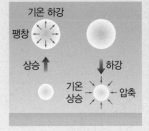

기온 하강
팽창
상승
하강
기온 상승
압축

❸ 구름의 모양

구름의 모양은 공기 덩어리의 상승 운동과 관련이 있다. 공기 덩어리가 빠르게 상승하는 경우에는 적운형 구름이 되고, 천천히 상승하는 경우에는 층운형 구름이 된다.

❹ 빗방울의 크기

구름 입자가 100만 개 이상 모여야 빗방울이 된다. 비나 눈이 내리려면 구름 입자가 빗방울 크기만큼 성장해야 한다.

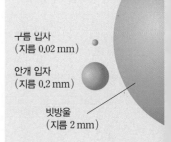

구름 입자
(지름 0.02 mm)

안개 입자
(지름 0.2 mm)

빗방울
(지름 2 mm)

용어 사전

***병합**(아우를 倂, 합할 合)
둘 이상의 것이 하나로 합쳐짐

***빙정**(얼음 氷, 맑을 晶)
얼음 결정

11 다음은 구름의 생성 과정을 나타낸 것이다. 빈칸에 알맞은 말을 쓰시오.

> 공기 상승 → 단열 (㉠   ) → 기온 하강 → (㉡   ) 도달 → 수증기 (㉢   ) → 구름 생성

12 구름이 생성되는 경우에 대한 설명으로 옳은 것은 ○, 옳지 않은 것은 ×로 표시하시오.

(1) 공기가 산 사면을 따라 상승할 때 구름이 생성된다.   (   )

(2) 주변보다 기압이 높아 공기가 발산할 때 구름이 생성된다.   (   )

(3) 지표면의 일부가 강하게 가열될 때는 가벼워진 공기가 상승하여 구름이 생성된다.   (   )

(4) 따뜻한 공기와 찬 공기가 만날 때는 찬 공기가 따뜻한 공기 위로 상승하여 구름이 생성된다.   (   )

13 구름을 모양에 따라 분류할 때 층운형 구름과 적운형 구름에 해당하는 설명을 옳게 연결하시오.

(1) 층운형 구름 •
(2) 적운형 구름 •

     • ㉠ 상승 기류가 강할 때 만들어진다.
     • ㉡ 옆으로 넓게 퍼진 모양이며, 넓은 지역에 지속적인 비가 내린다.

14 그림은 어느 지역에 발달하는 구름을 나타낸 것이다.

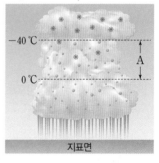

(1) 이와 같은 구름이 발달하는 지역을 모두 고르시오.

> 저위도 지방   중위도 지방   고위도 지방

(2) A 구간의 구름을 이루는 물질을 모두 고르시오.

> 물방울   얼음 알갱이

(3) 이와 같은 강수 이론의 이름을 쓰시오.

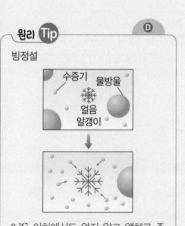
15 병합설에 대한 설명에는 '병', 빙정설에 대한 설명에는 '빙'이라고 쓰시오.

(1) 구름 속에서 크고 작은 물방울들이 서로 부딪치면서 합쳐져 점점 커진다.   (   )

(2) 구름 속에서 얼음 알갱이가 커지고 무거워져 떨어지면 눈이 되고, 떨어지다가 녹으면 비가 된다.   (   )

(3) 저위도 지방에서 비가 내리는 과정을 설명하는 이론이다.   (   )

탐구하기 ● Ⓐ 기온에 따른 포화 수증기량 변화

정답과 해설 **17**쪽

목표 기온에 따라 포화 수증기량이 어떻게 변하는지 알아본다.

과정

따뜻한 물

찬물

[유의점]
헤어드라이어로 가열한 플라스크는 뜨거우므로 맨손으로 만지지 않는다.

❶ 둥근바닥 플라스크에 따뜻한 물을 조금 넣는다.

❷ 플라스크 안쪽 면에 물방울이 맺히면 고무마개로 입구를 막는다.
포화 상태에 도달하여 응결이 일어났다.

❸ 헤어드라이어로 플라스크를 가열하면서 플라스크 내부의 변화를 관찰한다.
플라스크 내부의 기온이 높아진다.

> 기온 상승 → 포화 수증기량 증가 → 증발

❹ 가열한 플라스크를 찬물이 담긴 수조에 넣어 식히면서 플라스크 내부의 변화를 관찰한다. 플라스크 내부의 기온이 낮아진다.

> 기온 하강 → 포화 수증기량 감소 → 응결

결과

• 과정 ❸에서 헤어드라이어로 플라스크를 가열하면 플라스크 내부가 맑아진다.

• 과정 ❹에서 가열한 플라스크를 찬물이 담긴 수조에 넣어 식히면 플라스크 안쪽 면에 물방울이 맺힌다.

정리

• 과정 ❸에서 헤어드라이어로 플라스크를 가열하면 플라스크 내부의 기온이 높아지면서 공기가 포함할 수 있는 수증기의 양이 증가한다. ➡ 플라스크 안쪽 면에 맺혀 있던 물방울이 증발하여 수증기가 되므로, 플라스크 내부가 맑아진다.

• 과정 ❹에서 가열한 플라스크를 찬물로 식히면 플라스크 내부의 기온이 낮아지면서 공기가 포함할 수 있는 수증기의 양이 감소한다. ➡ 수증기가 물방울로 응결하여 플라스크 안쪽 면에 맺히므로, 플라스크 내부가 뿌옇게 흐려진다.

• 이는 공기가 최대로 포함할 수 있는 수증기량이 (㉠   )에 따라 달라지기 때문에 나타나는 현상이다.
➡ 기온이 높을수록 포화 수증기량이 (㉡   )한다.

확인 문제

1 위 실험에 대한 설명으로 옳은 것은 ○, 옳지 않은 것은 ×로 표시하시오.

⑴ 헤어드라이어로 플라스크를 가열하면 응결이 일어난다. ( )

⑵ 헤어드라이어로 플라스크를 가열하면 포화 수증기량이 증가한다. ( )

⑶ 가열한 플라스크를 찬물로 식히면 플라스크 내부가 뿌옇게 흐려진다. ( )

⑷ 가열한 플라스크를 찬물로 식히면 플라스크 내부의 공기가 포함할 수 있는 수증기의 양이 증가한다. ( )

⑸ 기온에 따른 포화 수증기량의 변화를 알아보기 위한 실험이다. ( )

실전 문제

2 그림 (가), (나)와 같이 둥근바닥 플라스크에 따뜻한 물을 조금 넣고 입구를 막은 후 헤어드라이어로 가열하였다가 찬물에 넣어 식혔다.

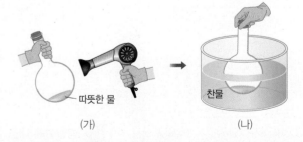

따뜻한 물   찬물
(가)   (나)

이 실험에 대한 설명으로 옳은 것을 〈보기〉에서 모두 고르시오.

> **보기**
> ㄱ. (가)는 (나)보다 포화 수증기량이 많다.
> ㄴ. (나)에서는 공기가 이슬점에 도달한다.
> ㄷ. (나)에서는 플라스크 내부가 맑아진다.

과학적 사고로!

탐구하기 **Ⓑ 구름의 생성 원리**

목표 공기가 팽창할 때 일어나는 변화를 통해 구름이 생성되는 원리를 알아본다.

과 정

[유의점]
• 뚜껑을 단단히 닫아 공기가 새지 않도록 한다.
• 향 연기를 너무 많이 넣지 않도록 한다.

단열 변화
외부로부터 열을 얻거나 외부로 열을 빼앗기지 않고 공기의 부피가 변하여 온도가 변하는 현상이다.

❶ 플라스틱 병에 물 2 mL 정도와 액정 온도계를 넣고 간이 가압 장치가 달린 뚜껑으로 입구를 막는다.
❷ 간이 가압 장치를 여러 번 눌러 공기를 채운 후 플라스틱 병 내부의 기온을 측정하고 변화를 관찰한다.

> 단열 압축 → 기온 상승 → 증발

❸ 뚜껑을 열고 플라스틱 병 내부의 기온을 측정하고 변화를 관찰한다.

> 단열 팽창 → 기온 하강 → 응결

❹ 플라스틱 병 안에 향 연기를 조금 넣은 후, 과정 ❷와 ❸을 반복하면서 플라스틱 병 내부의 변화를 관찰한다.

향 연기는 수증기의 응결을 도와주는 역할을 한다. 자연 상태에서 응결이 잘 일어나도록 도와주는 역할을 하는 작은 알갱이(응결핵)에는 소금 입자, 먼지, 연기 등이 있다.

결 과

• 과정 ❷에서 플라스틱 병 내부의 기온은 상승하고, 내부의 변화는 없다(맑다).
• 과정 ❸에서 플라스틱 병 내부의 기온은 하강하고, 내부가 뿌옇게 흐려진다.
• 과정 ❹에서 향 연기를 넣고 간이 가압 장치를 여러 번 누르면 기온은 상승하고, 내부가 맑아진다.
• 과정 ❹에서 뚜껑을 열면 기온은 하강하고, 내부는 과정 ❸보다 더 뿌옇게 흐려진다.

정 리

• 플라스틱 병에 공기를 채운 후 뚜껑을 열어 공기를 단열 (㉠   )시키면 기온이 낮아지고, 수증기가 물방울로 응결한다. ➡ 내부가 뿌옇게 흐려진다.
• 내부가 뿌옇게 흐려진 플라스틱 병에 공기를 채워 공기를 단열 압축시키면 기온이 높아지고, (㉡   )이/가 일어난다. ➡ 내부가 맑아진다.
• 향 연기는 수증기의 응결을 도와주는 응결핵 역할을 한다.
• 공기 덩어리가 상승하면 단열 팽창하여 기온이 낮아지고, 이슬점에 도달하면 수증기가 (㉢   )하여 구름이 생성된다.

확인 문제

1 위 실험에 대한 설명으로 옳은 것은 ○, 옳지 않은 것은 ×로 표시하시오.

(1) 간이 가압 장치를 여러 번 누르면 플라스틱 병 내부의 공기가 팽창한다.　　　　　　(　　)
(2) 뚜껑을 열었을 때 단열 압축이 일어난다.　(　　)
(3) 플라스틱 병 안에 향 연기를 넣으면 응결이 더 잘 일어난다.　　　　　　　　　(　　)
(4) 뚜껑을 열었을 때 플라스틱 병 내부의 변화로부터 구름이 생성되는 원리를 알 수 있다.　(　　)

실전 문제

2 그림은 위 실험에서 나타난 공기의 부피 변화이다.

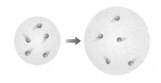

이와 관련된 설명으로 옳지 않은 것은?

① 단열 팽창　② 기온 상승　③ 이슬점 도달
④ 수증기 응결　⑤ 구름 생성

[포화 수증기량 곡선을 분석하여 실제 수증기량, 포화 수증기량, 이슬점, 응결량, 상대 습도 구하기]
상대 습도는 공기가 습하거나 건조한 정도로, 현재 기온에서의 포화 수증기량에 대한 실제 수증기량의 비를 백분율(%)로 나타낸 것이다.

$$상대\ 습도(\%) = \frac{현재\ 공기\ 중에\ 포함된\ 수증기량(g/kg)}{현재\ 기온에서\ 포화\ 수증기량(g/kg)} \times 100$$

실제 수증기량, 포화 수증기량 구하기

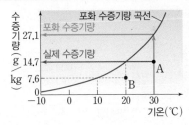

• 공기 A의 실제 수증기량: 현재 위치에서 왼쪽으로 화살표를 그린다. → 화살표와 만나는 세로축 값을 읽는다. ➡ 14.7 g/kg
• 공기 A의 포화 수증기량: 현재 기온 30 ℃에서 포화 수증기량 곡선과 만나도록 위쪽으로 화살표를 그린다. → 포화 수증기량 곡선과 만나는 점에서 왼쪽으로 화살표를 그린다. → 화살표와 만나는 세로축 값을 읽는다. ➡ 27.1 g/kg

[예제]

1 공기 B의 실제 수증기량, 포화 수증기량을 순서대로 쓰시오.

2 공기 A와 B의 실제 수증기량을 부등호를 이용하여 비교하시오.

3 공기 A와 B의 포화 수증기량을 부등호를 이용하여 비교하시오.

이슬점 구하기

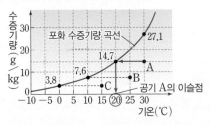

• 공기 A의 이슬점: 현재 위치에서 포화 수증기량 곡선과 만나도록 왼쪽으로 화살표를 그린다. → 포화 수증기량 곡선과 만나는 점에서 아래쪽으로 화살표를 그린다. → 화살표와 만나는 가로축 값을 읽는다. ➡ 20 ℃

[예제]

4 공기 B의 이슬점을 쓰시오.

5 공기 B와 C의 이슬점을 부등호를 이용하여 비교하시오.

응결량 구하기

[공기 A를 20 ℃로 냉각시켰을 때의 응결량]

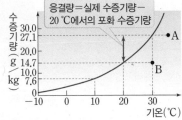

• 실제 수증기량: 현재 위치에서 왼쪽으로 화살표를 그린다. → 화살표와 만나는 세로축 값을 읽는다. ➡ 27.1 g/kg
• 기온이 20 ℃일 때의 포화 수증기량: 기온 20 ℃에서 포화 수증기량 곡선과 만나도록 위쪽으로 화살표를 그린다. → 포화 수증기량 곡선과 만나는 점에서 왼쪽으로 화살표를 그린다. → 화살표와 만나는 세로축 값을 읽는다. ➡ 14.7 g/kg
• 응결량=(실제 수증기량−기온이 20 ℃일 때의 포화 수증기량)
=27.1 g/kg−14.7 g/kg=12.4 g/kg

[예제]

6 공기 B를 10 ℃로 냉각시켰을 때의 응결량을 구하시오.

7 5 kg의 공기 B를 10 ℃로 냉각시켰을 때의 응결량을 구하시오.

상대 습도 구하기

[공기 A의 상대 습도]

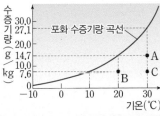

• 실제 수증기량: 현재 위치에서 왼쪽으로 화살표를 그린다. → 화살표와 만나는 세로축 값을 읽는다. ➡ 14.7 g/kg
• 포화 수증기량: 현재 기온 30 ℃에서 포화 수증기량 곡선과 만나도록 위쪽으로 화살표를 그린다. → 포화 수증기량 곡선과 만나는 점에서 왼쪽으로 화살표를 그린다. → 화살표와 만나는 세로축 값을 읽는다. ➡ 27.1 g/kg
• $상대\ 습도(\%) = \dfrac{현재\ 공기\ 중에\ 포함된\ 수증기량(g/kg)}{현재\ 기온에서\ 포화\ 수증기량(g/kg)} \times 100$
$= \dfrac{14.7\ g/kg}{27.1\ g/kg} \times 100 ≒ 54.2\ \%$

[예제]

8 공기 B의 상대 습도를 구하시오.

9 공기 B와 C의 상대 습도를 부등호를 이용하여 비교하시오.

A 대기 중의 수증기

01 응결에 의해 나타나는 현상으로 옳은 것을 〈보기〉에서 모두 고른 것은?

〈보기〉

ㄱ. 젖은 빨래가 마른다.
ㄴ. 풀잎에 이슬이 맺힌다.
ㄷ. 컵에 담아 둔 물이 줄어든다.
ㄹ. 겨울철에 창문에 김이 서린다.

① ㄱ, ㄴ　　　② ㄱ, ㄷ　　　③ ㄴ, ㄷ
④ ㄴ, ㄹ　　　⑤ ㄷ, ㄹ

중요

02 대기 중의 수증기에 대한 설명으로 옳은 것을 모두 고르면? (2개)

① 기온이 높을수록 이슬점이 높아진다.
② 공기 중의 수증기량이 증가하면 이슬점은 낮아진다.
③ 이슬점에서는 공기 중의 수증기량과 포화 수증기량이 같다.
④ 공기 중의 수증기량이 일정할 때 기온이 낮아지면 상대 습도는 낮아진다.
⑤ 포화 수증기량은 포화 상태의 공기 1 kg에 들어 있는 수증기의 양(g)이다.

[03~04] 그림 (가)와 (나)는 2개의 비커에 같은 양의 물을 담고 하나의 비커만 수조로 덮은 모습을 나타낸 것이다.

(가)　　　　　(나)

【주관식】

03 2일 동안 공기 중에 놓아 두었을 때 물의 양이 더 적은 비커의 기호를 쓰시오.

【주관식】

04 다음은 이 실험에 대한 설명이다. 빈칸에 알맞은 말을 쓰시오.

수조로 덮은 비커의 경우 물의 높이가 낮아지다가 어느 정도 시간이 지나면 더 이상 변하지 않는다. 이는 수조 안이 (　　　) 상태에 도달하였기 때문이다.

중요　　　　　　　　　　　　　　　　**탐구 64쪽**

05 그림 (가)와 같이 둥근바닥 플라스크에 따뜻한 물을 조금 넣고 입구를 막은 후 헤어드라이어로 가열하였다가 (나)와 같이 찬물에 넣어 식혔다.

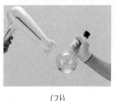

(가)　　　　　(나)

이 실험에 대한 설명으로 옳은 것을 〈보기〉에서 모두 고른 것은?

〈보기〉

ㄱ. (가)에서는 포화 수증기량이 증가한다.
ㄴ. (나)에서는 기온이 낮아진다.
ㄷ. (나)에서는 응결이 일어나 플라스크 안이 뿌옇게 흐려진다.
ㄹ. 기온에 따른 이슬점의 변화를 알아보기 위한 실험이다.

① ㄱ, ㄴ　　　② ㄴ, ㄷ　　　③ ㄷ, ㄹ
④ ㄱ, ㄴ, ㄷ　　　⑤ ㄴ, ㄷ, ㄹ

06 그림과 같이 장치하고 얼음을 넣은 시험관으로 알루미늄 컵 속의 물을 서서히 저어 주었더니 컵 표면이 뿌옇게 흐려졌다. 이 실험에 대한 설명으로 옳지 <u>않은</u> 것은?

① 컵 주변 공기가 포화 상태일 때 응결이 일어난다.
② 컵 표면이 뿌옇게 흐려질 때의 온도가 이슬점이다.
③ 컵 주변의 불포화 공기가 냉각되어 포화 상태가 되었다.
④ 기온이 높을수록 컵 표면이 뿌옇게 흐려질 때의 온도가 높다.
⑤ 공기 중의 수증기량이 많을수록 컵 표면이 뿌옇게 흐려질 때의 온도가 높다.

07 그림은 기온에 따른 포화 수증기량 곡선을 나타낸 것이다. 포화 수증기량이 가장 적은 공기와 이슬점이 가장 높은 공기를 순서대로 옳게 나타낸 것은?

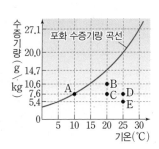

① A, B　　　② A, D　　　③ A, E
④ C, A　　　⑤ D, E

[08~10] 그림은 기온에 따른 포화 수증기량 곡선을 나타낸 것이다.

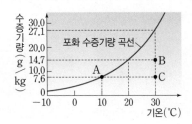

08 공기 C의 실제 수증기량과 포화 수증기량을 옳게 짝 지은 것은?

	실제 수증기량(g/kg)	포화 수증기량(g/kg)
①	7.6	14.7
②	7.6	27.1
③	14.7	7.6
④	14.7	14.7
⑤	14.7	27.1

중요

09 공기 A~C에 대한 설명으로 옳은 것을 모두 고르면? (2개)

① 공기 B와 C는 이슬점이 같다.
② 공기 B와 C는 불포화 상태이다.
③ 공기 A와 C는 포화 수증기량이 같다.
④ 포화 수증기량은 공기 A가 가장 많다.
⑤ 공기 C의 기온을 10 ℃로 낮추면 포화 상태가 된다.

10 ㉠ 공기 B를 10 ℃로 냉각시켰을 때 응결량(g/kg)과 ㉡ 공기 B를 포화 상태로 만들기 위해 필요한 수증기량(g/kg)을 옳게 짝 지은 것은?

	㉠	㉡
①	7.1	7.1
②	7.1	12.4
③	12.4	7.1
④	12.4	14.7
⑤	14.7	27.1

B 상대 습도

11 표는 기온에 따른 포화 수증기량을 나타낸 것이다.

기온(℃)	5	10	15	20	25	30
포화 수증기량 (g/kg)	5.4	7.6	10.6	14.7	20.0	27.1

기온이 30 ℃인 공기 2 kg 속에 15.2 g의 수증기가 들어 있다. 이 공기의 상대 습도를 구하는 식으로 옳은 것은?

① $\dfrac{7.6 \text{ g/kg}}{14.7 \text{ g/kg}} \times 100$
② $\dfrac{14.7 \text{ g/kg}}{14.7 \text{ g/kg}} \times 100$

③ $\dfrac{7.6 \text{ g/kg}}{27.1 \text{ g/kg}} \times 100$
④ $\dfrac{14.7 \text{ g/kg}}{7.6 \text{ g/kg}} \times 100$

⑤ $\dfrac{27.1 \text{ g/kg}}{7.6 \text{ g/kg}} \times 100$

[12~13] 그림은 기온에 따른 포화 수증기량 곡선을 나타낸 것이다.

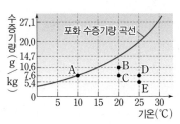

12 공기 C의 이슬점과 상대 습도를 옳게 짝 지은 것은?

	이슬점(℃)	상대 습도(%)
①	10	약 38.0
②	10	약 51.7
③	20	약 28.0
④	20	약 38.0
⑤	20	약 51.7

중요

13 공기 A~E에 대한 설명으로 옳은 것은?

① 상대 습도는 공기 A가 가장 낮다.
② 공기 B는 C보다 상대 습도가 높다.
③ 이슬점은 공기 B가 D보다 낮다.
④ 공기 D의 기온을 20 ℃로 낮춰 주면 포화 상태가 된다.
⑤ 1 kg의 공기 E에 5.4 g의 수증기를 공급하면 상대 습도가 100 %가 된다.

14 상대 습도의 변화에 대한 설명으로 옳은 것을 〈보기〉에서 모두 고른 것은?

┌ 보기 ┐
ㄱ. 밀폐된 방안에서 보일러를 틀면 상대 습도가 낮아진다.
ㄴ. 맑은 날 밤이 되어 기온이 낮아지면 상대 습도가 낮아진다.
ㄷ. 수증기량이 일정할 때 기온이 높아지면 상대 습도가 높아진다.
ㄹ. 기온이 일정할 때 실제 수증기량이 증가하면 상대 습도가 높아진다.

① ㄱ, ㄴ 　② ㄱ, ㄹ 　③ ㄴ, ㄷ
④ ㄴ, ㄹ 　⑤ ㄷ, ㄹ

[15~16] 표는 기온에 따른 포화 수증기량을 나타낸 것이다.

기온(℃)	10	15	20	25	30
포화 수증기량(g/kg)	7.6	10.6	14.7	20.0	27.1

[주관식]
15 기온이 25 ℃이고, 이슬점이 10 ℃인 공기의 상대 습도를 구하시오.

16 기온이 15 ℃이고, 상대 습도가 약 71.7 %인 공기의 이슬점은 몇 ℃인가?

① 약 10 ℃ 　② 약 15 ℃ 　③ 약 20 ℃
④ 약 25 ℃ 　⑤ 약 30 ℃

17 맑은 날 하루 동안의 기온, 습도, 이슬점의 변화에 대한 설명으로 옳지 않은 것은? •

① 상대 습도는 새벽에 가장 높다.
② 이슬점의 변화가 가장 크게 나타난다.
③ 포화 수증기량은 오후 2~3시경에 가장 높다.
④ 기온과 상대 습도의 변화는 반대로 나타난다.
⑤ 하루 동안 공기 중에 포함된 수증기량은 거의 일정하다.

18 그림은 기온에 따른 포화 수증기량 곡선을 나타낸 것이다.

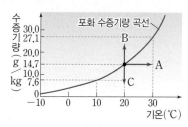

창문이 닫힌 자동차에서 창문 안쪽에 생긴 김을 없애기 위해 히터를 틀었더니 창문이 맑아졌다. 이때 자동차 내부 공기의 변화에 대한 설명으로 옳은 것은?

① A로 변하여 포화 수증기량이 감소하므로 상대 습도가 높아졌다.
② A로 변하여 포화 수증기량이 증가하므로 상대 습도가 낮아졌다.
③ B로 변하여 실제 수증기량이 증가하므로 상대 습도가 높아졌다.
④ C로 변하여 실제 수증기량이 감소하므로 상대 습도가 높아졌다.
⑤ C로 변하여 실제 수증기량이 감소하므로 상대 습도가 낮아졌다.

C 구름

중요
19 그림은 지표면 부근의 공기 덩어리가 상승하여 구름이 생성되는 과정을 나타낸 것이다. 공기 덩어리의 변화에 대한 설명으로 옳지 않은 것은?

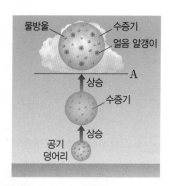

① 온도가 낮아진다.
② 응결이 일어난다.
③ A에서 이슬점에 도달한다.
④ 포화 수증기량이 감소한다.
⑤ 주위 공기의 압력이 높아져 부피가 팽창한다.

20 구름이 생성되는 경우가 아닌 것은?

① 공기가 저기압 중심으로 모여들 때
② 공기가 고기압 중심에서 발산할 때
③ 공기가 산의 경사면을 타고 올라갈 때
④ 찬 공기가 따뜻한 공기 아래로 파고들 때
⑤ 따뜻한 공기가 찬 공기를 타고 올라갈 때

[21~22] 그림 (가)와 같이 장치하고 간이 가압 장치를 여러 번 누른 다음, (나)와 같이 뚜껑을 열었다.

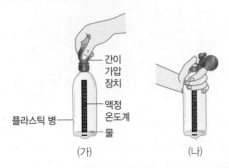

간이
가압
장치

액정
온도계

플라스틱 병

물

(가)　　　　(나)

【주관식】

탐구 65쪽

21 이 실험에서 알아보려고 하는 것은 무엇인지 쓰시오.

탐구 65쪽

22 이 실험에 대한 설명으로 옳은 것을 〈보기〉에서 모두 고른 것은?

보기
ㄱ. (가)에서는 단열 팽창이 일어난다.
ㄴ. (나)에서는 단열 압축이 일어난다.
ㄷ. (나)에서는 플라스틱 병 안이 뿌옇게 흐려진다.
ㄹ. 구름의 생성 원리를 알 수 있는 실험은 (나)이다.

① ㄱ, ㄴ　　　② ㄴ, ㄷ　　　③ ㄷ, ㄹ
④ ㄱ, ㄴ, ㄷ　　⑤ ㄴ, ㄷ, ㄹ

23 그림 (가)와 (나)는 구름의 모습을 나타낸 것이다.

(가)　　　　(나)

이에 대한 설명으로 옳지 않은 것을 모두 고르면? (2개)

① (가)에서는 주로 소나기가 내린다.
② (나)는 공기가 하강할 때 생성된다.
③ (가)는 공기의 상승이 강할 때 생성된다.
④ (가)는 적운형 구름, (나)는 층운형 구름이다.
⑤ (가)는 중위도 지방에서, (나)는 저위도 지방에서 생성된다.

D 강수

[24~25] 그림은 어느 지역의 강수 과정을 나타낸 것이다.

물방울　　　　　빗방울

지표면

【주관식】

24 이와 같은 과정으로 강수가 일어나는 지역을 쓰시오.

25 이 강수 과정에 대한 설명으로 옳은 것은?

① 빙정설이다.
② 구름 속의 온도는 −40~0 ℃이다.
③ 우리나라의 겨울철에는 이 과정에 의해 비가 내린다.
④ 물방울에서 증발한 수증기가 얼음 알갱이에 달라붙는다.
⑤ 크고 작은 물방울들이 합쳐져 커지고 무거워지면 떨어져 비가 된다.

중요

26 그림은 어느 지역의 강수 과정을 나타낸 것이다.

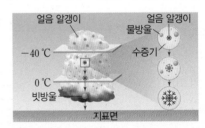

얼음 알갱이　　　　얼음 알갱이
　　　　　　　　　물방울
−40 ℃　　　　　　　수증기

0 ℃
빗방울

지표면

이에 대한 설명으로 옳은 것을 〈보기〉에서 모두 고른 것은?

보기
ㄱ. 열대 지방에서 내리는 비를 설명할 수 있다.
ㄴ. 구름 속의 온도가 −40~0 ℃인 구간에서 비가 만들어진다.
ㄷ. 얼음 알갱이에 수증기가 달라붙어 얼음 알갱이가 점차 커진다.
ㄹ. 얼음 알갱이가 커지고 무거워져 떨어지면 눈이 되고, 떨어지다가 녹으면 비가 된다.

① ㄱ, ㄴ　　　② ㄱ, ㄷ　　　③ ㄴ, ㄷ
④ ㄴ, ㄹ　　　⑤ ㄷ, ㄹ

정답과 해설 **20쪽**

단계별 서술형

1 그림은 기온에 따른 포화 수증기량 곡선을 나타낸 것이다.

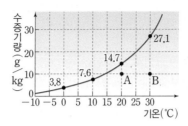

(1) 공기 A의 실제 수증기량과 포화 수증기량을 쓰시오.

_____

(2) 공기 A의 상대 습도를 구하는 식을 쓰고, 그 값을 구하시오. (단, 소수 첫째 자리에서 반올림하시오.)

_____

(3) 공기 A의 상대 습도가 공기 B의 상대 습도보다 높은 까닭을 서술하시오.

_____
_____

서술형

2 맑은 날 하루 동안 기온과 상대 습도는 반대로 나타난다. 그 까닭을 서술하시오.

_____
_____

단어 제시형

3 구름이 만들어지는 과정을 다음 단어를 모두 포함하여 서술하시오.

> 단열 팽창 응결 이슬점

_____
_____

서술형

4 그림은 어느 지역에 발달한 구름을 나타낸 것이다. 이 지역에서 눈이나 비가 내리는 과정을 A 구간에서 일어나는 현상을 포함하여 서술하시오.

_____
_____
_____

03 기압과 바람

A 기압

1. 기압❶(대기압) 공기가 단위 면적에 작용하는 힘

① 기압의 작용❷: 모든 방향으로 같은 크기로 작용한다.

② 기압이 모든 방향으로 작용하기 때문에 나타나는 현상

- 유리컵에 물을 담고 종이를 덮은 후 거꾸로 뒤집어도 물이 쏟아지지 않는다.― 기압이 위쪽에서만 작용한다면 물이 쏟아질 것이다.
- 페트병에 뜨거운 물을 조금 넣고 뚜껑을 닫아 얼음물에 넣으면 페트병이 사방으로 찌그러진다.― 기압이 모든 방향으로 작용하기 때문에 페트병이 사방으로 찌그러진다.

③ 기압의 이용 예: 분무기, 흡착 고리, *진공청소기, 빨대 등

▲ 기압이 모든 방향으로 작용하기 때문에 나타나는 현상

2. 기압의 측정 토리첼리가 수은을 이용하여 최초로 측정하였다.

실험 과정	① 1 m 길이의 유리관에 수은을 가득 채운다. ② 수은이 담긴 수조에 유리관을 거꾸로 세운다.
실험 결과	③ 유리관 속에 들어 있는 수은이 내려오다가 수은 면으로부터 76 cm 높이에서 멈춘다. ➡ 유리관의 수은 기둥이 누르는 압력과 수은 면에 작용하는 기압이 같아졌기 때문이다. 기압이 높아지면 수은 기둥의 높이는 높아지고, 기압이 낮아지면 수은 기둥의 높이는 낮아진다.
수은 기둥의 높이	④, ⑤ 기압이 일정한 경우 유리관을 기울이거나 유리관의 굵기를 다르게 해도 수은 기둥의 높이는 같다.

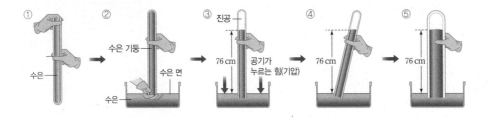

3. 기압의 단위와 크기

① 기압의 단위❸: 기압, hPa(헥토파스칼), cmHg

② 기압의 크기: 1기압=수은 기둥의 높이 76 cm에 해당하는 압력

> 1기압=76 cmHg=약 1013 hPa=물기둥 약 10 m의 압력=공기 기둥 약 1000 km의 압력

기압의 크기는 공기 기둥의 무게와 비례한다. → 높이 올라갈수록 공기 기둥의 무게가 작아진다. → 기압이 낮아진다.

4. 기압의 변화

① 높이에 따른 기압 변화❹: 높이 올라갈수록 공기의 양이 줄어들므로 기압이 급격히 낮아진다.
공기는 대부분 대류권에 모여 있다.

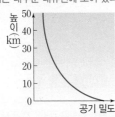
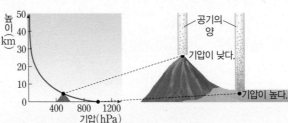

▲ 높이에 따른 공기의 밀도 변화   ▲ 높이에 따른 기압 변화

② 측정 장소와 시간에 따라 기압이 달라진다. ➡ 공기가 끊임없이 움직이기 때문이다.

》》 개념 더하기

❶ 기압
공기를 이루는 여러 종류의 기체는 끊임없이 움직이면서 충돌한다. 이때 기체가 충돌하면서 단위 면적에 작용하는 힘을 기압 또는 대기압이라고 한다. 기체는 모든 방향으로 움직이기 때문에 기압도 모든 방향으로 작용한다.

❷ 사람이 기압을 느끼지 못하는 까닭
우리의 몸 내부에서도 우리 몸에 작용하는 기압과 같은 크기의 압력이 몸 밖으로 작용하기 때문에 기압을 느끼지 못한다.

❸ 기압의 단위
- hPa: 1 hPa은 100 Pa(파스칼)과 같으며, 1 Pa은 1 m²의 면적에 1 N의 힘이 작용할 때의 압력이다.
- cmHg: 수은 기둥의 높이를 재는 cm와 수은의 원소 기호 Hg를 합하여 만든 단위이다.

❹ 높이 올라갈수록 기압이 낮아지기 때문에 나타나는 현상
- 높은 산에 올라가면 귀가 먹먹해진다.
- 풍선이 하늘로 높이 올라가면 점점 커진다.
- 높은 산이나 하늘을 나는 비행기 안에서는 과자 봉지가 부풀어 오른다.

용어 사전

*진공(참 眞, 빌 空)
물질이 없이 완전히 비어 있는 상태

1 기압에 대한 설명으로 옳은 것은 ○, 옳지 않은 것은 ×로 표시하시오.

(1) 지표면에서 기압은 일정하다. ( )
(2) 기압은 위에서 아래로만 작용한다. ( )
(3) 한 장소에서 기압은 시간에 따라 변한다. ( )
(4) 1기압은 수은 기둥 76 cm의 압력과 같다. ( )

2 다음은 기압의 작용에 대한 설명이다. 빈칸에 알맞은 말을 쓰시오.

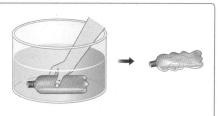

그림과 같이 페트병에 뜨거운 물을 조금 넣고 뚜껑을 닫아 찬물에 넣으면 페트병이 사방으로 찌그러진다. 이것은 (㉠)이/가 (㉡) 방향으로 작용하기 때문이다.

3 그림은 토리첼리의 실험을 나타낸 것이다. ( ) 안에 알맞은 말을 고르시오.

(1) A는 (진공 , 포화 , 불포화) 상태이다.
(2) 1기압일 때 수은 기둥의 높이 h는 (76 , 1013) cm이다.
(3) 기압이 낮아지면 수은 기둥의 높이는 (낮아진다 , 일정하다).
(4) 유리관을 기울이면 수은 기둥의 높이는 (낮아진다 , 일정하다).

4 기압의 크기가 나머지와 다른 하나는?

① 1기압
② 76 cmHg
③ 약 1013 hPa
④ 물기둥 약 10 m의 압력
⑤ 공기 기둥 약 100 km의 압력

5 기압의 변화에 대한 설명으로 옳은 것은 ○, 옳지 않은 것은 ×로 표시하시오.

(1) 측정 장소와 시간에 따라 기압이 달라진다. ( )
(2) 높이 올라갈수록 공기의 밀도는 급격히 커진다. ( )
(3) 산 정상에 올라가서 토리첼리의 실험을 한다면 수은 기둥의 높이는 지표면보다 높을 것이다. ( )
(4) 풍선이 하늘로 높이 올라가면 점점 커지는 것은 높이 올라갈수록 기압이 낮아지기 때문이다. ( )

B 바람

1. 바람 공기가 기압이 높은 곳에서 낮은 곳으로 수평 방향으로 이동하는 것

① 바람이 부는 원인❶: 두 지점의 기압 차이 ➡ 기압 차이는 지표면의 온도 차이 때문에 발생한다. **탐구 76쪽**

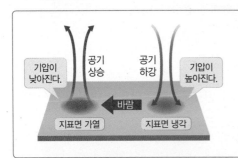

• 지표면이 가열되는 곳: 공기 팽창 → 밀도 감소 → 공기 상승
➡ 지표면 부근의 기압 < 주변 기압
 — 주변에서 바람이 불어온다.
• 지표면이 냉각되는 곳: 공기 수축 → 밀도 증가 → 공기 하강
➡ 지표면 부근의 기압 > 주변 기압
 — 주변으로 바람이 불어 나간다.

┌── 풍향은 바람이 불어오는 방향이다. ➡ 동풍은 동쪽에서 불어오는 바람이다.

② 바람의 방향: 바람은 기압이 높은 곳에서 기압이 낮은 곳❷으로 분다.

③ 바람의 세기: 기압 차이가 클수록 바람이 강하다.

2. 해륙풍과 계절풍 **Beyond 특강 77쪽**

① 해륙풍과 계절풍이 부는 원인: 지표면의 가열이나 냉각 차이에 의한 기압 차이

② 해륙풍❹ — 낮에는 육지가 바다보다 빨리 가열되기 때문에 해풍이 불고, 밤에는 육지가 바다보다 빨리 냉각되기 때문에 육풍이 분다.

해륙풍	해안 지역에서 하루를 주기로 풍향이 바뀌는 바람
해풍	• 낮에 바다에서 육지로 분다. • 기온: 육지 > 바다 ❸ • 기압: 육지 < 바다
육풍	• 밤에 육지에서 바다로 분다. • 기온: 육지 < 바다 • 기압: 육지 > 바다

③ 계절풍❹ — 여름철에는 대륙이 해양보다 빨리 가열되기 때문에 해양에서 대륙으로 바람이 불고, 겨울철에는 대륙이 해양보다 빨리 냉각되기 때문에 대륙에서 해양으로 바람이 분다.

계절풍	대륙과 해양 사이에서 1년을 주기로 풍향이 바뀌는 바람
남동 계절풍 (우리나라)	• 여름철에 해양에서 대륙으로 분다. • 기온: 대륙 > 해양 • 기압: 대륙 < 해양
북서 계절풍 (우리나라)	• 겨울철에 대륙에서 해양으로 분다. • 기온: 대륙 < 해양 • 기압: 대륙 > 해양

---

❶ 바람이 부는 원인
인접한 두 지역에서 지표면의 온도 차이가 생기면 온도가 높은 곳은 공기가 팽창하면서 상승하여 주변으로 퍼져 나가 기압이 낮아진다. 반면 온도가 낮은 곳은 공기가 수축하면서 하강하고 상공에서 주변의 공기가 모여들어 기압이 높아진다. 그 결과 지상에서는 기압이 높은 곳에서 낮은 곳으로 바람이 분다.

❷ 고기압과 저기압
• 고기압: 같은 고도에서 주변보다 기압이 높은 곳
• 저기압: 같은 고도에서 주변보다 기압이 낮은 곳

❸ 육지와 바다의 기온이 차이 나는 까닭
육지는 바다보다 *열용량이 작아 빨리 가열되고 빨리 냉각된다. 따라서 낮에는 육지가 바다보다 기온이 높고, 밤에는 바다가 육지보다 기온이 높다.

❹ 해륙풍과 계절풍의 공통점과 차이점
• 공통점: 지표의 가열이나 냉각 차이에 의한 기압 차이로 부는 바람이다.
• 차이점: 해륙풍은 해안 지역에서 하루를 주기로 풍향이 바뀌고, 계절풍은 대륙과 해양 사이에서 1년을 주기로 풍향이 바뀐다.

용어 사전

*열용량(더울 熱, 모습 容, 헤아릴 量)
어떤 물질의 온도를 1 ℃ 높이는 데 필요한 열에너지의 양

정답과 해설 21쪽 〉〉〉

핵심 Tip

• **바람**: 공기가 기압이 높은 곳에서 낮은 곳으로 수평 방향으로 이동하는 것
• **바람이 부는 원인**: 두 지점의 기압 차이
• **해륙풍**: 해안 지역에서 하루를 주기로 풍향이 바뀌는 바람
• **계절풍**: 대륙과 해양 사이에서 1년을 주기로 풍향이 바뀌는 바람

6 바람에 대한 설명으로 옳은 것은 ○, 옳지 않은 것은 ×로 표시하시오.

(1) 바람은 두 지점의 기압 차이에 의해 분다. ( )
(2) 두 지점의 기압 차이가 작을수록 바람이 강하게 분다. ( )
(3) 지표면의 온도 차이 때문에 기압 차이가 발생한다. ( )
(4) 바람은 공기가 기압이 높은 곳에서 낮은 곳으로 수직 방향으로 이동하는 것이다. ( )

7 다음은 바람이 부는 원인을 나타낸 것이다. ( ) 안에 알맞은 말을 고르시오.

| 가열된 지표면 | → | 공기 ㉠ (상승 , 하강) | → | 지표면 기압 ㉡ (상승 , 하강) | → | 기압이 높은 곳에서 낮은 곳으로 바람이 분다. |
| 냉각된 지표면 | → | 공기 ㉢ (상승 , 하강) | → | 지표면 기압 ㉣ (상승 , 하강) | → | |

원리 Tip B-1

기압 차이가 생기는 원인

적외선 가열 장치

종이 봉투

2개의 종이봉투를 비슷한 크기로 만들어 입구를 실로 묶고 그림과 같이 장치한 후 적외선 가열 장치로 한쪽 종이봉투를 가열하면 가열한 종이봉투가 부풀어 오르고 위로 올라간다.
➡ 지표면의 어느 한 부분이 다른 부분보다 더 가열될 경우 공기가 팽창하여 상승한다. ➡ 주변보다 기압이 낮아진다.

8 그림은 해안 지역에서 부는 바람을 나타낸 것이다. 빈칸에 알맞은 말을 쓰시오.

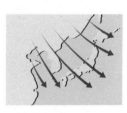

(1) 기압은 바다가 육지보다 ( ).
(2) 바다에서 육지로 ( )이 분다.
(3) 해안 지역에서 ( )에 부는 바람이다.
(4) 육지가 바다보다 빨리 ( )되기 때문에 부는 바람이다.

9 그림은 우리나라 부근에서 부는 바람을 나타낸 것이다. ( ) 안에 알맞은 말을 고르시오.

(1) 우리나라의 (여름철 , 겨울철)에 부는 바람이다.
(2) 기압은 대륙이 해양보다 (높다 , 낮다).
(3) 대륙이 해양보다 빨리 (가열 , 냉각)되기 때문에 부는 바람이다.

암기 Tip B-2

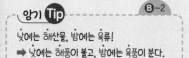

낮에는 해산물, 밤에는 육류!
➡ 낮에는 해풍이 불고, 밤에는 육풍이 분다.

10 해륙풍과 계절풍에 대한 설명에 해당하는 것을 옳게 연결하시오.

(1) 해풍 • • ㉠ 1년을 주기로 풍향이 바뀐다.
(2) 육풍 • • ㉡ 해안 지역에서 밤에 부는 바람이다.
(3) 계절풍 • • ㉢ 육지가 바다보다 기온이 높을 때 부는 바람이다.

탐구하기 ● Ⓐ 바람이 부는 원리

과학적 사고로!

목표 차등 가열에 의해 기압 차가 발생하여 바람이 불게 되는 것을 알아본다.

과 정

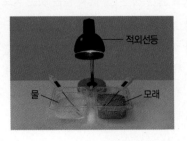
적외선등
물
모래

[유의점]
• 적외선등을 켜기 전에 물과 모래의 온도를 같게 하여 같은 조건을 만든다.
• 온도계는 표면에서 1 cm 이내의 깊이에 설치한다.

❶ 사각 접시에 각각 물과 모래를 담는다.
❷ 물과 모래에 온도계를 꽂은 후 적외선등을 켜고 2분 간격으로 10분 동안 온도를 측정한다. 물은 바다, 모래는 육지에 해당한다.
❸ 물과 모래 사이에 향을 피우고, 향 연기의 흐름을 관찰한다. 향 연기의 흐름은 바람에 해당한다.
❹ 적외선등을 끄고 모래와 물의 온도를 2분 간격으로 10분 동안 측정하고, 향 연기의 흐름을 관찰한다.

> 적외선등을 켰을 때: 모래의 온도＞물의 온도 → 모래 위의 기압＜물 위의 기압

결 과

실험 Tip

향을 피우는 까닭
향을 피우면 공기의 흐름이 잘 관찰된다. 향 연기가 물에서 모래 쪽으로 이동하면 물 위의 기압이 모래 위의 기압보다 높다.

1. 적외선등을 켰을 때
• 모래가 물보다 빨리 가열된다.
• 향 연기는 물에서 모래 쪽으로 이동한다. ➡ 모래 위의 공기가 밀도가 작아져 상승하므로 물 위의 기압이 모래 위의 기압보다 높기 때문이다.
2. 적외선등을 끈 후
• 모래가 물보다 빨리 냉각된다.
• 향 연기는 모래에서 물 쪽으로 이동한다. ➡ 모래 위의 공기가 밀도가 커져 하강하므로 모래 위의 기압이 물 위의 기압보다 (㉠   ) 때문이다.

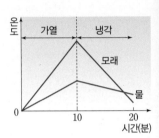
온도
가열 냉각
모래
물
0   10   20
시간(분)

정 리

1. 적외선등을 켰을 때: 낮에 부는 (㉡   )와/과 우리나라의 여름철에 부는 남동 계절풍을 설명할 수 있다.
• 낮에는 육지가 바다보다 빨리 가열되어 바다에서 육지로 해풍이 분다.
• 우리나라의 여름철에는 대륙이 해양보다 빨리 가열되어 해양에서 대륙 쪽으로 남동 계절풍이 분다.
2. 적외선등을 끈 후: 밤에 부는 (㉢   )와/과 우리나라의 겨울철에 부는 북서 계절풍을 설명할 수 있다.
• 밤에는 육지가 바다보다 빨리 냉각되어 육지에서 바다로 육풍이 분다.
• 우리나라의 겨울철에는 대륙이 해양보다 빨리 냉각되어 대륙에서 해양 쪽으로 북서 계절풍이 분다.

확인 문제

1 위 실험에 대한 설명으로 옳은 것은 ○, 옳지 않은 것은 × 로 표시하시오.

(1) 이 실험은 바람이 부는 원리를 알아보기 위한 것이다.
( )

(2) 적외선등을 끈 후 향 연기는 모래에서 물 쪽으로 이동한다.
( )

(3) 적외선등을 켰을 때 물 위의 기압이 모래 위의 기압보다 낮다.
( )

(4) 적외선등을 끈 후 향 연기의 이동을 통해 우리나라의 겨울철에 부는 북서 계절풍을 설명할 수 있다.
( )

실전 문제

2 그림과 같이 장치하고 10분 후 칸막이를 들어 올리면서 향 연기의 이동을 관찰하였다.

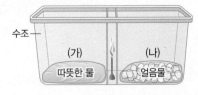
수조
(가)   (나)
따뜻한 물   얼음물

이 실험에 대한 설명으로 옳은 것을 〈보기〉에서 모두 고르시오.

보기
ㄱ. (가)는 (나)보다 기압이 높다.
ㄴ. 향 연기는 (나)에서 (가)로 이동한다.
ㄷ. 이 실험을 통해 구름이 생성되는 원리를 알 수 있다.

[해풍이 부는 원리]

1. 공기가 상승하는 쪽을 확인한다. ➡ 육지
2. 기온은 공기가 상승하는 쪽(육지)이 높다. ➡ 육지가 바다보다 빨리 가열되는 낮이다.
3. 기압은 기온과 반대이다. ➡ 바다가 육지보다 기압이 높다.
4. 기압이 높은 바다에서 기압이 낮은 육지로 바람이 분다. ➡ 해풍

[육풍이 부는 원리]

1. 공기가 상승하는 쪽을 확인한다. ➡ 바다
2. 기온은 공기가 상승하는 쪽(바다)이 높다. ➡ 육지가 바다보다 빨리 냉각되는 밤이다.
3. 기압은 기온과 반대이다. ➡ 육지가 바다보다 기압이 높다.
4. 기압이 높은 육지에서 기압이 낮은 바다로 바람이 분다. ➡ 육풍

1 그림은 해안 지역에서 부는 바람을 나타낸 것이다. 빈칸에 들어갈 알맞은 말을 쓰시오.

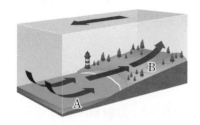

(1) B가 A보다 빨리 (　　　)된다.
(2) 기압은 A가 B보다 (　　　).
(3) 낮에 부는 (　　　)이다.

2 그림은 해안 지역에서 부는 해풍 또는 육풍을 나타낸 것이다. 이에 대한 설명으로 옳은 것은?

① 해풍이다.
② 낮에 부는 바람이다.
③ 기온은 육지가 바다보다 높다.
④ 기압은 바다가 육지보다 높다.
⑤ 하루를 주기로 풍향이 바뀐다.

[남동 계절풍이 부는 원리]

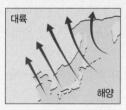

1. 바람이 부는 방향을 확인한다. ➡ 해양 → 대륙
2. 기압은 바람이 불어오는 쪽이 높다. ➡ 해양이 대륙보다 기압이 높다.
3. 기온은 기압과 반대이다. ➡ 대륙이 해양보다 기온이 높다.
4. 대륙이 해양보다 빨리 가열되는 여름이다. ➡ 남동 계절풍

[북서 계절풍이 부는 원리]

1. 바람이 부는 방향을 확인한다. ➡ 대륙 → 해양
2. 기압은 바람이 불어오는 쪽이 높다. ➡ 대륙이 해양보다 기압이 높다.
3. 기온은 기압과 반대이다. ➡ 해양이 대륙보다 기온이 높다.
4. 대륙이 해양보다 빨리 냉각되는 겨울이다. ➡ 북서 계절풍

3 그림은 우리나라 부근에서 부는 바람을 나타낸 것이다.

(1) A와 B 중 기압이 높은 곳을 쓰시오.
(2) 이와 같은 바람이 부는 계절을 쓰시오.
(3) 풍향이 바뀌는 주기를 쓰시오.

4 그림은 우리나라 부근에서 부는 바람을 나타낸 것이다. 이에 대한 설명으로 옳은 것을 〈보기〉에서 모두 고르시오.

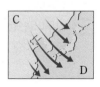

┌ 보기 ┐
ㄱ. C는 D보다 기온이 낮다.
ㄴ. 남동 계절풍이다.
ㄷ. 우리나라의 겨울철에 부는 바람이다.

A 기압

중요

01 기압에 대한 설명으로 옳지 <u>않은</u> 것은?

① 모든 방향으로 작용한다.
② 높이 올라갈수록 기압이 낮아진다.
③ 측정 시간과 장소에 따라 달라진다.
④ 공기가 단위 부피에 작용하는 힘이다.
⑤ 기압의 단위로는 hPa, cmHg 등을 사용한다.

02 기압의 작용에 의해 나타나는 현상으로 옳은 것을 〈보기〉에서 모두 고른 것은?

┌ 보기 ┐
ㄱ. 풀잎에 이슬이 맺힌다.
ㄴ. 높은 산에 올라가면 귀가 먹먹해진다.
ㄷ. 빨대로 빈 우유팩을 계속 빨면 팩이 찌그러진다.
└───────┘

① ㄱ　　　　② ㄴ　　　　③ ㄱ, ㄷ
④ ㄴ, ㄷ　　　⑤ ㄱ, ㄴ, ㄷ

[03~04] 그림과 같이 알루미늄 캔에 물을 조금 넣고 수증기가 나올 때까지 가열한 후 입구를 테이프로 막고 냉각시켰더니 알루미늄 캔이 찌그러졌다.

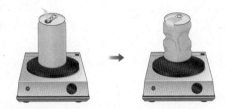

【주관식】

03 알루미늄 캔 안쪽과 바깥쪽의 기압을 부등호를 이용하여 비교하시오.

【주관식】

04 이 실험을 통해 알 수 있는 기압의 작용 방향을 쓰시오.

[05~06] 그림과 같이 1 m 길이의 유리관에 수은을 가득 채우고 수은이 담긴 수조에 유리관을 거꾸로 세운 후 수은 기둥의 높이를 측정하였다.

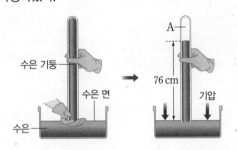

05 유리관 속 수은이 내려오다가 수은 면으로부터 76 cm 높이에서 멈추었다. ㉠이 지역의 현재 기압과 ㉡높은 산에서 이 실험을 할 때 나타날 수 있는 수은 기둥의 높이를 옳게 짝 지은 것은?

	㉠	㉡
①	1기압	74 cm
②	1기압	78 cm
③	10기압	74 cm
④	10기압	78 cm
⑤	1013기압	78 cm

중요

06 이 실험에 대한 설명으로 옳지 <u>않은</u> 것을 모두 고르면?
(2개)

① A는 진공 상태이다.
② 유리관을 기울이면 수은 기둥의 높이가 낮아진다.
③ 물을 이용하여 실험하려면 10 m 이상의 유리관이 필요하다.
④ 수은 기둥이 누르는 압력이 수은 면에 작용하는 기압보다 높다.
⑤ 기압이 1023 hPa인 곳에서 실험을 하면 수은 기둥의 높이가 76 cm보다 높아진다.

07 기압의 크기가 가장 큰 것은?

① 10기압
② 760 cmHg
③ 약 1013 hPa
④ 물기둥 약 1000 m의 압력
⑤ 공기 기둥 약 1 km의 압력

중요

08 그림 (가)~(다)는 서로 다른 세 지역에서 토리첼리의 실험을 한 결과를 나타낸 것이다.

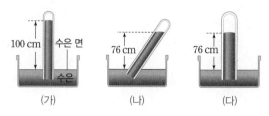

(가) (나) (다)

이에 대한 설명으로 옳은 것을 〈보기〉에서 모두 고른 것은?

보기
ㄱ. (가) 지역의 기압은 1기압보다 높다.
ㄴ. (나) 지역은 (다) 지역보다 기압이 높다.
ㄷ. (나) 지역의 기압은 약 1013 hPa이다.
ㄹ. (다) 지역의 기압은 공기 기둥 약 100 km의 압력과 같다.

① ㄱ, ㄷ   ② ㄴ, ㄹ   ③ ㄷ, ㄹ
④ ㄱ, ㄴ, ㄷ   ⑤ ㄱ, ㄴ, ㄹ

09 높이에 따른 기압의 변화를 그래프로 옳게 나타낸 것은?

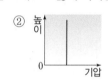
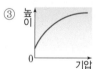
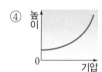
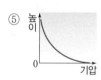

【주관식】

10 그림은 어느 장소에서 같은 시각에 실시한 토리첼리의 실험을 나타낸 것이다. 수은 기둥의 높이 $h_1 \sim h_3$의 크기를 부등호나 등호를 이용하여 비교하시오.

B 바람

【주관식】

11 바람이 부는 직접적인 원인은 무엇인지 쓰시오.

12 바람에 대한 설명으로 옳은 것은?

① 기온이 높은 곳에서 낮은 곳으로 분다.
② 기압이 낮은 곳에서 높은 곳으로 분다.
③ 기압 차이가 클수록 바람의 세기가 강하다.
④ 남쪽에서 북쪽으로 부는 바람은 북풍이다.
⑤ 공기의 수직 방향의 흐름을 바람이라고 한다.

[13~14] 그림은 지표면의 가열 또는 냉각에 따른 공기의 흐름을 나타낸 것이다.

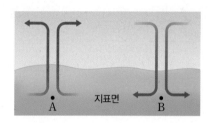

지표면

A   B

13 A와 B 지역의 기온과 기압을 부등호를 이용하여 옳게 비교한 것은?

	기온	기압
①	A>B	A>B
②	A>B	A<B
③	A=B	A>B
④	A<B	A<B
⑤	A<B	A>B

14 이에 대한 설명으로 옳은 것을 〈보기〉에서 모두 고른 것은?

보기
ㄱ. A 지역은 지표면이 가열되었다.
ㄴ. B 지역의 공기는 팽창하면서 하강한다.
ㄷ. 지표면에서 바람은 B 지역에서 A 지역으로 분다.
ㄹ. A와 B 지역의 기압 차이가 커지면 바람이 약해진다.

① ㄱ, ㄷ   ② ㄴ, ㄹ   ③ ㄷ, ㄹ
④ ㄱ, ㄴ, ㄷ   ⑤ ㄱ, ㄴ, ㄹ

[15~16] 그림과 같이 장치하고 적외선등을 켜서 물과 모래의 온도 변화를 측정한 후, 다시 적외선등을 끄고 물과 모래의 온도 변화를 측정하였다.

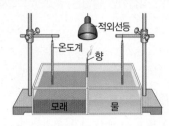

15 이 실험에서 모래와 물의 온도 변화로 가장 적절한 것은?

탐구 76쪽

16 이 실험에 대한 설명으로 옳지 않은 것은?

탐구 76쪽

① 바람이 부는 원리를 알아보기 위한 실험이다.
② 모래와 물을 가열하면 모래 쪽의 공기가 상승한다.
③ 모래와 물을 가열하면 향 연기는 물에서 모래 쪽으로 이동한다.
④ 모래와 물을 냉각시키는 실험을 통해 해풍이 부는 원리를 알 수 있다.
⑤ 모래와 물을 냉각시키면 모래 쪽의 기압이 물 쪽의 기압보다 높아진다.

17 그림은 해안 지역에서 하루를 주기로 부는 바람을 나타낸 것이다. 육지와 바다 중 기온이 높은 곳과 바람의 이름을 순서대로 옳게 나타낸 것은?

① 육지, 육풍 ② 육지, 해풍 ③ 바다, 육풍
④ 바다, 해풍 ⑤ 바다, 남동 계절풍

[18~19] 그림 (가)는 해안 지방에서, (나)는 우리나라 주변에서 부는 바람을 나타낸 것이다.

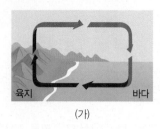 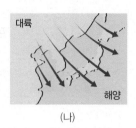

(가)   (나)

18 (가), (나)의 바람이 부는 시기를 옳게 짝 지은 것은?

	(가)	(나)
①	낮	여름철
②	낮	겨울철
③	밤	봄철
④	밤	여름철
⑤	밤	겨울철

중요

19 이에 대한 설명으로 옳은 것을 모두 고르면? (2개)

① (가)에서는 육지가 바다보다 빨리 냉각된다.
② (나)에서는 해양 쪽의 공기가 상승한다.
③ (나)에서는 해양이 대륙보다 기압이 높다.
④ 바람이 부는 주기는 (가)가 (나)보다 길다.
⑤ (가)는 육지와 바다의 가열 차이에 의해 기압 차이가 발생하여 바람이 분다.

20 그림은 우리나라 부근에서 부는 바람을 나타낸 것이다. 이에 대한 설명으로 옳은 것을 〈보기〉에서 모두 고른 것은?

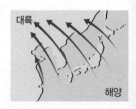

보기
ㄱ. 겨울철에 부는 계절풍이다.
ㄴ. 대륙 쪽이 해양 쪽보다 기압이 높다.
ㄷ. 1년을 주기로 풍향이 바뀐다.
ㄹ. 대륙과 해양의 기압 차이가 커지면 바람이 강해진다.

① ㄱ, ㄷ   ② ㄴ, ㄹ   ③ ㄷ, ㄹ
④ ㄱ, ㄴ, ㄷ   ⑤ ㄱ, ㄴ, ㄹ

서술형 문제

정답과 해설 24쪽

서술형 Tip

1 서술형

다음과 같은 현상이 나타나는 까닭을 서술하시오.

> 유리컵에 물을 담고 종이를 덮은 후 거꾸로 뒤집어도 물이 쏟아지지 않는다.

1 기압이 위쪽에서 아래쪽으로만 작용할 경우 일어날 수 있는 현상을 생각해 본다.
→ 필수 용어: 기압, 모든 방향

---

2 단계별 서술형

그림은 토리첼리의 기압 측정 실험을 나타낸 것이다.

(1) 유리관의 수은 기둥이 내려오다가 76 cm 높이에서 멈춘 까닭을 서술하시오.

(2) 이 실험을 설악산 정상에서 실시할 경우 수은 기둥의 높이 변화를 까닭과 함께 서술하시오.

진공
수은
76 cm
수은 면

2 (1) 수은 기둥의 압력은 기압과 같은 것을 서술한다.
→ 필수 용어: 수은 기둥이 누르는 압력, 수은 면에 작용하는 기압

Plus 문제 2-1

기압이 같은 지역에서 더 굵은 유리관을 사용하여 실험할 때 수은 기둥의 높이 변화를 서술하시오.

---

3 단어 제시형

바람이 부는 원인을 다음 단어를 모두 포함하여 서술하시오.

> 지표면이 가열되는 곳   지표면이 냉각되는 곳   기압   공기   이동

3 지표면이 가열되는 곳과 냉각되는 곳의 기압 변화를 생각해 본다.

---

4 서술형

그림은 우리나라 주변에서 여름철에 부는 남동 계절풍을 나타낸 것이다. 이 바람이 부는 원인을 서술하시오.

대륙
해양

4 대륙은 해양보다 열용량이 작아 빨리 가열되는 것을 이용하여 서술한다.
→ 필수 용어: 대륙, 해양, 가열, 공기 상승, 기압

Plus 문제 4-1

남동 계절풍이 부는 원인과 동일한 원인에 의해 해안 지방에서 부는 바람의 이름을 쓰시오.

ⓐ 기단과 날씨

1. 기단 기온과 습도 등의 성질이 비슷한 큰 공기 덩어리

공기가 대륙이나 해양 등의 넓은 지역에 오래 머무르면 그 지역 지표의 성질을 닮게 된다.

① 기단의 성질: 발생지의 성질(기온, 습도 등)에 따라 결정된다.❶

기단의 발생지❷	저위도 고온 또는 온난		고위도 한랭	
	대륙 건조	해양 다습	대륙	해양
기단의 성질	고온 건조	고온 다습	한랭 건조	한랭 다습

② 기단의 영향: 기단은 세력이 커지거나 작아지면서 주변 지역의 날씨에 영향을 준다.

2. 우리나라에 영향을 주는 기단

기단	성질	영향을 미치는 계절	날씨
시베리아 기단	한랭 건조	겨울	춥고 건조한 날씨 한파, 폭설
양쯔강 기단	온난 건조	봄, 가을	따뜻하고 건조한 날씨
오호츠크해 기단	한랭 다습	초여름	동해안 지역에 저온 현상 등
북태평양 기단	고온 다습	여름	무덥고 습한 날씨 열대야, 무더위

▲ 우리나라 주변의 기단

ⓑ 전선과 날씨

전선면 부근에서는 따뜻한 기단이 상승하여 수증기가 응결되므로 구름이 생성되고 강수 현상이 일어난다.

1. 전선면과 전선❸ [Beyond 특강] 86쪽

① 전선면: 성질이 다른 두 기단이 만나 형성된 경계면

② 전선: 전선면이 지표면과 만나는 경계선

2. 전선의 종류

전선	일기 기호	형성 과정
한랭 전선	▲▲▲▲	찬 공기가 따뜻한 공기 아래로 파고들 때 형성된다.
온난 전선	●●●●	따뜻한 공기가 찬 공기 위로 타고 올라갈 때 형성된다.
*폐색 전선❹	▲●▲●▲	속도가 빠른 한랭 전선이 온난 전선을 따라잡아 겹쳐질 때 형성된다.
정체 전선❺	▲●▲●▲	세력이 비슷한 두 기단이 만나 한곳에 오랫동안 머무를 때 형성된다.

3. 한랭 전선과 온난 전선 한랭 전선 뒤쪽에서는 소나기가 내리고, 온난 전선 앞쪽에서는 지속적인 비가 내린다.

구분	한랭 전선	온난 전선
모습	 전선면 / 찬 공기 → 비 / 따뜻한 공기 / 지표면	따뜻한 공기 / 전선면 / 비 / 찬 공기 → / 지표면
전선면의 기울기	급하다.	완만하다.
발달하는 구름	적운형 구름	층운형 구름
강수	좁은 지역에서 소나기	넓은 지역에서 지속적인 비
이동 속도	빠르다.	느리다.
통과 후 기온, 기압 변화	기온 하강, 기압 상승	기온 상승, 기압 하강

---

❶ **기단의 변질**
기단이 발생지에서 다른 지역으로 이동하면, 이동하는 지역 지표의 영향을 받아 기단의 아랫부분부터 성질이 변한다.

❷ **기단의 발생지**
기단은 넓은 지역에 걸쳐 기온과 습도가 비슷한 넓은 대륙, 사막, 해양 등에서 발생한다. 공기의 이동이 활발한 해안 지방이나 온대 지방에서는 기단이 잘 발생하지 않는다.

❸ **전선면과 전선**

전선면에서 따뜻한 공기는 위로 상승하므로 단열 팽창하여 구름이 생성되고, 전선을 경계로 기온, 습도, 바람 등 날씨가 크게 달라진다.

❹ **폐색 전선**

한랭 전선이 온난 전선보다 이동 속도가 빠르므로, 시간이 지나면 두 전선이 겹쳐져서 폐색 전선이 형성된다.

❺ **우리나라 부근의 정체 전선**
우리나라의 초여름에 형성되는 장마 전선은 대표적인 정체 전선으로, 북쪽의 찬 기단과 남쪽의 고온 다습한 북태평양 기단이 만나 형성되며, 많은 비를 내린다.

[용어 사전]
***폐색(닫을 閉, 막힐 塞)**
닫아서 막힘

1 기단에 대한 설명으로 옳은 것은 ○, 옳지 않은 것은 ×로 표시하시오.

(1) 고위도에서 형성된 기단은 한랭하다. ( )
(2) 기단의 성질은 발생지의 기온, 습도 등에 따라 결정된다. ( )
(3) 기단은 기온과 습도 등의 성질이 비슷한 큰 공기 덩어리이다. ( )
(4) 기단은 다른 지역으로 이동해도 기온, 습도 등은 변하지 않는다. ( )

2 그림은 우리나라에 영향을 미치는 기단을 나타낸 것이다.

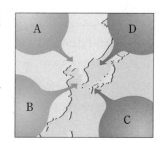

(1) 건조한 성질을 갖는 기단의 기호를 모두 쓰시오.
(2) 우리나라에 무덥고 습한 날씨를 가져오는 기단의 기호와 이름을 쓰시오.
(3) 우리나라의 겨울철에 영향을 미치는 기단의 기호와 이름을 쓰시오.

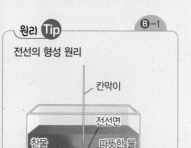
3 다음은 성질이 다른 두 기단이 만날 때 형성되는 경계에 대해 설명한 것이다. 빈칸에 알맞은 말을 쓰시오.

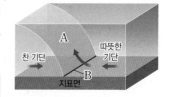

성질이 다른 두 기단이 만날 때 생기는 경계면 A를 (㉠)(이)라 하고, 이것이 지표면과 만나 이루는 경계선 B를 (㉡)(이)라고 한다.

4 전선과 그 특징에 해당하는 내용을 옳게 연결하시오.

(1) 한랭 전선 • • ㉠ 한랭 전선과 온난 전선이 겹쳐져서 형성된다.
(2) 폐색 전선 • • ㉡ 찬 공기가 따뜻한 공기 아래로 파고들 때 형성된다.
(3) 온난 전선 • • ㉢ 두 기단의 세력이 비슷하여 오랫동안 머물러 있다.
(4) 정체 전선 • • ㉣ 따뜻한 공기가 찬 공기 위로 타고 오를 때 형성된다.

5 그림은 어느 전선의 단면을 나타낸 것이다.

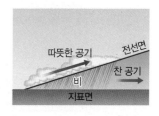

(1) 이 전선의 이름을 쓰시오.
(2) 이 전선에서 발달하는 구름의 종류를 쓰시오.
(3) 이 전선이 통과한 후 나타나는 기온 변화를 쓰시오.

ⓒ 기압과 날씨

1. 고기압과 저기압❶

구분	고기압	저기압
정의	주위보다 기압이 높은 곳	주위보다 기압이 낮은 곳
바람 (북반구)	시계 방향으로 불어 나간다.	시계 반대 방향으로 불어 들어온다.
중심 기류	하강 *기류	상승 기류
날씨	구름 소멸, 맑음	구름 생성, 흐리고 비나 눈

상승 기류   하강 기류

▲ 고기압과 저기압

2. 온대 저기압과 날씨

① 온대 저기압의 발생: 중위도 지방에서 북쪽의 찬 기단과 남쪽의 따뜻한 기단이 만나 발생한다.

② 전선: 온난 전선과 한랭 전선을 동반한다. 온대 저기압의 중심에서 남서쪽으로 한랭 전선, 남동쪽으로 온난 전선이 형성된다.

③ 이동 방향❷: 편서풍의 영향으로 서 → 동으로 이동한다.

구분	온난 전선 앞쪽(A)	온난 전선과 한랭 전선 사이(B)	한랭 전선 뒤쪽(C)
구름	층운형 구름	없다.	적운형 구름
날씨	넓은 지역에 지속적인 비	맑다.	좁은 지역에 소나기
기온	낮다.	높다.	낮다.
풍향	남동풍	남서풍	북서풍

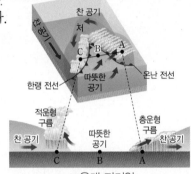

찬 공기   온난 전선
한랭 전선   따뜻한 공기
적운형 구름   층운형 구름
찬 공기   따뜻한 공기   찬 공기
C   B   A

▲ 온대 저기압

어느 지역에 온대 저기압이 지나가면, 온난 전선이 먼저 통과하고 한랭 전선이 나중에 통과하여 날씨가 변한다.

ⓓ 우리나라의 계절별 일기도❸ `Beyond 특강` 86쪽

계절	대표적인 일기도	날씨와 특징
봄, 가을		• *이동성 고기압과 이동성 저기압이 자주 지나가므로 날씨 변화가 심하다. └ 온대 저기압 • 봄: 따뜻하고 건조한 날씨, 황사, 꽃샘추위 • 가을: 맑은 하늘이 자주 나타나며, 낮과 밤의 기온 차이가 커지면서 첫서리가 내린다.
여름		• 북태평양 기단의 영향을 받아 무덥고 습한 날씨가 나타난다. • 남고북저형의 기압 배치 남쪽에 고기압(북태평양 고기압), 북쪽에 저기압 형성 • 남동 계절풍 • 초여름에 장마❹ 장마 전선 형성 • 무더위(폭염), *열대야, 태풍
겨울		• 시베리아 기단의 영향을 받아 춥고 건조한 날씨가 나타난다. • 서고동저형의 기압 배치 서쪽에 고기압(시베리아 고기압), 동쪽에 저기압 형성 • 북서 계절풍 • 한파, 폭설

》》 개념 더하기

❶ 저기압의 종류
• 온대 저기압: 중위도 지방에서 발생하며, 전선을 동반한다.
• 열대 저기압: 열대 해상에서 발생하며, 전선을 동반하지 않는다. 주로 우리나라의 여름철에 영향을 미치는 태풍은 열대 저기압이다.

❷ 온대 저기압의 이동
편서풍은 중위도 지방에서 서쪽에서 동쪽으로 부는 바람이다. 온대 저기압은 편서풍을 따라 서쪽에서 동쪽으로 이동하므로, 현재 일기도에 온대 저기압이 우리나라의 서쪽에 위치하면 앞으로 우리나라는 온대 저기압의 영향을 받게 된다.

❸ 일기도와 일기 예보
• 일기도: 기온, 기압, 풍향, 풍속, 고기압, 저기압, 전선 등을 지도에 기호로 표시한 것이다.
• 일기 예보: 기상 관측 장비와 기상 위성 등을 이용하여 수집한 자료를 분석해 일기도를 작성하고 일기를 예측하여 알려 주는 것이다.

❹ 초여름 장마철의 일기도

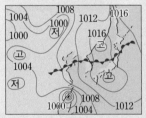

우리나라 중부 지방에 장마 전선이 형성되어 있으므로 우리나라에 많은 비가 내린다.

용어 사전

*기류(공기 氣, 흐를 流)
수평, 수직 방향을 모두 포함한 공기의 흐름
*이동성(옮길 移, 움직일 動, 성질 性) 고기압
한곳에 머무르지 않고 이동하는 비교적 규모가 작은 고기압
*열대야(더울 熱, 띠 帶, 밤 夜)
밤에도 최저 기온이 25 ℃ 이하로 내려가지 않는 현상

정답과 해설 25쪽 >>>

6 고기압과 저기압에 대한 설명으로 옳은 것은 ○, 옳지 않은 것은 ×로 표시하시오.

(1) 저기압은 기압이 1000 hPa보다 낮은 곳이다. ( )

(2) 저기압에서는 상승 기류가 발달하여 구름이 생성된다. ( )

(3) 북반구 고기압에서는 바람이 시계 방향으로 불어 나간다. ( )

(4) 고기압에서는 비나 눈이 내리고, 저기압에서는 맑은 날씨가 나타난다.

( )

7 그림은 온대 저기압의 단면을 나타낸 것이다.

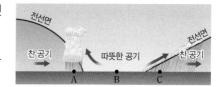

(1) A 지역에서 발달하는 구름의 종류를 쓰시오.

(2) B 지역에 앞으로 통과할 전선의 이름을 쓰시오.

(3) C 지역의 풍향을 쓰시오.

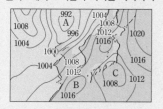
8 다음은 온대 저기압에 대한 설명이다. ( ) 안에 알맞은 말을 고르시오.

> 온대 저기압은 ㉠ (저위도 , 중위도) 지방에서 발생하며, 저기압 중심의 남서쪽으로 ㉡ (한랭 , 온난) 전선을, 남동쪽으로 ㉢ (한랭 , 온난) 전선을 동반한다.

9 그림은 우리나라 주변의 일기도를 나타낸 것이다. 빈칸에 알맞은 말을 쓰시오.

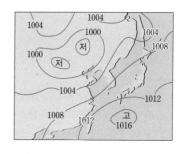

(1) 우리나라의 남쪽에 고기압, 북쪽에 저기압이 위치하는 ( )형 기압 배치가 나타난다.

(2) 이 계절에 우리나라는 주로 ( ) 기단의 영향을 받는다.

(3) 이 계절에 우리나라에는 ( ) 계절풍이 분다.

10 우리나라의 계절별 날씨 특징을 옳게 연결하시오.

(1) 봄 • • ㉠ 폭염과 열대야 현상이 나타난다.

(2) 여름 • • ㉡ 따뜻하고 건조한 날씨가 나타난다.

(3) 가을 • • ㉢ 낮과 밤의 기온 차이가 커지면서 첫서리가 내린다.

(4) 겨울 • • ㉣ 서고동저형의 기압 배치가 나타나며, 북서 계절풍이 분다.

[일기도와 기상 위성 영상 해석하기]

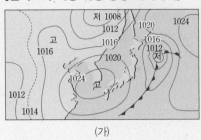

(가)

(나)

❶ (가)의 일기도에서 고기압, 저기압, 전선의 위치를 확인한다. ➡ 우리나라는 고기압의 영향을 받으며, 일본의 동쪽에 전선을 동반한 온대 저기압이 위치한다.

❷ (나)의 기상 위성 영상에서 구름의 분포를 확인한다.(구름이 있는 부분은 하얗게 나타난다.) ➡ 우리나라에는 대부분 구름이 없고, 일본의 동쪽(전선 부근)에 구름이 많이 분포한다.

❸ 우리나라는 대부분 맑은 날씨가 나타나며, 일본의 동쪽에서는 흐리고 비나 눈이 내릴 수 있다.

❹ 바람은 고기압에서 저기압으로 분다. ➡ 우리나라에는 대체로 남풍 계열의 바람이 분다.

❺ 온대 저기압은 앞으로 동쪽으로 이동하므로 우리나라에 영향을 미치지 않는다.

[1~2] 그림은 어느 날 우리나라 부근의 일기도이다.

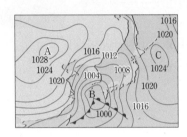

1 A~C 중 고기압을 모두 쓰시오.

2 이에 대한 설명으로 옳은 것을 〈보기〉에서 모두 고르시오.

보기
ㄱ. 제주도는 날씨가 맑을 것이다.
ㄴ. 우리나라에는 남풍 계열의 바람이 분다.
ㄷ. 앞으로 우리나라는 고기압의 영향을 받을 것이다.
ㄹ. B 부근은 기상 위성 영상에서 하얗게 나타날 것이다.

[계절별 일기도 해석하기]

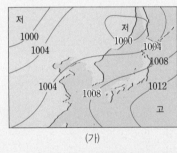

(가)

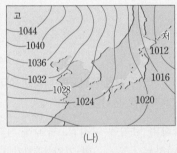

(나)

❶ (가)의 일기도에서 고기압, 저기압의 위치를 확인한다. ➡ 우리나라의 남쪽에 고기압, 북쪽에 저기압이 위치한다. ➡ 남고북저형의 기압 배치가 나타난다. ➡ 여름철 일기도이다.

❷ (나)의 일기도에서 고기압, 저기압의 위치를 확인한다. ➡ 우리나라의 서쪽에 고기압, 동쪽에 저기압이 위치한다. ➡ 서고동저형의 기압 배치가 나타난다. ➡ 겨울철 일기도이다.

❸ 바람은 고기압에서 저기압으로 분다. ➡ 우리나라는 (가)의 여름철에 남동 계절풍이 불고, (나)의 겨울철에 북서 계절풍이 분다.

❹ 우리나라는 (가)의 여름철에는 북태평양 기단의 영향을 받아 고온 다습한 날씨가 나타나고, (나)의 겨울철에는 시베리아 기단의 영향을 받아 한랭 건조한 날씨가 나타난다.

[3~4] 그림 (가)와 (나)는 우리나라 부근의 일기도를 나타낸 것이다.

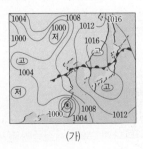

(가)

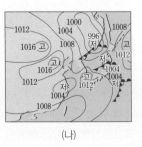

(나)

3 (가), (나)의 일기도가 나타나는 계절을 쓰시오.

4 이에 대한 설명으로 옳은 것을 〈보기〉에서 모두 고르시오.

보기
ㄱ. (가)에서 우리나라의 일부 지역에는 많은 비가 내린다.
ㄴ. (나)의 계절에는 날씨 변화가 심하다.
ㄷ. (나)의 계절에는 무더위와 열대야가 나타난다.

A 기단과 날씨

중요

01 기단에 대한 설명으로 옳은 것을 〈보기〉에서 모두 고른 것은?

┌─ 보기 ─────────────────────────────┐
ㄱ. 해양에서 형성된 기단은 습하다.
ㄴ. 고위도에서 형성된 기단은 한랭하다.
ㄷ. 기단은 주로 온대 지방이나 해안 지방에서 발생한다.
ㄹ. 기단이 다른 지역으로 이동하면 기온과 습도 등의 성질이 변한다.
└──────────────────────────────────┘

① ㄱ, ㄴ   ② ㄴ, ㄷ   ③ ㄷ, ㄹ
④ ㄱ, ㄴ, ㄹ   ⑤ ㄱ, ㄷ, ㄹ

[02~03] 그림은 우리나라에 영향을 미치는 기단을 나타낸 것이다.

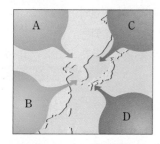

02 기온이 높은 기단의 기호와 이름을 옳게 나타낸 것은?

① A − 시베리아 기단, B − 양쯔강 기단
② A − 시베리아 기단, C − 오호츠크해 기단
③ B − 양쯔강 기단, C − 오호츠크해 기단
④ B − 양쯔강 기단, D − 북태평양 기단
⑤ C − 오호츠크해 기단, D − 북태평양 기단

중요

03 기단 A~D에 대한 설명으로 옳은 것을 모두 고르면?

(2개)

① A는 B보다 기온이 높다.
② B는 우리나라의 여름철에 영향을 미친다.
③ C는 A보다 건조하다.
④ C는 오호츠크해 기단으로, 이 기단의 영향으로 동해안 지역에 저온 현상이 나타나기도 한다.
⑤ D의 영향을 받는 계절에는 무덥고 습한 날씨가 나타난다.

[04~05] 그림은 우리나라에 영향을 미치는 기단의 기온과 습도를 ㉠~㉣로 나타낸 것이다.

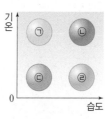

【주관식】

04 다음과 같은 특징을 나타내는 기단의 성질에 해당하는 기호와 기단의 이름을 쓰시오.

┌──────────────────────────────────┐
고위도의 해양에서 형성되며, 우리나라의 초여름에 영향을 미친다.
└──────────────────────────────────┘

05 이에 대한 설명으로 옳지 <u>않은</u> 것은?

① ㉠은 우리나라의 봄철이나 가을철에 영향을 미치는 기단의 성질이다.
② 북태평양 기단의 성질에 해당하는 것은 ㉡이다.
③ ㉢은 저위도의 대륙에서 형성된 기단의 성질이다.
④ ㉡과 ㉣은 해양에서 형성된 기단의 성질이다.
⑤ ㉣은 ㉡보다 고위도에서 형성된 기단의 성질이다.

06 그림은 차고 건조한 기단이 따뜻한 바다 위를 이동하는 모습을 나타낸 것이다.

이에 대한 설명으로 옳은 것을 〈보기〉에서 모두 고른 것은?

┌─ 보기 ─────────────────────────────┐
ㄱ. 따뜻한 육지에 도달하면 비나 눈을 내릴 수 있다.
ㄴ. 따뜻한 바다 위를 이동하는 동안 구름이 생성된다.
ㄷ. 따뜻한 바다 위를 이동하는 동안 기단의 기온이 낮아진다.
ㄹ. 따뜻한 바다 위를 이동하는 동안 기단의 수증기량이 감소한다.
└──────────────────────────────────┘

① ㄱ, ㄴ   ② ㄱ, ㄷ   ③ ㄴ, ㄷ
④ ㄴ, ㄹ   ⑤ ㄷ, ㄹ

B 전선과 날씨

[07~08] 그림은 찬 공기와 따뜻한 공기가 만나는 모습을 나타낸 것이다.

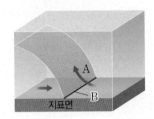

【주관식】

07 A에 위치하는 공기의 종류와 경계선 B의 이름을 쓰시오.

08 이에 대한 설명으로 옳지 <u>않은</u> 것을 모두 고르면? (2개)

① 전선을 경계로 날씨가 크게 변한다.
② 전선면은 항상 전선의 뒤쪽으로 형성된다.
③ 찬 공기는 따뜻한 공기 아래쪽으로 이동한다.
④ 성질이 다른 두 기단이 만나면 쉽게 섞이지 않는다.
⑤ 세력이 비슷한 두 기단이 만나면 전선이 만들어지지 않는다.

09 그림과 같이 장치하고 칸막이를 서서히 들어 올렸다. 이 실험에 대한 설명으로 옳은 것을 〈보기〉에서 모두 고른 것은?

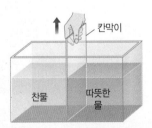

보기
ㄱ. 기단의 형성 원리를 알아보기 위한 실험이다.
ㄴ. 따뜻한 물과 찬물의 경계면은 전선면에 해당한다.
ㄷ. 칸막이를 서서히 들어 올리면 따뜻한 물과 찬물이 바로 섞인다.
ㄹ. 칸막이를 서서히 들어 올리면 찬물이 따뜻한 물 아래로 이동한다.

① ㄱ, ㄴ   ② ㄴ, ㄷ   ③ ㄴ, ㄹ
④ ㄱ, ㄴ, ㄹ   ⑤ ㄱ, ㄷ, ㄹ

중요
10 그림은 어느 전선의 모습을 나타낸 것이다.

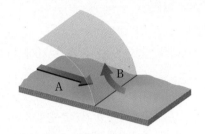

이 전선에 대한 설명으로 옳은 것은?

① 온난 전선이다.
② A는 따뜻한 공기, B는 찬 공기이다.
③ 전선이 통과한 후에는 기온이 높아진다.
④ 전선이 통과한 후에는 지속적인 비가 내린다.
⑤ 찬 공기가 따뜻한 공기 아래로 파고들면서 전선이 형성된다.

11 그림은 어느 전선의 모습을 나타낸 것이다. 이 전선의 이름, 일기 기호, 생성되는 구름의 종류를 옳게 짝 지은 것은?

	이름	일기 기호	구름
①	온난 전선	▲▲▲▲▲▲	적운형 구름
②	한랭 전선	●▲●▲●▲	층운형 구름
③	폐색 전선	●●▲▲▲▲	적운형 구름
④	온난 전선	●●●●●●	층운형 구름
⑤	한랭 전선	▼▼▼▼▼▼	적운형 구름

12 그림은 우리나라에 형성된 어느 전선의 모습을 나타낸 것이다. 이 전선에 대한 설명으로 옳은 것은?

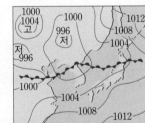

① 폐색 전선이다.
② 성질이 같은 두 기단이 만나 형성된다.
③ 이 전선은 서쪽에서 동쪽으로 이동한다.
④ 두 기단의 세력이 비슷하여 오랫동안 머물러 있는 전선이다.
⑤ 한랭 전선과 온난 전선이 만나 두 전선이 겹쳐져서 형성된다.

C 기압과 날씨

[13~14] 그림은 우리나라 부근의 일기도를 나타낸 것이다.

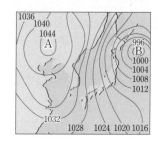

13 A 지역의 지표 부근에서 부는 바람과 공기의 연직 운동을 옳게 나타낸 것은?

①

②

③

④

⑤

14 A와 B 지역에 대한 설명으로 옳지 않은 것은?

	A 지역	B 지역
①	날씨가 맑다.	날씨가 흐리다.
②	바람이 불어 나간다.	바람이 불어 들어온다.
③	주위보다 기압이 높다.	주위보다 기압이 낮다.
④	구름이 생성되어 있다.	구름이 없다.
⑤	바람이 시계 방향으로 분다.	바람이 시계 반대 방향으로 분다.

15 그림은 어느 날 우리나라 부근의 기상 위성 영상을 나타낸 것이다. A, B 지역의 특징을 옳게 나타낸 것은?

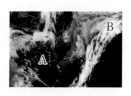

① A−온대 저기압 ② A−상승 기류
③ B−고기압 ④ B−맑은 날씨
⑤ B−시계 반대 방향의 바람

16 그림은 우리나라 부근을 지나는 온대 저기압을 나타낸 것이다. A−B 단면의 모습을 옳게 나타낸 것은?

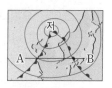

①

②

③

④

⑤

[17~18] 그림은 우리나라 부근을 지나는 온대 저기압을 나타낸 것이다.

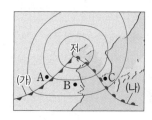

【주관식】

17 C 지역에 앞으로 지나갈 전선의 이름을 순서대로 쓰시오.

중요

18 이에 대한 설명으로 옳은 것을 모두 고르면? (2개)

① (가)는 온난 전선, (나)는 한랭 전선이다.
② (가)가 (나)를 따라가 겹쳐지면 폐색 전선이 형성된다.
③ A 지역에는 층운형 구름이 발달하여 지속적인 비가 내린다.
④ B 지역에는 맑은 날씨가 나타나고, 남서풍이 분다.
⑤ C 지역에는 적운형 구름이 발달하고, 북서풍이 분다.

【주관식】

19 그림은 우리나라 부근의 일기도를 나타낸 것이다. A 지역에 나타날 날씨 변화를 다음에서 골라 순서대로 기호를 쓰시오.

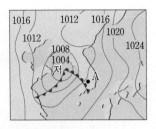

> (가) 소나기가 내리고, 기온이 낮아진다.
> (나) 지속적인 비가 내리고, 남동풍이 분다.
> (다) 맑은 날씨가 나타나고, 기온이 높아진다.

ⓓ 우리나라의 계절별 일기도

20 그림은 우리나라 어느 계절의 일기도를 나타낸 것이다. 이에 대한 설명으로 옳은 것을 모두 고르면? (2개)

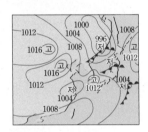

① 날씨 변화가 심하다.
② 겨울철의 일기도이다.
③ 우리나라에는 남동 계절풍이 분다.
④ 온난 건조한 기단의 영향을 받는다.
⑤ 무더위와 열대야가 나타날 수 있다.

중요

21 그림은 우리나라 어느 계절의 일기도를 나타낸 것이다. 이에 대한 설명으로 옳은 것을 〈보기〉에서 모두 고른 것은?

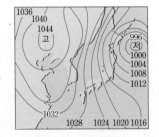

> 보기
> ㄱ. 춥고 건조한 날씨가 나타난다.
> ㄴ. 서고동저형의 기압 배치가 나타난다.
> ㄷ. 북서 계절풍이 불고 한파가 나타날 수 있다.
> ㄹ. 이 계절에는 북태평양 기단의 영향을 받는다.

① ㄱ, ㄴ   ② ㄴ, ㄷ   ③ ㄷ, ㄹ
④ ㄱ, ㄴ, ㄷ   ⑤ ㄱ, ㄷ, ㄹ

【주관식】

22 다음과 같은 특징이 나타나는 계절과 이 계절에 주로 영향을 미치는 기단의 이름을 쓰시오.

> • 날씨 변화가 심하고, 맑은 하늘이 자주 나타난다.
> • 낮과 밤의 기온 차이가 커지면서 첫서리가 내린다.

23 그림은 우리나라 어느 계절의 일기도를 나타낸 것이다. 이 계절의 날씨 특징으로 옳은 것을 〈보기〉에서 모두 고른 것은?

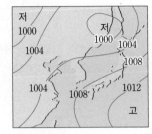

> 보기
> ㄱ. 열대야   ㄴ. 꽃샘추위
> ㄷ. 남동 계절풍   ㄹ. 남고북저형의 기압 배치

① ㄱ, ㄴ   ② ㄴ, ㄹ   ③ ㄷ, ㄹ
④ ㄱ, ㄴ, ㄷ   ⑤ ㄱ, ㄷ, ㄹ

[24~25] 그림은 우리나라 어느 계절의 일기도를 나타낸 것이다.

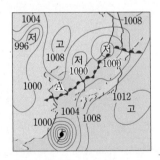

【주관식】

24 이와 같은 일기도가 주로 나타나는 계절을 쓰시오.

25 이에 대한 설명으로 옳은 것을 모두 고르면? (2개)

① A는 정체 전선이다.
② 우리나라에는 많은 비가 내린다.
③ 우리나라의 남부 지방에 폭설이 내릴 수 있다.
④ 우리나라는 따뜻하고 건조한 날씨가 나타난다.
⑤ 우리나라는 낮과 밤의 기온 차이가 커지면서 첫서리가 내린다.

서술형 Tip

서술형
1
그림은 우리나라에 영향을 미치는 기단을 나타낸 것이다. 우리나라의 봄철에 영향을 미치는 기단의 기호와 이름을 쓰고, 기단의 성질을 발생지와 관련하여 서술하시오.

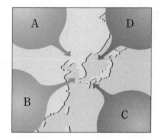

_____

_____

단계별 서술형
2
그림은 어느 날 우리나라 부근의 기상 위성 영상을 나타낸 것이다.

(1) A 지역에 발달하는 전선의 이름을 쓰시오.

_____

(2) 이 전선이 형성되는 과정과 전선의 특징을 서술하시오.

_____

단어 제시형
3
고기압과 저기압에서 나타나는 기류와 북반구에서 나타나는 바람의 방향을 다음 단어를 모두 포함하여 서술하시오.

상승 기류   하강 기류   시계 방향   시계 반대 방향

_____

_____

서술형
4
그림은 어느 날 우리나라 주변의 일기도를 나타낸 것이다. A 지역의 현재 날씨와 앞으로 나타날 날씨를 구름, 강수, 기온, 풍향을 포함하여 서술하시오.

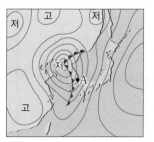

_____

_____

이 단원에서 학습한 내용을 확실히 이해했나요?
다음 내용을 잘 알고 있는지 확인해 보세요.

1 기권의 층상 구조와 지구의 복사 평형

- ❶□□: 지표에서 높이 약 1000 km까지 분포하는 대기층
- ❷□□□: 대류 현상, 기상 현상, 공기의 대부분이 분포
- ❸□□: 대기 안정, 오로라 관측, 인공위성의 궤도로 이용되기도 한다.
- 지구의 ❹□□ □□: 지구는 흡수하는 복사 에너지양과 방출하는 복사 에너지양이 같아서 평균 기온이 거의 일정하게 유지된다.

2 대기 중의 수증기

- 포화 수증기량: 포화 상태의 공기 1 kg에 들어 있는 수증기의 양(g)으로, ❶□□이 높을수록 증가한다.
- 이슬점: 공기 중의 수증기가 응결하기 시작하는 온도로, 공기 중의 ❷□□□□이 많을수록 높아진다.
- ❸□□□: 실제 수증기량(g/kg) − 냉각된 기온에서의 포화 수증기량(g/kg)

3 상대 습도

- ❶□□ □□
$$= \frac{\text{현재 공기 중에 포함된 수증기량(g/kg)}}{\text{현재 기온에서 포화 수증기량(g/kg)}} \times 100$$
- 상대 습도의 변화: 실제 수증기량이 많을수록, 기온이 낮을수록 상대 습도가 ❷□□진다.
- 맑은 날 하루 동안 기온, 상대 습도, 이슬점의 변화: 수증기량의 변화가 거의 없기 때문에 ❸□□□은 거의 일정하고, 기온이 높은 낮에는 포화 수증기량이 ❹□□하여 상대 습도가 낮아진다.

4 구름과 강수

- 구름의 생성 과정: 공기 상승 → 단열 ❶□□ → 기온 하강 → 이슬점 도달 → 수증기 응결 → 구름 생성
- ❷□□: 구름 속의 크고 작은 물방울들이 부딪치고 합쳐져서 떨어져 비가 된다는 강수 이론
- ❸□□□: 물방울에서 증발한 수증기가 얼음 알갱이에 달라붙어 얼음 알갱이가 커져서 떨어지면 눈, 떨어지다가 녹으면 비가 된다는 강수 이론

5 기압

- ❶□□: 공기가 단위 면적에 작용하는 힘으로, 모든 방향으로 작용한다.
- 1기압=❷□□ cmHg=약 1013 hPa=물기둥 약 ❸□□ m의 압력=공기 기둥 약 1000 km의 압력
- 기압의 변화: 높이 올라갈수록 ❹□□지며, 측정 장소와 시간에 따라 달라진다.

6 바람

- 바람: 공기가 기압이 ❶□□ 곳에서 ❷□□ 곳으로 수평 방향으로 이동하는 것
- 해륙풍과 계절풍이 부는 원인: 지표면의 가열이나 냉각 차이에 의한 ❸□□ 차이
- ❹□□: 해안 지역에서 낮에는 육지가 바다보다 빨리 가열되기 때문에 육지의 기압이 낮고 바다의 기압이 높아 바다에서 육지로 부는 바람

7 기단과 전선

- 우리나라에 영향을 주는 기단: 봄, 가을에는 온난 건조한 ❶□□□ 기단, 초여름에는 한랭 다습한 오호츠크해 기단, 여름에는 고온 다습한 북태평양 기단, 겨울에는 한랭 건조한 ❷□□□□ 기단이 영향을 준다.
- ❸□□ 전선: 찬 공기가 따뜻한 공기 아래로 파고들 때 형성되는 전선
- ❹□□ 전선: 따뜻한 공기가 찬 공기 위로 타고 올라갈 때 형성되는 전선

8 기압과 우리나라의 계절별 일기도

- ❶□□□: 주위보다 기압이 높은 곳
- ❷□□□: 주위보다 기압이 낮은 곳
- 온대 저기압: 온난 전선 앞쪽에서는 층운형 구름, 지속적인 비, 남동풍, 온난 전선과 한랭 전선 사이에서는 맑은 날씨, ❸□□풍, 한랭 전선 뒤쪽에서는 적운형 구름, 소나기, 북서풍
- 우리나라의 여름철 날씨: ❹□□□□형의 기압 배치, 남동 계절풍, 폭염, 열대야
- 우리나라의 겨울철 날씨: 서고동저형의 기압 배치, ❺□□ 계절풍, 한파, 폭설

상 **중** 하

01 기권에 대한 설명으로 옳은 것을 〈보기〉에서 모두 고른 것은?

> 보기
> ㄱ. 높이 올라갈수록 공기가 희박해진다.
> ㄴ. 대기는 질소와 산소만으로 이루어져 있다.
> ㄷ. 대기 중의 수증기는 기상 현상을 일으킨다.
> ㄹ. 지표로부터 높이 약 10 km까지의 영역이다.

① ㄱ, ㄷ 　② ㄴ, ㄹ 　③ ㄷ, ㄹ
④ ㄱ, ㄴ, ㄷ 　⑤ ㄱ, ㄷ, ㄹ

상 중 **하**

02 지구를 둘러싸고 있는 기권은 4개의 층으로 구분한다. 이와 같이 구분하는 기준은?

① 높이에 따른 기온 변화
② 높이에 따른 기압 변화
③ 높이에 따른 풍향 변화
④ 높이에 따른 구름의 양 변화
⑤ 높이에 따른 산소의 양 변화

[03~04] 그림은 기권의 층상 구조를 나타낸 것이다.

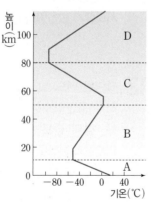

상 **중** 하

03 A층에서 높이 올라갈수록 기온이 낮아지는 까닭은?

① 대류가 일어나기 때문이다.
② 오존층에서 자외선을 흡수하기 때문이다.
③ 대류권의 복사 에너지를 전달받기 때문이다.
④ 태양이 방출하는 에너지의 영향을 받기 때문이다.
⑤ 높이 올라갈수록 지표에서 방출하는 복사 에너지가 적게 도달하기 때문이다.

상 중 하

04 이에 대한 설명으로 옳은 것을 모두 고르면? (2개)

① A층에서는 대류가 활발하게 일어나고 기상 현상이 나타난다.
② B층의 오존층에서는 자외선을 흡수하여 지구의 생명체를 보호한다.
③ B층과 C층의 경계를 중간권 계면이라고 한다.
④ C층은 태양 에너지에 의해 직접 가열되기 때문에 높이 올라갈수록 기온이 낮아진다.
⑤ D층은 낮과 밤의 기온 차가 가장 크고, 대기가 불안정하다.

상 **중** 하

05 그림과 같이 장치한 후 적외선등을 켜고 2분 간격으로 컵 속 공기의 온도를 측정하는 실험을 하였다. 이에 대한 설명으로 옳지 않은 것은?

① 실험 시작 직후에는 컵 속 공기의 온도가 높아진다.
② 실험 시작 직후에는 컵이 흡수하는 에너지양과 방출하는 에너지양이 같다.
③ 어느 정도 시간이 지난 후에 컵 속 공기의 온도는 일정하게 유지된다.
④ 어느 정도 시간이 지난 후에 컵 속 공기는 복사 평형을 이룬다.
⑤ 이 실험을 통해 지구의 평균 기온이 거의 일정하게 유지되는 까닭을 알 수 있다.

[주관식] 　　상 **중** 하

06 그림은 지구의 복사 평형을 나타낸 것이다. A, B의 값을 각각 쓰시오.

07 그림 (가)와 같이 둥근바닥 플라스크에 따뜻한 물을 조금 넣고 입구를 막은 후 헤어드라이어로 가열하였다가 (나)와 같이 찬물에 넣어 식혔다.

상 **중** 하

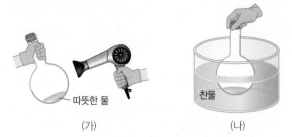

(가)   (나)

이 실험에 대한 설명으로 옳은 것을 모두 고르면? (2개)

① (가)에서는 공기가 이슬점에 도달한다.
② (가)에서는 기온이 높아지면서 공기가 포함할 수 있는 수증기의 양이 감소한다.
③ (나)에서는 포화 수증기량이 증가한다.
④ (나)에서는 플라스크 안이 뿌옇게 흐려진다.
⑤ 이 실험을 통해 기온이 높을수록 포화 수증기량이 증가하는 것을 알 수 있다.

08 대기 중의 수증기에 대한 설명으로 옳은 것을 〈보기〉에서 모두 고른 것은?

상 **중** 하

┌─ 보기 ┐
ㄱ. 기온이 높을수록 포화 수증기량이 감소한다.
ㄴ. 이슬점에서의 포화 수증기량은 실제 수증기량보다 많다.
ㄷ. 밀폐된 공간에서 에어컨을 켜면 포화 수증기량은 감소한다.
ㄹ. 일정한 양의 공기가 포함할 수 있는 수증기의 양에는 한계가 있다.
└──────┘

① ㄱ, ㄴ   ② ㄴ, ㄷ   ③ ㄷ, ㄹ
④ ㄱ, ㄴ, ㄹ   ⑤ ㄱ, ㄷ, ㄹ

【주관식】

상 **중** 하

09 표는 기온에 따른 포화 수증기량을 나타낸 것이다.

기온(℃)	5	10	15	20	25	30
포화 수증기량 (g/kg)	5.4	7.6	10.6	14.7	20.0	27.1

기온이 25 ℃인 공기 2 kg 속에 20.6 g의 수증기가 들어 있다. 이 공기를 5 ℃로 냉각시켰을 때 응결량(g/kg)을 구하시오.

10 그림은 기온에 따른 포화 수증기량 곡선을 나타낸 것이다. 공기 A∼E에 대한 설명으로 옳지 **않은** 것은?

상 **중** 하

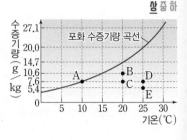

① 공기 A는 수증기를 최대로 포함하고 있는 상태이다.
② 공기 B의 상대 습도는 약 13.7 %이다.
③ 10 kg의 공기 C의 기온을 5 ℃로 낮춰 주면 22 g의 수증기가 응결한다.
④ 2 kg의 공기 D에 24.8 g의 수증기를 공급하면 포화 상태가 된다.
⑤ 1 kg의 공기 E에 14.6 g의 수증기를 공급하면 응결이 일어나기 시작한다.

자료 분석 | 정답과 해설 30쪽

【주관식】

상 **중** 하

11 기온이 30 ℃인 실험실에서 그림과 같이 장치하고 얼음을 넣은 시험관으로 알루미늄 컵 속의 물을 서서히 저어 주었더니 20 ℃에서 컵 표면이 뿌옇게 흐려졌다. 표는 기온에 따른 포화 수증기량을 나타낸 것이다.

기온(℃)	10	20	30
포화 수증기량 (g/kg)	7.6	14.7	27.1

이 실험실 공기의 상대 습도를 구하시오. (단, 소수 둘째 자리에서 반올림하시오.)

12 그림은 어느 날 하루 동안의 기온, 상대 습도, 이슬점의 변화를 나타낸 것이다. 이에 대한 설명으로 옳은 것은?

상 **중** 하

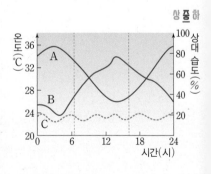

① A는 기온, B는 상대 습도이다.
② C는 이슬점으로, 하루 동안 변화가 가장 작게 나타난다.
③ 이날 비가 내렸을 것이다.
④ 포화 수증기량은 새벽에 가장 높다.
⑤ 이날 새벽과 오후에 공기 중에 포함된 수증기량은 큰 차이가 난다.

13

그림은 이동하는 공기가 산 사면을 따라 상승하여 구름이 생성되는 모습을 나타낸 것이다. 이 공기에  서 나타나는 현상을 다음에서 골라 순서대로 나타내시오.

(가) 공기 상승	(나) 구름 생성
(다) 이슬점 도달	(라) 기온 하강
(마) 수증기 응결	(바) 단열 팽창

14

그림과 같이 장치하고 간이 가압 장치를 여러 번 누른 다음 뚜껑을 열었다. 이 실험에 대한 설명으로 옳지 <u>않은</u> 것은?

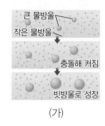

간이 가압 장치
액정 온도계
플라스틱 병
물

① 간이 가압 장치를 여러 번 누르면 플라스틱 병 내부의 기온이 상승한다.
② 뚜껑을 열면 단열 팽창이 일어난다.
③ 뚜껑을 열면 플라스틱 병 내부가 맑아진다.
④ 이 실험을 통해 구름이 생성되는 원리를 알 수 있다.
⑤ 향 연기를 넣고 이 실험을 할 때 향 연기는 수증기의 응결을 돕는 역할을 한다.

15

그림 (가)와 (나)는 구름 속에서 비나 눈이 만들어지는 과정을 설명한 강수 이론을 나타낸 것이다.

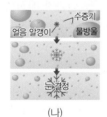

큰 물방울
작은 물방울
충돌해 커짐
빗방울로 성장
(가)

수증기
얼음 알갱이 물방울
눈결정
(나)

이에 대한 설명으로 옳은 것을 모두 고르면? (2개)

① (가)는 빙정설, (나)는 병합설이다.
② (가)에는 구름 속의 온도가 −40~0 ℃인 구간이 있다.
③ (가)는 고위도 지방에서 내리는 비를 설명할 수 있다.
④ (나)에서는 얼음 알갱이가 커지고 무거워져 떨어지면 눈이 된다.
⑤ (가)는 따뜻한 비, (나)는 차가운 비가 내리는 과정을 설명할 수 있다.

자료 분석 | 정답과 해설 30쪽

16

기압에 대한 설명으로 옳은 것을 〈보기〉에서 모두 고른 것은?

┌ 보기 ┐
ㄱ. 기압은 넓이 1 m²에 작용하는 힘이다.
ㄴ. 1기압은 수은 기둥의 높이가 760 cm에 해당하는 압력이다.
ㄷ. 높은 산에 올라가면 귀가 먹먹해지는 것은 지표면보다 기압이 낮기 때문이다.
ㄹ. 물을 담은 유리컵을 종이로 덮고 거꾸로 뒤집어도 물이 쏟아지지 않는 것은 기압이 모든 방향으로 작용하기 때문이다.

① ㄱ, ㄴ
② ㄴ, ㄹ
③ ㄷ, ㄹ
④ ㄱ, ㄴ, ㄷ
⑤ ㄱ, ㄷ, ㄹ

17

기압의 단위를 3가지 쓰시오.

1기압일 때 그림과 같이 1 m 길이의 유리관에 수은을 가득 채우고 수은이 담긴 수조에 유리관을 거꾸로 세운 후 수은 기둥의 높이를 측정하였다.

㉠
수은 기둥
h
기압 수은 면
수은

18

유리관을 기울였을 때 수은 기둥의 높이(h)에 대한 설명으로 옳은 것은?

① 76 cm이다.
② 1013 cm이다.
③ 76 cm보다 낮아진다.
④ 76 cm보다 높아진다.
⑤ 1013 cm보다 낮아진다.

19

이 실험에 대한 설명으로 옳지 <u>않은</u> 것을 모두 고르면? (2개)

① ㉠은 포화 상태이다.
② 1.2기압일 때 수은 기둥의 높이(h)는 78 cm이다.
③ 토리첼리는 수은을 이용하여 최초로 기압을 측정하였다.
④ 기압이 같을 때 굵기가 더 굵은 유리관을 사용해도 수은 기둥의 높이는 같다.
⑤ 수은 기둥이 내려오다 멈춘 것은 수은 기둥이 누르는 압력과 수은 면에 작용하는 기압이 같기 때문이다.

20 바람에 대한 설명으로 옳지 <u>않은</u> 것은?

① 바람은 기압이 높은 곳에서 낮은 곳으로 분다.

② 두 지점의 기압 차이가 커지면 바람이 강해진다.

③ 지표면이 가열된 곳은 주변보다 기압이 높아진다.

④ 지표면이 냉각된 곳은 공기가 수축하여 밀도가 커진다.

⑤ 바람은 두 지점의 기온 차이에 따른 기압 차이에 의해 분다.

【주관식】

21 그림과 같이 장치하고 적외선등을 켜서 물과 모래의 온도 변화를 측정한 후, 적외선등을 끄고 물과 모래의 온도 변화를 측정하였다.

적외선등을 끈 후 향 연기의 이동 방향을 쓰시오.

22 그림은 해안 지역에서 부는 바람을 나타낸 것이다. 이에 대한 설명으로 옳은 것은?

① 밤에 부는 바람이다.

② 육지가 바다보다 기압이 높다.

③ 바다가 육지보다 기온이 높다.

④ 하루를 주기로 풍향이 바뀐다.

⑤ 육지가 바다보다 빨리 냉각되어 부는 바람이다.

【주관식】

23 그림은 우리나라 주변에서 부는 바람을 나타낸 것이다. 이와 같은 바람이 부는 계절과 바람의 이름을 쓰시오.

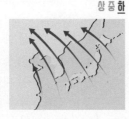

[24~25] 그림 (가)는 우리나라에 영향을 미치는 기단을, (나)는 어느 계절의 일기도를 나타낸 것이다.

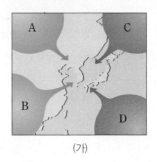 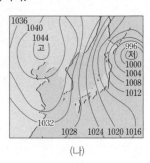

(가)   (나)

24 (가)에서 기단 B와 C의 이름과 성질을 옳게 짝 지은 것은?

	B	C
①	양쯔강 기단-한랭 건조	북태평양 기단-고온 다습
②	양쯔강 기단-온난 건조	오호츠크해 기단-한랭 다습
③	시베리아 기단-한랭 건조	북태평양 기단-고온 다습
④	시베리아 기단-한랭 다습	오호츠크해 기단-한랭 다습
⑤	오호츠크해 기단-온난 건조	양쯔강 기단-한랭 다습

25 이에 대한 설명으로 옳지 <u>않은</u> 것을 모두 고르면? (2개)

① (나)의 계절에는 기단 B의 영향을 받는다.

② (나)의 계절에는 북서 계절풍이 강하게 분다.

③ 기단 A가 황해상으로 이동하면 기온과 습도가 높아진다.

④ 우리나라의 봄철에는 기단 C의 영향을 받으며, 날씨 변화가 심하다.

⑤ 우리나라의 여름철에 폭염과 열대야를 가져오는 기단은 D이다.

자료 분석 | 정답과 해설 31쪽

26 한랭 전선과 온난 전선의 특징에 대한 설명으로 옳지 <u>않은</u> 것은?

	한랭 전선	온난 전선
①	적운형 구름 발달	층운형 구름 발달
②	통과 후 기온 상승	통과 후 기온 하강
③	이동 속도가 빠르다.	이동 속도가 느리다.
④	좁은 지역에서 소나기	넓은 지역에서 지속적인 비
⑤	전선면의 기울기가 급하다.	전선면의 기울기가 완만하다.

27 그림 (가)와 (나)는 북반구의 두 지역에서 부는 바람을 나타낸 것이다.

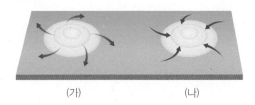

(가)   (나)

이에 대한 설명으로 옳은 것을 모두 고르면? (2개)

① (가)는 고기압, (나)는 저기압이다.
② (가)에서는 상승 기류, (나)에서는 하강 기류가 발달한다.
③ (가)와 (나)의 중심 기압 차이가 클수록 바람이 강하게 분다.
④ 바람은 (나)에서 (가)로 분다.
⑤ (가)에서는 층운형 구름, (나)에서는 적운형 구름이 발달한다.

28 그림은 우리나라에 발달한 온대 저기압을 나타낸 것이다. A~C 지역의 날씨 특징으로 옳지 <u>않은</u> 것을 모두 고르면? (2개)

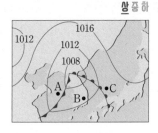

	A	B	C
①	북서풍	남서풍	남동풍
②	소나기	맑다.	지속적인 비
③	기온이 낮다.	기온이 높다.	기온이 낮다.
④	앞으로 온난 전선이 지나간다.	앞으로 한랭 전선이 지나간다.	앞으로 온난 전선, 한랭 전선이 지나간다.
⑤	풍향이 시계 방향으로 변한다.	풍향이 시계 반대 방향으로 변한다.	풍향이 시계 방향으로 변한다.

29 그림은 우리나라 주변의 일기도를 나타낸 것이다. 이 계절의 날씨에 대한 설명으로 옳은 것은?

① 첫서리가 내린다.
② 겨울철 일기도이다.
③ 남동 계절풍이 분다.
④ 온난 건조한 날씨가 나타난다.
⑤ 시베리아 기단의 영향을 받는다.

30 그림은 기권의 구조를 나타낸 것이다.

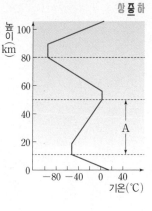

(1) A층의 이름을 쓰시오.

(2) A층에서 나타나는 특징을 2가지 서술하시오.

31 그림은 열대 지방에 비가 내리는 모습을 나타낸 것이다. 이 지역의 강수 과정을 서술하시오.

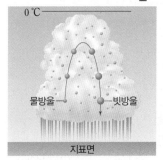

32 그림은 하늘을 나는 비행기 안에서 과자 봉지가 부풀어 오른 모습을 나타낸 것이다. 이와 같은 현상이 나타나는 까닭을 서술하시오.

33 그림은 어느 전선의 모습을 나타낸 것이다. A 지역의 현재 날씨를 구름, 강수, 기온, 풍향을 포함하여 서술하시오.

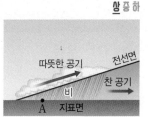

운동과 에너지

제목으로
미리보기

01 운동

100~111쪽

이 단원에서는 등속 운동과 자유 낙하 운동의 차이점을 이해하도록 합니다. 등속 운동을 하는 물체의 시간-이동 거리, 시간-속력의 관계를 표현하고 설명할 수 있어야 하며, 자유 낙하 운동에서 질량이 다른 여러 가지 물체의 시간과 속력의 관계를 비교할 수 있어야 합니다.

02 일과 에너지

112~121쪽

과학에서의 힘이 일반적인 힘과 의미가 다른 것처럼 과학에서의 일도 일반적인 일과 의미가 다르답니다. 이 단원에서는 일의 의미를 알고, 과학적인 일의 개념을 통해 중력이 한 일과 중력에 대해 한 일을 이해하도록 합니다. 중력이 한 일은 운동 에너지가 되고, 중력에 대해 한 일은 위치 에너지가 됨을 정량적으로 알아본답니다.

기억하기

이 단원을 학습하기 전에, 이전에 배운 내용 중 꼭 알아야 할 개념들을 그림과 함께 떠올려 봅시다.

1 | 물체의 운동 나타내기
>>> 초등학교 5학년 물체의 운동

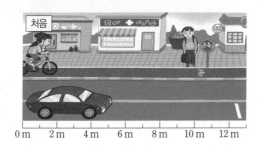

- 시간이 지남에 따라 물체의 (❶   )가 변할 때 물체가 운동한다고 한다. ➡ 위 그림에서 자전거와 자동차는 위치가 변하였으므로 운동하였고, 학생은 위치가 변하지 않았으므로 운동하지 않았다.
- 물체의 운동은 물체가 이동하는 데 걸린 시간과 (❷   )로 나타낸다. 🔢 자동차가 1시간 동안 50 km를 이동하였다.

2 | 물체의 빠르기를 나타내는 방법
>>> 초등학교 5학년 물체의 운동

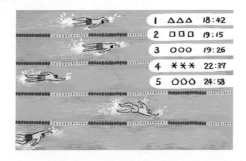

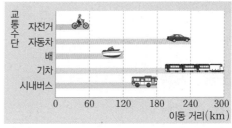

▲ 3시간 동안 여러 교통수단이 이동한 거리 비교

- 같은 거리를 이동할 때 걸린 시간이 (❸   )수록 물체의 빠르기가 빠르다. ➡ 수영 경기에서 기록이 가장 짧은 선수가 가장 빠르다.
- 같은 시간 동안 이동한 거리가 (❹   )수록 물체의 빠르기가 빠르다. ➡ 3시간 동안 이동한 거리가 가장 긴 기차가 가장 빠르다.

3 | 다양한 에너지 형태 찾아보기
>>> 초등학교 6학년 에너지와 생활

높은 곳에 있는 물체가 가진
위치 에너지

생물의 생명 활동에 필요한
화학 에너지

움직이는 물체가 가진
운동 에너지

주위를 밝게 비추는
빛에너지

전기 기구를 작동하게 하는
전기 에너지

물체의 온도를 높이는
열에너지

- (❺   ) 에너지: 뛰어다니는 강아지와 같이 움직이는 물체가 가지는 에너지
- (❻   ) 에너지: 스키점프하여 높이 떠오른 운동 선수와 같이 높은 곳에 있는 물체가 가지는 에너지

정답 ❶ 위치 ❷ 이동 거리 ❸ 짧을 ❹ 길 ❺ 운동 ❻ 위치

개념 학습

쉽고 정확하게!

01 운동

A 속력

1. *운동 시간에 따라 물체의 *위치가 변하는 현상❶

① 운동의 기록: 물체의 위치를 일정한 시간 간격으로 나타내는 연속 사진으로 물체의 운동을 표현한다. — 사진에 나타난 물체 사이의 시간 간격이 일정하므로 물체 사이의 거리로 빠르기를 비교할 수 있다.

물체의 빠르기가 일정한 경우	물체가 점점 빨라지는 경우	물체가 점점 느려지는 경우
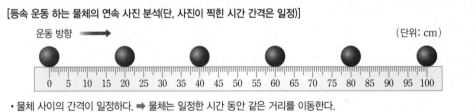		
물체 사이의 거리가 일정하다.	물체 사이의 거리가 점점 커진다.	물체 사이의 거리가 점점 작아진다.

② 운동하는 물체의 빠르기 비교

- 같은 거리를 이동할 때: 걸린 시간이 짧을수록 더 빠르다.
- 같은 시간 동안 이동할 때: 이동한 거리가 길수록 더 빠르다.

2. 속력 일정한 시간 동안 물체가 이동한 거리로, 물체의 빠르기를 나타낸다.

$$속력 = \frac{이동\ 거리}{걸린\ 시간}$$ — 속력은 운동하는 물체의 위치가 시간에 따라 얼마나 빠르게 변하는지를 나타낸다.

① 단위: m/s(미터 매 초), km/h(킬로미터 매 시)❷

② 평균 속력: 물체의 속력이 일정하지 않을 때 물체가 전체 이동한 거리를 걸린 시간으로 나누어 구한 속력 ➡ $$평균\ 속력 = \frac{전체\ 이동\ 거리}{걸린\ 시간}$$

B 등속 운동 `탐구 104쪽` `Beyond 특강 106~107쪽`

1. *등속 운동 시간에 따라 물체의 속력이 일정한 운동 — 운동하는 물체에 힘이 작용하지 않으면 물체는 등속 직선 운동을 한다.

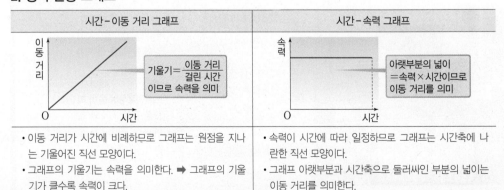

[등속 운동 하는 물체의 연속 사진 분석(단, 사진이 찍힌 시간 간격은 일정)]

- 물체 사이의 간격이 일정하다. ➡ 물체는 일정한 시간 동안 같은 거리를 이동한다.
- 물체의 이동 거리가 시간에 비례하여 증가한다.

2. 등속 운동 그래프❸

시간-이동 거리 그래프	시간-속력 그래프
기울기 = $\dfrac{이동\ 거리}{걸린\ 시간}$ 이므로 속력을 의미	아랫부분의 넓이 = 속력 × 시간이므로 이동 거리를 의미
• 이동 거리가 시간에 비례하므로 그래프는 원점을 지나는 기울어진 직선 모양이다. • 그래프의 기울기는 속력을 의미한다. ➡ 그래프의 기울기가 클수록 속력이 크다.	• 속력이 시간에 따라 일정하므로 그래프는 시간축에 나란한 직선 모양이다. • 그래프 아랫부분과 시간축으로 둘러싸인 부분의 넓이는 이동 거리를 의미한다.

3. 등속 운동의 예 공항의 수하물 컨베이어, 무빙워크, 에스컬레이터, 스키장의 리프트, 케이블카 등

개념 더하기

❶ 위치
물체의 위치는 기준점으로부터 물체가 있는 지점까지의 거리로 나타낸다. 따라서 기준점에 따라 물체의 위치가 다르게 표현될 수 있다.

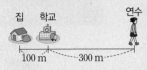

- 집을 기준점으로 하면 연수는 집으로부터 오른쪽으로 400 m 떨어진 곳에 위치해 있다.
- 학교를 기준점으로 하면 연수는 학교로부터 오른쪽으로 300 m 떨어진 곳에 위치해 있다.

❷ 속력의 단위
- 1 m/s: 1초 동안 1 m를 이동하는 빠르기
- 1 km/h: 1시간 동안 1 km를 이동하는 빠르기
- 속력의 단위 변환:
1 km = 1000 m이고 1시간 = 3600초이므로 다음과 같이 단위를 변환할 수 있다.

$$1\ km/h = \frac{1000\ m}{3600\ s} = \frac{5}{18}\ m/s$$

❸ 등속 운동 하는 물체의 속력 비교
- 시간-이동 거리 그래프의 기울기가 클수록 속력이 빠르다.

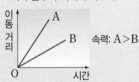

속력: A>B

- 시간-속력 그래프의 세로축 값이 클수록 속력이 빠르다.

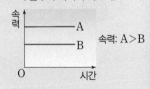

속력: A>B

용어 사전

***운동(옮길 運, 움직일 動)**
물체가 시간의 경과에 따라 공간적 위치를 바꾸는 것

***위치(자리 位, 둘 置)**
물체가 일정한 곳에 자리를 차지하는 것

***등속(무리 等, 빠를 速)**
속력이 일정함

1 물체의 운동과 속력에 대한 설명으로 옳은 것은 ○, 옳지 않은 것은 ×로 표시하시오.

(1) 운동하는 물체는 시간에 따라 위치가 변한다. ( )
(2) 속력은 물체의 운동 방향을 나타내는 양이다. ( )
(3) 같은 시간 동안 이동한 거리가 길수록 물체의 속력이 느리다. ( )
(4) 같은 거리를 이동할 때 걸린 시간이 짧을수록 물체의 속력이 빠르다.
( )
(5) 속력은 일정한 시간 동안 물체가 이동한 거리로, 단위는 m, km 등을 사용
한다. ( )

2 다음 물음에 답하시오.

(1) 30초 동안 1200 m를 이동한 자동차의 속력은 몇 m/s인지 구하시오.
(2) 자전거가 3 m/s의 일정한 속력으로 25초 동안 이동했을 때 자전거의 이동
거리는 몇 m인지 구하시오.
(3) 버스가 5 m/s의 속력으로 300 m를 이동하는 데 걸린 시간은 몇 초인지 구
하시오.

3 그림은 운동장에서 굴러가는 축구공의 위치를 0.1초마다 나타낸 연속 사진이다.

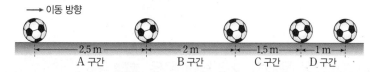

→ 이동 방향

|← 2.5 m →|← 2 m →|← 1.5 m →|← 1 m →|
A 구간   B 구간   C 구간   D 구간

A~D 구간 중 속력이 가장 빠른 구간을 고르시오.

4 다음은 등속 운동에 대한 설명이다. ( ) 안에 알맞은 말을 고르시오.

(1) 물체가 등속 운동을 할 때 이동 거리는 시간에 (비례 , 반비례)한다.
(2) 물체가 등속 운동을 할 때 속력은 시간에 따라 (증가한다 , 일정하다 , 감소
한다).
(3) 등속 운동을 하는 물체의 이동 거리를 시간에 따라 나타냈을 때 그래프의 기
울기가 클수록 속력이 (느리다 , 빠르다).

5 그림은 등속 운동 하는 물체의 시간에 따른 이동 거리를 나
타낸 것이다. 이 물체의 속력은 몇 m/s인지 구하시오.

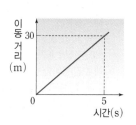

이
동
거
리
(m)
30

0   5
시간(s)

C 자유 낙하 운동

중력은 지구가 물체를 지구 중심 방향으로 당기는 힘이다.

1. 자유 낙하 운동 공기 저항을 무시할 때 정지해 있던 물체가 중력만을 받으면서 아래로 떨어지는 운동

① 작용하는 힘: 물체의 무게와 같은 크기의 중력이 연직 아래 방향으로 작용한다. ➡ 물체의 운동 방향과 작용하는 힘의 방향이 같기 때문에 물체의 속력은 증가한다.❶

> 중력의 크기=9.8×물체의 질량 — 중력의 크기는 물체의 질량에 비례한다.

② 시간에 따른 속력 변화: 지구의 지표면 근처에서 자유 낙하 하는 물체의 속력은 1초마다 9.8 m/s씩 일정하게 증가한다. ➡ 속력 변화량 9.8을 지구의 중력 *가속도 상수라고 한다.❷

③ 시간에 따른 이동 거리의 변화: 같은 시간 동안 물체가 낙하한 거리가 점점 증가한다.❸

2. 자유 낙하 운동 하는 물체의 시간에 따른 속력 그래프 속력이 일정하게 증가하므로 그래프는 원점을 지나는 기울어진 직선 모양이며, 속력 변화량이 9.8이므로 기울기도 9.8이다.

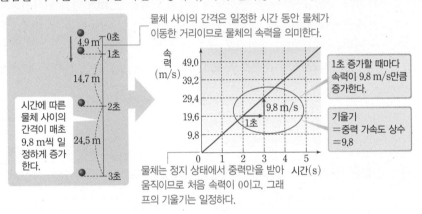

물체 사이의 간격은 일정한 시간 동안 물체가 이동한 거리이므로 물체의 속력을 의미한다.

시간에 따른 물체 사이의 간격이 매초 9.8 m씩 일정하게 증가한다.

1초 증가할 때마다 속력이 9.8 m/s만큼 증가한다.

기울기 =중력 가속도 상수 =9.8

물체는 정지 상태에서 중력만을 받아 움직이므로 처음 속력이 0이고, 그래프의 기울기는 일정하다.

D 질량이 다른 물체의 자유 낙하 운동 탐구 105쪽

1. 공기 중과 *진공 중에서의 낙하 운동

공기 중에서의 낙하 운동	진공 중에서의 낙하 운동
물체의 운동 방향과 반대 방향으로 공기 저항을 받는다. ➡ 깃털보다 공기 저항을 적게 받는 쇠구슬이 먼저 떨어진다.	공기 저항이 없으므로 쇠구슬과 깃털 모두 속력이 1초에 9.8 m/s씩 증가한다. ➡ 쇠구슬과 깃털이 동시에 떨어진다.

2. 질량이 다른 물체의 자유 낙하 운동

- 그림과 같이 진공 중에서 질량이 다른 세 물체를 같은 높이에서 동시에 떨어뜨리면 세 물체는 자유 낙하 운동을 하여 동시에 바닥에 도달한다.
- 자유 낙하 하는 모든 물체는 질량에 관계없이 속력이 1초에 9.8 m/s씩 증가한다. ➡ 같은 높이에서 자유 낙하 하는 물체는 매 순간 동일한 높이에 위치한다.
- 물체에 작용하는 중력의 크기는 질량에 비례하지만, 물체의 속력 변화는 질량에 관계없이 모두 같다.

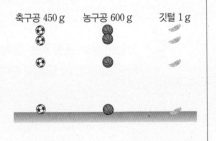

축구공 450 g 농구공 600 g 깃털 1 g

개념 더하기

❶ 힘의 방향에 따른 물체의 속력 변화
- 물체의 운동 방향과 같은 방향으로 힘이 작용하면 물체의 속력이 증가한다. 예 중력만을 받으며 자유 낙하 하는 물체의 속력이 점점 빨라진다.
- 물체의 운동 방향과 반대 방향으로 힘이 작용하면 물체의 속력이 감소한다. 예 마찰력을 받으며 운동하는 물체의 속력이 점점 느려진다.

❷ 중력 가속도
자유 낙하 하는 물체의 시간에 따른 속력 변화를 중력 가속도라고 한다. 지구의 지표면 근처에서 자유 낙하 하는 모든 물체는 1초 동안 속력이 9.8 m/s만큼 증가한다.

❸ 자유 낙하 운동 하는 물체의 시간에 따른 이동 거리 그래프

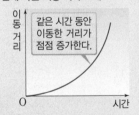

같은 시간 동안 이동한 거리가 점점 증가한다.

용어 **사전**

***가속도**(더할 加, 빠를 速, 법 度)
단위 시간에 대한 속도의 변화율
***진공**(참 眞, 빌 空)
물질이 전혀 존재하지 않는 공간

6 자유 낙하 운동에 대한 설명으로 옳은 것은 ○, 옳지 않은 것은 ×로 표시하시오.

(1) 자유 낙하 운동 하는 물체의 속력은 일정하게 증가한다. ( )

(2) 자유 낙하 운동 하는 물체에는 중력과 마찰력이 작용한다. ( )

(3) 자유 낙하 운동 하는 물체는 같은 시간 동안 일정한 거리를 이동한다.
( )

(4) 자유 낙하 운동 하는 물체에는 운동 방향과 같은 방향으로 중력이 작용한다.
( )

7 질량이 5 kg인 물체가 100 m 높이에서 자유 낙하 운동을 하였다. 3초 후 이 물체의 속력은 몇 m/s인지 구하시오.

8 그림은 자유 낙하 운동 하는 물체의 속력을 시간에 따라 나타낸 것이다. 그래프 세로축의 ㉠에 알맞은 값을 쓰시오.

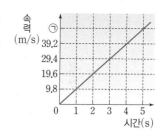

9 그림 (가)와 (나)는 쇠구슬과 깃털을 같은 높이에서 동시에 떨어뜨려 낙하시키는 모습을 일정한 시간 간격으로 나타낸 것이다. (가), (나) 중 공기 저항이 작용할 때 낙하하는 모습을 고르시오.

(가)

(나)

10 그림과 같이 질량이 각각 1 kg, 2 kg, 3 kg인 세 물체 A, B, C를 같은 높이에서 가만히 놓아 자유 낙하 운동을 하게 하였다.

1 kg
A

2 kg
B

3 kg
C

지면

(1) A, B, C에 작용하는 중력의 크기 비(A : B : C)를 구하시오.

(2) A, B, C의 1초당 속력 변화의 비(A : B : C)를 구하시오.

(3) A, B, C 중 가장 먼저 지면에 도달하는 물체를 고르시오.

과학적 사고로!

탐구하기 ● **A 등속 운동의 표현과 분석**

목표 등속 운동 하는 물체의 시간-이동 거리, 시간-속력의 관계를 표현하고 설명해 본다.

자료

그림은 등속 운동 하는 장난감 자동차를 1초 간격으로 찍은 연속 사진이다.

해석

• 장난감 자동차의 처음 위치를 기준으로 장난감 자동차의 이동 거리를 기록한 후, 1초 간격의 시간 구간마다 장난감 자동차의 이동 거리를 구하고 그 구간에서의 속력을 계산한다.

시간(s)	0	1	2	3	4	5
이동 거리(cm)	0	20	40	60	80	100
구간 이동 거리(cm)		20	20	20	20	20
구간 속력(cm/s)		20	20	20	20	20

[유의점]
표에서 구한 속력은 평균값이므로 시간-속력 그래프에서 시간 구간의 가운데에 속력값을 표시한다.

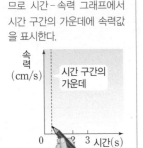

• 장난감 자동차의 시간에 따른 이동 거리와 속력을 그래프로 나타낸다.

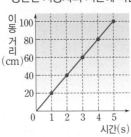

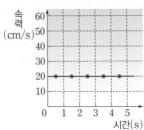

• 시간-이동 거리 그래프의 기울기는 물체의 속력을 의미한다. 이 경우 그래프의 기울기는 20 cm/s로 물체의 속력과 같다.
• 시간-속력 그래프 아랫부분의 넓이는 물체의 이동 거리를 의미한다.

Plus 탐구

[과정]
❶ 등속 운동 하는 공의 연속 사진을 처음 위치부터 일정한 구간 간격으로 잘라낸 후, 잘라낸 조각들을 그래프의 시간축을 따라 나란하게 붙인다.
❷ 잘라낸 조각의 윗변을 지나는 선을 그어 그래프를 그린다.

[결과]
• 일정한 구간 간격으로 잘라낸 조각의 길이는 구간 평균 속력을 의미한다.
• 잘라낸 조각의 길이가 일정하므로 등속 운동 하는 공의 속력이 일정하다는 것을 알 수 있다.

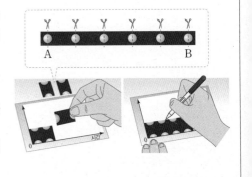

정리

• 등속 운동 하는 물체의 이동 거리는 시간에 비례하여 (㉠   )하고, 속력은 시간에 따라 일정하다.
• 등속 운동 하는 물체의 시간-(㉡   ) 그래프는 원점을 지나는 기울어진 직선 모양이고, 시간-(㉢   ) 그래프는 시간축에 나란한 직선 모양이다.

확인 문제

1 위 실험에 대한 설명으로 옳은 것은 ○, 옳지 않은 것은 ×로 표시하시오.

(1) 등속 운동 하는 물체의 속력은 시간에 비례하여 증가한다. ( )
(2) 등속 운동 하는 물체의 이동 거리는 시간에 비례하여 증가한다. ( )
(3) 등속 운동 하는 물체의 시간-이동 거리 그래프에서 기울기는 물체의 속력을 나타낸다. ( )

실전 문제

2 그림은 등속 운동 하는 두 물체 A, B의 시간에 따른 이동 거리를 나타낸 것이다.

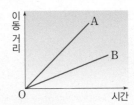

A, B 중 속력이 빠른 물체를 고르시오.

과학적 사고로! **탐구하기** ● ❸ 질량이 다른 두 물체의 자유 낙하 운동

목표 질량이 다른 두 물체의 자유 낙하 운동을 분석하여 시간에 따른 속력 변화를 비교해 본다.

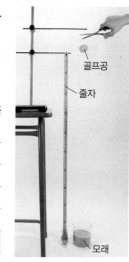
골프공
줄자
모래

과정

❶ 그림과 같이 줄자, 모래를 담은 수조를 설치하고 골프공을 실에 매달아 스탠드에 건다.
❷ 가위로 실을 잘라 골프공이 낙하하는 모습을 동영상 촬영 장치로 촬영한다.
❸ 촬영한 영상을 동영상 분석 프로그램을 이용하여 0.1초 간격으로 분석한다.
❹ 탁구공을 이용하여 과정 ❶~❸을 반복한다.

결과

· 영상을 분석하여 구간 이동 거리와 구간 평균 속력 및 속력 변화를 구한다. ➡ 골프공과 탁구공의 운동을 분석한 결과가 서로 같다.

[유의점]
· 구간 이동 거리의 단위를 cm에서 m로 바꾸어 m/s의 단위로 속력을 계산한다.
· 표에서 구한 속력은 평균값이므로 시간 – 속력 그래프에서 시간 구간의 가운데에 속력값을 표시한다.

구간 시간(s)	0~0.1	0.1~0.2	0.1~0.2	0.3~0.4
구간 이동 거리(cm)	4.9	14.7	24.5	34.3
구간 이동 거리(m)	0.049	0.147	0.245	0.343
구간 평균 속력(m/s)	0.49	1.47	2.45	3.43
속력 변화(m/s)		0.98	0.98	0.98	

· 골프공과 탁구공의 시간에 따른 속력을 그래프로 나타낸다.

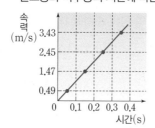
속력(m/s) / 시간(s)

· 골프공과 탁구공의 속력 변화는 0.1초에 0.98 m/s로 일정하다. ➡ 자유 낙하 운동을 하는 골프공과 탁구공의 속력 변화는 1초에 9.8 m/s로 일정하다.
· 질량이 다른 골프공과 탁구공의 속력 변화가 같다. ➡ 자유 낙하 운동을 하는 물체의 시간에 따른 속력 변화는 질량에 관계없이 같다.

Plus 탐구

[과정]
❶ 각각 쇠구슬과 깃털이 들어 있는 진공 낙하 실험 장치를 동시에 세워 쇠구슬과 깃털이 낙하하는 모습을 촬영한다.
❷ 바닥에 도착할 때까지 쇠구슬과 깃털의 운동 모습을 비교한다.

[결과]
매 순간 쇠구슬과 깃털은 같은 위치에 있으며 동시에 바닥에 도달한다.

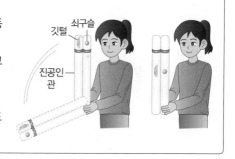
쇠구슬
깃털
진공인 관

정리

· 자유 낙하 운동 하는 물체의 속력은 질량에 관계없이 1초마다 (㉠   ) m/s씩 증가한다.
· 자유 낙하 운동 하는 물체는 매 순간 속력 변화가 같으므로 같은 높이에서 동시에 떨어뜨리면 질량에 관계없이 (㉡   ) 바닥에 도달한다.

확인 문제

1 위 실험에 대한 설명으로 옳은 것은 ○, 옳지 않은 것은 ×로 표시하시오.

(1) 골프공과 탁구공에 작용하는 중력의 크기는 같다.
(   )

(2) 진공 중에서 골프공과 탁구공을 동시에 떨어뜨리면 질량이 큰 골프공이 먼저 바닥에 도달한다. (   )

(3) 물체가 자유 낙하 운동을 할 경우 질량에 관계없이 매 초당 속력 변화가 같다. (   )

실전 문제

2 진공 중에서 질량이 500 g인 물체를 가만히 놓아 떨어뜨렸더니 1초마다 속력이 9.8 m/s씩 증가하였다. 같은 높이에서 질량이 1 kg인 물체를 가만히 놓아 떨어뜨릴 때 속력 변화는?

① 1초마다 4.9 m/s씩 증가한다.
② 1초마다 9.8 m/s씩 증가한다.
③ 1초마다 19.6 m/s씩 증가한다.
④ 9.8 m/s의 일정한 속력으로 운동한다.
⑤ 19.6 m/s의 일정한 속력으로 운동한다.

[일정한 시간 간격으로 물체의 운동을 찍은 연속 사진 분석하기]

물체 사이의 간격은 속력을 의미한다. 따라서 물체 사이의 간격으로 물체의 속력이 어떻게 변하는지 알 수 있다.

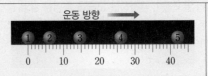

물체 사이의 간격이 일정하다. ➡ 물체는 속력이 일정한 등속 운동을 한다.

물체 사이의 간격이 점점 커진다. ➡ 물체의 속력이 점점 빨라진다.

물체 사이의 간격이 점점 작아진다. ➡ 물체의 속력이 점점 느려진다.

1 그림은 자전거를 타고 운동하는 모습을 1초 간격으로 나타낸 연속 사진이다.

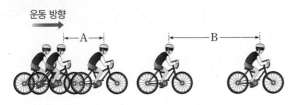

(1) 자전거의 속력이 어떻게 변하는지 쓰시오.

(2) A, B 구간에서의 속력을 등호나 부등호를 이용해 비교하시오.

2 그림은 직선상에서 공이 운동하는 모습을 0.1초 간격으로 나타낸 연속 사진이다.

이 공의 속력에 대한 설명으로 옳은 것은?

① 속력이 빨라진다.

② 속력이 느려진다.

③ 속력이 일정하다.

④ 속력이 빨라지다 느려진다.

⑤ 속력이 느려지다 빨라진다.

[시간 – 이동 거리 그래프 분석하기]

시간 – 이동 거리 그래프에서 기울기는 $\dfrac{이동 거리}{걸린 시간}$ 이므로 속력을 의미한다. ➡ 기울기가 클수록 물체의 속력이 빠르다.

3 그림은 어떤 물체의 시간에 따른 이동 거리를 나타낸 것이다.

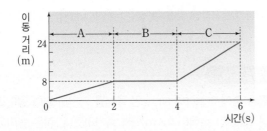

해결 단계 그래프의 기울기로 물체의 운동 분석하기

❶ A, C 구간에서 기울기가 일정하므로 A, C 구간에서 물체는 속력이 일정한 (　　　) 운동을 한다.

❷ 시간 – 이동 거리 그래프에서 그래프의 기울기가 (　　　)수록 물체의 속력이 빠르다. ➡ A, B, C 구간 중 물체의 속력이 가장 빠른 구간은 (　　　) 구간이다.

해결 단계 이동 거리의 변화로 물체의 운동 분석하기

❸ A, C 구간에서 이동 거리가 시간에 (　　　)하여 증가하므로 A, C 구간에서 물체는 등속 운동을 한다.

❹ 같은 시간 동안 이동한 거리가 가장 큰 구간은 C 구간이다. ➡ 물체의 속력이 가장 빠른 구간은 (　　　) 구간이다.

해결 단계 그래프에 제시된 수치로 물체의 운동 분석하기

❺ A 구간에서 물체는 0~2초 동안 8 m−0=8 m를 이동하였으므로 A 구간의 속력=$\dfrac{8\,\text{m}}{2\,\text{s}}$=(　　　)이다.

❻ B 구간에서 물체의 이동 거리는 변하지 않는다. 즉, 물체는 (　　　)해 있으므로 B 구간의 속력은 0이다.

❼ C 구간에서 물체는 4~6초 동안 24 m−8 m=16 m를 이동하였으므로 C 구간의 속력=$\dfrac{16\,\text{m}}{2\,\text{s}}$=(　　　)이다.

❽ 0~6초 동안 24 m를 이동하였으므로 0~6초 동안 물체의 평균 속력은 $\dfrac{24\,\text{m}}{6\,\text{s}}$=(　　　)이다.

4 그림은 어떤 물체의 시간에 따른 이동 거리를 나타낸 것이다.

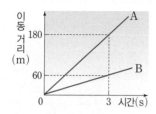

(1) A, B 중 등속 운동 하는 물체를 고르시오.

(2) A, B의 속력의 비(A : B)를 구하시오.

5 그림은 어떤 물체의 시간에 따른 이동 거리를 나타낸 것이다.

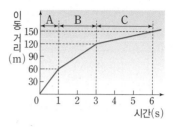

(1) B 구간에서 물체의 속력은 m/s인지 구하시오.

(2) A, B, C 각 구간에서 물체의 속력을 등호나 부등호를 이용해 비교하시오.

자료 분석 | 정답과 해설 34쪽

[시간 – 속력 그래프 분석하기]

• 시간 – 속력 그래프에서 아랫부분의 넓이는 속력 × 시간이므로 이동 거리를 의미한다.

• 물체에 작용하는 힘과 속력 변화의 관계

물체의 속력이 일정하게 증가하는 경우		물체의 속력이 일정하게 감소하는 경우	
	물체에 일정한 힘이 운동 방향으로 계속 작용하면 물체의 속력이 일정하게 증가한다. 예 자유 낙하 운동 하는 물체		물체에 일정한 힘이 운동 방향과 반대 방향으로 계속 작용하면 물체의 속력이 일정하게 감소한다. 예 일정한 크기의 마찰력을 받는 물체

---

6 그림은 어떤 물체의 시간에 따른 속력을 나타낸 것이다.

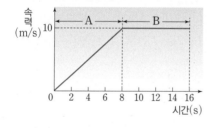

(1) A, B 구간 중 등속 운동을 한 구간을 고르시오.

(2) A, B 구간 중 물체에 일정한 힘이 작용한 구간을 고르시오.

(3) A 구간에서 물체가 이동한 거리는 몇 m인지 구하시오.

(4) B 구간에서 물체가 이동한 거리는 몇 m인지 구하시오.

7 그림은 어떤 물체의 시간에 따른 속력을 나타낸 것이다.

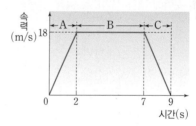

이에 대한 설명으로 옳은 것은 ○, 옳지 않은 것은 ×로 표시하시오.

(1) A 구간에서 물체의 운동 방향으로 일정한 힘이 작용한다. ( )

(2) A 구간에서 물체의 이동 거리는 시간에 비례하여 증가한다. ( )

(3) B 구간에서 물체의 이동 거리는 시간에 비례하여 증가한다. ( )

(4) C 구간에서 물체의 운동 방향과 반대 방향으로 일정한 힘이 작용한다. ( )

(5) 0~9초 동안 물체의 평균 속력은 18 m/s이다. ( )

Ⓐ 속력

01 속력에 대한 설명으로 옳은 것을 〈보기〉에서 모두 고른 것은?

보기
ㄱ. 시간에 따라 물체의 위치가 변하는 것을 속력이라고 한다.
ㄴ. 같은 거리를 이동할 때 걸린 시간이 짧을수록 속력이 빠른 것이다.
ㄷ. 같은 시간 동안 이동할 때 이동한 거리가 길수록 속력이 빠른 것이다.

① ㄱ   ② ㄴ   ③ ㄷ
④ ㄱ, ㄷ   ⑤ ㄴ, ㄷ

중요

02 그림은 빗면을 따라 굴러 내려가는 공의 운동을 1초 간격으로 나타낸 연속 사진이다.

공의 속력에 대한 설명으로 옳은 것은?

① 속력이 일정하다.
② 속력이 점점 감소한다.
③ 속력이 점점 증가한다.
④ 속력이 감소하다 증가한다.
⑤ 속력이 증가하다 감소한다.

중요

03 속력이 가장 빠른 물체는?

① 1초에 5 cm를 굴러가는 탁구공
② 20분 동안 3600 m를 달린 버스
③ 1시간 동안 54 km를 달린 자동차
④ 10 km/h의 속력으로 날아가는 나비
⑤ 100 m를 10초만에 달린 단거리 육상선수

[주관식]

04 그림은 탐사선에서 발생시킨 초음파가 해저 지면에서 반사되어 되돌아오는 시간을 측정하는 모습을 나타낸 것이다.

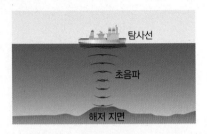

탐사선에서 발생시킨 초음파가 다시 탐사선으로 되돌아올 때까지 걸린 시간이 6초였다면, 이 지점에서 바다의 깊이는 몇 m인지 구하시오. (단, 초음파의 속력은 1500 m/s로 일정하다.)

[주관식]

05 그림과 같이 길이가 100 m인 기차가 길이가 500 m인 다리를 15 m/s의 일정한 속력으로 지나가고 있다.

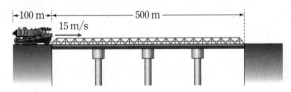

기차가 다리에 진입한 순간부터 다리를 완전히 통과할 때까지 걸리는 시간은 몇 초인지 구하시오.

06 표는 기차가 출발한 후 목적지에 도착할 때까지 1시간 간격으로 출발 지점으로부터의 이동 거리를 나타낸 것이다.

시간(h)	0	1	2	3	4	5
이동 거리(km)	0	60	140	200	275	350

기차의 평균 속력이 가장 빠른 구간은?

① 0~1시간   ② 1~2시간   ③ 2~3시간
④ 3~4시간   ⑤ 4~5시간

ⓑ 등속 운동

07 그림은 진하가 자전거를 타고 이동하는 모습을 1초 간격으로 나타낸 것이다.

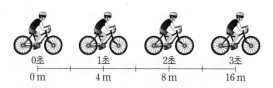

이에 대한 설명으로 옳은 것을 〈보기〉에서 모두 고른 것은?

┌─ 보기 ─────────────────────────┐
ㄱ. 진하는 1초마다 4 m씩 이동한다.
ㄴ. 진하는 2 m/s의 속력으로 등속 운동을 한다.
ㄷ. 진하의 이동 거리는 시간에 따라 일정하게 증가한다.
└──────────────────────────────┘

① ㄱ   ② ㄴ   ③ ㄷ
④ ㄱ, ㄷ   ⑤ ㄱ, ㄴ, ㄷ

중요

08 그림 (가)와 (나)는 두 장난감 자동차가 운동하는 모습을 1초 간격으로 찍은 연속 사진이다.   **탐구 104쪽**

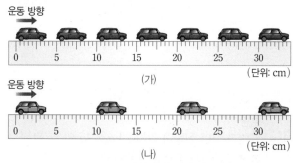

(가)와 (나)에서 두 장난감 자동차의 운동을 나타낸 시간-속력 그래프로 가장 적절한 것은?

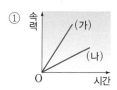   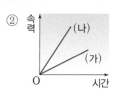

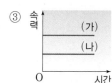   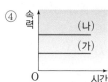

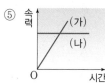

자료 분석 | 정답과 해설 34쪽

09 그림은 직선상에서 운동하는 두 물체 A, B의 시간에 따른 이동 거리를 나타낸 것이다. 이에 대한 설명으로 옳지 **않은** 것은?

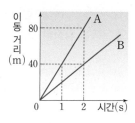

① A는 속력이 일정한 운동을 한다.
② B의 속력은 A의 2배이다.
③ B의 이동 거리는 시간에 비례하여 증가한다.
④ 1초일 때 B의 속력은 20 m/s이다.
⑤ 0~2초 동안 A의 이동 거리는 B의 2배이다.

10 그림 (가)는 직선상에서 운동하는 어떤 물체의 시간에 따른 속력을, (나)는 같은 물체의 시간에 따른 이동 거리를 나타낸 것이다.

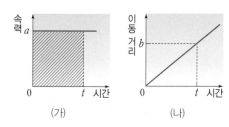

이에 대한 설명으로 옳지 **않은** 것은?

① 물체는 등속 운동을 한다.
② 물체가 t만큼의 시간 동안 이동한 거리는 b이다.
③ 물체가 이동한 거리는 시간에 비례하여 증가한다.
④ (가)의 빗금 친 부분의 넓이는 (나)의 $\dfrac{b}{t}$와 같다.
⑤ (나)의 기울기인 $\dfrac{b}{t}$는 (가)의 a와 같다.

ⓒ 자유 낙하 운동

중요

11 자유 낙하 운동 하는 물체에 대한 설명으로 옳은 것을 〈보기〉에서 모두 고른 것은?

┌─ 보기 ─────────────────────────┐
ㄱ. 물체에는 중력만이 작용한다.
ㄴ. 물체의 속력이 9.8 m/s로 항상 일정하다.
ㄷ. 물체에 작용하는 힘의 방향과 물체의 운동 방향이 같다.
└──────────────────────────────┘

① ㄱ   ② ㄴ   ③ ㄷ
④ ㄱ, ㄷ   ⑤ ㄱ, ㄴ, ㄷ

[12~13] 그림은 진공 중에서 가만히 놓은 공의 운동을 일정한 시간 간격으로 나타낸 것이다.

운동
방향

중요

12 이 공의 운동에 대한 설명으로 옳은 것은?

① 공의 속력이 빨라졌다 일정해진다.
② 공에는 운동 방향과 반대 방향으로 힘이 작용한다.
③ 공의 이동 거리가 시간에 비례하여 일정하게 증가한다.
④ 공이 낙하하는 동안 공에는 일정한 힘이 계속 작용한다.
⑤ 공에 작용하는 힘의 크기는 공의 질량에 관계없이 일정하다.

13 이 공의 운동을 표현한 그래프로 적절한 것을 모두 고르면? (2개)

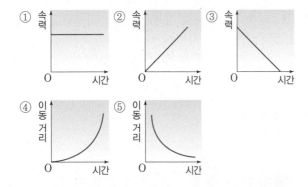

【주관식】

14 그림은 높은 곳에서 사과를 가만히 놓았을 때 사과가 운동하는 모습을 1초 간격으로 나타낸 것이다. 1초일 때와 2초일 때 사과의 속력의 비(1초 : 2초)를 구하시오. (단, 공기 저항과 마찰은 무시한다.)

0초
1초

2초

ⓓ 질량이 다른 물체의 자유 낙하 운동

탐구 105쪽

15 그림 (가)는 공기 중에서 깃털과 쇠구슬을 같은 높이에서 동시에 떨어뜨렸을 때, (나)는 진공 중에서 깃털과 쇠구슬을 같은 높이에서 동시에 떨어뜨렸을 때의 모습을 일정한 시간 간격으로 나타낸 것이다.

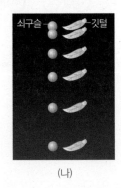

쇠구슬 깃털   쇠구슬 깃털

(가)   (나)

이에 대한 설명으로 옳은 것은?

① (가)에서 깃털에는 중력이 작용하지 않는다.
② (가)에서 깃털과 쇠구슬은 동시에 바닥에 도달한다.
③ (가)에서 쇠구슬에 작용하는 중력의 크기는 점점 커진다.
④ (나)에서 쇠구슬의 속력은 점점 빨라진다.
⑤ (나)에서 깃털과 쇠구슬에 작용하는 중력의 크기는 같다.

중요

16 그림과 같이 질량이 각각 2 kg, 6 kg인 두 물체 A, B를 같은 높이에서 동시에 떨어뜨렸다.

A
2 kg

B
6 kg

지면

이때 A와 B에 작용하는 중력의 크기와 A와 B의 1초당 속력 변화를 옳게 비교한 것은? (단, 공기 저항과 마찰은 무시한다.)

	중력의 크기	1초당 속력 변화
①	A=B	A=B
②	A=B	A<B
③	A<B	A=B
④	A<B	A<B
⑤	A<B	A>B

서술형 **Tip**

서술형

1 그림 (가)는 직선상에서 운동하는 두 물체 A, B의 시간에 따른 이동 거리를 나타낸 것이다. 그림 (나)에 A, B의 시간-속력 그래프를 그리시오.

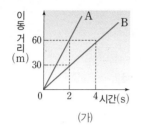
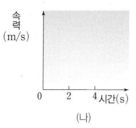

1 시간-이동 거리 그래프의 기울기가 무엇을 의미하는지 떠올린다.

단계별 서술형

2 그림과 같이 지구와 달에서 같은 물체를 같은 높이에서 동시에 떨어뜨려 자유 낙하 운동을 하게 하였다.

(1) 지구에서 자유 낙하 운동 하는 물체의 속력이 일정하게 증가하는 까닭을 서술하시오.

_____

(2) 달에서 물체를 자유 낙하 시켰을 때 1초당 속력 변화를 지구에서와 비교하여 서술하시오. (단, 달에서의 중력은 지구에서 중력의 $\frac{1}{6}$이다.)

_____

2 (1) 물체의 운동 방향과 같은 방향으로 힘이 작용할 때와 물체의 운동 방향과 반대 방향으로 힘이 작용할 때 속력이 어떻게 변하는지 떠올린다.
→ 필수 용어: 운동 방향

(2) 자유 낙하 하는 물체에는 중력이 작용하며, 이 중력 때문에 물체의 속력이 변하게 됨을 떠올린다.
→ 필수 용어: 중력, $\frac{1}{6}$

서술형

3 그림 (가)는 물체 A의 시간에 따른 이동 거리를 나타낸 것이고, (나)는 물체 B의 시간에 따른 속력을 나타낸 것이다.

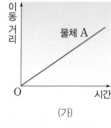
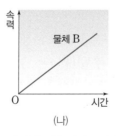

(가), (나)와 같이 운동하는 물체의 예를 각각 1가지씩 서술하시오. (단, 공기 저항은 무시한다.)

_____

_____

3 (가)는 이동 거리가 시간에 따라 일정하게 증가하고, (나)는 속력이 시간에 따라 일정하게 증가한다.

Plus 문제 3-1

(가)와 같이 운동하는 물체의 속력에 대해 서술하시오.

_____

_____

자료 분석 | **정답과 해설 35쪽**

02 일과 에너지

Ⓐ 일

1. **과학에서의 일** 물체에 힘이 작용하여 물체가 힘의 방향으로 이동한 경우에 과학에서 물체에 일을 한다고 한다. ❶

2. **일의 양** 물체에 한 일의 양(W)은 물체에 작용한 힘의 크기(F)와 물체가 힘의 방향으로 이동한 거리(s)의 곱이다. ― 일의 양을 구할 때 이동 거리는 힘의 방향으로 이동한 거리만을 의미한다.

이동 방향
힘
이동 거리

> 일(J)=힘(N)×이동 거리(m), $W=Fs$ ❷

① 단위: J(줄)
• 1 J: 1 N의 힘이 작용하여 물체가 힘의 방향으로 1 m 이동했을 때 한 일의 양 ― 1 J=1 N×1 m

② **중력과 일의 양** ― 무게는 물체에 작용하는 중력의 크기로 '무게(N)=9.8×질량(kg)'으로 구한다.

중력에 대해 한 일(=물체를 들어 올릴 때 한 일)	중력이 한 일(=물체가 자유 낙하 할 때 한 일)
• 물체를 일정한 속력으로 들어 올릴 때 물체에 작용한 힘의 크기는 물체의 무게, 즉 물체에 작용한 중력의 크기와 같다. • 중력에 대해 한 일=물체의 무게 ×들어 올린 높이 =중력의 크기×들어 올린 높이 물체의 무게 ↑ 들어 올린 높이	• 자유 낙하 하는 물체에는 중력이 물체의 운동 방향과 같은 방향으로 작용한다. • 중력이 한 일=중력의 크기×낙하한 거리 중력 ↓ 낙하한 거리

3. 일의 양이 0인 경우 ❸

물체에 작용한 힘이 0인 경우	물체의 이동 거리가 0인 경우	물체에 작용한 힘의 방향과 물체의 이동 방향이 수직인 경우
이동 방향	힘의 방향	힘의 방향 / 이동 방향
얼음판 위를 일정한 속력으로 이동할 때 썰매에 작용한 힘이 0이므로 한 일의 양도 0이다.	벽을 밀어도 움직이지 않는 경우 이동 거리가 0이므로 한 일의 양도 0이다.	상자를 들고 수평 방향으로 걸어갈 때 힘의 방향으로 이동한 거리가 0이므로 한 일의 양도 0이다.

Ⓑ 일과 에너지

1. **에너지** 일을 할 수 있는 능력으로, 일의 단위와 같은 J(줄)을 사용한다.

2. **일과 에너지의 *전환** 일과 에너지는 서로 전환될 수 있다.

• 물체에 일을 하면 한 일의 양만큼 물체의 에너지가 증가하고, 물체가 일을 하면 한 일의 양만큼 물체의 에너지가 감소한다.

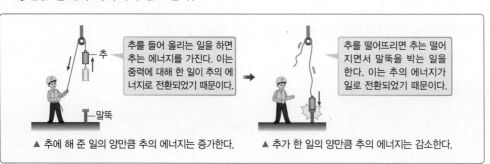

추를 들어 올리는 일을 하면 추는 에너지를 가진다. 이는 중력에 대해 한 일이 추의 에너지로 전환되었기 때문이다.

추를 떨어뜨리면 추는 떨어지면서 말뚝을 박는 일을 한다. 이는 추의 에너지가 일로 전환되었기 때문이다.

▲ 추에 해 준 일의 양만큼 추의 에너지는 증가한다. ▲ 추가 한 일의 양만큼 추의 에너지는 감소한다.

일상생활에서는 생각하거나 몸을 움직이는 인간의 활동을 모두 일이라고 하지만, 정신적인 활동은 과학에서의 일에 해당하지 않는다.
예 공부를 열심히 한다. 책을 읽는다. 음악을 듣는다. 등

❷ 이동 거리-힘 그래프
이동 거리-힘 그래프 아랫부분의 넓이는 힘이 한 일의 양을 나타낸다.

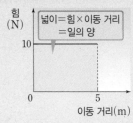

힘(N) / 넓이=힘×이동 거리 =일의 양 / 10 / 0 / 5 / 이동 거리(m)

❸ 물체를 들고 계단을 올라갈 때 한 일의 양

힘의 방향 / 이동 방향 / 힘의 방향으로 이동한 거리

물체를 들어 올렸으므로 물체에 수평 방향으로 작용한 힘은 0이고 수직 방향으로 작용한 힘은 물체의 무게와 같다. 따라서 물체에 한 일의 양=물체의 무게×올라간 높이이다.

용어 사전

*전환(구를 戰, 바꿀 煥)
다른 상태나 방향으로 바꿈

1 과학에서 일을 한 경우는 ○, 일을 하지 않은 경우는 ×로 표시하시오.

(1) 가방을 들고 복도를 걸어갔다. ( )
(2) 바위를 밀었으나 움직이지 않았다. ( )
(3) 1시간 동안 책상에 앉아 공부를 했다. ( )
(4) 바닥에 놓인 책을 선반 위에 올려놓았다. ( )
(5) 교실 뒤쪽의 책상을 교실 앞쪽까지 밀었다. ( )
(6) 빙판에서 썰매를 타고 일정한 속력으로 움직였다. ( )

2 그림과 같이 무게가 40 N인 물체에 수평 방향으로 20 N의 힘을 작용하여 물체를 수평 방향으로 4 m 이동시켰다. 이때 물체에 한 일의 양은 몇 J인지 구하시오.

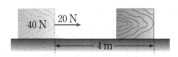

3 그림과 같이 무게가 50 N인 물체를 1.3 m만큼 들어 올렸다. 이때 중력에 대해 한 일의 양은 몇 J인지 구하시오.

4 일과 에너지에 대한 설명으로 옳은 것은 ○, 옳지 않은 것은 ×로 표시하시오.

(1) 에너지의 단위는 일의 단위와 같다. ( )
(2) 일을 할 수 있는 능력을 에너지라고 한다. ( )
(3) 물체가 일을 하면 물체가 가진 에너지는 증가한다. ( )
(4) 에너지는 일로 전환될 수 있지만 일은 에너지로 전환될 수 없다. ( )

5 다음과 같은 경우 물체가 가지고 있는 에너지는 몇 J인지 구하시오.

(1) 100 J의 에너지를 가진 물체에 50 J의 일을 해 주었다.
(2) 100 J의 에너지를 가진 물체가 50 J의 일을 하였다.

C 중력에 의한 위치 에너지

1. 중력에 의한 위치 에너지 중력이 작용하는 공간에서 기준면보다 높은 곳에 있는 물체가 가지는 일을 할 수 있는 능력으로, 질량이 m(kg)인 물체를 높이 h(m)만큼 들어 올릴 때 중력에 대해 한 일의 양과 같다.❶❷

> 중력에 의한 위치 에너지=9.8×질량×높이, $E=9.8mh$

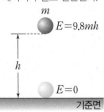

높은 곳에 있는 물체는 중력을 받아 떨어지면서 에너지가 일로 전환된다.

m　$E=9.8mh$

h

$E=0$
기준면

2. 중력에 의한 위치 에너지와 질량 및 높이의 관계

위치 에너지와 질량의 관계	위치 에너지와 높이의 관계
위치에너지 ↑ 높이 일정 / O — 질량	위치에너지 ↑ 질량 일정 / O — 높이
물체의 높이가 일정할 때 중력에 의한 위치 에너지는 질량에 *비례한다.	물체의 질량이 일정할 때 중력에 의한 위치 에너지는 높이에 비례한다.

[중력에 의한 위치 에너지의 전환]
- 추를 떨어뜨리면 추의 중력에 의한 위치 에너지가 나무 도막을 미는 일로 전환된다.
- 추의 질량이나 낙하 높이가 각각 2배, 3배, …가 되면 추의 위치 에너지가 2배, 3배, …가 되므로 나무 도막이 밀려난 거리는 2배, 3배, …가 된다.

추
나무 도막
자

D 운동 에너지　탐구 116쪽　탐구 117쪽

1. 운동 에너지 운동하는 물체가 가지는 에너지로, 질량이 m(kg)인 물체가 속력 v(m/s)로 운동할 때 가지는 운동 에너지는 다음과 같다.

> 운동 에너지=$\frac{1}{2}$×질량×(속력)², $E=\frac{1}{2}mv^2$

2. 운동 에너지와 질량 및 속력의 관계

운동 에너지와 질량의 관계	운동 에너지와 속력의 관계❸
물체의 속력이 일정할 때 운동 에너지는 질량에 비례한다. 운동 에너지∝질량 운동에너지 ↑ 속력 일정 / O — 질량	물체의 질량이 일정할 때 운동 에너지는 속력의 *제곱에 비례한다. 운동 에너지∝(속력)² 운동에너지 ↑ 질량 일정 / O — (속력)²

[운동 에너지의 전환]
- 운동하는 수레가 나무 도막과 충돌하면 수레의 운동 에너지가 나무 도막을 미는 일로 전환된다.
- 수레의 질량이 2배, 3배, …가 되면 수레의 운동 에너지가 2배, 3배, …가 되므로 나무 도막이 밀려난 거리는 2배, 3배, …가 된다.
- 수레의 속력이 2배, 3배, …가 되면 수레의 운동 에너지가 4배, 9배, …가 되므로 나무 도막이 밀려난 거리는 4배, 9배, …가 된다.

운동 방향　　정지
이동 거리

3. 자유 낙하 운동을 할 때 중력이 한 일과 운동 에너지 물체가 자유 낙하 운동을 할 때 중력이 물체에 일을 하며, 중력이 물체에 한 일은 물체의 운동 에너지로 전환된다. ➡ 물체의 질량이 클수록, 물체가 낙하한 거리가 길수록 중력이 물체에 한 일의 양이 많아져서 물체의 운동 에너지가 커진다.

중력이 한 일의 양
=힘×이동 거리
=9.8×질량×낙하한 거리

전환

운동 에너지

❶ 기준면에 따른 중력에 의한 위치 에너지

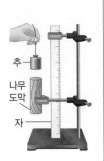

10 kg　옥상
베란다
5 m
3 m
지면

기준면에 따라 높이가 달라지기 때문에 기준면에 따라 위치 에너지도 달라진다.
- 지면을 기준으로 할 때 위치 에너지: $(9.8×10)\,\text{N}×5\,\text{m}=490\,\text{J}$
- 베란다를 기준으로 할 때 위치 에너지: $(9.8×10)\,\text{N}×2\,\text{m}=196\,\text{J}$
- 옥상을 기준으로 할 때 위치 에너지: 0

❷ 중력에 의한 위치 에너지와 일

높이 h에서 물체가 가지는 중력에 의한 위치 에너지

‖

물체를 기준면에서 높이 h까지 들어 올리는 데 한 일의 양

‖

높이 h에 있던 물체가 기준면까지 낙하하면서 할 수 있는 일의 양

❸ 자동차의 속력과 제동 거리

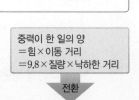

정지
마찰력　제동 거리

달리던 자동차가 브레이크를 밟은 순간부터 정지할 때까지 이동한 거리를 제동 거리라고 한다. 자동차의 운동 에너지가 자동차가 정지할 때까지 마찰력에 대해 한 일, 즉 '자동차와 지면과의 마찰력×제동 거리'로 전환되므로 제동 거리는 속력의 제곱에 비례한다.

용어 사전

*비례(견줄 比, 법식 例)
한쪽의 양이나 수가 증가하는 만큼 그와 관련 있는 다른 쪽의 양이나 수도 증가하는 것
*제곱
같은 수를 두 번 곱하는 것

6 중력에 의한 위치 에너지에 대한 설명으로 옳은 것은 ○, 옳지 않은 것은 ×로 표시하시오.

(1) 기준면에 따라 물체의 위치 에너지가 달라진다.   (   )
(2) 물체가 기준면에 있을 때 위치 에너지가 최대이다.   (   )
(3) 운동하는 물체가 가지는 에너지를 위치 에너지라고 한다.   (   )
(4) 질량이 일정할 때 위치 에너지는 물체의 높이에 반비례한다.   (   )

7 그림과 같이 질량이 5 kg인 물체를 기준면으로부터 1 m 높이까지 들어 올렸다. 이 상자의 중력에 의한 위치 에너지는 몇 J인지 구하시오.

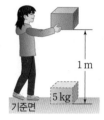

8 중력에 의한 위치 에너지와 질량 및 높이의 관계를 옳게 나타낸 그래프를 〈보기〉에서 모두 고르시오.

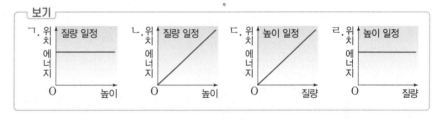

9 다음과 같은 경우 운동 에너지는 몇 배가 되는지 쓰시오.

(1) 운동하는 물체의 질량은 일정하고 속력이 2배가 될 때
(2) 운동하는 물체의 속력은 일정하고 질량이 2배가 될 때
(3) 운동하는 물체의 질량이 2배가 되고 속력이 3배가 될 때
(4) 운동하는 물체의 질량이 3배가 되고 속력이 2배가 될 때

10 그림과 같이 질량이 2 kg인 물체를 기준면으로부터 20 m 높이에서 자유 낙하 시켰다. 이 물체가 기준면에 도달했을 때 물체의 운동 에너지는 몇 J인지 구하시오.

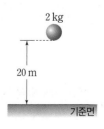

과학적 사고로!

탐구하기 ● Ⓐ 운동 에너지의 크기

목표 물체의 질량 및 속력이 운동 에너지의 크기에 미치는 영향을 알아본다.

과 정

[유의점]
수레의 이동 방향과 나무 도막의 이동 방향이 나란할 수 있도록 평평한 바닥에서 실험한다.

[실험 ❶] 수레의 질량과 나무 도막의 이동 거리

질량이 다른 세 수레를 자로 동시에 밀어 나무 도막에 충돌시킨 후, 나무 도막의 이동 거리를 측정한다.

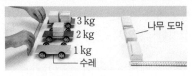

[실험 ❷] 수레의 속력과 나무 도막의 이동 거리

수레의 속력만 다르게 하면서 나무 도막에 충돌시킨 후, 나무 도막의 이동 거리를 측정한다.

결 과

수레의 질량(kg)	1	2	3
나무 도막의 이동 거리(cm)	4	8	12

➡ 나무 도막의 이동 거리는 수레의 질량에 비례한다.

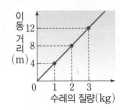

수레의 속력(m/s)	1	2	3
수레의 속력^2(m/s)^2	1	4	9
나무 도막의 이동 거리(cm)	4	16	36

➡ 나무 도막의 이동 거리는 수레의 속력의 제곱에 비례한다.

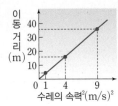

Plus 탐구

[과정]
❶ 빗면에서 굴러 내려온 쇠구슬이 나무 도막을 밀어내도록 장치한다.
❷ 쇠구슬의 질량과 높이를 각각 변화시키면서 쇠구슬이 나무 도막에 충돌하기 직전의 속력과 나무 도막의 이동 거리를 측정한다.

[결과]
• 쇠구슬의 질량과 나무 도막의 이동 거리(쇠구슬의 속력 일정)

쇠구슬의 질량(kg)	0.05	0.10	0.15
나무 도막의 이동 거리(cm)	2.0	4.0	6.0

• 쇠구슬의 속력과 나무 도막의 이동 거리(쇠구슬의 질량 일정)

쇠구슬의 속력(m/s)	0.2	0.4	0.6
쇠구슬의 속력^2(m/s)^2	0.04	0.16	0.36
나무 도막의 이동 거리(cm)	2.0	8.0	18.0

정 리

• 수레의 운동 에너지가 나무 도막을 미는 일로 전환되므로 나무 도막의 이동 거리는 수레의 (㉠   ) 에너지에 비례한다.
• 나무 도막의 이동 거리는 수레의 질량과 속력의 제곱에 각각 비례한다. ➡ 수레의 운동 에너지는 수레의 질량과 속력의 제곱에 각각 (㉡   )한다.

확인 문제

1 위 실험에 대한 설명으로 옳은 것은 ○, 옳지 않은 것은 × 로 표시하시오.

(1) 나무 도막의 이동 거리는 수레의 운동 에너지에 비례한다. (   )
(2) 수레가 가진 운동 에너지는 나무 도막을 미는 일로 전환된다. (   )
(3) 수레의 운동 에너지는 수레의 질량과 속력에 각각 비례한다. (   )

실전 문제

2 그림과 같이 질량이 각각 1 kg, 2 kg, 3 kg인 세 수레 A, B, C를 동시에 밀어 같은 속력으로 나무 도막에 충돌시켰다.

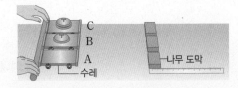

A~C 중 나무 도막을 가장 멀리 밀어내는 수레를 고르시오.

과학적 사고로!

탐구하기 · ❸ 중력이 한 일과 운동 에너지

목표 자유 낙하 운동을 분석하여 중력이 한 일과 운동 에너지의 관계를 알아본다.

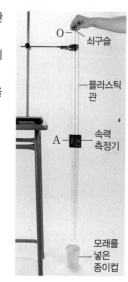

과정

[유의점]
• 지면과 수직이 되게 투명 플라스틱 관을 설치한다. 실에 추를 매달아 투명 플라스틱 관에 넣어보면 관이 지면에 수직인지 아닌지를 알 수 있다.
• 쇠구슬이 낙하하는 동안 투명 플라스틱 관에 부딪히면 그때의 결과를 무시하고 다시 실험한다.

❶ 그림과 같이 스탠드에 투명 플라스틱 관, 속력 측정기를 장치한다. 이때 플라스틱 관이 지면에 수직이 되게 설치한다.
❷ 플라스틱 관의 위쪽 입구 O점에서 아래쪽으로 50 cm 떨어진 곳 A점에 속력 측정기를 설치하고, 아래쪽 출구에 모래를 넣은 종이컵을 놓는다.
❸ 질량이 0.1 kg인 쇠구슬을 O점에 가만히 놓아 떨어뜨리고 A점을 지날 때의 속력을 측정한다.
❹ 과정 ❸을 두 번 더 반복하여 쇠구슬의 평균 속력을 구한다.

결과

• A점에서 측정한 쇠구슬의 평균 속력

횟수	1회	2회	3회	평균
속력(m/s)	3.13	3.12	3.14	3.13

• 쇠구슬이 O점에서 A점까지 떨어지는 동안 중력이 쇠구슬에 한 일의 양=쇠구슬에 작용하는 중력의 크기×쇠구슬의 낙하 거리=(9.8×0.1) N $\times 0.5$ m$=0.49$ J
• O점에서 쇠구슬의 운동 에너지$=0$
• A점에서 쇠구슬의 운동 에너지$=\frac{1}{2} \times 0.1$ kg$\times (3.13$ m/s$)^2 \approx 0.49$ J
• 쇠구슬이 O점에서 A점까지 떨어지는 동안 운동 에너지의 변화량$=0.49$ J
  ➡ 쇠구슬이 O점에서 A점까지 떨어지는 동안 중력이 쇠구슬에 한 일의 양이 쇠구슬의 운동 에너지 변화량과 같다.
  ➡ 중력이 쇠구슬에 한 일이 쇠구슬의 운동 에너지로 전환된 것이다.

정리

• 자유 낙하 운동을 하는 물체에는 (㉠   )이 작용하여 일을 한다.
• 물체가 자유 낙하 운동을 할 때 중력이 한 일은 모두 물체의 (㉡   ) 에너지로 전환된다. 따라서 물체가 자유 낙하 운동을 하는 동안 물체의 운동 에너지는 증가한다.

확인 문제

1 위 실험에 대한 설명으로 옳은 것은 ○, 옳지 않은 것은 ×로 표시하시오.

(1) 쇠구슬이 O점에서 A점까지 낙하하는 동안 쇠구슬의 운동 에너지는 증가한다. ( )
(2) 쇠구슬이 O점에서 A점까지 낙하하는 동안 쇠구슬의 위치 에너지는 증가한다. ( )
(3) 중력이 쇠구슬에 한 일의 양은 쇠구슬의 무게와 쇠구슬이 낙하한 거리의 곱과 같다. ( )
(4) 쇠구슬이 낙하하는 동안 중력이 쇠구슬에 한 일이 쇠구슬의 운동 에너지로 전환된다. ( )
(5) 쇠구슬의 질량을 2배로 하고 같은 실험을 반복하면 A점에서 쇠구슬의 운동 에너지는 4배가 된다. ( )

실전 문제

2 그림과 같이 설치하고 추가 투명 플라스틱 관을 통과하도록 관의 입구에서 추를 가만히 놓았다. 추가 떨어지는 동안 그 값이 증가하는 것을 〈보기〉에서 모두 고르시오.

보기
ㄱ. 추의 운동 에너지
ㄴ. 중력이 추에 한 일
ㄷ. 추에 작용하는 중력

Ⓐ 일

01 과학에서의 일에 대한 설명으로 옳지 <u>않은</u> 것은?

① 일의 단위는 J(줄)을 사용한다.
② 물체가 이동하더라도 물체에 작용한 힘이 없으면 물체에 한 일의 양은 0이다.
③ 물체에 한 일의 양은 물체에 작용한 힘과 물체의 질량을 곱해서 구할 수 있다.
④ 물체에 힘을 작용했을 때 물체가 이동하지 않으면 힘이 물체에 한 일의 양은 0이다.
⑤ 물체에 작용한 힘의 방향과 물체의 이동 방향이 수직이면 힘이 물체에 한 일의 양은 0이다.

[주관식]

02 그림과 같이 수평면에서 무게가 30 N인 물체를 용수철저울로 천천히 끌어당겨 4 m 이동시키는 동안 60 J의 일을 하였다.

이때 용수철저울의 눈금은 몇 N을 가리키는지 쓰시오.

03 다음 글의 빈칸에 들어갈 알맞은 말을 옳게 짝 지은 것은?

> 그림과 같이 지면으로부터 높이가 2 m인 곳에서 질량이 3 kg인 물체가 자유 낙하 운동을 하였다. 지면에 도달할 때까지 (㉠   )이 물체에 한 일의 양은 (㉡   )이다.
>
>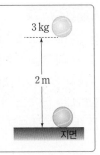

	㉠	㉡
①	중력	0
②	중력	29.4 J
③	중력	58.8 J
④	부력	29.4 J
⑤	부력	58.8 J

중요

04 다음과 같이 희주와 민주가 일을 하였다.

> • 희주: 질량이 10 kg인 물체를 1 m 높이까지 천천히 들어 올렸다.
> • 민주: 무게가 98 N인 물체를 1 m 높이까지 천천히 들어 올렸다.

이에 대한 설명으로 옳은 것을 〈보기〉에서 모두 고른 것은?

> ┌ **보기** ┐
> ㄱ. 희주가 한 일의 양은 10 J이다.
> ㄴ. 희주와 민주 모두 중력에 대해 일을 한 것이다.
> ㄷ. 민주가 한 일의 양이 희주가 한 일의 양보다 많다.

① ㄱ   ② ㄴ   ③ ㄷ
④ ㄱ, ㄴ   ⑤ ㄴ, ㄷ

05 그림과 같이 현수가 질량이 10 kg인 상자를 들고 1개의 높이가 30 cm, 폭이 50 cm인 계단 6개를 올라갔다.

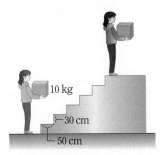

이때 현수가 상자에 한 일의 양은?

① 29.4 J   ② 176.4 J   ③ 245 J
④ 294 J   ⑤ 470.4 J

06 한 일의 양이 0이 아닌 경우를 고르면?

① 역기를 든 채로 가만히 서 있었다.
② 가방을 들고 수평 방향으로 걸어간다.
③ 무거운 바위를 밀었으나 움직이지 않았다.
④ 대리석 바닥 위에서 상자를 밀어 이동시켰다.
⑤ 우주 공간에서 우주선이 일정한 속력으로 날아가고 있다.

Ⓑ 일과 에너지

중요

07 일과 에너지에 대한 설명으로 옳지 <u>않은</u> 것은?

① 일의 단위와 에너지의 단위는 같다.

② 일과 에너지는 서로 전환될 수 있다.

③ 일을 할 수 있는 능력을 에너지라고 한다.

④ 물체가 외부에 일을 하면 한 일의 양만큼 물체의 에너지가 증가한다.

⑤ 물체가 가진 에너지는 물체가 외부에 한 일의 양을 측정해서 구할 수 있다.

중요

08 그림 (가)는 추를 들어 올린 모습을, (나)는 들어 올린 추를 떨어뜨려 말뚝을 박는 모습을 나타낸 것이다.

(가)   (나)

이에 대한 설명으로 옳은 것을 〈보기〉에서 모두 고른 것은?

보기

ㄱ. (가)의 추는 일을 할 수 있는 능력을 가지게 된다.

ㄴ. (나)에서 추가 말뚝을 박은 후 추가 가진 에너지는 변하지 않는다.

ㄷ. 말뚝을 더 깊게 박으려면 (가)에서 추를 더 높이 들어 올려야 한다.

① ㄱ   ② ㄴ   ③ ㄱ, ㄷ

④ ㄴ, ㄷ   ⑤ ㄱ, ㄴ, ㄷ

09 500 J의 에너지를 가진 물체가 다음과 같이 외부에 일을 한 후 외부에서 일을 받았다.

- 외부에 300 J의 일을 하였다.
- 외부에서 400 J의 일을 받았다.

이 물체가 최종적으로 가지게 된 에너지는?

① 400 J   ② 600 J   ③ 800 J

④ 900 J   ⑤ 1200 J

Ⓒ 중력에 의한 위치 에너지

[주관식]

10 어떤 물체를 기준면으로부터 3 m 높이만큼 들어 올렸다. 이때 물체에 한 일의 양이 300 J이었다면 물체가 가지는 중력에 의한 위치 에너지는 몇 J인지 구하시오.

11 그림과 같이 물체 A~E가 실로 막대에 매달려 있다.

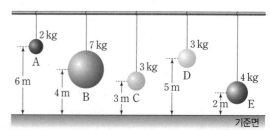

A~E 중 중력에 의한 위치 에너지가 가장 큰 물체와 가장 작은 물체를 옳게 짝 지은 것은? (단, 물체의 크기는 무시한다.)

	가장 큰 물체	가장 작은 물체
①	A	B
②	A	D
③	B	A
④	B	C
⑤	B	E

자료 분석 | 정답과 해설 37쪽

중요

12 물체의 질량이 일정할 때 물체의 높이에 따른 중력에 의한 위치 에너지를 나타낸 그래프로 가장 적절한 것은?

①    ②   ③

④   ⑤

13 그림과 같이 질량이 5 kg인 물체가 지면으로부터 5 m 높이의 옥상에 놓여 있다.

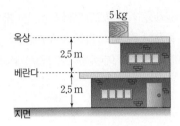

이에 대한 설명으로 옳지 <u>않은</u> 것은?

① 옥상을 기준면으로 할 때 물체가 가지는 중력에 의한 위치 에너지는 0이다.
② 지면을 기준면으로 할 때 물체가 가지는 중력에 의한 위치 에너지는 245 J이다.
③ 베란다를 기준면으로 할 때 옥상에 놓여 있는 물체는 중력에 의한 위치 에너지를 가진다.
④ 물체가 놓여 있는 위치는 변하지 않으므로 기준면에 관계없이 물체가 가지는 중력에 의한 위치 에너지는 모두 같다.
⑤ 지면을 기준면으로 할 때와 베란다를 기준면으로 할 때 물체가 가지는 중력에 의한 위치 에너지의 비는 지면 : 베란다=2 : 1이다.

중요

14 그림과 같이 장치하고 쇠구슬을 놓는 높이와 질량을 달리하면서 쇠구슬을 수평면에 놓인 나무 도막에 충돌시켰다.

탐구 116쪽

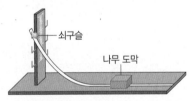

이에 대한 설명으로 옳은 것을 〈보기〉에서 모두 고른 것은? (단, 쇠구슬과 레일 사이의 마찰은 무시한다.)

┌─ 보기 ─
ㄱ. 쇠구슬의 중력에 의한 위치 에너지가 클수록 나무 도막이 밀려난 거리가 크다.
ㄴ. 이 실험에서 쇠구슬의 중력에 의한 위치 에너지가 나무 도막을 미는 일로 전환되는 것을 확인할 수 있다.
ㄷ. 처음 쇠구슬을 놓는 높이가 일정할 때 쇠구슬의 질량이 2배가 되면 나무 도막이 밀려난 거리는 4배가 된다.
└─────

① ㄱ　　　　② ㄴ　　　　③ ㄷ
④ ㄱ, ㄴ　　　⑤ ㄴ, ㄷ

D 운동 에너지

【주관식】

15 승용차와 트럭이 도로를 달리고 있다. 승용차의 질량은 트럭의 $\frac{3}{4}$이고, 승용차의 속력은 트럭의 2배일 때 승용차의 운동 에너지는 트럭의 몇 배인지 구하시오.

중요

16 그림과 같이 투명한 플라스틱 관의 입구 O점에서 0.5 m 아래인 A점에 속력 측정기를 설치한 후, O점에서 쇠구슬을 가만히 놓아 낙하시켰다. 이에 대한 설명으로 옳은 것은? (단, 공기 저항과 모든 마찰은 무시한다.)

탐구 117쪽

① 낙하하는 동안 쇠구슬의 속력은 일정하다.
② 낙하하는 동안 쇠구슬의 운동 에너지가 점점 감소한다.
③ O점과 A점에서 쇠구슬의 중력에 의한 위치 에너지는 같다.
④ 쇠구슬에 작용하는 중력의 크기는 쇠구슬의 질량에 반비례한다.
⑤ O점에서 A점까지 쇠구슬이 낙하하는 동안 중력이 한 일의 양은 A점에서 쇠구슬의 운동 에너지와 같다.

【주관식】

17 그림은 자동차의 속력과 자동차가 브레이크를 밟은 후 정지할 때까지 이동한 거리인 제동 거리의 관계를 나타낸 것이다.

자동차가 96 km/h의 속력으로 달리다가 브레이크를 밟았을 때의 제동 거리는 몇 m인지 구하시오. (단, 자동차에 작용하는 마찰력의 크기는 일정하다.)

자료 분석 | 정답과 해설 37쪽

서술형

1 그림과 같이 질량이 3 kg인 장바구니를 들고 수평 방향으로 5 m 이동하였다. 이때 한 일의 양은 얼마인지 풀이 과정과 함께 서술하시오.

3 kg

이동한 거리 5 m

_____

_____

단계별 서술형

2 그림과 같이 지구와 달에서 질량이 m으로 같은 물체를 같은 높이 h인 곳에서 가만히 놓아 자유 낙하 운동을 하게 하였다. (단, 달에서의 중력은 지구에서 중력의 $\frac{1}{6}$이다.)

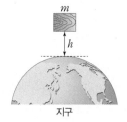

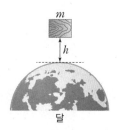

지구   달

(1) 지구와 달에서의 높이가 각각 h인 곳에서 중력에 의한 위치 에너지의 크기를 비교하고, 그렇게 생각한 까닭을 서술하시오.

_____

_____

(2) 지구와 달에서 각각 자유 낙하 운동을 한 물체가 지면에 도달한 순간 운동 에너지의 크기를 비교하고, 그렇게 생각한 까닭을 서술하시오.

_____

_____

자료 분석 | 정답과 해설 38쪽

단계별 서술형

3 그림과 같이 질량이 각각 1 kg, 2 kg, 3 kg인 세 수레를 긴 나무 막대로 동시에 밀어 나무 도막과 충돌시킨 후 나무 도막이 밀려난 거리를 측정하였다.

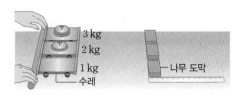

3 kg
2 kg
1 kg
수레
나무 도막

(1) 나무 막대로 세 수레를 동시에 민 까닭을 서술하시오.

_____

(2) 이 실험으로 알 수 있는 관계는 무엇인지 서술하시오.

_____

이 단원에서 학습한 내용을 확실히 이해했나요?
다음 내용을 잘 알고 있는지 확인해 보세요.

1 속력

- 운동: 시간에 따라 물체의 ❶□□가 변하는 현상
- 속력: 일정한 시간 동안 물체가 이동한 거리로, 물체의 ❷□□□를 나타낸다. ➡ 속력=$\dfrac{\text{이동 거리}}{\text{걸린 시간}}$
- 물체가 같은 거리를 이동할 때 걸린 시간이 ❸□□수록 속력이 빠른 것이다.
- 물체가 같은 시간 동안 이동한 거리가 ❹□수록 속력이 빠른 것이다.

2 등속 운동

- 등속 운동: 시간에 따라 속력이 ❶□□한 운동

시간-이동 거리 그래프	시간-속력 그래프
이동 거리 / 기울기 $=\dfrac{\text{이동 거리}}{\text{시간}}$ =속력 / O 시간	속력 / 넓이=속력×시간 =이동 거리 / O 시간
• 이동 거리가 시간에 ❷□□한다. • 그래프의 기울기는 ❸□□을 의미한다.	• 그래프는 시간축에 나란한 직선 모양이다. • 그래프 아랫부분의 넓이는 ❹□□□□를 의미한다.

3 자유 낙하 운동

- 자유 낙하 운동: 공기 저항을 무시할 때 정지해 있던 물체가 ❶□□만을 받으면서 아래로 떨어지는 운동
- 작용하는 힘: 물체의 무게와 같은 크기의 중력이 연직 아래 방향으로 작용한다. ➡ 물체의 운동 방향과 작용하는 힘의 방향이 같으므로 물체의 속력은 ❷□□한다.
- 시간에 따른 속력 변화: 물체의 속력은 1초마다 9.8 m/s씩 ❸□□하게 증가한다.
- 시간에 따른 이동 거리 변화: 같은 시간 동안 물체가 낙하한 거리가 점점 ❹□□한다.

4 질량이 다른 물체의 자유 낙하 운동

- 공기 중에서의 낙하 운동: 물체의 운동 방향과 ❶□□ 방향으로 공기 저항을 받으므로 공기 저항을 적게 받는 물체가 더 빨리 떨어진다.
- 진공 중에서의 낙하 운동: 공기 저항이 없으므로 물체의 질량이나 크기에 관계없이 모두 동시에 떨어진다. ➡ 자유 낙하 운동 하는 모든 물체는 질량에 관계없이 속력이 1초에 ❷□ m/s씩 증가한다.

5 일

- 과학에서의 일: 물체에 힘이 작용하여 물체가 ❶□의 방향으로 이동한 경우에 일을 한다고 한다.
- 일의 양: 물체에 한 일의 양(W)은 물체에 작용한 힘의 크기(F)와 물체가 힘의 방향으로 이동한 거리(s)의 곱이다. ➡ $W=Fs$
- 중력에 대해 한 일(=물체를 들어 올릴 때 한 일): 물체의 ❷□□와 들어 올린 높이의 곱이다.
- 중력이 한 일(=물체가 자유 낙하 할 때 한 일): 물체에 작용하는 ❸□□의 크기와 낙하한 거리의 곱이다.
- 물체에 한 일의 양이 0인 경우: 물체에 작용한 힘이 0인 경우, 물체의 이동 거리가 0인 경우, 물체에 작용한 힘의 방향과 물체의 이동 방향이 ❹□□인 경우

6 일과 에너지

- 에너지: 일을 할 수 있는 능력 ➡ 일과 에너지는 서로 ❶□□될 수 있다.
- 물체에 일을 하면 한 일의 양만큼 물체의 에너지가 ❷□□하고, 물체가 일을 하면 한 일의 양만큼 물체의 에너지가 ❸□□한다.

7 중력에 의한 위치 에너지

- 중력에 의한 위치 에너지: 중력이 작용하는 공간에서 ❶□□□보다 높은 곳에 있는 물체가 가지는 일을 할 수 있는 능력
  ➡ 중력에 의한 위치 에너지=9.8×질량×높이
- 중력에 의한 위치 에너지와 질량 및 높이의 관계
  - 높이가 일정할 때 중력에 의한 위치 에너지는 질량에 ❷□□한다.
  - 질량이 일정할 때 중력에 의한 위치 에너지는 높이에 ❸□□한다.

8 운동 에너지

- 운동 에너지: 운동하는 물체가 가지는 에너지
  ➡ 운동 에너지=$\dfrac{1}{2}$×질량×(속력)^2
- 운동 에너지와 질량 및 속력의 관계
  - 속력이 일정할 때 운동 에너지는 질량에 비례한다.
  - 질량이 일정할 때 운동 에너지는 ❶□□의 제곱에 비례한다.
- 물체가 자유 낙하 할 때 중력이 물체에 일을 하며, 중력이 한 일은 물체의 ❷□□ 에너지로 전환된다.

【주관식】 상 **중** 하

01 다음은 육상선수 A, B, C의 경기기록에 대한 설명이다.

- A: 100 m를 달리는 데 12초가 걸린다.
- B: 1500 m를 달리는 데 2분이 걸린다.
- C: 49.195 km를 달리는 데 2시간 15초가 걸린다.

A~C 중 속력이 가장 빠른 육상선수를 고르시오.

상 **중** 하

02 그림은 운동장에서 굴러가는 공의 운동을 일정한 시간 간격으로 나타낸 것이다.

이 공의 운동에 대한 설명으로 옳은 것을 〈보기〉에서 모두 고른 것은?

보기
ㄱ. 공의 속력은 점점 감소한다.
ㄴ. 평균 속력이 가장 빠른 구간은 A 구간이다.
ㄷ. 공의 운동 방향과 같은 방향으로 힘이 작용한다.

① ㄱ   ② ㄷ   ③ ㄱ, ㄴ
④ ㄴ, ㄷ   ⑤ ㄱ, ㄴ, ㄷ

【주관식】 상 **중** 하

03 다음과 같이 우리 집 주변을 이동하였다.

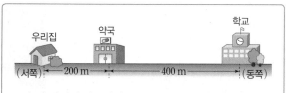

- 우리 집에서 약국까지 200 m를 3분 동안 이동하였다.
- 약국에서 학교까지 400 m를 7분 동안 이동하였다.

우리 집에서 학교까지 이동하는 동안의 평균 속력은 몇 m/s인지 구하시오.

상 **중** 하

04 그림은 직선상을 운동하는 물체 A~C가 10 m를 이동하는 모습을 일정한 시간 간격으로 찍은 연속 사진이다.

이에 대한 설명으로 옳은 것은?

① A의 속력이 B의 속력보다 빠르다.
② C는 속력이 점점 빨라지는 운동을 한다.
③ A, B, C 모두 속력이 일정한 운동을 한다.
④ A에는 운동 방향과 같은 방향으로 힘이 작용한다.
⑤ 10 m를 이동하는 동안 평균 속력은 B가 가장 느리다.

자료 분석 | 정답과 해설 38쪽

상 중 **하**

05 그림은 물체 A~D의 시간에 따른 이동 거리를 나타낸 것이다. 이에 대한 설명으로 옳은 것을 〈보기〉에서 모두 고른 것은?

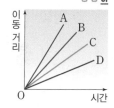

보기
ㄱ. D의 속력이 가장 빠르다.
ㄴ. A~D는 모두 등속 운동을 한다.
ㄷ. 같은 시간 동안 이동한 거리가 가장 큰 물체는 A이다.

① ㄱ   ② ㄷ   ③ ㄱ, ㄴ
④ ㄴ, ㄷ   ⑤ ㄱ, ㄴ, ㄷ

상 중 **하**

06 그림은 직선상에서 운동하는 물체의 시간에 따른 속력을 나타낸 것이다. 이와 같은 운동을 하는 물체가 **아닌** 것은?

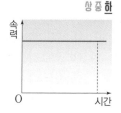

① 무빙워크   ② 컨베이어   ③ 롤러코스터
④ 에스컬레이터   ⑤ 스키장의 리프트

07 그림은 어떤 물체의 시간에 따른 속력을 나타낸 것이다. 이 물체의 시간에 따른 이동 거리를 나타낸 그래프로 옳은 것은?

상**중**하

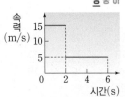

①

②

③

④

⑤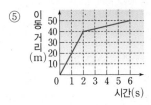

자료 분석 | 정답과 해설 39쪽

08 다음과 같은 실험을 하였다.

상중**하**

[과정]
(1) 그림과 같이 투명한 필름 위에 색테이프를 동일한 간격으로 붙인 후 지면에 수직으로 세운다.
(2) 필름 뒤에서 가만히 놓은 물체의 운동을 동영상으로 촬영한다.
(3) 동영상을 느린 속력으로 재생하면서 색테이프 사이로 물체가 보일 때마다 손뼉을 친다.

[결과]
손뼉을 치는 시간 간격이 점점 빨라진다.

손뼉을 치는 시간 간격이 점점 빨라지는 까닭은?

① 공의 속력이 일정하기 때문이다.
② 공에 작용하는 힘이 없기 때문이다.
③ 공의 속력이 점점 빨라지기 때문이다.
④ 공의 속력이 점점 느려지기 때문이다.
⑤ 공의 운동 방향과 공에 작용하는 힘의 방향이 반대이기 때문이다.

09 그림은 자유 낙하 운동 하는 물체를 촬영한 연속 사진에서 공의 가운데를 위쪽부터 자른 후, 시간축에 따라 나란하게 붙인 그래프를 나타낸 것이다. 이에 대한 설명으로 옳은 것을 〈보기〉에서 모두 고른 것은?

상**중**하

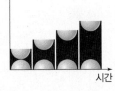

보기
ㄱ. 그래프의 세로축은 속력을 의미한다.
ㄴ. 자유 낙하 운동 하는 물체의 속력은 항상 일정하다는 것을 알 수 있다.
ㄷ. 자유 낙하 하는 물체의 이동 거리는 시간에 비례하여 증가한다는 것을 알 수 있다.

① ㄱ　　　　② ㄴ　　　　③ ㄷ
④ ㄱ, ㄴ　　　⑤ ㄴ, ㄷ

[주관식]

10 그림은 자유 낙하 운동을 하는 물체의 시간에 따른 속력을 나타낸 것이다. 이 물체가 0~3초 동안 낙하한 거리는 몇 m인지 구하시오.

상**중**하

11 그림은 쇠구슬과 깃털을 같은 높이에서 동시에 낙하시켰을 때 일정한 시간 간격으로 운동하는 모습을 나타낸 것이다. 이에 대한 설명으로 옳지 않은 것은?

상**중**하

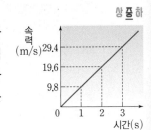

① 진공 중에서의 낙하 모습이다.
② 쇠구슬과 깃털의 1초당 속력 변화는 같다.
③ 쇠구슬과 깃털은 동시에 바닥에 떨어진다.
④ 쇠구슬과 깃털에 작용하는 힘의 크기는 같다.
⑤ 쇠구슬과 깃털에는 운동 방향과 같은 방향으로 힘이 작용한다.

12 진공 중에서 낙하하는 질량이 1 kg인 물체의 1초당 속력 변화가 9.8 m/s였다고 한다. 진공 중에서 낙하하는 질량이 5 kg인 물체의 1초당 속력 변화는?

① 4.9 m/s　　② 9.8 m/s　　③ 19.6 m/s
④ 49 m/s　　⑤ 98 m/s

13 다음은 영수, 철수, 명수가 한 일을 나타낸 것이다.

- 영수: 무게가 50 N인 상자를 수평 방향으로 30 N
  의 힘으로 밀어 2 m 이동시켰다.
- 철수: 무게가 50 N인 상자를 2 m 높이까지 천천히
  들어 올렸다.
- 명수: 무게가 50 N인 상자를 든 상태로 수평 방
  향으로 2 m 걸어갔다.

세 사람이 한 일의 양을 옳게 비교한 것은?

① 영수＝철수＝명수　　② 영수＝철수＞명수
③ 영수＞철수＞명수　　④ 철수＞영수＞명수
⑤ 명수＞철수＞영수

14 그림은 어떤 물체에 작용한 힘의 크기를 이동 거리에 따라 나타낸 것이다.

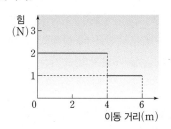

물체가 6 m 이동하는 동안 힘이 한 일의 양은? (단, 물체는 작용한 힘의 방향으로 이동하였다.)

① 6 J　　② 8 J　　③ 10 J
④ 12 J　　⑤ 14 J

15 그림과 같이 말뚝의 윗면으로부터 일정한 높이까지 추를 들어 올린 후 추를 떨어뜨렸다.

이에 대한 설명으로 옳은 것을 〈보기〉에서 모두 고른 것은?

보기
ㄱ. 들어 올린 추는 중력에 의한 위치 에너지를 가진다.
ㄴ. 추를 들어 올리는 것은 중력에 대해 일을 하는 것
　이다.
ㄷ. 추를 떨어뜨리면 추가 가진 에너지가 말뚝을 박는
　일로 전환된다.

① ㄷ　　　　② ㄱ, ㄴ　　　　③ ㄱ, ㄷ
④ ㄴ, ㄷ　　　⑤ ㄱ, ㄴ, ㄷ

[주관식]

16 어떤 물체가 외부에 300 J의 일을 하였더니 최종적으로 250 J의 에너지를 가지게 되었다. 이 물체가 외부에 일을 하기 전 가지고 있었던 에너지는 몇 J인지 구하시오.

17 중력에 의한 위치 에너지에 대한 설명으로 옳지 <u>않은</u> 것은?

① 기준면에 따라 중력에 의한 위치 에너지의 크기가
　달라진다.
② 물체의 질량과 기준면으로부터의 높이의 제곱에 각
　각 비례한다.
③ 중력이 작용하는 공간에서 기준면보다 높은 곳에
　있는 물체가 가지는 에너지이다.
④ 물체를 기준면에서 그 위치까지 천천히 들어 올리
　는 동안 중력에 대해 한 일의 양과 같다.
⑤ 기준면으로부터 1 m 높이에 있는 질량이 1 kg인
　물체의 중력에 의한 위치 에너지는 9.8 J이다.

18 그림과 같이 질량이 1 kg인 물체가 옥상에 놓여 있다.

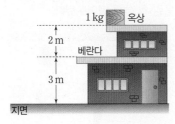

지면을 기준면으로 할 때와 베란다를 기준면으로 할 때 중력에 의한 위치 에너지의 비(지면 : 베란다)는?

① 2 : 3　　② 2 : 5　　③ 3 : 2
④ 5 : 2　　⑤ 5 : 3

19 그림과 같이 장치하고 추를 낙하시켜 나무 도막이 밀려난 거리를 측정하였더니 s였다. 이 상태에서 추의 질량은 2배, 추의 낙하 높이는 $\frac{1}{2}$로 하여 추를 낙하시켰을 때 나무 도막이 밀려난 거리는? (단, 공기 저항은 무시한다.)

① $\frac{1}{2}s$　　② s　　③ $2s$
④ $4s$　　⑤ $8s$

20 그림과 같이 질량이 5 kg인 수레가 2 m/s의 속력으로 운동하고 있다. 이 수레가 가진 운동 에너지의 크기와 수레가 다른 물체에 할 수 있는 일의 양을 옳게 짝 지은 것은?

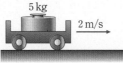

	운동 에너지의 크기	할 수 있는 일의 양
①	10 J	5 J
②	10 J	10 J
③	10 J	20 J
④	20 J	10 J
⑤	20 J	20 J

21 【주관식】 그림과 같이 장치하고 일정한 높이에서 쇠구슬을 굴리면서 쇠구슬과 충돌한 후 나무 도막의 이동 거리를 측정하였다.

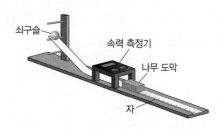

쇠구슬의 질량과 나무 도막에 충돌하기 직전의 속력이 표와 같았다.

실험	A	B	C	D	E
쇠구슬의 질량(g)	200	200	400	400	400
쇠구슬의 속력(m/s)	0.2	0.4	0.2	0.4	0.6

A~E 중 나무 도막의 이동 거리가 가장 큰 경우를 고르시오.

[22~23] 그림과 같이 질량이 2 kg인 물체를 지면으로부터 10 m 높이에서 가만히 놓았다. (단, 공기 저항은 무시한다.)

22 이에 대한 설명으로 옳지 <u>않은</u> 것은?

① 물체에 작용하는 중력의 크기는 19.6 N이다.
② 물체가 낙하하는 동안 물체의 운동 에너지는 증가한다.
③ 물체가 낙하하는 동안 물체의 속력은 일정하게 증가한다.
④ 10 m 높이에서 물체가 지닌 중력에 의한 위치 에너지의 크기는 196 J이다.
⑤ 지면에 도달했을 때 물체의 중력에 의한 위치 에너지와 운동 에너지의 크기는 같다.

23 지면에 도달한 순간 물체의 속력은?

① 2 m/s　　② 4 m/s　　③ 10 m/s
④ 12 m/s　　⑤ 14 m/s

24 그림은 어떤 물체의 시간에 따른 이동 거리를 나타낸 것 이다.

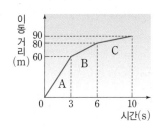

A~C 구간 중 물체의 속력이 가장 빠른 구간을 고르고, 그렇게 생각한 까닭을 서술하시오.

25 그림은 자유 낙하 운동을 하는 어떤 물체의 시간에 따른 속력을 나타낸 것이다. 물체의 질량만 2배로 하고 같은 높이에서 자유 낙하 운동을 시켰을 때 시간에 따른 속력 은 어떻게 변할지 다음 단어를 모두 포함하여 서술하시오.

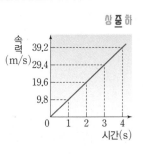

> 속력 변화, 기울기

26 그림과 같이 어느 지점에서 질량이 5 kg인 물체를 가만히 놓아 자유 낙하 시켰더니 3초 후에 지면에 도달하였다.

(1) 질량이 5 kg인 물체가 지면에 도달하기 직전의 속력은 몇 m/s인 지를 풀이 과정과 함께 구하시오.

(2) 같은 높이에서 질량이 15 kg인 물체를 자유 낙하 시켰을 때, 물체가 지면에 도달할 때까지 걸린 시간은 몇 초인지를 까닭과 함께 서술하시오.

27 (가)와 (나)는 과학에서의 일이 0인 경우이다.

> (가) 벽을 힘껏 밀었지만 움직이지 않았다.
> (나) 마찰이 없는 에어테이블 위에서 원판이 일정한 속력으로 운동하고 있다.

(가)와 (나)에서 한 일의 양이 0인 까닭을 각각 서술하시오.

28 그림은 지면으로부터 10 m 높이에서 질량이 3 kg인 새가 6 m/s의 속력으로 수평 방향으로 날고 있는 모습을 나타낸 것이다. (단, 새의 크기는 무시한다.)

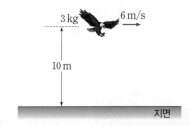

(1) 이 새가 가지는 중력에 의한 위치 에너지의 크기는 얼마인지 풀이 과정과 함께 구하시오.

(2) 이 새가 가지는 운동 에너지의 크기는 얼마인지 풀이 과정과 함께 구하시오.

29 그림과 같이 질량이 2 kg으로 같은 물체 A~D의 높이를 모두 다르게 한 다음 자유 낙하 시켰다.

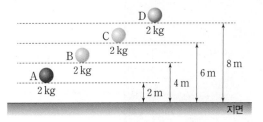

물체가 지면에 도달하는 순간 A~D의 속력의 크기를 비교하고, 그렇게 생각한 까닭을 서술하시오.

IV

자극과 반응

제목으로
미리보기

'감각'이란 눈, 코, 귀, 혀, 피부를 통해 외부의 어떤 자극을 느끼는 것입니다. 감각 기관은 외부에서 전달된 자극을 느끼고 받아들이는 기관이구요. 이 단원에서는 감각 기관의 종류, 감각 기관의 구조와 기능에 대해 알아본답니다.

신경계는 시시각각 변화하는 환경에 민감하게 대응할 수 있도록 우리 몸을 조절하는 것이구요. 신경계 외에도 우리 몸을 조절하는 신호를 전달하는 데 화학 물질인 호르몬도 관여해요. 이 단원에서는 우리 몸을 조절하는 신경계와 호르몬에 대해 알아본답니다.

기억하기 이 단원을 학습하기 전에, 이전에 배운 내용 중 꼭 알아야 할 개념들을 그림과 함께 떠올려 봅시다.

1 │ 감각 기관
》》》 초등학교 6학년 우리 몸의 구조와 기능

- (❶   ): 주변으로부터 전달된 자극을 느끼고 받아들이는 기관
- 우리 몸에는 눈(❷   ), 귀(청각), 코(후각), 혀(❸   ), 피부(피부 감각) 등의 감각 기관이 있다.

2 │ 자극이 전달되고 반응하는 과정
》》》 초등학교 6학년 우리 몸의 구조와 기능

자극이 전달되고 반응하는 과정	자극이 전달되고 반응하는 과정의 예
감각 기관	날아오는 공을 본다.
↓	↓
(❹)을 전달하는 신경계	공이 날아온다는 자극을 전달한다.
↓	↓
행동을 결정하는 신경계	공을 잡겠다고 결정한다.
↓	↓
(❺)을 전달하는 신경계	공을 잡으라는 명령을 운동 기관에 전달한다.
↓	↓
(❻) 기관	공을 잡는다.

정답 ❶ 감각 기관 ❷ 시각 ❸ 미각 ❹ 자극 ❺ 명령 ❻ 운동

01 감각 기관❶

Ⓐ 눈(시각)

1. 시각 눈을 통해 빛의 자극을 받아들여 느끼는 *감각

2. 눈의 구조와 기능❷ 눈은 탁구공만 한 크기이다.

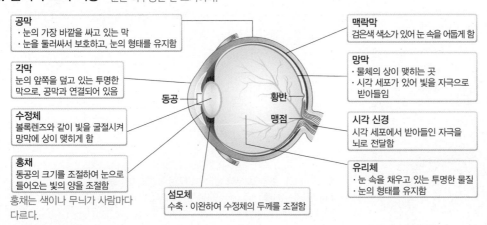

공막
· 눈의 가장 바깥을 싸고 있는 막
· 눈을 둘러싸서 보호하고, 눈의 형태를 유지함

각막
눈의 앞쪽을 덮고 있는 투명한 막으로, 공막과 연결되어 있음

수정체
볼록렌즈와 같이 빛을 굴절시켜 망막에 상이 맺히게 함

홍채
동공의 크기를 조절하여 눈으로 들어오는 빛의 양을 조절함
홍채는 색이나 무늬가 사람마다 다르다.

섬모체
수축·이완하여 수정체의 두께를 조절함

맥락막
검은색 색소가 있어 눈 속을 어둡게 함

망막
· 물체의 상이 맺히는 곳
· 시각 세포가 있어 빛을 자극으로 받아들임

시각 신경
시각 세포에서 받아들인 자극을 뇌로 전달함

유리체
· 눈 속을 채우고 있는 투명한 물질
· 눈의 형태를 유지함

동공 / 황반 / 맹점

3. 시각의 성립 경로 빛 → 각막 → 수정체 → 유리체 → 망막의 시각 세포 → 시각 신경 → 뇌

4. 눈의 조절 작용 Beyond 특강 135쪽

밝기에 따른 동공의 크기 변화	거리에 따른 수정체의 두께 변화
홍채에 의한 동공의 크기 변화에 의해 눈으로 들어오는 빛의 양이 조절된다.	섬모체에 의한 수정체의 두께 변화에 의해 망막에 상이 뚜렷하게 맺힌다.
밝을 때 홍채 확장(면적 증가) → 동공 축소(작아짐) → 눈으로 들어오는 빛의 양이 감소함	**가까운 곳을 볼 때** 섬모체 수축 → 수정체 두꺼워짐
어두울 때 홍채 축소(면적 감소) → 동공 확대(커짐) → 눈으로 들어오는 빛의 양이 증가함	**먼 곳을 볼 때** 수정체 얇아짐 / 섬모체 이완

Ⓑ 피부(피부 감각)

1. 피부 감각 피부를 통해 압력, 접촉, 차가움, 따뜻함, 아픔 등을 느끼는 감각

2. 감각점❸ 피부에서 자극을 받아들이는 부위 물리적인 변화나 온도를 느낀다.

① 감각점의 종류: 통점(통증)❹, 압점(눌림, 압력), 촉점(접촉), 냉점(차가움), 온점(따뜻함) 냉점과 온점은 상대적인 온도 변화를 감지한다.

② 감각점의 분포 탐구 134쪽
· 일반적으로 통점의 수가 가장 많고, 온점의 수가 가장 적다.
· 몸의 부위에 따라 감각점의 분포 정도가 다르며, 특정 감각점이 많은 신체 부위는 그 감각점이 받아들이는 자극에 더 예민하다. 예 손가락 끝은 손바닥보다 감각점의 수가 많아 예민하다.

온점 압점 통점 촉점 냉점 / 표피 / 진피 / 감각 신경

▲ 피부의 구조와 감각점의 분포

3. 피부 감각의 성립 경로 자극 → 피부의 감각점 → (피부)감각 신경 → 뇌

>>> **개념 더하기**

❶ 감각 기관의 종류와 기능

종류	기능
눈	빛을 받아들여 물체를 본다.
피부	압력, 접촉, 차가움, 따뜻함, 아픔 등을 느낀다.
귀	소리를 듣고, 몸의 회전과 기울어짐을 느낀다.
코	냄새를 맡는다.
혀	맛을 느낀다.

감각 기관은 주변에서 발생하는 자극을 받아들여 인식하게 해 주는 기관이다.

❷ 황반과 맹점
· **황반**: 망막에서 시각 세포가 많이 모여 있는 부분으로, 이곳에 상이 맺히면 물체를 가장 선명하게 볼 수 있다.
· **맹점**: 시각 신경이 모여서 나가는 부분으로, 시각 세포가 없어 이곳에 상이 맺혀도 보이지 않는다.

❸ 피부 감각점의 특징
· 피부의 진피에 대부분 분포한다.
· 내장 기관에도 감각점이 분포한다.
· 하나의 감각점에서는 1가지의 감각만 감지한다.

❹ 통점
통증은 위험과 직결된 감각이므로 통점의 수가 많으면 통증에 예민하게 반응하여 위험으로부터 우리 몸을 보호할 수 있다.

용어 사전

*감각(느낄 感, 깨달을 覺)
내외부의 자극에 의해 인체에서 일어나는 느낌으로, 시각, 청각, 후각, 미각, 피부 감각 등이 있음

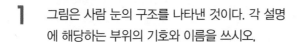

1 그림은 사람 눈의 구조를 나타낸 것이다. 각 설명에 해당하는 부위의 기호와 이름을 쓰시오.

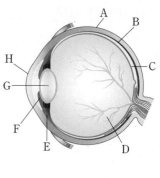

(1) 눈으로 들어오는 빛의 양을 조절한다.

(　　　　　)

(2) 빛을 굴절시켜 망막에 상이 맺히게 한다.

(　　　　　)

(3) 수축·이완하여 수정체의 두께를 조절한다.

(　　　　　)

(4) 빛을 자극으로 받아들이는 시각 세포가 있다.　　　　(　　　　　)

2 다음은 시각의 성립 경로를 나타낸 것이다. ㉠~㉢에 알맞은 구조를 쓰시오.

빛 → 각막 → (㉠　　　　) → 유리체 → (㉡　　　　)의 시각 세포 → (㉢　　　　) → 뇌

3 다음은 밝을 때와 어두울 때 눈에서 일어나는 조절 작용을 설명한 것이다. (　　) 안에 알맞은 말을 고르시오.

밝을 때는 홍채가 ㉠(확장 , 축소)되면서 동공이 ㉡(확대 , 축소)되어 눈으로 들어오는 빛의 양이 감소하고, 어두울 때는 홍채가 ㉢(확장 , 축소)되면서 동공이 ㉣(확대 , 축소)되어 눈으로 들어오는 빛의 양이 증가한다.

4 그림은 먼 곳을 볼 때와 가까운 곳을 볼 때 수정체의 상태를 순서 없이 나타낸 것이다. (　　) 안에 알맞은 말을 고르시오.

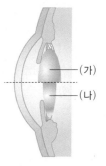

(1) (가)는 ㉠(먼 곳 , 가까운 곳)을 볼 때, (나)는 ㉡(먼 곳 , 가까운 곳)을 볼 때 수정체의 상태이다.

(2) (가)는 섬모체가 ㉠(수축 , 이완)된 결과이며, (나)는 섬모체가 ㉡(수축 , 이완)된 결과이다.

5 피부 감각에 대한 설명으로 옳은 것은 ○, 옳지 않은 것은 ×로 표시하시오.

(1) 몸 전체에서 감각점은 고르게 분포되어 있다.　　　　　　　(　　　　)

(2) 일반적으로 감각점 중 온점의 수가 가장 많다.　　　　　　　(　　　　)

(3) 감각점에서는 물리적인 변화나 온도 변화를 느낀다.　　　　　(　　　　)

(4) 특정 감각점이 많은 신체 부위는 그 감각점이 받아들이는 자극에 더 예민하다.

(　　　　)

개념 학습

01 감각 기관

ⓒ 귀(청각, 평형 감각)

1. 청각 귀에서 공기의 진동을 자극으로 받아들여 소리를 듣는 감각

2. 귀의 구조와 기능

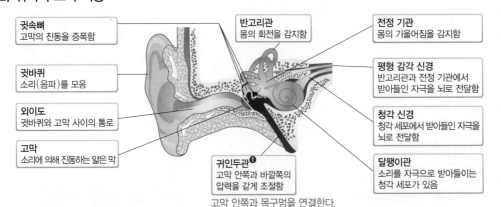

귓속뼈 고막의 진동을 증폭함	**반고리관** 몸의 회전을 감지함
귓바퀴 소리(음파)를 모음	**전정 기관** 몸의 기울어짐을 감지함
외이도 귓바퀴와 고막 사이의 통로	**평형 감각 신경** 반고리관과 전정 기관에서 받아들인 자극을 뇌로 전달함
고막 소리에 의해 진동하는 얇은 막	**청각 신경** 청각 세포에서 받아들인 자극을 뇌로 전달함
	귀인두관❶ 고막 안쪽과 바깥쪽의 압력을 같게 조절함
	달팽이관 소리를 자극으로 받아들이는 청각 세포가 있음

고막 안쪽과 목구멍을 연결한다.

3. 청각의 성립 경로 소리 → 귓바퀴 → 외이도 → 고막 → 귓속뼈 → 달팽이관의 청각 세포 → 청각 신경 → 뇌

4. 평형 감각 눈으로 보지 않고도 몸이 회전하거나 기울어지는 것을 느낄 수 있는 감각 ➡ 반고리관과 전정 기관❷이 관여한다.

반고리관 (몸의 회전 감각)	몸의 회전 자극을 받아들여 몸이 회전하는 것을 느낀다. 🔟 눈을 감고 있어도 몸이 회전하는 방향을 느낄 수 있다.
전정 기관 (몸의 기울어짐 감각)	*중력의 자극을 받아들여 몸의 기울어짐을 느낀다. 🔟 돌부리에 걸려 넘어질 때 몸이 기울어지는 것을 느낀다.

ⓓ 코(후각)와 혀(미각)

1. 후각 코에서 기체 상태의 화학 물질을 자극으로 받아들여 냄새를 느끼는 감각

① 후각의 성립 경로: 기체 상태의 화학 물질 → 후각 상피의 후각 세포 → 후각 신경 → 뇌

② 특징: 매우 예민한 감각이지만 쉽게 피로해진다. ➡ 같은 냄새를 계속 맡으면 그 냄새를 잘 느끼지 못한다. ─ 같은 자극이 계속되면 감각 세포가 적응하여 자극을 느끼지 못하게 된다.

2. 미각 혀에서 액체 상태의 화학 물질을 자극으로 받아들여 맛을 느끼는 감각

① 미각의 성립 경로: 액체 상태의 화학 물질 → 맛봉오리의 맛세포 → 미각 신경 → 뇌

② 특징: 혀로 느끼는 기본적인 맛에는 단맛, 짠맛, 신맛, 쓴맛, 감칠맛❸이 있다.

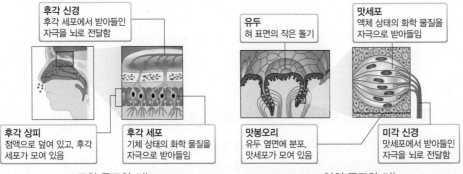

후각 신경 후각 세포에서 받아들인 자극을 뇌로 전달함	**유두** 혀 표면의 작은 돌기	**맛세포** 액체 상태의 화학 물질을 자극으로 받아들임
후각 상피 점액으로 덮여 있고, 후각 세포가 모여 있음	**후각 세포** 기체 상태의 화학 물질을 자극으로 받아들임	**맛봉오리** 유두 옆면에 분포, 맛세포가 모여 있음
		미각 신경 맛세포에서 받아들인 자극을 뇌로 전달함

▲ 코의 구조와 기능   ▲ 혀의 구조와 기능

3. 후각과 미각의 상호 작용 혀로 느끼는 기본적인 맛 외의 다양한 맛❹은 미각과 후각을 종합하여 느끼는 것이다. ➡ 코가 막히면 음식의 맛을 제대로 느끼지 못한다.

---

❶ 귀인두관의 작용
고속 승강기를 타고 높이 올라가면 기압 차이 때문에 귀가 먹먹해지는데, 이때 하품을 하거나 침을 삼키면 순간적으로 귀인두관이 열려 귀인두관으로 공기가 들어가거나 빠져나오면서 고막 안쪽과 바깥쪽 압력의 차이가 조절되어 먹먹한 느낌이 사라지게 된다.

❷ 반고리관과 전정 기관

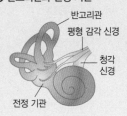

반고리관
평형 감각 신경
청각 신경
전정 기관

❸ 감칠맛
아미노산의 일종인 글루탐산의 맛으로, 고기, 생선, 다시마 등에서 느낄 수 있다.

❹ 기본적인 맛 이외의 맛
매운맛과 떫은맛은 각각 혀와 입속 피부의 통점과 압점에서 자극을 받아 느끼는 피부 감각으로, 혀에서 느끼는 기본적인 맛에 해당하지 않는다.

용어 사전

*중력(무거울 重, 힘 力)
지표 부근에 있는 물체를 지구 중심 방향으로 끌어당기는 힘

6 그림은 사람 귀의 구조를 나타낸 것이다. 각 설명에 해당하는 부위의 기호와 이름을 쓰시오.

(1) 고막의 진동을 증폭한다.   (   )
(2) 몸이 기울어짐을 느낀다.   (   )
(3) 몸이 회전하는 것을 느낀다.   (   )
(4) 소리에 의해 진동하는 얇은 막이다.   (   )
(5) 고막 안쪽과 바깥쪽의 압력을 같게 조절한다.   (   )
(6) 소리를 자극으로 받아들이는 청각 세포가 있다.   (   )

7 다음은 청각의 성립 경로를 나타낸 것이다. ㉠과 ㉡에 알맞은 구조를 쓰시오.

> 소리 → 귓바퀴 → 외이도 → (㉠   ) → 귓속뼈 → (㉡   )의 청각 세포 → 청각 신경 → 뇌

8 그림 (가)와 (나)는 사람의 감각 기관의 일부 구조를 나타낸 것이다. ( ) 안에 알맞은 말을 고르시오.

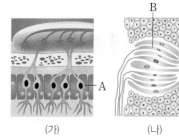
(가)   (나)

(1) (가)의 A는 ㉠ (후각 세포 , 맛세포)이며, A가 받아들이는 자극은 ㉡ (기체 , 액체) 상태의 화학 물질이다.
(2) (나)의 B는 ㉠ (후각 세포 , 맛세포)이며, B가 받아들이는 자극은 ㉡ (기체 , 액체) 상태의 화학 물질이다.

9 후각과 미각에 대한 설명으로 옳은 것은 ○, 옳지 않은 것은 ×로 표시하시오.

(1) 후각과 미각이 받아들이는 자극은 모두 화학 물질이다.   (   )
(2) 감칠맛과 매운맛은 혀로 느끼는 기본적인 맛에 해당한다.   (   )
(3) 다양한 음식 맛은 미각과 후각을 종합하여 느끼는 것이다.   (   )
(4) 후각은 쉽게 피로해지므로 같은 냄새를 오래 맡으면 그 냄새를 잘 느끼지 못한다.   (   )

과학적 사고로!

탐구하기 ● **Ⓐ 피부 감각 조사하기**

목표 몸의 부위에 따라 피부 감각점의 수가 다르다는 것을 알아보고, 온점과 냉점에서 받아들이는 피부 감각의 특징을 알아본다.

과정 및 결과

[실험 1] 피부 감각점 분포 조사

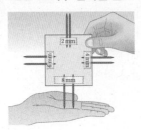

[유의점]
피부에 이쑤시개를 너무 세게 눌러 다치지 않도록 조심한다.

❶ 하드보드지의 네 변에 이쑤시개를 2개씩 각각 2 mm, 4 mm, 6 mm, 8 mm 간격으로 붙여 준비하고, 두 사람 중 한 사람은 눈을 가린다.

❷ 눈을 가린 사람의 손바닥에 다른 사람이 8 mm, 6 mm, 4 mm, 2 mm 간격의 순서로 이쑤시개를 살짝 누른 다음, 눈을 가린 사람은 이쑤시개가 2개로 느껴지는지 1개로 느껴지는지 말한다.

❸ 손가락 끝과 손등에 과정 ❷를 반복하고 이쑤시개가 2개로 느껴지는 최소 거리를 각각 표에 기록한다.

[결과]

구분	손바닥	손가락 끝	손등
이쑤시개가 2개로 느껴지는 최소 거리(mm)	6	2	8

이쑤시개가 1개로 느껴지는 까닭: 이쑤시개 간격에 해당하는 거리에 감각점이 1개만 분포하기 때문이다.

➡ 감각점의 수는 손가락 끝이 가장 많고 손등이 가장 적다.

[실험 2] 피부의 온도 감각 조사

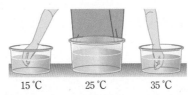

15 ℃   25 ℃   35 ℃

❶ 오른손은 15 ℃의 물에, 왼손은 35 ℃의 물에 10초 동안 담근다.

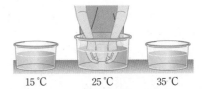

15 ℃   25 ℃   35 ℃

❷ 10초 후, 두 손을 동시에 25 ℃의 물에 담근다.

[결과] 오른손은 따뜻함을, 왼손은 차가움을 느낀다. — 처음보다 온도가 높아지면 온점이 자극을 받아들이고, 처음보다 온도가 낮아지면 냉점이 자극을 받아들인다.

정리

• 이쑤시개가 2개로 느껴지는 최소 거리가 짧은 부위일수록 감각점이 ㉠ (많이 , 적게) 분포하여 감각이 ㉡ (예민 , 둔감)한 부위이다. ➡ 조사한 부위 중 손가락 끝이 가장 예민한 부위이고, 손등이 가장 둔감한 부위이다.

• 온점과 냉점은 ㉢ (절대적인 온도 , 상대적인 온도 변화)를 감각한다.

확인 문제

1 위 [실험 1]과 [실험 2]에 대한 설명으로 옳은 것은 ○, 옳지 않은 것은 ×로 표시하시오.

(1) 가장 예민한 부위는 손가락 끝이고, 가장 둔감한 부위는 손등이다. ( )

(2) 이쑤시개 사이의 간격이 4 mm이면 손바닥에서는 이쑤시개가 2개로 느껴진다. ( )

(3) 이쑤시개가 2개로 느껴지는 최소 거리가 짧을수록 감각점이 많이 분포하는 부위이다. ( )

(4) 처음보다 온도가 높아지면 온점이 자극을 받아들인다. ( )

(5) 25 ℃ 이상은 온점에서, 25 ℃ 이하는 냉점에서 감각한다. ( )

실전 문제

2 손가락 끝의 감각이 손등보다 예민한 까닭으로 옳은 것은?

① 냉점이 자극을 받기 때문이다.

② 감각점이 많이 분포하기 때문이다.

③ 다른 부분보다 온점이 많기 때문이다.

④ 피부가 매우 얇은 부분이기 때문이다.

⑤ 손등을 구성하는 세포의 수가 많기 때문이다.

3 일반적으로 몸 전체에 ㉠ 수가 가장 많은 감각점과 ㉡ 수가 가장 적은 감각점을 각각 쓰시오.

구분	근시	원시
증상	먼 곳의 물체가 잘 보이지 않는다.	가까운 곳의 물체가 잘 보이지 않는다.
원인	수정체와 망막 사이의 거리가 정상보다 멀다. ➡ 먼 곳의 물체를 볼 때 상이 망막 앞에 맺힌다.	수정체와 망막 사이의 거리가 정상보다 가깝다. ➡ 가까운 곳의 물체를 볼 때 상이 망막 뒤에 맺힌다.
교정	오목렌즈로 교정한다.	볼록렌즈로 교정한다.

1 그림은 눈에 이상이 있는 사람이 물체를 볼 때 상이 맺히는 2가지 경우를 나타낸 것이다.

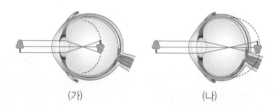

(가)   (나)

(1) 먼 곳의 물체가 잘 보이지 않는 경우의 기호를 쓰시오.

(2) 가까운 곳의 물체가 잘 보이지 않는 경우의 기호를 쓰시오.

(3) 수정체와 망막 사이의 거리가 정상보다 가까운 경우의 기호를 쓰시오.

(4) 먼 곳을 볼 때 상이 망막 앞에 맺히는 경우의 기호를 쓰시오.

(5) 볼록렌즈로 교정하는 경우의 기호를 쓰시오.

2 다음은 어떤 눈의 이상에 대한 설명이다.

> • 가까운 곳의 물체가 잘 보이지 않는다.
> • 수정체와 망막 사이의 거리가 정상보다 가깝다.
> • 가까운 곳의 물체를 볼 때 상이 망막 뒤에 맺힌다.

㉠ 해당하는 눈의 이상과 ㉡ 이를 교정하기 위해 이용하는 렌즈의 종류를 각각 쓰시오.

3 그림은 어떤 사람의 눈에서 상이 맺히는 모습을 나타낸 것이다.

이에 대한 설명으로 옳지 <u>않은</u> 것은?

① 근시이다.
② 오목렌즈로 교정한다.
③ 상이 망막 앞에 맺힌다.
④ 가까운 곳의 물체가 잘 보이지 않는다.
⑤ 수정체와 망막 사이의 거리가 정상보다 먼 경우 나타나는 이상이다.

4 그림은 어떤 사람의 눈에서 상이 맺히는 모습을 나타낸 것이다.

이에 대한 설명으로 옳지 <u>않은</u> 것은?

① 볼록렌즈로 교정한다.
② 상이 망막 뒤에 맺힌다.
③ 이 사람의 눈의 이상은 원시이다.
④ 먼 곳의 물체가 잘 보이지 않는다.
⑤ 수정체와 망막 사이의 거리가 정상보다 가까운 경우이다.

A 눈(시각)

[01~03] 그림은 사람 눈의 구조를 나타낸 것이다.

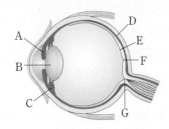

중요

01 각 부분에 대한 설명으로 옳지 <u>않은</u> 것은?

① A는 눈으로 들어오는 빛의 양을 조절한다.
② B는 빛을 굴절시켜 망막에 상이 맺히게 한다.
③ C는 동공의 크기를 조절한다.
④ D에는 검은색 색소가 있다.
⑤ E에는 빛을 자극으로 받아들이는 시각 세포가 있다.

【주관식】

02 망막에서 시각 세포가 많이 모여 있어 상이 맺히면 물체가 선명하게 보이는 곳의 기호와 이름을 쓰시오.

03 다음은 눈의 어떤 구조에 대한 실험이다.

(가) 왼쪽 눈을 가린 채 오른쪽 눈으로 검사지의 토끼에 초점을 맞춘다.

(나) 검사지를 눈앞에서 천천히 앞뒤로 움직이면 당근이 안 보이게 될 때가 있다.

이와 같은 현상이 일어나는 까닭과 관련된 눈의 구조의 기호와 이름을 옳게 짝 지은 것은?

① B−수정체 ② D−맥락막 ③ E−망막
④ F−황반   ⑤ G−맹점

중요

04 그림과 같이 어떤 사람의 눈이 주변 환경의 변화에 의해 (가)에서 (나)로 변하였다.

(가)　　　(나)

이와 같이 변하는 상황으로 옳은 것은?

① 눈동자에 손전등을 비추었다.
② 밝은 방안에서 책을 읽고 있다.
③ 밝은 낮에 어두운 영화관 안으로 들어갔다.
④ 산 정상에서 멀리 있는 풍경을 바라보았다.
⑤ 교실에서 창밖을 바라보다가 책상 위에 책을 보았다.

중요

05 그림은 거리에 따른 수정체의 두께 변화를 나타낸 것이다. 이에 대한 설명으로 옳은 것을 〈보기〉에서 모두 고른 것은?

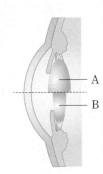

┌─ 보기 ──────────────────┐
ㄱ. 섬모체가 수축한 경우는 A이다.
ㄴ. B는 먼 곳을 볼 때의 변화이다.
ㄷ. 책을 보다가 창밖의 먼 산을 볼 때 B에서 A로 변한다.
└─────────────────────────┘

① ㄱ　　　② ㄷ　　　③ ㄱ, ㄴ
④ ㄴ, ㄷ　　⑤ ㄱ, ㄴ, ㄷ

06 눈의 조절 작용에 대한 설명으로 옳은 것을 〈보기〉에서 모두 고른 것은?

┌─ 보기 ──────────────────┐
ㄱ. 밝은 곳에서는 홍채가 축소된다.
ㄴ. 어두운 곳에서는 동공이 커진다.
ㄷ. 먼 곳의 물체를 볼 때 수정체가 두꺼워진다.
ㄹ. 가까운 곳의 물체를 볼 때 섬모체가 수축한다.
└─────────────────────────┘

① ㄱ, ㄴ　　② ㄱ, ㄷ　　③ ㄴ, ㄹ
④ ㄱ, ㄴ, ㄷ　⑤ ㄴ, ㄷ, ㄹ

B 피부(피부 감각)

중요

07 피부 감각에 대한 설명으로 옳지 <u>않은</u> 것은?

① 일반적으로 통점이 가장 많이 분포한다.
② 피부 감각은 감각점에서 자극을 받아들인다.
③ 감각점은 우리 몸 전체에 동일하게 분포한다.
④ 감각점에서는 물리적인 변화나 온도 변화를 감지한다.
⑤ 하나의 감각점에서는 한 종류의 자극을 받아들인다.

[08~09] 다음은 피부 감각점 분포를 알아보기 위한 실험이다.

(가) 하드보드지의 네 변에 이쑤시개를 2개씩 각각 2 mm, 4 mm, 6 mm, 8 mm 간격으로 붙여 준비하고, 두 사람 중 한 사람은 눈을 가린다.
(나) 눈을 가린 사람의 손바닥, 손가락 끝, 손등을 다른 사람이 이쑤시개로 살짝 누른 다음, 이쑤시개가 2개로 느껴지는 최소 거리를 측정한다. 표는 실험 결과를 나타낸 것이다.

부위	손바닥	손가락 끝	손등
이쑤시개가 2개로 느껴지는 최소 거리(mm)	6	2	8

【주관식】　　　　　　　　　　**탐구** 134쪽

08 조사한 부위 중 ⊙ 가장 예민한 부위와 ⊙ 가장 둔감한 부위를 각각 쓰시오.

탐구 134쪽

09 이 실험에 대한 설명으로 옳은 것을 〈보기〉에서 모두 고른 것은?

보기
ㄱ. 감각점이 가장 많이 분포한 곳은 손등이다.
ㄴ. 감각점이 많이 분포한 곳일수록 이쑤시개가 2개로 느껴지는 최소 거리가 짧다.
ㄷ. 두 이쑤시개 사이의 간격이 3 mm이면 손바닥에서 이쑤시개가 2개로 느껴진다.

① ㄱ　　　　② ㄴ　　　　③ ㄱ, ㄷ
④ ㄴ, ㄷ　　　⑤ ㄱ, ㄴ, ㄷ

탐구 134쪽

10 그림과 같이 오른손은 15 ℃의 물에, 왼손은 35 ℃의 물에 10초 동안 담갔다가 두 손을 동시에 25 ℃의 물에 담갔다.

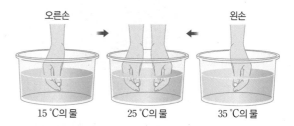

오른손　　　　　　　　　　　　　왼손

15 ℃의 물　　　25 ℃의 물　　　35 ℃의 물

이에 대한 설명으로 옳지 <u>않은</u> 것은?

① 왼손은 차갑다고 느낀다.
② 오른손은 따뜻하다고 느낀다.
③ 25 ℃ 이하는 냉점에서 감각한다.
④ 냉점과 온점에서는 상대적인 온도 변화를 감각한다.
⑤ 처음보다 온도가 높아지면 온점이 자극을 받아들인다.

C 귀(청각, 평형 감각)

중요

11 그림은 사람 귀의 구조를 나타낸 것이다.

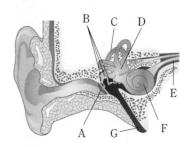

이에 대한 설명으로 옳은 것은?

① A는 소리를 증폭시킨다.
② B는 몸의 회전을 감지한다.
③ C는 몸의 기울어짐을 감지한다.
④ D는 고막 안팎의 압력을 같게 조절한다.
⑤ F에는 청각 세포가 있다.

12 청각의 성립 경로를 순서대로 옳게 나열한 것은?

① A → B → C → D　　② A → B → C → F
③ A → B → D → E　　④ A → B → D → G
⑤ A → B → F → E

[13~14] 그림은 귓속 구조의 일부를 나타낸 것이다.

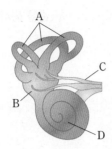

【주관식】

13 다음 현상과 가장 관계 깊은 귀의 구조를 각각 골라 기호를 쓰시오.

> (가) 눈을 감아도 몸이 회전하는 방향을 알 수 있다.
> (나) 돌부리에 걸려 넘어질 때 몸이 기울어지는 것을 느낀다.

중요

14 이에 대한 설명으로 옳은 것을 〈보기〉에서 모두 고른 것은?

> 보기
> ㄱ. 평형 감각에 관여하는 구조는 A와 B이다.
> ㄴ. C를 통해 소리 자극이 뇌로 전달된다.
> ㄷ. 고속 승강기를 타고 높이 올라가면 귀가 먹먹해지는데, 이때 하품을 하거나 침을 삼키면 먹먹한 느낌이 사라지게 되는 것은 D와 관련이 있다.

① ㄱ   ② ㄴ   ③ ㄱ, ㄷ
④ ㄴ, ㄷ   ⑤ ㄱ, ㄴ, ㄷ

ⓓ 코(후각)와 혀(미각)

중요

15 후각에 대한 설명으로 옳은 것을 〈보기〉에서 모두 고른 것은?

> 보기
> ㄱ. 사람의 감각 중 가장 둔한 감각이다.
> ㄴ. 기체 상태의 화학 물질을 자극으로 받아들인다.
> ㄷ. 후각 세포의 후각 상피에서 자극을 받아들인다.
> ㄹ. 같은 냄새를 계속 맡고 있으면 그 냄새를 잘 느끼지 못하게 되는 까닭은 후각 세포가 쉽게 피로해지기 때문이다.

① ㄱ, ㄴ   ② ㄱ, ㄷ   ③ ㄴ, ㄷ
④ ㄴ, ㄹ   ⑤ ㄷ, ㄹ

중요

16 그림은 사람 혀의 구조를 나타낸 것이다.

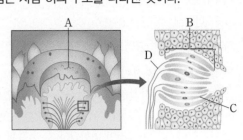

이에 대한 설명으로 옳지 <u>않은</u> 것은?

① A는 혀 표면의 돌기이다.
② B는 맛봉오리이다.
③ C에서 액체 상태의 화학 물질을 자극으로 받아들인다.
④ C에서 받아들인 자극은 D를 통해 뇌로 전달된다.
⑤ D에서 매운맛을 감각한다.

17 혀의 맛세포에서 느끼는 기본적인 맛이 <u>아닌</u> 것은?

① 단맛   ② 짠맛   ③ 신맛
④ 떫은맛   ⑤ 감칠맛

18 다음은 감각 기관의 작용을 알아보기 위한 실험이다.

> [과정]
> (가) A는 코를 막지 않고 B가 주는 주스를 먹는다.
> (나) A는 코를 막고 B가 주는 주스를 먹는다.
>
>
>
> [결과]
> • 코를 막지 않고 포도 주스와 오렌지 주스를 먹으면 주스의 종류를 잘 구분할 수 있다.
> • 코를 막고 포도 주스와 오렌지 주스를 먹으면 주스의 종류를 잘 구분하기 어렵다.

이 실험을 통해 알 수 있는 사실로 옳은 것은?

① 후각이 미각보다 예민하다.
② 맛은 미각에 의해서만 느낀다.
③ 후각과 미각은 쉽게 피로해진다.
④ 맛은 미각과 후각을 종합하여 느낀다.
⑤ 코가 막히면 맛세포가 기능을 하지 못한다.

단어 제시형

1 영희는 밝은 방 안에서 책을 읽다가 어두운 밖으로 나가 밤하늘에 떠 있는 별을 바라보았다. 이때 영희 눈의 변화를 다음 단어를 모두 포함하여 서술하시오.

> 홍채, 수정체, 동공, 섬모체

_____

_____

서술형

2 손가락 끝은 손등에 비해 피부 감각이 매우 예민하다. 그 까닭을 서술하시오.

_____

_____

서술형

3 그림은 사람 귀의 구조를 나타낸 것이다.

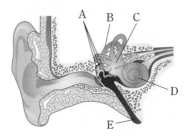

높은 산에 올라 귀가 먹먹해졌을 때 침을 삼키면 먹먹한 느낌이 사라진다. 이와 관련 있는 귀의 구조를 찾아 기호를 쓰고, 그 까닭을 서술하시오.

_____

_____

서술형

4 그림 (가)와 (나)는 종류가 다른 두 감각 기관의 일부 구조를 나타낸 것이다.

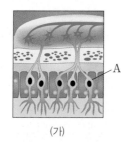 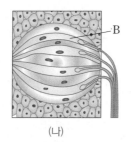

(가)   (나)

A와 B의 이름을 각각 쓰고, A와 B에서 받아들이는 자극의 종류에 대해 서술하시오.

_____

_____

쉽고 정확하게!

개념 학습

02 신경계와 호르몬

ⓐ 신경계

1. 신경계[1]
감각 기관에서 받아들인 자극을 전달하고, 이 자극을 판단하여 적절한 반응이 일어나도록 신호를 전달하는 체계이다. ➡ *중추 신경계와 *말초 신경계로 구분된다.

2. 뉴런의 구조와 기능

① 뉴런[2]: 신경계를 이루고 있는 신경 세포이며, 신경계의 구조적·기능적 단위이다. ─ 뉴런은 하나의 세포로 이루어져 있다.

② 뉴런의 구조: 신경 세포체, 가지 돌기, 축삭 돌기로 이루어져 있다.

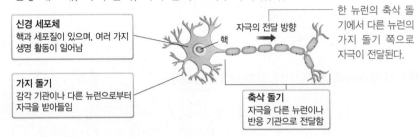

신경 세포체
핵과 세포질이 있으며, 여러 가지 생명 활동이 일어남

가지 돌기
감각 기관이나 다른 뉴런으로부터 자극을 받아들임

축삭 돌기
자극을 다른 뉴런이나 반응 기관으로 전달함

한 뉴런의 축삭 돌기에서 다른 뉴런의 가지 돌기 쪽으로 자극이 전달된다.

③ 뉴런의 종류[3]: 기능에 따라 감각 뉴런, 연합 뉴런, 운동 뉴런으로 구분된다.
감각 뉴런은 신경 세포체가 축삭 돌기의 한쪽 옆에 있다.

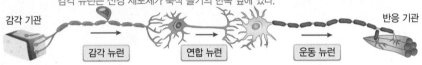

감각 기관 → 감각 뉴런 → 연합 뉴런 → 운동 뉴런 → 반응 기관

④ 자극의 전달 경로

> 자극 → 감각 기관 → 감각 뉴런 → 연합 뉴런 → 운동 뉴런 → 반응 기관 → 반응

3. 중추 신경계
머리뼈에 싸여 보호된다.
뇌와 척수[4]로 구성되며, 자극을 느끼고 판단하여 적절한 명령을 내린다.
척추에 싸여 보호된다.

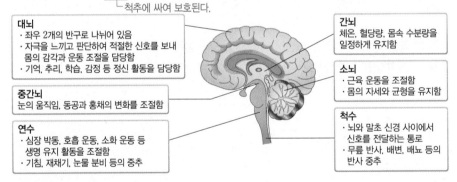

대뇌
· 좌우 2개의 반구로 나뉘어 있음
· 자극을 느끼고 판단하여 적절한 신호를 보내 몸의 감각과 운동 조절을 담당함
· 기억, 추리, 학습, 감정 등 정신 활동을 담당함

중간뇌
눈의 움직임, 동공과 홍채의 변화를 조절함

연수
· 심장 박동, 호흡 운동, 소화 운동 등 생명 유지 활동을 조절함
· 기침, 재채기, 눈물 분비 등의 중추

간뇌
체온, 혈당량, 몸속 수분량을 일정하게 유지함

소뇌
· 근육 운동을 조절함
· 몸의 자세와 균형을 유지함

척수
· 뇌와 말초 신경 사이에서 신호를 전달하는 통로
· 무릎 반사, 배변, 배뇨 등의 반사 중추

4. 말초 신경계
뇌와 척수에서 뻗어 나와 온몸에 퍼져 있는 신경으로, 감각 신경과 운동 신경으로 구성된다.

① 자극을 중추로 전달하는 감각 신경과 중추의 명령을 반응 기관으로 전달하는 운동 신경으로 구성된다. ─ 운동 신경은 체성 신경과 자율 신경으로 구분된다.

② 자율 신경: 내장 기관에 연결되어 있어 대뇌의 직접적인 명령 없이 내장 기관의 운동을 자율적으로 조절하며, 운동 신경으로 구성된다. ➡ 교감 신경과 부교감 신경으로 구분된다.

· 교감 신경: 긴장하거나 위기 상황에 처했을 때 우리 몸을 대처하기 알맞은 상태로 만들어 준다. 교감 신경과 부교감 신경은 서로 반대 작용을 한다.

· 부교감 신경: 긴장 상황이 해소되면 우리 몸을 원래의 안정된 상태로 되돌린다.

구분	동공 크기	호흡 운동	심장 박동	소화 운동	소화액 분비
교감 신경	확대	촉진	촉진	억제	억제
부교감 신경	축소	억제	억제	촉진	촉진

개념 더하기

❶ 신경계의 구분

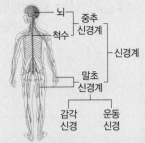

뇌 ─ 중추
척수 ─ 신경계
─ 신경계
말초 신경계
감각 신경 / 운동 신경

운동 신경은 체성 신경과 자율 신경으로 구분한다. 체성 신경은 대뇌의 직접적인 명령을 받고, 자율 신경은 대뇌의 직접적인 명령을 받지 않는다.

❷ 뉴런과 신경
뉴런은 자극을 전달하는 하나의 신경 세포이고, 신경은 여러 개의 뉴런이 모여 다발을 이룬 것이다.

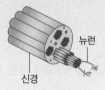

신경 / 뉴런

❸ 뉴런의 종류
· 감각 뉴런: 감각 기관에서 받아들인 자극을 연합 뉴런으로 전달한다.
· 연합 뉴런: 감각 뉴런에서 전달된 자극을 종합하여 적절한 명령을 내린다.
· 운동 뉴런: 연합 뉴런의 명령을 받아 반응 기관으로 전달한다.

❹ 척추와 척수

척수 / 척추 / 앞쪽

척추는 등뼈이고, 척수는 척추 안에 있는 신경이다. 척수는 척추에 싸여 보호된다.

용어 사전
*중추(가운데 中, 근본 樞)
중심적인 역할을 함
*말초(끝 末, 말단 稍)
나뭇가지 모양으로 끝이 갈라져 온몸에 퍼져 있음

핵심 Tip
- **뉴런의 구조**: 가지 돌기, 신경 세포체, 축삭 돌기
- **뉴런의 종류**: 감각 뉴런, 연합 뉴런, 운동 뉴런
- **중추 신경계**: 대뇌(복잡한 정신 활동 담당), 소뇌(근육 운동 조절), 중간뇌(눈의 움직임 조절), 간뇌(항상성 유지), 연수(생명 유지 활동 조절), 척수(뇌와 말초 신경 사이에서 신호 전달, 무릎 반사 중추)
- **말초 신경계**: 중추 신경계와 온몸을 연결하며, 감각 신경과 운동 신경으로 이루어져 있다.
- **자율 신경**: 교감 신경과 부교감 신경으로 구분되며, 대뇌의 명령 없이 내장 기관의 운동을 조절한다.

원리 Tip

신경계의 자극 전달과 컴퓨터의 정보 전달 비교

신경계	컴퓨터
자극 수용	자판 입력
감각 뉴런	케이블(A)
연합 뉴런	중앙 처리 장치 (CPU)
운동 뉴런	케이블(B)
반응	화면 출력

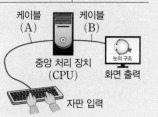

암기 Tip

교감 신경은 빠르게 지나가는 차를 간신히 피했을 때 우리 몸이 반응하는 경우와 같아. 놀랐을 때 동공이 커지고 호흡과 심장 박동이 빨라지며, 소화 운동은 잘 일어나지 않게 돼.

1 그림은 신경계를 이루고 있는 뉴런의 구조를 나타낸 것이다. 각 설명에 해당하는 부위의 기호와 이름을 쓰시오.

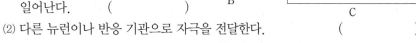

(1) 핵이 있어 다양한 생명 활동이 일어난다. (　　　　　)

(2) 다른 뉴런이나 반응 기관으로 자극을 전달한다. (　　　　　)

(3) 감각 기관이나 다른 뉴런으로부터 자극을 받아들인다. (　　　　　)

2 그림은 3종류의 뉴런이 연결된 모습을 나타낸 것이다.

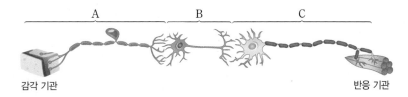

감각 기관　　　　　　　　　　　　　　　　반응 기관

(1) A~C의 이름을 각각 쓰시오.

(2) A~C에서 자극이 전달되는 방향을 화살표로 나타내시오.

3 그림은 사람 뇌의 구조를 나타낸 것이다. 각 설명에 해당하는 부위의 기호와 이름을 쓰시오.

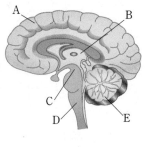

(1) 눈의 움직임과 동공의 크기를 조절한다. (　　　　　)

(2) 심장 박동, 호흡 운동, 소화 운동 등을 조절한다. (　　　　　)

(3) 근육 운동을 조절하고, 몸의 자세와 균형을 유지한다. (　　　　　)

(4) 체온, 혈당량, 몸속 수분량을 일정하게 유지한다. (　　　　　)

4 말초 신경계에 대한 설명으로 옳은 것은 ○, 옳지 않은 것은 ×로 표시하시오.

(1) 운동 신경으로만 구성된다. (　　　)

(2) 뇌와 척수에서 뻗어 나와 온몸에 퍼져 있다. (　　　)

(3) 자율 신경은 대뇌의 명령을 받아 내장 기관의 운동을 조절한다. (　　　)

(4) 교감 신경은 호흡 운동과 소화 운동을 모두 촉진하고, 심장 박동을 억제한다. (　　　)

B 자극에 따른 반응의 경로 탐구 146쪽 Beyond 특강 147쪽

의식적인 반응	구분	무조건 반사❶
대뇌가 중추가 되어 일어나는 반응 ➡ 대뇌에서의 판단 과정이 복잡할수록 반응이 나타나는 데 시간이 오래 걸린다.	의미	대뇌의 판단을 거치지 않고 무의식적으로 일어나는 반응 ➡ 매우 빠르게 일어나므로 갑작스러운 위험으로부터 우리 몸을 보호한다.
• 주전자를 들고 컵에 원하는 만큼의 물을 따른다. • 야구 선수가 날아오는 공을 보고 방망이를 휘두른다. • 어두운 방에서 손을 더듬어 전등 스위치를 누른다.	반응의 예	• 척수 반사: 무릎 반사❷, 뜨겁거나 날카로운 물체가 몸에 닿았을 때 몸을 움츠리는 반응 • 연수 반사: 재채기, 딸꾹질, 침 분비 • 중간뇌 반사: 동공 반사
주전자를 들고 컵에 원하는 만큼의 물을 따르는 반응 경로 대뇌 / 감각 신경 / 운동 신경 / 척수 자극 → 감각 기관(눈) → 감각 신경(시각 신경) → 대뇌 → 척수 → 운동 신경 → 반응 기관(팔의 근육) → 반응	반응 경로의 예	뜨거운 주전자에 손이 닿았을 때 급히 손을 떼는 반응 경로 운동 신경 / 감각 신경 자극 → 감각 기관(피부) → 감각 신경(피부 감각 신경) → 척수 → 운동 신경 → 반응 기관(팔의 근육) → 반응

― 시각이나 청각과 같이 얼굴에서 받아들인 자극은 척수를 거치지 않고 대뇌로 전달된다.

C 호르몬

1. 호르몬 *표적 세포나 표적 기관으로 신호를 전달하여 몸의 기능을 조절하는 물질
└─ 호르몬의 작용을 받는 세포나 기관

① 내분비샘❸에서 만들어져 혈액으로 분비된다.

② 혈액을 통해 이동하다가 표적 세포 또는 표적 기관에만 작용한다.

③ 적은 양으로 우리 몸의 생리 작용을 조절한다.

④ 분비량이 너무 많거나 적으면 몸에 이상 증상이 나타날 수 있다.

2. 사람의 내분비샘과 호르몬 내분비샘의 종류에는 뇌하수체, 갑상샘, 부신, 이자, 난소, 정소 등이 있다. ➡ 뇌하수체에서는 다른 내분비샘의 호르몬 분비를 조절하는 호르몬도 분비한다.

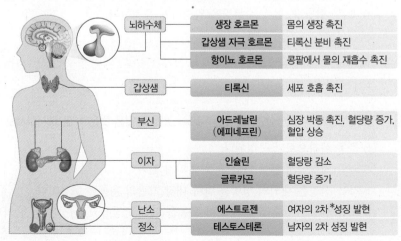

뇌하수체	생장 호르몬	몸의 생장 촉진
	갑상샘 자극 호르몬	티록신 분비 촉진
	항이뇨 호르몬	콩팥에서 물의 재흡수 촉진
갑상샘	티록신	세포 호흡 촉진
부신	아드레날린 (에피네프린)	심장 박동 촉진, 혈당량 증가, 혈압 상승
이자	인슐린	혈당량 감소
	글루카곤	혈당량 증가
난소	에스트로젠	여자의 2차 *성징 발현
정소	테스토스테론	남자의 2차 성징 발현

개념 더하기

❶ 무조건 반사와 대뇌로의 자극 전달
무조건 반사가 대뇌를 거치지 않고 일어난다고 해서 대뇌에서 감각을 느끼지 못하는 것은 아니다. 뜨거운 것에 손이 닿았을 때 손을 떼는 명령은 척수에서 내리지만, 뜨거운 자극은 대뇌로도 전달되므로 뜨겁다는 느낌은 무조건 반사가 일어난 후에 일어난다.

❷ 무릎 반사
고무망치로 무릎뼈 아래를 치면 자신의 의지와 관계없이 다리가 들리는 반응이 일어난다.

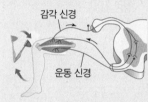
감각 신경 / 운동 신경

❸ 내분비샘과 외분비샘
• 내분비샘: 분비관이 따로 없어 혈액으로 호르몬을 직접 분비하는 조직이나 기관 예 뇌하수체, 갑상샘, 이자 등
• 외분비샘: 분비관을 통해 물질(침, 소화액, 눈물 등)을 분비하는 조직이나 기관 예 소화샘, 땀샘 등

이자는 내분비샘이자 외분비샘이다.

용어 사전
*표적(표할 標, 과녁 的) 세포
목표로 삼는 세포, 호르몬의 작용을 받는 세포
*성징(성질 性, 부를 徵)
남녀를 구별하는 형태적·행동적 특징

5 의식적인 반응과 무조건 반사에 대한 설명으로 옳은 것은 ○, 옳지 않은 것은 ×로 표시하시오.

(1) 무조건 반사의 중추는 대뇌, 척수, 연수이다. ( )
(2) 의식적인 반응은 무조건 반사에 비해 느리게 일어난다. ( )
(3) 무조건 반사는 갑작스러운 위험으로부터 우리 몸을 보호한다. ( )
(4) 의식적인 반응은 대뇌의 판단 과정이 복잡할수록 반응이 일어나는 데 시간이 오래 걸린다. ( )

6 다음 중 의식적인 반응의 예에는 '의', 무조건 반사의 예에는 '무'라고 쓰시오.

(1) 손이 시린 것을 느끼고 장갑을 낀다. ( )
(2) 날아오는 공을 보고 방망이를 휘둘렀다. ( )
(3) 사나운 개와 마주쳤을 때 동공의 크기가 커졌다. ( )
(4) 뜨거운 물체에 손이 닿았을 때 손을 빠르게 움츠렸다. ( )

7 그림은 사람의 내분비샘을 나타낸 것이다.

(1) A~E의 이름을 쓰시오.

(2) A에서 분비되는 호르몬을 〈보기〉에서 모두 골라 기호를 쓰시오.

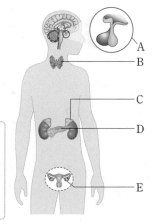

보기
ㄱ. 인슐린   ㄴ. 티록신
ㄷ. 글루카곤   ㄹ. 생장 호르몬
ㅁ. 에스트로젠   ㅂ. 항이뇨 호르몬
ㅅ. 갑상샘 자극 호르몬 ㅇ. 아드레날린(에피네프린)

8 표는 여러 가지 내분비샘에서 분비되는 호르몬과 각 호르몬의 기능을 나타낸 것이다. ㉠~㉤에 알맞은 말을 쓰시오.

호르몬	기능
(㉠)	콩팥에서 물의 재흡수 촉진
티록신	(㉡) 촉진
(㉢)	심장 박동 촉진, 혈당량 증가, 혈압 상승
인슐린	혈당량 (㉣)
(㉤)	남자의 2차 성징 발현

3. 호르몬 분비 이상

호르몬 분비 이상		질병	증상
생장 호르몬	결핍	소인증	키가 정상인에 비해 매우 작다.
	과다	거인증	키가 정상인에 비해 매우 크다.
		말단 비대증	몸의 말단부가 커지거나 두꺼워진다. 성장기 이후에 나타난다.
티록신	결핍	갑상샘 기능 저하증	쉽게 피로해지고, 추위를 잘 타며, 체중이 증가한다.
	과다	갑상샘 기능 *항진증	맥박이 빨라지고, 눈이 돌출되며, 체중이 감소한다.
인슐린	결핍	당뇨병	오줌에 포도당이 섞여 나오고, 심한 갈증과 피로가 자주 나타나며, 합병증을 유발한다.

D 항상성

1. 항상성❶ 우리 몸이 환경 변화에 적절히 반응하여 몸의 상태를 일정하게 유지하려는 성질
➡ 조절 중추는 간뇌이며, 호르몬과 신경의 작용으로 항상성이 유지된다.

[호르몬과 신경의 작용 비교]

구분	전달 매체	전달 속도	작용 범위	효과의 지속성
호르몬	혈액	느리다.	넓다.	지속적
신경	뉴런	빠르다.	좁다.	일시적

2. 체온 조절

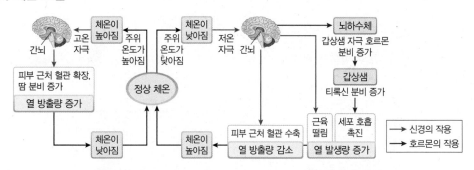

정상보다 체온이 높을 때(더울 때)	정상보다 체온이 낮을 때(추울 때)
• 열 방출량 증가: 피부 근처 혈관❷ 확장, 땀 분비 증가	• 열 방출량 감소: 피부 근처 혈관 수축 • 열 발생량 증가: 근육 떨림, 세포 호흡 촉진

땀을 흘리면 땀이 기화하면서 피부의 열에너지를 흡수하여 체온이 낮아진다.

3. 혈당량 조절❸

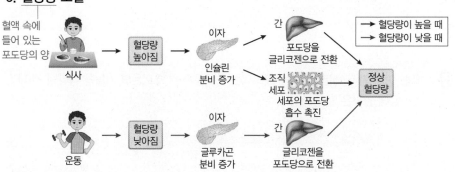

혈당량이 높을 때	이자에서 인슐린 분비 증가 → 간에서 포도당을 *글리코젠으로 합성 촉진, 조직 세포의 혈액 속 포도당 흡수 촉진 → 혈당량 낮아짐
혈당량이 낮을 때	이자에서 글루카곤 분비 증가 → 간에서 글리코젠을 포도당으로 분해하여 혈액으로 내보냄 → 혈당량 높아짐

❶ 몸속 수분량 조절

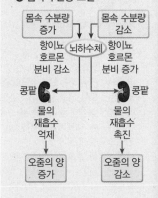

❷ 피부 근처 혈관의 변화
• 추울 때: 피부 근처의 혈관이 수축하며, 이때 혈관을 흐르는 혈액의 양이 감소하여 열 방출량이 감소한다.

피부 근처 혈관 수축

• 더울 때: 피부 근처의 혈관이 확장하며, 이때 혈관을 흐르는 혈액의 양이 증가하여 열 방출량이 증가한다.

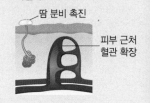

땀 분비 촉진

피부 근처 혈관 확장

❸ 아드레날린(에피네프린)의 혈당량 조절 작용
부신에서 분비되는 아드레날린(에피네프린)도 혈당량 조절 작용을 한다. 간에서 글리코젠을 포도당으로 분해하는 과정을 촉진하여 혈당량을 증가시킨다.

용어 사전

***항진증(오를 亢, 나아갈 進, 증세 症)**
신체 기관의 작용이나 기능이 비정상적으로 높아지는 증상
***글리코젠(glycogen)**
동물의 간이나 근육 등에 저장되어 있는 탄수화물 중 하나

9 호르몬 분비 이상으로 나타나는 질병과 그 원인을 옳게 연결하시오.

(1) 당뇨병 •　　　　　　• ㉠ 티록신 과다

(2) 소인증 •　　　　　　• ㉡ 인슐린 결핍

(3) 말단 비대증 •　　　　　• ㉢ 생장 호르몬 과다

(4) 갑상샘 기능 항진증 • 　• ㉣ 생장 호르몬 결핍

10 표는 호르몬과 신경의 작용을 비교한 것이다. ㉠~㉣에 알맞은 말을 쓰시오.

구분	전달 매체	전달 속도	작용 범위	효과의 지속성
호르몬	(㉠　　)	느리다.	(㉢　　).	지속적
신경	(㉡　　)	빠르다.	(㉣　　).	일시적

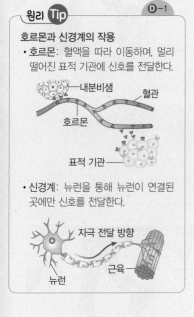
11 그림은 체온 조절 과정을 나타낸 것이다.

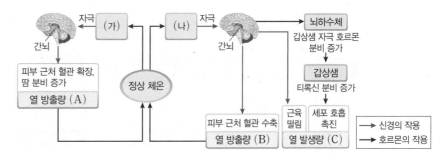

(1) (가)는 정상 체온보다 체온이 ㉠ (높을 때 , 낮을 때)이고, (나)는 정상 체온보다 체온이 ㉡ (높을 때 , 낮을 때)이다.

(2) A~C에 '증가'와 '감소' 중 알맞은 말을 각각 쓰시오.

12 혈당량 조절에 대한 설명으로 옳은 것은 ○, 옳지 않은 것은 ×로 표시하시오.

(1) 식사 직후에는 글루카곤의 분비량이 증가한다. (　　)

(2) 글루카곤은 간에서 글리코젠의 분해를 촉진한다. (　　)

(3) 혈당량이 낮을 때는 인슐린의 분비량이 증가한다. (　　)

(4) 인슐린은 조직 세포가 포도당을 흡수하는 것을 억제한다. (　　)

과학적 사고로! 탐구하기 ● ❹ 자극에 대한 반응

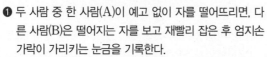

목표 자극의 종류에 따른 의식적인 반응의 경로를 알고, 무조건 반사인 무릎 반사를 알아본다.

과정 및 결과

실험 Tip

자를 잡기까지의 경로
눈 → 시각 신경(청각 신경) → 대뇌 → 척수 → 운동 신경 → 손의 근육

[실험 1] 자극의 종류에 따른 반응 경로

❶ 두 사람 중 한 사람(A)이 예고 없이 자를 떨어뜨리면, 다른 사람(B)은 떨어지는 자를 보고 재빨리 잡은 후 엄지손가락이 가리키는 눈금을 기록한다.

❷ B의 눈을 가린 후, A가 '땅' 소리를 내면서 자를 떨어뜨리면 B가 잡아 엄지손가락이 가리키는 눈금을 기록한다.

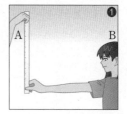
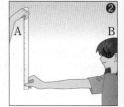

[결과]

구분		1회	2회	3회	4회	5회	평균값
자가 떨어진 거리(cm)	눈으로 보고 잡을 때	23	21	19	19	18	20
	소리를 듣고 잡을 때	32	32	31	28	27	30

➡ 자가 떨어진 거리가 길수록 반응 시간이 길다. 소리를 듣고 자를 잡는 반응보다 눈으로 보고 자를 잡는 반응이 더 빨리 일어난다.

[실험 2] 무릎 반사

실험 Tip

다리가 들리는 반응의 경로
자극 → 감각 기관 → 감각 신경 → 척수 → 운동 신경 → 반응 기관

❶ 두 사람이 짝이 되어 한 사람은 발이 땅에 닿지 않는 의자에 앉는다.

❷ 의자에 앉은 사람은 눈을 가리고, 다른 한 사람은 고무망치로 앉아 있는 사람의 무릎뼈 바로 아래를 가볍게 친다.
— 의자에 앉은 사람은 다리에 힘을 주지 않아야 한다.

[결과]

고무망치로 무릎뼈 바로 아래를 치면 무의식적으로 다리가 올라간다.

정리

- 떨어지는 자를 잡는 반응은 ㉠ (대뇌 , 척수)가 반응의 중추인 ㉡ (의식적인 반응 , 무조건 반사)이다.
- 감각 기관에서 받아들인 자극이 반응으로 나타나기까지는 어느 정도 시간이 걸린다.
- 시각을 통한 반응과 청각을 통한 반응은 반응 경로가 다르기 때문에 반응 시간에 차이가 난다.
- 무릎 반사는 자신의 의지와 관계없이 일어나는 ㉢ (의식적인 반응 , 무조건 반사)이며, 반응 중추는 ㉣ (척수 , 연수)이다.

확인 문제

1 위 **[실험 1]**과 **[실험 2]**에 대한 설명으로 옳은 것은 ○, 옳지 않은 것은 ✕로 표시하시오.

(1) 떨어지는 자를 잡는 것은 의식적인 반응이다. ( )

(2) 반응이 빠르게 일어날수록 자가 떨어진 거리가 길다. ( )

(3) 떨어지는 자를 눈으로 보고 잡는 반응의 경로는 눈 → 시각 신경 → 척수 → 대뇌 → 운동 신경 → 손의 근육이다. ( )

(4) 무릎 반사는 무조건 반사이다. ( )

(5) 의식적인 반응이 무조건 반사보다 빠르게 일어난다. ( )

(6) 무릎 반사가 일어나는 경로는 자극 → 감각 기관 → 감각 신경 → 척수 → 운동 신경 → 반응 기관이다. ( )

실전 문제

2 그림과 같이 고무망치로 무릎뼈 아랫부분을 가볍게 치는 실험을 하였다. 이 실험에 대한 설명으로 옳은 것은?

① 반응의 중추는 대뇌이다.

② 의식적인 반응보다 반응 속도가 느리다.

③ 고무망치로 무릎뼈 아랫부분을 가볍게 치면 다리가 의식적으로 올라간다.

④ 반응 중추가 같은 예로는 뜨거운 물체에 손이 닿았을 때 재빨리 떼는 행동이 해당한다.

⑤ 반응 경로는 자극 → 감각 기관 → 감각 신경 → 중간뇌 → 운동 신경 → 반응 기관이다.

1 대뇌와 척수의 구조를 제시한 그림에서 자극에 따른 반응 경로 파악하기

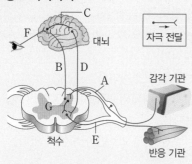

> 해결 단계 ❶ 그림에서 대뇌를 거치는 경로와 척수를 거치는 경로를 파악한다. ➡ 자극은 감각 기관에서 받아들이므로 반응 경로는 감각 기관과 연결된 감각 신경에서 시작된다.
> ❷ 제시된 상황이 의식적인 반응인지, 무조건 반사인지 판단한다. ➡ 의식적인 반응은 대뇌를 거치고, 무조건 반사는 대뇌를 거치지 않는다.
> ❸ 얼굴에서 받아들인 자극인지, 팔과 다리에서 받아들인 자극인지 파악한다. ➡ 얼굴에서 받아들인 자극은 척수를 거치지 않고 대뇌로 전달된다.

반응 (가)~(다)의 상황을 위 단계별로 파악하여 반응 경로를 나열하면 다음과 같다.

- (가) 압정을 밟았을 때 자신도 모르게 발을 든다.
  ➡ 반응 경로는 A → G → E

- (나) 공을 보고 원하는 방향으로 찬다.
  ➡ 반응 경로는 F → C → D → E

- (다) 눈을 감고 더듬어서 책상 위의 연필을 집어 든다.
  ➡ 반응 경로는 A → B → C → D → E

2 반응 경로를 단순화하여 제시한 그림에서 자극에 따른 반응 경로 파악하기

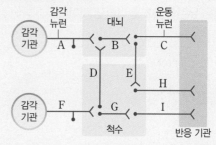

> 해결 단계 ❶ 그림에서 대뇌를 거치는 경로와 척수를 거치는 경로를 파악한다.
> ❷ 감각 뉴런과 운동 뉴런의 위치를 파악한다. ➡ 감각 신경은 감각 기관, 운동 신경은 반응 기관과 연결된다.
> ❸ 제시된 상황이 의식적인 반응인지, 무조건 반사인지 판단한다. ➡ 의식적인 반응은 대뇌를 거치고, 무조건 반사는 대뇌를 거치지 않는다.
> ❹ 얼굴에서 받아들인 자극인지, 팔과 다리에서 받아들인 자극인지 파악한다. ➡ 얼굴에서 받아들인 자극은 척수를 거치지 않고 대뇌로 전달된다.

반응 (가)~(라)의 상황을 위 단계별로 파악하여 반응 경로를 나열하면 다음과 같다.

- (가) 뜨거운 냄비에 손이 닿자 급히 손을 뗀다.
  ➡ 반응 경로는 F → G → I

- (나) 어두운 방에서 손을 더듬어 전등 스위치를 누른다.
  ➡ 반응 경로는 F → D → B → E → H

- (다) 골대를 향해 날아오는 공을 본 골키퍼가 공을 막아 낸다.
  ➡ 반응 경로는 A → B → E → H

- (라) 영화의 한 장면을 보고 눈을 찡그린다.
  ➡ 반응 경로는 A → B → C

1-1 (가)~(다) 반응을 의식적인 반응과 무조건 반사로 구분하시오.

1-2 위 그림에 대한 설명으로 옳은 것을 〈보기〉에서 모두 고른 것은?

> 보기
> ㄱ. 팔에서 받아들인 자극은 척수를 거치지 않고 대뇌로 전달된다.
> ㄴ. 겨울에 손이 시려워서 주머니에 손을 넣을 때의 반응 경로는 A → B → C → D → E이다.
> ㄷ. 신호등이 바뀌는 것을 보고 급히 브레이크를 밟았을 때의 반응 경로는 F → C → D → E이다.

① ㄱ   ② ㄴ   ③ ㄱ, ㄴ
④ ㄱ, ㄷ   ⑤ ㄴ, ㄷ

2-1 (가)~(라) 반응을 의식적인 반응과 무조건 반사로 구분하시오.

2-2 위 그림에 대한 설명으로 옳은 것을 〈보기〉에서 모두 고른 것은?

> 보기
> ㄱ. 얼굴에서 받아들인 자극은 척수를 거치지 않고 대뇌로 전달된다.
> ㄴ. 먼지를 마시고 재채기를 할 때의 반응 경로는 F → G → I이다.
> ㄷ. 공을 보고 원하는 방향으로 찰 때의 반응 경로는 A → B → C이다.

① ㄱ   ② ㄴ   ③ ㄱ, ㄴ
④ ㄱ, ㄷ   ⑤ ㄴ, ㄷ

A 신경계

중요
01 그림은 뉴런의 구조를 나타낸 것이다.

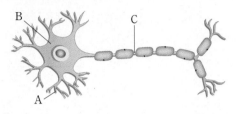

이에 대한 설명으로 옳은 것을 〈보기〉에서 모두 고른 것은?

┌─ 보기 ─────────────────────────────────┐
│ ㄱ. A는 다른 뉴런이나 기관으로 자극을 전달한다. │
│ ㄴ. B는 핵과 세포질이 있고, 여러 가지 생명 활동이 │
│   일어난다.   │
│ ㄷ. C는 다른 뉴런이나 감각 기관에서 전달된 자극을 │
│   받아들인다.   │
└──┘

① ㄱ   ② ㄴ   ③ ㄱ, ㄴ
④ ㄱ, ㄷ   ⑤ ㄴ, ㄷ

02 뉴런에 대한 설명으로 옳은 것을 〈보기〉에서 모두 고른 것은?

┌─ 보기 ─────────────────────────────────┐
│ ㄱ. 뉴런은 하나의 세포로 이루어져 있다.   │
│ ㄴ. 뉴런은 신경계를 구성하는 신경 세포이다.   │
│ ㄷ. 한 뉴런의 가지 돌기에서 다음 뉴런의 축삭 돌기 │
│   쪽으로 자극이 전달된다.   │
└──┘

① ㄱ   ② ㄴ   ③ ㄱ, ㄴ
④ ㄱ, ㄷ   ⑤ ㄴ, ㄷ

중요
03 그림은 뉴런 A~C가 연결되어 있는 모습을 나타낸 것이다.

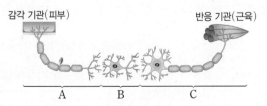

이에 대한 설명으로 옳지 <u>않은</u> 것은?

① A는 감각 기관에서 오는 자극을 받아들인다.
② B는 자극을 판단하여 명령을 내린다.
③ C는 중추의 명령을 반응 기관으로 전달한다.
④ A는 중추 신경계, C는 말초 신경계를 구성한다.
⑤ 자극의 전달 방향은 A → B → C이다.

04 그림은 사람의 신경계를 나타낸 것이다. 이에 대한 설명으로 옳은 것은?

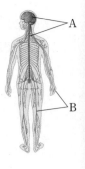

① A는 말초 신경계이다.
② A는 자극을 느끼고 판단하여 명령을 내린다.
③ B는 중추 신경계이다.
④ B는 모두 대뇌의 직접적인 명령을 받는다.
⑤ B는 운동 신경으로만 이루어져 있다.

[05~06] 그림은 사람 뇌의 구조를 나타낸 것이다.

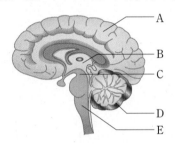

중요
05 이에 대한 설명으로 옳지 <u>않은</u> 것은?

① A는 의식적인 반응의 중추이다.
② B는 혈당량과 체온을 일정하게 유지한다.
③ C는 눈의 움직임을 조절한다.
④ D는 무릎 반사, 배뇨 등의 반사 중추이다.
⑤ E는 심장 박동과 호흡 운동을 조절한다.

【주관식】
06 (가)~(다)의 현상과 가장 관계 깊은 뇌의 구조를 각각 골라 기호를 쓰시오.

┌──────────────────────────────────────┐
│ (가) 어려운 수학 문제를 풀었다.   │
│ (나) 눈에 손전등을 비추니 동공의 크기가 작아졌다. │
│ (다) 평균대 위에서 팔을 벌려 몸의 균형을 유지하였다. │
└──────────────────────────────────────┘

07 자율 신경에 대한 설명으로 옳지 <u>않은</u> 것은?

① 내장 기관의 운동을 조절한다.
② 감각 신경으로만 구성되어 있다.
③ 대뇌의 직접적인 조절을 받지 않는다.
④ 교감 신경과 부교감 신경으로 구분된다.
⑤ 위기에 처했을 때 교감 신경이 작용한다.

08 부교감 신경의 작용으로 옳은 것을 〈보기〉에서 모두 고른 것은?

보기
ㄱ. 동공 확대　　　　　ㄴ. 호흡 운동 억제
ㄷ. 심장 박동 억제　　　ㄹ. 소화 운동 억제

① ㄱ, ㄴ　　　　② ㄴ, ㄷ　　　　③ ㄷ, ㄹ
④ ㄱ, ㄴ, ㄹ　　⑤ ㄴ, ㄷ, ㄹ

Ⓑ 자극에 따른 반응의 경로

중요

09 다음은 우리 몸에서 일어나는 여러 가지 반응이다.

(가) 팔에 앉은 모기를 보고 쫓았다.
(나) 레몬을 입안에 넣었더니 침이 분비되었다.
(다) 뜨거운 것에 손이 닿아 나도 모르게 손을 폈다.

이에 대한 설명으로 옳지 <u>않은</u> 것은?

① (가)는 의식적인 반응이다.
② (가)의 반응 경로에 척수가 포함된다.
③ (나) 반응의 중추는 척수이다.
④ (다) 반응은 대뇌의 판단 과정을 거치지 않는다.
⑤ (나)와 (다)는 무조건 반사이다.

10 다음은 여러 종류의 반응을 나타낸 것이다.

(가) 코에 먼지가 들어와 재채기를 하였다.
(나) 압정을 밟자마자 자신도 모르게 발을 뗴었다.
(다) 밝은 곳에서 어두운 곳으로 갔더니 동공이 커졌다.

(가)~(다) 반응의 중추를 옳게 짝 지은 것은?

	(가)	(나)	(다)
①	연수	척수	대뇌
②	연수	척수	중간뇌
③	척수	연수	중간뇌
④	척수	중간뇌	대뇌
⑤	중간뇌	척수	연수

[11~12] 다음은 자극의 종류에 따른 반응 경로에 대한 실험이다.

(가) 두 사람 중 한 사람이 예고 없이 자를 떨어뜨리면, 다른 사람은 떨어지는 자를 보고 재빨리 잡은 후 엄지손가락이 가리키는 눈금을 기록한다.
(나) 한 사람의 눈을 가린 후, 다른 사람이 '땅' 소리를 내면서 자를 떨어뜨리면 자를 잡아 엄지손가락이 가리키는 눈금을 기록한다.

(가)　　　　　　　　　(나)

탐구 146쪽

11 이에 대한 설명으로 옳은 것은?

① (가)와 (나)의 반응 경로는 같다.
② (가)와 (나)의 반응 시간은 같다.
③ (가)는 의식적인 반응, (나)는 무조건 반사이다.
④ 자가 떨어진 거리가 길수록 반응 시간이 짧다.
⑤ (가)와 (나)는 모두 대뇌의 판단 과정을 거친다.

[주관식]　　　　　　　　　　　　　　**탐구** 146쪽

12 다음은 (가)와 (나)에서 자극에 따른 반응 경로를 나타낸 것이다. ㉠과 ㉡에 알맞은 말을 쓰시오.

자극 → 눈(귀) → 시각 신경(청각 신경) → (㉠　　　)
→ (㉡　　　) → 운동 신경 → 손의 근육 → 반응

탐구 146쪽

13 다음은 무릎 반사에 대한 실험이다.

> (가) 두 사람이 짝이 되어 한 사람은 발이 땅에 닿지 않는 의자에 앉는다.
> (나) 의자에 앉은 사람은 눈을 가리고, 다른 한 사람은 고무망치로 앉아 있는 사람의 무릎뼈 바로 아래를 가볍게 쳤더니 무의식적으로 다리가 올라갔다.

이에 대한 설명으로 옳은 것을 〈보기〉에서 모두 고른 것은?

┌ 보기 ┐
ㄱ. 무릎 반사의 중추는 척수이다.
ㄴ. 고무망치가 닿는 자극은 대뇌로 전달되지 않는다.
ㄷ. 다리가 먼저 올라간 후 고무망치가 닿는 자극이 느껴진다.
ㄹ. 무릎 반사가 일어나는 경로는 자극 → 감각 기관 → 감각 신경 → 척수 → 대뇌 → 운동 신경 → 반응 기관이다.

① ㄱ, ㄷ   ② ㄴ, ㄹ   ③ ㄷ, ㄹ
④ ㄱ, ㄴ, ㄷ   ⑤ ㄱ, ㄷ, ㄹ

중요
14 그림은 자극에 대한 반응 경로를, 표는 여러 종류의 반응을 나타낸 것이다.

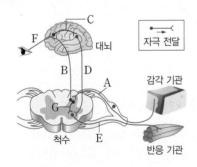

> (가) 공을 보고 원하는 방향으로 찬다.
> (나) 압정을 밟았을 때 자신도 모르게 발을 든다.
> (다) 겨울에 손이 시려서 주머니에 손을 넣는다.

이에 대한 설명으로 옳은 것은?

① (가)와 (나)의 중추는 척수이다.
② (다)는 무조건 반사이다.
③ (가)의 반응 경로는 A → G → E이다.
④ (나)의 반응 경로는 F → C → D → E이다.
⑤ (다)의 반응 경로는 A → B → C → D → E이다.

ⓒ 호르몬

중요
15 호르몬에 대한 설명으로 옳은 것을 〈보기〉에서 모두 고른 것은?

┌ 보기 ┐
ㄱ. 혈액을 통해 이동한다.
ㄴ. 내분비샘에서 만들어진다.
ㄷ. 적은 양으로 몸의 생리 작용을 조절한다.
ㄹ. 우리 몸의 모든 기관에 동일하게 작용한다.

① ㄱ, ㄴ   ② ㄴ, ㄹ   ③ ㄷ, ㄹ
④ ㄱ, ㄴ, ㄷ   ⑤ ㄴ, ㄷ, ㄹ

[16~17] 그림은 사람의 내분비샘을 나타낸 것이다.

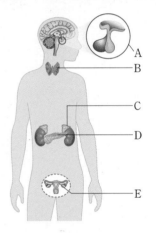

16 A~E에서 분비되는 호르몬을 옳게 짝 지은 것은?

① A−티록신
② B−갑상샘 자극 호르몬
③ C−아드레날린(에피네프린)
④ D−테스토스테론
⑤ E−항이뇨 호르몬

17 다음 설명에 해당하는 호르몬을 모두 분비하는 곳은?

> • 혈당량이 낮을 때 혈당량을 증가시키는 것을 촉진하는 호르몬을 분비한다.
> • 혈당량이 높을 때 혈당량을 감소시키는 것을 촉진하는 호르몬을 분비한다.

① A   ② B   ③ C
④ D   ⑤ E

18 호르몬 분비 이상으로 나타나는 질병에 대한 설명으로 옳은 것을 〈보기〉에서 모두 고른 것은?

> **보기**
> ㄱ. 인슐린이 과다 분비되면 당뇨병에 걸린다.
> ㄴ. 티록신이 부족하면 갑상샘 기능 저하증에 걸린다.
> ㄷ. 성장기 이후에 생장 호르몬이 과다 분비되면 말단 비대증에 걸린다.
> ㄹ. 갑상샘 자극 호르몬이 부족하면 갑상샘 기능 항진 증에 걸린다.

① ㄱ, ㄴ ② ㄱ, ㄷ ③ ㄴ, ㄷ
④ ㄴ, ㄹ ⑤ ㄷ, ㄹ

D 항상성

19 항상성에 대한 설명으로 옳은 것을 〈보기〉에서 모두 고른 것은?

> **보기**
> ㄱ. 신경과 호르몬의 작용으로 조절된다.
> ㄴ. 항상성 유지의 조절 중추는 연수이다.
> ㄷ. 혈당량과 체온 등을 일정하게 유지하려는 성질이다.
> ㄹ. 외부 환경 변화에 따라 몸 안의 상태가 달라지는 성질이다.

① ㄱ, ㄷ ② ㄴ, ㄷ ③ ㄴ, ㄹ
④ ㄱ, ㄴ, ㄹ ⑤ ㄱ, ㄷ, ㄹ

중요
20 그림은 추울 때의 체온 조절 과정을 나타낸 것이다.

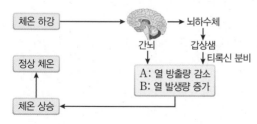

A와 B에 해당하는 작용을 옳게 짝 지은 것은?

	A	B
①	근육 떨림	피부 근처 혈관 수축
②	피부 근처 혈관 수축	땀 분비 감소
③	피부 근처 혈관 수축	세포 호흡 촉진
④	피부 근처 혈관 확장	근육 떨림
⑤	피부 근처 혈관 확장	세포 호흡 촉진

---

21 더울 때 일어나는 신체 반응으로 옳은 것을 모두 고르면? (2개)

① 근육이 떨린다.
② 땀 분비가 증가한다.
③ 열 발생량이 증가한다.
④ 열 방출량이 감소한다.
⑤ 피부 근처 혈관이 확장된다.

[주관식]
22 그림은 혈당량 조절 과정을 나타낸 것이다.

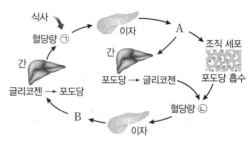

A와 B에 해당하는 호르몬과 ㉠과 ㉡에 들어갈 말을 각각 쓰시오.

중요
23 그림은 식사 후 이자에서 분비되는 호르몬 A와 B의 농도 변화를 나타낸 것이다.

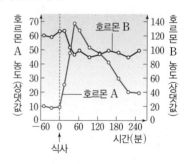

이에 대한 설명으로 옳은 것을 〈보기〉에서 모두 고른 것은?

> **보기**
> ㄱ. A는 인슐린이다.
> ㄴ. A는 조직 세포에서 포도당 흡수를 촉진한다.
> ㄷ. B가 부족하면 당뇨병에 걸린다.
> ㄹ. B는 간에서 포도당을 글리코젠으로 전환하는 과 정을 촉진한다.

① ㄱ, ㄴ ② ㄱ, ㄷ ③ ㄴ, ㄷ
④ ㄴ, ㄹ ⑤ ㄷ, ㄹ

서술형

1 사나운 개를 만나 우리 몸이 긴장하였을 때 작용하는 자율 신경의 종류를 쓰고, 이때 동공의 크기와 심장 박동의 변화를 서술하시오.

단계별 서술형

2 그림은 자극에 대한 반응 경로를 나타낸 것이다.

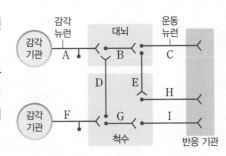

(1) 뜨거운 냄비에 손이 닿자 급히 손을 떼는 반응이 의식적인 반응인지 무조건 반사인지 구분하고, 이때 반응 경로를 기호로 나열하시오.

(2) 어두운 방에서 손을 더듬어 전등 스위치를 누르는 반응이 의식적인 반응인지 무조건 반사인지 구분하고, 이때 반응 경로를 기호로 나열하시오.

(3) (1)과 (2)에 해당하는 반응의 차이점을 대뇌를 포함하여 서술하시오.

서술형

3 우리 몸의 항상성은 호르몬과 신경의 조절 작용으로 유지된다. 호르몬의 전달 속도와 작용 범위 및 효과의 지속성을 신경과 비교하여 서술하시오.

단어 제시형

4 그림은 운동을 했을 때 시간에 따른 체온의 변화를 나타낸 것이다. (가) 구간에서 일어나는 체온 조절 과정을 다음 단어를 모두 포함하여 서술하시오.

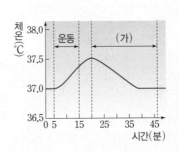

피부 근처 혈관, 땀 분비, 열 방출량

이 단원에서 학습한 내용을 확실히 이해했나요?
다음 내용을 잘 알고 있는지 확인해 보세요.

1 눈의 조절 작용

• 밝기에 따른 동공의 크기 변화
  – 밝을 때: 홍채 ❶□□ → 동공 ❷□□ → 눈으로 들어오는 빛의 양 감소
  – 어두울 때: 홍채 ❸□□ → 동공 ❹□□ → 눈으로 들어오는 빛의 양 증가
• 거리에 따른 수정체의 두께 변화
  – 가까운 곳을 볼 때: 섬모체 ❺□□ → 수정체 두꺼워짐
  – 먼 곳을 볼 때: 섬모체 ❻□□ → 수정체 얇아짐

2 귀(청각, 평형 감각)

• 청각과 관련 있는 구조
  – ❶□□: 소리에 의해 진동하는 얇은 막
  – ❷□□□: 고막의 진동을 증폭함
  – ❸□□□□: 청각 세포가 있음
• 평형 감각과 관련 있는 구조
  – ❹□□□□: 몸의 회전을 감각
  – ❺□□ □□: 몸의 기울어짐을 감각
• 그 외의 구조
  – ❻□□□□: 고막 안팎의 압력을 같게 조절함

3 중추 신경계

• ❶□□: 기억, 추리, 학습, 감정 등 정신 활동 담당
• ❷□□: 체온, 혈당량 등을 일정하게 유지
• ❸□□□: 눈의 움직임, 동공과 홍채의 변화 조절
• ❹□□: 심장 박동, 호흡 운동 등 생명 유지 활동을 조절, 재채기, 기침 등의 중추
• ❺□□: 근육 운동 조절, 몸의 자세와 균형 유지
• ❻□□: 뇌와 말초 신경 사이에서 신호를 전달하는 통로, 무조건 반사의 중추

4 말초 신경계

• 말초 신경계: ❶□□ 신경계와 온몸을 연결하며, ❷□□ 신경과 운동 신경으로 이루어져 있음
• 자율 신경: ❸□□ 신경과 부교감 신경으로 구분되며, ❹□□의 명령 없이 내장 기관의 운동을 조절함

5 의식적인 반응과 무조건 반사

• 의식적인 반응: ❶□□가 중추가 되어 일어나는 반응
  예 주전자를 들고 컵에 원하는 만큼의 물을 따른다.
  ➡ 반응 경로: 자극 → 감각 기관(눈) → ❷□□ 신경(시각 신경) → 대뇌 → 척수 → ❸□□ 신경 → 반응 기관(팔의 근육) → 반응
• 무조건 반사: 대뇌의 판단을 거치지 않고 ❹□□□□으로 일어나는 반응
  예 뜨거운 주전자에 손이 닿았을 때 급히 손을 뗀다.
  ➡ 반응 경로: 자극 → 감각 기관(피부) → 감각 신경(피부 감각 신경) → ❺□□ → 운동 신경 → 반응 기관(팔의 근육) → 반응

6 내분비샘과 호르몬

• 뇌하수체
  – 생장 호르몬: 몸의 생장 촉진 ➡ 과다(거인증, ❶□□ □□□), 결핍(소인증)
  – 갑상샘 자극 호르몬: 티록신 분비 촉진
  – ❷□□□ 호르몬: 콩팥에서 물의 재흡수 촉진
• 갑상샘: ❸□□□□-세포 호흡 촉진 ➡ 과다(갑상샘 기능 항진증), 결핍(갑상샘 기능 저하증)
• 부신: ❹□□□□□□-심장 박동 촉진
• 이자
  – 인슐린: 혈당량 감소 ➡ 결핍(❺□□□)
  – ❻□□□□: 혈당량 증가

7 체온 조절과 혈당량 조절

• 체온 조절
  – 더울 때: 열 방출량 ❶□□ ➡ 피부 근처 혈관 확장, 땀 분비 증가
  – 추울 때: 열 방출량 ❷□□ ➡ 피부 근처 혈관 수축 / 열 발생량 ❸□□ ➡ 근육 떨림, 세포 호흡 촉진
• 혈당량 조절
  – 혈당량이 높을 때: 이자에서 ❹□□□ 분비 증가 → 간에서 포도당을 글리코젠으로 합성 촉진, 조직 세포의 ❺□□□ 흡수 촉진 → 혈당량 감소
  – 혈당량이 낮을 때: 이자에서 ❻□□□□ 분비 증가 → 간에서 글리코젠을 포도당으로 분해 촉진 → 혈당량 증가

[01~02] 그림은 사람 눈의 구조를 나타낸 것이다.

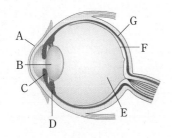

상**중**하

01 이에 대한 설명으로 옳지 <u>않은</u> 것은?

① A는 눈의 앞쪽을 덮고 있는 투명한 막이다.
② B는 눈으로 들어오는 빛의 양을 조절한다.
③ E는 눈 속을 채우고 있는 투명한 물질이다.
④ F는 시각 세포가 분포하여 빛을 자극으로 받아들인다.
⑤ G는 검은색 색소가 있어 눈 속을 어둡게 하는 부위이다.

상**중**하

02 어두운 곳에 있다가 밝은 곳으로 나와서 멀리 날아가는 새를 보았다. 이때 일어나는 눈의 조절 과정으로 옳은 것을 모두 고르면? (2개)

① B가 두꺼워진다.　② C가 확장한다.
③ C가 수축한다.　④ D가 이완한다.
⑤ D가 수축한다.

【주관식】　상**중**하

03 표는 2개의 이쑤시개를 이마, 입술, 손바닥에 각각 눌렀을 때 이쑤시개가 2개로 느껴지는 최소 거리를 나타낸 것이다.

부위	이마	입술	손바닥
최소 거리 (mm)	12	5	8

조사한 부위 중 감각점이 가장 적게 분포하고 있는 부위를 쓰시오.

상**중**하

04 피부 감각에 대한 설명으로 옳지 <u>않은</u> 것은?

① 떫은맛은 피부 감각이다.
② 통증에 가장 예민하게 반응한다.
③ 신경을 통해 자극을 뇌로 보낸다.
④ 피부에서 자극을 받아들이는 부위는 감각점이다.
⑤ 처음보다 온도가 높아지면 냉점이 자극을 받아들인다.

[05~06] 그림은 사람 귀의 구조를 나타낸 것이다.

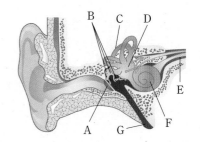

상**중**하

05 이에 대한 설명으로 옳은 것을 모두 고르면? (2개)

① A는 소리에 의해 진동한다.
② B는 소리를 모으는 역할을 한다.
③ C와 F는 몸의 균형을 유지하는 데 관여한다.
④ D에 청각 세포가 분포한다.
⑤ 청각의 성립 경로는 A → B → F → E이다.

【주관식】　상**중**하

06 다음 현상과 가장 관계 깊은 귀의 구조를 각각 골라 기호를 쓰시오.

> (가) 고속 승강기를 타고 높이 올라가면 귀가 먹먹해지는데, 이때 하품을 하면 먹먹한 느낌이 사라진다.
> (나) 평균대 위에서 몸의 균형을 잡기 위해 양팔을 벌렸지만 몸이 기울어지는 것을 느꼈다.

07 상**중**하

그림 (가)와 (나)는 종류가 다른 두 감각 기관의 일부 구조를 나타낸 것이다.

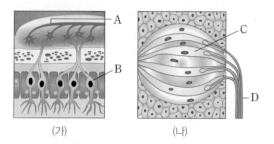

(가)   (나)

이에 대한 설명으로 옳은 것은?

① B는 맛세포이다.
② B는 액체 상태의 화학 물질을 자극으로 받아들인다.
③ C는 기체 상태의 화학 물질을 자극으로 받아들인다.
④ 뇌에서 A와 D를 통해 전달된 자극을 통합하여 다양한 맛을 느낀다.
⑤ C는 B에 비해 매우 예민하고 쉽게 피로해진다.

[08~09] 그림은 뉴런 A~C가 연결되어 있는 모습을 나타낸 것이다.

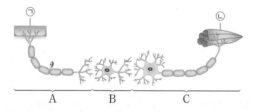

A   B   C

【주관식】 상중**하**

08 전달받은 자극을 종합하여 적절한 명령을 내리는 뉴런의 기호와 이름을 쓰시오.

상**중**하

09 이에 대한 설명으로 옳은 것은?

① A는 가지 돌기와 축삭 돌기로만 구성된다.
② B는 말초 신경계를 구성한다.
③ A와 C는 중추 신경계를 구성한다.
④ 자극의 전달 방향은 C → B → A이다.
⑤ ㉠은 감각 기관, ㉡은 반응 기관이다.

10 상**중**하

사람의 신경계에 대한 설명으로 옳지 <u>않은</u> 것은?

① 기본 단위는 뉴런이다.
② 자율 신경은 말초 신경계에 속한다.
③ 중추 신경계와 말초 신경계로 구분된다.
④ 중추 신경계는 연합 뉴런으로 구성된다.
⑤ 말초 신경계는 운동 신경으로만 구성된다.

11 상**중**하

그림은 사람 뇌의 구조를 나타낸 것이다.

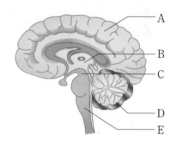

이에 대한 설명으로 옳은 것은?

① A는 의식적인 반응의 중추이다.
② B는 동공의 크기를 조절한다.
③ C는 체온, 혈당량 조절의 중추이다.
④ D는 심장 박동과 호흡 운동을 조절한다.
⑤ E는 몸의 자세와 균형을 유지한다.

12 상중**하**

교감 신경의 작용으로 옳지 <u>않은</u> 것은?

① 동공 확대   ② 소화 운동 억제
③ 호흡 운동 촉진   ④ 심장 박동 촉진
⑤ 소화액 분비 촉진

13 무조건 반사에 대한 설명으로 옳지 <u>않은</u> 것은? 상**중**하

① 대뇌의 판단 과정을 거치지 않는다.
② 간뇌가 중추인 무조건 반사도 있다.
③ 의식적인 반응에 비해 빠르게 일어난다.
④ 뾰족한 것을 밟자마자 발을 떼는 것은 무조건 반사이다.
⑤ 위험한 상황에서 우리 몸을 보호하는 데 중요한 역할을 한다.

【주관식】 상**중**하

14 다음은 자극에 대한 반응을 나타낸 것이다. (가)~(다) 중 중추가 나머지와 다른 하나를 골라 기호를 쓰시오.

> (가) 날아오는 공을 보고 잡는다.
> (나) 손이 시린 것을 느끼고 장갑을 낀다.
> (다) 음식을 입에 넣었더니 입안에 침이 고였다.

15 그림과 같이 고무망치로 무릎뼈 바로 아래를 가볍게 치면 자신도 모르게 다리가 저절로 올라간다. 상**중**하

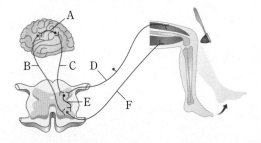

이에 대한 설명으로 옳은 것을 〈보기〉에서 모두 고른 것은?

> **보기**
> ㄱ. 무릎 반사의 중추는 딸꾹질 반응의 중추와 같다.
> ㄴ. 무릎 반사의 경로는 D → E → F이다.
> ㄷ. 고무망치가 닿는 자극은 C로 전달되지 않는다.

① ㄱ   ② ㄴ   ③ ㄱ, ㄴ
④ ㄱ, ㄷ   ⑤ ㄴ, ㄷ

16 호르몬에 대한 설명으로 옳지 <u>않은</u> 것은? 상**중**하

① 내분비샘에서 분비된다.
② 신경보다 신호 전달 속도가 느리다.
③ 신경에 비해 효과가 오래 지속된다.
④ 분비관을 따라 표적 세포로 이동한다.
⑤ 분비량이 부족하면 결핍증이 나타난다.

17 그림은 사람의 내분비샘을 나타낸 것이다. A~E에서 분비되는 호르몬의 이름과 기능을 옳게 짝 지은 것은? 상**중**하

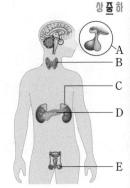

	내분비샘	호르몬	기능
①	A	항이뇨 호르몬	콩팥에서 물의 재흡수 억제
②	B	갑상샘 자극 호르몬	세포 호흡 촉진
③	C	아드레날린 (에피네프린)	심장 박동 촉진
④	D	글루카곤	혈당량 감소
⑤	E	에스트로젠	남자의 2차 성징 발현

18 다음은 호르몬 (가)~(다)의 분비 이상에 대한 설명이다. 상중**하**

> • (가)가 성장기에 과다하게 분비되면 매우 크게 성장한다.
> • (나)가 과다하게 분비되면 눈이 돌출되고 체중이 감소한다.
> • (다)가 결핍되면 혈당량이 높은 상태가 지속되어 오줌에 포도당이 섞여 나온다.

호르몬 (가)~(다)를 옳게 짝 지은 것은?

	(가)	(나)	(다)
①	생장 호르몬	티록신	인슐린
②	생장 호르몬	에스트로젠	인슐린
③	테스토스테론	티록신	글루카곤
④	테스토스테론	에스트로젠	인슐린
⑤	항이뇨 호르몬	티록신	글루카곤

19 항상성에 대한 설명으로 옳지 <u>않은</u> 것은? 상**중**하

① 항상성 유지 중추는 간뇌이다.
② 호르몬에 의해서만 항상성이 유지된다.
③ 인슐린과 글루카곤은 항상성 유지에 관여한다.
④ 혈당량과 체온이 일정하게 유지되는 현상과 관련이 있다.
⑤ 추울 때 피부 근처 혈관이 수축하는 것은 항상성 유지 작용이다.

20 그림은 티록신의 분비 조절 과정을 나타낸 것이다. **상**중하

뇌하수체　　갑상샘　　티록신　　세포 호흡 촉진　　조직 세포

이에 대한 설명으로 옳은 것을 〈보기〉에서 모두 고른 것은?

보기
ㄱ. A는 갑상샘 자극 호르몬이다.
ㄴ. 티록신에 의해 열 발생량이 증가한다.
ㄷ. 체온이 정상보다 낮아지면 체온을 높이기 위해 티록신의 분비량이 감소한다.

① ㄱ　　　　② ㄴ　　　　③ ㄱ, ㄴ
④ ㄱ, ㄷ　　⑤ ㄴ, ㄷ

자료 분석 | 정답과 해설 47쪽

21 다음은 체온이 낮아졌을 때 우리 몸에서 일어나는 현상을 나타낸 것이다. 상**중**하

(가) 세포 호흡 촉진
(나) 근육을 떨리게 함
(다) 피부 근처 혈관 수축

신경에 의해 체온이 조절되는 것끼리만 옳게 짝 지은 것은?

① (가)　　　② (나)　　　③ (다)
④ (가), (나)　⑤ (나), (다)

22 [주관식] 다음은 혈당량이 조절되는 과정이다. ㉠~㉢에 알맞은 말을 쓰시오. 상**중**하

혈당량이 높아지면 이자에서 (㉠　　　)이 분비되어 간에서 포도당을 (㉡　　　)으로 합성하여 저장하고, 조직 세포에서의 포도당 흡수가 (㉢　　　)되어 혈당량이 낮아진다.

23 그림은 식사 후와 운동 후 이자에서 분비되는 호르몬 A와 B의 분비량과 혈당량 변화를 나타낸 것이다. **상**중하

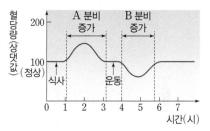

이에 대한 설명으로 옳은 것은?

① A는 글루카곤이다.
② A는 혈당량을 증가시킨다.
③ 이자는 A와 B의 표적 기관이다.
④ B는 간에서 글리코젠의 분해를 촉진한다.
⑤ B가 부족하면 오줌에서 포도당이 검출될 수 있다.

자료 분석 | 정답과 해설 48쪽

24 다음은 땀을 많이 흘려 몸속에 수분량이 감소할 경우 수분량 조절 과정이다. 상**중**하

몸속 수분량 감소 → 뇌하수체에서 (㉠) 분비 촉진 → 콩팥에서 재흡수되는 물의 양 (㉡) → 오줌의 양 (㉢)

㉠~㉢에 알맞은 말을 옳게 짝 지은 것은?

	㉠	㉡	㉢
①	글루카곤	증가	감소
②	항이뇨 호르몬	증가	감소
③	항이뇨 호르몬	감소	증가
④	갑상샘 자극 호르몬	감소	증가
⑤	아드레날린(에피네프린)	증가	감소

25 그림은 거리에 따른 수정체의 두께 변화를 나타낸 것이다. A와 B 중 먼 곳을 볼 때 수정체의 두께를 고르고, 먼 곳을 볼 때 수정체의 두께가 변하는 과정에 대해 서술하시오.

상**중**하

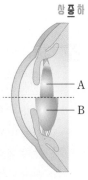

_____

_____

26 그림은 사람 귀의 구조를 나타낸 것이다.

상**중**하

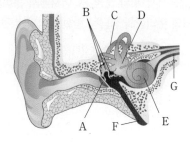

평형 감각에 관여하는 구조의 기호를 모두 쓰고, 각 구조가 감지하는 것을 서술하시오.

_____

_____

27 그림과 같이 자에 2개의 이쑤시개를 테이프로 고정하고 몸의 두 부위에 대어 보았더니 (가) 부위에서는 2개로 느꼈고, (나) 부위에서는 1개로 느꼈다.

상**중**하

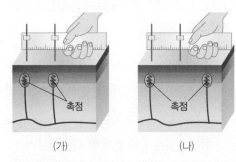

(가)   (나)

위 결과를 통해 알 수 있는 (가)와 (나) 부위의 감각점 분포를 비교하여 서술하시오.

_____

_____

28 그림은 자극에 대한 반응 경로를 나타낸 것이다.

상**중**하

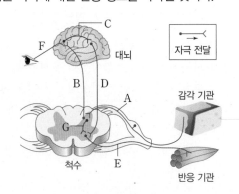

눈을 감고 더듬어서 책상 위의 연필을 집어 드는 반응이 일어나는 경로를 기호로 나열하고, 이 반응의 종류에 대해 반응에 영향을 주는 중추를 포함하여 서술하시오.

_____

_____

29 뇌하수체에서 분비되는 호르몬을 2가지만 쓰고, 그 기능을 서술하시오.

상**중**하

_____

_____

30 그림은 이자에서 분비되는 호르몬에 의해 혈당량이 조절되는 과정을 나타낸 것이다.

상**중**하

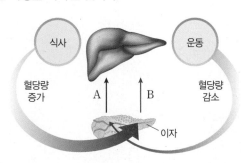

호르몬 A와 B의 이름을 쓰고, 그 기능을 다음 단어를 모두 포함하여 1가지씩 서술하시오.

> 포도당, 글리코젠, 혈당량

_____

_____

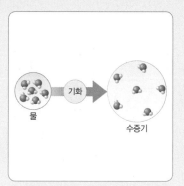

Ⅰ. 화학 반응의 규칙과 에너지 변화
　―물리 변화의 입자 배열 모형

Ⅰ. 화학 반응의 규칙과 에너지 변화
　―화학 변화의 입자 배열 모형

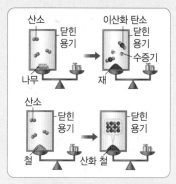

Ⅰ. 화학 반응의 규칙과 에너지 변화
　―닫힌 용기에서 나무와 강철 솜의
　연소 모형

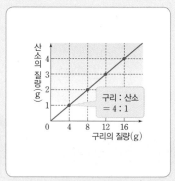

Ⅰ. 화학 반응의 규칙과 에너지 변화
　―구리의 연소 반응에서 구리와
　산소의 질량 관계

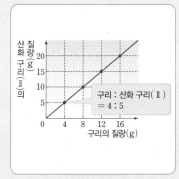

Ⅰ. 화학 반응의 규칙과 에너지 변화
　―구리의 연소 반응에서 구리와
　산화 구리(Ⅱ)의 질량 관계

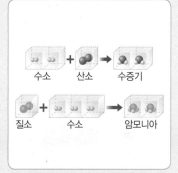

Ⅰ. 화학 반응의 규칙과 에너지 변화
　―수증기와 암모니아 생성 반응의
　모형

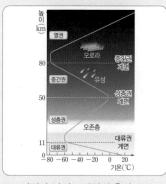

Ⅱ. 기권과 날씨―기권의 층상 구조

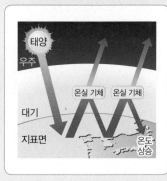

Ⅱ. 기권과 날씨―지구 온난화

Ⅱ. 기권과 날씨―구름의 생성 과정

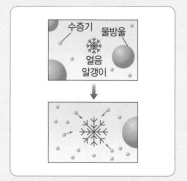

Ⅱ. 기권과 날씨―빙정설

Ⅱ. 기권과 날씨―해륙풍(해풍)

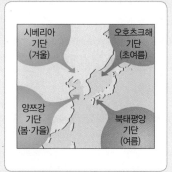

Ⅱ. 기권과 날씨―우리나라 주변의 기
　단

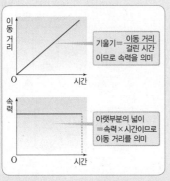

Ⅲ. 운동과 에너지—등속 운동 그래프

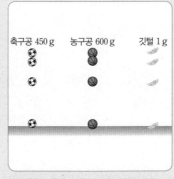

Ⅲ. 운동과 에너지—자유 낙하 운동

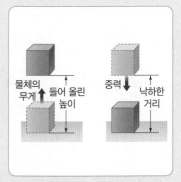

Ⅲ. 운동과 에너지—중력에 대해 한 일과 중력이 한 일

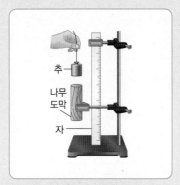

Ⅲ. 운동과 에너지—중력에 의한 위치 에너지의 전환

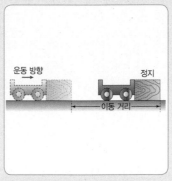

Ⅲ. 운동과 에너지—운동 에너지의 전환

Ⅲ. 운동과 에너지—자동차의 속력과 제동 거리

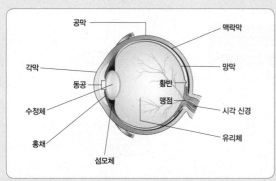

Ⅳ. 자극과 반응—눈의 구조

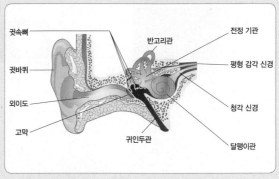

Ⅳ. 자극과 반응—귀의 구조

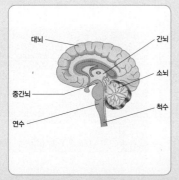

Ⅳ. 자극과 반응—중추 신경계의 구조

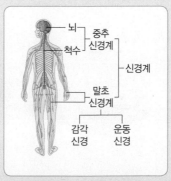

Ⅳ. 자극과 반응—신경계의 구분

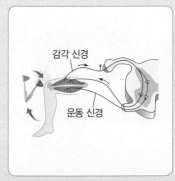

Ⅳ. 자극과 반응—무릎 반사

<<<·····································•

시험 대비
교재

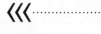

1 물리 변화와 화학 변화

① ❶( ) 변화: 물질의 고유한 성질은 변하지 않으면서 모양이나 상태 등이 변하는 현상

모양 변화	• 종이를 접거나 자른다. • 컵이나 달걀이 깨진다. • 빈 음료수 캔을 찌그러뜨린다.
상태 변화	• 물이 끓는다. • 아이스크림이 녹는다. • 드라이아이스의 크기가 작아지다가 사라진다.
확산	• 물에 잉크가 퍼진다. • 향수병의 뚜껑을 열어 놓으면 향기가 퍼진다.
용해	• 설탕을 물에 넣으면 용해된다.

② ❷( ) 변화: 어떤 물질이 성질이 전혀 다른 새로운 물질로 변하는 현상

열과 빛 발생	• 양초, 종이, 나무 등이 열과 빛을 내며 탄다. • 반딧불이의 몸에서 빛이 난다.
기체 발생	• 달걀 껍데기와 식초가 반응하면 이산화 탄소가 발생한다. • 발포정을 물에 넣으면 기포가 발생한다.
앙금 생성	• 아이오딘화 칼륨 수용액에 질산 납 수용액을 떨어뜨리면 노란색 앙금이 생성된다. • 석회수에 이산화 탄소를 넣으면 뿌옇게 흐려진다.
색깔, 맛, 냄새 변화	• 철이 녹슨다. • 김치가 시어진다. • 깎아 놓은 사과의 색깔이 변한다. • 과일이 익으면서 색깔과 맛이 변한다. • 가을이 되면 단풍잎이 붉은색으로 변한다.

③ 물리 변화와 화학 변화의 입자 배열

구분	물리 변화	화학 변화
입자 배열 변화	기화 물 → 수증기	전기분해 물 → 산소 수소
변하는 것	❸( )의 배열	• ❹( )의 배열 • 분자의 종류 • 물질의 성질
변하지 않는 것	• 원자의 배열 • 원자의 종류와 개수 • 분자의 종류와 개수 • 물질의 성질 • 물질의 전체 질량	• 원자의 종류와 개수 • 물질의 전체 질량

④ 물리 변화와 화학 변화에서 물질의 성질 변화

❺( ) 변화	물질의 성질이 변하지 않는다. ➡ 분자의 배열만 변하고 분자의 종류가 변하지 않기 때문
❻( ) 변화	물질의 성질이 변한다. ➡ 원자의 배열이 변해 분자의 종류가 다른 새로운 물질이 만들어지기 때문

2 화학 반응과 화학 반응식

① 화학 반응: 화학 변화가 일어나 어떤 물질이 다른 물질로 변하는 과정 ➡ 화학 반응이 일어날 때 원자의 종류와 개수는 변하지 않고, ❼( )의 배열이 달라져 새로운 물질이 생성된다.

② ❽( ): 화학식을 사용하여 화학 반응을 나타낸 것
• 반응물: 화학 반응이 일어나기 전의 물질
• 생성물: 화학 반응을 통해 생성된 물질

③ 화학 반응식을 나타내는 방법 문제 공략 4쪽

예 물 생성 반응

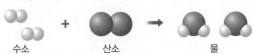

수소   +   산소   →   물

1단계	• 반응물은 화살표의 ❾( )쪽에, 생성물은 화살표의 ❿( )쪽에 적는다. • 반응물과 생성물이 여러 개인 경우 '+'로 연결한다. ➡ 수소+산소 ⟶ 물
2단계	반응물과 생성물을 화학식으로 나타낸다. ➡ $H_2 + O_2 \longrightarrow H_2O$
3단계	• 화살표 양쪽에 있는 ⓫( )의 종류와 개수가 같아지도록 화학식 앞의 계수를 맞춘다. • 계수는 가장 간단한 정수비로 나타내며, ⓬( )은 생략한다. ➡ $2H_2 + O_2 \longrightarrow 2H_2O$

④ 화학 반응식으로 알 수 있는 것: 반응물과 생성물의 종류, 반응물과 생성물을 구성하는 원자(분자)의 종류와 개수, 반응물과 생성물의 입자(분자) 수의 비 등

예 암모니아 생성 반응

$$N_2 + 3H_2 \longrightarrow 2NH_3$$

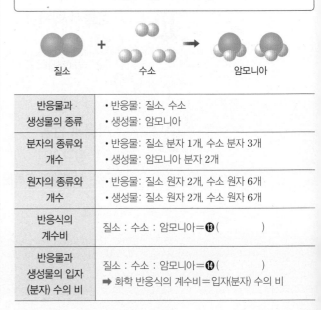

질소   +   수소   →   암모니아

반응물과 생성물의 종류	• 반응물: 질소, 수소 • 생성물: 암모니아
분자의 종류와 개수	• 반응물: 질소 분자 1개, 수소 분자 3개 • 생성물: 암모니아 분자 2개
원자의 종류와 개수	• 반응물: 질소 원자 2개, 수소 원자 6개 • 생성물: 질소 원자 2개, 수소 원자 6개
반응식의 계수비	질소 : 수소 : 암모니아=⓭( )
반응물과 생성물의 입자(분자) 수의 비	질소 : 수소 : 암모니아=⓮( ) ➡ 화학 반응식의 계수비=입자(분자) 수의 비

정답과 해설 **49쪽**

1 물질의 고유한 성질은 변하지 않으면서 모양이나 상태 등이 변하는 현상을 (　　　　) 변화라고 한다.

1 _____

2 어떤 물질이 성질이 전혀 다른 새로운 물질로 변하는 현상을 (　　　　) 변화라고 한다.

2 _____

3 물리 변화의 예는 '물리', 화학 변화의 예는 '화학'이라고 쓰시오.

(1) 종이가 탄다. (　　　)   (2) 철사가 휘어진다. (　　　)
(3) 철이 녹슨다. (　　　)   (4) 물이 얼어 얼음이 된다. (　　　)

3 _____

4 물리 변화에서 변하지 않는 것을 〈보기〉에서 모두 고르시오.

보기
ㄱ. 원자의 종류   ㄴ. 원자의 개수   ㄷ. 분자의 배열
ㄹ. 분자의 종류   ㅁ. 분자의 개수   ㅂ. 물질의 성질

4 _____

5 화학 변화에서는 ㉠(원자 , 분자)의 배열이 변해 분자의 종류가 다른 새로운 물질이 만들어지므로 물질의 성질이 ㉡(변한다 , 변하지 않는다).

5 _____

6 마그네슘 리본을 작게 자르는 과정은 물질의 성질이 변하지 않으므로 (㉠　　　　) 변화이고, 마그네슘 리본을 태우는 과정은 물질의 성질이 변하므로 (㉡　　　　) 변화이다.

6 _____

7 화학식을 사용하여 화학 반응을 나타낸 것을 (　　　　)(이)라고 한다.

7 _____

8 다음 화학 반응식의 ㉠, ㉡에 알맞은 계수를 쓰시오. (단, 계수가 1인 경우는 1로 나타낸다.)

(1) $2H_2O_2 \longrightarrow (㉠\qquad)H_2O + (㉡\qquad)O_2$
(2) $CH_4 + (㉠\qquad)O_2 \longrightarrow CO_2 + (㉡\qquad)H_2O$

8 _____

9 화학 반응식에서 반응물과 생성물의 계수비는 반응하거나 생성되는 물질의 (분자 수 , 원자 수)의 비와 같다.

9 _____

10 오른쪽은 수소와 산소가 반응하여 물이 생성되는 반응을 화학 반응식으로 나타낸 것이다. 수소 분자 4개가 충분한 양의 산소 분자와 반응할 때 생성되는 물 분자의 개수를 구하시오.

$$2H_2 + O_2 \longrightarrow 2H_2O$$

10 _____

- 화학 반응식을 나타내는 방법
❶ 반응물은 화살표의 왼쪽에, 생성물은 화살표의 오른쪽에 적는다.
❷ 반응물과 생성물을 화학식으로 나타낸다.
❸ 화살표 양쪽에 있는 원자의 종류와 개수가 같아지도록 화학식 앞의 계수를 맞춘다.

- 화학 반응식으로 알 수 있는 사실
❶ 반응물과 생성물의 종류, 반응물과 생성물을 구성하는 분자의 종류와 개수, 반응물과 생성물을 구성하는 원자의 종류와 개수
❷ 반응물과 생성물의 입자 수의 비
➡ 화학 반응식의 계수비＝입자(분자) 수의 비

화학 반응식의 계수 완성하는 문제

1 다음 화학 반응식의 빈칸에 알맞은 계수를 쓰시오. (단, 계수가 1인 경우는 1로 나타낸다.)

(1) ( )C＋( )O_2 ⟶ ( )CO_2

(2) ( )N_2＋( )H_2 ⟶ ( )NH_3

(3) ( )Cu＋( )O_2 ⟶ ( )CuO

(4) ( )Na＋( )Cl_2 ⟶ ( )$NaCl$

(5) ( )Mg＋( )O_2 ⟶ ( )MgO

(6) $2Na$＋( )HCl ⟶
　　　　　　( )$NaCl$＋( )H_2

(7) C_3H_8＋( )O_2 ⟶
　　　　　　( )CO_2＋( )H_2O

(8) Na_2CO_3＋( )$CaCl_2$ ⟶
　　　　　　( )$CaCO_3$＋( )$NaCl$

화학 반응식의 계수의 합 구하는 문제

3 다음은 2가지 화학 반응을 화학 반응식으로 나타낸 것이다.

(가) (㉠)N_2＋(㉡)H_2 ⟶
　　　　　　(㉢)NH_3

(나) (㉣)Cu＋(㉤)O_2 ⟶
　　　　　　(㉥)CuO

(1) 위 화학 반응식에서 계수 ㉠~㉥의 합을 구하시오.(단, 계수가 1인 경우 1로 나타낸다.)

(2) (가) 화학 반응식의 각 계수의 합(㉠＋㉡＋㉢)과 (나) 화학 반응식의 각 계수의 합(㉣＋㉤＋㉥)의 크기를 등호나 부등호로 비교하시오.

글로 나타낸 화학 반응을 화학 반응식으로 나타내는 문제

2 다음은 몇 가지 화학 반응을 나타낸 것이다. 각 반응을 화학 반응식으로 나타내시오.

(1) 일산화 탄소(CO)가 연소하면 이산화 탄소(CO_2)가 생성된다.

(2) 과산화 수소(H_2O_2)가 분해되면 물(H_2O)과 산소(O_2)가 생성된다.

(3) 메테인(CH_4)이 연소하면 이산화 탄소(CO_2)와 물(H_2O)이 생성된다.

(4) 질산 은($AgNO_3$)과 염화 나트륨($NaCl$)이 반응하면 염화 은($AgCl$)과 질산 나트륨($NaNO_3$)이 생성된다.

(5) 탄산수소 나트륨($NaHCO_3$)을 가열하면 분해되어 탄산 나트륨(Na_2CO_3), 물(H_2O), 이산화 탄소(CO_2)가 생성된다.

화학 반응식으로 알 수 있는 사실 찾는 문제

4 다음은 수소와 염소가 반응하여 염화 수소가 생성되는 반응을 화학 반응식으로 나타낸 것이다.

$$H_2＋Cl_2 \longrightarrow 2HCl$$

(1) 반응물과 생성물을 구성하는 원자의 종류와 개수를 각각 쓰시오.

(2) 반응물과 생성물을 구성하는 분자 수의 비(수소 : 염소 : 염화 수소)를 쓰시오.

(3) 수소 분자 2개가 완전히 반응할 때 필요한 염소 분자의 최소 개수와 이때 생성되는 염화 수소 분자의 개수를 각각 구하시오.

01 물질의 변화에 대한 설명으로 옳은 것은?

① 물리 변화가 일어날 때는 물질의 고유한 성질이 변한다.
② 화학 변화가 일어날 때는 물질의 모양이나 상태만 변한다.
③ 화학 변화가 일어날 때는 물질의 고유한 성질이 변하지 않는다.
④ 물질의 성질 변화 여부에 따라 물리 변화와 화학 변화로 구분한다.
⑤ 물리 변화가 일어날 때는 새로운 분자가 생성되어 물질의 종류가 변한다.

02 주로 물리 변화가 일어날 때 관찰할 수 있는 현상으로 옳은 것은?

① 앙금이 생성된다.
② 기체가 발생한다.
③ 열과 빛이 발생한다.
④ 물질의 상태가 변한다.
⑤ 색깔이나 맛이 변한다.

출제율 **99%**

03 화학 변화에 대한 설명으로 옳은 것은?

① 원자의 배열이 변하지 않는다.
② 주로 물질의 상태나 모양이 변한다.
③ 분자의 종류와 개수가 변하지 않는다.
④ 철사가 휘어지는 것은 화학 변화이다.
⑤ 분자의 종류가 다른 새로운 물질이 생성된다.

[04~05] 다음은 우리 주변에서 볼 수 있는 여러 가지 물질의 변화를 나타낸 것이다.

> (가) 도자기가 깨진다.
> (나) 나무를 모아 모닥불을 피운다.
> (다) 유리를 녹여 공예품을 만든다.
> (라) 김치가 오래되면 맛이 시어진다.
> (마) 철을 공기 중에 놓아두면 녹슨다.
> (바) 따뜻한 우유에 코코아를 넣어 녹인다.

출제율 **99%** 【주관식】

04 위 (가)~(바)를 물리 변화와 화학 변화로 분류하시오.

05 위 (가)~(바)에서 다음과 같은 특징이 있는 변화를 모두 고른 것은?

> • 물질의 성질이 변한다.
> • 원자의 배열이 변한다.
> • 원자의 종류와 개수가 변하지 않는다.

① (가), (나), (다)　　② (가), (다), (바)
③ (나), (다), (마)　　④ (나), (라), (마)
⑤ (다), (라), (바)

06 화학 변화가 아닌 것은?

① 수소＋산소 ── 물
② 철＋황 ── 황화 철
③ 물＋소금 ── 소금물
④ 철＋산소 ── 산화 철
⑤ 수소＋질소 ── 암모니아

출제율 99%
07 물질 변화의 종류가 나머지와 <u>다른</u> 하나는?

① 오이가 썩는다.
② 빙하가 녹는다.
③ 반딧불이가 빛을 낸다.
④ 딸기가 빨갛게 익는다.
⑤ 잘라 놓은 사과의 색깔이 변한다.

[08~09] 그림은 물질의 2가지 변화를 모형으로 나타낸 것이다.

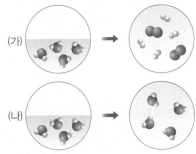

08 (가)와 종류가 같은 변화의 예로 옳은 것은?

① 자동차가 찌그러진다.
② 용광로에서 철이 녹는다.
③ 돌을 쪼개어 조각상을 만든다.
④ 촛불 주위의 양초가 녹아 촛농이 된다.
⑤ 발포정을 물에 넣으면 기포가 발생한다.

09 (나) 변화에 대한 설명으로 옳은 것은?

① 화학 변화이다.
② 분자의 종류가 달라진다.
③ 분자의 배열이 달라진다.
④ 물질의 전체 질량이 달라진다.
⑤ 원자의 종류와 개수가 달라진다.

출제율 99%
10 화학 변화가 일어날 때 변하는 것을 〈보기〉에서 모두 고른 것은?

보기
ㄱ. 원자의 배열   ㄴ. 원자의 종류
ㄷ. 원자의 개수   ㄹ. 분자의 종류
ㅁ. 물질의 성질   ㅂ. 물질의 전체 질량

① ㄱ, ㄴ, ㄷ   ② ㄱ, ㄷ, ㅂ
③ ㄱ, ㄹ, ㅁ   ④ ㄴ, ㄹ, ㅂ
⑤ ㄷ, ㄹ, ㅁ

11 그림은 물에 설탕이 녹아 설탕물이 되는 모습을 모형으로 나타낸 것이다.

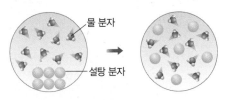

이에 대한 설명으로 옳지 <u>않은</u> 것은?

① 이 현상은 물리 변화이다.
② 물의 분자의 배열이 변한다.
③ 설탕의 원자의 개수가 변한다.
④ 설탕의 성질이 변하지 않는다.
⑤ 물의 분자의 종류가 변하지 않는다.

12 그림은 물 생성 반응을 모형으로 나타낸 것이다.

수소   산소   물

이에 대한 설명으로 옳은 것은?

① 물리 변화이다.
② 물질의 성질이 변하지 않는다.
③ 반응 전후 원자의 종류와 개수가 달라진다.
④ 반응물과 생성물을 구성하는 원자의 배열이 변한다.
⑤ 반응물과 생성물을 구성하는 분자의 종류가 변하지 않는다.

13 다음과 같은 변화가 일어날 때 항상 변하지 <u>않는</u> 것은?

> • 불판 위에 올려놓은 고기가 익는다.
> • 오븐에 넣은 밀가루 반죽이 부풀어 오르면서 빵이 만들어진다.

① 원자의 배열 ② 원자의 종류
③ 분자의 종류 ④ 분자의 개수
⑤ 물질의 성질

14 그림과 같이 페트리 접시에 (가) 마그네슘 리본, (나) 구부린 마그네슘 리본, (다) 마그네슘 리본을 태운 재를 놓은 후, 각각 묽은 염산을 떨어뜨리고 변화를 관찰하였다.

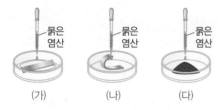

이에 대한 설명으로 옳지 <u>않은</u> 것은?

① (가)와 (나)에서 같은 종류의 기체가 발생한다.
② 마그네슘 리본을 구부려도 마그네슘의 성질이 변하지 않는다.
③ (다)에서는 기체가 발생하지 않는다.
④ 마그네슘 리본을 태우는 과정은 화학 변화이다.
⑤ (가)와 (나)의 결과를 비교하면 화학 변화가 일어날 때 물질의 성질이 변하는지를 알 수 있다.

15 화학 반응을 화학 반응식으로 나타내는 방법에 대한 설명으로 옳지 <u>않은</u> 것은?

① 반응물은 화살표의 왼쪽에 적는다.
② 생성물은 화살표의 오른쪽에 적는다.
③ 반응물과 생성물을 화학식으로 나타낸다.
④ 화살표 양쪽에 있는 분자의 종류와 개수가 같아지도록 화학식 앞의 계수를 맞춘다.
⑤ 계수는 가장 간단한 정수비로 나타내고, 1은 생략한다.

16 다음은 마그네슘을 묽은 염산과 반응시킬 때 일어나는 반응을 나타낸 것이다.

> 마그네슘+염화 수소 ⟶ 염화 마그네슘+수소

이 반응을 화학 반응식으로 옳게 나타낸 것은?

① $Mg + HCl \longrightarrow MgCl_2 + H_2$
② $Mg + 2HCl \longrightarrow MgCl_2 + H_2$
③ $Mg_2 + 2HCl \longrightarrow Mg_2Cl_2 + H_2$
④ $2Mg + HCl \longrightarrow 2MgCl_2 + 2H$
⑤ $2Mg + 4HCl \longrightarrow 2MgCl_2 + 2H_2$

17 다음 반응을 화학 반응식으로 옳게 나타낸 것은?

> 에탄올(C_2H_5OH)과 산소(O_2)가 반응하여 이산화 탄소(CO_2)와 물(H_2O)이 생성된다.

① $C_2H_5OH \longrightarrow O_2 + CO_2 + H_2O$
② $C_2H_5OH + 3O_2 \longrightarrow 2CO_2 + 3H_2O$
③ $2C_2H_5OH + 7O_2 \longrightarrow 4CO_2 + 6H_2O$
④ $2CO_2 + 3H_2O \longrightarrow C_2H_5OH + 7O_2$
⑤ $4CO_2 + 6H_2O \longrightarrow 2C_2H_5OH + 7O_2$

출제율 99%
18 화학 반응식을 나타낸 것으로 옳지 <u>않은</u> 것은?

① $2Ag_2O \longrightarrow 4Ag + O_2$
② $2Na + Cl_2 \longrightarrow 2NaCl$
③ $2NaN_3 \longrightarrow 2Na + 2N_2$
④ $Zn + 2HCl \longrightarrow ZnCl_2 + H_2$
⑤ $CaCO_3 + 2HCl \longrightarrow CaCl_2 + CO_2 + H_2O$

【주관식】

19 다음은 프로페인(C_3H_8)의 연소 반응을 화학 반응식으로 나타낸 것이다.

$$C_3H_8 + aO_2 \longrightarrow bCO_2 + cH_2O$$

계수 $a \sim c$의 합($a+b+c$)을 구하시오.

출제율 99%

20 화학 반응식을 통해 알 수 있는 것을 〈보기〉에서 모두 고른 것은?

┌─ 보기 ┐
ㄱ. 반응물과 생성물의 종류
ㄴ. 반응물과 생성물의 분자 수의 비
ㄷ. 반응물과 생성물을 구성하는 원자의 크기
ㄹ. 반응물과 생성물을 구성하는 원자의 종류
└─────┘

① ㄱ, ㄴ   ② ㄱ, ㄷ   ③ ㄷ, ㄹ
④ ㄱ, ㄴ, ㄹ   ⑤ ㄴ, ㄷ, ㄹ

21 그림은 과산화 수소의 분해 반응을 모형으로 나타낸 것이다.

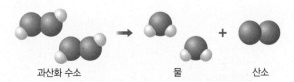

과산화 수소   물   산소

이 반응을 화학 반응식으로 옳게 나타낸 것은?

① $H_2O_2 \longrightarrow H_2O + O_2$
② $H_2O_2 \longrightarrow 2H_2O + O_2$
③ $2H_2O_2 \longrightarrow 2H_2O + O_2$
④ $2H_2O_2 \longrightarrow H_2O + 2O_2$
⑤ $2H_2O_2 \longrightarrow H_2O + 2O$

출제율 99%

22 다음 화학 반응식에 대한 설명으로 옳지 <u>않은</u> 것은?

$$N_2 + 3H_2 \longrightarrow 2NH_3$$

① 반응 전후 원자의 종류가 같다.
② 반응 후 분자의 개수가 감소한다.
③ 질소와 수소가 반응하여 암모니아가 생성된다.
④ 암모니아 분자 2개를 얻기 위해 수소 원자 3개가 필요하다.
⑤ 반응하는 분자 수의 비는 질소 : 수소 : 암모니아 $=1 : 3 : 2$이다.

【주관식】

23 다음은 수소와 산소가 반응하여 물이 생성되는 반응을 화학 반응식으로 나타낸 것이다.

$$2H_2 + O_2 \longrightarrow 2H_2O$$

수소 분자 40개와 산소 분자 20개가 반응할 때 생성되는 물 분자의 개수를 구하시오.

24 그림은 어떤 화학 반응을 모형으로 나타낸 것이다.

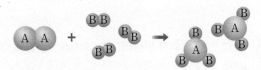

이에 대한 설명으로 옳은 것은?

① 반응물의 원자의 전체 개수는 4개이다.
② 생성물의 분자의 개수는 8개이다.
③ A 원자 2개와 B 원자 3개가 반응한다.
④ 이 반응의 화학 반응식은 $2A + 6B \longrightarrow A_2B_6$이다.
⑤ A_2 분자 1개를 반응시키기 위해 B_2 분자 3개가 필요하다.

고난도 문제

25 철 가루 7 g과 황가루 4 g으로 그림과 같이 실험하였더니 A에서는 철 가루가 자석에 붙고, C에서는 자석에 붙는 물질이 없으며, B와 D에서는 서로 다른 종류의 기체가 발생하였다.

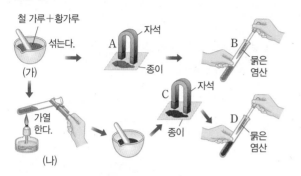

이에 대한 설명으로 옳은 것을 〈보기〉에서 모두 고른 것은?

┌─ 보기 ─────────────────────────┐
ㄱ. (가)에서는 화학 변화가, (나)에서는 물리 변화가 일어난다.
ㄴ. A와 C에서 종이 위의 물질은 모두 철 가루와 황 가루의 성질을 그대로 가지고 있다.
ㄷ. B와 D의 시험관에서는 원자의 배열이 변하는 변화가 일어난다.
└──────────────────────────────┘

① ㄱ   ② ㄷ   ③ ㄱ, ㄴ
④ ㄱ, ㄷ   ⑤ ㄴ, ㄷ

자료 분석 | 정답과 해설 51쪽

26 그림은 어떤 물질 (가)가 연소하여 물과 이산화 탄소가 생성되는 반응을 모형으로 나타낸 것이다.

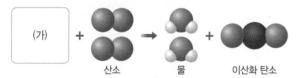

산소   물   이산화 탄소

이에 대한 설명으로 옳은 것을 〈보기〉에서 모두 고른 것은?

┌─ 보기 ─────────────────────────┐
ㄱ. 물질 (가)는 산소와 탄소로 이루어진 화합물이다.
ㄴ. 물질 (가)를 구성하는 원자의 총 개수는 5개이다.
ㄷ. 빈칸에 들어가는 물질 (가)의 분자 모형의 개수는 1개이다.
ㄹ. 물질 (가) 분자 3개가 완전히 연소하면 물 분자 3 개가 생성된다.
└──────────────────────────────┘

① ㄱ, ㄴ   ② ㄴ, ㄷ   ③ ㄷ, ㄹ
④ ㄱ, ㄴ, ㄹ   ⑤ ㄱ, ㄷ, ㄹ

자료 분석 | 정답과 해설 51쪽

서술형 문제

27 표는 우리 주변에서 볼 수 있는 몇 가지 변화를 (가)와 (나)로 분류한 것이다.

(가)		(나)	
포도가 익는다.	김치의 맛이 시어진다.	달걀이 깨진다.	아이스크림이 녹는다.

(1) (가)와 (나)로 분류한 기준을 변화의 종류와 관련지어 서술하시오.

_____

(2) (1)에서 답한 것과 같이 분류한 까닭을 물질의 성질과 관련지어 서술하시오.

_____

28 다음은 설탕 과자를 만드는 과정을 나타낸 것이다.

┌──────────────────────────────┐
(가) 설탕을 가열했더니 설탕이 녹아 액체 설탕이 되었다.
(나) 액체 설탕에 베이킹파우더를 조금 넣었더니 색깔이 바뀌면서 부풀어 올랐다.
(다) (나)에서 부풀어 오른 설탕을 납작하게 눌러 굳혀 설탕 과자를 완성했다.
└──────────────────────────────┘

(가)~(다)를 물리 변화와 화학 변화로 구분하고, 그 까닭을 서술하시오.

_____

_____

29 그림은 어떤 화학 반응을 모형으로 나타낸 것이다. 이 반응을 화학 반응식으로 나타내시오. (단, 의 원소 기호는 A, 의 원소 기호는 B로 나타내고, 화학식은 알파벳 순서로 쓴다.)

_____

_____

1 질량 보존 법칙　　　　　　　문제 공략 12쪽

① ❶( ) 법칙: 화학 반응이 일어날 때 반응물의 전체 질량과 생성물의 전체 질량은 항상 같다.
- 성립하는 까닭: 화학 반응이 일어날 때 물질을 구성하는 원자의 ❷( )와 개수는 변하지 않기 때문
- 성립하는 변화: 물리 변화와 화학 변화에서 모두 성립한다.

② 여러 가지 화학 반응에서 질량 변화
- 앙금 생성 반응: 예 염화 나트륨 수용액과 질산 은 수용액의 반응

화학 반응	염화 나트륨 수용액과 질산 은 수용액이 반응하면 흰색의 염화 은 앙금이 생성된다. 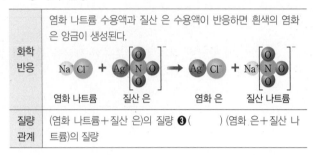 염화 나트륨　　질산 은　　　　염화 은　　질산 나트륨
질량 관계	(염화 나트륨＋질산 은)의 질량 ❸( ) (염화 은＋질산 나트륨)의 질량

- 기체 발생 반응: 예 탄산 칼슘과 묽은 염산의 반응

화학 반응	탄산 칼슘과 묽은 염산이 반응하면 염화 칼슘과 물이 생성되고, 이산화 탄소 기체가 발생한다. 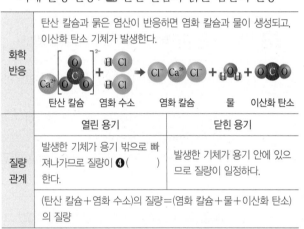 탄산 칼슘　　염화 수소　　염화 칼슘　　물　　이산화 탄소	
	열린 용기	닫힌 용기
질량 관계	발생한 기체가 용기 밖으로 빠져나가므로 질량이 ❹( )한다.	발생한 기체가 용기 안에 있으므로 질량이 일정하다.
	(탄산 칼슘＋염화 수소)의 질량＝(염화 칼슘＋물＋이산화 탄소)의 질량	

- 연소 반응

나무의 연소		
화학 반응	나무＋산소 ⟶ 재＋이산화 탄소＋수증기	
	열린 용기	닫힌 용기
질량 관계	발생한 기체가 용기 밖으로 빠져나가므로 질량이 ❺( )한다.	발생한 기체가 용기 안에 있으므로 질량이 일정하다.
	(나무＋산소)의 질량＝(재＋이산화 탄소＋수증기)의 질량	

강철 솜의 연소		
화학 반응	철＋산소 ⟶ 산화 철	
	열린 용기	닫힌 용기
질량 관계	철이 공기 중의 산소와 결합하므로 질량이 ❻( )한다.	결합한 산소의 질량을 합하면 질량이 일정하다.
	(철＋산소)의 질량＝산화 철의 질량	

2 일정 성분비 법칙　　　　　　문제 공략 12쪽

① ❼( ) 법칙: 화합물을 구성하는 성분 원소 사이에는 항상 일정한 질량비가 성립한다.
- 성립하는 까닭: 화합물이 생성될 때 원자는 일정한 개수비로 결합하기 때문
- 성립하는 물질: 혼합물에서는 성립하지 않고 ❽( )에서만 성립한다.

② 모형을 이용한 일정 성분비 법칙의 이해

(원자의 상대적 질량은 수소: 1, 탄소: 12, 질소: 14, 산소: 16이다.)

구분	물	이산화 탄소	암모니아
모형			
구성 원소	수소, 산소	탄소, 산소	질소, 수소
원자의 개수	수소 원자 2개, 산소 원자 1개	탄소 원자 1개, 산소 원자 2개	질소 원자 1개, 수소 원자 3개
원자의 개수비	수소 : 산소＝ ❾( )	탄소 : 산소＝ ❿( )	질소 : 수소＝ ⓫( )
질량비	수소 : 산소＝ ⓬( )	탄소 : 산소＝3 : 8	질소 : 수소＝ 14 : 3

③ 물 생성 반응에서 질량비: 수소와 산소를 혼합한 기체에 전기 불꽃을 가하면 수소 기체와 산소 기체가 항상 1 : 8의 질량비로 반응하여 물이 생성된다.

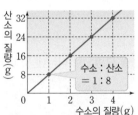
　　　수소　＋　산소　⟶　　물
질량비 ➡　1　:　8　:　⓭( )

▲ 수소와 산소의 질량 관계

④ 구리의 연소 반응에서 질량비: 구리를 가열하면 구리와 공기 중의 산소가 항상 ⓮( )의 질량비로 반응하여 산화 구리(Ⅱ)가 생성된다.

　　　구리　＋　산소　⟶　산화 구리(Ⅱ)
질량비 ➡　4　:　1　:　5

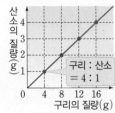

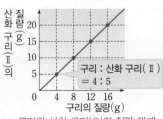

▲ 구리와 산소의 질량 관계　　　　▲ 구리와 산화 구리(Ⅱ)의 질량 관계

정답과 해설 **52**쪽

답안지

1 화학 반응 전후에 반응물의 전체 질량과 생성물의 전체 질량이 같은 까닭은 화학 반응이 일어날 때 물질을 구성하는 원자의 (㉠　　　　)과/와 (㉡　　　　)이/가 일정하기 때문이다.

1 _____

_____

2 질량 보존 법칙이 성립하는 현상을 〈보기〉에서 모두 고르시오.

보기
ㄱ. 종이를 태운다.　　　　　　ㄴ. 철에 녹이 슨다.
ㄷ. 설탕을 물에 녹인다.　　　　ㄹ. 아이스크림이 녹는다.

2 _____

_____

3 다음 반응에서 반응물과 생성물의 질량 관계를 빈칸에 등호나 부등호를 넣어 나타내시오.

염화 나트륨 + 질산 은　──→　염화 은 + 질산 나트륨
　(가)　 + 　(나)　 (　　　)　(다)　 + 　(라)

3 _____

_____

4 열린 용기에서 다음 반응이 일어날 때 반응 후에 질량이 증가하면 '증가', 감소하면 '감소', 일정하면 '일정'이라고 쓰시오.

(1) 강철 솜을 연소시킨다.　　　　　　　　　　　　(　　)
(2) 묽은 염산에 탄산 칼슘을 넣는다.　　　　　　　(　　)
(3) 염화 나트륨 수용액과 질산 은 수용액을 섞는다.　(　　)

4 _____

_____

5 과산화 수소 34 g을 분해하였더니 물 18 g과 산소 기체가 생성되었다. 이때 생성된 산소 기체의 질량을 구하시오.

5 _____

_____

6 일정 성분비 법칙이 성립하는 물질을 〈보기〉에서 모두 고르시오.

보기
ㄱ. 물　　　　　ㄴ. 설탕물　　　　　ㄷ. 공기　　　　　ㄹ. 이산화 탄소

6 _____

_____

7 그림은 암모니아를 모형으로 나타낸 것이다. 암모니아를 구성하는 질소와 수소의 질량비(질소 : 수소)를 구하시오. (단, 원자의 상대적 질량은 수소: 1, 질소: 14이다.)

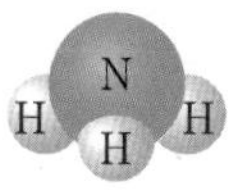

7 _____

_____

8 수소 기체 4 g과 산소 기체 24 g을 반응시켰더니 수소 기체 1 g이 남고, 물 27 g이 생성되었다. 이때 반응하는 수소와 산소의 질량비(수소 : 산소)를 구하시오.

8 _____

_____

9 구리 가루 2.0 g을 도가니에 넣고 가열하였더니 산화 구리(Ⅱ) 2.5 g이 생성되었다. 반응하는 구리와 산소의 질량비(구리 : 산소)를 구하시오.

9 _____

_____

10 마그네슘 3 g을 산소와 완전히 반응시켰더니 산화 마그네슘 5 g이 생성되었다. 마그네슘 12 g과 산소 12 g을 완전히 반응시킬 때 반응하지 않고 남는 물질의 종류와 질량을 구하시오.

10 _____

_____

- 질량 보존 법칙
  화학 반응이 일어날 때 반응물의 전체 질량과 생성물의 전체 질량은 항상 같다.

- 일정 성분비 법칙
  화합물을 구성하는 성분 원소 사이에는 항상 일정한 질량비가 성립한다.

글로 자료가 제시된 문제

1 염화 칼슘 수용액 25 g과 탄산 나트륨 수용액 20 g을 섞었더니 흰색 앙금이 생겼다. 이때 혼합 용액의 질량을 구하시오.

2 물이 분해되면 수소 기체와 산소 기체가 생성된다. 물 36 g이 모두 분해되어 수소 기체 4 g이 발생했을 때 발생한 산소 기체의 질량을 구하시오.

그래프로 자료가 제시된 문제

3 그림은 공기 중에서 마그네슘을 가열할 때 반응하는 마그네슘과 산소의 질량 관계를 나타낸 것이다.

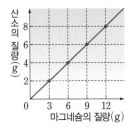

(1) 반응하는 마그네슘과 산소의 질량비(마그네슘 : 산소)를 구하시오.

(2) 마그네슘 15 g이 반응할 때 생성되는 산화 마그네슘의 질량을 구하시오.

4 그림은 공기 중에서 구리를 가열할 때 반응하는 구리와 생성되는 산화 구리(Ⅱ)의 질량 관계를 나타낸 것이다. 구리 6 g이 완전히 반응하기 위해 필요한 산소의 최소 질량과 생성되는 산화 구리(Ⅱ)의 질량을 각각 구하시오.

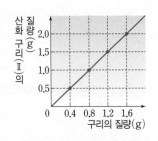

5 그림은 암모니아를 구성하는 질소와 수소의 질량 관계를 나타낸 것이다. 암모니아 1.7 g을 만들기 위해 필요한 질소와 수소의 질량을 각각 구하시오.

표로 자료가 제시된 문제

6 표는 수소 기체와 산소 기체를 반응시켜 물을 생성할 때 반응하는 두 기체의 질량 관계를 나타낸 것이다.

실험	반응 전 기체의 질량(g)		반응 후 남은 기체의 종류와 질량(g)
	수소	산소	
1	0.2	2.0	㉠
2	0.4	3.2	없음

(1) 반응하는 수소와 산소의 질량비(수소 : 산소)를 구하시오.

(2) ㉠을 구하시오.

7 표는 마그네슘의 연소 반응에서 반응한 마그네슘과 생성된 산화 마그네슘의 질량 관계를 나타낸 것이다.

마그네슘의 질량(g)	0.3	0.6	0.9	1.2
산화 마그네슘의 질량(g)	0.5	1.0	1.5	2.0

(1) 반응하는 마그네슘과 산소의 질량비(마그네슘 : 산소)를 구하시오.

(2) 마그네슘 3.3 g을 완전히 연소시킬 때 필요한 산소의 최소 질량을 구하시오.

01 질량 보존 법칙이 성립하는 변화를 〈보기〉에서 모두 고른 것은?

┌─ 보기 ────────────────────┐
ㄱ. 강철 솜을 가열한다.
ㄴ. 소금을 물에 녹인다.
ㄷ. 물이 얼어 얼음이 된다.
ㄹ. 달걀 껍데기에 식초를 떨어뜨린다.
└──────────────────────────┘

① ㄱ, ㄷ　　　② ㄴ, ㄹ　　　③ ㄱ, ㄴ, ㄹ
④ ㄴ, ㄷ, ㄹ　　⑤ ㄱ, ㄴ, ㄷ, ㄹ

02 다음 변화에서 공통으로 성립하는 법칙은?

┌──────────────────────────┐
• 강철 솜을 가열하면 산화 철이 된다.
• 암모니아를 물에 녹이면 암모니아수가 된다.
• 질소와 수소가 반응하여 암모니아가 생성된다.
└──────────────────────────┘

① 보일 법칙　　　　② 샤를 법칙
③ 질량 보존 법칙　　④ 일정 성분비 법칙
⑤ 기체 반응 법칙

출제율 99%
03 그림과 같이 염화 나트륨 수용액과 질산 은 수용액을 각각 담은 시험관을 비커에 넣어 전체 질량을 측정한 후, 두 수용액을 섞어 반응시킨 다음 다시 전체 질량을 측정하였다.

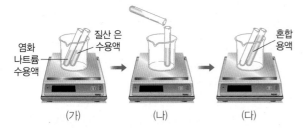

이에 대한 설명으로 옳지 <u>않은</u> 것은?

① (가)와 (다)의 질량이 같다.
② 흰색 앙금인 염화 은이 생성된다.
③ (나)에서 반응이 일어나면 물질의 성질이 변한다.
④ (나)에서 두 물질을 섞으면 화학 변화가 일어난다.
⑤ (다)에서 반응 후 시험관의 입구를 막으면 질량이 증가한다.

04 질량 보존 법칙에 대한 설명으로 옳지 <u>않은</u> 것은?

① 물리 변화에서 성립한다.
② 앙금 생성 반응에서 성립한다.
③ 기체 발생 반응에서 성립한다.
④ 반응물의 전체 질량과 생성물의 전체 질량이 같다.
⑤ 질량 보존 법칙이 성립하는 까닭은 반응 전후 분자의 종류와 개수가 변하지 않기 때문이다.

05 다음은 탄산수소 나트륨을 가열할 때 일어나는 반응을 나타낸 것이다.

┌──────────────────────────────────────┐
탄산수소 나트륨 ──→ 탄산 나트륨＋이산화 탄소＋물
└──────────────────────────────────────┘

탄산수소 나트륨의 질량과 같은 것은?

① 탄산 나트륨의 질량
② (탄산 나트륨＋물)의 질량
③ (탄산 나트륨＋이산화 탄소)의 질량
④ (탄산 나트륨＋물－이산화 탄소)의 질량
⑤ (탄산 나트륨＋이산화 탄소＋물)의 질량

06 그림은 탄산 나트륨 수용액과 염화 칼슘 수용액의 반응을 모형으로 나타낸 것이다.

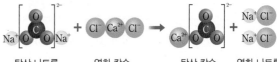

이에 대한 설명으로 옳은 것을 모두 고르면? (2개)

① 반응 전후 물질의 종류가 같다.
② 반응 후 원자의 개수가 증가한다.
③ 질량 보존 법칙을 설명할 수 없다.
④ 반응 전후 원자의 종류가 변하지 않는다.
⑤ 반응물의 전체 질량과 생성물의 전체 질량이 같다.

【주관식】

07 그림과 같이 탄산 칼슘과 묽은 염산을 반응시키면서 반응 전후 질량을 측정하였다.

(가) 반응 전   (나) 반응 후   (다) 뚜껑을 연 후

이에 대한 설명으로 옳은 것을 〈보기〉에서 모두 고르시오.

보기
ㄱ. (나)에서 앙금이 생성된다.
ㄴ. (가)~(다)의 질량은 모두 같다.
ㄷ. 이 반응에서 질량 보존 법칙이 성립한다.

【주관식】

08 그림과 같이 묽은 염산이 들어 있는 삼각 플라스크와 금속 아연의 질량을 측정한 후, 아연을 묽은 염산에 넣어 완전히 반응시킨 다음 다시 질량을 측정하였다. 반응 전 전체 질량이 32.5 g이고, 반응 후 전체 질량이 31.9 g이라면 발생한 수소 기체의 질량을 구하시오.

묽은 염산
아연

09 다음은 열린 용기에서 연소 반응이 일어날 때의 질량 변화에 대한 설명이다.

(가) 나무를 연소시키고 남은 재의 질량은 태우기 전 나무의 질량보다 작다.
(나) 마그네슘을 연소시켰을 때 생기는 산화 마그네슘의 질량은 태우기 전 마그네슘의 질량보다 크다.

이에 대한 설명으로 옳은 것을 〈보기〉에서 모두 고른 것은?

보기
ㄱ. 나무가 연소하면 기체가 발생한다.
ㄴ. 마그네슘은 공기 중의 산소와 결합하여 질량이 증가한다.
ㄷ. 두 반응 모두 질량 보존 법칙이 성립하지 않는다.

① ㄱ   ② ㄷ   ③ ㄱ, ㄴ
④ ㄴ, ㄷ   ⑤ ㄱ, ㄴ, ㄷ

10 그림과 같이 공기 중에서 강철 솜을 가열하여 연소시켰다. 이에 대한 설명으로 옳은 것은?

강철 솜

① 연소 후 기체가 발생한다.
② 연소 후 생성된 물질은 자석에 붙는다.
③ 강철 솜이 공기 중의 질소와 결합하는 반응이 일어난다.
④ 연소 후 강철 솜의 질량이 늘어나므로 질량 보존 법칙이 성립하지 않는다.
⑤ 강철 솜의 연소 반응이 일어나도 반응 전후 원자의 종류와 개수가 변하지 않는다.

11 열린 용기에서 반응이 일어날 때 반응 전후 질량이 변하지 않는 것은?

① 숯을 연소시킨다.
② 탄산수소 나트륨에 열을 가해 분해시킨다.
③ 묽은 염산에 탄산 칼슘을 넣어 반응시킨다.
④ 묽은 염산에 달걀 껍데기를 넣어 반응시킨다.
⑤ 염화 나트륨 수용액과 질산 은 수용액을 반응시킨다.

출제율 99%

12 다음은 몇 가지 반응을 나타낸 것이다.

(가) 나무를 연소시킨다.
(나) 강철 솜을 연소시킨다.
(다) 묽은 염산에 금속 아연을 넣어 반응시킨다.
(라) 탄산 나트륨 수용액과 염화 칼슘 수용액을 반응시킨다.

이 반응이 열린 용기에서 일어날 때 질량이 증가하는 경우와 감소하는 경우를 각각 모두 골라 옳게 나타낸 것은?

	증가	감소
①	(가)	(나), (다)
②	(나)	(가), (다)
③	(나)	(가), (다), (라)
④	(나), (다)	(라)
⑤	(나), (라)	(가), (다)

13 다음 법칙이 성립하는 물질끼리 옳게 짝 지은 것은?

> 화합물을 구성하는 성분 원소 사이에는 항상 일정한 질량비가 성립한다.

① 물, 소금물, 나트륨
② 우유, 산소, 메테인
③ 공기, 과산화 수소, 철
④ 암모니아, 이산화 탄소, 물
⑤ 흙탕물, 탄산음료, 산화 마그네슘

14 그림은 일산화 탄소와 이산화 탄소를 모형으로 나타낸 것이다.

일산화 탄소　　　이산화 탄소

이에 대한 설명으로 옳지 <u>않은</u> 것은? (단, 원자의 상대적 질량은 탄소: 12, 산소: 16이다.)

① 일산화 탄소와 이산화 탄소의 성질은 다르다.
② 일산화 탄소와 이산화 탄소는 성분 원소의 종류가 같다.
③ 일산화 탄소와 이산화 탄소는 성분 원자의 개수비가 다르다.
④ 일산화 탄소를 구성하는 원자의 개수비는 탄소 : 산소=1 : 1이다.
⑤ 이산화 탄소를 구성하는 탄소와 산소의 질량비는 3 : 4이다.

[주관식]
15 그림과 같이 파란색 공(A) 10개와 빨간색 공(B) 6개가 있다.

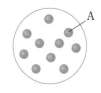 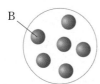

A와 B를 이용하여 어떤 화합물의 모형을 만들었더니 최대 5개를 만들었고, B 1개가 남았다. 이 화합물을 구성하는 A와 B의 개수비(A : B)를 구하시오.

출제율 99%
16 그림은 볼트(B) 10개와 너트(N) 14개를 이용하여 화합물 모형 BN_2를 만드는 과정을 나타낸 것이다.

B　　　2N　　　BN_2

이에 대한 설명으로 옳은 것을 〈보기〉에서 모두 고른 것은? (단, 볼트 1개의 질량은 5 g, 너트 1개의 질량은 2 g이다.)

> 보기
> ㄱ. 최대한 만들 수 있는 화합물은 5개이다.
> ㄴ. 화합물을 최대한 만들고 볼트 5개가 남는다.
> ㄷ. 화합물 BN_2는 일정 성분비 법칙이 성립한다.
> ㄹ. 화합물을 구성하는 볼트와 너트의 질량비는 5 : 4 이다.

① ㄱ, ㄴ　　　② ㄱ, ㄷ　　　③ ㄷ, ㄹ
④ ㄱ, ㄴ, ㄷ　　　⑤ ㄴ, ㄷ, ㄹ

17 표는 물질 A와 B가 반응하여 화합물 AB가 생성될 때 반응하는 물질 A와 B의 질량 관계를 나타낸 것이다.

실험	반응 전 물질의 질량(g)		반응 후 남은 물질의 종류와 질량(g)
	A	B	
1	2.0	1.0	B, 0.2
2	4.0	1.4	A, 0.5

물질 A 5.0 g과 물질 B 3.0 g이 완전히 반응할 때 생성되는 화합물 AB의 질량은?

① 4.5 g　　　② 5.0 g　　　③ 6.0 g
④ 7.0 g　　　⑤ 8.0 g

18 수소와 산소는 1 : 8의 질량비로 반응하여 물을 생성한다. 다음의 수소와 산소를 완전히 반응시킬 때 생성되는 물의 양이 가장 많은 경우는?

① 수소 2 g, 산소 20 g　　　② 수소 3 g, 산소 35 g
③ 수소 4 g, 산소 30 g　　　④ 수소 5 g, 산소 25 g
⑤ 수소 5 g, 산소 20 g

19 그림은 황화 철을 구성하는 철과 황의 질량 관계를 나타낸 것이다. 황화 철 33 g을 만들기 위해 필요한 철과 황의 질량을 옳게 나타낸 것은?

철 4.0
철 7.0

	철	황		철	황
①	11 g	22 g	②	12 g	21 g
③	21 g	12 g	④	22 g	11 g
⑤	25 g	8 g			

20 구리를 공기 중에서 가열하면 산화 구리(Ⅱ)가 생성된다. 일정량의 구리를 가열할 때 시간에 따라 생성된 산화 구리(Ⅱ)의 질량 변화를 나타낸 그래프로 옳은 것은?

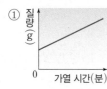
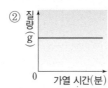
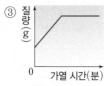
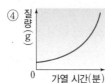
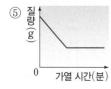

출제율 99%

21 표는 구리와 산소가 반응하여 산화 구리(Ⅱ)가 생성될 때 구리와 산화 구리(Ⅱ)의 질량 관계를 나타낸 것이다.

구리의 질량(g)	2	4	6	8
산화 구리(Ⅱ)의 질량	2.5	5	7.5	10

구리를 연소시켜 산화 구리(Ⅱ) 1 g을 얻기 위해 필요한 산소의 최소 질량은?

① 0.1 g   ② 0.2 g   ③ 0.3 g
④ 0.5 g   ⑤ 0.6 g

출제율 99%

22 그림은 마그네슘을 연소시킬 때 반응한 마그네슘과 생성된 산화 마그네슘의 질량 관계를 나타낸 것이다. 이에 대한 설명으로 옳지 않은 것은?

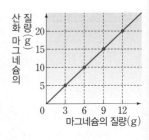

① 반응한 마그네슘과 산소의 질량비는 3 : 2이다.
② 산화 마그네슘 30 g에 들어 있는 산소의 질량은 18 g 이다.
③ 마그네슘 15 g을 모두 연소시키면 산화 마그네슘 25 g이 생성된다.
④ 반응한 마그네슘과 생성된 산화 마그네슘 사이에는 일정한 질량비가 성립한다.
⑤ 반응하는 마그네슘의 질량이 증가하면 생성되는 산화 마그네슘의 질량도 증가한다.

23 표는 6개의 시험관 A~F에 10 % 아이오딘화 칼륨 수용액을 6 mL씩 넣고, 10 % 질산 납 수용액을 각각 0, 2, 4, 6, 8, 10 mL씩 넣었을 때 생성되는 앙금의 높이를 나타낸 것이다.

시험관	A	B	C	D	E	F
아이오딘화 칼륨 수용액의 부피(mL)	6	6	6	6	6	6
질산 납 수용액의 부피(mL)	0	2	4	6	8	10
앙금의 높이(mm)	0	1	2	3	3	3

이에 대한 설명으로 옳은 것은?

① 흰색의 질산 칼륨 앙금이 생성된다.
② 일정량의 아이오딘화 칼륨과 반응하는 질산 납의 양은 일정하다.
③ 넣어 주는 질산 납 수용액의 양이 많을수록 생성되는 앙금의 높이가 높아진다.
④ 시험관 C에 아이오딘화 칼륨 수용액을 더 넣으면 앙금의 높이가 더 높아진다.
⑤ 시험관 D 이후에 앙금의 높이가 일정해지는 것은 더 이상 반응할 질산 납이 없기 때문이다.

24 표는 어떤 원소 A와 B로 이루어진 화합물 (가)와 (나)의 질량과 각 화합물에 들어 있는 A의 질량을 나타낸 것이다.

화합물	화합물의 질량(g)	화합물에 들어 있는 A의 질량(g)
(가)	30	14
(나)	76	28

화합물 (가)를 AB로 나타낸다면 화합물 (나)의 화학식으로 옳은 것은?

① AB
② AB_2
③ A_2B
④ AB_3
⑤ A_2B_3

자료 분석 | 정답과 해설 54쪽

25 그림은 어떤 금속 M 가루 2.0 g을 도가니에 넣고 가열했을 때 가열 시간에 따른 도가니 속 물질의 질량을 나타낸 것이다.

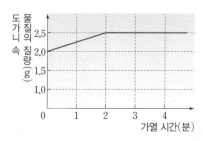

이에 대한 설명으로 옳은 것을 〈보기〉에서 모두 고른 것은? (단, M은 임의의 원소 기호이다.)

보기
ㄱ. 반응한 금속 M과 생성된 물질의 질량비는 4 : 5 이다.
ㄴ. 금속 M 가루 10 g을 도가니에 넣고 충분히 가열할 때 생성되는 물질의 질량은 12.5 g이다.
ㄷ. 금속 M 가루 3.0 g을 도가니에 넣고 가열하면 도가니 속 물질의 질량이 일정해지는 시간이 2분보다 짧아진다.
ㄹ. 금속 M을 가열했을 때 생성된 물질의 화학식이 MO라고 할 때 금속 M 원자 1개와 산소 원자 1개의 질량비는 2 : 1이다.

① ㄱ, ㄴ
② ㄱ, ㄹ
③ ㄴ, ㄷ
④ ㄱ, ㄷ, ㄹ
⑤ ㄴ, ㄷ, ㄹ

자료 분석 | 정답과 해설 54쪽

26 그림과 같이 도가니에 각각 구리 가루와 숯가루를 넣고 공기 중에서 가열했을 때, 각 도가니의 질량 변화를 그 까닭을 포함하여 서술하시오.

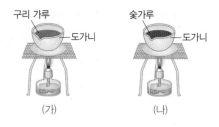

_____

_____

27 그림과 같이 묽은 염산이 담긴 삼각 플라스크의 입구에 탄산 칼슘이 든 고무풍선을 씌우고 질량을 측정한 다음, 탄산 칼슘과 묽은 염산을 반응시킨 후 다시 질량을 측정하였다.

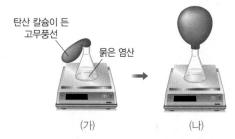

(1) (가)와 (나)의 질량을 비교하고, (나)에서 고무풍선이 부풀어 오른 까닭을 서술하시오.

_____

(2) (나)에서 고무풍선을 제거했을 때의 질량 변화를 쓰고, 그 까닭을 서술하시오.

_____

28 다음 중 일정 성분비 법칙이 성립하지 않는 물질을 모두 고르고, 그 까닭을 서술하시오.

산화 구리(Ⅱ), 과산화 수소, 설탕물, 염화 수소

_____

_____

정답과 해설 **55**쪽

1 기체 반응 법칙　　　　　문제 공략 20쪽

① ❶(　　　) 법칙: 일정한 온도와 압력에서 기체가 반응하여 새로운 기체를 생성할 때 각 기체의 부피 사이에는 간단한 정수비가 성립한다.

· 성립하는 반응: 반응물과 생성물이 모두 ❷(　　　)인 경우에만 성립한다.

· 수증기 생성 반응에서 부피 관계: 일정한 온도와 압력에서 수소 기체와 산소 기체가 반응하여 수증기가 생성된다.

수소 2부피　＋　산소 1부피　➡　수증기 2부피

부피비 ➡ 수소 : 산소 : 수증기＝❸(　　　)

② **기체의 부피와 분자 수**: 일정한 온도와 압력에서 모든 기체는 같은 부피 속에 같은 개수의 ❹(　　　)가 들어 있다.

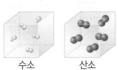

수소　　산소

③ 기체 사이의 반응에서 화학 반응식과 부피의 관계

화학 반응식의 ❺(　　　)=분자 수의 비=부피비(기체의 반응)

수증기 생성 반응

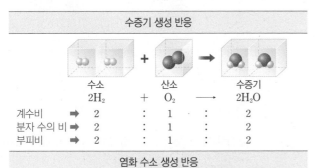

	수소 $2H_2$		산소 O_2		수증기 $2H_2O$
계수비 ➡	2	:	1	:	2
분자 수의 비 ➡	2	:	1	:	2
부피비 ➡	2	:	1	:	2

염화 수소 생성 반응

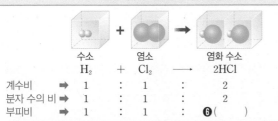

	수소 H_2		염소 Cl_2		염화 수소 $2HCl$
계수비 ➡	1	:	1	:	2
분자 수의 비 ➡	1	:	1	:	2
부피비 ➡	1	:	1	:	❻(　　)

암모니아 생성 반응

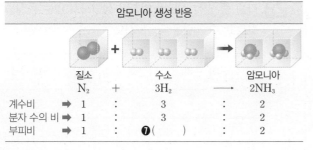

	질소 N_2		수소 $3H_2$		암모니아 $2NH_3$
계수비 ➡	1	:	3	:	2
분자 수의 비 ➡	1	:	3	:	2
부피비 ➡	1	:	❼(　　)	:	2

2 화학 반응에서의 에너지 출입

① **화학 반응에서의 에너지 출입**: 화학 반응이 일어날 때는 에너지를 방출하거나 흡수한다.

② ❽(　　) 반응: 화학 반응이 일어날 때 에너지를 방출하는 반응

에너지
방출

반응물 　　　 생성물

· 에너지 출입과 주변의 온도 변화: 주변으로 에너지를 방출하므로 주변의 온도가 ❾(　　)진다.

· 발열 반응의 예: 호흡, 연소 반응, 금속이 녹스는 반응, 산과 염기의 반응, 금속과 산의 반응, 산화 칼슘과 물의 반응 등

▲ 연소 반응　　　　　▲ 금속이 녹스는 반응

③ ❿(　　) 반응: 화학 반응이 일어날 때 에너지를 흡수하는 반응

에너지
흡수

반응물 　　　 생성물

· 에너지 출입과 주변의 온도 변화: 주변의 에너지를 흡수하므로 주변의 온도가 ⓫(　　)진다.

· 흡열 반응의 예: 광합성, 물의 전기 분해, 탄산수소 나트륨의 열분해, 질산 암모늄과 물의 반응, 수산화 바륨과 염화 암모늄의 반응, 소금과 물의 반응 등

▲ 광합성　　　　　▲ 물의 전기 분해

④ 화학 반응에서 출입하는 에너지의 활용

⓬(　　) 반응	· 연료(천연가스, 석유 등): 연료가 연소할 때 에너지를 방출하는 것을 이용한다. · 발열 도시락, 발열 컵: 산화 칼슘과 물이 반응할 때 에너지를 방출하는 것을 이용한다. · 흔드는 휴대용 손난로: 철 가루가 공기 중의 산소와 반응할 때 에너지를 방출하는 것을 이용한다.
⓭(　　) 반응	냉찜질 주머니, 손 냉장고: 질산 암모늄이 물에 녹을 때 에너지를 흡수하는 것을 이용한다.

정답과 해설 **55**쪽

답안지

1 기체 반응 법칙은 일정한 온도와 압력에서 기체가 반응하여 새로운 기체를 생성할 때 각 기체의 (　　　) 사이에는 간단한 정수비가 성립한다는 것이다.

1 _____

2 그림은 온도와 압력이 일정할 때 일산화 탄소 기체와 산소 기체가 반응하여 이산화 탄소 기체가 생성될 때 기체의 부피 관계를 나타낸 것이다. 각 기체의 부피비(일산화 탄소 : 산소 : 이산화 탄소)를 쓰시오.

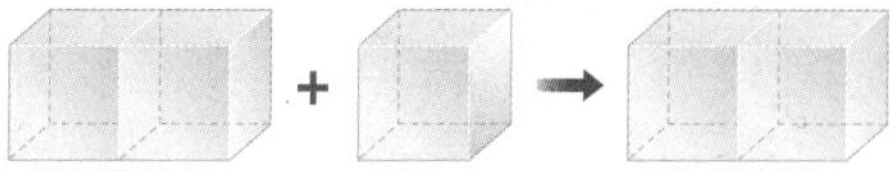

일산화 탄소　　　산소　　　이산화 탄소

2 _____

3 온도와 압력이 일정할 때 수소 기체 1 L에 들어 있는 수소 분자가 N개일 때 산소 기체 1 L에 들어 있는 산소 분자의 개수를 쓰시오.

3 _____

4 온도와 압력이 일정할 때 질소 기체 30 mL와 수소 기체 30 mL를 반응시켰더니 암모니아 기체 20 mL가 생성되고, 질소 기체 20 mL가 남았다. 각 기체의 부피비(질소 : 수소 : 암모니아)를 구하시오.

4 _____

5~6 그림은 온도와 압력이 일정할 때 수소 기체와 산소 기체가 반응하여 수증기가 생성되는 반응을 모형으로 나타낸 것이다.

수소　　　산소　　　수증기

5 이 반응을 화학 반응식으로 나타낼 때 각 기체의 계수비(수소 : 산소 : 수증기)를 쓰시오.

5 _____

6 온도와 압력이 일정할 때 수소 기체 50 mL와 산소 기체 50 mL가 완전히 반응하여 수증기가 생성되었다. 이때 생성된 수증기의 부피와 반응 후 남은 기체의 종류와 부피를 구하시오.

6 _____

7 화학 반응이 일어날 때 에너지를 방출하는 반응을 (㉠　　　) 반응이라 하고, 이때 주변의 온도는 (㉡　　　)진다.

7 _____

8 화학 반응이 일어날 때 에너지를 흡수하는 반응을 (㉠　　　) 반응이라 하고, 이때 주변의 온도는 (㉡　　　)진다.

8 _____

9 연소 반응과 금속이 녹스는 반응은 ㉠(흡열 , 발열) 반응의 예이고, 물의 전기 분해와 탄산수소 나트륨의 열분해는 ㉡(흡열 , 발열) 반응의 예이다.

9 _____

10 발열 도시락은 ㉠(질산 암모늄 , 산화 칼슘)과 물의 반응에서, 냉찜질 주머니는 ㉡(질산 암모늄 , 산화 칼슘)과 물의 반응에서 출입하는 에너지를 활용한다.

10 _____

- 기체 반응 법칙

  일정한 온도와 압력에서 기체가 반응하여 새로운 기체를 생성할 때 각 기체의 부피 사이에는 간단한 정수비가 성립한다.

그림으로 부피 관계가 제시된 문제

1 그림은 일정한 온도와 압력에서 수소 기체와 산소 기체가 반응하여 수증기가 생성될 때 각 기체의 부피 관계를 나타낸 것이다.

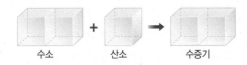

수소   산소   수증기

(1) 수소 기체 10 mL와 산소 기체 10 mL가 완전히 반응할 때 생성되는 수증기의 부피를 구하시오.

(2) 수증기 20 mL를 얻기 위해 필요한 산소 기체의 최소 부피를 구하시오.

모형으로 부피 관계가 제시된 문제

2 그림은 온도와 압력이 일정할 때 수소 기체와 염소 기체가 반응하여 염화 수소 기체가 생성되는 반응을 모형으로 나타낸 것이다.

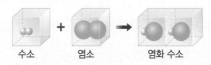

수소   염소   염화 수소

(1) 수소 기체 30 mL와 염소 기체 50 mL가 완전히 반응할 때 생성되는 염화 수소 기체의 부피를 구하시오.

(2) 염화 수소 기체 50 mL를 얻기 위해 필요한 수소 기체와 염소 기체의 최소 부피를 각각 구하시오.

3 그림은 온도와 압력이 일정할 때 질소 기체와 수소 기체가 반응하여 암모니아 기체가 생성되는 반응을 모형으로 나타낸 것이다.

질소   수소   암모니아

질소 기체 30 mL와 수소 기체 100 mL가 완전히 반응하여 암모니아 기체가 생성될 때 반응하지 않고 남는 기체의 종류와 부피를 구하시오.

표로 부피 관계가 제시된 문제

4 표는 일정한 온도와 압력에서 수소 기체와 산소 기체가 반응하여 수증기가 생성될 때 기체의 부피 관계를 나타낸 것이다.

실험	반응 전 기체의 부피(mL)		생성된 수증기의 부피(mL)	반응 후 남은 기체의 종류와 부피(mL)
	수소	산소		
1	20	20	20	㉠
2	40	20	40	없음

㉠에 알맞은 기체의 종류와 부피를 구하시오.

화학 반응식으로 부피 관계가 제시된 문제

5 다음은 온도와 압력이 일정할 때 질소 기체와 수소 기체가 반응하여 암모니아 기체가 생성되는 반응을 화학 반응식으로 나타낸 것이다.

$$N_2 + 3H_2 \longrightarrow 2NH_3$$

암모니아 기체 40 mL를 얻기 위해 필요한 질소 기체와 수소 기체의 최소 부피를 각각 구하시오.

01 그림은 일정한 온도와 압력에서 수소 기체와 산소 기체가 반응하여 수증기가 생성될 때 기체의 부피 관계를 나타낸 것이다.

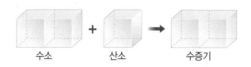

이에 대한 설명으로 옳은 것을 〈보기〉에서 모두 고른 것은?

> 보기
> ㄱ. 기체 반응 법칙을 설명할 수 있다.
> ㄴ. 수소 기체와 산소 기체는 1 : 2의 부피비로 반응한다.
> ㄷ. 수소 기체 6 L와 산소 기체 3 L가 반응하면 수증기 6 L가 생성된다.
> ㄹ. 반응하는 수소 기체와 산소 기체의 부피의 합과 생성되는 수증기의 부피는 같다.

① ㄱ, ㄷ   ② ㄴ, ㄹ   ③ ㄱ, ㄴ, ㄹ
④ ㄴ, ㄷ, ㄹ   ⑤ ㄱ, ㄴ, ㄷ, ㄹ

02 25 ℃, 1기압에서 기체 반응 법칙이 성립하는 화학 반응으로 옳은 것은?

① 과산화 수소 ⟶ 물+산소
② 탄소+산소 ⟶ 이산화 탄소
③ 마그네슘+산소 ⟶ 산화 마그네슘
④ 일산화 탄소+산소 ⟶ 이산화 탄소
⑤ 탄산 칼슘+염산 ⟶ 염화 칼슘+물+이산화 탄소

03 25 ℃, 1기압에서 (가)~(라)의 기체에 들어 있는 기체 분자의 개수를 옳게 비교한 것은?

> (가) 수소 1 L   (나) 산소 2 L
> (다) 수증기 1 L   (라) 이산화 탄소 3 L

① (가)<(나)<(다)<(라)
② (가)=(나)=(다)=(라)
③ (가)=(다)<(나)=(라)
④ (가)=(다)<(나)<(라)
⑤ (라)<(나)<(가)=(다)

04 그림은 온도와 압력이 일정할 때 질소 기체와 수소 기체가 반응하여 암모니아 기체가 생성되는 반응을 모형으로 나타낸 것이다.

이에 대한 설명으로 옳지 않은 것은? (단, 원자의 상대적 질량은 수소: 1, 질소: 14이다.)

① 반응 전후에 원자의 종류와 개수가 같다.
② 반응하는 질소와 수소의 질량비는 14 : 3이다.
③ 반응하는 질소와 수소의 분자 수의 비는 1 : 3이다.
④ 질소 기체 2 L와 수소 기체 3 L를 반응시키면 암모니아 기체 4 L가 생성된다.
⑤ 질소 기체 28 g과 수소 기체 6 g을 반응시키면 암모니아 기체 34 g이 생성된다.

05 표는 일정한 온도와 압력에서 일산화 탄소 기체와 산소 기체가 반응하여 이산화 탄소 기체가 생성될 때 기체의 부피 관계를 나타낸 것이다.

실험	반응 전 기체의 부피(mL)		생성된 이산화 탄소의 부피(mL)	반응 후 남은 기체의 종류와 부피(mL)
	일산화 탄소	산소		
1	30	10	20	일산화 탄소, 10
2	30	20	30	㉠
3	40	30	㉢	산소, 10

이에 대한 설명으로 옳은 것을 모두 고르면? (2개)

① ㉠은 '일산화 탄소, 10'이다.
② ㉢은 '40'이다.
③ 화학 반응식은 $3CO+O_2 \longrightarrow 3CO_2$이다.
④ 기체의 부피비는 일산화 탄소 : 산소=3 : 1이다.
⑤ 실험 1에서 산소 기체를 더 넣으면 생성되는 이산화 탄소 기체의 부피가 늘어난다.

【주관식】

06 다음은 온도와 압력이 일정할 때 수소 기체와 산소 기체가 반응하여 수증기가 생성되는 반응의 화학 반응식이다.

$$2H_2+O_2 \longrightarrow 2H_2O$$

기체 1 L 속에 들어 있는 분자 수를 10개라고 할 때, 5 L의 산소 기체를 이용하여 만들 수 있는 수증기 분자 수는 최대 몇 개인지 구하시오. (단, 수소 기체의 양은 충분하다.)

[주관식]

07 그림은 일정한 온도와 압력에서 일산화 탄소 기체와 산소 기체가 반응하여 이산화 탄소 기체가 생성될 때 기체의 부피 관계를 나타낸 것이다.

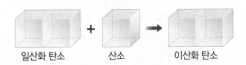

밀폐된 용기에 일산화 탄소 분자 20개와 산소 분자 20개를 넣고 반응시켰을 때 반응이 완전히 끝난 후 용기 속에 들어 있는 기체의 전체 분자 수를 구하시오.

08 표는 일정한 온도와 압력에서 기체 A와 B가 반응하여 새로운 기체 C가 생성될 때 기체의 부피 관계를 나타낸 것이다.

실험	반응 전 기체의 부피(mL)		생성된 기체 C의 부피(mL)	반응 후 남은 기체의 종류와 부피(mL)
	A	B		
1	15	20	30	B, 5
2	30	20	40	A, 10

이 기체 반응의 예로 적당한 것은?

① $H_2+Cl_2 \longrightarrow 2HCl$ ② $N_2+3H_2 \longrightarrow 2NH_3$
③ $2CO+O_2 \longrightarrow 2CO_2$ ④ $2NO+O_2 \longrightarrow 2NO_2$
⑤ $2H_2+O_2 \longrightarrow 2H_2O$

09 그림은 2가지 화학 반응이 일어날 때 에너지 출입을 나타낸 것이다.

이에 대한 설명으로 옳은 것을 〈보기〉에서 모두 고른 것은?

보기
ㄱ. (가)의 반응이 일어나면 주변의 온도가 낮아진다.
ㄴ. (나)의 반응이 일어나면 주변에서 에너지를 흡수한다.
ㄷ. (가)의 반응은 발열 도시락에 이용할 수 있다.
ㄹ. 금속과 산의 반응은 (나)와 같은 에너지 출입이 일어난다.

① ㄱ, ㄴ   ② ㄱ, ㄹ   ③ ㄴ, ㄷ
④ ㄱ, ㄷ, ㄹ   ⑤ ㄴ, ㄷ, ㄹ

10 화학 반응이 일어날 때 에너지 출입이 나머지와 다른 하나는?

① 연료가 연소한다.
② 식물이 광합성을 한다.
③ 산화 칼슘과 물이 반응한다.
④ 철이 산소와 반응하여 녹이 슨다.
⑤ 묽은 염산과 수산화 나트륨 수용액이 반응한다.

11 표는 몇 가지 화학 반응을 (가)와 (나)로 분류한 것이다.

(가)	(나)
• 호흡 • 금속이 녹스는 반응	• 물의 전기 분해 • 탄산수소 나트륨의 열분해

이에 대한 설명으로 옳은 것을 〈보기〉에서 모두 고른 것은?

보기
ㄱ. (가)는 발열 반응, (나)는 흡열 반응이다.
ㄴ. (가)의 반응이 일어나면 주변의 온도가 낮아진다.
ㄷ. 금속과 산의 반응은 (나)로 분류할 수 있다.

① ㄱ   ② ㄷ   ③ ㄱ, ㄴ
④ ㄴ, ㄷ   ⑤ ㄱ, ㄴ, ㄷ

12 다음은 질산 암모늄이 물에 녹는 반응에서의 에너지 출입을 알아보기 위한 실험이다.

(가) 질산 암모늄이 들어 있는 큰 비닐 팩에 물이 든 작은 비닐 팩을 넣는다.
(나) 큰 비닐 팩을 밀봉한 후, 작은 비닐 팩을 눌러 터트려 물과 질산 암모늄이 반응하게 한다.

이 실험에 대한 설명으로 옳은 것은?

① 발열 반응이 일어난다.
② 비닐 팩의 온도가 점점 높아진다.
③ 반응이 일어날 때 에너지가 출입하지 않는다.
④ 철 가루와 산소의 반응과 에너지의 출입이 같다.
⑤ 이 반응을 이용하여 냉찜질 주머니를 만들 수 있다.

13 그림은 온도와 압력이 일정할 때 기체 A 40 mL와 기체 B 40 mL가 반응하여 기체 C가 생성되는 반응에서 시간에 따른 각 기체의 부피 관계를 나타낸 것이다.

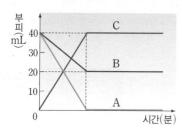

이에 대한 설명으로 옳은 것을 〈보기〉에서 모두 고른 것은?

┌─ 보기 ─────────────────────────┐
ㄱ. 반응하는 기체의 부피비는 A : B : C=1 : 1 : 2 이다.
ㄴ. 이 반응을 화학 반응식으로 나타내면 A + 3B ⟶ 2C이다.
ㄷ. A 기체 60 mL와 B 기체 60 mL를 완전히 반응시키면 C 기체 60 mL가 생성된다.
└────────────────────────────────┘

① ㄱ　　　　　② ㄴ　　　　　③ ㄷ
④ ㄱ, ㄷ　　　⑤ ㄴ, ㄷ

자료 분석 | 정답과 해설 56쪽

14 다음은 수산화 바륨과 염화 암모늄의 반응에서 에너지 출입을 알아보기 위한 실험이다.

(가) 나무판 위에 물을 떨어뜨린 후 삼각 플라스크를 올려놓는다.
(나) 삼각 플라스크에 수산화 바륨과 염화 암모늄을 넣고, 유리 막대로 잘 섞는다.
(다) 잠시 후 삼각 플라스크를 들어 올린다.

이에 대한 설명으로 옳지 <u>않은</u> 것은?

① 삼각 플라스크 안에서 흡열 반응이 일어난다.
② 반응 후 삼각 플라스크를 만져 보면 따뜻하다.
③ 나무판 위의 물이 얼어 (다)에서 나무판이 같이 들린다.
④ 삼각 플라스크 안에서 반응이 일어날 때 주변의 에너지를 흡수한다.
⑤ 베이킹파우더를 넣은 빵 반죽을 구워 빵이 부풀어 오를 때 일어나는 반응과 에너지 출입이 같다.

15 표는 일정한 온도와 압력에서 기체 A와 B가 반응하여 기체 C를 생성할 때 기체의 부피 관계를 나타낸 것이다.

실험	반응 전 기체의 부피(mL)		생성된 기체 C의 부피(mL)	반응 후 남은 기체의 종류와 부피(mL)
	A	B		
1	10	40	20	㉠
2	15	45	30	없음
3	30	60	㉡	A, 10

(1) ㉠과 ㉡을 쓰고, 이를 구하는 과정을 각각 서술하시오.

_____

(2) 이 반응을 화학 반응식으로 나타내시오. (단, 반응물은 A와 B, 생성물은 C로 나타낸다.)

_____

16 다음은 몇 가지 화학 반응을 나타낸 것이다.

┌────────────────────────────────┐
• 산화 칼슘과 물이 반응한다.
• 석유와 같은 연료가 연소한다.
• 철이 산소와 반응하여 녹이 슨다.
└────────────────────────────────┘

이 반응이 일어날 때 공통으로 주변의 온도는 어떻게 변하는지 쓰고, 그 까닭을 에너지 출입을 이용하여 서술하시오.

_____

_____

17 그림은 철 가루가 들어 있는 발열 깔창을 나타낸 것이다. 발열 깔창이 발을 따뜻하게 하는 원리를 철 가루의 반응과 에너지 출입을 이용하여 서술하시오.

_____

_____

1 기권(대기권)

대기	지구를 둘러싸고 있는 기체(공기)
기권	지구 표면을 둘러싸고 있는 대기
대기의 분포	• 지표에서 높이 약 ❶( ) km까지 분포한다. • 대부분 지표 부근에 존재한다. • 높이 올라갈수록 희박해진다.
대기의 성분	질소와 산소가 대부분을 차지한다. 질소 78 % 산소 21 % 아르곤 0.93 % 이산화 탄소 0.03 % 기타 0.04 %

2 기권의 층상 구조

① 구분 기준: 높이에 따른 ❷( ) 변화

② 구분: 지표에서부터 대류권, 성층권, 중간권, 열권의 4개 층으로 구분한다.

구분	대류	기상 현상
열권	×	×
중간권	○	×
성층권	×	×
대류권	○	○

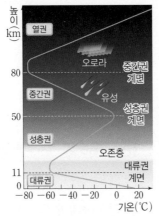

▲ 기권의 층상 구조

구분	높이에 따른 기온 변화	특징
열권	높아진다. ➡ 태양 에너지에 의해 직접 가열되기 때문이다.	• 낮과 밤의 기온 차가 ❸( ). • 오로라 발생 • 인공위성의 궤도로 이용되기도 한다.
중간권	❹( )진다. ➡ 높이 올라갈수록 지표에서 방출되는 에너지가 적게 도달하기 때문이다.	• 유성 관측 • 중간권과 열권의 경계면 부근에서 최저 기온
성층권	높아진다. ➡ 오존층에서 태양에서 오는 자외선을 흡수하여 가열되기 때문이다.	• 대류가 일어나지 않는 안정한 층 • 오존층에서 태양의 ❺( ) 흡수
대류권	낮아진다. ➡ 높이 올라갈수록 지표에서 방출되는 에너지가 적게 도달하기 때문이다.	• 수증기가 있어서 ❻( ) 현상이 나타난다. • 공기의 대부분이 모여 있다.

3 지구의 복사 평형

복사 평형	물체가 흡수하는 복사 에너지양과 방출하는 복사 에너지양이 같아서 온도가 ❼( )하게 유지되는 상태
지구의 복사 평형	지구는 흡수하는 태양 복사 에너지양과 방출하는 지구 복사 에너지양이 같다. ➡ 평균 기온이 거의 일정하게 유지된다. 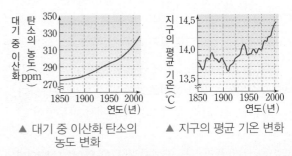

• 지구가 흡수하는 태양 복사 에너지양=지표에 흡수 50 %＋대기와 구름에 흡수 20 %＝70 %
• 지구가 방출하는 지구 복사 에너지양=❽( ) %

4 온실 효과

① 온실 효과: 지표에서 방출하는 지구 복사 에너지의 일부를 대기가 흡수했다가 ❾( )로 다시 방출하여 지구의 평균 기온이 높게 유지되는 현상

② 지구의 온실 효과: 지구는 대기가 없는 달보다 높은 온도에서 ❿( )이 일어난다. ➡ 지구는 달에 비해 평균 온도가 높다.

5 지구 온난화

① 지구 온난화: 대기 중 ⓫( )의 양이 증가하면서 온실 효과가 강화되어 지구의 평균 기온이 높아지는 현상

② 지구 온난화에 가장 큰 영향을 미치는 온실 기체: 이산화 탄소

③ 이산화 탄소 농도와 평균 기온의 관계: 대기 중의 이산화 탄소 농도가 증가할수록 지구의 평균 기온이 ⓬( )한다.

▲ 대기 중 이산화 탄소의 농도 변화   ▲ 지구의 평균 기온 변화

④ 지구 온난화의 영향: 빙하의 면적 ⓭( ), 해수면 상승, 육지 면적 감소, 기상 이변 ⓮( ), 농작물 생산량 감소, 만년설 감소, 생태계 변화 등

정답과 해설 **57**쪽

1 대기는 지구 표면에서 높이 약 1000 km까지 분포하며, 대부분 (대류권 , 성층권)에 모여 있다.

1 _____

_____ 1. 기권과 지구 기온 _____

2 대기의 성분 중 (   )이/가 가장 많은 양을 차지하고 다음으로 (   )이/가 많은 양을 차지한다.

2 _____

_____

3 기권은 높이에 따른 (   ) 변화를 기준으로 지표면에서부터 대류권, (   ), 중간권, 열권으로 구분한다.

3 _____

_____

4 기권에서 대류가 일어나며 구름이 생성되고 기상 현상이 나타나는 층을 쓰시오.

4 _____

_____

5 성층권은 (   )에서 태양으로부터 오는 자외선을 흡수하여 가열되기 때문에 높이 올라갈수록 기온이 (   )진다.

5 _____

_____

6 중간권에서 나타나는 현상을 〈보기〉에서 모두 고르시오.

┌ 보기 ┐
　　ㄱ. 유성　　ㄴ. 대류　　ㄷ. 오로라　　ㄹ. 오존층　　ㅁ. 기상 현상

6 _____

7 물체가 흡수하는 복사 에너지양과 방출하는 복사 에너지양이 같아서 온도가 일정하게 유지되는 상태를 무엇이라고 하는지 쓰시오.

7 _____

8 그림은 지구의 복사 평형을 나타낸 것이다. A, B의 값을 쓰시오.

태양 복사 (100 %) | 반사 (B) | 지구 복사 (70 %) | 우주 공간
대기와 구름에 흡수 (A) | | | 대기
지표면에 흡수 (50 %) | | | 지표면

8 _____

9 지구 대기를 이루고 있는 기체 중 (태양 , 지구) 복사 에너지를 흡수하여 온실 효과를 일으키는 기체를 온실 기체라고 한다. 대표적인 온실 기체인 (질소 , 산소 , 이산화 탄소)의 대기 중 농도가 증가하여 지구의 평균 기온이 높아지고 있다.

9 _____

_____

10 지구 온난화에 의해 나타나는 현상으로 옳은 것을 〈보기〉에서 모두 고르시오.

┌ 보기 ┐
　　ㄱ. 해수면 상승　　ㄴ. 육지 면적 증가　　ㄷ. 빙하 면적 증가　　ㄹ. 기상 이변 증가

10 _____

_____

출제율 99%

01 기권에 대한 설명으로 옳은 것은?

① 열권에는 공기의 대부분이 모여 있다.

② 성층권과 열권에서는 대류가 일어난다.

③ 중간권 계면 부근에서 최저 기온이 나타난다.

④ 대기는 산소, 이산화 탄소가 대부분을 차지한다.

⑤ 높이에 따른 밀도 변화를 기준으로 4개의 층으로 구분한다.

02 그림은 지구의 대기를 구성하는 기체의 부피비를 나타낸 것이다. 이에 대한 설명으로 옳은 것은?

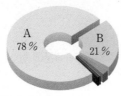

① A는 질소이다.

② A는 기상 현상을 일으키는 원인이 된다.

③ B는 이산화 탄소이다.

④ B는 온실 효과를 일으킨다.

⑤ A와 B는 태양으로부터 오는 유해한 자외선을 막아 준다.

[03~05] 그림은 기권의 층상 구조를 나타낸 것이다.

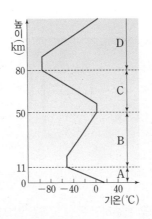

03 A~D층의 이름을 옳게 짝 지은 것은?

	A	B	C	D
①	대류권	중간권	성층권	열권
②	대류권	성층권	중간권	열권
③	성층권	중간권	대류권	열권
④	성층권	대류권	중간권	열권
⑤	열권	중간권	성층권	대류권

04 A층에 대한 설명으로 옳지 <u>않은</u> 것을 모두 고르면? (2개)

① 대류가 활발하게 일어난다.

② 낮과 밤의 기온 차가 가장 크다.

③ 장거리 비행기의 항로로 이용된다.

④ 구름이 생성되고 비나 눈 등의 기상 현상이 나타난다.

⑤ 높이 올라갈수록 지표에서 방출되는 에너지가 적게 도달한다.

【주관식】

05 다음 설명에 해당하는 기체의 이름을 쓰시오.

> • 주로 B층에 존재하는 기체이다.
> • 유해한 자외선이 지표에 도달하는 것을 막아 주어 생명체가 살아갈 수 있게 해 준다.

06 그림과 같은 현상이 나타나는 기권의 층에 대한 설명으로 옳은 것을 모두 고르면? (2개)

① 대기가 불안정하다.

② 공기의 대부분이 분포한다.

③ 높이 올라갈수록 기온이 높아진다.

④ 인공위성의 궤도로 이용되기도 한다.

⑤ 유성이 관측되며, 대류가 활발하게 일어난다.

【주관식】

07 다음은 기권의 각 층에서 나타나는 특징을 설명한 것이다. 지표면에 가까운 층에서 나타나는 특징부터 순서대로 쓰시오.

> (가) 기권 중 기온이 가장 낮다.
> (나) 비나 눈이 내리고, 바람이 분다.
> (다) 대류가 일어나지만 수증기가 거의 없기 때문에 기상 현상이 나타나지 않는다.

08 다음은 기권의 각 층에서 높이 올라갈수록 나타나는 기온 변화와 그 까닭을 설명한 것이다.

> (가) 태양 에너지에 의해 직접 가열되기 때문에 높이 올라갈수록 기온이 상승한다.
> (나) 높이 올라갈수록 지표에서 방출되는 에너지가 적게 도달하기 때문에 기온이 하강한다.
> (다) 오존층에서 태양에서 오는 자외선을 흡수하여 가열되기 때문에 높이 올라갈수록 기온이 상승한다.

각 층을 옳게 짝 지은 것은?

	(가)	(나)	(다)
①	열권	중간권	대류권
②	열권	대류권	성층권
③	성층권	열권	대류권
④	성층권	중간권	열권
⑤	중간권	대류권	성층권

출제율 99%

09 기권의 각 층과 경계면에 대한 설명으로 옳지 <u>않은</u> 것을 모두 고르면? (2개)

① 대류권－태양으로부터 오는 유해한 자외선을 막아 준다.
② 성층권－대기가 안정하여 대류가 일어나지 않는다.
③ 중간권－우주의 물질이 대기와의 마찰로 타면서 빛을 내는 유성이 관측된다.
④ 열권－높이 약 80~1000 km의 구간이다.
⑤ 성층권 계면－기권 중 최저 기온이 나타난다.

10 복사 에너지에 대한 설명으로 옳은 것을 〈보기〉에서 모두 고른 것은?

> 보기
> ㄱ. 복사 에너지는 물질을 통해 전달된다.
> ㄴ. 물체의 온도에 관계없이 방출하는 복사 에너지양은 같다.
> ㄷ. 지구는 흡수하는 태양 복사 에너지양과 방출하는 지구 복사 에너지양이 같다.
> ㄹ. 지구 대기는 지구 복사 에너지의 일부를 흡수했다가 지표면으로 다시 방출한다.

① ㄱ, ㄴ ② ㄱ, ㄷ ③ ㄴ, ㄷ
④ ㄴ, ㄹ ⑤ ㄷ, ㄹ

[11~12] 그림과 같이 장치하고 적외선등을 켠 후 2분 간격으로 알루미늄 컵 속 공기의 온도를 측정하였다.

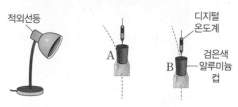

11 이 실험을 통해 알아보고자 하는 것을 모두 고르면? (2개)

① 대류권의 온도 분포
② 온실 효과가 일어나는 까닭
③ 밤낮의 기온 차가 생기는 까닭
④ 열원으로부터의 거리에 따른 복사 평형 온도
⑤ 지구의 평균 기온이 일정하게 유지되는 까닭

출제율 99%

12 이 실험에 대한 설명으로 옳지 <u>않은</u> 것을 모두 고르면? (2개)

① A는 B보다 복사 평형 온도가 낮다.
② 적외선등은 태양, 컵은 지구에 해당한다.
③ A와 B 모두 시간이 지나면 복사 평형 상태가 된다.
④ A와 B 모두 컵 속의 온도가 높아지다가 시간이 지나면 일정해진다.
⑤ 컵 속의 온도가 높아지는 까닭은 방출하는 복사 에너지양이 흡수하는 복사 에너지양보다 많기 때문이다.

13 지구의 평균 기온이 거의 일정하게 유지되는 까닭으로 옳은 것은?

① 대기에서 태양 복사 에너지를 흡수하기 때문이다.
② 대기에서 지구 복사 에너지를 흡수하기 때문이다.
③ 대기와 지표에서 태양 복사 에너지의 일부를 반사하기 때문이다.
④ 저위도로 갈수록 단위 면적당 지표면에 도달하는 태양 복사 에너지양이 많기 때문이다.
⑤ 지구는 흡수하는 태양 복사 에너지양과 방출하는 지구 복사 에너지양이 같기 때문이다.

출제율 99%

14 그림은 지구의 복사 평형을 나타낸 것이다.

이에 대한 설명으로 옳지 <u>않은</u> 것은?

① A는 50 %이다.
② B 과정에 의해 온실 효과가 일어난다.
③ B 과정이 일어나지 않을 경우 지구의 평균 온도는 현재보다 낮아질 것이다.
④ 지구는 흡수하는 태양 복사 에너지양과 방출하는 지구 복사 에너지양이 같다.
⑤ 대기와 지표면에 의해 반사되는 에너지양이 증가하면 지구는 복사 평형을 이루지 못할 것이다.

【주관식】

15 다음에서 설명하는 것은 무엇인지 쓰시오.

> 지구의 대기를 구성하는 이산화 탄소, 수증기, 메테인 등의 기체가 지구 복사 에너지를 흡수하였다가 지표로 다시 방출하여 지구의 평균 기온을 약 15 ℃로 유지시켜 주는 현상이다.

16 그림은 온실 효과가 일어나는 원리를 나타낸 것이다. 이에 대한 설명으로 옳은 것은?

① 대기는 태양 복사 에너지의 대부분을 흡수한다.
② 지구에 대기가 없어도 온실 효과가 일어날 것이다.
③ 온실 효과를 일으키는 기체를 온실 기체라고 한다.
④ 온실 효과가 강해지면 지구의 평균 기온이 낮아진다.
⑤ 대기는 흡수한 지구 복사 에너지를 모두 우주로 방출한다.

[17~18] 그림 (가)는 1850년 이후 대기 중 기체 A의 농도를, (나)는 지구의 평균 기온 변화를 나타낸 것이다.

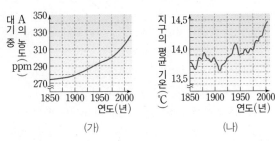

(가)   (나)

【주관식】

17 기체 A는 무엇인지 쓰시오.

18 이에 대한 설명으로 옳은 것을 〈보기〉에서 모두 고른 것은?

> 보기
> ㄱ. 이와 같은 현상이 지속되면 육지 면적이 감소할 것이다.
> ㄴ. A는 지구 온난화에 가장 큰 영향을 미치는 온실 기체이다.
> ㄷ. 대기 중의 A 농도가 증가할수록 지구의 평균 기온이 상승한다.

① ㄱ   ② ㄷ   ③ ㄱ, ㄴ
④ ㄴ, ㄷ   ⑤ ㄱ, ㄴ, ㄷ

19 지구 온난화를 일으키는 온실 기체를 모두 고르면? (2개)

① 질소   ② 산소   ③ 아르곤
④ 메테인   ⑤ 이산화 탄소

출제율 99%

20 지구 온난화의 영향과 대책에 대한 설명으로 옳지 <u>않은</u> 것은?

① 지구 온난화는 생태계 변화를 유발시킨다.
② 지구 온난화가 진행되면 극지방의 기온은 점점 낮아진다.
③ 지구 온난화에 의해 폭우, 폭설 등의 기상 이변이 증가한다.
④ 지구 온난화를 막기 위해서는 화석 연료 사용을 줄여야 한다.
⑤ 지구 온난화에 의해 빙하 면적과 만년설이 감소하고 해수면이 상승한다.

21 그림은 기권의 층상 구조를 나타낸 것이다.

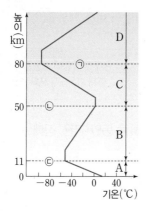

이에 대한 설명으로 옳은 것을 〈보기〉에서 모두 고른 것은?

┌ 보기 ┐
ㄱ. ㉠은 대류권 계면, ㉡은 성층권 계면, ㉢은 중간권 계면이다.
ㄴ. A층과 C층은 대기가 불안정하여 대류가 활발하게 일어난다.
ㄷ. B층과 D층은 태양 에너지에 의해 직접 가열되기 때문에 높이 올라갈수록 기온이 높아진다.
ㄹ. 만약 성층권의 오존층이 없다면 기권은 높이에 따른 기온 분포에 의해 2개의 층으로 구분될 것이다.

① ㄱ, ㄴ ② ㄱ, ㄷ ③ ㄴ, ㄷ
④ ㄴ, ㄹ ⑤ ㄷ, ㄹ

자료 분석 | 정답과 해설 58쪽

22 그림은 어떤 물체가 복사 평형에 도달하는 과정을 나타낸 것이다.

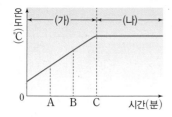

이에 대한 설명으로 옳은 것은?

① A일 때는 물체가 방출하는 복사 에너지양이 흡수하는 복사 에너지양보다 많다.
② 물체가 흡수하는 복사 에너지양은 B일 때가 A일 때보다 많다.
③ C일 때는 물체가 방출하는 복사 에너지양이 흡수하는 복사 에너지양보다 많다.
④ (가)일 때는 복사 평형 상태이다.
⑤ (나)일 때는 복사 에너지를 흡수하거나 방출하지 않는다.

23 그림과 같은 기상 현상이 나타나는 기권의 층을 쓰고, 기상 현상이 나타나는 까닭을 서술하시오.

_____

24 지구에서 온실 효과가 일어나는 과정을 다음 단어를 모두 포함하여 서술하시오.

┌─────────────────┐
│ 지구 복사 에너지, 대기, 지구의 평균 기온 │
└─────────────────┘

_____

25 그림과 같이 장치한 후 검은색 알루미늄 컵에 적외선등을 비췄다.

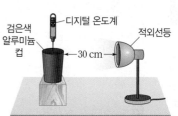

(1) 이 실험에서 알아보려고 하는 것은 무엇인지 쓰시오.

_____

(2) 이때 나타나는 검은색 알루미늄 컵 속 공기의 온도 변화를 서술하시오.

_____

26 그림은 1850년 이후 대기 중 이산화 탄소의 농도 변화를 나타낸 것이다. 이와 같은 현상이 계속될 경우 나타날 수 있는 현상을 다음 단어를 모두 포함하여 서술하시오.

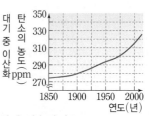

┌─────────────────┐
│ 온실 효과, 지구의 평균 기온, 빙하 면적, 해수면 │
└─────────────────┘

_____

1 증발과 응결

① 증발: 물 표면에서 물이 수증기로 변하는 현상

② 응결: 공기 중의 수증기가 ❶(　　　)로 변하는 현상

2 공기의 불포화 상태와 포화 상태

불포화 상태	공기가 수증기를 더 포함할 수 있는 상태
포화 상태	공기가 수증기를 최대로 포함하고 있는 상태

3 포화 수증기량

포화 상태의 공기 1 kg에 들어 있는 수증기의 양(g) ➡ ❷(　　　)이 높을수록 포화 수증기량은 증가한다.　　**문제 공략** 32쪽

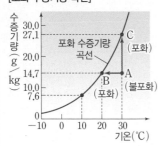

[포화 수증기량 곡선]

- 공기 A: 포화 수증기량 곡선 아래 공기
  ➡ ❸(　　　) 상태
- 공기 B, C: 포화 수증기량 곡선상의 공기
  ➡ ❹(　　　) 상태
- 공기 A: 실제 수증기량 < 포화 수증기량
- 공기 B, C: 실제 수증기량 = 포화 수증기량

- 불포화 상태의 공기 A를 포화 상태로 만드는 방법
  ➡ 기온을 낮춘다.(A → B)
  ➡ 수증기를 공급한다.(A → C)

4 이슬점과 응결량

① 이슬점: 공기 중의 수증기가 ❺(　　　)하기 시작하는 온도 ➡ 공기 중의 수증기량이 ❻(　　　)수록 이슬점이 높아진다.　　**문제 공략** 32쪽

② 응결량: 공기 중의 이슬점보다 더 낮은 온도가 될 때 응결되는 물의 양　　**문제 공략** 33쪽

➡ 응결량 = 실제 수증기량(g/kg) − 냉각된 기온에서의 포화 수증기량(g/kg)

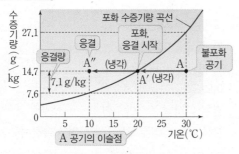

[이슬점과 응결량]

- 공기 A의 현재 기온: 30 ℃ ➡ 불포화 상태
- 공기 A의 이슬점: 20 ℃ ➡ 포화 상태, 응결 시작
- 공기 A를 10 ℃까지 냉각시킬 때 응결량
  = 실제 수증기량(g/kg) − 냉각된 기온에서의 포화 수증기량(g/kg)
  = 14.7 g/kg − 7.6 g/kg = 7.1 g/kg

5 상대 습도

현재 기온에서의 포화 수증기량에 대한 실제 수증기량의 비를 백분율(%)로 나타낸 것　　**문제 공략** 33쪽

$$상대\ 습도(\%) = \frac{현재\ 공기\ 중에\ 포함된\ 수증기량(g/kg)}{현재\ 기온에서\ 포화\ 수증기량(g/kg)} \times 100$$

6 맑은 날 하루 동안 기온, 상대 습도, 이슬점 변화

기온과 상대 습도	맑은 날에는 공기 중의 수증기량이 거의 변하지 않는다. ➡ 기온과 상대 습도의 변화는 ❼(　　　)로 나타난다.
이슬점	거의 일정하다. ➡ 맑은 날 하루 동안 공기 중에 포함된 수증기량의 변화가 거의 없기 때문이다.

7 구름의 생성과 분류

구름의 생성 과정	공기 상승 → 단열 ❽(　　　) → 기온 하강 → ❾(　　　) 도달 → 수증기 응결 → 구름 생성
구름이 생성되는 경우	[공기가 상승하는 경우 구름 생성] • 지표면의 일부가 강하게 가열될 때 • 따뜻한 공기와 찬 공기가 만날 때 • 이동하는 공기가 산을 만나 산 사면을 따라 상승할 때 • 주변보다 기압이 ❿(　　　) 공기가 모여들 때
구름의 분류	• 층운형 구름: 옆으로 넓게 퍼진 모양, 상승 기류가 약할 때 생성, 지속적인 비 • 적운형 구름: 위로 솟은 모양, 상승 기류가 강할 때 생성, 소나기

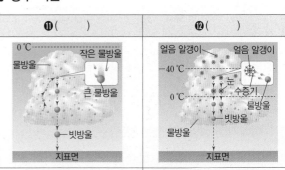

▲ 층운형 구름　　　　▲ 적운형 구름

8 강수 이론

⓫(　　　)	⓬(　　　)
• 열대 지방, 저위도 지방의 따뜻한 비 • 구름의 구성: ⓭(　　　) • 구름 속의 크고 작은 물방울들이 서로 부딪치면서 합쳐져 점점 커진다. → 무거워지면 지표면으로 떨어져 비가 된다.	• 중위도나 고위도 지방의 눈과 찬비 • 구름의 구성: 물방울, 얼음 알갱이(빙정) • 물방울에서 증발한 수증기가 얼음 알갱이에 달라붙어 얼음 알갱이가 커진다. → 무거워져 떨어지면 ⓮(　　　)이 되고, 떨어지다가 녹으면 ⓯(　　　)가 된다.

답안지

1 기온이 높을수록 포화 수증기량이 (증가 , 감소)하고, 공기 중의 수증기량이 많을수록 이슬점이 (높아 , 낮아)진다.

1 _____

2 그림과 같이 헤어드라이어로 둥근바닥 플라스크를 가열한 후 찬물에 넣어 식히면 플라스크 내부의 기온이 낮아지면서 공기가 포함할 수 있는 수증기의 양이 (증가 , 감소)하므로, (증발 , 응결)이 일어나 플라스크 내부가 (맑아진다 , 뿌옇게 흐려진다).

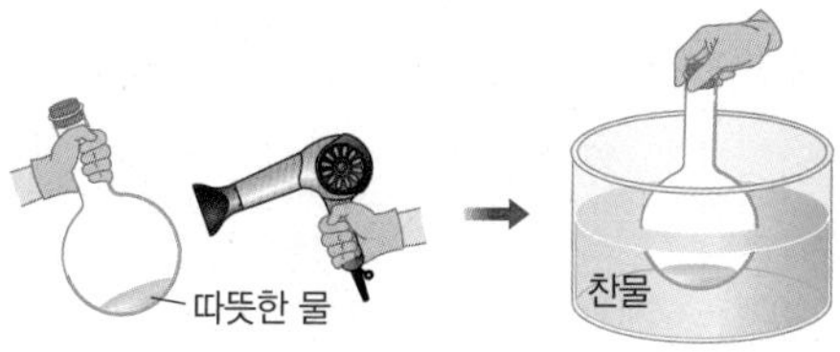

2 _____

따뜻한 물 → 찬물

3 다음은 응결량을 구하는 식을 나타낸 것이다. 빈칸에 알맞은 말을 쓰시오.

응결량＝(   ) 수증기량(g/kg)－냉각된 기온에서의 (   ) 수증기량(g/kg)

3 _____

4 상대 습도는 공기 중의 수증기량과 기온의 영향을 받는다. 공기 중의 수증기량이 일정할 때 기온이 낮아지면 포화 수증기량이 (   )하므로 상대 습도는 (   )진다.

4 _____

5 맑은 날에는 공기 중의 수증기량이 거의 변하지 않으므로 (기온 , 이슬점)은 크게 변하지 않고, (기온 , 이슬점)에 따라 포화 수증기량이 달라져 상대 습도가 변한다.

5 _____

6 그림과 같이 간이 가압 장치를 여러 번 눌러 공기를 채운 후 뚜껑을 열면 공기가 (팽창 , 수축)하여 온도가 (높아 , 낮아)지고, 수증기가 물방울로 응결한다. 이 실험은 (구름의 생성 원리 , 기온에 따른 포화 수증기량의 변화)를 알아보기 위한 것이다.

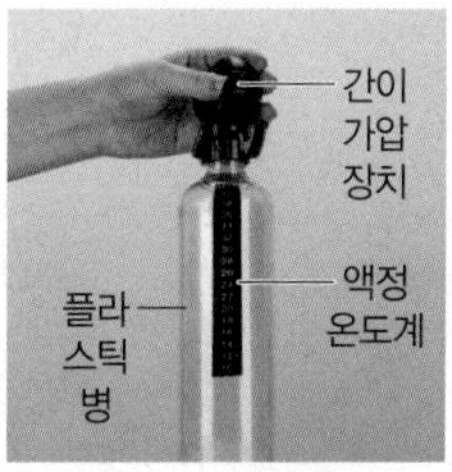

6 _____

간이 가압 장치
액정 온도계
플라스틱 병

7 공기가 저기압 중심으로 모여들거나 산의 경사면을 타고 올라갈 때, 찬 공기와 따뜻한 공기가 만날 때는 공기의 (   )이/가 일어나므로 (   )이/가 생성된다.

7 _____

8 층운형 구름의 특징과 관련된 내용을 〈보기〉에서 모두 고르시오.

보기
ㄱ. 소나기   ㄴ. 지속적인 비   ㄷ. 약한 상승 기류
ㄹ. 강한 상승 기류   ㅁ. 위로 솟는 모양   ㅂ. 옆으로 퍼지는 모양

8 _____

9 (저위도 , 고위도) 지방의 구름 속에서는 크고 작은 (물방울 , 얼음 알갱이)들이 서로 부딪치면서 합쳐져 점점 커지고, 무거워지면 지표면으로 떨어져 비가 된다.

9 _____

10 (   )은/는 물방울에서 증발한 수증기가 얼음 알갱이에 달라붙어 얼음 알갱이가 커지고 무거워져 떨어지면 눈이 되고, 떨어지다가 녹으면 비가 된다는 이론이다.

10 _____

포화 수증기량, 이슬점 구하기

정답과 해설 60쪽

- 포화 수증기량: 포화 상태의 공기 1 kg에 들어 있는 수증기의 양(g) ➡ 기온에 따라 변한다.
- 이슬점: 공기 중의 수증기가 응결하기 시작하는 온도 ➡ 공기 중의 수증기량에 따라 변한다.

포화 수증기량을 구하는 문제

[1~4] 표는 기온에 따른 포화 수증기량을 나타낸 것이다.

기온(℃)	5	10	15	20	25	30
포화 수증기량 (g/kg)	5.4	7.6	10.6	14.7	20.0	27.1

1 기온이 15 ℃인 공기 1 kg에 최대한 포함할 수 있는 수증기량을 구하시오.

2 기온이 30 ℃인 공기 1 kg에 최대한 포함할 수 있는 수증기량을 구하시오.

3 기온이 20 ℃인 공기 5 kg에 최대한 포함할 수 있는 수증기량을 구하시오.

4 기온이 25 ℃인 공기 1 kg에 10.6 g의 수증기가 포함되어 있다. 이 공기가 포화 상태가 되기 위해 더 필요한 수증기량을 구하시오.

[5~8] 그림은 기온에 따른 포화 수증기량 곡선을 나타낸 것이다.

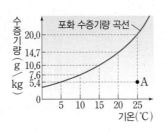

5 공기 A의 포화 수증기량을 구하시오.

6 3 kg의 공기 A에 최대한 포함할 수 있는 수증기량을 구하시오.

7 3 kg의 공기 A가 포화 상태가 되기 위해 더 필요한 수증기량을 구하시오.

8 기온이 20 ℃인 실험실에서 얼음을 넣은 시험관으로 알루미늄 컵 속의 물을 서서히 저어 주었더니 15 ℃일 때 컵 표면이 뿌옇게 흐려졌다. 실험실 공기의 포화 수증기량을 구하시오.

이슬점을 구하는 문제

[9~12] 그림은 기온에 따른 포화 수증기량 곡선을 나타낸 것이다.

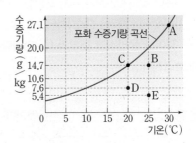

9 공기 A의 이슬점을 구하시오.

10 공기 E의 이슬점을 구하시오.

11 공기 A~E 중 이슬점이 같은 공기를 쓰시오.

12 공기 A~E의 이슬점을 부등호와 등호를 이용하여 비교하시오.

[13~16] 표는 기온에 따른 포화 수증기량을 나타낸 것이다.

기온(℃)	5	10	15	20	25	30
포화 수증기량 (g/kg)	5.4	7.6	10.6	14.7	20.0	27.1

13 기온이 10 ℃인 공기 1 kg에 7.6 g의 수증기가 포함되어 있다. 이 공기의 이슬점을 구하시오.

14 기온이 20 ℃인 공기 1 kg에 7.6 g의 수증기가 포함되어 있다. 이 공기의 이슬점을 구하시오.

15 기온이 25 ℃인 공기 2 kg에 15.2 g의 수증기가 포함되어 있다. 이 공기의 이슬점을 구하시오.

16 기온이 30 ℃인 공기 2 kg에 29.4 g의 수증기가 포함되어 있다. 이 공기의 이슬점을 구하시오.

(계)(산) 문제 공략 — 응결량, 상대 습도 구하기

- 응결량＝실제 수증기량(g/kg)－냉각된 기온에서의 포화 수증기량(g/kg)
- 상대 습도(%)＝$\dfrac{\text{현재 공기 중에 포함된 수증기량(g/kg)}}{\text{현재 기온에서 포화 수증기량(g/kg)}} \times 100$

응결량을 구하는 문제

[1~3] 표는 기온에 따른 포화 수증기량을 나타낸 것이다.

기온(℃)	5	10	15	20	25	30
포화 수증기량 (g/kg)	5.4	7.6	10.6	14.7	20.0	27.1

1 기온이 30 ℃인 공기 1 kg에 20.1 g의 수증기가 포함되어 있다. 이 공기 1 kg을 10 ℃로 냉각시켰을 때 응결량을 구하시오.

2 기온이 30 ℃인 포화 상태의 공기 1 kg을 20 ℃로 냉각시켰을 때 응결량을 구하시오.

3 기온이 30 ℃인 공기 2 kg에 40.6 g의 수증기가 포함되어 있다. 이 공기 5 kg을 10 ℃로 냉각시켰을 때 응결량을 구하시오.

[4~5] 그림은 기온에 따른 포화 수증기량 곡선을 나타낸 것이다.

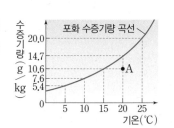

4 1 kg의 공기 A를 5 ℃로 냉각시켰을 때 응결량을 구하시오.

5 3 kg의 공기 A를 10 ℃로 냉각시켰을 때 응결량을 구하시오.

상대 습도를 구하는 문제

6 그림은 기온에 따른 포화 수증기량 곡선을 나타낸 것이다. 공기 A의 상대 습도를 구하시오. (단, 소수 둘째 자리에서 반올림하시오.)

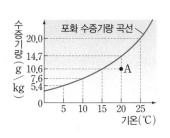

[7~10] 표는 기온에 따른 포화 수증기량을 나타낸 것이다.

기온(℃)	5	10	15	20	25	30
포화 수증기량 (g/kg)	5.4	7.6	10.6	14.7	20.0	27.1

7 기온이 25 ℃인 공기 1 kg에 10.6 g의 수증기가 포함되어 있다. 이 공기의 상대 습도를 구하시오. (단, 소수 둘째 자리에서 반올림하시오.)

8 기온이 20 ℃인 공기 2 kg에 20.2 g의 수증기가 포함되어 있다. 이 공기의 상대 습도를 구하시오. (단, 소수 둘째 자리에서 반올림하시오.)

9 기온이 20 ℃이고 이슬점이 10 ℃인 공기의 상대 습도를 구하시오. (단, 소수 둘째 자리에서 반올림하시오.)

10 기온이 20 ℃인 실험실에서 얼음을 넣은 시험관으로 알루미늄 컵 속의 물을 서서히 저어 주었더니 15 ℃일 때 컵 표면이 뿌옇게 흐려졌다. 실험실 공기의 상대 습도를 구하시오.

상대 습도를 이용하여 실제 수증기량을 구하는 문제

[11~12] 표는 기온에 따른 포화 수증기량을 나타낸 것이다.

기온(℃)	5	10	15	20	25	30
포화 수증기량 (g/kg)	5.4	7.6	10.6	14.7	20.0	27.1

11 기온이 25 ℃인 공기의 상대 습도가 68 %이다. 이 공기 1 kg에 포함되어 있는 수증기의 양을 구하시오.

12 기온이 10 ℃인 공기의 상대 습도가 75 %이다. 이 공기 5 kg에 포함되어 있는 수증기의 양을 구하시오.

01 다음은 증발이나 응결에 의한 현상을 나타낸 것이다.

> (가) 물에 젖은 종이가 마른다.
> (나) 컵에 든 물이 점점 줄어든다.
> (다) 찬 음료수 캔 표면에 물방울이 맺힌다.
> (라) 저기압 중심으로 모여든 공기가 상승하여 구름이 생성된다.

증발이나 응결에 의한 현상에 해당하는 것을 옳게 짝 지은 것은?

	증발	응결
①	(가)	(나), (다), (라)
②	(나)	(가), (다), (라)
③	(가), (나)	(다), (라)
④	(나), (다)	(가), (라)
⑤	(다), (라)	(가), (나)

02 그림은 수조에 물을 넣고 이틀 동안 덮개로 덮어 두었을 때 물 분자의 이동을 나타낸 것이다. 이에 대한 설명으로 옳지 <u>않은</u> 것은?

① 수조 속 공기는 포화 상태이다.
② 물의 높이는 더 이상 변하지 않는다.
③ 처음에는 물의 높이가 낮아졌을 것이다.
④ 수조 속 공기는 수증기를 더 포함할 수 있는 상태이다.
⑤ 공기 중으로 나가는 물 분자 수와 물속으로 들어오는 물 분자 수가 같다.

출제율 99%

03 대기 중의 수증기에 대한 설명으로 옳지 <u>않은</u> 것을 모두 고르면? (2개)

① 기온이 높을수록 포화 수증기량이 많아진다.
② 실제 수증기량이 많을수록 이슬점이 높아진다.
③ 불포화 공기의 기온을 높이면 포화 상태로 만들 수 있다.
④ 포화 상태의 공기는 실제 수증기량이 포화 수증기량과 같다.
⑤ 공기가 냉각되어 이슬점보다 낮은 온도가 되면 증발이 일어난다.

[04~05] 그림은 기온에 따른 포화 수증기량 곡선을 나타낸 것이다.

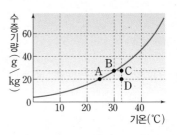

[주관식]

04 A~D 중 포화 수증기량이 가장 적은 공기와 이 공기의 실제 수증기량을 순서대로 쓰시오.

출제율 99%

05 공기 A~D에 대한 설명으로 옳은 것을 모두 고르면?
(2개)

① A와 B는 포화 상태이다.
② A는 D보다 이슬점이 낮다.
③ B와 C는 실제 수증기량이 같다.
④ C는 D보다 포화 수증기량이 많다.
⑤ C와 D는 수증기를 더 포함할 수 없는 상태이다.

06 그림 (가), (나)와 같이 둥근바닥 플라스크에 따뜻한 물을 조금 넣고 입구를 막은 후 헤어드라이어로 가열하였다가 찬물에 넣어 식혔다.

(가)   (나)

이 실험에 대한 설명으로 옳지 <u>않은</u> 것은?

① (가)에서는 증발이 일어난다.
② (나)에서는 플라스크 안이 뿌옇게 흐려진다.
③ (가)에서는 플라스크 안 공기가 포함할 수 있는 수증기의 양이 감소한다.
④ (나)에서는 플라스크 안의 기온이 낮아져 포화 수증기량이 감소한다.
⑤ 이 실험을 통해 기온에 따른 포화 수증기량의 변화를 알 수 있다.

[07~10] 표는 기온에 따른 포화 수증기량을 나타낸 것이다.

기온(℃)	5	10	15	20	25	30
포화 수증기량 (g/kg)	5.4	7.6	10.6	14.7	20.0	27.1

07 기온이 25 ℃인 공기 3 kg에 22.8 g의 수증기가 포함되어 있다. 이 공기의 이슬점은 몇 ℃인가?

① 5 ℃　　　　② 10 ℃　　　　③ 15 ℃
④ 20 ℃　　　　⑤ 25 ℃

08 기온이 20 ℃인 공기 2 kg에 26 g의 수증기가 포함되어 있다. 이 공기 1 kg을 5 ℃까지 냉각시킬 때 응결량은 몇 g인가?

① 5.4 g　　　　② 7.6 g　　　　③ 10.6 g
④ 13.0 g　　　　⑤ 18.4 g

【주관식】

09 기온이 30 ℃인 공기 2 kg에 40 g의 수증기가 포함되어 있다. 이 공기의 상대 습도는 몇 %인지 구하시오. (단, 소수 둘째 자리에서 반올림하시오.)

10 기온이 15 ℃인 실험실에서 그림과 같이 장치하고 얼음을 넣은 시험관으로 알루미늄 컵 속의 물을 서서히 저어 주었더니 5 ℃일 때 컵 표면이 뿌옇게 흐려졌다. 실험실 공기에 대한 설명으로 옳은 것을 〈보기〉에서 모두 고른 것은?

온도계
얼음
알루미늄 컵

보기
ㄱ. 이슬점은 5 ℃이다.
ㄴ. 포화 수증기량은 5.4 g/kg이다.
ㄷ. 상대 습도는 약 50.9 %이다.

① ㄱ　　　　② ㄴ　　　　③ ㄱ, ㄷ
④ ㄴ, ㄷ　　　　⑤ ㄱ, ㄴ, ㄷ

[11~12] 그림은 기온에 따른 포화 수증기량 곡선을 나타낸 것이다.

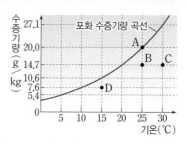

11 ㉠ 1 kg의 공기 B를 15 ℃로 냉각시켰을 때 응결량과 ㉡ 공기 C의 상대 습도를 옳게 짝 지은 것은?

	㉠	㉡
①	4.1 g	약 39.1 %
②	4.1 g	약 54.2 %
③	5.3 g	약 39.1 %
④	9.4 g	약 28.0 %
⑤	9.4 g	약 54.2 %

출제율 99%

12 공기 A~D에 대한 설명으로 옳지 않은 것을 모두 고르면? (2개)

① 공기 A의 이슬점은 25 ℃이다.
② 공기 A와 B는 포화 수증기량이 같다.
③ 1 kg의 공기 B와 C를 10 ℃로 냉각시킬 때 응결량은 공기 C가 B보다 많다.
④ 공기 D의 상대 습도는 약 71.7 %이다.
⑤ 2 kg의 공기 D에 3.0 g의 수증기를 공급하면 포화 상태가 된다.

출제율 99%

13 그림은 어느 날 하루 동안의 기온, 상대 습도, 이슬점의 변화를 나타낸 것이다.

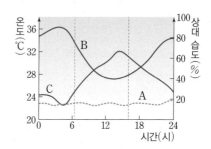

이에 대한 설명으로 옳은 것을 모두 고르면? (2개)

① A는 이슬점이다.
② B는 기온, C는 상대 습도이다.
③ 날씨가 맑은 날 측정한 자료이다.
④ 기온이 높을 때 이슬점이 낮게 나타난다.
⑤ 하루 동안 공기 중에 포함된 수증기량은 오후 2~3 시경에 가장 많다.

14 구름의 생성 과정을 순서대로 옳게 나타낸 것은?

① 공기 상승 → 단열 팽창 → 이슬점 도달 → 기온 하강 → 수증기 응결 → 구름 생성
② 공기 상승 → 단열 팽창 → 기온 하강 → 이슬점 도달 → 수증기 응결 → 구름 생성
③ 공기 상승 → 기온 하강 → 단열 팽창 → 이슬점 도달 → 수증기 응결 → 구름 생성
④ 공기 상승 → 기온 하강 → 이슬점 도달 → 단열 팽창 → 수증기 응결 → 구름 생성
⑤ 공기 상승 → 수증기 응결 → 단열 팽창 → 이슬점 도달 → 기온 하강 → 구름 생성

출제율 99%

15 그림 (가)와 같이 장치하고 간이 가압 장치를 여러 번 누른 다음, (나)와 같이 뚜껑을 열었다.

(가)와 (나)의 플라스틱 병 내부에서 일어나는 변화에 대한 설명으로 옳지 <u>않은</u> 것을 모두 고르면? (2개)

	(가)	(나)
①	기온이 상승한다.	기온이 하강한다.
②	증발이 일어난다.	응결이 일어난다.
③	단열 팽창이 일어난다.	단열 압축이 일어난다.
④	내부의 변화가 없다.	내부가 뿌옇게 흐려진다.
⑤	구름이 생성되는 원리를 알 수 있다.	이슬이 생성되는 원리를 알 수 있다.

【주관식】

16 다음에서 설명하는 구름이 생성되는 경우를 쓰시오.

위로 솟는 모양의 구름으로, 이 구름에서는 주로 소나기가 내린다.

출제율 99%

17 구름의 생성과 모양에 대한 설명으로 옳은 것을 〈보기〉에서 모두 고른 것은?

보기
ㄱ. 구름은 공기가 상승하거나 하강할 때 생성된다.
ㄴ. 구름은 높이에 따라 적운형 구름과 층운형 구름으로 분류한다.
ㄷ. 공기의 상승이 약할 때는 옆으로 퍼지는 모양의 구름이 생성된다.
ㄹ. 구름은 수증기가 응결하여 생긴 물방울이나 얼음 알갱이가 하늘에 떠 있는 것이다.

① ㄱ, ㄴ 　② ㄱ, ㄷ 　③ ㄴ, ㄷ
④ ㄴ, ㄹ 　⑤ ㄷ, ㄹ

18 구름이 생성되는 경우가 <u>아닌</u> 것을 모두 고르면? (2개)

① 　②

③ 　④

⑤

【주관식】

19 다음에서 설명하는 강수 이론의 이름과 이와 같은 과정으로 비나 눈이 내리는 지역을 쓰시오.

물방울에서 증발한 수증기가 얼음 알갱이에 달라붙어 얼음 알갱이가 커지고 무거워져 떨어진다.

20 그림은 기온에 따른 포화 수증기량 곡선을 나타낸 것이다.

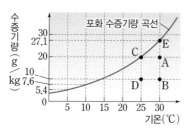

이에 대한 설명으로 옳은 것을 모두 고르면? (2개)

① 5 kg의 공기 A를 5 ℃로 냉각시켰을 때 응결량은 14.6 g이다.

② 공기 B의 상대 습도는 약 36.9 %이다.

③ 공기 C와 E는 이슬점이 같다.

④ 10 kg의 공기 D에 100 g의 수증기를 공급하면 포화 상태가 된다.

⑤ 기온이 30 ℃이고 상대 습도가 73.8 %인 공기 3 kg을 10 ℃로 냉각시켰을 때 응결량은 12.4 g이다.

자료 분석 | 정답과 해설 62쪽

21 그림 (가)와 (나)는 서로 다른 두 지역의 구름을 나타낸 것이다.

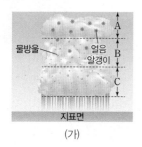 

(가)   (나)

이에 대한 설명으로 옳은 것을 〈보기〉에서 모두 고른 것은?

┌─ 보기 ─────────────────────────────┐
ㄱ. 우리나라의 겨울철에 비가 내리는 과정은 (가)의 구름으로 설명할 수 있다.

ㄴ. (가)의 A~C 구간 중 얼음 알갱이에 수증기가 달라붙어 얼음 알갱이가 점차 커지는 구간은 A이다.

ㄷ. (가)의 B 구간의 온도는 −40~0 ℃이고, (나)의 구름 속 온도는 0 ℃ 이상이다.

ㄹ. (나)의 구름에서는 크고 작은 물방울들이 합쳐져 점점 커지고, 무거워지면 떨어져 비가 된다.
└──────────────────────────────────┘

① ㄱ, ㄴ   ② ㄱ, ㄷ   ③ ㄴ, ㄹ

④ ㄱ, ㄷ, ㄹ   ⑤ ㄴ, ㄷ, ㄹ

자료 분석 | 정답과 해설 63쪽

22 그림은 기온에 따른 포화 수증기량 곡선을 나타낸 것이다. 공기 A를 포화 상태로 만드는 방법 2가지를 서술하시오.

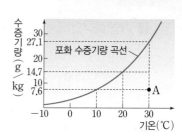

_____

_____

23 표는 기온에 따른 포화 수증기량을 나타낸 것이다.

기온(℃)	5	10	15	20	25	30
포화 수증기량 (g/kg)	5.4	7.6	10.6	14.7	20.0	27.1

기온이 25 ℃인 공기의 상대 습도가 50 %일 때, 이 공기 3 kg에 포함되어 있는 수증기량을 구하는 방법을 서술하시오.

_____

_____

24 그림은 구름이 생성되는 과정을 나타낸 것이다. A~C를 포함하여 구름의 생성 과정을 설명하시오.

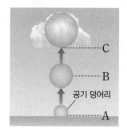

_____

_____

25 열대 지방에서 비가 내리는 과정을 다음 단어를 모두 포함하여 서술하시오.

┌──────────────────────────────────┐
물방울, 따뜻한 비
└──────────────────────────────────┘

_____

_____

1 기압(대기압)

기압	공기가 단위 면적에 작용하는 힘
기압의 작용	• ❶(　　　) 방향으로 같은 크기로 작용한다. • 기압이 모든 방향으로 작용하기 때문에 나타나는 현상 ➡ 유리컵에 물을 담고 종이를 덮은 후 거꾸로 뒤집어도 물이 쏟아지지 않는다. ➡ 페트병에 뜨거운 물을 조금 넣고 뚜껑을 닫아 얼음물에 넣으면 페트병이 사방으로 찌그러진다.

2 기압의 측정과 크기

① 기압의 측정: 토리첼리가 수은을 이용하여 최초로 측정하였다.

[토리첼리의 기압 측정 실험]
• 1 m 길이의 유리관에 수은을 가득 채우고 수은이 담긴 수조에 유리관을 거꾸로 세운다.
• 유리관 속에 들어 있는 수은이 내려오다가 수은 면으로부터 76 cm 높이에서 멈춘다. ➡ 유리관의 수은 기둥이 누르는 압력과 수은 면에 작용하는 기압이 ❷(　　　)졌기 때문이다.

진공 / 수은 기둥 76 cm / 수은 면 / 기압 / 수은

기압이 일정한 경우 유리관의 굵기를 다르게 하거나 유리관을 기울여도 수은 기둥의 높이는 ❸(　　　).
➡ $h_1 = h_2 = h_3$

② 기압의 단위: 기압, hPa(헥토파스칼), cmHg

③ 기압의 크기: 1기압=수은 기둥의 높이 ❹(　　　) cm에 해당하는 압력

> 1기압=76 cmHg=약 1013 hPa
> ＝물기둥 약 ❺(　　　) m의 압력
> ＝공기 기둥 약 1000 km의 압력

3 기압의 변화

① 높이에 따른 기압 변화: 높이 올라갈수록 공기의 양이 줄어들므로 기압이 급격히 ❻(　　　)진다.

공기의 양 / 기압이 낮다. / 기압이 높다.
세로축: 높이(km) 50 40 30 20 10 0
가로축: 기압(hPa) 400 800 1200

▲ 높이에 따른 기압 변화

② 측정 장소와 시간에 따라 기압이 달라진다. ➡ 공기가 끊임없이 움직이기 때문이다.

4 바람이 부는 원인

① 바람: 공기가 기압이 높은 곳에서 낮은 곳으로 ❼(　　　) 방향으로 이동하는 것

② 바람이 부는 원인: 두 지점의 기압 차이

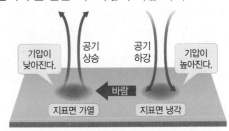
기압이 낮아진다. / 공기 상승 / 공기 하강 / 기압이 높아진다. / 바람 / 지표면 가열 / 지표면 냉각

바람의 방향	기압이 높은 곳 → 기압이 낮은 곳
바람의 세기	기압 차이가 ❽(　　　)수록 강하다.

5 해륙풍과 계절풍

① 해륙풍과 계절풍이 부는 원인: 지표면의 가열이나 냉각 차이에 의한 기압 차이

해륙풍	해안 지역에서 ❾(　　　)를 주기로 풍향이 바뀌는 바람
계절풍	대륙과 해양 사이에서 ❿(　　　)을 주기로 풍향이 바뀌는 바람

② 해륙풍: 낮에는 육지가 바다보다 빨리 가열되고, 밤에는 육지가 바다보다 빨리 냉각되기 때문에 발생한다.

해풍	구분	육풍
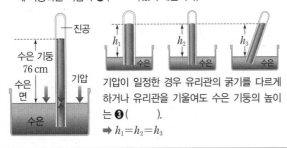 육지 / 바다	모습	육지 / 바다
⓫(　　　)	부는 때	⓬(　　　)
육지＞바다	기온	육지＜바다
육지＜바다	기압	육지＞바다
바다 → 육지	바람이 부는 방향	육지 → 바다

③ 계절풍: 여름철에는 대륙이 해양보다 빨리 가열되고, 겨울철에는 대륙이 해양보다 빨리 냉각되기 때문에 발생한다.

⓭(　　　) 계절풍(우리나라)	구분	⓮(　　　) 계절풍(우리나라)
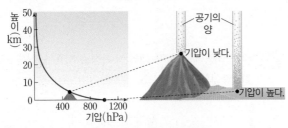 대륙 / 해양	모습	대륙 / 해양
여름철	부는 때	겨울철
대륙＞해양	기온	대륙＜해양
대륙＜해양	기압	대륙＞해양
해양 → 대륙	바람이 부는 방향	대륙 → 해양

정답과 해설 **64**쪽

답안지

1 유리컵에 물을 담고 종이를 덮은 후 거꾸로 뒤집어도 물이 쏟아지지 않는 것은 기압이 (아래쪽 , 모든) 방향으로 (같은 , 다른) 크기로 작용하기 때문이다.

1 _____

2~3 그림은 토리첼리가 수은을 이용하여 기압을 측정하는 방법을 나타낸 것이다.

2 1기압일 때 h의 높이는 (   ) cm이며, 기압이 낮아지면 수은 기둥의 높이가 (   )진다.

h ← 수은 기둥
수은 면
수은

2 _____

3 유리관 속에 들어 있는 수은이 내려오다가 멈춘 까닭은 유리관의 수은 기둥이 누르는 압력과 수은 면에 작용하는 (   )이/가 (   )졌기 때문이다.

3 _____

4 1기압의 크기에 해당하는 것을 〈보기〉에서 모두 고르시오.

> **보기**
> ㄱ. 76 cmHg   ㄴ. 약 100 hPa
> ㄷ. 물기둥 약 100 m의 압력   ㄹ. 공기 기둥 약 1000 km의 압력

4 _____

5 바람은 지표면의 (   )와/과 (   )에 의한 기압 차이로 발생하며, 기압이 높은 곳에서 낮은 곳으로 분다.

5 _____

6 지표면이 가열되면 공기가 팽창하면서 (상승 , 하강)하여 주변으로 퍼져 나가고, 지표면 부근의 기압이 주변보다 (높아 , 낮아)진다.

6 _____

7 해풍에 대한 설명으로 옳은 것을 〈보기〉에서 모두 고르시오.

> **보기**
> ㄱ. 바람이 부는 때: 낮   ㄴ. 기온: 육지>바다   ㄷ. 기압: 육지<바다
> ㄹ. 빨리 가열되는 곳: 바다   ㅁ. 바람의 방향: 육지 → 바다

7 _____

8 그림과 같이 장치하고 모래와 물을 가열하면 (   )이/가 빨리 가열되므로, 모래 쪽의 공기가 (   )하여 물 쪽의 기압이 모래 쪽의 기압보다 (   )진다. 따라서 공기는 물에서 모래 쪽으로 이동한다.

물   모래

8 _____

9 대륙과 해양 사이에서 1년을 주기로 풍향이 바뀌는 바람은 무엇인지 쓰시오.

9 _____

10 우리나라의 (   )철에는 대륙이 해양보다 빨리 (   )되기 때문에 대륙에서 해양으로 북서 계절풍이 분다.

10 _____

출제율 99%

01 기압과 바람에 대한 설명으로 옳은 것을 〈보기〉에서 모두 고른 것은?

보기
ㄱ. 기압은 측정 장소와 시간에 따라 달라진다.
ㄴ. 바람은 기압이 높은 곳에서 낮은 곳으로 분다.
ㄷ. 높이 올라갈수록 공기의 양이 줄어들기 때문에 기압이 낮아진다.
ㄹ. 풍선이 하늘로 높이 올라가면 점점 커지는 것은 기압이 모든 방향으로 작용하기 때문이다.

① ㄱ, ㄴ   ② ㄴ, ㄷ   ③ ㄷ, ㄹ
④ ㄱ, ㄴ, ㄷ   ⑤ ㄴ, ㄷ, ㄹ

02 기압이 작용하는 예로 옳지 <u>않은</u> 것은?

① 진공청소기로 먼지를 빨아들인다.
② 음료수를 마실 때 빨대를 이용한다.
③ 타이어에 공기를 넣으면 팽팽해진다.
④ 해안 지역에서는 하루를 주기로 바람의 방향이 바뀐다.
⑤ 신문지를 펼쳐 자로 빠르게 들어 올리면 신문지가 잘 올라오지 않는다.

03 그림과 같이 플라스틱 병에 뜨거운 물을 조금 넣은 후 뚜껑을 닫고 찬물에 담갔더니 플라스틱 병이 사방으로 찌그러졌다.

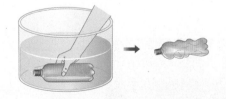

이에 대한 설명으로 옳은 것을 〈보기〉에서 모두 고른 것은?

보기
ㄱ. 기압이 모든 방향으로 작용하는 것을 알 수 있다.
ㄴ. 플라스틱 병 내부의 기압이 외부 기압보다 낮아진다.
ㄷ. 높이 올라갈수록 공기의 양이 줄어들기 때문에 나타나는 현상이다.

① ㄱ   ② ㄷ   ③ ㄱ, ㄴ
④ ㄴ, ㄷ   ⑤ ㄱ, ㄴ, ㄷ

[04~05] 그림은 토리첼리의 기압 측정 실험을 나타낸 것이다.

출제율 99%

04 이에 대한 설명으로 옳지 <u>않은</u> 것을 모두 고르면? (2개)

① 1기압일 때 수은 기둥의 높이는 76 cm이다.
② 다른 지역에서 측정해도 수은 기둥의 높이는 같다.
③ 수은 기둥의 높이가 78 cm일 때 기압은 약 1030 hPa이다.
④ 1기압일 때 유리관을 기울여도 수은 기둥의 높이는 76 cm이다.
⑤ 굵기가 2배인 유리관을 이용하여 실험해도 수은 기둥의 높이는 같다.

05 이 실험에서 유리관 속의 수은 기둥이 내려오다가 멈춘 까닭으로 옳은 것은?

① 유리관 속의 진공이 수은을 누르기 때문이다.
② 유리관 속 수은 기둥의 무게가 매우 크기 때문이다.
③ 모든 지역에서 공기가 수은 면을 같은 크기로 누르기 때문이다.
④ 유리관 속의 수은 기둥에 의한 압력이 수은 면에 작용하는 기압보다 크기 때문이다.
⑤ 유리관 속의 수은 기둥에 의한 압력과 수은 면에 작용하는 기압의 크기가 같기 때문이다.

[주관식]

06 다음과 같은 세 지역에서 토리첼리의 기압 측정 실험을 했을 때 수은 기둥의 높이를 부등호를 이용하여 비교하시오.

• 한강 공원   • 달 표면   • 설악산 정상

출제율 99%

07 기압의 단위와 크기에 대한 설명으로 옳지 <u>않은</u> 것은?

① 1기압은 약 1013 hPa이다.

② 10기압은 물기둥 약 100 m의 압력과 같다.

③ 1기압은 공기 기둥 약 1000 km의 압력과 같다.

④ 기압의 단위로는 기압, Pa, mmMg 등을 사용한다.

⑤ 1기압은 수은 기둥의 높이 76 cm에 해당하는 압력이다.

08 높이에 따른 공기의 밀도와 토리첼리의 실험에서 수은 기둥의 높이 변화 그래프를 다음에서 골라 옳게 짝 지은 것은?

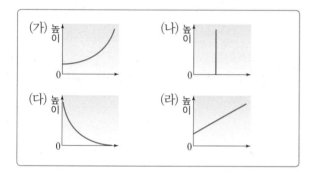

	공기의 밀도 변화	수은 기둥의 높이 변화
①	(가)	(다)
②	(가)	(라)
③	(나)	(다)
④	(다)	(다)
⑤	(라)	(라)

출제율 99%

09 바람에 대한 설명으로 옳은 것을 모두 고르면? (2개)

① 풍향은 바람이 불어가는 방향으로 나타낸다.

② 바람은 기압이 높은 곳에서 낮은 곳으로 분다.

③ 바람의 세기는 두 지점의 기압 차이에 반비례한다.

④ 바람은 지표면이 가열되는 곳에서 냉각되는 곳으로 분다.

⑤ 지표면의 기온 차이 때문에 기압 차이가 발생하여 바람이 분다.

출제율 99%

10 그림은 두 지역에서 지표면의 기온 차이에 따른 공기의 상승과 하강을 나타낸 것이다.

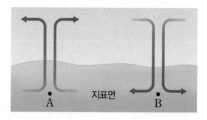

이에 대한 설명으로 옳은 것은?

① A 지역은 지표면이 냉각된 곳이다.

② A 지역은 B 지역보다 기압이 높다.

③ 바람은 A 지역에서 B 지역으로 분다.

④ 두 지역의 기온 차이가 커지면 기압 차이가 작아진다.

⑤ B 지역은 공기가 수축하면서 밀도가 커져 하강한다.

[11~12] 그림과 같이 장치하고 적외선등을 켜서 물과 모래의 온도 변화를 측정한 후, 적외선등을 끄고 물과 모래의 온도 변화를 측정하면서 향 연기의 이동 방향을 관찰하였다.

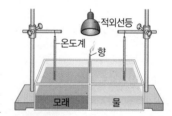

11 이 실험을 통해 알아보려는 것을 모두 고르면? (2개)

① 지구의 복사 평형   ② 구름의 생성 원리

③ 계절풍이 부는 원리   ④ 해륙풍이 부는 원리

⑤ 높이에 따른 공기의 밀도 변화

12 적외선등을 켜서 가열하는 경우 모래와 물의 기압 비교, 향 연기의 이동 방향을 옳게 짝 지은 것은?

	기압	향 연기의 이동 방향
①	모래=물	위쪽
②	모래>물	물 → 모래
③	모래>물	모래 → 물
④	물>모래	물 → 모래
⑤	물>모래	모래 → 물

13 그림과 같이 장치하고 10분 후 칸막이를 들어 올리면서 향 연기의 이동 방향을 관찰하였다.

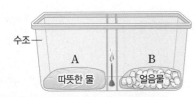

이 실험에 대한 설명으로 옳은 것을 〈보기〉에서 모두 고른 것은?

┌─ 보기 ─────────────────────────────┐
ㄱ. B는 A보다 기압이 낮다.
ㄴ. 향 연기는 A에서 B로 이동한다.
ㄷ. B는 공기가 냉각되어 밀도가 커진다.
ㄹ. 이와 같은 원리로 해안 지역에서 부는 바람의 원리를 알 수 있다.
└────────────────────────────────┘

① ㄱ, ㄴ   ② ㄴ, ㄷ   ③ ㄷ, ㄹ
④ ㄱ, ㄴ, ㄷ   ⑤ ㄴ, ㄷ, ㄹ

14 그림은 해안 지역에서 부는 바람을 나타낸 것이다. 이와 같은 바람이 부는 시기와 바람의 이름, 육지와 바다 중 기압이 높은 곳을 옳게 짝 지은 것은?

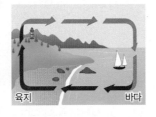

	바람이 부는 시기	바람의 이름	기압
①	낮	육풍	육지＞바다
②	낮	해풍	육지＞바다
③	낮	해풍	육지＜바다
④	밤	육풍	육지＞바다
⑤	밤	해풍	육지＜바다

15 해륙풍과 계절풍의 공통점으로 옳은 것은?

① 바람의 주기   ② 바람의 세기
③ 바람이 부는 시기   ④ 바람이 부는 지역
⑤ 바람이 부는 원리

【주관식】

16 그림은 해안 지역에서 부는 바람을 나타낸 것이다. A와 B 지역의 기온과 기압을 부등호를 이용하여 비교하시오.

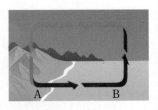

[17~18] 그림 (가)와 (나)는 대륙과 해양 사이에서 부는 바람을 나타낸 것이다.

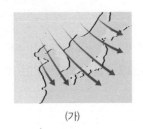 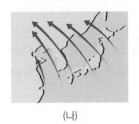
(가)   (나)

【주관식】

17 우리나라 부근에서 (가), (나)의 바람이 부는 계절을 각각 쓰시오.

【주관식】

18 (가)에서 대륙과 해양에 형성된 기압을 고기압, 저기압으로 쓰시오.

출제율 99%

19 해륙풍과 계절풍에 대한 설명으로 옳은 것을 보기에서 모두 고른 것은?

┌─ 보기 ─────────────────────────────┐
ㄱ. 해륙풍은 1년을 주기로 풍향이 바뀐다.
ㄴ. 해풍과 남동 계절풍이 부는 원리는 같다.
ㄷ. 우리나라의 여름철에는 해양이 대륙보다 기압이 낮다.
ㄹ. 해안 지역에서 낮에는 바다에서 육지 쪽으로 바람이 분다.
└────────────────────────────────┘

① ㄱ, ㄴ   ② ㄱ, ㄷ   ③ ㄴ, ㄷ
④ ㄴ, ㄹ   ⑤ ㄷ, ㄹ

20 그림 (가)는 높이에 따른 기압 분포를, (나)는 (가)의 ㉠, ㉡ 높이에서 토리첼리의 기압 측정 실험을 한 결과를 순서 없이 나타낸 것이다.

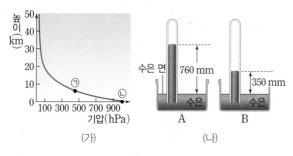

(가)   (나)

이에 대한 설명으로 옳지 <u>않은</u> 것을 모두 고르면? (2개)

① ㉠의 기압은 약 466.5 hPa이다.
② (나)의 B는 (가)의 ㉡에서 실험한 결과이다.
③ 높이 올라갈수록 공기의 양이 급격히 적어진다.
④ (나)의 A에서 가는 유리관을 사용하면 수은 기둥의 높이가 높아진다.
⑤ ㉠에서 물기둥을 이용하여 실험하면 물기둥의 높이는 10 m보다 낮을 것이다.

자료 분석 | 정답과 해설 65쪽

21 그림 (가)는 우리나라 부근에서 부는 계절풍을, (나)는 우리나라의 동해안 지역에서 부는 육풍을 나타낸 것이다.

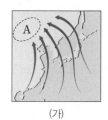 

(가)   (나)

이에 대한 설명으로 옳은 것을 〈보기〉에서 모두 고른 것은?

┌─ 보기 ─────────────────────────
ㄱ. (가)의 A 지역에는 고기압이 발달한다.
ㄴ. (가)의 계절에 우리나라는 무덥고 습한 날씨가 나타난다.
ㄷ. (나)에서 낮에는 서풍이 불고, 밤에는 동풍이 분다.
ㄹ. (가)에서는 대륙이 해양보다 빨리 가열되고, (나)에서는 육지가 바다보다 빨리 냉각된다.
└────────────────────────────

① ㄱ, ㄴ   ② ㄱ, ㄷ   ③ ㄴ, ㄷ
④ ㄴ, ㄹ   ⑤ ㄷ, ㄹ

22 그림은 토리첼리의 기압 측정 실험을 나타낸 것이다. 이 실험을 기압이 1기압인 곳에서 했을 때 수은 기둥의 높이(h)는 몇 cm인지 쓰고, 그 까닭을 서술하시오.

_____

_____

23 그림과 같이 장치하고 적외선등을 켜서 물과 모래를 가열한 후, 적외선등을 끄고 물과 모래를 냉각시켰다. 적외선등을 껐을 때 향 연기의 이동 방향을 쓰고, 그 까닭을 서술하시오.

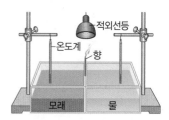

_____

_____

24 우리나라의 겨울철에 북서 계절풍이 부는 까닭을 다음 단어를 모두 포함하여 서술하시오.

┌────────────────────────────
│   대륙, 해양, 냉각, 기압
└────────────────────────────

_____

_____

25 해륙풍과 계절풍의 차이점을 다음 단어를 모두 포함하여 서술하시오.

┌────────────────────────────
│   주기, 풍향
└────────────────────────────

_____

_____

1 기단과 날씨

① 기단: 기온과 습도 등의 성질이 비슷한 큰 공기 덩어리

② 우리나라에 영향을 주는 기단

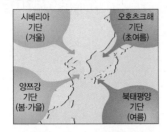

시베리아 기단 (겨울)
오호츠크해 기단 (초여름)
양쯔강 기단 (봄·가을)
북태평양 기단 (여름)

기단	성질	영향을 미치는 계절	날씨
❶( ) 기단	한랭 건조	겨울	춥고 건조한 날씨
양쯔강 기단	온난 건조	봄, 가을	따뜻하고 건조한 날씨
오호츠크해 기단	한랭 다습	초여름	동해안 지역에 저온 현상 등
❷( ) 기단	고온 다습	여름	무덥고 습한 날씨

2 전선과 날씨

① 전선면과 전선

▲ 전선면과 전선

- 전선면: 성질이 다른 두 기단이 만나 형성된 경계면
- 전선: 전선면이 지표면과 만나는 경계선

② 전선의 종류

전선	형성 과정
한랭 전선	찬 공기가 따뜻한 공기 아래로 파고들 때
온난 전선	따뜻한 공기가 찬 공기 위로 타고 올라갈 때
폐색 전선	속도가 빠른 한랭 전선이 온난 전선을 따라잡아 겹쳐질 때
❸( ) 전선	세력이 비슷한 두 기단이 만나 한곳에 오랫동안 머무를 때

③ 한랭 전선과 온난 전선

구분	❹( ) 전선	❺( ) 전선
모습	전선면 / 찬 공기 / 비 / 따뜻한 공기 / 지표면	따뜻한 공기 / 전선면 / 비 / 찬 공기 / 지표면
전선면 기울기	급하다.	완만하다.
발달하는 구름	적운형 구름	층운형 구름
강수	좁은 지역에서 소나기	넓은 지역에서 지속적인 비
이동 속도	빠르다.	느리다.
통과 후 기온, 기압 변화	기온 하강, 기압 상승	기온 상승, 기압 하강

3 기압과 날씨

① 고기압과 저기압

구분	고기압	저기압
정의	주위보다 기압이 ❻( ) 곳	주위보다 기압이 ❼( ) 곳
모습	하강 기류	상승 기류
바람 (북반구)	시계 방향으로 불어 나간다.	시계 반대 방향으로 불어 들어온다.
중심 기류	하강 기류	상승 기류
날씨	구름 소멸, 맑음	구름 생성, 흐리고 비나 눈

② 온대 저기압: 중위도 지방에서 북쪽의 찬 기단과 남쪽의 따뜻한 기단이 만나 발생하며, 온난 전선과 한랭 전선을 동반한다.

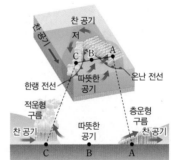

찬 공기 / 저 / 한랭 전선 / 따뜻한 공기 / 온난 전선 / 적운형 구름 / 층운형 구름 / 찬 공기 / 따뜻한 공기 / 찬 공기

A	• 온난 전선 전면 • 지속적인 비 • ❽( )풍
B	• 온난 전선과 한랭 전선 사이 • 맑음 • 남서풍
C	• 한랭 전선 후면 • 소나기 • ❾( )풍

4 우리나라의 계절별 일기도

봄, 가을	• 이동성 고기압과 이동성 저기압이 자주 지나가므로 날씨 변화가 심하다. • ❿( ): 따뜻하고 건조한 날씨, 황사, 꽃샘추위 • ⓫( ): 맑은 하늘, 첫서리
여름	• 북태평양 기단의 영향을 받아 무덥고 습한 날씨 • 남고북저형의 기압 배치, 남동 계절풍 • 초여름에 ⓬( ), 무더위(폭염), 열대야
겨울	• 시베리아 기단의 영향을 받아 춥고 건조한 날씨 • 서고동저형의 기압 배치, ⓭( ) 계절풍 • 한파, 폭설

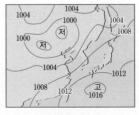

▲ 여름철 일기도

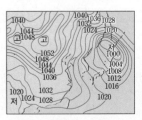

▲ 겨울철 일기도

정답과 해설 **66**쪽

답안지

1 기단은 ( )와/과 습도 등의 성질이 비슷한 큰 공기 덩어리로, 기단이 발생지에서 다른 지역으로 이동하면, 이동하는 지역 지표의 영향을 받아 기단의 아랫부분부터 성질이 ( ).

1 _____
_____

2 우리나라의 여름철에 영향을 미치는 기단과 관련된 내용을 〈보기〉에서 모두 고르시오.

┌ 보기 ┐
ㄱ. 양쯔강 기단   ㄴ. 북태평양 기단   ㄷ. 고온 다습
ㄹ. 한랭 다습   ㅁ. 무더위   ㅂ. 황사

2 _____
_____

3 성질이 다른 두 기단이 만나면 잘 섞이지 않고 그림과 같이 경계면을 형성한다. 이와 같은 경계면 A의 이름을 쓰시오.

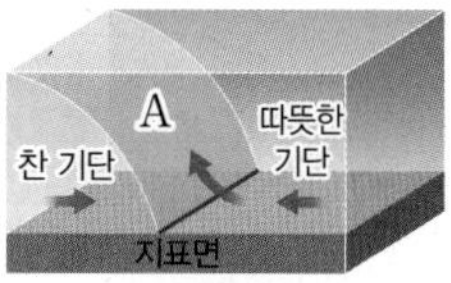

3 _____
_____

4 (온난 , 한랭) 전선은 찬 공기가 따뜻한 공기 아래로 파고들 때 형성되고, (온난 , 한랭) 전선은 따뜻한 공기가 찬 공기 위로 타고 오를 때 형성된다.

4 _____
_____

5 정체 전선은 두 기단의 세력이 비슷하여 한곳에 오랫동안 머물러 있는 전선으로, 주로 우리나라의 ( )에 형성되는 ( ) 전선은 대표적인 정체 전선이다.

5 _____
_____

6 북반구의 고기압과 관련된 현상을 〈보기〉에서 모두 고르시오.

┌ 보기 ┐
ㄱ. 상승 기류   ㄴ. 주위보다 기압이 낮은 곳   ㄷ. 바람이 시계 방향으로 불어 나간다.
ㄹ. 하강 기류   ㅁ. 주위보다 기압이 높은 곳   ㅂ. 바람이 시계 반대 방향으로 불어 들어온다.

6 _____
_____

7~8 그림은 온대 저기압의 단면을 나타낸 것이다.

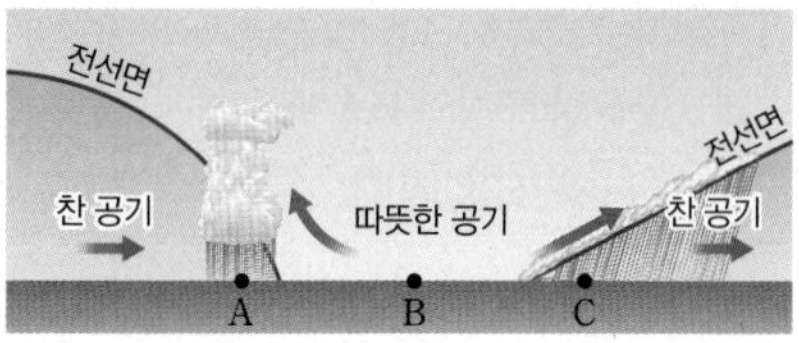

7 A~C 중 현재 지속적인 비가 내리고 있지만 앞으로 날씨가 맑아질 지역을 쓰시오.

7 _____
_____

8 B 지역의 현재 풍향과 앞으로 전선이 통과한 후의 풍향을 순서대로 쓰시오.

8 _____
_____

9 우리나라의 (봄철 , 여름철)에는 이동성 고기압과 이동성 저기압이 자주 지나가므로 날씨 변화가 심하며, 양쯔강 기단의 영향을 받아 따뜻하고 (건조 , 다습)한 날씨가 나타난다.

9 _____
_____

10 우리나라의 겨울철에는 ( )형의 기압 배치가 나타나며 한파나 ( )이/가 나타날 수 있다.

10 _____
_____

출제율 99%

01 기단에 대한 설명으로 옳지 <u>않은</u> 것을 모두 고르면? (2개)

① 고위도에서 발생한 기단은 기온이 낮다.
② 기단의 성질은 발생지의 성질에 따라 달라진다.
③ 저위도의 해양에서 발생한 기단은 고온 다습하다.
④ 우리나라의 봄철에는 고위도의 대륙에서 발생한 기단의 영향을 받는다.
⑤ 차고 건조한 기단이 따뜻한 바다 위를 이동하면 기온이 높아지고 수증기량이 감소한다.

[02~04] 그림은 우리나라에 영향을 미치는 기단을 나타낸 것이다.

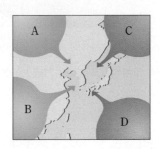

【주관식】
02 우리나라의 초여름에는 동해안 지역에 저온 현상이 나타나기도 한다. 이와 같은 영향을 주는 기단의 기호와 이름을 쓰시오.

03 기단 A~D의 이름을 옳게 짝 지은 것은?

① A–오호츠크해 기단 ② A–양쯔강 기단
③ B–시베리아 기단 ④ C–양쯔강 기단
⑤ D–북태평양 기단

출제율 99%
04 이에 대한 설명으로 옳은 것은?

① A는 봄철에 영향을 미친다.
② A가 영향을 미치는 계절에는 남동 계절풍이 분다.
③ B는 한랭 다습하다.
④ C가 영향을 미치는 계절에는 이동성 고기압과 이동성 저기압이 자주 지나간다.
⑤ D는 북쪽의 찬 기단과 만나 장마 전선을 형성한다.

05 그림은 우리나라에 영향을 미치는 기단 A~D의 기온과 습도를 나타낸 것이다. 이에 대한 설명으로 옳은 것은?

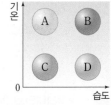

① A는 고온 다습하다.
② B가 영향을 미치는 계절에는 날씨 변화가 심하다.
③ C는 우리나라의 봄철과 가을철에 영향을 미친다.
④ D는 저위도의 해양에서 발생하였다.
⑤ B와 D가 만나 장마 전선이 형성될 수 있다.

【주관식】
06 그림과 같이 장치하고 칸막이를 서서히 들어 올리면서 따뜻한 물과 찬물의 이동을 관찰하였다. 이 실험을 통해 알아보려는 것은 무엇인지 쓰시오.

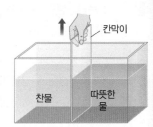

07 다음은 전선의 형성 과정을 나타낸 것이다.

> (가) 찬 공기가 따뜻한 공기 아래로 파고들 때 형성된다.
> (나) 속도가 빠른 한랭 전선이 온난 전선을 따라잡아 겹쳐질 때 형성된다.
> (다) 세력이 비슷한 두 기단이 만나 한곳에 오랫동안 머무를 때 형성된다.

이와 같은 과정으로 형성되는 전선의 종류를 옳게 짝 지은 것은?

	(가)	(나)	(다)
①	온난 전선	정체 전선	폐색 전선
②	한랭 전선	정체 전선	폐색 전선
③	한랭 전선	폐색 전선	정체 전선
④	폐색 전선	정체 전선	한랭 전선
⑤	폐색 전선	한랭 전선	정체 전선

출제율 99%

08 그림은 온대 저기압에 형성된 전선의 모습을 나타낸 것이다. 이 전선에 대한 설명으로 옳은 것을 모두 고르면? (2개)

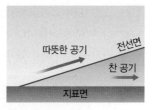

① 전선의 이동 속도가 빠르다.
② 좁은 지역에서 소나기가 내린다.
③ 전선이 통과한 후에는 기온이 높아진다.
④ 전선의 앞쪽에 층운형 구름이 생성된다.
⑤ 전선이 통과하기 전에는 남서풍이 불고, 전선이 통과한 후에는 남동풍이 분다.

출제율 99%

09 그림은 북반구 어느 지역의 지표 부근에서 부는 바람과 공기의 연직 운동을 나타낸 것이다.

이에 대한 설명으로 옳지 <u>않은</u> 것은?

① A는 고기압이다.
② A에서는 맑은 날씨가 나타난다.
③ B에서는 구름이 생성된다.
④ B는 주위보다 기압이 낮은 곳이다.
⑤ 바람은 B에서 A로 분다.

【주관식】

10 그림은 어느 날 우리나라 부근의 기상 위성 영상을 나타낸 것이다.

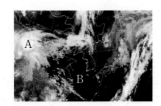

A, B 지역에 형성된 기압을 각각 쓰시오.

11 그림은 우리나라 부근의 일기도를 나타낸 것이다.

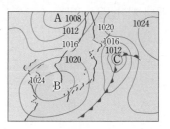

이에 대한 설명으로 옳지 <u>않은</u> 것을 모두 고르면? (2개)

① A와 C는 저기압이다.
② A에는 상승 기류가 발달한다.
③ B에서는 맑은 날씨가 나타난다.
④ B에서는 바람이 시계 반대 방향으로 불어 들어온다.
⑤ C에서는 바람이 시계 방향으로 불어 나간다.

[12~13] 그림은 우리나라 부근에 발달한 온대 저기압의 모습을 나타낸 것이다.

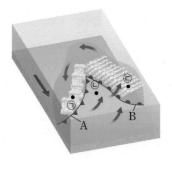

【주관식】

12 전선 A, B의 이름을 쓰시오.

출제율 99%

13 이에 대한 설명으로 옳은 것을 〈보기〉에서 모두 고른 것은?

┌─ 보기 ─
ㄱ. B는 A보다 이동 속도가 빠르다.
ㄴ. A는 B보다 전선면의 기울기가 급하다.
ㄷ. ㉠~㉢ 지역 중 기온은 ㉡ 지역이 가장 높다.
ㄹ. ㉠ 지역은 ㉢ 지역보다 강수가 지속되는 시간이 길다.
└─

① ㄱ, ㄴ   ② ㄱ, ㄷ   ③ ㄴ, ㄷ
④ ㄴ, ㄹ   ⑤ ㄷ, ㄹ

14 그림은 우리나라 부근을 지나는 온대 저기압을 나타낸 것이다. A~C 지역의 날씨 특징을 옳게 짝 지은 것은?

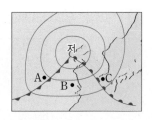

	A	B	C
①	소나기	이슬비	맑음
②	남서풍	남동풍	북서풍
③	북서풍	남동풍	남서풍
④	층운형 구름	맑음	적운형 구름
⑤	적운형 구름	맑음	층운형 구름

15 그림은 우리나라 부근의 일기도를 나타낸 것이다. 이에 대한 설명으로 옳지 <u>않은</u> 것은?

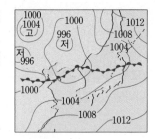

① 여름철의 일기도이다.
② 전선 부근에서는 많은 비가 내린다.
③ 우리나라에 장마 전선이 형성되어 있다.
④ 우리나라는 춥고 건조한 날씨가 나타난다.
⑤ 전선의 남쪽은 북태평양 기단의 영향을 받는다.

출제율 99%

16 그림 (가)와 (나)는 우리나라 부근의 일기도를 나타낸 것이다.

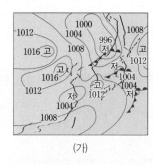
(가)

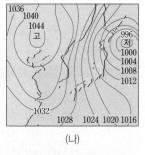
(나)

(가), (나)의 계절에 나타나는 날씨 특징을 옳게 짝 지은 것은?

① (가)−폭염 　　　② (가)−열대야
③ (나)−황사 　　　④ (나)−한파
⑤ (나)−잦은 날씨 변화

17 그림 (가)는 우리나라의 일부 지역에 폭설이 내린 날의 기상 위성 영상을, (나)는 겨울철 어느 날 우리나라 부근의 일기도를 나타낸 것이다.

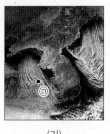
(가)

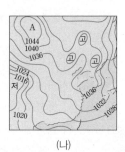
(나)

이에 대한 설명으로 옳은 것을 〈보기〉에서 모두 고른 것은?

보기
ㄱ. (나)의 A는 고기압이다.
ㄴ. (가)에서 ㉠ 지역에는 구름이 발달한다.
ㄷ. 우리나라의 겨울철에는 따뜻하고 건조한 날씨가 나타난다.

① ㄱ 　　　② ㄷ 　　　③ ㄱ, ㄴ
④ ㄴ, ㄷ 　　　⑤ ㄱ, ㄴ, ㄷ

18 그림은 우리나라 부근의 일기도를 나타낸 것이다. 이에 대한 설명으로 옳지 <u>않은</u> 것을 모두 고르면? (2개)

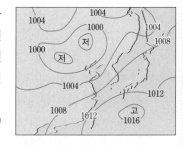

① 봄철 일기도이다.
② 우리나라에는 남동 계절풍이 분다.
③ 우리나라는 북태평양 기단의 영향을 받는다.
④ 우리나라는 덥고 습한 날씨가 나타난다.
⑤ 낮과 밤의 기온 차이가 커지면서 첫서리가 내린다.

출제율 99%

19 우리나라에 영향을 미치는 기단과 계절별 날씨에 대한 설명으로 옳은 것은?

① 봄철에는 오호츠크해 기단의 영향을 받는다.
② 강수량은 여름철에 가장 많다.
③ 가을철에는 꽃샘추위가 나타난다.
④ 가을철에는 북태평양 기단의 세력이 강해진다.
⑤ 겨울철에는 첫서리가 내린다.

20 그림은 우리나라에 영향을 미치는 온대 저기압을 나타낸 것이다.

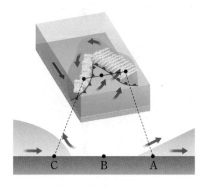

이에 대한 설명으로 옳은 것을 모두 고르면? (2개)

① A 지역에는 층운형 구름이 발달하여 넓은 지역에 지속적인 비가 내린다.
② B 지역은 현재 북서풍이 분다.
③ C 지역에는 앞으로 한랭 전선이 지나간 후에 온난 전선이 지나간다.
④ 우리나라를 지나간 온대 저기압은 일본 쪽으로 이동한다.
⑤ 온대 저기압은 고위도 지방에서 북쪽의 찬 기단과 남쪽의 따뜻한 기단이 만나 발생한다.

21 그림 (가)는 우리나라 어느 계절의 일기도를, (나)는 우리나라에 영향을 주는 기단 A~D의 기온과 습도를 나타낸 것이다.

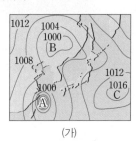 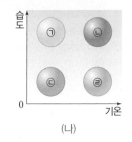

(가)   (나)

이에 대한 설명으로 옳은 것을 〈보기〉에서 모두 고른 것은?

보기
ㄱ. (가)의 A는 고기압이다.
ㄴ. (가)의 B에서는 상승 기류가, C에서는 하강 기류가 나타난다.
ㄷ. (가)의 계절에 주로 영향을 미치는 기단은 (나)의 ⓒ이다.
ㄹ. (나)의 ㉠과 ㉢은 대륙에서 형성된 기단이다.

① ㄱ, ㄴ   ② ㄱ, ㄷ   ③ ㄴ, ㄷ
④ ㄴ, ㄹ   ⑤ ㄷ, ㄹ

자료 분석 | 정답과 해설 68쪽

22 그림은 차가운 육지에서 발생한 기단이 따뜻한 바다 위를 지나는 모습을 나타낸 것이다.

이 기단의 성질 변화를 다음 단어를 모두 포함하여 서술하시오.

기온, 수증기량, 구름

23 우리나라의 어느 지역에 온대 저기압이 지나갈 때 온난 전선이 먼저 지나간 후 한랭 전선이 지나간다. 그 까닭을 서술하시오.

24 그림 (가)와 (나)는 북반구의 두 지역에서 부는 바람을 나타낸 것이다.

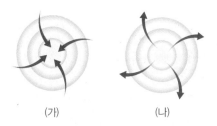

(가)   (나)

(1) (가), (나)의 중심에 형성된 기압을 쓰시오.

(2) (가), (나)의 중심에서 나타나는 기류와 날씨에 대해 서술하시오.

25 우리나라의 겨울철에는 북서 계절풍이 분다. 그 까닭을 다음 단어를 모두 포함하여 서술하시오.

기압 배치, 고기압, 저기압

1 운동 시간에 따라 물체의 ❶( )가 변하는 현상

① **운동의 기록**: 물체의 위치를 일정한 시간 간격으로 나타내는 연속 사진으로 물체의 운동을 표현한다.

빠르기가 일정한 경우	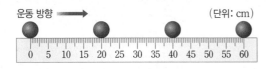 운동 방향 →	물체 사이의 거리가 ❷( )하다.
점점 빨라지는 경우	운동 방향 →	물체 사이의 거리가 점점 커진다.
점점 느려지는 경우	운동 방향 →	물체 사이의 거리가 점점 작아진다.

② **운동하는 물체의 빠르기 비교**
- 같은 거리를 이동하면 걸린 시간이 짧을수록 더 빠르다.
- 같은 시간 동안 이동하면 이동한 거리가 길수록 더 빠르다.

문제 공략 **52쪽**

2 속력 일정한 시간 동안 물체가 이동한 거리

➡ 속력 $=\dfrac{\text{이동 거리}}{\text{걸린 시간}}$

① **단위**: m/s(미터 매 초), km/h(킬로미터 매 시)

② **평균 속력**: 물체의 속력이 일정하지 않을 때 물체가 전체 이동한 거리를 걸린 시간으로 나누어 구한 속력

3 등속 운동

① **등속 운동**: 시간에 따라 물체의 속력이 ❸( )한 운동

운동 방향 → (단위: cm)

- 물체 사이의 간격이 일정하다. ➡ 물체는 일정한 시간 동안 같은 거리를 이동한다.
- 물체의 이동 거리가 시간에 ❹( )하여 증가한다.

② **등속 운동 그래프**

시간 – 이동 거리 그래프	시간 – 속력 그래프
기울기=속력	넓이=이동 거리
• 그래프는 원점을 지나는 기울어진 직선 모양이다. • 그래프의 기울기는 속력을 의미한다. ➡ 기울기가 클수록 속력이 ❺( ).	• 그래프는 시간축에 나란한 직선 모양이다. • 그래프 아랫부분과 시간축으로 둘러싸인 부분의 넓이는 이동 거리를 의미한다.

③ **등속 운동의 예**: 공항의 수하물 컨베이어, 무빙워크, 에스컬레이터, 스키장의 리프트, 케이블카 등

4 자유 낙하 운동 공기 저항을 무시할 때 정지해 있던 물체가 ❻( )만을 받으면서 아래로 떨어지는 운동

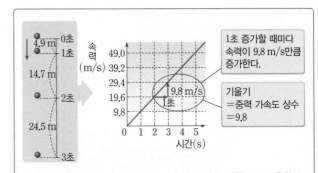

- 물체의 무게와 같은 크기의 중력이 연직 아래 방향으로 작용한다. ➡ 물체의 운동 방향과 작용하는 힘의 방향이 같기 때문에 물체의 속력은 ❼( )한다.
- 지구의 지표면 근처에서 자유 낙하 하는 물체의 속력은 1초마다 ❽( ) m/s씩 일정하게 증가한다. ➡ 속력 변화량 9.8을 지구의 중력 가속도 상수라고 한다.
- 같은 시간 동안 물체가 낙하한 거리가 점점 증가한다.

5 질량이 다른 물체의 자유 낙하 운동

① **공기 중과 진공 중에서의 낙하 운동**

공기 중에서의 낙하 운동	진공 중에서의 낙하 운동
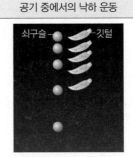	
물체의 운동 방향과 반대 방향으로 공기 저항을 받는다. ➡ 깃털보다 ❾( )을 적게 받는 쇠구슬이 먼저 떨어진다.	공기 저항이 없으므로 쇠구슬과 깃털 모두 속력이 1초에 9.8 m/s씩 증가한다. ➡ 쇠구슬과 깃털이 동시에 떨어진다.

② **질량이 다른 물체의 낙하 운동**

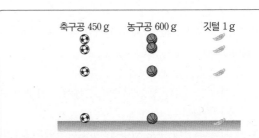

- 진공 중에서 질량이 다른 세 물체를 같은 높이에서 동시에 떨어뜨리면 자유 낙하 운동을 하여 동시에 바닥에 도달한다.
- 자유 낙하 하는 모든 물체는 질량에 관계없이 속력이 1초에 9.8 m/s씩 증가한다. ➡ 같은 높이에서 자유 낙하 하는 물체는 질량에 관계없이 매 순간 동일한 높이에 위치한다.
- 물체에 작용하는 중력의 크기는 질량에 비례하지만, 물체의 속력 변화는 질량에 관계없이 모두 ❿( ).

정답과 해설 **69**쪽

1 물체가 같은 거리를 이동할 때 걸린 시간이 ㉠(짧을수록 , 길수록) 물체가 빠른 것이고, 같은 시간 동안 이동할 때 이동한 거리가 ㉡(짧을수록 , 길수록) 물체가 빠른 것이다.

1 _____

_____

2 그림 (가), (나)는 직선상을 운동하는 물체의 위치를 0.1초마다 나타낸 것이다.

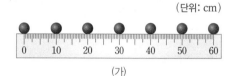
(가)

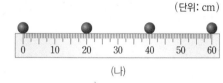
(나)

(가), (나) 중 속력이 빠른 것을 고르시오.

2 _____

_____

3 30초 동안 150 m를 이동한 물체의 평균 속력은 몇 m/s인지 구하시오.

3 _____

_____

4 그림은 등속 운동 하는 물체 A, B, C의 시간에 따른 이동 거리를 나타낸 것이다. A~C 중 속력이 가장 빠른 물체를 고르시오.

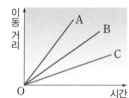

4 _____

_____

5 공기 저항을 무시할 때 정지해 있던 물체가 중력만을 받으며 아래로 떨어지는 운동을 무엇이라고 하는지 쓰시오.

5 _____

_____

6 그림은 자유 낙하 운동 하는 어떤 물체의 시간에 따른 속력을 나타낸 것이다. 이 물체가 0~3초 동안 이동한 거리는 몇 m인지 구하시오.

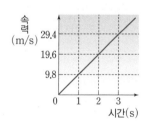

6 _____

_____

7 (공기 중 , 진공 중)에서 쇠구슬과 깃털을 같은 높이에서 동시에 낙하시키면 쇠구슬과 깃털은 동시에 지면에 도달한다.

7 _____

_____

8 지면으로부터의 높이가 50 m인 곳에서 질량이 10 kg인 물체를 가만히 놓았더니 2초 후의 속력이 19.6 m/s였다. 같은 높이에서 질량이 20 kg인 물체를 가만히 놓았을 때 2초 후 이 물체의 속력은 몇 m/s인지 구하시오. (단, 공기 저항은 무시한다.)

8 _____

_____

계산 문제 공략 · 속력, 이동 거리, 걸린 시간 구하기

정답과 해설 **69**쪽

- 속력의 기본 단위는 m/s이다. 여러 물체의 속력이 단위가 다르게 제시된 경우 m/s 단위로 속력을 변환하여 비교한다.
- 「속력 = $\dfrac{\text{이동 거리}}{\text{걸린 시간}}$」 공식을 상황에 따라 변형하여 사용한다.

속력 = $\dfrac{\text{거리}}{\text{시간}}$ 거리 / 속력·시간   시간 = $\dfrac{\text{거리}}{\text{속력}}$ 거리 = 속력 × 시간

속력을 비교하는 문제

1 (가)~(마)는 여러 가지 운동을 나타낸 것이다.

> (가) 100 m를 10초 동안 달리는 사람
> (나) 15 m/s의 속력으로 운동하는 공
> (다) 360 km/h의 속력으로 달리는 기차
> (라) 108 km를 2시간 동안 달리는 운동 선수
> (마) 1800 m를 1분 30초 동안 달리는 고양이

(가)~(마)에서의 속력을 m/s 단위로 나타내시오.

> (가) (㉠   ) m/s의 속력으로 달리는 사람
> (나) 15 m/s의 속력으로 운동하는 공
> (다) (㉡   ) m/s의 속력으로 달리는 기차
> (라) (㉢   ) m/s의 속력으로 달리는 운동 선수
> (마) (㉣   ) m/s의 속력으로 달리는 고양이

속력을 구하는 문제

2 정지해 있던 자동차가 출발하여 50초 동안 1600 m를 이동하였을 때 평균 속력은 몇 m/s인지 구하시오.

3 그림과 같이 자동차가 A점에서 출발하여 B점까지 40 m를 이동하는 데 2초가 걸렸고, B점에서 C점까지 20 m를 이동하는 데 2초가 걸렸다.

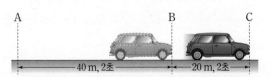

이 자동차가 A점에서 C점까지 운동하는 동안의 평균 속력은 몇 m/s인지 구하시오.

이동 거리를 구하는 문제

4 자동차가 15 m/s의 일정한 속력으로 30초 동안 달렸다. 이때 이동한 거리는 몇 m인지 구하시오.

5 그림은 고속 열차의 시간에 따른 이동 거리를 나타낸 것이다. 고속 열차가 같은 속력으로 4시간 동안 운행했을 때 이동한 거리는 몇 km인지 구하시오.

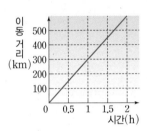

6 그림은 어떤 물체의 시간에 따른 속력을 나타낸 것이다. 이 물체가 20초 동안 이동한 거리는 몇 m인지 구하시오.

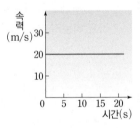

걸린 시간을 구하는 문제

7 자전거가 1000 m를 20 m/s의 일정한 속력으로 이동할 때, 걸리는 시간은 몇 초인지 구하시오.

8 2시간 동안 100 km를 이동하는 자동차가 서울에서 300 km 떨어진 부산까지 가는 데 걸린 시간은 몇 초인지 구하시오.

01 그림은 오른쪽으로 운동하는 자전거의 위치를 1초마다 나타낸 연속 사진이다.

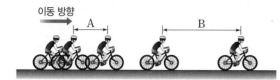

이에 대한 설명으로 옳은 것을 〈보기〉에서 모두 고른 것은?

보기
ㄱ. 자전거가 A 구간을 이동하는 데 걸리는 시간은 1초이다.
ㄴ. B 구간을 이동할 때의 속력이 A 구간을 이동할 때의 속력보다 빠르다.
ㄷ. 자전거가 A 구간을 이동하는 데 걸리는 시간보다 B 구간을 이동하는 데 걸리는 시간이 더 길다.

① ㄱ　　　　② ㄷ　　　　③ ㄱ, ㄴ
④ ㄴ, ㄷ　　　⑤ ㄱ, ㄴ, ㄷ

02 물체의 빠르기를 비교하는 방법으로 옳은 것을 모두 고르면? (2개)

① 같은 시간 동안 이동한 거리가 길수록 빠르다.
② 같은 시간 동안 이동한 거리가 짧을수록 빠르다.
③ 걸린 시간에 관계없이 이동한 거리가 길수록 빠르다.
④ 같은 거리를 이동하는 데 걸린 시간이 길수록 빠르다.
⑤ 같은 거리를 이동하는 데 걸린 시간이 짧을수록 빠르다.

출제율 99%
03 속력에 대한 설명으로 옳은 것을 〈보기〉에서 모두 고른 것은?

보기
ㄱ. 물체의 빠르기를 나타낸다.
ㄴ. m/s, km/h를 단위로 사용한다.
ㄷ. 걸린 시간과 이동 거리를 곱하여 구한다.

① ㄱ　　　　② ㄴ　　　　③ ㄷ
④ ㄱ, ㄴ　　　⑤ ㄴ, ㄷ

04 그림은 타조와 말이 각각 1분 동안 이동한 거리를 나타낸 것이다.

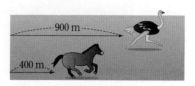

이에 대한 설명으로 옳지 <u>않은</u> 것은?

① 타조의 속력은 900 m/s이다.
② 타조의 속력이 말의 속력보다 빠르다.
③ 말이 지금과 같은 속력으로 2000 m를 달리는 데 걸리는 시간은 5분이다.
④ 타조가 지금과 같은 속력으로 3분 동안 달렸을 때 이동한 거리는 2700 m이다.
⑤ 타조와 말이 각각 지금과 같은 속력으로 5 km 떨어진 지점까지 달렸을 때 타조가 먼저 도착한다.

【주관식】
05 36 km/h의 속력으로 운동하는 물체가 있다. 이 물체가 3초 동안 이동한 거리는 몇 m인지 구하시오.

출제율 99%
06 그림 (가), (나)는 직선상에서 운동하는 물체를 일정한 시간 간격으로 기록한 연속 사진이다.

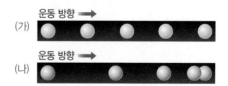

(가), (나)와 같이 운동하는 물체를 옳게 짝 지은 것은?

	(가)	(나)
①	무빙워크	스키장의 리프트
②	무빙워크	위로 던진 공이 올라갈 때
③	컨베이어	빗면을 따라 굴러 내려오는 공
④	컨베이어	무빙워크
⑤	위로 던진 공이 올라갈 때	컨베이어

07 그림은 자동차의 속력계가 80 km/h를 가리키고 있는 모습을 나타낸 것이다.

이 자동차의 운동에 대한 설명으로 옳은 것을 〈보기〉에서 모두 고른 것은?

보기
ㄱ. 출발해서 1시간 동안 80 km를 달려왔다.
ㄴ. 1초에 약 22.2 m를 이동할 수 있는 속력으로 달리고 있다.
ㄷ. 1시간 동안 80 km를 이동할 수 있는 속력으로 달리고 있다.

① ㄱ   ② ㄷ   ③ ㄱ, ㄴ
④ ㄴ, ㄷ   ⑤ ㄱ, ㄴ, ㄷ

출제율 99%

08 그림은 두 물체 A, B의 시간에 따른 이동 거리를 나타낸 것이다. A와 B의 속력을 옳게 짝 지은 것은?

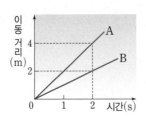

      A   B
① 2 m/s   1 m/s
② 2 m/s   4 m/s
③ 4 m/s   1 m/s
④ 4 m/s   2 m/s
⑤ 4 m/s   4 m/s

09 등속 운동에 대한 설명으로 옳은 것은?

① 1초마다 속력이 일정하게 증가한다.
② 1초마다 속력이 일정하게 감소한다.
③ 1초마다 이동한 거리가 일정하다.
④ 1초마다 이동한 거리가 점점 증가한다.
⑤ 1초마다 이동한 거리가 점점 감소한다.

10 그림은 물체 A~D의 시간에 따른 이동 거리를 나타낸 것이다. A~D의 속력을 등호나 부등호로 비교하시오.

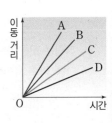

11 그림은 어떤 물체의 시간에 따른 속력을 나타낸 것이다.

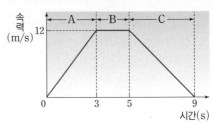

이에 대한 설명으로 옳지 <u>않은</u> 것은?

① A 구간에서는 속력이 일정하게 증가한다.
② B 구간에서는 속력이 일정하다.
③ B 구간에서 이동한 거리는 24 m이다.
④ C 구간에서는 속력이 일정하게 감소한다.
⑤ A 구간에서 이동한 거리와 C 구간에서 이동한 거리는 같다.

12 그림은 어떤 물체의 시간에 따른 이동 거리를 나타낸 것이다.

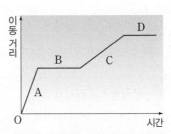

등속 운동을 하는 구간끼리 옳게 짝 지은 것은?

① A, B   ② A, C   ③ B, D
④ C, D   ⑤ 없다.

13 그림은 직선상에서 운동하는 두 물체 A, B의 위치를 각각 0.1초 간격으로 나타낸 것이다.

이에 대한 설명으로 옳지 <u>않은</u> 것은?

① A의 속력은 40 cm/s이다.

② B의 속력은 80 cm/s이다.

③ A와 B 모두 등속 운동을 한다.

④ B의 시간 – 속력 그래프를 그리면 시간축에 나란한 직선 모양이다.

⑤ A의 시간 – 이동 거리 그래프를 그리면 시간축에 나란한 직선 모양이다.

출제율 99%
14 표는 직선상에서 운동하는 물체의 시간에 따른 이동 거리를 나타낸 것이다.

시간(s)	0	2	4	6	8
이동 거리(m)	0	8	16	24	32

이 물체의 시간에 따른 속력을 나타낸 그래프로 가장 적절한 것은?

① 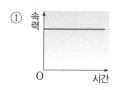 ②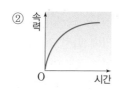

③ 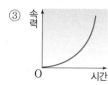 ④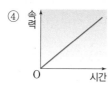

⑤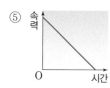

15 등속 운동을 하는 물체가 <u>아닌</u> 것은?

① 그네 ② 컨베이어 ③ 케이블카
④ 무빙워크 ⑤ 에스컬레이터

16 그림 (가)와 (나)는 에어테이블에서 운동하는 원판의 모습을 일정한 시간 간격으로 나타낸 것이다. (가), (나) 중 하나는 에어테이블에서 바람이 나와 원판이 살짝 뜬 상태로 운동한다.

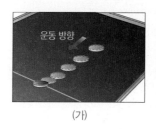 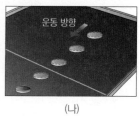
(가)   (나)

이에 대한 설명으로 옳은 것을 〈보기〉에서 모두 고른 것은?

> 보기
> ㄱ. (가)의 원판은 속력이 점점 느려진다.
> ㄴ. (나)의 원판은 일정한 속력으로 운동한다.
> ㄷ. (가)의 원판에는 운동 방향과 반대 방향으로 바닥과의 마찰력이 작용한다.

① ㄱ ② ㄴ ③ ㄷ
④ ㄱ, ㄷ ⑤ ㄱ, ㄴ, ㄷ

17 그림은 어떤 물체의 시간에 따른 속력을 나타낸 것이다. 이에 대한 설명으로 옳은 것은?

① 속력이 일정한 운동이다.

② 물체의 이동 거리는 시간에 비례하여 증가한다.

③ 물체에 힘이 작용하지 않을 때의 속력 변화이다.

④ 컨베이어, 무빙워크 등에서 볼 수 있는 속력 변화이다.

⑤ 자유 낙하 운동 하는 물체에서 볼 수 있는 속력 변화이다.

18 나무에서 떨어진 질량이 1 kg인 사과의 운동에 대한 설명으로 옳지 <u>않은</u> 것은? (단, 공기 저항은 무시한다.)

① 사과에 작용하는 힘은 중력뿐이다.

② 사과는 속력이 증가하는 운동을 한다.

③ 사과에 작용하는 중력의 크기는 9.8 N이다.

④ 사과는 떨어진 방향과 같은 방향으로 중력을 받는다.

⑤ 사과는 매초당 속력이 4.9 m/s씩 증가하는 운동을 한다.

[주관식]

19 그림은 질량이 1 kg인 물체가 자유 낙하 운동을 할 때 시간에 따른 속력을 나타낸 것이다.

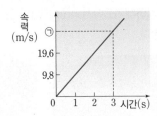

그래프 세로축의 ㉠에 알맞은 값을 쓰시오.

20 표는 서로 다른 네 물체 A~D의 질량과 부피를 나타낸 것이다.

물체	A	B	C	D
질량(kg)	25	50	75	100
부피(cm³)	400	300	200	100

A~D를 같은 높이에서 동시에 떨어뜨렸을 때 지면에 가장 먼저 도달하는 물체는? (단, 공기 저항과 모든 마찰 및 물체의 크기는 무시한다.)

① A   ② B   ③ C
④ D   ⑤ 모두 동시에 도달한다.

[주관식]

21 지구 표면의 같은 높이에서 쇠구슬과 깃털을 동시에 떨어뜨렸다. 이에 대한 설명으로 옳은 것을 〈보기〉에서 모두 고르시오. (단, 쇠구슬의 질량이 깃털의 질량보다 크며, 깃털의 표면적이 쇠구슬의 표면보다 크다.)

┌─ **보기** ─────────────
│ ㄱ. 쇠구슬과 깃털이 동시에 바닥에 도달한다.
│ ㄴ. 쇠구슬이 깃털보다 공기 저항을 더 많이 받는다.
│ ㄷ. 같은 실험을 달에서 하면 쇠구슬과 깃털이 동시에
│   바닥에 도달한다.
│ ㄹ. 쇠구슬에 작용하는 중력의 크기가 깃털에 작용하
│   는 중력의 크기보다 크다.

출제율 99%

22 그림 (가)와 (나)는 공기 중과 진공 중의 같은 높이에서 깃털과 쇠구슬을 동시에 떨어뜨린 모습을 순서 없이 나타낸 것이다.

(가)   (나)

이에 대한 설명으로 옳은 것은?

① (가)는 진공 중에서의 낙하 모습이다.
② (가)에서 쇠구슬이 깃털보다 먼저 떨어지는 까닭은 쇠구슬만 중력을 받기 때문이다.
③ (나)는 공기 중에서의 낙하 모습이다.
④ (나)에서 쇠구슬과 깃털에 작용하는 중력의 크기는 같다.
⑤ (나)에서 쇠구슬과 깃털은 모두 1초마다 9.8 m/s 씩 속력이 증가한다.

23 그림은 질량이 1 kg인 물체가 자유 낙하 운동을 할 때 시간에 따른 속력을 나타낸 것이다. 질량이 2 kg인 물체가 자유 낙하 운동을 할 때 시간에 따른 속력을 나타낸 그래프로 옳은 것은?

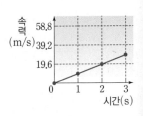

① 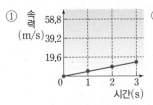   ②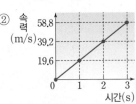

③ 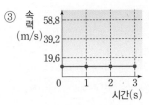   ④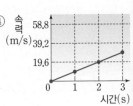

⑤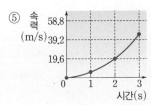

고난도 문제

[24~25] 그림은 같은 지점에서 동시에 출발하여 직선상을 이동하는 두 물체 A, B의 시간에 따른 이동 거리를 나타낸 것이다. 출발한지 2초가 지났을 때 A는 B보다 8 m 앞서 있었고, A의 속력은 B의 속력의 3배이다. (단, 물체의 크기는 무시한다.)

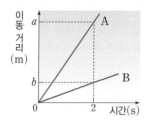

24 위 그래프의 a, b의 값을 옳게 짝 지은 것은?

	a	b		a	b
①	18	10	②	16	8
③	14	6	④	12	4
⑤	10	2			

자료 분석 | 정답과 해설 70쪽

【주관식】

25 출발한지 4초가 지났을 때 A와 B 사이의 거리는 몇 m인지 구하시오.

26 그림은 높은 곳에서 가만히 놓은 물체의 위치를 1초마다 나타낸 것이다. 이에 대한 설명으로 옳지 <u>않은</u> 것은? (단, 물체의 크기와 공기 저항은 무시한다.)

① 1~2초 동안 평균 속력은 14.7 m/s 이다.

② 물체의 속력이 1초마다 9.8 m/s 씩 빨라진다.

③ 물체에 작용하는 힘의 크기가 일정하게 증가한다.

④ 5초일 때 물체는 낙하 지점으로부터 122.5 m 떨어진 곳에 위치한다.

⑤ 3~4초 동안의 평균 속력은 2~3초 동안의 평균 속력보다 9.8 m/s만큼 빠르다.

0 m ····· 0초
4.9 m ····· 1초
19.6 m ····· 2초
44.1 m ····· 3초
78.4 m ····· 4초

자료 분석 | 정답과 해설 71쪽

서술형 문제

27 그림 (가)는 직선상에 운동하는 세 물체 A~C를 1초마다 나타낸 연속 사진이고, (나)는 A~C의 시간에 따른 속력을 나타낸 것이다.

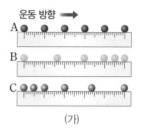
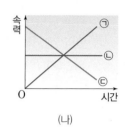

A~C의 속력에 대해 서술하고, A~C의 속력을 나타낸 그래프를 ㉠~㉢ 중에서 각각 고르시오.

_____

_____

28 그림 (가)는 물체 A, B의 시간에 따른 이동 거리를 나타낸 것이고, (나)는 물체 C, D의 시간에 따른 속력을 나타낸 것이다.

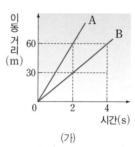
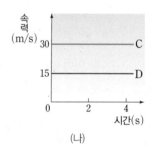

(1) A~D 중 등속 운동을 하는 물체를 모두 고르시오.

_____

(2) A~D의 속력의 비(A : B : C : D)는 얼마인지 풀이 과정과 함께 구하시오.

_____

_____

_____

29 자유 낙하 운동을 하는 물체의 속력이 일정하게 증가하는 까닭을 다음 단어를 모두 포함하여 서술하시오.

운동 방향, 힘(중력)

_____

_____

1 일

① 과학에서의 일: 물체에 힘이 작용하여 물체가 ❶(　　　)의 방향으로 이동한 경우에 과학에서 물체에 일을 한다고 한다.

② 일의 양: 물체에 한 일의 양(W)은 물체에 작용한 힘의 크기(F)와 물체가 힘의 방향으로 이동한 거리(s)의 곱이다.

> 일(J)＝힘(N)×이동 거리(m), $W=Fs$

③ 일의 단위: J(줄), 1 J은 1 N의 힘이 작용하여 물체가 힘의 방향으로 ❷(　　　) 이동했을 때 한 일의 양

④ 중력과 일의 양

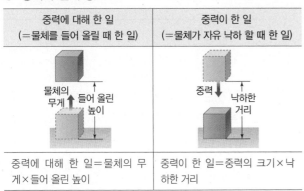

중력에 대해 한 일 (＝물체를 들어 올릴 때 한 일)	중력이 한 일 (＝물체가 자유 낙하 할 때 한 일)
중력에 대해 한 일＝물체의 무게×들어 올린 높이	중력이 한 일＝중력의 크기×낙하한 거리

⑤ 한 일의 양이 0인 경우
- 물체에 작용한 힘이 0인 경우
- 물체의 이동 거리가 0인 경우
- 물체에 작용한 힘과 물체의 이동 방향이 ❸(　　　)인 경우

2 일과 에너지 　　　文제 공략 60쪽

① 에너지: 일을 할 수 있는 능력

② 일과 에너지의 전환: 일과 에너지는 서로 전환될 수 있다.

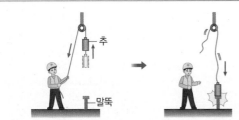

- 추를 들어 올리는 일을 하면 추는 에너지를 가진다. 이는 중력에 대해 한 일이 추의 에너지로 전환되었기 때문이다. ➡ 추에 해 준 일의 양만큼 추의 에너지는 ❹(　　　)한다.
- 추를 떨어뜨리면 추는 떨어지면서 말뚝을 박는 일을 한다. 이는 추의 에너지가 일로 전환되었기 때문이다. ➡ 추가 한 일의 양만큼 추의 에너지는 ❺(　　　)한다.

③ 에너지의 단위: 일의 단위와 같은 ❻(　　　)을 사용한다.

3 중력에 의한 위치 에너지 　　　文제 공략 60쪽

① 중력에 의한 위치 에너지: 중력이 작용하는 공간에서 기준면보다 높은 곳에 있는 물체가 가지는 일을 할 수 있는 능력
➡ 질량이 m(kg)인 물체를 높이 h(m)만큼 들어 올릴 때 중력에 대해 한 일의 양과 같다.

> 중력에 의한 위치 에너지＝9.8×질량×높이, $E=9.8mh$

② 중력에 의한 위치 에너지와 질량 및 높이의 관계

위치 에너지와 질량의 관계	위치 에너지와 높이의 관계
높이가 일정할 때 위치 에너지는 질량에 ❼(　　　)한다.	질량이 일정할 때 위치 에너지는 높이에 ❽(　　　)한다.

③ 기준면에 따른 중력에 의한 위치 에너지: 기준면에 따라 ❾(　　　)가 달라지기 때문에 기준면에 따라 중력에 의한 위치 에너지도 달라진다.

4 운동 에너지 　　　文제 공략 60쪽

① 운동 에너지: 운동하는 물체가 가지는 에너지

> 운동 에너지＝$\frac{1}{2}$×질량×(속력)², $E=\frac{1}{2}mv^2$

② 운동 에너지와 질량 및 속력의 관계

운동 에너지와 질량의 관계	운동 에너지와 속력의 관계
속력이 일정할 때 운동 에너지는 질량에 비례한다.	질량이 일정할 때 운동 에너지는 속력의 제곱에 비례한다.

5 자유 낙하 운동을 할 때 중력이 한 일과 운동 에너지

- 자유 낙하 운동을 하는 물체에 ❿(　　　)이 한 일이 물체의 운동 에너지로 전환된다.
➡ 물체의 질량이 클수록, 물체가 낙하한 거리가 길수록 물체의 운동 에너지가 커진다.

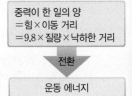

> 중력이 한 일의 양
＝힘×이동 거리
＝9.8×질량×낙하한 거리
>
> ⬇ 전환
>
> 운동 에너지

정답과 해설 **72**쪽

답안지

1 빈칸에 공통적으로 들어갈 말을 쓰시오.

> • 과학에서는 물체에 힘이 작용하여 물체가 (   )으로 이동한 경우에 일을 하였다고 한다.
> • 물체에 한 일의 양은 물체에 작용한 힘의 크기와 물체가 (   )으로 이동한 거리의 곱으로 구한다.

1 _____

2 어떤 상자를 5 N의 힘으로 10 m를 밀었다. 이때 상자에 한 일의 양은 몇 J인지 구하시오.

2 _____

3 질량이 10 kg인 상자를 천천히 5 m만큼 들어 올렸다. 이때 중력에 대해 한 일의 양은 몇 J인지 구하시오.

3 _____

4 질량이 5 kg인 물체를 지면으로부터의 높이가 10 m인 곳에서 가만히 놓아 자유 낙하 시켰다. 물체가 지면에 도달할 때까지 중력이 물체에 한 일의 양은 몇 J인지 구하시오.

4 _____

5 외부에서 물체에 일을 해 주면 물체의 에너지가 (㉠   )하고, 물체가 외부에 일을 하면 물체의 에너지가 (㉡   )한다.

5 _____

6 질량이 2 kg인 물체가 기준면으로부터 15 m 높이에 있을 때 물체가 가지는 중력에 의한 위치 에너지는 몇 J인지 구하시오.

6 _____

7 높은 곳에 놓여 있어 중력에 의한 위치 에너지를 가지는 물체가 있다. 이 물체의 높이가 2배가 되었을 때 중력에 의한 위치 에너지는 몇 배가 되는지 구하시오.

7 _____

8 질량이 4 kg인 수레가 5 m/s의 속력으로 운동하고 있다. 이 수레가 가지는 운동 에너지는 몇 J인지 구하시오.

8 _____

9 수평면에서 일정한 속력으로 운동하는 물체가 있다. 이 물체의 속력이 3배가 되었을 때 물체의 운동 에너지는 몇 배가 되는지 구하시오.

9 _____

10 질량이 2 kg인 물체가 10 m 높이에서 자유 낙하 하여 지면에 도달하였다. 이때 증가한 운동 에너지는 몇 J인지 구하시오.

10 _____

- 중력에 의한 위치 에너지=9.8×질량×높이 ➡ 중력에 의한 위치 에너지는 질량과 높이에 각각 비례
- 운동 에너지=$\frac{1}{2}$×질량×(속력)^2 ➡ 운동 에너지는 질량과 속력의 제곱에 각각 비례

- 물체에 일을 해 줄 때: 물체의 에너지 증가
  📄 물체를 들어 올리는 일을 해 주면 물체의 중력에 의한 위치 에너지가 증가한다. 자유 낙하 하는 물체에 중력이 일을 해 주면 물체의 운동 에너지가 증가한다. 등
- 물체가 일을 할 때: 물체의 에너지 감소

1 그림과 같이 옥상에 질량이 1 kg인 물체가 놓여 있다.

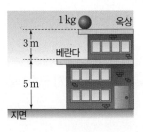

(1) 옥상을 기준면으로 할 때 물체의 중력에 의한 위치 에너지는 몇 J인지 구하시오.

(2) 베란다를 기준면으로 할 때 물체의 중력에 의한 위치 에너지는 몇 J인지 구하시오.

(3) 지면을 기준면으로 할 때 물체의 중력에 의한 위치 에너지는 몇 J인지 구하시오.

(4) 옥상에 놓여 있던 물체를 베란다로 옮겼을 때 감소한 중력에 의한 위치 에너지는 몇 J인지 구하시오. (단, 지면을 기준면으로 한다.)

2 어떤 물체가 200 J의 중력에 의한 위치 에너지를 가지고 있다. 이 물체를 높이가 3배인 곳으로 옮겼을 때 물체의 중력에 의한 위치 에너지는 몇 J이 되는지 구하시오.

3 운동하고 있는 수레의 질량을 4배, 속력을 2배로 하였을 때 수레의 운동 에너지는 몇 배가 되는지 구하시오.

4 질량이 1000 kg이고 속력이 40 km/h인 자동차 A와 질량이 2000 kg이고 속력이 120 km/h인 자동차 B가 있다. A와 B의 운동 에너지의 비(A : B)를 구하시오.

5 그림 (가)는 질량이 10 kg인 추를 말뚝의 윗면으로부터 5 m 높이까지 들어 올린 모습을, (나)는 5 m 높이에서 추를 낙하시켜 말뚝을 박는 모습을 나타낸 것이다. (단, 공기 저항은 무시한다.)

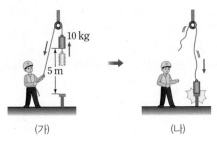

(1) (가)와 같이 추를 들어 올렸을 때 추가 가지는 중력에 의한 위치 에너지는 몇 J인지 구하시오. (단, 말뚝의 윗면을 기준면으로 한다.)

(2) (나)와 같이 추를 낙하시켰을 때 말뚝과 충돌하기 직전 추의 운동 에너지는 몇 J인지 구하시오.

6 그림과 같이 질량이 2 kg인 수레를 2 m/s의 속력으로 나무 도막에 충돌시켰더니 나무 도막이 0.5 m 이동한 후 정지하였다.

(1) 나무 도막과 충돌하기 직전 수레의 운동 에너지는 몇 J인지 구하시오.

(2) 수레가 나무 도막에 한 일의 양은 몇 J인지 구하시오.

(3) 질량이 4 kg인 수레를 2 m/s의 속력으로 동일한 나무 도막에 충돌시키면 나무 도막이 몇 m 이동한 후 정지하는지 구하시오. (단, 나무 도막이 받는 마찰력은 일정하다.)

01 과학에서의 일에 해당하는 것을 〈보기〉에서 모두 고른 것은?

> 보기
> ㄱ. 상자를 들고 서 있다.
> ㄴ. 수레를 밀어 이동시켰다.
> ㄷ. 회사에서 일을 많이 하였다.
> ㄹ. 바닥에 있던 가방을 들어 올렸다.

① ㄱ, ㄴ　　　② ㄱ, ㄷ　　　③ ㄱ, ㄹ
④ ㄴ, ㄹ　　　⑤ ㄷ, ㄹ

출제율 99%
02 물체에 한 일의 양이 가장 많은 경우는?

① 20 N의 힘으로 책상을 3 m 밀었다.
② 무게가 100 N인 돌을 들고 가만히 있었다.
③ 질량이 2 kg인 가방을 2 m 높이의 선반에 올려놓았다.
④ 질량이 100 kg인 역기를 머리 위로 들어 올린 채로 10초 동안 서 있었다.
⑤ 바람이 나오는 에어테이블 위에서 질량이 1 kg인 원판이 바닥에서 살짝 뜬 상태로 2 m/s의 일정한 속력으로 운동하고 있다.

【주관식】
03 그림과 같이 바닥에 놓여 있는 책을 천천히 들어 올려 2 m 높이의 선반에 올려놓았을 때 한 일의 양이 60 J이었다.

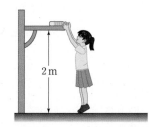

이때 책에 작용하는 중력의 크기는 몇 N인지 구하시오.

04 그림과 같이 수평면 위에 놓인 질량이 4 kg인 물체를 일정한 속력으로 2 m만큼 끌어당기는 동안 용수철저울이 가리키는 눈금은 10 N으로 일정하였다.

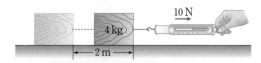

물체에 한 일의 양은?

① 8 J　　　② 10 J　　　③ 20 J
④ 39.2 J　　⑤ 78.4 J

출제율 99%
05 민호가 (가), (나)와 같이 물건을 이동시켰다.

(가) 그림과 같이 무게가 100 N인 물건을 들고 수평 방향으로 20 m를 이동하였다.

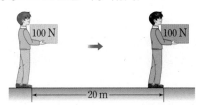

(나) 그림과 같이 무게가 1000 N인 물건을 실은 지게차를 수평 방향으로 10 m를 이동시킨 후 2 m 들어 올렸다.

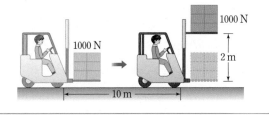

(가)와 (나)에서 한 일의 양을 옳게 짝 지은 것은?

	(가)	(나)
①	0	2000 J
②	0	10000 J
③	0	12000 J
④	2000 J	2000 J
⑤	2000 J	12000 J

06 그림과 질량이 10 kg인 물체를 10 N의 힘으로 들어 올리려고 하였으나 물체가 움직이지 않았다.

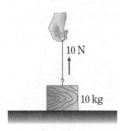

이때 중력에 대해 한 일의 양은?

① 0   ② 10 J   ③ 98 J

④ 100 J   ⑤ 980 J

출제율 99%

07 에너지에 대한 설명으로 옳은 것을 〈보기〉에서 모두 고른 것은?

┌ 보기 ┐
ㄱ. 에너지의 단위는 일의 단위와 같다.
ㄴ. 에너지는 일을 할 수 있는 능력을 말한다.
ㄷ. 물체가 일을 하면 물체가 가지고 있던 에너지는 감소한다.

① ㄱ   ② ㄷ   ③ ㄱ, ㄴ
④ ㄴ, ㄷ   ⑤ ㄱ, ㄴ, ㄷ

08 일과 에너지의 단위를 옳게 짝 지은 것은?

	일	에너지
①	J(줄)	J(줄)
②	J(줄)	N(뉴턴)
③	J(줄)	kg(킬로그램)
④	N(뉴턴)	J(줄)
⑤	N(뉴턴)	N(뉴턴)

09 일과 에너지에 대한 설명으로 옳은 것은?

① 일과 에너지는 서로 전환되지 않는다.
② 일의 단위는 m이고, 에너지의 단위는 N이다.
③ 물체가 일을 하면 물체의 에너지는 증가한다.
④ 물체에 일을 해 주면 물체의 에너지는 감소한다.
⑤ 물체가 한 일의 양으로 물체가 가진 에너지를 측정할 수 있다.

출제율 99%

10 그림은 우현이가 돌을 들어 올린 후 떨어뜨려 말뚝을 박는 모습을 나타낸 것이다.

이에 대한 설명으로 옳은 것을 〈보기〉에서 모두 고른 것은?

┌ 보기 ┐
ㄱ. 우현이가 돌을 들어 올리는 일을 한 만큼 돌의 에너지가 증가한다.
ㄴ. 에너지를 가진 돌이 떨어져 말뚝을 박는 일을 한 후 돌이 가진 에너지는 감소한다.
ㄷ. 우현이가 돌을 더 높이 들어 올린 후 떨어뜨려도 말뚝이 박힌 깊이는 변하지 않는다.

① ㄱ   ② ㄴ   ③ ㄱ, ㄴ
④ ㄱ, ㄷ   ⑤ ㄴ, ㄷ

[주관식]

11 중력에 의한 위치 에너지를 이용하는 경우를 〈보기〉에서 모두 고르시오.

┌ 보기 ┐
ㄱ. 풍력 발전
ㄴ. 수력 발전
ㄷ. 무동력 요트
ㄹ. 공사장의 항타기

12 지면을 기준면으로 할 때 중력에 의한 위치 에너지만을 가지는 물체는 무엇인가?

① 지면에 놓여 있는 벽돌
② 하늘 위를 날고 있는 새
③ 책상 위에 놓여 있는 가방
④ 지면에서 굴러가고 있는 축구공
⑤ 빗면을 따라 굴러 내려가고 있는 구슬

13 그림과 같이 질량이 m인 공 A는 지면으로부터의 높이가 h인 곳에 놓여 있고, 질량이 $2m$인 공 B는 지면으로부터의 높이가 $2h$인 곳에 놓여 있다.

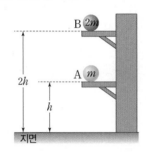

A의 중력에 의한 위치 에너지가 20 J이라고 할 때, B의 중력에 의한 위치 에너지는?

① 5 J　　　　② 10 J　　　　③ 20 J
④ 40 J　　　　⑤ 80 J

출제율 99%

14 그림은 물체 A~E의 질량과 지면으로부터의 높이를 나타낸 것이다.

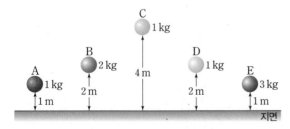

A~E의 중력에 의한 위치 에너지를 옳게 비교한 것은?

① A=B=C>D>E　　② A=E>B=D>C
③ B=C>E>D>A　　④ C>B=D>A=E
⑤ E>D>A=B=C

15 그림은 질량이 20 kg인 물체를 지면으로부터 1 m 높이까지 천천히 들어 올리는 모습을 나타낸 것이다. 이에 대한 설명으로 옳지 <u>않은</u> 것은? (단, 지면을 기준면으로 한다.)

① 중력에 대해 한 일의 양은 196 J이다.
② 물체에 작용하는 중력의 크기는 196 N이다.
③ 물체를 들어 올리면서 중력에 대해 일을 해 준다.
④ 물체가 가지는 중력에 의한 위치 에너지는 98 J이다.
⑤ 중력에 대해 한 일의 양과 물체가 가지는 중력에 의한 위치 에너지는 같다.

【주관식】

16 그림과 같이 질량이 0.5 kg인 추를 나무 도막의 윗면으로부터 0.5 m 높이에서 떨어뜨렸더니 나무 도막이 0.1 m 밀려 내려갔다. 이때 추가 나무 도막에 한 일의 양은 몇 J인지 구하시오. (단, 공기 저항은 무시한다.)

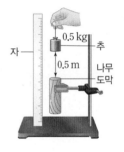

【주관식】

17 그림과 같이 빗면 위에 쇠구슬의 질량과 높이를 다르게 하면서 가만히 놓아 나무 도막에 충돌시킨 후 나무 도막이 이동한 결과를 측정하여 표에 기록하였다.

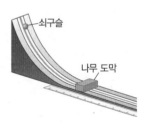

실험	(가)	(나)	(다)	(라)
쇠구슬의 질량(kg)	0.1	0.1	0.2	0.2
쇠구슬의 높이(m)	0.1	0.2	0.1	0.2
나무 도막의 이동 거리(cm)	5	10	10	20

이에 대한 설명으로 옳은 것을 〈보기〉에서 모두 고르시오.

보기
ㄱ. (라)의 쇠구슬은 (가)의 쇠구슬보다 중력에 의한 위치 에너지가 2배이다.
ㄴ. 중력에 의한 위치 에너지와 높이의 관계를 알아보려면 실험 (가)와 (나)를 비교하면 된다.
ㄷ. 중력에 의한 위치 에너지와 질량의 관계를 알아보려면 실험 (가)와 (다)를 비교하면 된다.

18 그림과 같이 운동하는 수레를 나무 도막에 충돌시키면 수레가 나무 도막을 밀고 간 후 정지한다.

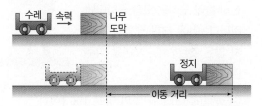

나무 도막과 충돌 직전 수레의 운동 에너지와 비례하는 것을 〈보기〉에서 모두 고른 것은? (단, 나무 도막에 작용하는 마찰력은 일정하다.)

> 보기
> ㄱ. 수레의 속력
> ㄴ. 수레의 질량
> ㄷ. 나무 도막의 이동 거리

① ㄱ ② ㄴ ③ ㄱ, ㄷ
④ ㄴ, ㄷ ⑤ ㄱ, ㄴ, ㄷ

19 그림과 같이 투명한 플라스틱 관의 입구 O점에서 쇠구슬을 가만히 놓으면 쇠구슬은 A점을 지나 종이컵으로 떨어진다. 이 실험을 통해 O점에서 A점까지 자유 낙하 운동을 하는 쇠구슬에 중력이 한 일과 운동 에너지의 관계를 알아보려고 한다. 이때 측정해야 하는 값을 〈보기〉에서 모두 고른 것은?

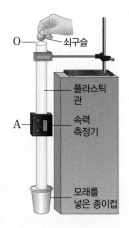

> 보기
> ㄱ. 쇠구슬의 질량
> ㄴ. 쇠구슬의 부피
> ㄷ. A점에서 쇠구슬의 속력
> ㄹ. O점에서 A점까지의 거리

① ㄱ, ㄴ ② ㄱ, ㄷ ③ ㄴ, ㄹ
④ ㄱ, ㄷ, ㄹ ⑤ ㄴ, ㄷ, ㄹ

【주관식】

20 운동하고 있는 질량이 2 kg인 물체에 50 J의 일을 해 주었더니 물체의 속력이 10 m/s가 되었다. 물체가 처음에 가지고 있던 운동 에너지는 몇 J인지 구하시오.

출제율 99%

21 그림과 같이 지면으로부터의 높이가 8 m인 지점에서 질량이 2 kg인 물체를 자유 낙하 시켰다. 물체가 지면으로부터의 높이가 6 m인 지점을 지날 때 중력에 의한 위치 에너지와 운동 에너지(위치 : 운동)의 비는?

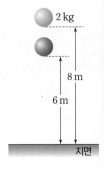

① 1 : 1 ② 1 : 3
③ 3 : 1 ④ 3 : 4
⑤ 4 : 3

22 그림은 A 지점에서 가만히 놓은 공이 자유 낙하 운동을 하고 있는 모습을 나타낸 것이다.

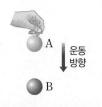

공이 A 지점에서 B 지점까지 낙하하는 동안 증가한 값을 모두 고르면? (2개)

① 공이 이동한 거리
② 공의 운동 에너지
③ 공의 지면으로부터의 높이
④ 공에 작용하는 중력의 크기
⑤ 공의 중력에 의한 위치 에너지

23 정지해 있던 질량이 1 kg인 물체가 10 m만큼 자유 낙하하였을 때 감소한 중력에 의한 위치 에너지와 증가한 운동 에너지 및 이 지점을 지날 때의 속력을 옳게 짝 지은 것은?

	위치 에너지	운동 에너지	속력
①	49 J	49 J	7 m/s
②	49 J	98 J	14 m/s
③	98 J	49 J	7 m/s
④	98 J	98 J	14 m/s
⑤	98 J	196 J	14 m/s

24 그림은 마찰이 없는 수평면에 정지해 있던 어떤 물체에 작용하는 힘을 이동 거리에 따라 나타낸 것이다. 이에 대한 설명으로 옳은 것을 〈보기〉에서 모두 고른 것은?

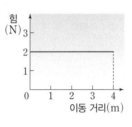

┌─ 보기 ┐
ㄱ. 4 m 이동하는 동안 힘이 물체에 한 일의 양은 8 J 이다.
ㄴ. 4 m 이동했을 때 물체의 속력은 1 m 이동했을 때 속력의 4배이다.
ㄷ. 3 m 이동했을 때 물체의 운동 에너지는 1 m 이동했을 때 운동 에너지의 3배이다.
└─────┘

① ㄱ　　　　　② ㄴ　　　　　③ ㄱ, ㄷ
④ ㄴ, ㄷ　　　　⑤ ㄱ, ㄴ, ㄷ

자료 분석 | 정답과 해설 74쪽

25 그림은 직선상에서 운동하는 장난감 자동차의 운동을 1초 간격으로 나타낸 것이다.

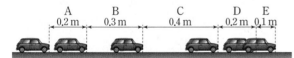

이에 대한 설명으로 옳지 <u>않은</u> 것은?

① 자동차의 운동 에너지는 계속 증가한다.
② A 구간과 D 구간에서 자동차의 속력은 같다.
③ A 구간에서 E 구간까지 이동하는 동안 자동차의 평균 속력은 0.24 m/s이다.
④ A~E 구간 중 자동차의 운동 에너지가 가장 큰 구간은 C 구간이다.
⑤ 자동차의 운동 에너지는 C 구간에서가 A 구간에서의 4배이다.

자료 분석 | 정답과 해설 74쪽

26 그림과 같이 화분을 들고 일정한 속력으로 계단을 올라갔다. 화분의 지면으로부터의 높이에 따른 중력에 의한 위치 에너지와 운동 에너지를 각각 그래프에 나타내시오.

27 그림은 직선상에서 운동하는 질량이 각각 1 kg, 2 kg인 물체 A, B의 시간에 따른 이동 거리를 나타낸 것이다. A, B의 운동 에너지의 크기는 얼마인지 풀이 과정과 함께 구하시오.

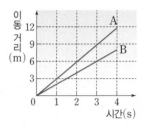

_____

_____

_____

_____

28 그림과 같이 A, B, C점에 속력 측정기를 장치한 다음 투명 플라스틱 관의 입구에서 쇠구슬을 가만히 놓아 A, B, C점을 지나게 하였다.

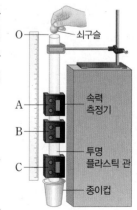

(1) A, B, C점에서의 속력을 등호나 부등호로 비교하시오.

_____

(2) A, B, C점에서의 운동 에너지를 등호나 부등호로 비교하고, 그 까닭을 일과 에너지의 관계를 이용하여 서술하시오.

_____

_____

1 눈(시각)

① 눈의 구조와 기능　　　　　　　　　　　문제 공략 68쪽

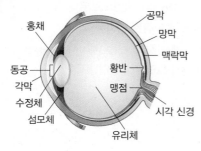

각막	눈의 앞쪽을 덮고 있는 투명한 막	
홍채	❶( )의 크기를 조절하여 눈으로 들어오는 빛의 양 조절	
❷( )	빛을 굴절시켜 망막에 상이 맺히게 함	
❸( )	수축·이완하여 수정체의 두께를 조절	
망막	상이 맺히는 곳, 시각 세포가 있음	
	❹( )	시각 세포가 없어 상이 맺혀도 보이지 않음
	황반	시각 세포가 밀집되어 있어 이곳에 상이 맺히면 가장 선명하게 보임
공막	눈의 가장 바깥을 싸고 있는 막	
맥락막	검은색 색소가 있어 눈 속을 어둡게 함	
시각 신경	시각 세포에서 받아들인 자극을 뇌로 전달	

② 시각의 성립 경로: 빛 → 각막 → 수정체 → 유리체 → 망막의 시각 세포 → 시각 신경 → 뇌

③ 눈의 조절 작용

밝기에 따른 동공의 크기 변화	
밝을 때	어두울 때
홍채 ❺( ) → 동공 축소	홍채 ❻( ) → 동공 확대

거리에 따른 수정체의 두께 변화	
가까운 곳을 볼 때	먼 곳을 볼 때
섬모체 ❼( ) → 수정체 두꺼워짐	섬모체 ❽( ) → 수정체 얇아짐

2 피부(피부 감각)

① 감각점의 종류: 통점(통증), 압점(눌림, 압력), 촉점(접촉), 냉점(차가움), 온점(따뜻함)

② 감각점의 분포

- 일반적으로 ❾( )의 수가 가장 많다.
- 몸의 부위에 따라 감각점의 분포 정도는 다르며, 특정 감각점이 많은 신체 부위는 그 감각점이 받아들이는 자극에 더 예민하다. 예 손가락 끝은 손바닥보다 감각점의 수가 많아 예민하다.

③ 피부 감각의 성립 경로: 자극 → 피부의 감각점 → (피부)감각 신경 → 뇌

3 귀(청각, 평형 감각)

① 귀의 구조와 기능　　　　　　　　　　　문제 공략 68쪽

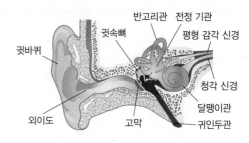

귓바퀴	소리를 모으는 역할을 함
외이도	귓바퀴와 고막 사이의 통로
❿( )	소리에 의해 진동하는 얇은 막
⓫( )	고막의 진동을 증폭함
⓬( )	청각 세포가 있음
청각 신경	청각 세포에서 받아들인 자극을 뇌로 전달함
⓭( )	고막 안쪽과 바깥쪽의 압력을 같게 조절함

② 청각의 성립 경로: 소리 → 귓바퀴 → 외이도 → 고막 → 귓속뼈 → 달팽이관의 청각 세포 → 청각 신경 → 뇌

③ 평형 감각

⓮( )	몸의 회전을 감지 예 눈을 감고 있어도 몸이 회전하는 방향을 느낄 수 있다.
⓯( )	몸의 기울어짐을 감지 예 돌부리에 걸려 넘어질 때 몸이 기울어지는 것을 느낀다.
평형 감각 신경	반고리관과 전정 기관에서 받아들인 자극을 뇌로 전달

4 코(후각)

① 특징: 매우 예민한 감각이지만 쉽게 피로해진다.
　➡ 같은 냄새를 계속 맡으면 그 냄새를 잘 느끼지 못한다.

② 후각의 성립 경로: ⓰( ) 상태의 화학 물질 → 후각 상피의 후각 세포 → 후각 신경 → 뇌

5 혀(미각)

① 특징

- 혀로 느끼는 기본적인 맛에는 단맛, 짠맛, 신맛, 쓴맛, ⓱( )이 있다.
- 기본적인 맛 외의 다양한 맛은 미각과 후각을 종합하여 느끼는 것이다. ➡ 코가 막히면 음식의 맛을 제대로 느끼지 못한다.

② 미각의 성립 경로: ⓲( ) 상태의 화학 물질 → 맛봉오리의 맛세포 → 미각 신경 → 뇌

정답과 해설 **75쪽**

답안지

1 (㉠   )은/는 상이 맺히는 곳으로, 시각 세포가 있으며, 특히 (㉡   )에는 시각 세포가 밀집되어 있어 이곳에 상이 맺히면 가장 선명하게 보인다.

1 _____
_____ 01. 감각 기관

2 (㉠   )은/는 눈으로 빛이 들어가는 곳으로, (㉡   )에 의해 크기가 조절된다.

2 _____
_____

3 물체와의 거리에 따라 (㉠   )에 의해 수정체의 (㉡   )이/가 변하여 망막에 상이 뚜렷하게 맺힌다.

3 _____
_____

4 가까이 있는 물체를 볼 때 수정체의 두께는 ㉠(얇아 , 두꺼워)지며, 어두운 곳에 있다가 밝은 곳으로 나갔을 때 동공의 크기는 ㉡(커 , 작아)진다.

4 _____
_____

5 외부에서 오는 물리적 자극이나 온도 변화를 느끼는 부위를 (㉠   )(이)라고 하며, 일반적으로 (㉡   )의 수가 가장 많다.

5 _____
_____

6 몸의 부위에 따라 감각점의 분포 정도는 ㉠(같으며 , 다르며), 특정 감각점이 많은 신체 부위는 그 감각점이 받아들이는 자극에 더 ㉡(예민 , 둔감)하다.

6 _____
_____

7 청각의 성립 경로는 소리 → 귓바퀴 → (㉠   ) → 고막 → (㉡   ) → (㉢   )의 청각 세포 → 청각 신경 → 뇌이다.

7 _____
_____

8 귀의 구조에서 몸의 회전을 감지하는 곳은 (㉠   )이고, 몸의 기울어짐을 감지하는 곳은 (㉡   )이다.

8 _____
_____

9 ㉠(후각 세포 , 맛세포)는 기체 상태의 화학 물질을 자극으로 받아들이고, ㉡(후각 세포 , 맛세포)는 액체 상태의 화학 물질을 자극으로 받아들인다.

9 _____
_____

10 혀로 느끼는 기본적인 맛에는 단맛, 짠맛, (㉠   ), 쓴맛, 감칠맛이 있으며, 기본적인 맛 외의 다양한 맛은 미각과 (㉡   )을/를 종합하여 느끼는 것이다.

10 _____
_____

눈과 귀의 구조와 기능

정답과 해설 75쪽

눈의 구조

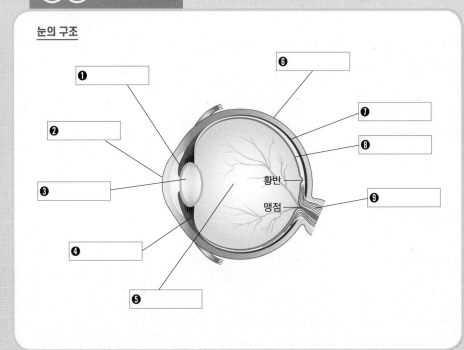

❶ ❷ ❸ ❹ ❺ ❻ ❼ ❽ ❾

황반
맹점

눈의 기능

❶ 눈으로 들어오는 빛의 양을 조절하는 곳

❷ 수정체의 두께를 조절하는 곳

❸ 상이 맺히는 곳

❹ 검은색 색소가 있어 눈 속을 어둡게 하는 곳

❺ 시각 세포가 없어 상이 맺혀도 보이지 않는 곳

귀의 구조

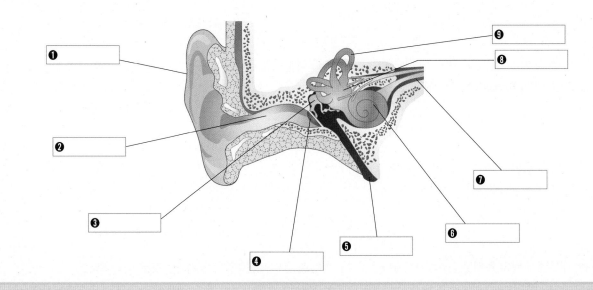

❶ ❷ ❸ ❹ ❺ ❻ ❼ ❽ ❾

귀의 기능

❶ 소리에 의해 진동하는 얇은 막

❷ 고막의 진동을 증폭하는 곳

❸ 고막 안쪽과 바깥쪽의 압력을 같게 조절하는 곳

❹ 소리를 자극으로 받아들이는 청각 세포가 있는 곳

❺ 몸의 회전을 감지하는 곳

❻ 몸의 기울어짐을 감지하는 곳

정답과 해설 75쪽

[01~03] 그림은 사람 눈의 구조를 나타낸 것이다.

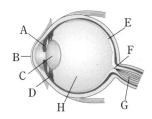

01 각 부위의 기호와 이름을 옳게 짝 지은 것은?

① A－동공   ② B－공막   ③ D－섬모체
④ H－맥락막   ⑤ G－시각 세포

출제율 99%

02 각 부위에 대한 설명으로 옳은 것을 모두 고르면? (2개)

① A는 눈으로 들어오는 빛의 양을 조절한다.
② C는 볼록렌즈 모양으로, 빛을 굴절시킨다.
③ D가 수축하면 C의 두께가 얇아진다.
④ E는 검은색 색소가 분포하여 눈 속을 어둡게 한다.
⑤ F에는 물체의 형태와 색깔을 구분할 수 있는 시각 세포가 있다.

03 다음은 시각이 성립되는 경로이다.

빛 → 각막 → (㉠) → (㉡) → (㉢)의 시각 세포
→ 시각 신경 → 뇌

㉠~㉢에 알맞은 부위의 기호를 옳게 짝 지은 것은?

	㉠	㉡	㉢
①	A	C	D
②	A	C	E
③	B	C	F
④	C	H	E
⑤	C	H	F

[주관식]

04 다음 설명에 해당하는 눈의 구조를 각각 쓰시오.

(가) 망막에서 시각 세포가 많이 모여 있어 상이 맺히면 물체가 가장 선명하게 보이는 곳이다.
(나) 망막에서 시각 신경이 모여 나가는 곳으로, 시각 세포가 없어 상이 맺혀도 물체가 보이지 않는 곳이다.

출제율 99%

05 그림은 밝기에 따라 달라지는 눈의 모습을 나타낸 것이다.

(가)   (나)

이에 대한 설명으로 옳지 않은 것은?

① (가) → (나)로 될 때 동공이 작아진다.
② 눈동자에 손전등을 비추면 (가) → (나)로 변한다.
③ 밝은 곳에서 어두운 곳으로 이동하면 (가) → (나)로 변한다.
④ (나) → (가)로 될 때 홍채가 축소한다.
⑤ (나) → (가)로 될 때 눈으로 들어오는 빛의 양이 증가한다.

06 그림은 거리에 따른 수정체의 두께 변화를 나타낸 것이다. 이에 대한 설명으로 옳지 않은 것은?

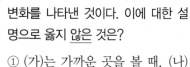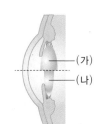

① (가)는 가까운 곳을 볼 때, (나)는 먼 곳을 볼 때이다.
② (가) → (나)로 될 때 섬모체가 수축한다.
③ 책을 보다가 창밖의 먼 산을 볼 때 (가) → (나)로 변한다.
④ 작은 글자를 볼 때 (나) → (가)로 변한다.
⑤ (나) → (가)로 될 때 수정체가 두꺼워진다.

07 영희는 어두운 방안에서 갑자기 형광등을 켠 후 설명서의 작은 글자를 보았다. 이때 눈의 변화를 옳게 짝 지은 것은?

	홍채	동공	섬모체	수정체
①	축소	확대	이완	얇아짐
②	축소	확대	수축	두꺼워짐
③	확장	축소	이완	얇아짐
④	확장	축소	수축	두꺼워짐
⑤	확장	확대	수축	얇아짐

08 그림은 시력에 이상이 있는 눈에 상이 맺힌 모습을 나타낸 것이다.

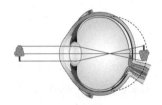

이에 대한 설명으로 옳지 <u>않은</u> 것은?

① 원시이다.
② 볼록렌즈로 교정한다.
③ 상이 망막 뒤에 맺힌다.
④ 가까운 곳의 물체가 잘 보이지 않는다.
⑤ 수정체와 망막 사이의 거리가 정상보다 멀 때 나타난다.

09 피부 감각에 대한 설명으로 옳은 것은?

① 떫은맛은 온점에서 감지한다.
② 통점은 피부의 표피에 위치한다.
③ 우리 몸의 내장 기관에는 감각점이 없다.
④ 감각점은 몸 전체에 고르게 분포되어 있다.
⑤ 손등보다 손가락 끝이 감각점이 많아 예민하다.

10 우리 몸의 피부 감각점 중에서 일반적으로 가장 많이 분포하고 있는 것은?

① 냉점　　　　② 온점　　　　③ 압점
④ 통점　　　　⑤ 촉점

11 그림과 같이 자에 2개의 이쑤시개를 테이프로 고정하고 몸의 두 부위에 대어 보았더니 (가) 부위에서는 2개로 느꼈지만 (나) 부위에서는 1개로 느꼈다.

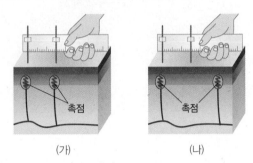

(가)　　　　　　　　(나)

이에 대한 설명으로 옳은 것을 〈보기〉에서 모두 고른 것은?

보기

ㄱ. (가)는 (나)에 비해 예민한 부위이다.
ㄴ. (가)는 (나)에 비해 감각점이 많이 분포한다.
ㄷ. (가)에서 2개의 이쑤시개 간격을 더 좁혀서 누르면 2개로 느껴진다.
ㄹ. 이쑤시개를 2개로 느끼는 최소 거리가 짧을수록 감각점이 적게 분포한다.

① ㄱ, ㄴ　　　② ㄴ, ㄷ　　　③ ㄷ, ㄹ
④ ㄱ, ㄴ, ㄹ　　　⑤ ㄴ, ㄷ, ㄹ

[주관식]

12 그림과 같이 오른손은 15 °C의 물에, 왼손은 35 °C의 물에 10초 동안 담갔다가 두 손을 동시에 25 °C의 물에 담갔다.

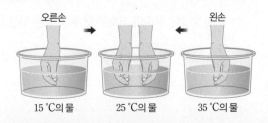

오른손　　　　　　　　　　　　왼손

15 °C의 물　　　25 °C의 물　　　35 °C의 물

㉠ 오른손에서 자극을 받아들이는 감각점과 ㉡ 왼손에서 자극을 받아들이는 감각점을 각각 쓰시오.

[13~15] 그림은 사람 귀의 구조를 나타낸 것이다.

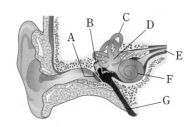

13 각 부위의 기호와 이름이 옳게 짝 지어지지 <u>않은</u> 것은?

① A-고막   ② B-귓속뼈   ③ D-전정 기관
④ F-달팽이관   ⑤ G-외이도

출제율 99%

14 각 부분에 대한 설명으로 옳은 것을 모두 고르면? (2개)

① A는 소리에 의해 진동하는 얇은 막이다.
② B는 몸의 회전 감각을 담당한다.
③ C는 A의 진동을 증폭한다.
④ D에 이상이 있는 경우 균형을 잘 잡지 못한다.
⑤ G에 이상이 있는 경우 소리를 듣지 못한다.

15 다음은 청각이 성립되는 경로이다.

> 소리 → 귓바퀴 → 외이도 → (㉠) → (㉡) → (㉢)
> 의 청각 세포 → 청각 신경 → 뇌

㉠~㉢에 알맞은 부위의 기호를 옳게 짝 지은 것은?

	㉠	㉡	㉢
①	A	B	D
②	A	B	F
③	A	C	D
④	B	D	F
⑤	B	D	G

출제율 99% 【주관식】

16 다음 설명과 가장 관계가 깊은 귀의 구조를 각각 쓰시오.

> (가) 눈을 감아도 몸이 회전하는 방향을 알 수 있다.
> (나) 평균대 위를 걸을 때 몸이 기울어지는 것을 느낀다.
> (다) 고속 승강기를 타고 높이 올라가 귀가 먹먹할 때 하품을 하면 먹먹한 느낌이 사라진다.

17 그림은 귓속 구조의 일부를 나타낸 것이다. 이에 대한 설명으로 옳은 것을 모두 고르면? (2개)

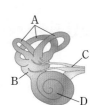

① A에 청각 세포가 있다.
② B는 몸의 기울어짐을 감지한다.
③ C를 통해 A와 B에서 받아들인 자극이 뇌로 전달된다.
④ D는 고막 안쪽과 바깥쪽의 압력을 같게 조절한다.
⑤ 청각에 관여하는 구조는 B와 D이다.

18 후각에 대한 설명으로 옳은 것을 모두 고르면? (2개)

① 음식 맛을 구별하는 데 관여한다.
② 사람의 감각 중 가장 둔한 감각이다.
③ 후각 상피는 유두의 옆면에 분포한다.
④ 코에서 느끼는 냄새의 종류는 5가지이다.
⑤ 냄새 자극은 후각 신경을 거쳐 뇌로 전달된다.

출제율 99%

19 같은 냄새를 계속 맡고 있으면 나중에는 그 냄새를 잘 느끼지 못하게 되는 까닭으로 옳은 것은?

① 후각 세포의 기능이 사라졌기 때문이다.
② 후각 세포가 쉽게 피로해지기 때문이다.
③ 후각 세포를 자극하는 물질이 사라졌기 때문이다.
④ 후각 세포가 다른 감각 세포보다 둔감하기 때문이다.
⑤ 자극이 후각 신경을 통해 뇌로 전달되지 못하기 때문이다.

[주관식]

20 다음은 혀의 구조에 대한 설명이다. ㉠~㉢에 알맞은 말을 쓰시오.

> 혀의 표면에 있는 작은 돌기인 (㉠   )의 옆면에
> (㉡   )이/가 분포하며, 이곳에 자극을 받아들이는 감각 세포인 (㉢   )이/가 있다.

출제율 99%

21 미각에 대한 설명으로 옳은 것을 〈보기〉에서 모두 고른 것은?

> **보기**
> ㄱ. 혀에 있는 감각점에서 대부분의 맛을 느낀다.
> ㄴ. 미각 자극은 미각 신경을 거쳐 뇌로 전달된다.
> ㄷ. 기본적인 맛에는 단맛, 짠맛, 쓴맛, 신맛, 감칠맛이 있다.
> ㄹ. 매운맛은 미각과 피부 감각이 종합하여 느끼는 것이다.

① ㄱ, ㄴ   ② ㄴ, ㄷ   ③ ㄷ, ㄹ
④ ㄱ, ㄴ, ㄹ   ⑤ ㄴ, ㄷ, ㄹ

출제율 99%

22 코감기에 걸리면 음식 맛을 제대로 느낄 수 없는 까닭으로 옳은 것은?

① 후각이 가장 예민하기 때문이다.
② 기본적인 맛을 느끼지 못하게 되기 때문이다.
③ 코가 막히면 맛세포가 기능을 하지 못하기 때문이다.
④ 음식의 맛은 미각에 의해서만 느끼는 것이기 때문이다.
⑤ 음식의 맛은 미각과 후각을 종합하여 느끼는 것이기 때문이다.

23 감각 기관과 그 기관에서 받아들이는 자극을 옳게 짝 지은 것은?

① 귀 – 빛
② 눈 – 소리
③ 피부 – 압력
④ 코 – 액체 상태의 화학 물질
⑤ 혀 – 기체 상태의 화학 물질

24 다음은 여러 가지 구조를 나타낸 것이다.

> 달팽이관, 망막, 후각 상피, 맛봉오리

이 구조들의 공통점으로 옳은 것을 모두 고르면? (2개)

① 자극을 뇌로 전달한다.
② 감각 신경으로 이루어져 있다.
③ 자극을 감지하는 세포가 있다.
④ 감각 기관을 구성하는 구조이다.
⑤ 액체 상태의 화학 물질을 자극으로 받아들인다.

IV » 자극과 반응

25 그림은 영희가 어떤 물체를 바라보는 동안 수정체의 두께 변화를 나타낸 것이다.

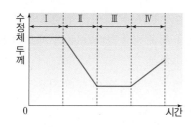

이에 대한 설명으로 옳은 것을 〈보기〉에서 모두 고른 것은?

┌ 보기 ┐
ㄱ. 구간 Ⅰ에서 섬모체가 이완하였다.
ㄴ. 구간 Ⅱ에서 물체가 점점 멀어지고 있다.
ㄷ. 구간 Ⅲ에서 물체가 점점 가까워지고 있다.
ㄹ. 구간 Ⅳ에서 섬모체가 수축하였다.

① ㄱ, ㄴ　　　② ㄴ, ㄹ　　　③ ㄷ, ㄹ
④ ㄱ, ㄴ, ㄷ　　⑤ ㄴ, ㄷ, ㄹ

자료 분석 | 정답과 해설 76쪽

26 그림은 두 종류의 감각 세포 ㉠과 ㉡을 나타낸 것이다. A와 B는 각각 감각 세포와 뇌를 연결하는 신경이다.

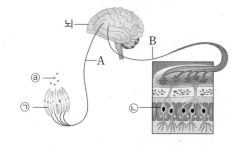

이에 대한 설명으로 옳지 <u>않은</u> 것은?

① ㉠은 맛세포이다.
② ㉡은 후각 상피에 있다.
③ ⓐ는 액체 상태의 화학 물질이다.
④ ㉡은 같은 자극을 계속 받을수록 더 강하게 느낀다.
⑤ 뇌에서 A와 B를 통해 전달된 자극을 통합하여 맛을 느낀다.

자료 분석 | 정답과 해설 76쪽

27 다음은 눈의 어떤 구조에 대한 실험이다.

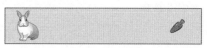

(가) 왼쪽 눈을 가린 채 오른쪽 눈으로 검사지의 토끼에 초점을 맞춘다.

(나) 검사지를 눈앞에서 천천히 앞뒤로 움직이면 당근이 안 보이게 될 때가 있다.

이와 같은 현상이 일어나는 까닭을 눈의 구조와 관련지어 서술하시오.

_____
_____

28 몸의 부위에 따라 피부 감각을 느끼는 정도가 다른 까닭을 서술하시오.

_____
_____

29 그림과 같이 회전의자를 돌리면 의자에 앉은 사람은 눈을 가려도 의자가 돌아가는 방향을 느낄 수 있다. 이와 관련된 귀의 구조를 쓰고, 기능을 서술하시오.

_____
_____

30 후각이 성립하는 경로와 미각이 성립하는 경로를 각각 서술하시오.

_____
_____

1 뉴런

① 뉴런: 신경계를 이루는 신경 세포 ➡ ❶(　　　　), 가지 돌기, 축삭 돌기로 이루어져 있다.

② 뉴런의 종류

감각 뉴런	감각 기관에서 받아들인 자극을 연합 뉴런으로 전달
❷(　　) 뉴런	감각 뉴런을 통해 전달받은 자극을 종합하여 적절한 명령을 내림
운동 뉴런	연합 뉴런의 명령을 받아 반응 기관으로 전달

2 신경계

① 중추 신경계

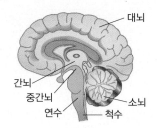

대뇌	몸의 감각과 운동 조절을 담당, 기억·추리·학습·감정 등 정신 활동을 담당
간뇌	체온, 혈당량 등을 일정하게 유지
❸(　　)	눈의 움직임, 동공과 홍채의 변화를 조절
소뇌	근육 운동을 조절, 몸의 자세와 균형을 유지
❹(　　)	심장 박동, 호흡 운동, 소화 운동 등 생명 유지 활동을 조절
척수	뇌와 말초 신경 사이에서 신호를 전달하는 통로

② 말초 신경계: 뇌와 척수에서 뻗어 나와 온몸에 퍼져 있는 신경으로, ❺(　　) 신경과 운동 신경으로 구성된다.

• ❻(　　) 신경: 내장 기관에 연결되어 있어 대뇌의 직접적인 명령 없이 내장 기관의 운동을 자율적으로 조절하며, 교감 신경과 부교감 신경으로 구분된다.

3 자극에 따른 반응의 경로

구분	의식적인 반응	❼(　　) 반사
의미	대뇌가 중추가 되어 일어나는 반응	대뇌의 판단을 거치지 않고 무의식적으로 일어나는 반응
중추	대뇌	척수, 중간뇌, 연수
반응 경로의 예	주전자를 들고 컵에 원하는 만큼의 물을 따르는 반응 경로 ➡ 자극 → 감각 기관(눈) → 감각 신경(시각 신경) → ❽(　　) → 척수 → 운동 신경 → 반응 기관(팔의 근육) → 반응	뜨거운 주전자에 손이 닿았을 때 급히 손을 떼는 반응 경로 ➡ 자극 → 감각 기관(피부) → 감각 신경(피부 감각 신경) → ❾(　　) → 운동 신경 → 반응 기관(팔의 근육) → 반응

4 호르몬

① 호르몬의 특징

• ❿(　　)에서 만들어져 혈액으로 분비된다.

• 혈액을 통해 이동하다가 표적 세포 또는 표적 기관에만 작용한다.

• 적은 양으로 우리 몸의 생리 작용을 조절한다.

② 내분비샘과 호르몬

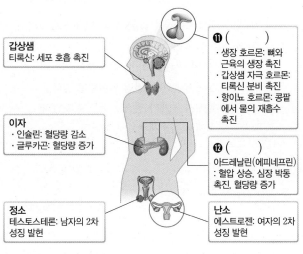

갑상샘
티록신: 세포 호흡 촉진

이자
· 인슐린: 혈당량 감소
· 글루카곤: 혈당량 증가

정소
테스토스테론: 남자의 2차 성징 발현

⓫(　　)
· 생장 호르몬: 뼈와 근육의 생장 촉진
· 갑상샘 자극 호르몬: 티록신 분비 촉진
· 항이뇨 호르몬: 콩팥에서 물의 재흡수 촉진

⓬(　　)
아드레날린(에피네프린): 혈압 상승, 심장 박동 촉진, 혈당량 증가

난소
에스트로젠: 여자의 2차 성징 발현

③ 호르몬 분비 이상

호르몬	질병	
	결핍	과다
생장 호르몬	소인증	거인증, 말단 비대증
⓭(　　)	갑상샘 기능 저하증	갑상샘 기능 항진증
인슐린	⓮(　　)	—

5 항상성

① 항상성: 조절 중추는 ⓯(　　)이며, 호르몬과 신경의 작용으로 항상성이 유지된다.

② 호르몬과 신경의 작용 비교

구분	전달 매체	전달 속도	작용 범위	효과의 지속성
호르몬	혈액	느림	⓰(　　)	지속적
신경	뉴런	빠름	⓱(　　)	일시적

③ 체온 조절

더울 때	• 열 방출량 증가: 피부 근처 혈관 확장, 땀 분비 증가
추울 때	• 열 방출량 감소: 피부 근처 혈관 수축 • 열 발생량 ⓲(　　): 근육 떨림, 세포 호흡 촉진

④ 혈당량 조절

혈당량이 높을 때	이자에서 ⓳(　　) 분비 증가 → 간에서 포도당을 글리코젠으로 합성 촉진, 조직 세포의 혈액 속 포도당 흡수 촉진 → 혈당량 낮아짐
혈당량이 낮을 때	이자에서 ⓴(　　) 분비 증가 → 간에서 글리코젠을 포도당으로 분해하여 혈액으로 내보냄 → 혈당량 높아짐

답안지

1 각 설명에 해당하는 뉴런의 이름을 쓰시오.

　(1) 뇌와 척수를 구성한다.
　(2) 연합 뉴런의 명령을 받아 반응 기관으로 전달한다.
　(3) 감각 기관에서 받아들인 자극을 연합 뉴런으로 전달한다.

1 ＿＿＿＿＿＿＿＿
　　＿＿＿＿＿＿＿＿

2 각 설명에 해당하는 중추 신경계의 이름을 쓰시오.

　(1) 몸의 자세와 균형을 유지한다.
　(2) 동공과 홍채의 변화를 조절한다.
　(3) 기억, 추리, 학습, 감정 등의 정신 활동을 담당한다.
　(4) 심장 박동, 호흡 운동 등 생명 유지 활동을 조절한다.
　(5) 뇌와 말초 신경 사이에서 신호를 전달하는 통로이다.

2 ＿＿＿＿＿＿＿＿
　　＿＿＿＿＿＿＿＿

3 자율 신경은 내장 기관에 연결되어 있어 (㉠　　　　)의 직접적인 명령 없이 내장 기관의 운동을 자율적으로 조절하며, (㉡　　　　) 신경과 부교감 신경으로 구분된다.

3 ＿＿＿＿＿＿＿＿
　　＿＿＿＿＿＿＿＿

4 ㉠(의식적인 반응 , 무조건 반사)은/는 대뇌가 중추가 되어 일어나는 반응이고, ㉡(의식적인 반응 , 무조건 반사)은/는 대뇌의 판단을 거치지 않고 무의식적으로 일어나는 반응이다.

4 ＿＿＿＿＿＿＿＿
　　＿＿＿＿＿＿＿＿

5 다음은 우리 몸에서 분비되는 여러 가지 호르몬의 기능을 나타낸 것이다. 각 ㉠호르몬의 이름과 ㉡분비되는 내분비샘을 각각 쓰시오.

　(1) 몸의 생장을 촉진한다.
　(2) 세포 호흡을 촉진한다.
　(3) 콩팥에서 물의 재흡수를 촉진한다.
　(4) 심장 박동을 촉진하고 혈압을 상승하게 한다.

5 ＿＿＿＿＿＿＿＿
　　＿＿＿＿＿＿＿＿

6 당뇨병은 인슐린이 ㉠(과다 , 결핍)하여 발생하는 질병이고, 갑상샘 기능 항진증은 티록신이 ㉡(과다 , 결핍)하여 발생하는 질병이다.

6 ＿＿＿＿＿＿＿＿
　　＿＿＿＿＿＿＿＿

7 항상성의 조절 중추는 (㉠　　　　)이며, 호르몬과 (㉡　　　　)의 작용으로 항상성이 유지된다.

7 ＿＿＿＿＿＿＿＿
　　＿＿＿＿＿＿＿＿

8 호르몬의 전달 매체는 ㉠(혈액 , 뉴런)이며, 호르몬은 신경에 비해 전달 속도는 ㉡(빠르고 , 느리고), 작용 범위는 ㉢(좁다 , 넓다).

8 ＿＿＿＿＿＿＿＿
　　＿＿＿＿＿＿＿＿

9 추울 때는 우리 몸에서 피부 근처 혈관이 ㉠(수축 , 확장)하여 열 방출량이 ㉡(감소 , 증가)하고, 세포 호흡이 ㉢(억제 , 촉진)되어 열 발생량이 ㉣(감소 , 증가)한다.

9 ＿＿＿＿＿＿＿＿
　　＿＿＿＿＿＿＿＿

10 혈당량이 높을 때 우리 몸의 이자에서 (㉠　　　　)의 분비가 증가하여 간에서 포도당을 (㉡　　　　)(으)로 합성하는 과정을 촉진하고, 조직 세포의 (㉢　　　　) 흡수를 촉진한다.

10 ＿＿＿＿＿＿＿＿
　　＿＿＿＿＿＿＿＿

01 그림은 뉴런의 구조를 나타낸 것이다.

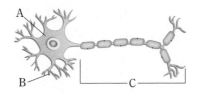

이에 대한 설명으로 옳은 것은?

① A는 가지 돌기이다.
② B에서 다양한 생명 활동이 일어난다.
③ C에 핵과 세포질이 있다.
④ C는 다른 뉴런으로 자극을 보낸다.
⑤ 자극의 전달 방향은 C → B → A이다.

02 그림은 뉴런이 연결된 모습을 나타낸 것이다.

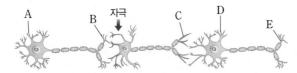

화살표 부위에 자극이 주어졌을 때 자극이 전달되는 부위를 모두 고른 것은?

① A, B   ② A, E   ③ B, C, E
④ C, D, E   ⑤ A, B, C, D, E

출제율 99%

03 그림은 뉴런 A~C가 연결되어 있는 모습을 나타낸 것이다.

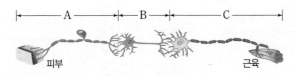

이에 대한 설명으로 옳지 않은 것은?

① A는 신경 세포체가 없다.
② A는 감각 기관에서 받아들인 자극을 B로 전달한다.
③ B는 뇌와 척수를 구성한다.
④ C는 말초 신경계를 구성한다.
⑤ 자극의 전달 경로는 A → B → C이다.

04 그림은 사람의 신경계를 나타낸 것이다. 이에 대한 설명으로 옳은 것을 〈보기〉에서 모두 고른 것은?

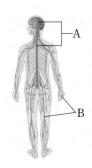

보기
ㄱ. 신경계를 구성하는 기본 단위는 뉴런이다.
ㄴ. A는 감각 뉴런과 연합 뉴런으로 구성되어 있다.
ㄷ. 자율 신경은 B에 속한다.
ㄹ. A는 중추 신경계이고, B는 말초 신경계이다.

① ㄱ, ㄴ   ② ㄱ, ㄷ   ③ ㄷ, ㄹ
④ ㄱ, ㄴ, ㄷ   ⑤ ㄱ, ㄷ, ㄹ

[05~06] 그림은 사람 뇌의 구조를 나타낸 것이다.

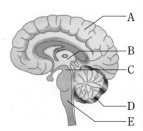

출제율 99%

05 (가)~(다)의 내용과 가장 관계가 깊은 뇌의 구조를 각각 옳게 짝 지은 것은?

(가) 날씨가 더울 때 땀이 난다.
(나) 평균대 위에서 균형을 유지하였다.
(다) 밝은 곳에 갔더니 동공이 작아졌다.

	(가)	(나)	(다)		(가)	(나)	(다)
①	A	B	C	②	B	C	D
③	B	D	C	④	C	D	E
⑤	C	E	D				

[주관식]

06 다음은 어떤 뇌의 구조에 대한 설명이다.

• 좌우 2개의 반구로 이루어져 있다.
• 이 부위에 이상이 생기면 기억력이 점차 떨어질 수 있다.

A~E 중 이와 관련이 깊은 부위의 기호와 이름을 쓰시오.

07 말초 신경계에 대한 설명으로 옳은 것을 모두 고르면?

(2개)

① 온몸에 퍼져 있다.
② 운동 신경으로만 구성되어 있다.
③ 모두 대뇌의 직접적인 명령을 받는다.
④ 자율 신경은 여러 가지 내장 기관의 운동을 조절한다.
⑤ 위기에 처했을 때 자율 신경 중 부교감 신경이 작용한다.

08 그림은 교감 신경과 부교감 신경의 공통점과 차이점을 나타낸 것이다.

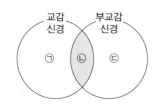

이에 대한 설명으로 옳은 것을 〈보기〉에서 모두 고른 것은?

보기
ㄱ. '심장 박동을 촉진한다.'는 ㉠에 해당한다.
ㄴ. '대뇌의 직접적인 명령을 받는다.'는 ㉡에 해당한다.
ㄷ. '자율 신경에 해당한다.'는 ㉡에 해당한다.
ㄹ. '소화액 분비를 억제한다.'는 ㉢에 해당한다.

① ㄱ, ㄴ ② ㄱ, ㄷ ③ ㄷ, ㄹ
④ ㄱ, ㄴ, ㄷ ⑤ ㄱ, ㄷ, ㄹ

출제율 99%

09 다음은 우리 몸에서 일어나는 여러 가지 반응이다.

(가) 팔에 앉은 모기를 보고 쫓았다.
(나) 피자를 잡으려다 너무 뜨거워서 재빨리 손을 뗀다.

이에 대한 설명으로 옳은 것을 〈보기〉에서 모두 고른 것은?

보기
ㄱ. (가)는 의식적인 반응이고, (나)는 무조건 반사이다.
ㄴ. (가)는 대뇌가 중추인 반응이고, (나)는 척수가 중추인 반응이다.
ㄷ. 코에 먼지가 들어와 재채기를 하는 반응의 중추는 (나)와 같다.

① ㄱ ② ㄴ ③ ㄱ, ㄴ
④ ㄱ, ㄷ ⑤ ㄱ, ㄴ, ㄷ

[주관식]

10 다음은 여러 종류의 반응을 나타낸 것이다.

(가) 레몬을 입안에 넣었더니 침이 분비되었다.
(나) 마라톤 선수들이 총소리를 듣고 출발하였다.
(다) 밝은 곳에서 어두운 곳으로 갔더니 동공이 커졌다.

(가)~(다) 반응의 중추를 각각 쓰시오.

출제율 99%

11 다음은 자극의 종류에 따른 반응 경로에 대한 실험이다.

(가) 두 사람 중 한 사람이 예고 없이 자를 떨어뜨리면, 다른 사람은 떨어지는 자를 보고 재빨리 잡은 후 엄지손가락이 가리키는 눈금을 기록한다.
(나) 한 사람의 눈을 가린 후, 다른 사람이 '땅' 소리를 내면서 자를 떨어뜨리면 자를 잡아 엄지손가락이 가리키는 눈금을 기록한다.

(가)　　　　　　(나)

이에 대한 설명으로 옳지 <u>않은</u> 것은?

① (가)와 (나) 모두 의식적인 반응이다.
② (가)와 (나)의 반응 시간은 다르다.
③ 자가 떨어진 거리가 길수록 반응 시간이 길다.
④ (가)와 (나)는 모두 대뇌의 판단 과정이 일어난다.
⑤ (가)는 자극 → 눈 → 시각 신경 → 척수 → 대뇌 → 운동 신경 → 손의 근육 → 반응의 경로로 일어난다.

[주관식]

12 다음은 무조건 반사에 대한 설명이다.

• 무조건 반사는 ㉠ 대뇌의 판단을 거치지 않고 ㉡ 무의식적으로 일어나는 반응으로, 의식적인 반응보다 ㉢ 느리게 일어난다.
• 무조건 반사는 중추에 따라 척수 반사, 연수 반사, ㉣ 중간뇌 반사로 나눌 수 있다.

㉠~㉣ 중 틀린 부분을 찾아 기호를 쓰고, 옳게 고치시오.

13 무릎 반사에 대한 설명으로 옳지 <u>않은</u> 것은?

① 반사의 중추는 척수이다.
② 대뇌의 판단을 거치지 않는다.
③ 고무망치가 닿는 자극은 대뇌로 전달된다.
④ 다리의 움직임을 의지대로 조절할 수 있다.
⑤ 무릎 반사가 일어나는 경로는 자극 → 감각 신경 → 척수 → 운동 신경 → 반응 기관이다.

【주관식】

14 그림은 자극에 대한 반응 경로를 나타낸 것이다.

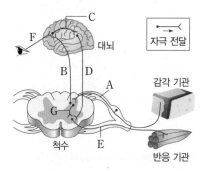

골대를 향해 날아오는 공을 본 골키퍼가 공을 막아 내는 경로를 그림의 A~G를 이용하여 나열하시오.

15 호르몬에 대한 설명으로 옳지 <u>않은</u> 것은?

① 분비관으로 분비된다.
② 혈액을 통해 이동한다.
③ 표적 기관에서 작용한다.
④ 내분비샘에서 만들어진다.
⑤ 몸 안의 신호를 전달하는 화학 물질이다.

16 그림은 사람의 내분비샘을 나타낸 것이다. 이에 대한 설명으로 옳은 것은?

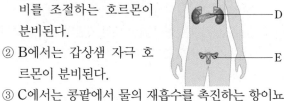

① A에서는 B의 호르몬 분비를 조절하는 호르몬이 분비된다.
② B에서는 갑상샘 자극 호르몬이 분비된다.
③ C에서는 콩팥에서 물의 재흡수를 촉진하는 항이뇨 호르몬이 분비된다.
④ D에서는 여자의 2차 성징이 발현되게 하는 에스트로젠이 분비된다.
⑤ E는 내분비샘이자 외분비샘이다.

【주관식】

17 다음 설명에 ㉠ 해당하는 호르몬과 ㉡ 이를 분비하는 내분비샘의 이름을 각각 쓰시오.

> • 세포 호흡을 촉진한다.
> • 부족 시 체중이 증가하고 추위를 많이 느낀다.
> • 과다 시 체중이 감소하고 피로감을 많이 느낀다.

18 호르몬의 과다나 결핍에 의해 나타나는 호르몬 관련 질병을 옳게 짝 지은 것은?

① 인슐린 과다 – 당뇨병
② 생장 호르몬 과다 – 거인증
③ 생장 호르몬 결핍 – 말단 비대증
④ 티록신 과다 – 갑상샘 기능 저하증
⑤ 티록신 결핍 – 갑상샘 기능 항진증

[주관식]

19 다음 ㉠ 설명에 해당하는 특성을 쓰고, 이러한 특성을 ㉡ 조절하는 중추를 쓰시오.

> • 우리 몸의 체온은 약 36.5 ℃로 유지된다.
> • 사람의 혈당량은 약 0.1 %로 유지된다.
> • 호르몬과 신경의 작용에 의해 이루어진다.

20 호르몬과 신경을 비교한 것으로 옳지 <u>않은</u> 것은?

	구분	호르몬	신경
①	전달 매체	혈액	뉴런
②	효과 지속성	지속적	일시적
③	작용 범위	좁음	넓음
④	반응 속도	느림	빠름
⑤	특징	표적 세포나 표적 기관에만 작용	뉴런에 연결된 기관에만 작용

21 그림은 주변 온도 변화에 따른 피부 근처 혈관의 변화를 나타낸 것이다.

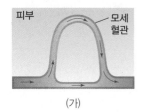
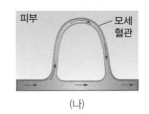

이에 대한 설명으로 옳은 것을 모두 고르면? (2개)

① (가)는 (나)에 비해 열 방출량이 적다.
② (가)는 (나)에 비해 열 발생량이 많다.
③ (가)는 더울 때, (나)는 추울 때 일어나는 변화이다.
④ (가)는 (나)에 비해 피부 근처 혈관을 흐르는 혈액의 양이 적다.
⑤ (가)는 피부 근처 혈관이 확장할 때, (나)는 피부 근처 혈관이 수축할 때이다.

출제율 99%

22 다음은 추울 때 호르몬에 의해 체온이 조절되는 과정을 순서 없이 나열한 것이다.

> (가) 열 발생량이 증가한다.
> (나) 갑상샘에서 티록신이 분비된다.
> (다) 간뇌에서 체온이 낮음을 감지한다.
> (라) 뇌하수체에서 갑상샘 자극 호르몬이 분비된다.

체온 조절 과정을 순서대로 옳게 나열한 것은?

① (가) → (나) → (다) → (라)
② (나) → (다) → (라) → (가)
③ (다) → (라) → (가) → (나)
④ (다) → (라) → (나) → (가)
⑤ (라) → (다) → (나) → (가)

출제율 99%

23 그림은 이자에서 분비되는 호르몬에 의해 혈당량이 조절되는 과정을 나타낸 것이다.

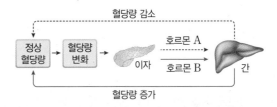

이에 대한 설명으로 옳은 것을 모두 고르면? (2개)

① 운동을 하면 A의 분비량이 증가한다.
② 식사 후에는 B의 분비량이 증가한다.
③ 이자는 호르몬 A와 B의 표적 기관이다.
④ A가 부족하면 당뇨병에 걸릴 수 있다.
⑤ B는 간에서 글리코젠을 포도당으로 분해하는 과정을 촉진한다.

[주관식]

24 다음 현상과 관련이 깊은 ㉠ 호르몬과 ㉡ 이 호르몬의 표적 기관을 쓰시오.

> 여름에 땀을 많이 흘리면 오줌의 양이 줄어들고, 물을 많이 마시면 오줌의 양이 증가한다.

25 그림은 자극에 대한 반응 경로를 나타낸 것이다.

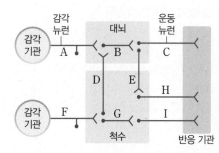

이에 대한 설명으로 옳은 것을 모두 고르면? (2개)

① 팔에서 받아들인 자극은 척수를 거치지 않고 대뇌로 전달된다.

② 영화의 한 장면을 보고 눈을 찡그리는 반응의 경로는 A → B → C이다.

③ 압정을 밟았을 때 자신도 모르게 발을 들 때의 반응 경로는 F → G → I이다.

④ 어두운 방에서 손을 더듬어 전등 스위치를 누르는 반응의 경로는 A → B → E → H이다.

⑤ 신호등이 바뀌는 것을 보고 급히 브레이크를 밟았을 때의 반응 경로는 F → D → B → E → H이다.

자료 분석 | 정답과 해설 79쪽

26 그림은 체내 혈당량에 따른 호르몬 A와 B의 농도를 나타낸 것이다. A와 B는 모두 이자에서 분비된다.

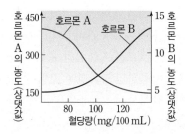

이에 대한 설명으로 옳은 것을 〈보기〉에서 모두 고른 것은?

보기
ㄱ. A는 글루카곤, B는 인슐린이다.
ㄴ. 식사 후 분비량이 증가하는 호르몬은 A이다.
ㄷ. B는 조직 세포의 포도당 흡수를 촉진하여 혈당량을 낮춘다.
ㄹ. 간은 A와 B의 표적 기관이다.

① ㄱ, ㄴ   ② ㄱ, ㄷ   ③ ㄷ, ㄹ
④ ㄱ, ㄴ, ㄷ ⑤ ㄱ, ㄷ, ㄹ

자료 분석 | 정답과 해설 79쪽

27 그림 (가)와 (나)는 2가지 반응을 나타낸 것이다.

(가)   (나)

(1) (가)와 (나)의 반응 중추를 각각 쓰시오.

(2) (나)가 (가)보다 반응 속도가 빠르다. 그 까닭을 서술하시오.

28 골목에서 나오다가 빠르게 지나가는 자동차를 간신히 피했을 때 작용하는 자율 신경의 종류를 쓰고, 이때 동공 크기, 심장 박동, 소화 운동의 변화에 대해 서술하시오.

29 다음은 추울 때 체온이 조절되는 과정에서 일어나는 변화를 나타낸 것이다.

(가) 피부 근처 혈관이 (㉠)하여 열 방출량이 감소한다.
(나) 근육이 떨려 열 발생량이 (㉡)한다.
(다) _____

(1) ㉠과 ㉡에 알맞은 말을 쓰시오.

(2) (다)는 티록신과 관련된 체온 조절 과정이다. 다음 내용을 모두 포함하여 (다) 과정을 서술하시오.

티록신이 분비되는 내분비샘, 티록신의 작용, 열 발생량 변화

필독

중학 국어로 수능 잡기

✦ **필독** 중학 국어로 수능 잡기 시리즈

문학 ── 비문학 독해 ── 문법 ── 교과서 시 ── 교과서 소설

중 | 학 | 도 | 역 | 시 **EBS**

원리 학습을 기반으로 하는 **중학 과학의 새로운 패러다임**

비욘드

정답과 해설

개념 탐구 적용 실전   체계적인 과학 실험 분석
모든 유형에 대한 적응

중학 과학

3·1

정답과 해설

I 화학 반응의 규칙과 에너지 변화 》

01 물질 변화와 화학 반응식

기초를 튼튼히! **개념 잡기** 개념 학습 교재 11, 13쪽

1 ㉠ 물리 변화, ㉡ 화학 변화 **2** (1) 화학 (2) 물리 (3) 물리 (4) 물리
(5) 화학 (6) 화학 **3** (가) 물리 변화, (나) 화학 변화 **4** (1) × (2) ○
(3) × (4) ○ **5** 원자의 배열, 분자의 종류, 물질의 성질 **6** (1) ㉠ 변
하지 않고, ㉡ 변한다 (2) ㉠ 왼쪽, ㉡ 오른쪽 (3) ㉠ 원자, ㉡ 1
7 $N_2 + 3H_2 \longrightarrow 2NH_3$ **8** (1) 2 (2) ㉠ 2, ㉡ 2 (3) 2 **9** (1) ○ (2) ×
(3) × (4) ○ (5) ○ **10** (1) 수소(H_2) 2개, 산소(O_2) 1개 (2) 수소 원자 4
개, 산소 원자 2개 (3) 2 : 1 : 2 (4) 2 : 1 : 2

1 물질의 성질이 변하는 변화는 화학 변화이고, 물질의 성질이
변하지 않는 변화는 물리 변화이다.

2 (1), (5), (6) 과일이 익는 현상, 철의 부식, 기체가 발생하는 현
상은 모두 화학 변화이다.
(2), (3), (4) 잉크의 확산, 종이를 잘라 모양이 변하는 현상, 드라이
아이스의 상태 변화는 모두 물리 변화이다.

3 (가)는 물이 수증기로 변하는 상태 변화 현상으로 분자의 배열
만 변하므로 물리 변화이고, (나)는 물이 수소와 산소로 분해되는
현상으로 원자의 배열이 변해 분자의 종류가 변했으므로 화학 변
화이다.

4 (4) 화학 변화의 대표적인 현상으로 열과 빛 발생, 기체 발생,
앙금 생성, 색깔, 맛, 냄새 변화 등이 있다.
오답 피하기 | (1) 물리 변화는 분자의 배열은 변하지만 분자의 종류는
변하지 않는다.
(3) 물질의 상태나 모양만 변하는 변화는 물리 변화이다.

5 화학 변화가 일어날 때 원자의 종류와 개수, 물질의 전체 질량
은 변하지 않는다.

6 (1) 화학 변화에서 원자의 배열은 변하고, 원자의 종류와 개수
는 변하지 않으므로 화학 반응이 일어날 때 원자의 배열은 변하고,
원자의 종류와 개수는 변하지 않는다.
(3) 화학 반응이 일어날 때 원자의 종류와 개수가 변하지 않으므로
화학 반응식을 나타낼 때 화살표 양쪽에 있는 원자의 종류와 개수
가 같아지도록 화학식 앞의 계수를 맞춘다.

7 반응물은 질소(N_2)와 수소(H_2)이고, 생성물은 암모니아
(NH_3)이며, 입자 수의 비는 질소 : 수소 : 암모니아=1 : 3 : 2이다.

8 화살표 양쪽에 있는 원자의 종류와 개수가 같아지도록 화학식
앞의 계수를 맞춘다.

9 화학 반응식으로 반응물과 생성물의 종류, 반응물과 생성물의
입자 수의 비, 반응물과 생성물을 구성하는 원자의 종류 등을 알
수 있다. 그러나 반응물과 생성물의 질량과 입자의 크기는 알 수
없다.

10 (3), (4) 화학 반응식에서 반응물과 생성물의 계수비는 입자(분
자) 수의 비와 같다.

과학적 사고로! **탐구하기** 개념 학습 교재 14쪽

Ⓐ ㉠ 물리, ㉡ 화학
1 (1) ○ (2) × (3) × (4) × (5) × **2** ④

Ⓐ
1 (1) 마그네슘 리본과 작게 자른 마그네슘은 모두 전류가 흐르
고, 묽은 염산과 반응하여 기체가 발생하므로 성질이 같다.
오답 피하기 | (2) 마그네슘 리본과 마그네슘 리본을 태운 재는 성질이
다르므로 서로 다른 물질이다.
(3) 마그네슘을 자르는 과정은 물리 변화이므로 물질의 성질이 변
하지 않는다.
(4) 마그네슘 리본을 자르는 것은 물리 변화이므로 마그네슘 리본
을 구성하는 원자의 배열이 변하지 않는다.
(5) 마그네슘을 태우는 과정은 화학 변화이므로 물질의 성질이 변
한다.

2 물질의 변화가 일어날 때 물질의 성질이 변하는 것은 화학 변
화이다. (가)와 (다)는 화학 변화이고, (나)는 물리 변화이다.

Beyond **특강** 개념 학습 교재 15쪽

1 ㉠ 산소, ㉡ NO_2, ㉢ 2, ㉣ 2, ㉤ $N_2 + 2O_2 \longrightarrow 2NO_2$
2 (1) ㉠ 1, ㉡ 1, ㉢ 2 (2) ㉠ 2, ㉡ 1, ㉢ 2 (3) ㉠ 3, ㉡ 2, ㉢ 3
(4) ㉠ 1, ㉡ 2, ㉢ 1 (5) ㉠ 1, ㉡ 1, ㉢ 1

1 반응물의 질소 원자의 개수는 2개, 산소 원자의 개수는 2개이
고, 생성물의 질소 원자의 개수는 1개, 산소 원자의 개수는 2개이
다. 따라서 질소 원자의 개수를 맞추기 위해 NO_2 앞에 2를 쓰고,
산소 원자의 개수를 맞추기 위해 O_2 앞에 2를 써서 화학 반응식을
완성하면 다음과 같다.

$$N_2 + 2O_2 \longrightarrow 2NO_2$$

2 반응물과 생성물의 원자의 종류와 개수가 같아지도록 화학식
앞에 계수를 쓴다.

(1) $H_2 + Cl_2 \longrightarrow 2HCl$

(2) $2Cu + O_2 \longrightarrow 2CuO$

(3) $C_2H_5OH + 3O_2 \longrightarrow 2CO_2 + 3H_2O$

(4) $Na_2CO_3 + CaCl_2 \longrightarrow 2NaCl + CaCO_3$

(5) $2NaHCO_3 \longrightarrow Na_2CO_3 + H_2O + CO_2$

실력을 키워! **내신 잡기**   개념 학습 교재 16~18쪽

01 ⑤   **02** ②   **03** ②   **04** ④   **05** ④   **06** ㄴ, ㄹ, ㅂ   **07** ⑤
08 ⑤   **09** ③   **10** ③   **11** ⑤   **12** ②   **13** ②   **14** ⑤   **15** ③   **16** 5
17 ④   **18** ②   **19** ④, ⑤   **20** 이산화 탄소 분자: 2개, 물 분자: 4개

---

01 ①, ④ 물질 고유의 성질은 변하지 않으면서 상태나 모양 등이 변하는 현상을 물리 변화라고 한다.

②, ③ 어떤 물질이 성질이 전혀 다른 새로운 물질로 변하는 현상을 화학 변화라고 한다.

오답 피하기 | ⑤ 물질의 상태 변화는 물질의 성질이 변하지 않으므로 물리 변화이고, 물질의 연소는 물질이 새로운 물질로 변하므로 화학 변화이다.

02 (가)는 모양 변화, (나)는 물질의 상태 변화(기화), (바)는 확산 현상이므로 물리 변화이고, (다)는 색깔 변화가 있는 현상, (라)는 부식으로 색깔 변화가 있는 현상, (마)는 연소로 열과 빛이 발생하는 현상이므로 화학 변화이다.

03 ① 김치의 맛이 변하므로 화학 변화이다.

③ 단풍잎의 색깔이 변하므로 화학 변화이다.

④ 발포정의 주성분인 탄산수소 나트륨과 물이 반응하여 이산화 탄소가 생성되므로 화학 변화이다.

⑤ 염화 나트륨 수용액과 질산 은 수용액이 반응하여 흰색 앙금인 염화 은이 생성되므로 화학 변화이다.

오답 피하기 | ② 철의 성질은 변하지 않고 모양만 변하는 현상이므로 물리 변화이다.

04 ④ ㄹ 고기가 익는 것은 물질의 성질이 변하는 화학 변화이다.

오답 피하기 | ① ㄱ 물이 끓는 현상은 물의 상태 변화(기화)로 물리 변화이다.

② ㄴ 장작이 타는 현상은 연소로, 열과 빛이 나는 화학 변화이다.

③ ㄷ 감자를 써는 것은 감자의 크기와 모양만 변하는 물리 변화이다.

⑤ ㅁ 깎아 놓은 사과의 색깔이 변하는 현상은 물질의 성질이 변하는 화학 변화이다.

05 ①, ②, ③, ⑤ 기체 발생, 앙금 생성, 열과 빛 발생, 색깔, 냄새, 맛 변화는 화학 변화가 일어났다는 증거가 된다.

오답 피하기 | ④ 물질의 상태만 변하는 현상은 물리 변화이다.

06 화학 변화가 일어날 때 원자의 배열, 분자의 종류, 물질의 성질은 변하고, 원자의 종류와 개수, 물질의 전체 질량은 변하지 않는다.

07 ①, ② (가)는 물이 수증기로 변하는 기화 현상이므로 물리 변화이다. 따라서 분자의 종류는 변하지 않고 분자의 배열만 변하므로 물질의 성질이 변하지 않는다.

③, ④ (나)는 물이 수소와 산소로 분해되는 현상이므로 화학 변화이다. 따라서 원자의 배열이 달라져 새로운 분자가 생성되지만 원자의 종류와 개수는 변하지 않는다.

오답 피하기 | ⑤ 물리 변화인 (가)에서는 분자의 종류가 변하지 않지만 화학 변화인 (나)에서는 분자의 종류가 변한다.

08 (가)는 물리 변화, (나)는 화학 변화이다.

⑤ 흰색 설탕을 오래 가열하여 갈색으로 변하면 화학 변화가 일어난 것이다.

오답 피하기 | ①과 ②는 화학 변화의 예이고, ③과 ④는 물리 변화의 예이다.

09 (가)는 모양 변화, (나)는 용해, (다)는 상태 변화 현상이므로 모두 물리 변화의 예이다.

③ 물리 변화가 일어나면 분자의 배열이 변한다.

오답 피하기 | ① (가)~(다) 중 물질의 상태가 변하는 것은 (다)이다. (다)에서 드라이아이스는 고체에서 기체로 상태가 변한다.

②, ④, ⑤ (가)~(다) 모두 물리 변화의 예이므로 물질의 성질, 물질을 구성하는 원자의 종류와 개수, 물질을 구성하는 분자의 종류와 개수는 변하지 않는다.

10 원자의 종류는 변하지 않지만 원자의 배열이 변하는 변화는 화학 변화이다.

③ 자전거가 녹스는 현상은 부식으로 화학 변화이다.

오답 피하기 | ①은 모양 변화, ②는 물의 상태 변화(기화), ⑤는 황산 구리(Ⅱ)의 용해 현상으로 모두 물리 변화이다.

④ 탄산음료의 마개를 열면 압력이 낮아지므로 기체의 용해도가 감소하여 탄산음료에 녹아 있던 이산화 탄소가 빠져나가기 때문에 나타나는 현상으로 물리 변화이다.

11 ⑤ 마그네슘 리본은 전류가 흐르지만 마그네슘 리본을 태운 재는 전류가 흐르지 않는 것으로 보아 마그네슘 리본을 태우면 물질의 성질이 변하는 화학 변화가 일어난다. 따라서 물질을 구성하는 원자의 배열이 변한다.

오답 피하기 | ①, ②, ③ 마그네슘 리본을 태우면 화학 변화가 일어나 마그네슘의 성질이 변하므로 묽은 염산과 반응하여 기체가 발생하지 않는다. 따라서 ㉠에 알맞은 내용은 '기체가 발생하지 않음'이다.

④ 작게 자른 마그네슘은 긴 마그네슘 리본과 전류의 흐름이나 묽은 염산과의 반응 결과가 같으므로 물질의 성질이 같다. 따라서 마그네슘 리본을 잘라도 물질의 종류는 변하지 않는다.

12 화학 반응이 일어날 때 원자의 종류와 개수는 변하지 않고, 원자의 배열은 변한다.

13 ㄴ. 화학 반응식을 나타낼 때 반응물과 생성물을 화학식으로

나타낸 후 반응 전후의 원자의 종류와 개수가 같아지도록 화학식 앞의 계수를 맞춘다.

오답 피하기 ㄱ. 반응물은 화살표의 왼쪽에, 생성물은 화살표의 오른쪽에 쓴다.

ㄷ. 반응물과 생성물의 화학식 앞의 계수가 1인 경우에는 1을 생략한다.

14 반응 전후 원자의 종류와 개수가 같아지도록 화학식 앞의 계수를 맞춘다.

오답 피하기 ① $H_2 + Cl_2 \longrightarrow 2HCl$

② $2Cu + O_2 \longrightarrow 2CuO$

③ $2Na + Cl_2 \longrightarrow 2NaCl$

④ $2H_2O_2 \longrightarrow 2H_2O + O_2$

15 반응물의 C의 개수가 4개이고, H의 개수가 12개이므로 생성물인 CO_2의 계수 ⓛ은 4이고, H_2O의 계수 ⓒ은 6이다. 따라서 생성물의 O의 개수가 8개+6개=14개이므로 반응물인 O_2의 계수 ㉠은 7이다.

16 반응 전후의 원자의 종류와 개수가 같아지도록 화학식의 계수를 맞추면 화학 반응식은 다음과 같다.

$$Na_2CO_3 + CaCl_2 \longrightarrow CaCO_3 + 2NaCl$$

따라서 각 화학식의 계수의 합은 1+1+1+2=5이다.

17 A 원자 2개가 결합하여 만들어진 분자는 A_2, B 원자 2개가 결합하여 만들어진 분자는 B_2, A 원자 1개와 B 원자 2개가 결합하여 만들어진 분자는 AB_2로 표현한다. 따라서 반응물은 A_2, B_2이고, 생성물은 AB_2이다. 모형에서 A_2 1개와 B_2 2개가 반응하여 AB_2 2개가 생성되므로 $A_2 + 2B_2 \longrightarrow 2AB_2$로 나타낼 수 있다.

18 화학 반응식으로 반응물과 생성물의 종류, 반응물과 생성물을 구성하는 분자의 종류와 개수, 반응물과 생성물을 구성하는 원자의 종류와 개수, 반응물과 생성물의 계수비와 입자(분자) 수의 비 등을 알 수 있다.

오답 피하기 ② 화학 반응식으로는 반응물과 생성물의 성질을 알 수 없다.

19 ①, ② 반응물은 메테인과 산소 2가지이고, 생성물은 이산화 탄소와 물 2가지이다.

③ 반응 전후 원자의 종류와 개수는 변하지 않으므로 산소 원자의 개수는 변하지 않는다.

오답 피하기 ④ 반응 전후 수소 원자의 개수는 변하지 않는다.

⑤ 반응물은 메테인 분자 1개와 산소 분자 2개이고, 생성물은 이산화 탄소 분자 1개와 물 분자 2개이므로 반응이 일어나도 분자의 전체 개수는 변하지 않는다.

20 화학 반응식에서 반응물과 생성물의 계수비는 분자 수의 비와 같으므로 분자 수의 비는 메테인 : 산소 : 이산화 탄소 : 물=1 : 2 : 1 : 2이다. 따라서 메테인 분자 2개는 산소 분자 4개와 반응하여 이산화 탄소 분자 2개와 물 분자 4개를 생성한다.

1 (1) 마그네슘을 태우면 산화 마그네슘이 생성된다. 마그네슘은 묽은 염산과 반응하여 수소 기체가 발생하고, 산화 마그네슘은 묽은 염산과 반응하여 수소 기체가 발생하지 않는다.

(2) 물리 변화는 물질의 성질이 변하지 않고, 화학 변화는 물질의 성질이 변한다.

모범 답안 (1) (가)와 (나)에서는 기체가 발생하고, (다)에서는 기체가 발생하지 않는다.

(2) (가)와 (나)는 모두 기체가 발생하는 것으로 보아 물질의 성질이 변하지 않았으므로 마그네슘을 자르는 과정은 물리 변화이고, (다)는 기체가 발생하지 않는 것으로 보아 물질의 성질이 변했으므로 마그네슘을 태우는 과정은 화학 변화이다.

	채점 기준	배점
(1)	(가)~(다)의 변화를 모두 옳게 서술한 경우	40 %
(2)	마그네슘을 자르는 과정과 태우는 과정의 변화에 대해 모두 옳게 서술한 경우	60 %
	마그네슘을 자르는 과정과 태우는 과정의 변화 중 1가지에 대해서만 옳게 서술한 경우	30 %

2 물리 변화는 분자의 배열만 달라져 분자의 종류가 변하지 않으므로 물질의 성질이 변하지 않는 현상이고, 화학 변화는 원자의 배열이 달라져 새로운 분자가 생성되므로 물질의 성질이 변하는 현상이다.

모범 답안 (가) 물리 변화, (나) 화학 변화, (가)는 분자의 배열만 변하고 분자의 종류는 변하지 않으므로 물리 변화이고, (나)는 원자의 배열이 달라져 분자의 종류가 변하므로 화학 변화이다.

채점 기준	배점
(가), (나)의 변화를 옳게 구분하고, 그 까닭을 주어진 단어를 모두 포함하여 옳게 서술한 경우	100 %
(가), (나)의 변화만 옳게 구분한 경우	40 %

2-1 **모범 답안** (가)에서는 물질의 성질이 변하지 않고, (나)에서는 물질의 성질이 변한다.

3 화학 반응식에서 반응 전후의 원자의 종류와 개수가 같아지도록 화학식 앞의 계수를 맞춘다.

(나) 반응물에서 칼륨(K) 원자와 염소(Cl) 원자가 각각 2개이므로 생성물인 KCl 앞에 2를 써야 하고, 반응물에서 산소(O) 원자가 6개이므로 생성물인 O_2 앞에 3을 써야 한다.

모범 답안 (나) $2KClO_3 \longrightarrow 2KCl + 3O_2$, 화학 반응 전후 원자의 종류와 개수는 변하지 않으므로 반응 전후 원자의 종류와 개수가 같아지도록 계수를 맞추어야 하기 때문이다.

채점 기준	배점
옳지 않은 화학 반응식을 골라 옳게 고치고, 그 까닭을 옳게 서술한 경우	100 %
옳지 않은 화학 반응식을 골라 옳게 고치기만 한 경우	60 %

02 질량 보존 법칙, 일정 성분비 법칙

1 (1) 화학 반응이 일어날 때 반응물의 전체 질량과 생성물의 전체 질량이 같은데, 이를 질량 보존 법칙이라고 한다.

(2) 화학 반응이 일어날 때 물질을 구성하는 원자의 종류와 개수가 변하지 않으므로 반응 전후 질량이 변하지 않는다. 따라서 질량 보존 법칙이 성립한다.

오답 피하기 | (3) 질량 보존 법칙은 물리 변화와 화학 변화에서 모두 성립한다.

(4) 기체가 발생하는 반응에서도 발생한 기체의 질량까지 고려하면 질량 보존 법칙이 성립한다.

2 (1) 염화 나트륨 수용액과 질산 은 수용액이 반응하면 흰색 앙금인 염화 은이 생성된다.

(2), (3) 앙금 생성 반응에서는 열린 용기와 닫힌 용기 모두 반응 전후 질량이 일정하다. 따라서 (가)와 (나)의 질량은 같고, (나)에서 용기의 뚜껑을 열어도 질량은 변하지 않는다.

3 (1), (3) 나무를 연소시키면 이산화 탄소 기체와 수증기가 발생하고, 묽은 염산과 탄산 칼슘을 반응시키면 이산화 탄소 기체가 발생한다. 따라서 열린 용기에서는 발생한 기체가 공기 중으로 빠져나가므로 질량이 감소한다.

(2) 강철 솜을 연소시키면 철에 결합된 산소의 양만큼 질량이 증가한다.

(4) 염화 칼슘 수용액과 탄산 나트륨 수용액을 반응시키면 흰색 앙금인 탄산 칼슘이 생성되므로 질량이 변하지 않는다.

4 화학 반응이 일어날 때 질량 보존 법칙이 성립하므로 반응물의 전체 질량과 생성물의 전체 질량은 같다. 따라서 물 27 g이 분해될 때 산소 기체 24 g이 발생하면 수소 기체는 27 g−24 g =3 g이 발생한다.

5 (2) 일정 성분비 법칙이 성립하는 까닭은 화합물이 생성될 때 원자가 일정한 개수비로 결합하기 때문이다.

오답 피하기 | (1) 화합물을 구성하는 성분 원소 사이에 항상 일정한 질량비가 성립한다는 것이 일정 성분비 법칙이다.

(3) 일정 성분비 법칙은 화합물에서는 성립하지만, 2가지 이상의 물질이 섞여 있는 혼합물에서는 성분 물질이 섞이는 비율이 일정하지 않으므로 성립하지 않는다.

(4) 물과 과산화 수소와 같이 같은 종류의 원소로 이루어진 화합물이라도 구성하는 원자 수의 비가 다르면 성분 원소의 질량비가 다르다.

6 (1), (4), (6) 물, 암모니아, 산화 구리(Ⅱ)는 화합물이므로 일정 성분비 법칙이 성립한다.

(2), (3), (5) 공기, 소금물, 탄산음료는 혼합물이므로 일정 성분비 법칙이 성립하지 않는다.

7 (1) 일산화 탄소는 탄소 원자 1개와 산소 원자 1개가 결합한 물질이므로 원자의 개수비(탄소 : 산소)는 1 : 1이다.

(2) 일산화 탄소를 구성하는 탄소와 산소의 질량비는 탄소 : 산소 $=(1\times12) : (1\times16)=3 : 4$이다.

8 (1) 물을 구성하는 수소와 산소의 질량비는 1 : 8이므로 필요한 산소의 질량(x)은 $1 : 8=5 : x$에서 $x=40$이다. 따라서 필요한 산소의 질량은 40 g이다.

(2) 물을 구성하는 수소와 산소의 질량비는 1 : 8이므로 수소 2 g과 산소 16 g을 반응시키면 물 18 g을 얻을 수 있다.

9 (1) 구리 4 g과 반응하는 산소의 질량은 1 g이므로 반응하는 질량비는 구리 : 산소=4 : 1이다.

(2) 반응하는 질량비는 구리 : 산소=4 : 1이므로 필요한 산소의 질량(x)은 $4 : 1=20 : x$에서 $x=5$이다. 따라서 필요한 산소의 질량은 5 g이다.

Ⓐ

1 (1) 염화 나트륨 수용액과 질산 은 수용액이 반응하면 흰색 앙금인 염화 은이 생성된다.

(3) 탄산 칼슘과 묽은 염산이 반응하면 염화 칼슘과 물이 생성되고, 이산화 탄소 기체가 발생한다.

오답 피하기 | (2) 앙금 생성 반응은 열린 용기나 닫힌 용기에 관계없이 반응 전후 질량이 변하지 않는다.

(4), (5) 기체 발생 반응이 열린 용기에서 일어나면 발생한 기체가 빠져나가므로 질량이 감소한 것처럼 보이지만, 발생한 기체의 질량을 고려하면 질량 보존 법칙이 성립한다. 따라서 (탄산 칼슘+염화 수소)의 질량=(염화 칼슘+물+이산화 탄소)의 질량이다.

2 탄산 나트륨 수용액과 염화 칼슘 수용액을 반응시키면 탄산 칼슘의 흰색 앙금이 생성되며, 질량 보존 법칙이 성립하므로 반응 전 두 수용액의 질량을 합한 값과 반응 후 혼합 용액의 전체 질량이 같다. 따라서 혼합 용액의 전체 질량은 15 g+15 g=30 g이다.

3 묽은 염산과 탄산 칼슘이 반응하면 이산화 탄소 기체가 생성되므로 유리병의 뚜껑을 열면 이산화 탄소가 빠져나가 전체 질량

이 감소한다. 그러나 발생한 기체의 양만큼만 질량이 감소하므로 전체 질량이 0 g은 아니다.

🅑

1 (1) 구리를 가열하면 공기 중의 산소와 결합하여 산화 구리(Ⅱ)가 생성된다.

(2) 구리와 산소가 결합하여 산화 구리(Ⅱ)가 생성되므로 산화 구리(Ⅱ)의 질량에서 구리의 질량을 빼면 산소의 질량이다.

(4) 산화 구리(Ⅱ)를 구성하는 구리와 산소의 질량비는 항상 4 : 1로 일정하다.

오답 피하기 (3) 구리와 산소는 4 : 1의 질량비로 반응하므로 구리의 질량을 다르게 하면 구리와 반응하는 산소의 질량도 달라진다.

(5) 구리와 산소는 4 : 1의 질량비로 반응하므로 구리 2.0 g과 반응하는 산소의 질량은 0.5 g이다. 따라서 산화 구리(Ⅱ) 2.5 g이 생성된다.

2 구리와 산소는 4 : 1의 질량비로 반응한다. 따라서 구리 2.4 g과 반응하는 산소의 질량(x)은 4 : 1=2.4 : x에서 x=0.6 이므로 0.6 g이다.

3 구리와 산소는 4 : 1의 질량비로 반응하므로 산화 구리(Ⅱ) 6.0 g을 만들기 위해 구리 4.8 g과 산소 1.2 g이 필요하다.

Beyond 특강 개념 학습 교재 26~27쪽

1 해설 참조 **2** ⑤ **3** 5개 **4** 1 : 8

1 반응 전후 원자의 종류와 개수가 같다.

모범 답안 Na⁺ Cl⁻ Na⁺ Cl⁻

2 반응물과 생성물의 원자의 종류와 개수가 같으므로 반응물의 전체 질량과 생성물의 전체 질량이 같다.

3 A 원자 2개와 B 원자 1개로 화합물 A_2B를 만들 수 있으므로 A 원자 모형 10개와 B 원자 모형 5개로 화합물 A_2B 5개를 만들 수 있다. 이때 B 원자 모형 5개가 남는다.

4 화합물 A_2B는 A 원자 2개와 B 원자 1개로 이루어져 있으므로 A와 B의 질량비는 A : B=(2×1) : (1×16)=1 : 8이다.

실력을 키워! 내신 잡기 개념 학습 교재 28~30쪽

01 ③ **02** ④ **03** ⑤ **04** (가)+(나)=(다)+(라) **05** ⑤ **06** ③
07 ① **08** ③ **09** 40 g **10** ② **11** ② **12** ④ **13** ③ **14** 3 : 1
15 ④ **16** ⑤ **17** ③ **18** ③ **19** ③ **20** (가) 3 : 2, (나) 1 g

---

01 ③ 화학 변화가 일어날 때 질량 보존 법칙이 성립하므로 화학 반응이 일어날 때는 항상 성립한다.

오답 피하기 ①, ④ 상태 변화와 같은 물리 변화가 일어날 때도 질량 보존 법칙이 성립한다.

② 앙금 생성 반응은 화학 반응으로, 반응 전후 물질의 전체 질량이 같으므로 질량 보존 법칙이 성립한다.

⑤ 화학 반응이 일어날 때 반응 전후에 물질의 전체 질량이 같으므로 반응물의 전체 질량과 생성물의 전체 질량이 같다.

02 화학 반응이 일어날 때 물질을 구성하는 원자의 종류와 개수가 변하지 않아 반응물의 전체 질량과 생성물의 전체 질량이 같으므로 질량 보존 법칙이 성립한다.

03 질량 보존 법칙은 물리 변화와 화학 변화에서 모두 성립한다.
ㄱ. 얼음의 용해로 물리 변화이다.
ㄴ. 설탕의 용해 현상으로 물리 변화이다.
ㄷ. 구리가 산소와 결합하는 반응으로 화학 변화이다.
ㄹ. 앙금 생성 반응으로 화학 변화이다.

04 질량 보존 법칙이 성립하므로 반응물의 전체 질량과 생성물의 전체 질량이 같다. 따라서 반응물의 전체 질량인 (가)+(나)와 생성물의 전체 질량인 (다)+(라)가 같다.

05 ⑤ 화학 반응이 일어날 때 물질을 구성하는 원자의 종류와 개수는 변하지 않는다.

오답 피하기 ①, ③ 반응 후 흰색 앙금인 염화 은이 생성되며, 기체는 발생하지 않는다.

②, ④ 반응 후 앙금이 생성되지만 반응 전후 질량이 변하지 않으므로 질량 보존 법칙이 성립한다.

06 탄산 칼슘과 묽은 염산이 반응하면 염화 칼슘과 물이 생성되고, 이산화 탄소가 발생한다. (나)에서는 발생한 이산화 탄소가 용기 안에 있으므로 반응 후 질량이 일정하다. 따라서 질량은 (가)=(나)이다. (다)에서는 발생한 이산화 탄소가 용기 밖으로 빠져나가므로 질량이 감소한다. 따라서 질량은 (나)>(다)이다. (가)~(다)의 질량은 (가)=(나)>(다)이다.

07 ② 탄산 칼슘과 묽은 염산이 반응하여 이산화 탄소가 발생하므로 고무풍선이 부풀어 오른다.

③ 탄산 칼슘과 묽은 염산의 반응은 새로운 물질이 생성되므로 화학 변화이다.

④ 고무풍선을 제거하면 이산화 탄소가 공기 중으로 빠져나가므로 전체 질량이 감소한다.

⑤ 화학 반응이 일어날 때 반응 전후 물질을 구성하는 원자의 종류와 개수가 변하지 않는다.

오답 피하기 ① 이산화 탄소가 발생하지만 용기가 밀폐되어 있어 이산화 탄소가 빠져나가지 않으므로 전체 질량은 변하지 않는다.

08 ①, ②, ④ 강철 솜을 가열하면 공기 중의 산소와 결합하여 산화 철이 생성되는 화학 변화가 일어난다.

⑤ 강철 솜이 산소와 결합하여 산화 철이 생성되므로 결합한 산소의 양만큼 질량이 증가하여 막대저울이 강철 솜 B 쪽으로 기울어진다.

오답 피하기 ③ 강철 솜을 가열하여 생성된 산화 철은 강철 솜과 다른 물질이므로 성질이 다르다.

09 탄소의 연소 반응에서 질량 보존 법칙이 성립하므로 (탄소의 질량+산소의 질량)=이산화 탄소의 질량이다. 따라서 반응한 산소의 질량은 55 g−15 g=40 g이다.

10 (가)에서는 마그네슘이 산소와 결합하여 산화 마그네슘이 생성되므로 질량이 증가한다.
(나)에서는 이산화 탄소와 수증기가 발생하고, (다)에서는 이산화 탄소가 발생하여 공기 중으로 빠져나가므로 질량이 감소한다.
(라)에서는 흰색 앙금인 탄산 칼슘이 생성되며 질량이 변하지 않는다.

11 ㄷ. 화합물이 생성될 때 질량이 일정한 원자가 항상 일정한 개수비로 결합하기 때문에 일정 성분비 법칙이 성립한다.

오답 피하기 ㄱ. 일정 성분비 법칙은 화합물에서는 성립하지만 혼합물에서는 성립하지 않는다.
ㄴ. 화합물을 구성하는 성분 원소 사이에 일정한 질량비가 성립한다는 것이 일정 성분비 법칙이다.

12 ①, ②, ③, ⑤ 물, 암모니아, 산화 구리(Ⅱ), 산화 마그네슘은 모두 화합물이므로 이 물질들이 생성될 때는 일정 성분비 법칙이 성립한다.

오답 피하기 ④ 암모니아수는 혼합물이므로 일정 성분비 법칙이 성립하지 않는다.

13 ③ 물은 수소 원자 2개와 산소 원자 1개로 이루어져 있고, 과산화 수소는 수소 원자 2개와 산소 원자 2개로 이루어져 있다. 그리고 원자의 상대적 질량은 수소 1, 산소 16이다. 따라서 성분 원소의 질량비는 물은 수소 : 산소=(2×1) : (1×16)=1 : 8이고, 과산화 수소는 수소 : 산소=(2×1) : (2×16)=1 : 16으로 서로 다르다.

오답 피하기 ① 물과 과산화 수소는 모두 수소와 산소로 이루어져 있으므로 성분 원소의 종류가 같다.
②, ⑤ 성분 원자의 개수비는 물은 수소 : 산소=2 : 1이고, 과산화 수소는 수소 : 산소=1 : 1로 서로 다르다.
④ 물을 구성하는 성분 원소의 질량비는 수소 : 산소=1 : 8이다.

14 메테인을 구성하는 원자의 개수비는 탄소 : 수소=1 : 4이므로 질량비는 탄소 : 수소=(1×12) : (4×1)=3 : 1이다.

15 볼트와 너트는 1 : 2의 개수비로 반응하므로 볼트 7개와 너트 14개가 결합하여 화합물 BN_2 7개를 만들고, 볼트 7개가 남는다. 이때 반응 개수비는 볼트 : 너트=1 : 2이고, 볼트 1개의 질량은 5 g, 너트 1개의 질량은 2 g이므로 질량비는 볼트 : 너트=(1×5) : (2×2)=5 : 4이다.

16 실험 2에서 반응 후 남은 기체가 없으므로 반응하는 수소와 산소의 질량비는 0.4 : 3.2=1 : 8이고, 생성되는 물의 질량은 3.6 g이다. 따라서 실험 1에서는 수소 0.2 g과 산소 1.6 g이 반응하여 물 1.8 g을 생성하고, 수소 0.1 g이 남는다. 실험 3에서는 수소 0.5 g이 산소 4.0 g과 반응하여 물 4.5 g을 생성한다. 이때 산소 0.5 g이 남으므로 반응 전 산소의 질량은 4.5 g이다.
⑤ 생성되는 물의 질량은 실험 1에서 1.8 g, 실험 2에서 3.6 g, 실험 3에서 4.5 g이므로 실험 3에서 가장 크다.

오답 피하기 ①, ② ㉠은 '수소, 0.1'이고, ㉡은 '4.5'이다.
③ 실험 2에서 생성되는 물의 질량은 3.6 g이다.
④ 반응하는 수소와 산소의 질량비는 1 : 8이다.

17 반응하는 구리와 산소의 질량비가 4 : 1이다. 따라서 구리 24 g을 완전히 연소시키기 위해 필요한 산소의 질량(x)은 4 : 1=24 : x에서 x=6이므로 6 g이다. 따라서 생성된 산화 구리(Ⅱ)의 질량은 24 g+6 g=30 g이다.

18 ㄱ. 구리 0.4 g이 반응할 때 산화 구리(Ⅱ) 0.5 g이 생성되므로 반응하는 산소의 질량은 0.1 g이다. 따라서 구리와 산소는 4 : 1의 질량비로 반응한다.
ㄷ. 붉은색의 구리 가루를 가열하면 산소와 결합하여 검은색의 산화 구리(Ⅱ)가 생성된다.

오답 피하기 ㄴ. 구리와 산소는 4 : 1의 질량비로 반응하므로 산화 구리(Ⅱ) 15 g을 얻기 위해 구리 12 g과 산소 3 g이 반응해야 한다.

19 반응하는 구리의 질량이 증가하면 반응하는 산소의 질량, 생성되는 산화 구리(Ⅱ)의 질량, 반응하는 구리와 산소의 전체 질량, 구리가 산소와 완전히 반응하는 데 걸리는 시간은 모두 증가하지만 반응하는 구리와 산소의 질량비는 항상 4 : 1로 일정하다.

20 마그네슘 0.3 g이 반응하여 산화 마그네슘 0.5 g이 생성되므로 반응한 산소의 질량은 0.2 g이다. 따라서 반응하는 마그네슘과 산소의 질량비는 0.3 g : 0.2 g=3 : 2이다. 마그네슘 1.5 g을 완전히 연소시키는 데 필요한 산소의 질량(x)은 3 : 2=1.5 : x, x=1이므로 1 g이다.

실력의 완성! **서술형 문제** 개념 학습 교재 **31쪽**

1 **모범 답안** 반응이 일어날 때 물질을 이루는 원자의 종류와 개수가 변하지 않기 때문이다.

채점 기준	배점
원자의 종류와 개수가 변하지 않는다는 내용을 포함하여 옳게 서술한 경우	100 %
원자의 종류와 개수 중 1가지만 언급하여 서술한 경우	50 %

2 나무를 가열하면 재가 남고 이산화 탄소와 수증기가 발생한다. 이때 발생한 이산화 탄소와 수증기가 공기 중으로 빠져나가므로 질량이 감소한다. 강철 솜을 가열하면 철에 결합된 산소의 양만큼 질량이 증가한다.

모범 답안 (가) 질량이 감소한다. 발생한 이산화 탄소와 수증기가 공기 중으로 빠져나가기 때문이다. (나) 질량이 증가한다. 철을 가열하면 공기 중의 산소와 결합하기 때문이다.

채점 기준	배점
(가), (나)의 질량 변화를 옳게 쓰고, 그 까닭을 각각 옳게 서술한 경우	100 %
(가)와 (나) 중 1가지만 질량 변화와 그 까닭을 옳게 서술한 경우	50 %
(가), (나)의 질량 변화만 옳게 쓴 경우	40 %

2-1 모범 답안 나무 도막과 강철 솜 모두 반응 전후 물질의 전체 질량은 일정하다.

3 물과 과산화 수소는 모두 수소 원자와 산소 원자로 이루어져 있지만 원자의 개수비가 물은 수소 : 산소=2 : 1, 과산화 수소는 수소 : 산소=1 : 1로 다르므로 성분 원소의 질량비가 달라 서로 다른 물질이다.

모범 답안 물과 과산화 수소의 성질은 다르다. 같은 종류의 원소로 이루어진 물질이라도 원자의 개수비가 달라 성분 원소의 질량비가 다르면 서로 다른 물질이기 때문이다.

채점 기준	배점
두 물질의 성질이 다르다고 쓰고, 그 까닭을 주어진 단어를 모두 포함하여 옳게 서술한 경우	100 %
두 물질의 성질이 다르다는 것만 옳게 쓴 경우	30 %

4 일정량의 구리를 가열하면 질량이 증가하다가 일정해지는데, 이는 구리는 산소와 일정한 질량비로 반응하므로 구리가 모두 반응하면 더 이상 산소와 반응할 구리가 없기 때문이다. 그래프에서 산화 구리(Ⅱ)의 질량이 10 g일 때 질량이 일정하게 유지되는 것으로 보아 구리 8 g과 반응한 산소의 질량은 2 g이므로 반응하는 질량비는 구리 : 산소=8 g : 2 g=4 : 1임을 알 수 있다.

모범 답안 구리와 산소는 일정한 질량비로 반응하여 산화 구리(Ⅱ)가 생성되므로 구리 8 g이 모두 반응하고 난 후에는 더 이상 반응이 일어나지 않기 때문이다.

채점 기준	배점
구리와 산소는 일정한 질량비로 반응한다는 내용을 포함하여 옳게 서술한 경우	100 %
그 외의 경우	0 %

03 기체 반응 법칙, 화학 반응에서의 에너지 출입

개념 학습 교재 33, 35쪽

기초를 튼튼히! 개념 잡기

1 (1) ○ (2) × (3) × **2** (1) 2 : 1 : 2 (2) 기체 반응 법칙 (3) 40 mL
3 ㉠ =, ㉡ = **4** 1 : 1 : 2 **5** (1) 수소 기체 10 mL (2) 60 mL
6 (1) × (2) × (3) ○ (4) × **7** (1) 흡열 (2) 낮아 (3) 광합성 **8** (1) 발열
(2) 흡열 (3) 발열 (4) 흡열 (5) 발열 (6) 흡열 **9** (가) ㉠ 방출, ㉡ 높여
(나) ㉠ 흡수, ㉡ 낮혀

1 (1) 일정한 온도와 압력에서 기체가 반응하여 새로운 기체를 생성할 때 각 기체의 부피 사이에 간단한 정수비가 성립한다는 것이 기체 반응 법칙이다.

오답 피하기 (2) 반응물과 생성물이 모두 기체인 경우에만 기체 반응 법칙이 성립한다.

(3) 일정한 온도와 압력에서 모든 기체는 같은 부피 속에 같은 개수의 분자가 들어 있으므로 기체의 부피비는 분자 수의 비와 같다. 그러나 기체의 부피비와 질량비는 같지 않다.

2 (1) 상자 1개는 1부피를 나타내므로 수소 기체는 2부피, 산소 기체는 1부피, 수증기는 2부피이다. 따라서 기체 사이의 부피비는 수소 : 산소 : 수증기=2 : 1 : 2이다.

(2) 일정한 온도와 압력에서 기체의 부피 사이에 간단한 정수비가 성립하므로 기체 반응 법칙이 성립한다.

(3) 기체의 부피비는 수소 : 산소 : 수증기=2 : 1 : 2이다. 따라서 생성되는 수증기의 부피(x)는 수소 : 산소 : 수증기=2 : 1 : 2=40 : 20 : x에서 x=40이므로 40 mL이다.

3 일정한 온도와 압력에서 모든 기체는 같은 부피 속에 같은 수의 분자가 들어 있다. 따라서 수소 분자, 산소 분자, 수증기(물) 분자의 개수는 모두 같다.

4 수소 기체 50 mL와 염소 기체 50 mL가 반응하여 염화 수소 기체 100 mL가 생성되었다. 따라서 반응하는 기체의 부피비는 수소 : 염소 : 염화 수소=50 mL : 50 mL : 100 mL=1 : 1 : 2이다.

5 암모니아 생성 반응에서 반응하는 기체의 부피비는 질소 : 수소 : 암모니아=1 : 3 : 2이다. 따라서 질소 기체 30 mL와 수소 기체 90 mL가 반응하여 암모니아 기체 60 mL가 생성되고, 수소 기체 10 mL가 남는다.

6 (3) 발열 반응은 화학 반응이 일어날 때 에너지를 방출하는 반응이고, 흡열 반응은 화학 반응이 일어날 때 에너지를 흡수하는 반응이다.

오답 피하기 (1) 화학 반응이 일어날 때는 에너지를 흡수하거나 방출한다.

(2) 발열 반응이 일어나면 주변으로 에너지를 방출하므로 주변의 온도가 높아진다.

(4) 철이 녹스는 반응은 발열 반응으로, 주변으로 에너지를 방출한다.

7 (1), (2) 반응물이 에너지를 흡수하여 생성물이 되는 과정을 나타내므로 흡열 반응이다. 따라서 이 반응이 일어나면 주변의 온도가 낮아진다.
(3) 호흡은 반응이 일어날 때 주변으로 에너지를 방출하는 발열 반응의 예이고, 광합성은 반응이 일어날 때 주변의 에너지를 흡수하는 흡열 반응의 예이다.

8 (1), (3), (5) 연소 반응, 산과 염기의 반응, 산과 금속의 반응은 발열 반응이다.
(2), (4), (6) 수산화 바륨과 염화 암모늄의 반응, 물의 전기 분해, 탄산수소 나트륨의 열분해는 흡열 반응이다.

9 (가) 흔드는 휴대용 손난로는 발열 반응이 일어나 에너지를 방출하므로 주변의 온도가 높아져 손난로가 따뜻해지는 것을 이용한다.
(나) 냉찜질 주머니는 흡열 반응이 일어나 에너지를 흡수하므로 주변의 온도가 낮아져 냉찜질 주머니가 차가워지는 것을 이용한다.

과학적 사고로! 탐구하기 개념 학습 교재 36~37쪽

Ⓐ ㉠ 2 : 1, ㉡ 기체 반응
1 (1) × (2) ○ (3) ○ (4) × **2** ㉠ 수소, 5, ㉡ 염소, 10
Ⓑ ㉠ 방출, ㉡ 발열, ㉢ 흡수, ㉣ 흡열
1 (1) × (2) × (3) ○ (4) ○ **2** ②, ③

Ⓐ

1 (2) 일정한 온도와 압력에서 수소 기체와 산소 기체가 반응하여 수증기가 생성되는 반응은 반응물과 생성물이 모두 기체이므로 기체 반응 법칙이 성립한다.
(3) 수소 기체와 산소 기체는 2 : 1의 부피비로 반응하므로 수소 기체 8 mL와 산소 기체 4 mL가 반응하고, 산소 기체 4 mL가 남는다.
오답 피하기 (1) 수소 기체와 산소 기체는 2 : 1의 부피비로 반응하여 수증기를 생성한다.
(4) 수소 기체와 산소 기체는 2 : 1의 부피비로 반응하므로 수소 기체 10 mL와 산소 기체 5 mL가 반응하고, 수소 기체 2 mL가 남는다.

2 실험 2의 결과에서 반응 후 남은 기체가 없으므로 반응하는 기체의 부피비는 수소 : 염소＝15 mL : 15 mL＝1 : 1이다. 따라서 실험 1에서 수소 기체 10 mL와 염소 기체 10 mL가 반응하여 염화 수소 기체 20 mL를 생성하고 수소 기체 5 mL가 남으며, 실험 3에서 수소 기체 20 mL와 염소 기체 20 mL가 반응하여 염화 수소 기체 40 mL를 생성하고 염소 기체 10 mL가 남는다.

Ⓑ

1 (3) 실험 1에서는 에너지를 방출하는 발열 반응이 일어났으며, 산화 칼슘과 물의 반응도 발열 반응이다.
(4) 실험 2에서는 에너지를 흡수하는 흡열 반응이 일어났으며, 수산화 바륨과 염화 암모늄의 반응도 흡열 반응이다.
오답 피하기 (1) 실험 1에서 철과 공기 중의 산소의 반응에서는 에너지를 방출한다.
(2) 실험 2에서 질산 암모늄과 물의 반응에서는 에너지를 흡수한다.

2 냉찜질 팩은 흡열 반응, 발열 도시락과 휴대용 손난로는 발열 반응에서 출입하는 에너지를 활용한다.

실력을 키워! 내신 잡기 개념 학습 교재 38~39쪽

01 ④ **02** ⑤ **03** ④ **04** ③ **05** ⑤ **06** 10 mL **07** ③
08 ⑤ **09** ③ **10** ④ **11** (가), (다), (라) **12** ⑤ **13** ②

01 반응하는 기체의 부피비는 수소 : 산소 : 수증기＝2 : 1 : 2이므로 수증기 30 L를 만들기 위해 수소 기체 30 L와 산소 기체 15 L가 필요하다.

02 기체 반응 법칙은 반응물과 생성물이 모두 기체인 화학 반응에서 성립한다.
①, ②, ③, ④ 반응물과 생성물이 모두 기체이므로 기체 반응 법칙이 성립한다.
오답 피하기 ⑤ 이산화 탄소가 생성되는 반응에서 탄소는 고체이므로 기체 반응 법칙이 성립하지 않는다.

03 ①, ③ 실험 2에서 반응 후 남은 기체가 없으므로 반응하는 기체의 부피비는 수소 : 산소 : 수증기＝30 mL : 15 mL : 30 mL＝2 : 1 : 2이다. 따라서 실험 1에서 수소 기체 20 mL와 산소 기체 10 mL가 반응하여 수증기 20 mL가 생성되고, 수소 기체 10 mL가 남는다. 따라서 ㉠은 '수소, 10'이다.
②, ⑤ 실험 3에서 수소 기체 40 mL와 산소 기체 20 mL가 반응하여 수증기 40 mL가 생성되고, 산소 기체 10 mL가 남는다. 따라서 ㉡은 '40'이다. 이때 반응 후 산소 기체 10 mL가 남는 것은 수증기 생성 반응에서 기체 반응 법칙이 성립하여 반응하는 기체의 부피비가 일정하기 때문이다.
오답 피하기 ④ 실험 1에서 수소 기체 10 mL가 남으므로 수소 기체를 더 넣어도 산소 기체가 없어 반응이 일어나지 않는다. 따라서 생성되는 수증기의 부피는 변하지 않는다.

04 일정한 온도와 압력에서 모든 기체는 같은 부피 속에 같은 수의 분자가 들어 있다. 따라서 20 ℃, 1기압에서 1 L의 용기 속에 들어 있는 산소 기체, 질소 기체, 이산화 탄소 기체의 분자 수는 모두 같다.

05 ⑤ 온도와 압력이 일정할 때 기체의 반응에서 기체의 부피비는 분자 수의 비와 같다. 따라서 반응하는 기체의 분자 수의 비는 수소 : 산소 : 수증기=2 : 1 : 2이므로 수소 분자 10개와 산소 분자 5개가 반응하면 수증기 분자 10개가 생성된다.

오답 피하기 | ① 온도와 압력이 일정할 때 기체의 반응에서 기체의 부피비는 분자 수의 비와 같고, 화학 반응식의 계수비는 분자 수의 비와 같다. 따라서 화학 반응식의 계수비는 수소 : 산소 : 수증기=2 : 1 : 2이므로 화학 반응식은 $2H_2+O_2 \longrightarrow 2H_2O$이다.

② 반응이 일어나는 동안 원자의 종류와 개수는 변하지 않지만 분자의 종류와 개수는 변한다. 반응물을 구성하는 분자는 수소 분자와 산소 분자이고, 생성물을 구성하는 분자는 수증기(물) 분자이다.

③ 반응하는 기체의 부피는 수소 : 산소 : 수증기=2 : 1 : 2이므로 수소 기체 2 L와 산소 기체 1 L를 반응시키면 수증기 2 L가 생성된다.

④ 반응하는 기체의 분자 수의 비는 수소 : 산소 : 수증기=2 : 1 : 2이며, 기체의 원자 수의 비는 수소 : 산소 : 수증기=4 : 2 : 6=2 : 1 : 3이다.

06 반응물과 생성물이 모두 기체인 반응에서 화학 반응식의 계수비=부피비이므로 반응하는 기체의 부피비는 수소 : 암모니아=3 : 2이다. 따라서 생성되는 암모니아 기체의 부피(x)는 3 : 2=15 : x, $x=10$이므로 10 mL이다.

07 기체 반응 법칙에 따라 기체의 부피비는 화학 반응식의 계수비와 같다.

실험 1에서 반응 후 기체 B 10 mL가 남으므로 반응하는 기체의 부피비는 A : B : C=20 mL : 10 mL(=20 mL−10 mL) : 20 mL=2 : 1 : 2이다.

실험 2에서 반응 후 기체 A 5 mL가 남으므로 반응하는 기체의 부피비는 A : B : C=30 mL(=35 mL−5 mL) : 15 mL : 30 mL=2 : 1 : 2이다.

즉, 기체의 부피비는 A : B : C=2 : 1 : 2이므로 화학 반응식의 계수비도 A : B : C=2 : 1 : 2이다. 따라서 화학 반응식은 $2A+B \longrightarrow 2C$이다.

08 ① 발열 반응이 일어나면 주변으로 에너지를 방출하므로 주변의 온도가 높아진다.

② 흡열 반응은 화학 반응이 일어날 때 주변의 에너지를 흡수하는 반응이다.

③ 물질은 각각 고유한 에너지를 가지고 있는데, 화학 반응이 일어날 때 물질의 종류가 달라지므로 반응물과 생성물이 가지고 있는 에너지의 차만큼 에너지를 흡수하거나 방출한다.

④ 철이 녹스는 반응은 발열 반응이므로 주변으로 에너지를 방출한다.

오답 피하기 | ⑤ 염산과 수산화 나트륨 수용액의 반응은 발열 반응이므로 주변으로 에너지를 방출한다. 따라서 주변의 온도가 높아진다.

09 화학 반응이 일어날 때 주변으로 에너지를 방출하는 발열 반응을 나타낸 것이다.

③ 산화 칼슘과 물의 반응은 발열 반응이고, 나머지는 모두 흡열 반응이다.

10 (가) 묽은 염산에 아연 조각을 넣으면 수소 기체가 발생하면서 주변으로 에너지를 방출하는 발열 반응이 일어나므로 주변의 온도가 높아진다.

(나) 묽은 염산에 수산화 나트륨 수용액을 넣으면 물이 생성되면서 주변으로 에너지를 방출하는 발열 반응이 일어나므로 주변의 온도가 높아진다.

따라서 (가)와 (나) 반응 모두 주변의 온도가 높아진다.

11 발열 도시락, 휴대용 손난로, 염화 칼슘 제설제는 발열 반응을 활용한 장치이고, 냉찜질 주머니는 흡열 반응을 활용한 장치이다.

12 손 냉장고는 질산 암모늄과 물의 흡열 반응을 이용한다. ①~④는 발열 반응이고, ⑤는 흡열 반응이다.

13 ② 부직포 주머니를 흔들면 철 가루가 공기 중의 산소와 반응한다.

오답 피하기 | ①, ③, ⑤ 철 가루와 산소의 반응은 발열 반응이므로 주변으로 에너지를 방출하여 주변의 온도가 높아져 부직포 주머니가 따뜻해진다.

④ 철 가루와 산소의 반응이 발열 반응이므로 이 원리를 이용하여 휴대용 손난로를 만들 수 있다. 냉찜질 주머니는 흡열 반응을 활용한 장치이다.

실력의 완성! **서술형 문제** 개념 학습 교재 **40**쪽

1 일산화 탄소 2부피와 산소 1부피가 반응하여 이산화 탄소 2부피가 생성되므로 반응하는 기체의 부피비는 일산화 탄소 : 산소 : 이산화 탄소=2 : 1 : 2이다.

모범 답안 산소 5 mL, 반응하는 기체의 부피비는 일산화 탄소 : 산소=2 : 1이므로 일산화 탄소 기체 10 mL와 산소 기체 5 mL가 반응하고, 산소 기체 5 mL가 남는다.

채점 기준	배점
반응하지 않고 남는 기체의 종류와 부피를 옳게 쓰고, 그 까닭을 반응하는 기체의 부피비를 포함하여 옳게 서술한 경우	100 %
반응하지 않고 남는 기체의 종류와 부피만 옳게 쓴 경우	50 %

1-1 **모범 답안** $2CO+O_2 \longrightarrow 2CO_2$

2 실험 1에서 수소 기체 5 mL가 남으므로 질소 기체 15 mL와 수소 기체 45 mL가 반응하여 암모니아 기체 30 mL가 생성되고, 실험 2에서 질소 기체 20 mL가 남으므로 질소 기체 10 mL와 수

소 기체 30 mL가 반응하여 암모니아 기체 20 mL가 생성된다. 따라서 반응하는 기체의 부피비는 질소 : 수소 : 암모니아＝1 : 3 : 2이다.

모범 답안 (1) $N_2 + 3H_2 \longrightarrow 2NH_3$

(2) 온도와 압력이 일정할 때 기체 사이의 반응에서 화학 반응식의 계수비는 부피비와 같으며, 이 반응에서 각 기체의 부피비는 질소 : 수소 : 암모니아＝1 : 3 : 2이기 때문이다.

	채점 기준	배점
(1)	화학 반응식을 옳게 쓴 경우	50 %
(2)	계수비를 (1)과 같이 나타낸 까닭을 주어진 단어를 모두 포함하여 옳게 서술한 경우	50 %
	계수비를 (1)과 같이 나타낸 까닭을 주어진 단어 중 1~2개만 포함하여 서술한 경우	20 %

3 수산화 바륨과 염화 암모늄이 반응할 때 주변으로부터 에너지를 흡수하는 흡열 반응이 일어난다. 따라서 주변의 온도가 낮아지므로 나무판 위의 물이 얼어서 삼각 플라스크를 들어 올릴 때 나무판이 같이 들어 올려진다.

모범 답안 수산화 바륨과 염화 암모늄이 반응하면서 주변의 에너지를 흡수하므로 주변의 온도가 낮아져 나무판 위의 물이 얼기 때문이다.

채점 기준	배점
나무판이 삼각 플라스크에 달라붙는 까닭을 에너지 출입과 주변의 온도 변화와 모두 관련지어 옳게 서술한 경우	100 %
나무판이 삼각 플라스크에 달라붙는 까닭을 에너지 출입과 주변의 온도 변화 중 1가지만 관련지어 서술한 경우	50 %

3-1 **예시 답안** 질산 암모늄과 물의 반응, 물의 전기 분해 등

핵심만 모아모아! **단원 정리하기** 개념 학습 교재 41쪽

1 ❶ 물리 변화 ❷ 화학 변화 ❸ 분자 ❹ 원자
2 ❶ 화학 반응식 ❷ 왼쪽 ❸ 오른쪽 ❹ 원자 ❺ ＝
3 ❶ 같다 ❷ 개수 ❸ 일정 ❹ 감소 ❺ 증가
4 ❶ 질량비 ❷ 개수비 ❸ 4 ❹ 1
5 ❶ 부피 ❷ 분자 ❸ 계수비 ❹ 2 ❺ 1
6 ❶ 발열 ❷ 높아 ❸ 흡열 ❹ 낮아 ❺ 발열 ❻ 흡열

실전에 도전! **단원 평가하기** 개념 학습 교재 42~45쪽

01 ④ **02** ③ **03** ④ **04** ④ **05** ①, ⑤ **06** ⑤ **07** (가)＜(나)＜(다) **08** ① **09** ③ **10** ② **11** ②, ⑤ **12** 22 g **13** ③ **14** ⑤ **15** 질소 4.2 g, 수소 0.9 g **16** ⑤ **17** ② **18** (가) 1 L, (나) 2N **19** ② **20** ④ **21** ③ **22** ②, ④ **23** 해설 참조 **24** 해설 참조 **25** 해설 참조

01 화학 변화는 새로운 분자가 생성되므로 물질의 성질이 변한다. ④ 고기가 익는 것은 물질의 성질이 변하는 화학 변화이다.
오답 피하기 ①과 ②는 모양 변화, ③은 상태 변화(응고), ⑤는 확산으로 모두 물리 변화이다.

02 ③ (나)는 화학 변화이므로 원자의 배열이 변한다.
오답 피하기 ①, ② (가)는 물리 변화로 분자의 종류가 변하지 않으므로 물질의 성질이 변하지 않는다.
④ (나)는 화학 변화로 원자의 배열이 변해 새로운 분자가 생성된다.
⑤ (가)는 물리 변화이고, (나)는 화학 변화이다.

03 **자료 분석**

┌─ 고체 설탕이 액체 설탕으로 상태 변화(융해)
│   하는 현상으로 물리 변화이다.
│   (가) 설탕을 물에 녹이면 설탕물이 된다.●──── 설탕을 물에 녹이는 것은 용해
│   (나) 설탕물을 증발 접시에 담고 가열하여 물을 증발   현상으로 물리 변화이다.
│   시키면 증발 접시에 설탕이 남는다.●──────── 설탕물에서 물을 증발
└▶(다) 흰 설탕을 가열하면 투명한 액체 설탕이 된다.   시키면 용질인 설탕이
   (라) 액체 설탕을 더 오래 가열하면 설탕이 검게 탄다.   석출되는 현상으로 물
   ┌──────────────────────────────────   리 변화이다.
   └─ 액체 설탕이 타서 색깔이 변하는 현상은 화학 변화이다.

④ (라)는 화학 변화이므로 설탕의 성질이 변한다.
오답 피하기 ① (가)는 물리 변화이므로 원자의 종류는 변하지 않는다.
② (나)는 물리 변화이므로 설탕의 분자의 배열은 변하지만 원자의 배열은 변하지 않는다.
③ (다)는 물리 변화이므로 분자의 종류가 변하지 않는다.
⑤ (다)는 물리 변화이므로 생성된 물질은 설탕의 단맛이 나지만, (라)는 화학 변화이므로 생성된 물질은 설탕의 단맛이 나지 않는다.

04 어떤 물질이 원자의 배열이 달라져 새로운 물질로 변하는 현상은 화학 변화이다. ①은 빛과 열이 발생하고, ②와 ③은 색깔이 변하며, ⑤는 기체가 발생하므로 모두 화학 변화이다.

오답 피하기 ④ 가늘게 만든 철을 뭉쳐 강철 솜을 만드는 것은 철의 모양만 변하므로 물리 변화이다.

05 ② 마그네슘 리본을 태우는 것은 화학 변화이다. 따라서 (가) → (다)의 변화는 화학 변화이므로 마그네슘의 성질이 변한다.

③, ④ 마그네슘 리본을 작게 자르는 것은 모양만 변하는 물리 변화이다. 따라서 (가)와 (나)에서 마그네슘 리본에 묽은 염산을 떨어뜨리면 수소 기체가 발생하는 화학 변화가 일어난다.

오답 피하기 ① (가) → (나)의 변화는 물질의 모양만 변하는 물리 변화이므로 원자의 배열이 변하지 않는다.

⑤ (다)에서 마그네슘을 태운 재는 마그네슘과 다른 새로운 물질(산화 마그네슘)이므로 마그네슘과 성질이 달라 전류가 흐르지 않는다.

06 화학 반응식을 나타낼 때 반응물은 화살표의 왼쪽에, 생성물은 화살표의 오른쪽에 적은 후 각 물질을 화학식으로 나타낸다. 그리고 화살표 양쪽에 있는 원자의 종류와 개수가 같아지도록 화학식 앞의 계수를 맞추며, 이때 계수는 가장 간단한 정수비로 나타내고, 1인 경우는 생략한다.

오답 피하기 ⑤ 화살표 양쪽에 있는 원자의 종류와 개수가 같아지도록 화학식 앞의 계수를 맞추면 $CH_4 + 2O_2 \longrightarrow CO_2 + 2H_2O$이다.

07 〔자료 분석〕

> a를 1이라고 하면 질소 원자의 개수를 맞추기 위해 c는 2이다. 그리고 산소 원자의 개수를 맞추기 위해 b는 2이다.
>
> (가) $aN_2 + bO_2 \longrightarrow cNO_2$
> (나) $aKClO_3 \longrightarrow bKCl + cO_2$
> (다) $C_2H_5OH + aO_2 \longrightarrow bCO_2 + cH_2O$
>
> (가)에서 → a를 1이라고 하면 반응물의 산소 원자가 3개이므로 c가 정수가 아니다. 따라서 a를 2라고 하면 칼륨 원자와 염소 원자의 개수를 맞추기 위해 b는 2이고, 산소 원자의 개수를 맞추기 위해 c는 3이다.
>
> 탄소 원자의 개수를 맞추기 위해 b는 2이고, 수소 원자의 개수를 맞추기 위해 c는 3이다. 생성물의 산소 원자의 개수가 7개이므로 a는 3이다.

(가) $N_2 + 2O_2 \longrightarrow 2NO_2$이므로 $a + b + c = 1 + 2 + 2 = 5$이다.
(나) $2KClO_3 \longrightarrow 2KCl + 3O_2$이므로 $a + b + c = 2 + 2 + 3 = 7$이다.
(다) $C_2H_5OH + 3O_2 \longrightarrow 2CO_2 + 3H_2O$이므로 $a + b + c = 3 + 2 + 3 = 8$이다.
따라서 $a + b + c$의 크기는 (가) < (나) < (다)이다.

08 ②, ③, ⑤ 화학 반응식으로 반응물과 생성물의 종류, 반응물과 생성물을 구성하는 원자의 종류, 반응물과 생성물을 구성하는 분자의 개수를 알 수 있다.

④ 화학 반응식의 계수비는 분자 수의 비와 같으므로 화학 반응식으로 분자 수의 비를 알 수 있다.

오답 피하기 ① 화학 반응식으로 반응물과 생성물을 구성하는 원자 질량의 크기는 알 수 없다.

09 탄산 나트륨 수용액과 염화 칼슘 수용액을 섞으면 흰색 앙금인 탄산 칼슘이 생성되는 화학 변화가 일어난다. 이때 앙금이 생성되어도 반응 전후 질량은 변하지 않으므로 이를 통해 질량 보존 법칙이 성립함을 알 수 있다.

10 반응 후 새로운 물질이 생성된다. 그러나 반응 전후에 원자의 종류와 개수가 변하지 않으므로 반응물의 전체 질량과 생성물의 전체 질량이 같다. 따라서 질량 보존 법칙이 성립한다.

11 ② 나무를 연소시키면 이산화 탄소와 수증기가 발생하여 공기 중으로 빠져나가므로 질량이 감소한다.

⑤ 묽은 염산에 분필 조각을 넣으면 이산화 탄소가 발생하여 공기 중으로 빠져나가므로 질량이 감소한다.

오답 피하기 ①, ③ 구리판과 강철 솜을 연소시키면 각각 구리와 철에 결합된 산소의 양만큼 질량이 증가한다.

④ 염화 나트륨 수용액과 질산 은 수용액이 반응하여 흰색의 염화 은 앙금이 생성되며, 반응 전후 질량이 일정하다.

12 질량 보존 법칙이 성립하므로 반응물의 전체 질량 = 생성물의 전체 질량이다. 따라서 '탄산수소 나트륨의 질량(84 g) = 탄산 나트륨의 질량(53 g) + 물의 질량(9 g) + 이산화 탄소의 질량'이므로 이산화 탄소의 질량은 84 g − 53 g − 9 g = 22 g이다.

13 물과 과산화 수소는 성분 원소가 수소와 산소로 같지만 성분 원자의 개수비가 달라 성분 원소의 질량비가 다르므로 서로 다른 물질이다. 따라서 분자식과 물질의 성질이 다르다.

14 ⑤ 볼트 1개의 질량은 5 g이고, 너트 1개의 질량은 2 g이므로 화합물 BN_3를 구성하는 질량비는 B : N = 5 g : (3 × 2 g) = 5 : 6이다.

오답 피하기 ① $B + 3N \longrightarrow BN_3$으로 나타낼 수 있다.

②, ③ B 5개와 N 15개로 BN_3 5개를 만들고, B 5개가 남는다.

④ 화합물 BN_3 1개의 질량은 5 g + (3 × 2 g) = 11 g이므로 전체 질량은 5 × 11 g = 55 g이다.

15 반응하는 질소와 수소, 생성되는 암모니아의 질량비는 질소 : 수소 : 암모니아 = 14 : 3 : 17이므로 암모니아 5.1 g을 만들기 위해 필요한 질소의 질량(x)과 수소의 질량(y)은 14 : 3 : 17 = x : y : 5.1에서 $x = 4.2$, $y = 0.9$이므로 질소 4.2 g과 수소 0.9 g이다.

16 〔자료 분석〕

반응하지 않고 남은 납 이온이 있다.

앙금 높이 일정: 반응할 수 있는 아이오딘화 이온이 없다.

납 이온과 아이오딘화 이온이 모두 반응하였다.
→ 아이오딘화 칼륨 수용액 6 mL가 완전히 반응하였다.

반응하지 않고 남은 아이오딘화 이온이 있다.

⑤ 시험관 D에 비해 시험관 E, F에 질산 납 수용액을 더 넣어도 앙금의 높이가 일정한 것으로 보아 같은 농도의 아이오딘화 칼륨 수용액과 질산 납 수용액이 1 : 1의 부피비로 반응하여 아이오딘화 납이 생성된다. 따라서 아이오딘화 납을 이루는 아이오딘과 납의 질량비도 일정하므로 일정 성분비 법칙이 성립한다.

오답 피하기| ① 시험관 D까지는 생성된 앙금의 높이가 높아지는 것으로 보아 질산 납 수용액의 양을 늘려 넣으면 앙금 생성 반응이 일어난다. 즉, 시험관 A~C에는 처음에 넣어 준 아이오딘화 칼륨 수용액의 아이오딘화 이온이 남아 있으며, 넣어 주는 질산 납 수용액의 납 이온은 모두 반응하였다.

② 시험관 D에는 납 이온이 없으므로 아이오딘화 칼륨 수용액을 더 넣어도 앙금이 생성되지 않는다.

③ 시험관 E에는 아이오딘화 이온은 없고 반응하지 못한 납 이온이 있으므로 질산 납 수용액을 더 넣어도 앙금이 더 생성되지 않는다.

④ 같은 농도의 아이오딘화 칼륨 수용액과 질산 납 수용액은 1 : 1의 부피비로 반응한다.

17 기체 1부피에는 분자가 1개씩 들어가므로 탄소 원자 2개와 산소 원자 4개가 이산화 탄소 분자 2개를 생성한다. 따라서 이산화 탄소 분자는 탄소 원자 1개와 산소 원자 2개로 이루어진다.

18 반응하는 부피비는 일산화 탄소 : 산소 : 이산화 탄소=2 : 1 : 2이므로 일산화 탄소 기체 2 L와 반응하는 산소 기체의 부피는 1 L이고, 생성되는 이산화 탄소 기체의 부피는 2 L이다. 일정한 온도와 압력에서 모든 기체는 같은 부피 속에 같은 개수의 분자가 들어 있으며, 일산화 탄소 기체 1 L에 들어 있는 분자 수가 N이므로 생성된 이산화 탄소 기체 2 L에 들어 있는 분자 수는 $2N$이다.

19 ┃**자료 분석**┃

── 실험 1에서 B 5 mL가 남으므로 A 5 mL와 B 15 mL가 반응하고, 반응 후 기체 전체의 부피가 15 mL이므로 생성되는 기체 C의 부피는 10 mL이다. 따라서 반응하는 기체의 부피비는 A : B : C=1 : 3 : 2이다.

실험	반응 전 기체의 부피(mL)		반응 후 남은 기체의 종류와 부피(mL)	반응 후 기체 전체의 부피(mL)
	A	B		
1	5	20	B, 5	15
2	20	30	㉠	㉡

ㄴ. A와 B는 1 : 3의 부피비로 반응하므로 실험 2에서 A 10 mL와 B 30 mL가 반응하고, A 10 mL가 남는다. 따라서 ㉠은 'A, 10'이다.

오답 피하기| ㄱ. 반응하는 기체의 부피비는 A : B=1 : 3이다.

ㄷ. 반응하는 기체의 부피비는 A : B : C=1 : 3 : 2이므로 실험 2에서 A 10 mL와 B 30 mL가 반응하여 C 20 mL가 생성되고, A 10 mL가 남는다. 따라서 반응 후 기체 전체의 부피는 A 10 mL+C 20 mL=30 mL이므로 ㉡은 '30'이다.

20 (나) 연소 반응, (다) 금속과 산의 반응, (라) 산화 칼슘과 물의 반응은 발열 반응이고, (가) 광합성, (마) 물의 전기 분해는 흡열 반응이다.

21 ①, ② 반응이 일어날 때 주변으로 에너지를 방출하는 발열 반응에서의 에너지 출입을 나타낸다.

④, ⑤ 금속이 녹스는 반응과 산과 염기의 반응은 발열 반응이다.

오답 피하기| ③ 발열 반응이 일어나면 주변의 온도가 높아진다.

22 ② 산화 칼슘과 물의 반응은 발열 반응이므로 온열 장치인 발열 컵에 이용하기에 적당하다.

④ 질산 암모늄과 물의 반응은 흡열 반응이므로 냉각 장치인 냉찜질 주머니에 이용하기에 적당하다.

오답 피하기| ① 철과 산소의 반응은 발열 반응이므로 냉각 장치인 손 냉장고에 이용하기에 적당하지 않다.

③ 질산 암모늄과 물의 반응은 흡열 반응이므로 온열 장치인 발열 도시락에 이용하기에 적당하지 않다.

⑤ 수산화 바륨과 염화 암모늄의 반응은 흡열 반응이므로 온열 장치인 휴대용 손난로에 이용하기에 적당하지 않다.

23 탄산 칼슘과 묽은 염산이 반응하면 염화 칼슘과 물이 생성되고, 이산화 탄소 기체가 발생한다.

┃**모범 답안**┃ (1) 질량이 감소한다. 묽은 염산과 탄산 칼슘이 반응할 때 생성되는 이산화 탄소 기체가 공기 중으로 빠져나가기 때문이다.

(2) 생성된 이산화 탄소 기체가 공기 중으로 빠져나가지 않아야 하므로 입구를 막은 용기에서 탄산 칼슘과 묽은 염산을 반응시킨다.

	채점 기준	배점
(1)	질량 변화와 그 까닭을 모두 옳게 서술한 경우	40 %
	질량 변화만 옳게 쓴 경우	20 %
(2)	수정해야 할 것을 실험 장치를 밀폐시킨다는 내용으로 하여 그 까닭과 함께 옳게 서술한 경우	60 %
	수정해야 할 것만 실험 장치를 밀폐시킨다는 내용으로 옳게 서술한 경우	30 %

24 마그네슘 0.3 g이 반응할 때 산화 마그네슘 0.5 g이 생성되므로 마그네슘과 결합하는 산소의 질량은 0.2 g이다. 따라서 반응하는 질량비는 마그네슘 : 산소 : 산화 마그네슘=3 : 2 : 5이다.

┃**모범 답안**┃ 반응하는 질량비가 마그네슘 : 산소 : 산화 마그네슘 =3 : 2 : 5이다. 따라서 산화 마그네슘 20 g을 얻기 위해 필요한 마그네슘의 질량은 12 g이고, 산소의 질량은 8 g이다.

채점 기준	배점
마그네슘과 산소의 최소 질량을, 구하는 과정과 함께 옳게 서술한 경우	100 %
마그네슘과 산소의 최소 질량만 옳게 쓴 경우	50 %

25 연소 반응과 산과 금속의 반응은 발열 반응이고, 주변으로 에너지를 방출하므로 주변의 온도가 높아진다. 물의 전기 분해와 광합성은 흡열 반응이고, 주변으로부터 에너지를 흡수하므로 주변의 온도가 낮아진다.

┃**모범 답안**┃ 반응이 일어날 때 주변으로 에너지를 방출하는가?(또는 발열 반응인가?), 반응이 일어날 때 주변의 온도가 높아지는가?

채점 기준	배점
(가)에 알맞은 질문 2가지를 모두 옳게 서술한 경우	100 %
(가)에 알맞은 질문을 1가지만 옳게 서술한 경우	50 %

01 기권과 지구 기온

기초를 튼튼히! 개념 잡기 　　　　　개념 학습 교재 49, 51쪽

1 (1) × (2) ○ (3) × 　**2** ㉠ 질소, ㉡ 산소 　**3** (1) A - 대류권, C - 중간권 (2) B - 성층권 (3) D - 열권 　**4** (1) 중간권 (2) 대류권 (3) 열권 　**5** (1) 대 (2) 열 (3) 성 (4) 중 　**6** (1) × (2) ○ (3) × 　**7** (1) 50 (2) 70 (3) 같다 (4) 일정하게 유지된다 　**8** (1) ㉡ (2) ㉠ 　**9** ㉠ 온실 효과, ㉡ 이산화 탄소 　**10** (1) ○ (2) × (3) ○

1 오답 피하기| (1) 공기는 대부분 지표 부근에 존재하며, 높이 올라갈수록 희박해진다.
(3) 기권(대기권)은 지구 표면을 둘러싸고 있는 대기이다.

2 대기 성분 중 질소가 가장 많은 양을 차지하고 다음으로 산소가 많은 양을 차지한다.

3 (1) 대류권과 중간권은 높이 올라갈수록 기온이 낮아지므로 대류가 일어난다.
(2) 성층권은 높이 올라갈수록 기온이 높아지므로 대기가 안정하여 장거리 비행기의 항로로 이용된다.
(3) 열권은 공기가 매우 희박하므로 낮과 밤의 기온 차가 가장 크다.

4 (가)는 유성으로 중간권에서 나타나고, (나)는 기상 현상(눈)으로 대류권에서 나타나며, (다)는 오로라로 열권에서 나타난다.

5 대류권에는 공기의 대부분이 분포하며, 열권은 인공위성의 궤도로 이용되기도 한다. 성층권의 오존층에서는 자외선을 흡수하며, 중간권에서는 대류가 일어나지만 수증기가 거의 없어서 기상 현상이 나타나지 않는다.

6 오답 피하기| (1) 모든 물체는 복사 에너지를 방출하며, 물체의 온도가 높을수록 복사 에너지를 많이 방출한다.
(3) 물체는 복사, 대류, 전도 등에 의해 에너지를 방출하는데, 물체의 표면에서 복사에 의해 방출되는 에너지를 복사 에너지라고 한다.

7 (1), (2) 지구에 도달하는 태양 복사 에너지 100 % 중 30 %는 대기와 지표에 의해 반사되고, 20 %는 대기와 구름에 의해 흡수된다. 지구는 복사 평형을 이루고 있으므로, A=100 %-30 %-20 %=50 %이고 B=100 %-30 %=70 %이다.
(3), (4) 지구는 흡수하는 태양 복사 에너지양과 방출하는 지구 복사 에너지양이 같으므로 지구의 평균 온도는 일정하게 유지된다.

8 지구에서는 지표에서 방출하는 지구 복사 에너지의 일부를 대기가 흡수했다가 지표로 다시 방출하므로 지구의 평균 기온이 달보다 높게 유지된다.

9 최근 들어 대기 중 이산화 탄소 등 온실 기체의 양이 증가하면서 지구의 평균 기온이 높아지고 있다.

10 오답 피하기| (2) 지구의 평균 기온이 상승하면 대륙 빙하가 녹고 해수의 열팽창이 일어나므로 해수면이 높아지며, 이로 인해 육지의 면적이 감소한다.

과학적 사고로! 탐구하기 　　　　　개념 학습 교재 52~53쪽

Ⓐ ㉠ 많기, ㉡ 같아지기, ㉢ 복사 평형, ㉣ 복사 평형
　Plus 탐구 ㉠ 빨리, ㉡ 높다
1 (1) × (2) × (3) ○ (4) ○ 　**2** (1) 적외선등 (2) 일정하게 유지된다.
(3) A 　**3** ② 　**4** ②

Ⓐ

1 오답 피하기| (1) 이 실험에서 적외선등은 태양, 검은색 알루미늄 컵은 지구에 비유된다.
(2) 실험 시작 직후에는 컵이 흡수하는 에너지양이 방출하는 에너지양보다 많기 때문에 컵 속 공기의 온도가 높아진다.

2 (1) 이 실험에서 적외선등은 태양에 비유된다.
(2) 실험 시작 직후에는 컵이 흡수하는 에너지양이 방출하는 에너지양보다 많기 때문에 컵 속 공기의 온도가 높아지며, 어느 정도 시간이 지나면 흡수하는 에너지양과 방출하는 에너지양이 같아 컵 A, B 속 공기의 온도가 일정하게 유지된다.
(3) 복사 평형 온도는 적외선등으로부터의 거리가 가까운 A가 B보다 높다.

3 (가)에서는 흡수하는 에너지양이 방출하는 에너지양보다 많아 컵 속 공기의 온도가 높아지고, (나)는 흡수하는 에너지양과 방출하는 에너지양이 같아 컵 속 공기의 온도가 일정하게 유지되는 복사 평형 상태이다.
오답 피하기| ② 지구는 복사 평형 상태이므로, (나)와 같은 상태이다.

4 오답 피하기| ㄱ. A는 온도가 더 빨리 높아지므로 적외선등에서 더 가까운 15 cm 정도 떨어진 곳의 컵 속 공기의 온도이다.
ㄷ. 적외선등과 컵 B 사이의 거리가 현재보다 멀어지면 열원으로부터 받는 복사 에너지양이 감소하므로 복사 평형을 이룰 때 컵 속 공기의 온도는 더 낮아질 것이다.

실력을 키워! 내신 잡기 　　　　　개념 학습 교재 54~56쪽

01 ③, ④ 　**02** ③ 　**03** 높이에 따른 기온 변화 　**04** ① 　**05** ⑤ 　**06** C, 중간권 　**07** ④ 　**08** ③, ④ 　**09** 오로라, 열권 　**10** ①, ③ 　**11** 복사 평형 　**12** ④ 　**13** ④ 　**14** ⑤ 　**15** E 　**16** ②, ③ 　**17** ③ 　**18** ⑤ 　**19** ④ 　**20** ①

01 ① 대기는 질소, 산소, 아르곤, 이산화 탄소 등의 여러 가지 기체로 이루어져 있다.

② 기권(대기권)은 지구 표면을 둘러싸고 있는 대기이다.

⑤ 기권은 높이에 따른 기온 변화를 기준으로 지표면에서부터 대류권, 성층권, 중간권, 열권의 4개의 층으로 구분한다.

오답 피하기 ③ 기권에서는 높이 올라갈수록 공기가 희박해지며, 대부분의 공기는 대류권에 모여 있다.

④ 대기는 지구 표면에서 높이 약 1000 km까지 분포한다.

02 대기는 질소, 산소, 아르곤, 이산화 탄소 등의 여러 가지 기체로 이루어져 있으며, 질소가 가장 많은 양을 차지하고 다음으로 산소가 많은 양을 차지한다.

03 기권은 높이에 따른 기온 변화를 기준으로 대류권, 성층권, 중간권, 열권의 4개 층으로 구분한다.

04 공기의 대부분은 지표 부근인 대류권에 분포한다. 대류권은 높이 올라갈수록 지표에서 방출되는 에너지가 적게 도달하기 때문에 기온이 낮아진다. 또한 대류가 일어나며 수증기가 존재하기 때문에 구름이 발생하고 기상 현상이 나타난다.

05 ⑤ 성층권의 높이 약 20~30 km 구간에는 오존층이 존재하며, 오존층에서 자외선을 흡수하여 지구의 생명체를 보호한다.

오답 피하기 ① 고위도 지방에서 오로라가 나타나는 층은 열권(D)이다.

② 열권(D)은 공기가 매우 희박하므로 낮과 밤의 기온 차가 가장 크다.

③ 성층권은 오존층에서 태양으로부터 오는 자외선을 흡수하여 가열되기 때문에 높이 올라갈수록 기온이 높아진다.

④ 대류가 일어나며 수증기가 존재하기 때문에 구름이 발생하고 기상 현상이 나타나는 층은 대류권(A)이다.

06 중간권은 높이 올라갈수록 지표에서 방출되는 에너지가 적게 도달하기 때문에 기온이 낮아진다. 따라서 대류가 활발하게 일어나지만 수증기가 거의 없기 때문에 기상 현상은 나타나지 않는다.

07 D층은 열권으로, 태양 에너지에 의해 직접 가열되기 때문에 높이 올라갈수록 기온이 높아진다.

08 ① 대류권에서는 높이 올라갈수록 기온이 낮아지므로 대류가 일어나고 수증기가 존재하기 때문에 비나 눈 등의 기상 현상이 나타난다.

② 성층권은 높이 올라갈수록 기온이 높아지므로 대기가 안정하여 장거리 비행기의 항로로 이용된다.

⑤ 열권은 공기가 매우 희박하며, 높이 올라갈수록 기온이 높아지므로 대류가 일어나지 않는다.

오답 피하기 ③ 성층권과 중간권의 경계를 성층권 계면이라고 한다.

④ 인공위성의 궤도로 이용되기도 하는 층은 열권이다.

09 오로라는 태양에서 방출된 전기를 띤 입자가 지구 대기로 들어오면서 공기 입자와 충돌하여 빛을 내는 현상으로, 열권에서 나타난다.

10 **오답 피하기** ① 복사 에너지는 물체의 표면에서 복사에 의해 방출되는 에너지이다.

② 모든 물체는 복사 에너지를 방출한다.

11 물체가 흡수하는 복사 에너지양과 방출하는 복사 에너지양이 같아서 온도가 일정하게 유지되는 상태를 복사 평형이라고 한다.

12 실험 시작 직후에는 컵이 흡수하는 에너지양이 방출하는 에너지양보다 많기 때문에 컵 속 공기의 온도가 높아지며, 어느 정도 시간이 지나면 흡수하는 에너지양과 방출하는 에너지양이 같아 컵 속 공기의 온도가 일정하게 유지된다.

13 이 실험은 지구의 평균 기온이 일정하게 유지되는 까닭, 즉 지구의 복사 평형 원리를 알아보기 위한 것이다.

14 ⑤ 실험 시작 직후에는 컵이 흡수하는 에너지양이 방출하는 에너지양보다 많으므로 컵 속 공기의 온도가 높아진다.

오답 피하기 ① 이 실험에서 적외선등은 태양, 검은색 알루미늄 컵은 지구에 비유된다.

② 실험 시작 직후에는 컵 속 공기의 온도가 높아지지만, 어느 정도 시간이 지나면 흡수하는 에너지양과 방출하는 에너지양이 같아 컵 속 공기의 온도가 일정하게 유지된다.

③ 어느 정도 시간이 지난 후에 컵은 흡수하는 에너지양과 방출하는 에너지양이 같다.

④ 적외선등과 컵 사이의 거리가 멀어지면 현재보다 낮은 온도에서 복사 평형을 이룬다.

15 대기 중의 온실 기체는 지표에서 복사되는 에너지를 흡수하여 지구의 온도를 높이는 역할을 한다.

16 ② B는 대기와 지표면에서 반사되는 에너지로 30 %이다.

③ (C+D)는 대기와 구름에 흡수되는 에너지로 20 %이다.

오답 피하기 ① A는 지구에 도달하는 태양 복사 에너지 100 %로, (B+지구에 흡수되는 에너지)=(B+C+D+50 %)와 같다.

④ 지구는 흡수하는 태양 복사 에너지와 방출하는 지구 복사 에너지가 같아서 복사 평형을 이루므로 평균 기온이 거의 일정하게 유지된다.

⑤ E(대기에 흡수되는 지표 복사 에너지)의 양이 많아지면 온실 효과가 크게 일어나므로 지구의 평균 기온이 높아진다.

17 ㄴ. 지구에서는 대기에 의한 온실 효과가 일어나므로, 대기가 없는 달보다 높은 온도에서 복사 평형이 이루어진다.

ㄷ. 달에는 대기가 없으므로 온실 효과가 일어나지 않는다. 따라서 달은 지구보다 평균 온도가 낮다.

오답 피하기 ㄱ. 달에서도 흡수하는 에너지양과 방출하는 에너지양이 같아서 복사 평형이 이루어진다.

ㄹ. 지구에 대기가 없다면 현재보다 낮은 온도에서 복사 평형이 이루어질 것이다.

18 지구 대기를 이루고 있는 기체 중 지구 복사 에너지를 흡수하여 온실 효과를 일으키는 기체를 온실 기체라고 한다. 온실 기체에는 수증기, 이산화 탄소, 메테인 등이 있다.

19 오답 피하기| ㄱ. 이 기간 동안 대표적인 온실 기체인 이산화 탄소의 대기 중 농도가 증가하였으므로 지구의 평균 기온은 높아졌을 것이다.

20 오답 피하기| ① 지구의 평균 기온이 높아지면 대륙 빙하가 녹고 해수의 열팽창이 일어나 해수면이 상승한다. 이로 인해 육지 면적이 좁아진다.

실력의 완성! **서술형 문제**　　개념 학습 교재 57쪽

1 모범 답안 생물이 살아가는 데 필요한 기체를 제공해 준다. 태양으로부터 들어오는 유해한 자외선을 막아 준다. 우주에서 날아오는 유성체를 막아 준다. 지구상의 열이 우주로 빠져나가는 것을 막아 준다. 등

채점 기준	배점
기권의 역할 2가지를 모두 옳게 서술한 경우	100 %
기권의 역할 중 1가지만 옳게 서술한 경우	50 %

2 대류권과 중간권에서는 높이 올라갈수록 기온이 낮아지므로 대류가 일어난다. 대류권에서는 대류가 일어나고 수증기가 있어서 기상 현상이 일어나지만, 중간권에서는 수증기가 거의 없어서 기상 현상이 일어나지 않는다.
모범 답안 (1) A: 대류권, B: 성층권, C: 중간권, D: 열권
(2) 공통점: 높이 올라갈수록 기온이 낮아지고, 대류가 일어난다.
차이점: 대류권에서는 기상 현상이 일어나지만 중간권에서는 기상 현상이 일어나지 않는다.

	채점 기준	배점
(1)	A~D 각 층의 이름을 옳게 쓴 경우	40 %
(2)	대류권과 중간권의 공통점과 차이점을 모두 옳게 서술한 경우	60 %
	대류권과 중간권의 공통점과 차이점 중 1가지만 옳게 서술한 경우	30 %

2-1 중간권에서는 대류가 일어나지만 수증기가 거의 없어서 기상 현상이 일어나지 않는다.
모범 답안 수증기가 거의 없기 때문이다.

3 흡수하는 에너지양이 방출하는 에너지양보다 많은 경우 온도가 높아지고, 흡수하는 에너지양과 방출하는 에너지양이 같은 경우 온도가 일정하게 유지된다.

모범 답안 A 구간에서는 컵 속 공기가 흡수하는 에너지양이 방출하는 에너지양보다 많기 때문에 온도가 높아지고, B 구간에서는 컵 속 공기가 흡수하는 에너지양과 방출하는 에너지양이 같아서 복사 평형을 이루기 때문에 온도가 일정하다.

채점 기준	배점
A, B 구간과 같은 온도 분포가 나타나는 까닭을 모두 옳게 서술한 경우	100 %
A, B 구간 중 1가지의 온도 분포가 나타나는 까닭만 옳게 서술한 경우	50 %

3-1 검은색 알루미늄 컵을 적외선등에서 더 먼 거리에 두고 실험을 하면 더 낮은 온도에서 복사 평형이 이루어진다.
모범 답안 더 낮은 온도에서 온도가 일정하게 유지된다.

4 지구는 복사 평형을 이루기 때문에 햇빛을 계속 받아도 평균 기온이 거의 일정하게 유지된다.
모범 답안 지구는 흡수하는 태양 복사 에너지양과 방출하는 지구 복사 에너지양이 같아서 복사 평형을 이루기 때문이다.

채점 기준	배점
흡수하는 태양 복사 에너지양과 방출하는 지구 복사 에너지양이 같다는 내용을 포함하여 옳게 서술한 경우	100 %
복사 평형을 이루기 때문이라고만 설명한 경우	60 %

02 구름과 강수

개념 학습 교재 59, 61, 63쪽

기초를 튼튼히! 개념 잡기

1 (1) × (2) × (3) ○ **2** ㉠ 낮아, ㉡ 포화 **3** (1) × (2) ○ (3) × (4) ○
4 (1) A, B (2) B (3) A **5** (1) 14.7 g/kg (2) 15 ℃ (3) 3 g **6** (1) ○
(2) × (3) ○ (4) × **7** (1) A (2) ㉠ 27.1, ㉡ 14.7 (3) B>C **8** ㉠ 낮
아, ㉡ 감소, ㉢ 높아 **9** (1) 맑은 (2) B (3) 기온 **10** (1) ㉢ (2) ㉠ (3) ㉡
11 ㉠ 팽창, ㉡ 이슬점, ㉢ 응결 **12** (1) ○ (2) × (3) ○ (4) × **13** (1) ㉡
(2) ㉠ **14** (1) 중위도 지방, 고위도 지방 (2) 물방울, 얼음 알갱이 (3) 빙
정설 **15** (1) 병 (2) 빙 (3) 병

1 **오답 피하기** (1) 물걸레로 청소한 바닥이 마르는 것은 증발에 의한 현상이다.
(2) 맑은 날 새벽에 지표면 부근에 안개가 생기는 것은 응결에 의한 현상이다.

2 비커에 물을 넣고 공기 중에 놓아 두면 물이 계속 증발하여 물의 높이가 점점 낮아진다. 반면 비커를 수조로 덮어 두면 물의 높이가 낮아지다가 어느 정도 시간이 흐르면 더 이상 변하지 않는다. 이는 수조 안이 포화 상태에 도달하였기 때문이며, 이로부터 일정한 양의 공기가 포함할 수 있는 수증기의 양에는 한계가 있음을 알 수 있다.

3 **오답 피하기** (1) 기온이 낮아지면 포화 수증기량이 감소한다.
(3) 이슬점은 공기 중의 수증기가 응결하기 시작하는 온도로, 실제 수증기량이 많을수록 이슬점이 높아진다.

4 (1) 포화 수증기량 곡선 아래의 공기(C, D)는 불포화 상태이고, 포화 수증기량 곡선상의 공기(A, B)는 포화 상태이다.
(2) 포화 수증기량이 가장 적은 공기는 기온이 가장 낮은 B이다.
(3) 이슬점이 가장 높은 공기는 실제 수증기량이 가장 많은 A이다.

5 공기 A의 기온은 20 ℃이므로 포화 수증기량은 14.7 g/kg이고, 실제 수증기량은 10.6 g/kg이므로 이슬점은 15 ℃이다. 1 kg의 공기 A를 10 ℃로 냉각시킬 때 응결되는 수증기량은 10.6 g−7.6 g=3 g이다.

6 **오답 피하기** (2) 상대 습도는 공기 중의 수증기량과 기온의 영향을 받는다. 실제 수증기량이 많을수록, 기온이 낮을수록 상대 습도가 높아진다.
(4) 밀폐된 실내에서는 실제 수증기량이 일정하므로, 난방기를 켜면 기온이 상승하여 포화 수증기량이 증가한다. 따라서 상대 습도는 낮아진다.

7 (1) A는 포화 수증기량 곡선상에 있으므로 상대 습도가 100 %이다.
(2) 상대 습도는 현재 기온에서의 포화 수증기량에 대한 실제 수증기량의 비를 백분율(%)로 나타낸 것이다.
(3) B와 C는 기온이 같으므로 포화 수증기량이 같다. 실제 수증기

량은 B가 C보다 많으므로 상대 습도는 B가 C보다 높다.

8 실제 수증기량이 많을수록, 기온이 낮을수록 상대 습도가 높아진다. 실제 수증기량이 일정할 때 기온이 낮아지면 포화 수증기량이 감소하므로 상대 습도가 높아진다.

9 맑은 날에는 공기 중의 수증기량이 거의 변하지 않으므로 이슬점(C)은 크게 변하지 않고, 기온(A)에 따라 포화 수증기량이 달라져 상대 습도(B)가 변한다.

10 (1) 기온은 오후 2~3시경에 가장 높고, 새벽에 가장 낮다.
(2) 기온이 높은 낮에는 포화 수증기량이 증가하므로 상대 습도가 낮아진다. 따라서 상대 습도는 기온이 가장 높은 시간에 가장 낮게 나타난다.
(3) 맑은 날에는 공기 중의 수증기량이 거의 변하지 않으므로 이슬점은 크게 변하지 않는다.

11 공기 덩어리가 상승하면 단열 팽창에 의해 기온이 하강하고 이슬점에 도달하여 수증기가 응결하므로 구름이 생성된다.

12 **오답 피하기** (2) 주변보다 기압이 낮은 저기압 중심을 향해 공기가 수렴할 때 구름이 생성된다.
(4) 따뜻한 공기와 찬 공기가 만날 때는 가벼운 따뜻한 공기가 무거운 찬 공기 위로 상승하여 구름이 생성된다.

13 층운형 구름은 옆으로 넓게 퍼진 모양으로 상승 기류가 약할 때 만들어지며, 넓은 지역에 지속적인 비가 내린다. 적운형 구름은 위로 솟은 모양으로 상승 기류가 강할 때 만들어지며, 좁은 지역에 소나기가 내린다.

14 빙정설은 중위도나 고위도 지방에서 비나 눈이 내리는 과정을 설명하는 이론으로, 구름 속 온도가 −40~0 ℃인 구간에는 물방울과 얼음 알갱이(빙정)가 섞여 있다.

15 (1), (3) 병합설은 열대 지방, 저위도 지방에서 비가 내리는 과정을 설명하는 강수 이론으로, 구름 속의 크고 작은 물방울들이 서로 부딪치면서 합쳐져 점점 커지고, 무거워지면 지표면으로 떨어져 비(따뜻한 비)가 된다.
(2) 빙정설은 중위도나 고위도 지방에서 비나 눈이 내리는 과정을 설명하는 이론으로, 물방울에서 증발한 수증기가 얼음 알갱이에 달라붙어 얼음 알갱이가 커지고 무거워져 떨어지면 눈이 되고, 떨어지다가 녹으면 비(차가운 비)가 된다.

과학적 사고로! 탐구하기

개념 학습 교재 64~65쪽

Ⓐ ㉠ 기온, ㉡ 증가
1 (1) × (2) ○ (3) ○ (4) × (5) ○ **2** ㄱ, ㄴ
Ⓑ ㉠ 팽창, ㉡ 증발, ㉢ 응결
1 (1) × (2) × (3) ○ (4) ○ **2** ②

⒜

1 오답 피하기| (1) 헤어드라이어로 플라스크를 가열하면 플라스크 내부의 기온이 높아지면서 공기가 포함할 수 있는 수증기의 양이 증가하므로 증발이 일어난다.

(4) 가열한 플라스크를 찬물로 식히면 플라스크 내부의 기온이 낮아지면서 공기가 포함할 수 있는 수증기의 양이 감소한다.

2 ㄱ. 기온이 높을수록 포화 수증기량이 증가하므로, (가)는 (나)보다 포화 수증기량이 많다.

ㄴ. (나)에서는 플라스크 내부의 기온이 낮아지면서 이슬점에 도달하므로, 수증기가 물방울로 응결한다.

오답 피하기| ㄷ. (나)에서는 수증기가 물방울로 응결하여 플라스크 안쪽 면에 맺히므로, 플라스크 내부가 뿌옇게 흐려진다.

⒝

1 오답 피하기| (1) 간이 가압 장치를 여러 번 누르면 플라스틱 병 내부의 공기가 압축(단열 압축)되어 기온이 높아지고, 증발이 일어난다.

(2) 플라스틱 병에 공기를 채운 후 뚜껑을 열면 공기가 팽창(단열 팽창)하여 기온이 낮아지고, 수증기가 물방울로 응결한다.

2 공기 덩어리가 상승하면 단열 팽창하여 기온이 낮아지고, 이슬점에 도달하면 수증기가 응결하여 구름이 생성된다.

Beyond 특강   개념 학습 교재 66쪽

1 7.6 g/kg, 14.7 g/kg   **2** A>B   **3** A>B   **4** 10 °C   **5** B>C
6 7.1 g/kg   **7** 35.5 g   **8** 약 51.7 %   **9** B>C

1 공기 B의 현재 위치에서 왼쪽으로 화살표를 그려 화살표와 만나는 세로축 값(7.6 g/kg)이 실제 수증기량이다. 공기 B의 현재 기온 20 °C에서 포화 수증기량 곡선과 만나도록 위쪽으로 화살표를 그리고, 포화 수증기량 곡선과 만나는 점에서 왼쪽으로 화살표를 그려 화살표와 만나는 세로축 값(14.7 g/kg)이 포화 수증기량이다.

2 공기 A의 실제 수증기량은 14.7 g/kg이고, 공기 B의 실제 수증기량은 7.6 g/kg이다.

3 공기 A의 포화 수증기량은 27.1 g/kg이고, 공기 B의 포화 수증기량은 14.7 g/kg이다.

4 공기 B의 현재 위치에서 포화 수증기량 곡선과 만나도록 왼쪽으로 화살표를 그리고, 포화 수증기량 곡선과 만나는 점에서 아래쪽으로 화살표를 그려 화살표와 만나는 가로축 값(10 °C)이 이슬점이다.

---

5 공기 B의 이슬점은 10 °C이고, 공기 C의 이슬점은 0 °C이다.

6 공기 B를 10 °C로 냉각시켰을 때의 응결량은 (실제 수증기량−기온이 10 °C일 때의 포화 수증기량)=14.7 g/kg−7.6 g/kg =7.1 g/kg이다.

7 5 kg의 공기 B를 10 °C로 냉각시켰을 때의 응결량은 (실제 수증기량−기온이 10 °C일 때의 포화 수증기량)×5 kg =(14.7 g/kg−7.6 g/kg)×5 kg=35.5 g이다.

8 공기 B의
$$상대 습도(\%)=\frac{현재 공기 중에 포함된 수증기량(g/kg)}{현재 기온에서 포화 수증기량(g/kg)}\times100$$
$$=\frac{7.6\,g/kg}{14.7\,g/kg}\times100≒51.7\,\%이다.$$

9 공기 B의 상대 습도는 약 51.7 %이고, 공기 C의
$$상대 습도(\%)=\frac{현재 공기 중에 포함된 수증기량(g/kg)}{현재 기온에서 포화 수증기량(g/kg)}\times100$$
$$=\frac{7.6\,g/kg}{27.1\,g/kg}\times100≒28.0\,\%이다.$$

실력을 키워! 내신 잡기   개념 학습 교재 67~70쪽

01 ④   **02** ③, ⑤   **03** (가)   **04** 포화   **05** ④   **06** ④   **07** ①
08 ②   **09** ②, ⑤   **10** ②   **11** ③   **12** ②   **13** ②   **14** ②   **15** 38 %
16 ①   **17** ②   **18** ②   **19** ⑤   **20** ②   **21** 구름의 생성 원리   **22** ②
23 ②, ⑤   **24** 열대 지방, 저위도 지방   **25** ⑤   **26** ⑤

01 ㄴ. 새벽에 기온이 낮아지면 수증기가 응결하여 풀잎에 이슬이 맺힌다.

ㄹ. 겨울철에 기온이 낮아지면 수증기가 응결하여 창문에 김이 서린다.

오답 피하기| ㄱ. 젖은 빨래를 널어 두면 증발이 일어나 빨래가 마른다.

ㄷ. 컵에 물을 담아 두면 증발이 일어나 물이 줄어든다.

02 ③ 이슬점은 공기 중의 수증기가 응결하기 시작하는 온도로, 이슬점에서는 공기 중의 수증기량과 포화 수증기량이 같다.

⑤ 포화 수증기량은 포화 상태의 공기 1 kg에 들어 있는 수증기의 양(g)으로, 기온이 높을수록 포화 수증기량은 증가한다.

오답 피하기| ①, ② 이슬점의 변화 요인은 공기 중의 수증기량이다. 공기 중의 수증기량이 많을수록 이슬점이 높아진다.

④ 상대 습도는 공기 중의 수증기량과 기온의 영향을 받는다. 공기 중의 수증기량이 일정할 때 기온이 낮아지면 포화 수증기량이 감소하므로 상대 습도는 높아진다.

03 (가)에서는 물이 계속 증발하여 물의 높이가 점점 낮아진다. 반면 (나)에서는 물의 높이가 낮아지다가 어느 정도 시간이 지나

면 더 이상 변하지 않는데, 이는 수조 안이 포화 상태에 도달하였기 때문이다. 따라서 2일 동안 공기 중에 놓아 두었을 때 물의 양이 더 적은 비커는 (가)이다.

04 (나)에서는 물의 높이가 낮아지다가 어느 정도 시간이 지나면 수조 안이 포화 상태에 도달하기 때문에 더 이상 변하지 않는다. 이 실험으로부터 일정한 양의 공기가 포함할 수 있는 수증기의 양에는 한계가 있음을 알 수 있다.

05 가열한 플라스크를 찬물로 식히면 플라스크 내부의 기온이 낮아지면서 공기가 포함할 수 있는 수증기의 양이 감소하므로, 수증기가 물방울로 응결하여 플라스크 내부가 뿌옇게 흐려진다. 따라서 이 실험은 기온에 따른 포화 수증기량의 변화를 알아보기 위한 것이다.

06 이슬점은 공기 중의 수증기가 응결하기 시작하는 온도로, 공기 중의 수증기량이 많을수록 이슬점이 높아진다.
오답 피하기| ④ 이슬점은 공기 중의 수증기량에 따라 변한다.

07 포화 수증기량은 포화 상태의 공기 1 kg에 들어 있는 수증기의 양(g)으로, 기온이 높을수록 증가한다. 이슬점은 공기 중의 수증기가 응결하기 시작하는 온도로, 공기 중의 수증기량이 많을수록 이슬점이 높아진다. 따라서 포화 수증기량이 가장 적은 공기는 기온이 가장 낮은 A이고, 이슬점이 가장 높은 공기는 실제 수증기량이 가장 많은 B이다.

08 공기 C의 현재 위치에서 왼쪽으로 화살표를 그려 화살표와 만나는 세로축 값(7.6 g/kg)이 실제 수증기량이다. 공기 C의 현재 기온 30 ℃에서 포화 수증기량 곡선과 만나도록 위쪽으로 화살표를 그리고, 포화 수증기량 곡선과 만나는 점에서 왼쪽으로 화살표를 그려 화살표와 만나는 세로축 값(27.1 g/kg)이 포화 수증기량이다.

09 ② 공기 A는 포화 상태이고, 공기 B와 C는 불포화 상태이다.
⑤ 공기 C의 기온을 10 ℃로 낮추면 실제 수증기량과 포화 수증기량이 같아지므로 포화 상태가 된다.
오답 피하기| ① 공기 B의 이슬점은 20 ℃이고, 공기 C의 이슬점은 10 ℃이다.
③ 공기 A는 기온이 10 ℃이므로 포화 수증기량은 7.6 g/kg이고, 공기 C는 기온이 30 ℃이므로 포화 수증기량은 27.1 g/kg이다.
④ 포화 수증기량은 기온이 높을수록 증가하므로, B=C>A이다.

10 공기 B를 10 ℃로 냉각시켰을 때 응결량은 (공기 B의 실제 수증기량−10 ℃일 때 포화 수증기량)=14.7 g/kg−7.6 g/kg =7.1 g/kg이고, 공기 B를 포화 상태로 만들기 위해 필요한 수증기량은 (포화 수증기량−실제 수증기량)=27.1 g/kg−14.7 g/kg =12.4 g/kg이다.

11 상대 습도는 현재 기온에서의 포화 수증기량에 대한 실제 수증기량의 비를 백분율(%)로 나타낸 것이다. 이 공기의 기온이 30 ℃이므로 포화 수증기량은 27.1 g/kg이고, 공기 2 kg 속에 15.2 g의 수증기가 들어 있으므로 공기 1 kg 속에는 7.6 g의 수증기가 들어 있다. 따라서

$$상대\ 습도(\%) = \frac{현재\ 공기\ 중에\ 포함된\ 수증기량(g/kg)}{현재\ 기온에서\ 포화\ 수증기량(g/kg)} \times 100$$
$$= \frac{7.6\ g/kg}{27.1\ g/kg} \times 100 ≒ 28.0\ \%이다.$$

12 이슬점은 공기 중의 수증기가 응결하기 시작하는 온도로, 공기 C의 이슬점은 10 ℃이다. 공기 C는 기온이 20 ℃이므로, 포화 수증기량은 14.7 g/kg이고, 실제 수증기량은 7.6 g/kg이다. 따라서 공기 C의

$$상대\ 습도(\%) = \frac{현재\ 공기\ 중에\ 포함된\ 수증기량(g/kg)}{현재\ 기온에서\ 포화\ 수증기량(g/kg)} \times 100$$
$$= \frac{7.6\ g/kg}{14.7\ g/kg} \times 100 ≒ 51.7\ \%이다.$$

13 ② 공기 B와 C는 기온이 20 ℃이므로, 포화 수증기량은 14.7 g/kg으로 같고, 실제 수증기량은 공기 B가 C보다 많다.
$$상대\ 습도(\%) = \frac{현재\ 공기\ 중에\ 포함된\ 수증기량(g/kg)}{현재\ 기온에서\ 포화\ 수증기량(g/kg)} \times 100$$
이므로, 공기 B는 C보다 상대 습도가 높다.
오답 피하기| ① 공기 A는 포화 수증기량과 실제 수증기량이 같으므로 상대 습도는 100 %이다. 따라서 상대 습도는 공기 A가 가장 높다.
③ 공기 B의 이슬점은 15 ℃이고, 공기 D의 이슬점은 10 ℃이다.
④ 공기 D의 기온을 10 ℃로 낮춰 주면 포화 상태가 된다.
⑤ 공기 E의 기온은 25 ℃이므로 포화 수증기량은 20.0 g/kg이고, 실제 수증기량은 5.4 g/kg이다. 따라서 1 kg의 공기 E에 14.6 g의 수증기를 공급하면 상대 습도가 100 %가 된다.

14 ㄱ. 상대 습도는 실제 수증기량이 많을수록, 기온이 낮을수록(포화 수증기량이 적을수록) 높다. 밀폐된 방안에서 보일러를 틀면 실제 수증기량은 변화가 없고 기온이 높아져 포화 수증기량이 증가하므로 상대 습도가 낮아진다.
ㄹ. 기온이 일정할 때, 즉 포화 수증기량이 일정할 때 실제 수증기량이 증가하면 상대 습도가 높아진다.
오답 피하기| ㄴ. 맑은 날은 실제 수증기량이 거의 일정하므로 밤이 되어 기온이 낮아지면 포화 수증기량이 감소하여 상대 습도가 높아진다.
ㄷ. 수증기량이 일정할 때 기온이 높아지면 포화 수증기량이 증가하므로 상대 습도가 낮아진다.

15 이 공기의 기온이 25 ℃이므로 포화 수증기량은 20.0 g/kg이고, 이슬점이 10 ℃이므로 실제 수증기량은 7.6 g/kg이다. 따라서

$$상대\ 습도(\%) = \frac{현재\ 공기\ 중에\ 포함된\ 수증기량(g/kg)}{현재\ 기온에서\ 포화\ 수증기량(g/kg)} \times 100$$

$$= \frac{7.6\,\text{g/kg}}{20.0\,\text{g/kg}} \times 100 = 38\,\%\,\text{이다.}$$

16 상대 습도(%)$= \dfrac{\text{현재 공기 중에 포함된 수증기량(g/kg)}}{\text{현재 기온에서 포화 수증기량(g/kg)}} \times 100$,

$71.7(\%) = \dfrac{\text{실제 수증기량}}{10.6\,\text{g/kg}} \times 100$에서 실제 수증기량은 약 $7.6\,\text{g/kg}$

이므로 이슬점은 약 10 °C이다.

17 맑은 날에는 공기 중의 수증기량이 거의 변하지 않으므로, 기온에 따라 포화 수증기량이 달라져 상대 습도가 변한다. 기온이 높은 낮에는 포화 수증기량이 증가하여 상대 습도가 낮아지고, 기온이 낮은 밤에는 포화 수증기량이 감소하여 상대 습도가 높아진다.

오답 피하기 | ② 맑은 날에는 공기 중에 포함된 수증기량이 거의 일정하므로 이슬점이 거의 일정하게 나타난다.

18 창문이 닫힌 자동차에서 창문 안쪽에 생긴 김을 없애기 위해 히터를 틀면 기온이 높아지므로 포화 수증기량이 증가하고, 실제 수증기량은 변화가 없으므로 상대 습도가 낮아져 창문이 맑아진다.

19 공기 덩어리가 상승하면 주위 공기의 압력이 낮아지므로 단열 팽창이 일어나 기온이 하강(포화 수증기량 감소)하며, 이슬점에 도달하여 응결이 일어난다.

20 구름은 공기 덩어리가 상승하면서 단열 팽창하여 생성된다. 공기가 저기압 중심으로 모여들거나 산의 경사면을 타고 올라갈 때, 찬 공기가 따뜻한 공기 아래로 파고들거나 따뜻한 공기가 찬 공기를 타고 올라갈 때는 공기의 상승이 일어나므로 구름이 생성된다.

오답 피하기 | ② 공기가 고기압 중심에서 발산할 때는 공기의 하강이 일어나므로 구름이 생성되지 않는다.

21 플라스틱 병에 공기를 채운 후 뚜껑을 열어 공기를 단열 팽창시키면 온도가 낮아지고, 수증기가 물방울로 응결한다. 이는 구름이 생성될 때의 원리와 같다.

22 ㄷ. 플라스틱 병에 공기를 채운 후 뚜껑을 열어 공기를 단열 팽창시키면 온도가 낮아지고, 수증기가 물방울로 응결한다. 따라서 (나)에서는 플라스틱 병 안이 뿌옇게 흐려진다.

ㄹ. 구름의 생성 원리를 알 수 있는 실험은 공기가 단열 팽창할 때 일어나는 변화를 알아보는 (나)이다.

오답 피하기 | ㄱ. (가)에서는 간이 가압 장치를 여러 번 누르므로 단열 압축이 일어난다.

ㄴ. 플라스틱 병에 공기를 채운 후 (나)에서는 뚜껑을 열었으므로 단열 팽창이 일어난다.

23 ①, ④ (가)는 적운형 구름으로 주로 소나기가 내리고, (나)는 층운형 구름으로 주로 지속적인 비가 내린다.

③ (가)의 적운형 구름은 공기의 상승이 강할 때 생성된다.

오답 피하기 | ② (나)의 층운형 구름은 공기의 상승이 약할 때 생성

된다. 공기가 하강할 때는 구름이 생성되지 않는다.

⑤ 적운형 구름과 층운형 구름은 모양을 기준으로 분류한 것이다.

24 구름 속에 크고 작은 물방울이 있으므로 열대 지방, 저위도 지방에서 비가 내리는 과정을 설명하는 강수 이론(병합설)을 나타낸 것이다.

25 열대 지방, 저위도 지방의 구름 속에서는 크고 작은 물방울들이 서로 부딪치면서 합쳐져 점점 커지고, 무거워지면 지표면으로 떨어져 비(따뜻한 비)가 된다.

26 ㄷ, ㄹ. 중위도나 고위도 지방의 구름 속에서는 물방울에서 증발한 수증기가 얼음 알갱이에 달라붙어 얼음 알갱이가 커지고 무거워져 떨어지면 눈이 되고, 떨어지다가 녹으면 비(차가운 비)가 된다. 이와 같은 과정으로 강수를 설명하는 이론을 빙정설이라고 한다.

오답 피하기 | ㄱ. 빙정설은 중위도나 고위도 지방에서 내리는 눈과 비를 설명할 수 있다.

ㄴ. 구름 속의 온도가 $-40 \sim 0$ °C인 구간에는 물방울과 얼음 알갱이(빙정)가 섞여 있으며, 눈이 만들어진다.

실력의 완성! **서술형 문제** 개념 학습 교재 **71**쪽

1 실제 수증기량이 같을 때 기온이 높을수록 포화 수증기량이 많으므로 상대 습도가 낮다.

모범 답안 (1) 실제 수증기량: $10.0\,\text{g/kg}$,

포화 수증기량: $14.7\,\text{g/kg}$

(2) 상대 습도(%)$= \dfrac{\text{현재 공기 중에 포함된 수증기량(g/kg)}}{\text{현재 기온에서 포화 수증기량(g/kg)}} \times 100$

$= \dfrac{10.0\,\text{g/kg}}{14.7\,\text{g/kg}} \times 100 \fallingdotseq 68\,\%$

(3) 공기 A와 B의 실제 수증기량은 $10.0\,\text{g/kg}$으로 같다. 반면 공기 A는 기온이 20 °C이므로 포화 수증기량이 $14.7\,\text{g/kg}$이고, 공기 B는 기온이 30 °C이므로 포화 수증기량이 $27.1\,\text{g/kg}$이다. 따라서 포화 수증기량이 적은 공기 A가 B보다 상대 습도가 높다.

	채점 기준	배점
(1)	실제 수증기량과 포화 수증기량을 모두 옳게 쓴 경우	20 %
	실제 수증기량과 포화 수증기량 중 1가지만 옳게 쓴 경우	10 %
(2)	상대 습도를 구하는 식을 쓰고, 그 값을 옳게 구한 경우	40 %
	상대 습도만 옳게 쓴 경우	20 %
(3)	공기 A가 B보다 상대 습도가 높은 까닭을 실제 수증기량과 포화 수증기량을 모두 포함하여 옳게 서술한 경우	40 %
	그 외의 경우	0 %

2 상대 습도는 기온과 실제 수증기량의 영향을 받는다. 맑은 날에는 공기 중의 실제 수증기량이 거의 변하지 않으므로, 상대 습도는 주로 기온의 영향을 받는다.

모범 답안 맑은 날에는 공기 중의 실제 수증기량이 거의 변하지 않으므로 기온에 따라 포화 수증기량이 달라져 상대 습도가 변한다. 따라서 기온이 높은 낮에는 포화 수증기량이 증가하여 상대 습도가 낮아지고, 기온이 낮은 밤에는 포화 수증기량이 감소하여 상대 습도가 높아진다.

채점 기준	배점
맑은 날 하루 동안 기온과 상대 습도가 반대로 나타나는 까닭을 실제 수증기량과 포화 수증기량을 포함하여 옳게 서술한 경우	100 %
맑은 날 상대 습도는 주로 기온의 영향을 받기 때문이라고 서술한 경우	30 %

2-1 **모범 답안** 맑은 날에는 공기 중의 실제 수증기량이 거의 변하지 않기 때문이다.

3 **모범 답안** 공기 덩어리가 상승하면 주위 공기의 압력이 낮아지므로 단열 팽창이 일어나 기온이 하강하며, 이슬점에 도달하여 응결이 일어나 구름이 생성된다.

채점 기준	배점
구름이 만들어지는 과정을 3가지 단어를 모두 포함하여 옳게 서술한 경우	100 %
구름이 만들어지는 과정을 2가지 단어만 포함하여 옳게 서술한 경우	60 %

4 구름 속의 온도가 $-40 \sim 0$ ℃인 구간에는 물방울과 얼음 알갱이(빙정)가 섞여 있으며, 눈이 만들어진다.

모범 답안 구름 속 A 구간에서는 물방울에서 증발한 수증기가 얼음 알갱이에 달라붙어 얼음 알갱이가 커진다. 얼음 알갱이가 커지고 무거워져 떨어지면 눈이 되고, 떨어지다가 녹으면 비가 된다.

채점 기준	배점
이 지역에서 눈이나 비가 내리는 과정을 A 구간에서 일어나는 현상을 포함하여 옳게 서술한 경우	100 %
A 구간에서 얼음 알갱이가 커져 눈이 내린다고 서술한 경우	30 %

4-1 중위도나 고위도 지방의 강수 과정을 설명하는 이론은 빙정설이다.

모범 답안 빙정설

03 기압과 바람

기초를 튼튼히! **개념 잡기**　　개념 학습 교재 73, 75쪽

1 (1) × (2) × (3) ○ (4) ○ **2** ㉠ 기압, ㉡ 모든 **3** (1) 진공 (2) 76 (3) 낮아진다 (4) 일정하다 **4** ⑤ **5** (1) ○ (2) × (3) × (4) ○ **6** (1) ○ (2) × (3) ○ (4) × **7** ㉠ 상승, ㉡ 하강, ㉢ 하강, ㉣ 상승 **8** (1) 높다 (2) 해풍 (3) 낮 (4) 가열 **9** (1) 겨울철 (2) 높다 (3) 냉각 **10** (1) ㉢ (2) ㉡ (3) ㉠

1 **오답 피하기** (1) 시간과 장소에 따라 기압의 크기는 변한다.
(2) 기압은 모든 방향으로 작용한다.

2 기압이 모든 방향으로 작용하기 때문에 페트병에 뜨거운 물을 조금 넣고 뚜껑을 닫아 찬물에 넣으면 페트병이 사방으로 찌그러진다.

3 (1) 토리첼리의 실험에서 유리관 속에 들어 있는 수은이 내려오다가 수은 면으로부터 76 cm 높이에서 멈춘다. 이때 수은이 없는 유리관 속의 빈 공간은 진공 상태이다.
(2) 1기압일 때 수은 기둥의 높이(h)는 76 cm이다.
(3) 1기압일 때 유리관 속에 들어 있는 수은이 내려오다가 수은 면으로부터 76 cm 높이에서 멈춘 까닭은 유리관의 수은 기둥이 누르는 압력과 수은 면에 작용하는 기압이 같아졌기 때문이다. 따라서 기압이 높아지면 수은 기둥의 높이는 높아지고, 기압이 낮아지면 수은 기둥의 높이는 낮아진다.
(4) 기압이 일정한 경우 유리관을 기울이거나 유리관의 굵기를 다르게 해도 수은 기둥의 높이는 같다.

4 1기압=76 cmHg=약 1013 hPa=물기둥 약 10 m의 압력 =공기 기둥 약 1000 km의 압력

5 **오답 피하기** (2) 높이 올라갈수록 공기의 양이 줄어들므로 공기의 밀도는 급격히 작아진다.
(3) 높이 올라갈수록 기압이 낮아지므로, 산 정상에 올라가서 토리첼리의 실험을 한다면 수은 기둥의 높이는 지표면보다 낮을 것이다.

6 **오답 피하기** (2) 바람의 세기는 기압 차이에 비례한다. 따라서 두 지점의 기압 차이가 클수록 바람이 강하게 분다.
(4) 바람은 공기가 기압이 높은 곳에서 낮은 곳으로 수평 방향으로 이동하는 것이다.

7 지표면이 가열되면 공기가 팽창하면서 상승하여 주변으로 퍼져 나가 지표면 부근의 기압이 낮아진다. 반면 지표면이 냉각되면 공기가 수축하면서 하강하고 상공에서 주변의 공기가 모여들어 지표면 부근의 기압이 높아진다. 그 결과 기압이 높은 곳에서 낮은 곳으로 바람이 분다.

8 해안 지역에서 낮에는 육지가 바다보다 빨리 가열되기 때문에 기온은 육지가 바다보다 높고, 기압은 바다가 육지보다 높다. 따라

서 바다에서 육지로 해풍이 분다.

9 겨울철에는 대륙이 해양보다 빨리 냉각되기 때문에 기온은 대륙이 해양보다 낮고, 기압은 대륙이 해양보다 높다. 따라서 대륙에서 해양으로 바람이 분다. 이와 같은 원리로 우리나라의 겨울철에는 주로 북서 계절풍이 분다.

10 (1) 해안 지역에서 낮에는 육지가 바다보다 빨리 가열되기 때문에 기온은 육지가 바다보다 높고, 기압은 바다가 육지보다 높다. 따라서 바다에서 육지로 해풍이 분다.
(2) 해안 지역에서 밤에는 육지가 바다보다 빨리 냉각되기 때문에 기온은 바다가 육지보다 높고, 기압은 육지가 바다보다 높다. 따라서 육지에서 바다로 육풍이 분다.
(3) 계절풍은 대륙과 해양 사이에서 1년을 주기로 풍향이 바뀌는 바람이다.

Ⓐ ㉠ 높기, ㉡ 해풍, ㉢ 육풍
1 (1) ○ (2) ○ (3) × (4) ○　**2** ㄴ

Ⓐ

1 (2), (4) 적외선등을 끈 후 모래가 물보다 빨리 냉각되므로, 향 연기는 모래에서 물 쪽으로 이동한다. 이 실험을 통해 밤에 부는 육풍과 우리나라의 겨울철에 부는 북서 계절풍을 설명할 수 있다.
오답 피하기| (3) 적외선등을 켰을 때 모래가 물보다 빨리 가열되므로, 물 위의 기압이 모래 위의 기압보다 높다.

2 ㄴ. 따뜻한 물 위의 공기가 얼음물 위의 공기보다 빨리 가열되므로, 따뜻한 물 위의 공기가 밀도가 작아져 상승한다. 따라서 얼음물 위의 기압이 따뜻한 물 위의 기압보다 높기 때문에 향 연기는 얼음물에서 따뜻한 물 쪽으로 이동한다.
오답 피하기| ㄱ. (가)는 (나)보다 빨리 가열되므로 공기가 상승하여 기압이 낮다.
ㄷ. 이 실험을 통해 바람이 부는 원리를 알 수 있다.

---

1 (1) 가열 (2) 높다 (3) 해풍　**2** ⑤　**3** (1) B (2) 여름철 (3) 1년
4 ㄱ, ㄷ

---

1 (1) 육지는 바다보다 열용량이 작으므로, 낮에는 육지(B)가 바다(A)보다 빨리 가열된다.
(2) 육지 쪽의 공기가 상승하여 기압이 낮아지므로, 기압은 바다(A)가 육지(B)보다 높다.
(3) 해안 지역에서 낮에는 기압이 높은 바다에서 기압이 낮은 육지 쪽으로 해풍이 분다.

2 ⑤ 해륙풍은 해안 지역에서 하루를 주기로 풍향이 바뀌는 바람이다.
오답 피하기| ① 육지에서 바다로 바람이 불고 있으므로 육풍이다.
② 해안 지역에서 밤에는 기압이 높은 육지에서 기압이 낮은 바다 쪽으로 육풍이 분다.
③ 육지는 바다보다 열용량이 작으므로, 밤에는 육지가 바다보다 빨리 냉각된다. 따라서 기온은 육지가 바다보다 낮다.
④ 기온이 높은 바다 쪽의 공기가 상승하여 기압이 낮아지므로, 기압은 바다가 육지보다 낮다.

3 (1) 바람은 기압이 높은 곳에서 낮은 곳으로 분다. 따라서 기압은 B가 A보다 높다.
(2) 우리나라의 여름철에는 대륙이 해양보다 빨리 가열되므로 대륙 쪽의 공기가 상승하여 기압이 낮아진다. 따라서 해양에서 대륙 쪽으로 남동 계절풍이 분다.
(3) 대륙과 해양 사이에서 부는 계절풍은 1년을 주기로 풍향이 바뀐다.

4 ㄱ, ㄷ. 우리나라의 겨울철에는 대륙이 해양보다 빨리 냉각되므로 해양 쪽의 공기가 상승하여 기압이 낮아진다. 따라서 대륙에서 해양 쪽으로 바람이 분다.
오답 피하기| ㄴ. 우리나라의 북서쪽에서 바람이 불어오므로 북서 계절풍이다.

01 ④　**02** ④　**03** 알루미늄 캔 안쪽<바깥쪽　**04** 모든 방향　**05** ①
06 ②, ④　**07** ④　**08** ①　**09** ⑤　**10** $h_1 = h_2 = h_3$　**11** 두 지역의 기압 차이　**12** ③　**13** ②　**14** ①　**15** ④　**16** ④　**17** ③　**18** ②
19 ②, ⑤　**20** ③

---

01 ① 기압은 모든 방향으로 같은 크기로 작용한다.
② 기권에서 공기는 대부분 대류권에 모여 있다. 따라서 높이 올라갈수록 공기의 양이 적어지므로 기압이 낮아진다.
③ 공기가 끊임없이 움직이므로, 기압은 측정 시간과 장소에 따라 달라진다.
⑤ 기압의 단위로는 기압, hPa(헥토파스칼), cmHg 등을 사용한다.
오답 피하기| ④ 기압은 공기가 단위 면적에 작용하는 힘이다.

02 ㄴ. 높이 올라갈수록 기압이 낮아지므로, 높은 산에 올라가면 귀가 먹먹해진다.
ㄷ. 기압은 모든 방향에서 작용하므로 빨대로 빈 우유팩을 계속 빨면 팩이 찌그러진다.
오답 피하기| ㄱ. 풀잎에 이슬이 맺히는 것은 공기의 온도가 낮아져 이슬점에 도달할 때 수증기의 응결에 의해 나타나는 현상이다.

03 알루미늄 캔에 물을 조금 넣고 수증기가 나올 때까지 가열한 후 입구를 테이프로 막고 냉각시키면 수증기가 응결하여 캔 내부 기압이 낮아진다. 따라서 알루미늄 캔 안쪽 기압이 바깥쪽 기압보다 낮아서 캔이 찌그러진다.

04 알루미늄 캔이 모든 방향으로 찌그러졌으므로 기압은 모든 방향으로 작용하는 것을 알 수 있다.

05 토리첼리의 실험에서 1기압일 때 유리관 속 수은이 내려오다가 수은 면으로부터 76 cm 높이에서 멈춘다. 이는 수은 기둥이 누르는 압력과 수은 면에 작용하는 기압이 같아졌기 때문이다. 높은 산은 지표면보다 기압이 낮으므로, 높은 산에서 이 실험을 하면 수은 기둥의 높이는 76 cm보다 낮게 나타난다.

06 ① 토리첼리의 실험에서 수은 기둥이 내려간 유리관 속 공간은 진공 상태이다.
③ 1기압은 물기둥 약 10 m의 압력과 같으므로, 물을 이용하여 실험하려면 10 m 이상의 유리관이 필요하다.
⑤ 1기압은 약 1013 hPa이다. 따라서 기압이 1023 hPa인 곳에서 실험을 하면 1기압보다 높으므로 수은 기둥의 높이가 76 cm보다 높아진다.
오답 피하기 | ② 기압이 같을 때 수은 기둥의 높이는 유리관의 기울기에 관계없이 일정하다.
④ 수은 기둥이 내려오다가 수은 기둥이 누르는 압력과 수은 면에 작용하는 기압이 같아졌을 때 멈춘다.

07 1기압＝76 cmHg＝약 1013 hPa＝물기둥 약 10 m의 압력＝공기 기둥 약 1000 km의 압력
①, ② 10기압＝760 cmHg
③ 약 1013 hPa＝1기압
④ 물기둥 약 1000 m의 압력＝100기압
⑤ 공기 기둥 약 1 km의 압력＝0.001기압

08 ㄱ. 토리첼리의 실험에서 1기압일 때 유리관 속 수은이 내려오다가 수은 면으로부터 76 cm 높이에서 멈추며, 기압이 높아지면 수은 기둥의 높이가 높아진다. 따라서 (가) 지역의 기압은 1기압보다 높다.
ㄷ. 1기압＝76 cmHg＝약 1013 hPa이므로, (나) 지역의 기압은 약 1013 hPa이다.
오답 피하기 | ㄴ. 기압이 같을 때 수은 기둥의 높이는 유리관의 기울기나 굵기에 관계없이 일정하다. 따라서 (나) 지역과 (다) 지역은 기압이 같다.
ㄹ. 1기압＝76 cmHg＝공기 기둥 약 1000 km의 압력이므로, (다) 지역의 기압은 공기 기둥 약 1000 km의 압력과 같다.

09 기권에서 높이 올라갈수록 공기의 양이 급격히 줄어들기 때문에 기압도 높이 올라갈수록 급격히 낮아진다.

10 기압이 같을 때 수은 기둥의 높이는 유리관의 기울기나 굵기에 관계없이 일정하다.

11 바람은 지표면의 가열이나 냉각 차이에 의해 발생한 기압 차이로 인해 기압이 높은 곳에서 낮은 곳으로 분다.

12 ③ 바람은 두 지점의 기압 차이에 의해 발생하며, 기압 차이가 클수록 바람의 세기가 강하다.
오답 피하기 | ①, ② 바람은 지표면의 가열이나 냉각 차이에 의해 발생한 기압 차이로 인해 기압이 높은 곳에서 낮은 곳으로 분다.
④ 풍향은 바람이 불어오는 방향이므로, 남쪽에서 북쪽으로 부는 바람은 남풍이다.
⑤ 공기가 기압이 높은 곳에서 낮은 곳으로 수평 방향으로 이동하는 것을 바람이라고 한다.

13 지표면이 가열되면 공기가 팽창하면서 상승하여 주변으로 퍼져 나가고, 지표면이 냉각되면 공기가 수축하면서 하강하고 상공에서 주변의 공기가 모여든다. 따라서 기온은 A가 B보다 높고, 기압은 B가 A보다 높다.

14 ㄱ. 지표면이 가열되면 공기가 팽창하면서 상승하여 주변으로 퍼져 나간다. 따라서 A 지역은 지표면이 가열되었다.
ㄷ. 지표면에서 바람은 기압이 높은 B 지역에서 기압이 낮은 A 지역으로 분다.
오답 피하기 | ㄴ. A 지역의 공기는 팽창하면서 상승하고, B 지역의 공기는 수축하면서 하강한다.
ㄹ. 바람은 두 지점의 기압 차이에 의해 발생하며, 기압 차이가 클수록 바람의 세기가 강하다. 따라서 A와 B 지역의 기압 차이가 커지면 바람이 강해진다.

15 모래는 물보다 비열이 작아서 빨리 가열되고 빨리 냉각된다. 따라서 적외선등을 켰을 때는 모래가 물보다 빨리 가열되고, 적외선등을 껐을 때는 모래가 물보다 빨리 냉각된다.

16 ① 이 실험은 모래와 물의 가열 또는 냉각 차이에 의한 공기의 흐름을 통해 바람이 부는 원리를 알아보기 위한 것이다.
② 모래와 물을 가열하면 모래가 빨리 가열되므로, 모래 쪽의 공기가 팽창하여 밀도가 작아져 상승한다.
③ 모래와 물을 가열하면 물 쪽의 기압이 모래 쪽의 기압보다 높아지므로, 향 연기는 공기의 흐름을 따라 물에서 모래 쪽으로 이동한다.
⑤ 모래와 물을 냉각시키면 모래가 빨리 냉각되므로, 모래 쪽의 공기가 수축하여 밀도가 커져 하강한다. 따라서 모래 쪽의 기압이 물 쪽의 기압보다 높아진다.
오답 피하기 | ④ 모래와 물을 냉각시키는 실험을 통해 육풍이 부는 원리를 알 수 있다.

17 육지는 바다보다 열용량이 작으므로, 밤에는 육지가 바다보다 빨리 냉각된다. 따라서 기온은 육지가 바다보다 낮다. 해안 지역에서 밤에는 기압이 높은 육지에서 기압이 낮은 바다 쪽으로 육풍이 분다.

18 (가)는 해안 지방에서 낮에 부는 해풍이고, (나)는 우리나라 주

변에서 겨울철에 부는 북서 계절풍이다.

19 ② 우리나라의 겨울철에는 대륙이 해양보다 빨리 냉각되므로 대륙 쪽의 공기가 하강하여 기압이 높아지고 해양 쪽의 공기가 상승하여 기압이 낮아진다. 따라서 대륙에서 해양 쪽으로 바람이 분다.
⑤ (가)는 해풍으로, 육지와 바다의 가열 차이에 의해 기압 차이가 발생하여 바람이 분다.
오답 피하기 ① (가)에서는 육지가 바다보다 빨리 가열되므로, 육지 쪽의 공기가 상승한다. 해안 지역에서 낮에는 기압이 높은 바다에서 기압이 낮은 육지 쪽으로 해풍이 분다.
③ (나)에서는 대륙이 해양보다 기압이 높으므로, 대륙에서 해양 쪽으로 바람이 분다.
④ 해안 지방에서는 하루를 주기로 풍향이 바뀌고, 대륙과 해양 사이에서는 1년을 주기로 풍향이 바뀐다. 따라서 바람이 부는 주기는 (가)가 (나)보다 짧다.

20 ㄷ. 대륙과 해양 사이에서 부는 계절풍은 1년을 주기로 풍향이 바뀐다.
ㄹ. 바람은 두 지점의 기압 차이에 의해 발생하며, 기압 차이가 클수록 바람의 세기가 강하다. 따라서 대륙과 해양의 기압 차이가 커지면 바람이 강해진다.
오답 피하기 ㄱ, ㄴ. 우리나라의 여름철에는 대륙이 해양보다 빨리 가열되므로 대륙 쪽의 공기가 상승하여 기압이 낮아진다. 따라서 해양에서 대륙 쪽으로 남동 계절풍이 분다.

실력의 완성! 서술형 문제　　　　개념 학습 교재 **81**쪽

1 기압이 모든 방향으로 작용하기 때문에 나타나는 현상
• 유리컵에 물을 담고 종이를 덮은 후 거꾸로 뒤집어도 물이 쏟아지지 않는다.
• 페트병에 뜨거운 물을 조금 넣고 뚜껑을 닫아 얼음물에 넣으면 페트병이 사방으로 찌그러진다.
모범 답안 기압이 모든 방향으로 작용하기 때문이다.

채점 기준	배점
모범 답안과 같이 서술한 경우	100 %
그 외의 경우	0 %

2 토리첼리의 실험에서 1기압일 때 유리관 속 수은이 내려오다가 수은 면으로부터 76 cm 높이에서 멈춘다. 이는 수은 기둥이 누르는 압력과 수은 면에 작용하는 기압이 같아졌기 때문이다.
모범 답안 (1) 수은 기둥이 누르는 압력과 수은 면에 작용하는 기압이 같아졌기 때문이다.
(2) 높이 올라갈수록 기압이 낮아지므로, 설악산 정상에서 이 실험을 하면 수은 기둥의 높이는 76 cm보다 낮게 나타난다.

	채점 기준	배점
(1)	수은 기둥이 누르는 압력과 수은 면에 작용하는 기압을 포함하여 옳게 서술한 경우	50 %
(2)	수은 기둥의 높이 변화와 까닭을 모두 옳게 서술한 경우	50 %
	수은 기둥의 높이 변화와 까닭 중 1가지만 옳게 서술한 경우	20 %

2-1 기압이 같은 지역에서는 유리관의 굵기나 기울기에 관계없이 수은 기둥의 높이는 변하지 않는다.
모범 답안 기압이 같은 지역에서는 더 굵은 유리관을 사용해도 수은 기둥의 높이는 변하지 않는다.

3 바람은 기압이 높은 곳에서 낮은 곳으로 수평 방향으로 이동하는 것이다.
모범 답안 지표면이 가열되는 곳에서는 기압이 주변보다 낮아지고 지표면이 냉각되는 곳에서는 기압이 주변보다 높아지므로, 공기는 기압이 높은 곳에서 낮은 곳으로 이동하여 바람이 분다.

채점 기준	배점
제시된 단어 5가지를 모두 포함하여 옳게 서술한 경우	100 %
제시된 단어 5가지 중 4가지만 포함하여 옳게 서술한 경우	60 %

4 **모범 답안** 우리나라의 여름철에는 대륙이 해양보다 빨리 가열되므로 대륙 쪽의 공기가 상승하여 기압이 낮아진다. 따라서 기압이 높은 해양에서 기압이 낮은 대륙 쪽으로 남동 계절풍이 분다.

채점 기준	배점
대륙이 해양보다 빨리 가열되어 기압이 낮아지는 것을 포함하여 옳게 서술한 경우	100 %
기압이 높은 해양에서 기압이 낮은 대륙 쪽으로 바람이 분다고 설명한 경우	30 %

4-1 육지는 바다보다 열용량이 작으므로, 낮에는 육지가 바다보다 빨리 가열된다. 따라서 육지 쪽의 공기가 상승하여 기압이 낮아지므로, 기압이 높은 바다에서 기압이 낮은 육지 쪽으로 해풍이 분다.
모범 답안 해풍

04 날씨의 변화

1 (1) ○ (2) ○ (3) ○ (4) ×   **2** (1) A, B (2) C, 북태평양 기단 (3) A, 시베리아 기단   **3** ㉠ 전선면, ㉡ 전선   **4** (1) ㉡ (2) ㉠ (3) ㉢ (4) ㉢   **5** (1) 온난 전선 (2) 층운형 구름 (3) 높아진다.   **6** (1) × (2) ○ (3) ○ (4) ×   **7** (1) 적운형 구름 (2) 한랭 전선 (3) 남동풍   **8** ㉠ 중위도, ㉡ 한랭, ㉢ 온난   **9** (1) 남고북저 (2) 북태평양 (3) 남동   **10** (1) ㉡ (2) ㉠ (3) ㉢ (4) ㉢

1 오답 피하기| (4) 기단이 발생지에서 다른 지역으로 이동하면, 이동하는 지역 지표의 영향을 받아 기단의 아랫부분부터 성질이 변한다.

2 (1) 대륙에서 형성된 기단은 건조한 성질을 갖는다. 따라서 A와 B는 건조한 성질을 갖는다.
(2) 저위도의 해양에서 형성된 북태평양 기단(C)은 고온 다습하며, 우리나라의 여름철에 무덥고 습한 날씨를 가져온다.
(3) 우리나라의 겨울철에는 고위도의 대륙에서 형성된 시베리아 기단(A)의 영향을 받아 한랭 건조한 날씨가 나타난다.

3 성질이 다른 두 기단이 만나서 생기는 경계면을 전선면, 전선면이 지표면과 만나는 경계선을 전선이라고 한다.

4 (1), (3) 한랭 전선은 찬 공기가 따뜻한 공기 아래로 파고들 때 형성되고, 온난 전선은 따뜻한 공기가 찬 공기 위로 타고 오를 때 형성된다.
(2) 폐색 전선은 이동 속도가 빠른 한랭 전선이 온난 전선을 따라잡아 두 전선이 겹쳐져서 형성된다.
(4) 정체 전선은 두 기단의 세력이 비슷하여 오랫동안 머물러 있는 전선으로, 우리나라의 초여름에 형성되는 장마 전선은 대표적인 정체 전선이다.

5 (1), (2) 온난 전선은 따뜻한 공기가 찬 공기 위로 타고 오를 때 형성되는 전선으로, 층운형 구름이 생성되어 지속적인 비가 내린다.
(3) 온난 전선이 통과한 후에는 따뜻한 공기의 영향을 받으므로 기온이 높아진다.

6 오답 피하기| (1) 저기압은 주위보다 기압이 낮은 곳이다.
(4) 저기압에서는 구름이 생성되어 흐리고 비나 눈이 내리며, 고기압에서는 맑은 날씨가 나타난다.

7 (1) A 지역은 한랭 전선의 뒤쪽에 위치하므로 적운형 구름이 발달한다.
(2) 온대 저기압은 서쪽에서 동쪽으로 이동하므로, B 지역에는 앞으로 한랭 전선이 통과할 것이다.
(3) C 지역은 온난 전선의 앞쪽에 위치하므로 남동풍이 분다.

8 온대 저기압은 중위도 지방에서 북쪽의 찬 기단과 남쪽의 따뜻한 기단이 만나 발생하며, 저기압 중심의 남서쪽으로 한랭 전선을, 남동쪽으로 온난 전선을 동반한다.

9 (1) 우리나라의 여름철에는 남쪽에 고기압, 북쪽에 저기압이 위치하는 남고북저형 기압 배치가 나타난다.
(2) 우리나라의 여름철에는 주로 고온 다습한 북태평양 기단의 영향을 받아 무덥고 습한 날씨가 나타난다.
(3) 우리나라의 여름철에는 남동 계절풍이 분다.

10 (1) 우리나라의 봄철에는 온난 건조한 양쯔강 기단의 영향을 받아 따뜻하고 건조한 날씨가 나타난다.
(2) 우리나라의 여름철에는 고온 다습한 북태평양 기단의 영향을 받아 무더위(폭염)와 열대야 현상이 나타난다.
(3) 우리나라의 가을철에는 맑은 하늘이 자주 나타나며, 낮과 밤의 기온 차이가 커지면서 첫서리가 내린다.
(4) 우리나라의 겨울철에는 서고동저형의 기압 배치가 나타나며, 한랭 건조한 시베리아 기단의 영향을 받아 한파 등이 나타나고 북서 계절풍이 분다.

Beyond 특강   개념 학습 교재 86쪽

1 A, C   **2** ㄷ, ㄹ   **3** (가) 여름철(초여름), (나) 봄철이나 가을철   **4** ㄱ, ㄴ

1 A와 C 지역은 주위보다 기압이 높으므로 고기압이고, B 지역은 주위보다 기압이 낮으므로 저기압이다.

2 ㄷ. 앞으로 우리나라는 서쪽에서 이동해 오는 고기압의 영향을 받을 것이다.
ㄹ. 기상 위성 영상에는 구름이 있는 지역이 하얗게 나타난다. 고기압이 형성된 지역은 구름이 없고 온대 저기압의 전선 부근에는 구름이 생성되므로, B 부근은 기상 위성 영상에서 하얗게 나타날 것이다.
오답 피하기| ㄱ. 제주도는 온대 저기압의 영향을 받으므로 날씨가 흐릴 것이다.
ㄴ. 바람은 고기압에서 저기압으로 분다. 따라서 우리나라에는 북풍 계열의 바람이 분다.

3 (가)에는 장마 전선이 나타나므로 여름철(초여름) 일기도이다. (나)에는 이동성 고기압과 이동성 저기압(온대 저기압)이 나타나므로 봄철이나 가을철 일기도이다.

4 ㄱ. (가)에서 우리나라의 중부 지방에 장마 전선이 형성되어 있다. 장마 전선은 대표적인 정체 전선으로, 두 기단의 세력이 비슷하여 오랫동안 머무르며 많은 비를 내린다. 따라서 우리나라의 일부 지역에는 많은 비가 내린다.
ㄴ. 봄철이나 가을철에는 이동성 고기압과 이동성 저기압(온대 저

기압)이 자주 지나가므로 날씨 변화가 심하다.

오답 피하기| ㄷ. 봄철에는 따뜻하고 건조한 날씨가 나타나고, 가을철에는 고온 다습한 북태평양 기단의 세력이 약해진다. 한편 무더위와 열대야가 나타나는 계절은 여름이다.

실력을 키워! 내신 잡기   개념 학습 교재 87~90쪽

01 ④ **02** ④ **03** ④,⑤ **04** ㉣, 오호츠크해 기단 **05** ③ **06** ①
07 A: 따뜻한 공기, B: 전선 **08** ②,⑤ **09** ③ **10** ⑤ **11** ④
12 ④ **13** ② **14** ④ **15** ⑤ **16** ④ **17** 온난 전선, 한랭 전선
18 ②,④ **19** (나), (다), (가) **20** ①,④ **21** ④ **22** 가을철, 양쯔강
기단 **23** ⑤ **24** 여름철(초여름) **25** ①,②

---

01 ㄱ. 기단의 성질은 발생지의 성질(기온, 습도 등)에 따라 결정된다. 따라서 해양에서 형성된 기단은 해양으로부터 수증기를 많이 공급받으므로 습하다.
ㄴ. 기온이 낮은 고위도에서 형성된 기단은 한랭하다.
ㄹ. 기단이 발생지에서 다른 지역으로 이동하면, 이동하는 지역 지표의 영향을 받아 기단의 아랫부분부터 기온과 습도 등의 성질이 변한다.

오답 피하기| ㄷ. 기단은 넓은 지역에 걸쳐 기온과 습도가 비슷한 넓은 대륙, 사막, 해양 등에서 발생한다. 공기의 이동이 활발한 온대지방이나 해안 지방에서는 기단이 잘 발생하지 않는다.

02 저위도에서 형성된 기단은 기온이 높고, 고위도에서 형성된 기단은 기온이 낮다. 따라서 B(양쯔강 기단)와 D(북태평양 기단)는 기온이 높다.

03 ④ C는 오호츠크해 기단으로 한랭 다습하며, 이 기단의 영향으로 동해안 지역에 저온 현상이 나타나기도 한다.
⑤ D는 고온 다습한 북태평양 기단으로, 북태평양 기단의 영향을 받는 여름철에는 무덥고 습한 날씨가 나타난다.

오답 피하기| ① 고위도에서 형성된 A(시베리아 기단)는 저위도에서 형성된 B(양쯔강 기단)보다 기온이 낮다.
② B는 온난 건조한 양쯔강 기단으로, 우리나라의 봄철과 가을철에 영향을 미친다.
③ 해양에서 형성된 C(오호츠크해 기단)는 습하고, 대륙에서 형성된 A(시베리아 기단)는 건조하다.

04 오호츠크해 기단은 고위도의 해양에서 형성되어 한랭 다습하며, 우리나라의 초여름에 영향을 미친다.

05 ① ㉠은 기온이 높고 습도가 낮으므로, 우리나라의 봄철이나 가을철에 영향을 미치는 온난 건조한 양쯔강 기단의 성질이다.
② ㉡은 기온이 높고 습도가 높으므로, 우리나라의 여름철에 영향을 미치는 고온 다습한 북태평양 기단의 성질이다.
④ ㉡과 ㉢은 습도가 높으므로 해양에서 형성된 기단의 성질이다.
⑤ ㉣은 기온이 낮고 ㉡은 기온이 높으므로, ㉣은 ㉡보다 고위도에

서 형성된 기단의 성질이다.

오답 피하기| ③ ㉢은 기온이 낮고 습도가 낮으므로, 고위도의 대륙에서 형성된 시베리아 기단의 성질이다.

06 ㄱ, ㄴ. 차고 건조한 기단이 따뜻한 바다 위를 이동하는 동안 열과 수증기를 공급받으므로, 구름이 생성되고 따뜻한 육지에 도달하면 비나 눈을 내릴 수 있다.

오답 피하기| ㄷ, ㄹ. 기단이 발생지에서 다른 지역으로 이동하면, 이동하는 지역 지표의 영향을 받아 기단의 아랫부분부터 성질이 변한다. 따라서 차고 건조한 기단이 따뜻한 바다 위를 이동하는 동안 기온이 높아지고 수증기량이 증가한다.

07 A는 찬 공기 위로 상승하는 따뜻한 공기이고, B는 전선면이 지표면과 만나는 경계선으로 전선이다.

08 ① 전선은 성질이 다른 두 기단이 만나 형성되므로, 전선을 경계로 기온, 습도, 바람 등의 날씨가 크게 변한다.
③ 찬 공기는 따뜻한 공기보다 밀도가 크므로 따뜻한 공기 아래쪽으로 이동한다.
④ 성질이 다른 두 기단이 만나면 쉽게 섞이지 않고 경계면을 형성한다.

오답 피하기| ② 전선면은 찬 공기가 있는 쪽으로 형성된다. 온난 전선면은 전선의 앞쪽으로 형성되고, 한랭 전선면은 전선의 뒤쪽으로 형성된다.
⑤ 세력이 비슷한 두 기단이 만나면 정체 전선이 만들어진다.

09 ㄴ. 이 실험에서 따뜻한 물과 찬물은 성질이 다른 두 기단에 해당하고, 따뜻한 물과 찬물의 경계면은 전선면에 해당한다.
ㄹ. 칸막이를 서서히 들어 올리면 밀도가 큰 찬물이 밀도가 작은 따뜻한 물 아래로 이동한다.

오답 피하기| ㄱ. 이 실험은 성질이 다른 두 기단이 만나 전선이 형성되는 원리를 알아보기 위한 것이다.
ㄷ. 칸막이를 서서히 들어 올리면 따뜻한 물과 찬물은 쉽게 섞이지 않고 경계면을 형성한다.

10 ⑤ 한랭 전선은 찬 공기가 따뜻한 공기 아래로 파고들면서 형성된다.

오답 피하기| ①, ② A는 찬 공기, B는 따뜻한 공기이다. 찬 공기가 따뜻한 공기 아래로 파고들면서 한랭 전선이 형성된다.
③ 전선이 통과한 후에는 찬 공기의 영향을 받으므로 기온이 낮아진다.
④ 한랭 전선 뒤쪽에 적운형 구름이 생성되므로 전선이 통과한 후에는 소나기가 내린다.

11 따뜻한 공기가 찬 공기 위로 타고 오르면서 형성되는 온난 전선이다. 온난 전선의 일기 기호는 ●●●●●●이며, 온난 전선의 앞쪽에서는 층운형 구름이 생성되어 지속적인 비가 내린다.

12 ④ 우리나라에 형성된 전선은 두 기단의 세력이 비슷하여 오랫동안 머물러 있는 정체 전선이다.

오답 피하기| ① 세력이 비슷한 북쪽의 찬 기단과 남쪽의 따뜻한 기단이 만나 형성된 정체 전선이다.

② 전선은 성질이 다른 두 기단이 만나 형성된다.

③ 이 전선은 한곳에 오랫동안 머물러 있으며, 찬 기단과 따뜻한 기단의 세력에 따라 남쪽이나 북쪽으로 이동한다.

⑤ 한랭 전선과 온난 전선이 만나 두 전선이 겹쳐져서 형성된 전선은 폐색 전선이다.

13 A 지역은 주위보다 기압이 높으므로 고기압이다. 북반구 고기압에서 바람은 시계 방향으로 불어 나가며, 하강 기류가 나타난다.

14 ①, ③ A 지역은 주위보다 기압이 높으므로 고기압, B 지역은 주위보다 기압이 낮으므로 저기압이다. 고기압에서는 날씨가 맑고, 저기압에서는 날씨가 흐리고 비나 눈이 내린다.

②, ⑤ 북반구 고기압에서는 바람이 시계 방향으로 불어 나가고, 북반구 저기압에서는 바람이 시계 반대 방향으로 불어 들어온다.

오답 피하기| ④ 고기압에서는 하강 기류가 나타나 구름이 소멸되고, 저기압에서는 상승 기류가 나타나 구름이 생성된다.

15 ⑤ A에는 구름이 없으므로 고기압이, B에는 구름이 많으므로 저기압이 형성되어 있다. 북반구 고기압에서는 바람이 시계 방향으로 불어 나가고, 북반구 저기압에서는 바람이 시계 반대 방향으로 불어 들어온다.

오답 피하기| ①, ② A에는 고기압이 형성되어 있으므로 하강 기류가 나타난다.

③, ④ B에는 저기압이 형성되어 있으므로 흐리고 비나 눈이 내릴 수 있다.

16 A 부근에는 한랭 전선이, B 부근에는 온난 전선이 발달한다. 한랭 전선의 뒤쪽과 온난 전선의 앞쪽에는 찬 공기가 분포하고, 한랭 전선과 온난 전선 사이에는 따뜻한 공기가 분포한다.

17 우리나라 부근에서 온대 저기압은 서쪽에서 동쪽으로 이동한다. 따라서 C 지역에는 앞으로 온난 전선이 먼저 지나간 후 한랭 전선이 지나간다.

18 ② (가)의 한랭 전선이 (나)의 온난 전선을 따라가 겹쳐지면 폐색 전선이 형성된다.

④ B 지역은 온난 전선과 한랭 전선 사이에 위치하므로, 맑은 날씨가 나타나고 남서풍이 분다.

오답 피하기| ① 온대 저기압의 중심에서 남서쪽으로 한랭 전선, 남동쪽으로 온난 전선이 형성된다. 따라서 (가)는 한랭 전선, (나)는 온난 전선이다.

③ A 지역은 한랭 전선의 뒤쪽에 위치하므로, 적운형 구름이 발달하여 소나기가 내린다.

⑤ C 지역은 온난 전선의 앞쪽에 위치하므로, 층운형 구름이 발달

하여 지속적인 비가 내리고 남동풍이 분다.

19 (나) A 지역은 현재 온난 전선의 앞쪽에 위치하므로, 층운형 구름이 발달하여 지속적인 비가 내리고 남동풍이 분다.

(다) 온대 저기압이 서쪽에서 동쪽으로 이동하여 온난 전선이 지나간 후에는 맑은 날씨가 나타나고, 따뜻한 공기의 영향을 받으므로 기온이 높아진다.

(가) 이후에 한랭 전선이 지나가면 적운형 구름이 발달하여 소나기가 내리고, 찬 공기의 영향을 받으므로 기온이 낮아진다.

20 ① 우리나라에 이동성 고기압과 이동성 저기압(온대 저기압)이 자주 지나가므로 봄철이나 가을철의 일기도이다. 봄철이나 가을철에는 날씨 변화가 심하다.

④ 봄철이나 가을철에는 온난 건조한 양쯔강 기단의 영향을 받는다.

오답 피하기| ② 봄철이나 가을철의 일기도이다.

③ 우리나라에 남동 계절풍이 부는 계절은 여름철이다.

⑤ 무더위와 열대야가 나타나는 계절은 여름철이다.

21 ㄱ, ㄴ. 서고동저형의 기압 배치가 나타나므로 우리나라의 겨울철 일기도이다. 겨울철에는 한랭 건조한 시베리아 기단의 영향을 받으므로 춥고 건조한 날씨가 나타난다.

ㄷ. 겨울철에는 우리나라의 북서쪽에 고기압이 발달하므로 북서 계절풍이 불고, 한랭 건조한 시베리아 기단의 영향을 받아 한파가 나타날 수 있다.

오답 피하기| ㄹ. 우리나라는 겨울철에 고위도의 대륙에서 발생한 시베리아 기단의 영향을 받는다.

22 우리나라의 가을철에는 양쯔강 기단의 영향을 받으며, 이동성 고기압과 이동성 저기압(온대 저기압)이 자주 지나가므로 날씨 변화가 심하다. 또한 맑은 하늘이 자주 나타나고, 첫서리가 내린다.

23 ㄱ, ㄷ, ㄹ. 남고북저형의 기압 배치가 나타나므로 우리나라의 여름철 일기도이다. 여름철에는 고온 다습한 북태평양 기단의 영향을 받으므로, 폭염과 열대야가 나타나고 남동 계절풍이 분다.

오답 피하기| ㄴ. 꽃샘추위는 우리나라의 봄철에 한랭 건조한 시베리아 기단의 세력이 일시적으로 확장될 때 나타난다.

24 우리나라에 정체 전선의 일종인 장마 전선이 형성되어 있으므로, 주로 여름철(초여름)에 나타나는 일기도이다.

25 ① A는 두 기단의 세력이 비슷하여 오랫동안 머물러 있는 정체 전선이다.

② 우리나라에 정체 전선의 일종인 장마 전선이 형성되어 있으므로 우리나라에는 많은 비가 내린다.

오답 피하기| ③ 겨울철에는 한랭 건조한 시베리아 기단이 상대적으로 따뜻한 황해상을 지나면서 변질되어 폭설이 내릴 수 있다.

④ 봄철과 가을철에는 온난 건조한 양쯔강 기단의 영향을 받아 따

뜻하고 건조한 날씨가 나타난다.
⑤ 가을철에는 낮과 밤의 기온 차이가 커지면서 첫서리가 내린다.

1 우리나라의 봄철에는 저위도의 대륙에서 발생하여 온난 건조한 양쯔강 기단의 영향을 받으므로 따뜻하고 건조한 날씨가 나타난다.

모범 답안 B, 양쯔강 기단, 저위도의 대륙에서 발생하여 온난 건조하다.

채점 기준	배점
기단의 기호와 이름을 옳게 쓰고, 기단의 성질을 발생지와 관련하여 옳게 서술한 경우	100 %
기단의 기호와 이름을 옳게 쓰고, 기단의 성질만을 옳게 서술한 경우	70 %
기단의 기호와 이름만 옳게 쓴 경우	30 %

2 우리나라의 초여름에 형성되는 장마 전선은 대표적인 정체 전선으로, 우리나라에 많은 비를 내린다.

모범 답안 (1) 정체 전선(장마 전선)
(2) 북쪽의 찬 기단과 남쪽의 고온 다습한 북태평양 기단이 만나 형성되며, 오랫동안 머물러 많은 비를 내린다.

	채점 기준	배점
(1)	정체 전선 또는 장마 전선이라고 쓴 경우	40 %
(2)	전선이 형성되는 과정과 전선의 특징을 모두 옳게 서술한 경우	60 %
	전선이 형성되는 과정과 전선의 특징 중 1가지만 옳게 서술한 경우	30 %

2-1 우리나라의 여름철(초여름)에는 정체 전선의 일종인 장마 전선이 형성되어 많은 비를 내린다.

모범 답안 여름철(초여름)

3 모범 답안 고기압에서는 하강 기류가 나타나고 북반구에서는 바람이 시계 방향으로 불어 나간다. 저기압에서는 상승 기류가 나타나고 북반구에서는 바람이 시계 반대 방향으로 불어 들어온다.

채점 기준	배점
고기압과 저기압에서 나타나는 기류와 북반구에서 나타나는 바람의 방향을 제시된 단어를 모두 포함하여 옳게 서술한 경우	100 %
고기압과 저기압에서 나타나는 기류와 북반구에서 나타나는 바람의 방향 중 1가지만 제시된 단어 중 일부를 포함하여 옳게 서술한 경우	50 %

4 A 지역은 현재 온난 전선과 한랭 전선 사이에 위치하므로 따뜻한 공기의 영향을 받고, 앞으로 한랭 전선이 통과하면 찬 공기의 영향을 받는다.

모범 답안 A 지역은 현재 구름이 없는 맑은 날씨가 나타나며, 기온이 높고 남서풍이 분다. 앞으로 한랭 전선이 통과하면 적운형 구름이 발달하여 소나기가 내리며, 기온이 낮아지고 북서풍이 분다.

채점 기준	배점
A 지역의 현재 날씨와 앞으로 나타날 날씨를 구름, 강수, 기온, 풍향을 포함하여 모두 옳게 서술한 경우	100 %
A 지역의 현재 날씨와 앞으로 나타날 날씨 중 1가지만 구름, 강수, 기온, 풍향을 포함하여 옳게 서술한 경우	50 %
A 지역의 현재 날씨와 앞으로 나타날 날씨를 구름, 강수, 기온, 풍향 중 3가지만 포함하여 옳게 서술한 경우	50 %

4-1 우리나라 부근에서 온대 저기압은 편서풍의 영향으로 서쪽에서 동쪽으로 이동하므로, 앞으로 A 지역에는 한랭 전선이 통과한다.

모범 답안 한랭 전선

단원 정리하기 　개념 학습 교재 92쪽

1 ❶ 기권 ❷ 대류권 ❸ 열권 ❹ 복사 평형
2 ❶ 기온 ❷ 수증기량 ❸ 응결량
3 ❶ 상대 습도 ❷ 높아 ❸ 이슬점 ❹ 증가
4 ❶ 팽창 ❷ 병합설 ❸ 빙정설
5 ❶ 기압 ❷ 76 ❸ 10 ❹ 낮아
6 ❶ 높은 ❷ 낮은 ❸ 기압 ❹ 해풍
7 ❶ 양쯔강 ❷ 시베리아 ❸ 한랭 ❹ 온난
8 ❶ 고기압 ❷ 저기압 ❸ 남서 ❹ 남고북저 ❺ 북서

실전에 도전! **단원 평가하기** 　개념 학습 교재 93~97쪽

01 ① **02** ① **03** ⑤ **04** ①, ② **05** ② **06** A: 50 %, B: 70 %
07 ④, ⑤ **08** ③ **09** 9.8 g **10** ② **11** 약 54.2 % **12** ② **13** (가)
→ (바) → (라) → (다) → (마) → (나) **14** ③ **15** ④, ⑤ **16** ⑤
17 기압, hPa, cmHg **18** ① **19** ①, ② **20** ③ **21** 모래에서 물
쪽 **22** ④ **23** 여름철, 남동 계절풍 **24** ② **25** ①, ④ **26** ②
27 ①, ③ **28** ④, ⑤ **29** ③ **30** 해설 참조 **31** 해설 참조 **32** 해
설 참조 **33** 해설 참조

01 ㄱ. 공기는 대부분 지표 부근에 존재하며, 높이 올라갈수록 희
박해진다.
ㄷ. 대기 중의 수증기는 그 양이 매우 적지만, 기상 현상을 일으키
는 중요한 역할을 한다.
오답 피하기 ㄴ. 대기는 질소, 산소, 아르곤, 이산화 탄소 등의 여러
가지 기체로 이루어져 있으며, 질소와 산소가 대부분을 차지한다.
ㄹ. 기권(대기권)은 지구 표면을 둘러싸고 있는 대기로, 대기는 지
구 표면에서 높이 약 1000 km까지 분포한다.

02 기권은 높이에 따른 기온 변화에 따라 대류권, 성층권, 중간
권, 열권의 4개 층으로 구분한다.

03 A층은 대류권으로, 높이 올라갈수록 지표에서 방출하는 복사
에너지가 적게 도달하기 때문에 기온이 낮아진다.

04 ① A층은 대류권으로, 아래쪽에 따뜻한 공기가 위치하고 위
쪽에 찬 공기가 위치하므로 대류가 활발하게 일어난다. 또한 수증
기가 존재하기 때문에 비나 눈 등의 기상 현상이 나타난다.
② B층은 성층권으로, 높이 약 20~30 km 구간의 오존층에서 자
외선을 흡수하여 지구의 생명체를 보호한다.
오답 피하기 ③ 각 층의 경계면은 아래층의 이름을 따서 붙인다.
따라서 B층(성층권)과 C층(중간권)의 경계를 성층권 계면이라고
한다.
④ C층은 중간권으로, 대류권과 마찬가지로 높이 올라갈수록 지표
에서 방출하는 복사 에너지가 적게 도달하기 때문에 기온이 낮아
진다.

⑤ D층은 공기가 매우 희박하기 때문에 낮과 밤의 기온 차가 가장
크고, 아래쪽에 찬 공기가 위치하고 위쪽에 따뜻한 공기가 위치하
므로 대기가 안정하다.

05 ① 실험 시작 직후에는 컵이 흡수하는 에너지양이 방출하는
에너지양보다 많기 때문에 컵 속 공기의 온도가 높아진다.
③, ④ 어느 정도 시간이 지나면 컵이 흡수하는 에너지양과 방출하
는 에너지양이 같아 컵 속 공기의 온도가 일정하게 유지되는 복사
평형을 이룬다.
⑤ 지구는 흡수하는 태양 복사 에너지양과 방출하는 지구 복사 에
너지양이 같아 복사 평형을 이룬다. 따라서 이 실험을 통해 지구의
평균 기온이 거의 일정하게 유지되는 까닭을 알 수 있다.
오답 피하기 ② 실험 시작 직후에는 컵이 흡수하는 에너지양이 방출
하는 에너지양보다 많다.

06 (태양 복사 에너지 100 %)=(대기와 구름에 흡수 20 %+
지표면에 흡수 A+반사 30 %)에서 A는 50 %이다. 지구는 흡
수하는 태양 복사 에너지와 방출하는 지구 복사 에너지가 같아서
복사 평형을 이룬다. 따라서 (태양 복사 에너지 100 %)=(반사
30 %+지구 복사 에너지 B)에서 B는 70 %이다.

07 ④ (나)에서 가열한 플라스크를 찬물로 식히면 플라스크 내부
의 기온이 낮아지면서 공기가 포함할 수 있는 수증기의 양이 감소
한다. 따라서 수증기가 물방울로 응결하여 플라스크 안쪽 면에 맺
히므로, 플라스크 내부가 뿌옇게 흐려진다.
⑤ (가)에서 증발이, (나)에서 응결이 일어나는 것은 공기가 최대한
포함할 수 있는 수증기량이 기온에 따라 달라지기 때문이다. 따라
서 이 실험을 통해 기온이 높을수록 포화 수증기량이 증가하는 것
을 알 수 있다.
오답 피하기 ① (나)에서는 공기가 이슬점에 도달하여 응결이 일어
난다.
② (가)에서는 기온이 높아지면서 공기가 포함할 수 있는 수증기의
양이 증가한다.
③ (나)에서는 기온이 낮아지면서 포화 수증기량이 감소한다.

08 ㄷ. 밀폐된 공간에서 에어컨을 켜면 기온이 낮아지므로 포화
수증기량은 감소한다.
ㄹ. 일정한 양의 공기가 포함할 수 있는 수증기의 양에는 한계가
있다. 기온이 높을수록 공기가 포함할 수 있는 수증기의 양이 많아
진다.
오답 피하기 ㄱ. 포화 수증기량은 기온에 따라 달라지며, 기온이 높
을수록 포화 수증기량이 증가한다.
ㄴ. 이슬점은 공기 중의 수증기가 응결하기 시작할 때의 온도로,
이슬점에서의 포화 수증기량은 실제 수증기량과 같다.

09 기온이 25 ℃인 공기 2 kg을 5 ℃로 냉각시켰을 때 응결량은
(실제 수증기량−5 ℃일 때 포화 수증기량)×2 kg=(10.3 g/kg
−5.4 g/kg)×2 kg=9.8 g이다.

10 자료 분석

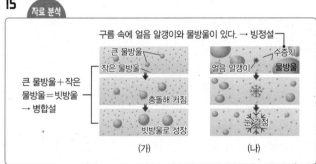

포화 수증기량 곡선상에 있다. → 포화 상태

포화 수증기량 곡선

1 kg의 공기 D에 12.4 g의 수증기를 공급하면 포화 상태가 된다.

C의 실제 수증기량

5 ℃일 때의 포화 수증기량

① 공기 A는 포화 수증기량 곡선상에 있으므로 수증기를 최대로 포함하고 있는 포화 상태이다.

③ 공기 C의 실제 수증기량은 7.6 g/kg이고, 5 ℃일 때 포화 수증기량은 5.4 g/kg이다. 따라서 1 kg의 공기 C의 기온을 5 ℃로 낮춰 주면 2.2 g의 수증기가 응결하므로, 10 kg의 공기 C의 기온을 5 ℃로 낮춰 주면 22 g의 수증기가 응결한다.

④ 공기 D의 기온은 25 ℃이므로 포화 수증기량은 20.0 g/kg이고, 실제 수증기량은 7.6 g/kg이다. 따라서 1 kg의 공기 D에 12.4 g의 수증기를 공급하면 포화 상태가 되므로, 2 kg의 공기 D에 24.8 g의 수증기를 공급하면 포화 상태가 된다.

⑤ 공기 E의 기온은 25 ℃이므로 포화 수증기량은 20.0 g/kg이고, 실제 수증기량은 5.4 g/kg이다. 따라서 1 kg의 공기 E에 14.6 g의 수증기를 공급하면 포화 상태가 되므로, 응결이 일어나기 시작한다.

오답 피하기| ② 공기 B의 기온은 20 ℃이므로 포화 수증기량은 14.7 g/kg이고, 실제 수증기량은 10.6 g/kg이다.

$$상대 \ 습도(\%) = \frac{현재 \ 공기 \ 중에 \ 포함된 \ 수증기량(g/kg)}{현재 \ 기온에서 \ 포화 \ 수증기량(g/kg)} \times 100$$
$$= \frac{10.6 \ g/kg}{14.7 \ g/kg} \times 100 ≒ 72.1 \ \%$$

11 기온이 30 ℃이므로 포화 수증기량은 27.1 g/kg이고, 컵 표면이 뿌옇게 흐려졌을 때의 온도가 이슬점이므로 이슬점은 20 ℃이다. 따라서 실제 수증기량은 14.7 g/kg이다.

$$상대 \ 습도(\%) = \frac{현재 \ 공기 \ 중에 \ 포함된 \ 수증기량(g/kg)}{현재 \ 기온에서 \ 포화 \ 수증기량(g/kg)} \times 100$$
$$= \frac{14.7 \ g/kg}{27.1 \ g/kg} \times 100 ≒ 54.2 \ \%$$

12 ② 맑은 날에는 공기 중에 포함된 수증기량이 거의 일정하므로 이슬점이 거의 일정하게 나타난다. 따라서 C는 이슬점으로, 하루 동안 변화가 가장 작게 나타난다.

오답 피하기| ① 맑은 날에는 공기 중의 수증기량이 거의 변하지 않으므로, 기온에 따라 포화 수증기량이 달라져 상대 습도가 변한다. 기온이 높은 낮에는 포화 수증기량이 증가하여 상대 습도가 낮아지고, 기온이 낮은 밤에는 포화 수증기량이 감소하여 상대 습도가 높아진다. 따라서 A는 상대 습도, B는 기온이다.

③ 기온과 상대 습도의 변화가 크고 이슬점이 거의 일정하므로, 이

날은 맑은 날이다.

④ 기온은 오후 2~3시경에 가장 높으므로, 포화 수증기량은 오후 2~3시경에 가장 높다.

⑤ 맑은 날에는 공기 중에 포함된 수증기량이 거의 일정하다.

13 공기 덩어리가 상승하면 주위 공기의 압력이 낮아지므로 단열 팽창이 일어나 기온이 하강하며, 이슬점에 도달하여 응결이 일어나 구름이 생성된다.

14 ① 간이 가압 장치를 여러 번 누르면 플라스틱 병 내부의 공기가 단열 압축되므로 기온이 상승한다.

②, ④ 플라스틱 병에 공기를 채운 후 뚜껑을 열면 공기가 팽창(단열 팽창)하여 온도가 낮아지고, 수증기가 물방울로 응결한다. 또한 공기 덩어리가 상승하면 단열 팽창하여 기온이 낮아지고, 이슬점에 도달하면 수증기가 응결하여 구름이 생성된다. 따라서 이 실험을 통해 구름이 생성되는 원리를 알 수 있다.

⑤ 향 연기를 넣고 이 실험을 하면 뚜껑을 열 때 플라스틱 병 내부가 향 연기를 넣지 않았을 때보다 더 뿌옇게 흐려진다. 이는 향 연기가 수증기의 응결을 돕는 응결핵 역할을 하기 때문이다.

오답 피하기| ③ 뚜껑을 열면 공기가 팽창(단열 팽창)하여 온도가 낮아지고 수증기가 물방울로 응결하므로, 플라스틱 병 내부가 뿌옇게 흐려진다.

15 자료 분석

구름 속에 얼음 알갱이와 물방울이 있다. → 빙정설

큰 물방울
작은 물방울

큰 물방울+작은 물방울=빗방울 → 병합설

충돌해 커짐

빗방울로 성장

수증기
얼음 알갱이
물방울

눈결정

(가)   (나)

④ (나)는 빙정설이다. 빙정설은 중위도나 고위도 지방에서 비나 눈이 내리는 과정을 설명하는 이론으로, 물방울에서 증발한 수증기가 얼음 알갱이에 달라붙어 얼음 알갱이가 커지고 무거워져 떨어지면 눈이 되고, 떨어지다가 녹으면 비(차가운 비)가 된다.

⑤ (가)는 병합설로 따뜻한 비, (나)는 빙정설로 차가운 비가 내리는 과정을 설명할 수 있다.

오답 피하기| ①, ③ (가)의 병합설은 열대 지방, 저위도 지방에서 비가 내리는 과정을 설명하는 강수 이론이고, (나)의 빙정설은 중위도나 고위도 지방에서 비나 눈이 내리는 과정을 설명하는 강수 이론이다.

② (가)의 구름 속 온도는 0 ℃ 이상이고, (나)에는 구름 속의 온도가 −40~0 ℃인 구간이 있다.

16 ㄱ, ㄹ. 기압은 공기가 단위 면적(1 m²)에 작용하는 힘으로, 모든 방향으로 같은 크기로 작용한다. 따라서 물을 담은 유리컵을

종이로 덮고 거꾸로 뒤집어도 물이 쏟아지지 않는다.

ㄷ. 높이 올라갈수록 기압이 낮아지므로, 몸속의 압력과 차이가 생긴다. 따라서 높은 산에 올라가면 귀가 먹먹해진다.

오답 피하기| ㄴ. 1기압＝76 cmHg＝약 1013 hPa＝물기둥 약 10 m의 압력＝공기 기둥 약 1000 km의 압력

17 기압의 단위로는 기압, hPa(헥토파스칼), cmHg를 쓴다.

18 기압이 일정한 경우 유리관을 기울이거나 유리관의 굵기를 다르게 해도 수은 기둥의 높이는 같다. 따라서 유리관을 기울여도 1기압일 때 수은 기둥의 높이(h)는 76 cm이다.

19 ③, ⑤ 1 m 길이의 유리관에 수은을 가득 채우고 수은이 담긴 수조에 유리관을 거꾸로 세우면 수은 기둥이 내려오다 멈춘다. 이는 수은 기둥이 누르는 압력과 수은 면에 작용하는 기압이 같기 때문이다. 토리첼리는 이 실험을 통해 최초로 기압을 측정하였다.
④ 기압이 같을 때는 유리관의 굵기에 관계없이 수은 기둥의 높이는 같다.

오답 피하기| ① 토리첼리의 실험에서 수은 기둥이 내려간 유리관 속 공간(㉠)은 진공 상태이다.
② 1기압일 때 수은 기둥의 높이(h)는 76 cm이므로 1.2기압일 때 수은 기둥의 높이(h)는 1기압 : 76 cm＝1.2기압 : x에서 x＝91.2 cm이다.

20 ① 바람은 공기가 기압이 높은 곳에서 낮은 곳으로 수평 방향으로 이동하는 것이다.
②, ⑤ 바람은 두 지점의 기온 차이에 따른 기압 차이에 의해 불며, 두 지점의 기압 차이가 커지면 바람이 강해진다.
④ 지표면이 냉각되면 공기가 수축하여 밀도가 커지므로 하강하고 상공에서 주변의 공기가 모여든다.

오답 피하기| ③ 지표면이 가열되면 공기가 팽창하면서 밀도가 작아져 상승한다. 따라서 지표면이 가열된 곳은 주변보다 기압이 낮아진다.

21 모래와 물을 냉각시키면 모래가 빨리 냉각되므로, 모래 쪽의 공기가 수축하여 밀도가 커져 하강한다. 따라서 모래 쪽의 기압이 물 쪽의 기압보다 높아지므로, 향 연기는 모래에서 물 쪽으로 이동한다.

22 ④ 해안 지역에서 부는 해륙풍은 하루를 주기로 풍향이 바뀐다.

오답 피하기| ①, ⑤ 해안 지역에서 낮에는 육지가 바다보다 빨리 가열되므로, 육지 쪽의 공기가 상승한다. 따라서 육지의 기압이 낮고 바다의 기압이 높으므로 바다에서 육지 쪽으로 해풍이 분다.
②, ③ 낮에는 육지가 바다보다 빨리 가열되므로 육지가 바다보다 기온이 높고, 기압이 낮다.

23 우리나라의 여름철에는 대륙이 해양보다 빨리 가열되므로 대륙 쪽의 공기가 상승하여 기압이 낮아진다. 따라서 해양에서 대륙 쪽으로 남동 계절풍이 분다.

24 B는 저위도의 대륙에서 발생하여 온난 건조한 양쯔강 기단이고, C는 고위도의 해양에서 발생하여 한랭 다습한 오호츠크해 기단이다.

25

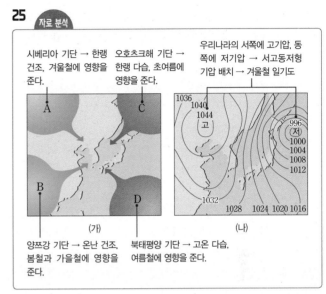

자료 분석

시베리아 기단 → 한랭 건조, 겨울철에 영향을 준다. — A

오호츠크해 기단 → 한랭 다습, 초여름에 영향을 준다. — C

우리나라의 서쪽에 고기압, 동쪽에 저기압 → 서고동저형 기압 배치 → 겨울철 일기도

1036 1040 1044 고
996 저 1000 1004 1008 1012

1032

1028 1024 1020 1016

(가)   (나)

양쯔강 기단 → 온난 건조, 봄철과 가을철에 영향을 준다. — B

북태평양 기단 → 고온 다습, 여름철에 영향을 준다. — D

② (나)는 서고동저형의 기압 배치가 나타나므로 겨울철 일기도이다. 우리나라의 겨울철에는 북서 계절풍이 강하게 분다.
③ 기단이 발생지에서 다른 지역으로 이동하면, 이동하는 지역 지표의 영향을 받아 기단의 아랫부분부터 성질이 변한다. 따라서 차고 건조한 시베리아 기단(A)이 따뜻한 황해상을 이동하는 동안 기온이 높아지고 수증기를 공급받아 습도가 높아진다.
⑤ 북태평양 기단(D)은 저위도의 해양에서 발생하여 고온 다습하므로, 우리나라의 여름철에 폭염과 열대야를 가져온다.

오답 피하기| ① 우리나라의 겨울철에는 한랭 건조한 시베리아 기단(A)의 영향을 받는다.
④ 우리나라의 봄철에는 온난 건조한 양쯔강 기단(B)의 영향을 받으며, 이동성 고기압과 이동성 저기압이 자주 지나가므로 날씨 변화가 심하다.

26 **오답 피하기**| ② 한랭 전선이 통과하면 찬 공기의 영향을 받으므로 기온이 하강하고, 온난 전선이 통과하면 따뜻한 공기의 영향을 받으므로 기온이 상승한다.

27 ① 북반구에서 (가)는 바람이 시계 방향으로 불어 나가므로 고기압이고, (나)는 바람이 시계 반대 방향으로 불어 들어오므로 저기압이다.
③ 두 지역의 기압 차이가 클수록 바람이 강하게 분다.

오답 피하기| ②, ⑤ (가)의 고기압에서는 하강 기류가 발달하여 구름이 소멸되고, (나)의 저기압에서는 상승 기류가 발달하여 구름이 생성된다.

④ 바람은 (가)의 고기압에서 (나)의 저기압으로 분다.

28 A 지역은 한랭 전선의 뒤쪽에, B 지역은 온난 전선과 한랭 전선 사이에, C 지역은 온난 전선의 앞쪽에 위치한다.

오답 피하기 | ④ 온대 저기압은 편서풍의 영향으로 서쪽에서 동쪽으로 이동한다. 따라서 A 지역은 온난 전선과 한랭 전선이 지나간 후이고, B 지역에는 앞으로 한랭 전선이, C 지역에는 앞으로 온난 전선이 지나간 후에 한랭 전선이 지나간다.

⑤ 온대 저기압에 동반된 온난 전선과 한랭 전선이 차례로 지나갈 때 풍향은 남동풍 → 남서풍 → 북서풍으로 바뀌므로, 세 지역 모두 풍향이 시계 방향으로 변한다.

구분	한랭 전선 뒤쪽 (A)	온난 전선과 한랭 전선 사이(B)	온난 전선 앞쪽 (C)
구름	적운형 구름	없다.	층운형 구름
날씨	좁은 지역에 소나기	맑다.	넓은 지역에 지속적인 비
기온	낮다.	높다.	낮다.

29 ③ 남고북저형의 기압 배치가 나타나므로 우리나라의 여름철 일기도이다. 여름철에는 폭염과 열대야가 나타나고 남동 계절풍이 분다.

오답 피하기 | ① 가을철에는 맑은 하늘이 자주 나타나고, 낮과 밤의 기온 차이가 커지면서 첫서리가 내린다.

② 여름철 일기도이다.

④, ⑤ 여름철에는 고온 다습한 북태평양 기단의 영향을 받으므로, 덥고 습한 날씨가 나타난다.

30 **모범 답안** (1) 성층권

(2) 높이 올라갈수록 기온이 높아지므로 대기가 안정하다. 대기가 안정하여 장거리 비행기의 항로로 이용된다. 오존층에서 자외선을 흡수하여 지구의 생명체를 보호한다. 등

	채점 기준	배점
(1)	A층의 이름을 옳게 쓴 경우	20 %
(2)	A층에서 나타나는 특징 2가지를 모두 옳게 서술한 경우	80 %
	A층에서 나타나는 특징 2가지 중 1가지만 옳게 서술한 경우	40 %

31 **모범 답안** 구름 속의 크고 작은 물방울들이 서로 부딪치면서 합쳐져 점점 커지고, 무거워지면 지표면으로 떨어져 비(따뜻한 비)가 된다.

채점 기준	배점
모범 답안과 같이 서술한 경우	100 %
구름 속의 물방울들이 합쳐져서 비가 내린다고 서술한 경우	60 %

32 **모범 답안** 높이 올라갈수록 기압이 낮아지므로, 과자 봉지 안의 기압이 바깥쪽의 기압보다 높기 때문이다.

채점 기준	배점
모범 답안과 같이 서술한 경우	100 %
높이 올라갈수록 기압이 낮아지기 때문이라고 서술한 경우	60 %

33 A 지역은 온난 전선의 앞쪽에 위치하므로 찬 공기의 영향을 받는다.

모범 답안 A 지역은 현재 층운형 구름이 발달하여 지속적인 비가 내리며, 기온이 낮고 남동풍이 분다.

채점 기준	배점
A 지역의 날씨를 구름, 강수, 기온, 풍향을 모두 포함하여 옳게 서술한 경우	100 %
A 지역의 날씨를 구름, 강수, 기온, 풍향 중 3가지만 포함하여 옳게 서술한 경우	60 %

01 운동

개념 학습 교재 101, 103쪽

기초를 튼튼히! 개념 잡기

1 (1) ○ (2) × (3) × (4) ○ (5) × 　**2** (1) 40 m/s (2) 75 m (3) 60초
3 A 구간 　**4** (1) 비례 (2) 일정하다 (3) 빠르다 　**5** 6 m/s 　**6** (1) ○
(2) × (3) × (4) ○ 　**7** 29.4 m/s 　**8** 49.0 　**9** (가) 　**10** (1) 1 : 2 : 3
(2) 1 : 1 : 1 (3) 모두 동시에 도달한다.

1 **오답 피하기** | (2) 속력은 물체의 빠르기를 나타내는 양이다.
(3) 같은 시간 동안 이동한 거리가 길수록 물체의 속력이 빠르다.
(5) 속력의 단위는 m/s, km/h 등을 사용한다.

2 (1) 속력 $= \dfrac{\text{이동 거리}}{\text{걸린 시간}} = \dfrac{1200 \text{ m}}{30 \text{ s}} = 40$ m/s

(2) 이동 거리 = 속력 × 걸린 시간 = 3 m/s × 25 s = 75 m

(3) 걸린 시간 $= \dfrac{\text{이동 거리}}{\text{속력}} = \dfrac{300 \text{ m}}{5 \text{ m/s}} = 60$초

3 사진이 찍힌 시간 간격이 일정하므로 축구공 사이의 거리가
길수록 속력이 빠른 구간이다.

4 (3) 시간 – 이동 거리 그래프의 기울기는 속력을 의미하며, 기
울기가 클수록 속력이 빠르다.

5 시간 – 이동 거리 그래프의 기울기는 속력을 의미한다. 따라서
속력 $= \dfrac{\text{이동 거리}}{\text{걸린 시간}} = \dfrac{30 \text{ m}}{5 \text{ s}} = 6$ m/s이다.

6 (1), (4) 자유 낙하 운동 하는 물체에 운동 방향과 같은 방향으
로 중력이 작용하므로 물체의 속력이 일정하게 증가하는 것이다.
오답 피하기 | (2) 자유 낙하 운동 하는 물체에는 중력만 작용한다.
(3) 자유 낙하 운동 하는 물체는 같은 시간 동안 이동한 거리가 점
점 증가한다.

7 자유 낙하 운동 하는 물체의 속력은 1초마다 9.8 m/s씩 증가
하므로 3초 후의 속력은 9.8 m/s × 3 = 29.4 m/s이다.

8 자유 낙하 운동 하는 물체의 속력은 1초마다 9.8 m/s씩 증가
하므로 5초일 때 속력은 ㉠ = 9.8 m/s × 5 = 49.0 m/s이다.

9 공기 저항이 작용하면 공기 저항을 적게 받는 쇠구슬이 먼저
떨어지고, 공기 저항이 작용하지 않으면 쇠구슬과 깃털이 동시에
떨어진다. 따라서 (가)는 공기 저항이 작용하는 경우이고, (나)는
공기 저항이 작용하지 않는 경우이다.

10 (1) 물체에 작용하는 중력의 크기는 물체의 질량에 비례한다.
(2) 자유 낙하 운동을 하는 물체의 속력은 질량에 관계없이 1초마
다 9.8 m/s씩 증가한다.

(3) 세 물체의 속력 변화가 모두 같으므로 모두 동시에 지면에 도달
한다.

과학적 사고로! 탐구하기 　　　　　개념 학습 교재 104~105쪽

Ⓐ ㉠ 증가, ㉡ 이동 거리, ㉢ 속력
1 (1) × (2) ○ (3) ○ 　**2** A
Ⓑ ㉠ 9.8, ㉡ 동시에
1 (1) × (2) × (3) ○ 　**2** ②

Ⓐ

1 **오답 피하기** | (1) 등속 운동 하는 물체의 속력은 시간에 따라 일
정하다.

2 시간 – 이동 거리 그래프의 기울기는 속력을 나타내므로 기울
기 큰 A의 속력이 B보다 빠르다.

Ⓑ

1 **오답 피하기** | (1) 질량이 큰 골프공에 작용하는 중력의 크기가
더 크다.
(2) 진공 중에서 골프공과 탁구공은 자유 낙하 운동을 하므로 두 공
은 동시에 바닥에 도달한다.

2 자유 낙하 운동 하는 물체는 질량에 관계없이 속력이 1초마다
9.8 m/s씩 증가한다.

Beyond 특강 　　　　　　　　개념 학습 교재 106~107쪽

1 (1) 점점 빨라진다. (2) B>A 　**2** ④ 　**3** ❶ 등속 ❷ 클, C ❸ 비례
❹ C ❺ 4 m/s ❻ 정지 ❼ 8 m/s ❽ 4 m/s 　**4** (1) A, B 모두 등속
운동 한다. (2) 3 : 1 　**5** (1) 30 m/s (2) A>B>C 　**6** (1) B 구간
(2) A 구간 (3) 40 m (4) 80 m 　**7** (1) ○ (2) × (3) ○ (4) ○ (5) ×

1 (1) 자전거 사이의 거리가 점점 커지므로 속력이 점점 빨라지
는 것이다.
(2) 자전거 사이의 거리가 더 큰 B 구간에서의 속력이 A 구간에서
의 속력보다 빠르다.

2 공 사이의 거리가 클수록 공의 속력이 빠른 것이다. 공 사이의
거리가 커지다가 작아지므로 공의 속력은 빨라지다 느려진 것이다.

3 시간 – 이동 거리 그래프에서 기울기는 속력을 의미한다. 기울
기가 C>A>B 순이므로 물체의 속력도 C>A>B 순이다.

4 (1) A, B 모두 그래프의 기울기, 즉 속력이 일정하므로 등속
운동을 한다.
(2) 시간 – 이동 거리 그래프의 기울기는 속력을 의미한다. 따라서
속력의 비는 $\dfrac{180 \text{ m}}{3 \text{ s}} : \dfrac{60 \text{ m}}{3 \text{ s}} = 60$ m/s : 20 m/s = 3 : 1이다.

5

자료 분석

A, B, C 각 구간 모두 각각의 기울기가 일정하므로 각 구간에서 모두 등속 운동을 한다.

이동 거리(m) 그래프: 세로축 이동 거리(m) 30, 60, 90, 120, 150 / 가로축 시간(s) 0~6, A, B, C 구간

- A 구간 속력: $\dfrac{60\,\text{m}}{1\,\text{s}} = 60\,\text{m/s}$
- B 구간 속력: $\dfrac{60\,\text{m}}{2\,\text{s}} = 30\,\text{m/s}$
- C 구간 속력: $\dfrac{30\,\text{m}}{3\,\text{s}} = 10\,\text{m/s}$

(1) 물체는 B 구간에서 1~3초 동안 120 m−60 m=60 m를 이동하였으므로 물체의 속력은 $\dfrac{60\,\text{m}}{2\,\text{s}} = 30\,\text{m/s}$이다.

(2) 시간 – 이동 거리 그래프의 기울기는 속력을 의미한다. 기울기가 A>B>C 순이므로 속력도 A>B>C 순이다.

6 (1) 속력이 일정한 B 구간에서 등속 운동을 한다.

(2) A 구간은 속력이 일정하게 증가하므로 운동 방향으로 일정한 힘이 작용한 것이다.

(3) 시간 – 속력 그래프 아랫부분의 넓이는 이동 거리를 나타내므로 A 구간에서 이동 거리는 $\dfrac{1}{2} \times 10\,\text{m/s} \times 8\,\text{s} = 40\,\text{m}$이다.

(4) B 구간에서 이동 거리는 $10\,\text{m/s} \times 8\,\text{s} = 80\,\text{m}$이다.

7 **오답 피하기**| (2) A 구간은 속력이 일정하게 증가하는 구간이므로 물체의 이동 거리는 시간에 따라 점점 증가한다. 물체의 이동 거리가 시간에 비례하여 증가하는 경우는 물체가 등속 운동을 할 때이다.

(5) 0~9초 동안 물체가 이동한 거리가 $\dfrac{1}{2} \times 18\,\text{m/s} \times (9\,\text{s}+5\,\text{s})$ $=126\,\text{m}$이므로 평균 속력은 $\dfrac{126\,\text{m}}{9\,\text{s}} = 14\,\text{m/s}$이다.

실력을 키워! 내신 잡기 개념 학습 교재 108~110쪽

01 ⑤ **02** ③ **03** ③ **04** 4500 m **05** 40초 **06** ② **07** ④
08 ④ **09** ② **10** ④ **11** ④ **12** ④ **13** ②, ④ **14** 1 : 2 **15** ④
16 ③

01 **오답 피하기**| ㄱ. 시간에 따라 위치가 변하는 것을 운동이라고 한다. 속력은 일정한 시간 동안 물체가 이동한 거리이다.

02 공 사이의 거리가 점점 커지므로 공의 속력이 점점 증가한다는 것을 알 수 있다.

03 속력을 모두 m/s 단위로 전환하여 비교한다.

①은 $\dfrac{0.05\,\text{m}}{1\,\text{s}} = 0.05\,\text{m/s}$, ②는 $\dfrac{3600\,\text{m}}{20 \times 60\,\text{s}} = 3\,\text{m/s}$,

③은 $\dfrac{54000\,\text{m}}{60 \times 60\,\text{s}} = 15\,\text{m/s}$, ④는 $\dfrac{10000\,\text{m}}{60 \times 60\,\text{s}} \approx 2.77\,\text{m/s}$,

⑤는 $\dfrac{100\,\text{m}}{10\,\text{s}} = 10\,\text{m/s}$이다.

04 6초는 초음파가 탐사선과 해저 지면 사이를 왕복한 시간이므로 바다의 깊이는 $1500\,\text{m/s} \times 3\,\text{s} = 4500\,\text{m}$이다.

05 기차가 총 500 m+100 m=600 m를 이동해야 다리를 완전히 통과할 수 있으므로 걸리는 시간은 $\dfrac{600\,\text{m}}{15\,\text{m/s}} = 40$초이다.

06 0~1시간 동안은 60 km를 이동했으므로 평균 속력은 60 km/h, 1~2시간 동안은 140−60=80(km)를 이동했으므로 평균 속력은 80 km/h, 2~3시간 동안은 200−140=60(km)를 이동했으므로 평균 속력은 60 km/h, 3~4시간 동안은 275−200=75(km)를 이동했으므로 평균 속력은 75 km/h, 4~5시간 동안은 350−275=75(km)를 이동했으므로 평균 속력은 75 km/h이다. 따라서 평균 속력이 가장 빠른 구간은 1~2시간이다.

07 ㄱ. 진하는 1초마다 4 m씩 일정한 속력으로 이동한다.
ㄷ. 진하는 등속 운동을 한다. 등속 운동을 할 때의 이동 거리는 시간에 따라 일정하게 증가한다.
오답 피하기| ㄴ. 1초마다 이동한 거리가 4 m로 일정하므로 진하는 4 m/s의 속력으로 등속 운동을 한다.

08 **자료 분석**

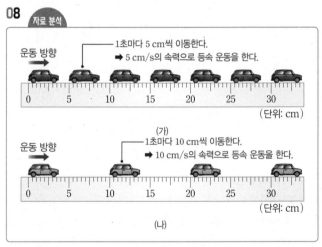

운동 방향 → 1초마다 5 cm씩 이동한다. ➡ 5 cm/s의 속력으로 등속 운동을 한다.
0 5 10 15 20 25 30 (단위: cm)

운동 방향 → (가) 1초마다 10 cm씩 이동한다. ➡ 10 cm/s의 속력으로 등속 운동을 한다.
0 5 10 15 20 25 30 (단위: cm)
(나)

(가)와 (나)에서 두 장난감 자동차는 모두 등속 운동을 하므로 시간 – 속력 그래프는 시간축에 나란한 직선 형태이고, (나)에서의 자동차 사이의 간격이 (가)에서보다 크므로 (나)에서의 속력이 더 빠르다.

09 ① 시간 – 이동 거리 그래프의 기울기는 속력을 의미한다. A, B 모두 기울기가 일정하므로 A, B 모두 속력이 일정한 운동을 한다.
③ B는 등속 운동을 하므로 B의 이동 거리는 시간에 비례하여 증가한다.
④ B는 등속 운동을 하므로 1초일 때 B의 속력도 20 m/s이다.
⑤ 0~2초 동안 A는 80 m를 이동하였고, B는 40 m를 이동하였다. 따라서 A의 이동 거리는 B의 2배이다.
오답 피하기| ② A는 $\dfrac{80\,\text{m}}{2\,\text{s}} = 40\,\text{m/s}$의 속력으로 등속 운동을 하

고, B는 $\dfrac{40\ \text{m}}{2\ \text{s}}=20\ \text{m/s}$의 속력으로 등속 운동을 한다. 따라서 B의 속력은 A의 $\dfrac{1}{2}$이다.

10 ① 시간 – 속력 그래프가 시간축에 나란하므로 물체는 속력이 일정한 등속 운동을 한다.

② (나)에서 물체가 t만큼의 시간 동안 이동한 거리는 b임을 알 수 있다.

③ 물체는 등속 운동을 하므로 물체가 이동한 거리는 시간에 비례하여 증가한다.

⑤ 시간 – 이동 거리 그래프의 기울기는 속력을 의미한다. 따라서 (나)의 기울기인 $\dfrac{b}{t}$는 (가)의 a와 같다.

오답 피하기| ④ 시간 – 속력 그래프 아랫부분의 넓이는 이동 거리를 의미한다. 따라서 (가)의 빗금 친 부분의 넓이는 t 동안의 이동 거리이므로 (나)의 b와 같다.

11 ㄱ, ㄷ. 자유 낙하 하는 물체에는 중력만이 물체의 운동 방향과 같은 방향으로 작용한다.

오답 피하기| ㄴ. 자유 낙하 하는 물체에는 물체의 운동 방향과 같은 방향으로 일정한 중력이 작용하므로 물체의 속력은 1초마다 9.8 m/s씩 증가한다.

12 진공 중에서 공을 가만히 놓으면 공은 중력만을 받아 자유 낙하 운동을 한다.

④ 공이 낙하하는 동안 공에는 일정한 중력만이 계속 작용한다.

오답 피하기| ①, ② 공에는 운동 방향과 같은 방향으로 중력이 작용하므로 공의 속력이 점점 빨라진다.

③ 공의 속력은 시간에 비례하여 일정하게 증가하고, 공의 이동 거리는 시간에 따라 점점 더 증가한다.

⑤ 공에 작용하는 힘인 중력의 크기는 공의 질량에 비례한다.

13 공은 자유 낙하 운동을 한다. 따라서 속력이 시간에 비례하여 일정하게 증가하고, 이동 거리는 시간에 따라 점점 더 증가한다.

14 사과는 자유 낙하 운동을 하므로 1초마다 속력이 9.8 m/s씩 증가한다. 따라서 1초일 때의 속력은 9.8 m/s, 2초일 때의 속력은 19.6 m/s이므로 속력의 비는 1 : 2이다.

15 ④ (나)에서 쇠구슬 사이의 간격이 점점 커진다. 이는 쇠구슬의 속력이 점점 빨라지기 때문이다.

오답 피하기| ①, ⑤ (가), (나)에서 모두 쇠구슬과 깃털에는 질량에 비례하는 중력이 작용한다. 쇠구슬의 질량이 깃털의 질량보다 크므로 쇠구슬에 작용하는 중력이 크기가 더 크다.

② (가)에서 깃털은 쇠구슬보다 공기 저항을 더 많이 받는다. 따라서 쇠구슬이 바닥에 먼저 도달한다.

③ (가)에서 쇠구슬에 작용하는 중력의 크기는 일정하다.

16 물체에 작용하는 중력의 크기는 물체의 질량에 비례하므로 질량이 큰 B에 작용하는 중력의 크기가 더 크다. 그러나 1초당 속력 변화는 물체의 질량에 관계없이 모두 같다.

---

1 시간 – 이동 거리 그래프의 기울기는 속력을 의미하므로 A의 속력은 $\dfrac{60\ \text{m}}{2\ \text{s}}=30\ \text{m/s}$이고, B의 속력은 $\dfrac{60\ \text{m}}{4\ \text{s}}=15\ \text{m/s}$이다.

모범 답안
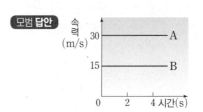

채점 기준	배점
그래프의 형태와 수치를 모두 옳게 나타낸 경우	100 %
수치 없이 그래프의 형태만 옳게 그린 경우	50 %

2 **모범 답안** (1) 물체의 운동 방향과 같은 방향으로 일정한 크기의 중력이 계속 작용하기 때문이다.

(2) 달에서의 중력은 지구에서 중력의 $\dfrac{1}{6}$이므로 1초당 속력 변화는 달에서가 지구에서의 $\dfrac{1}{6}$이다.

	채점 기준	배점
(1)	모범 답안과 같이 서술한 경우	50 %
	중력이 작용하기 때문이라고만 서술한 경우	20 %
(2)	모범 답안과 같이 서술한 경우	50 %
	지구에서보다 작다고만 서술한 경우	20 %

3 자료 분석

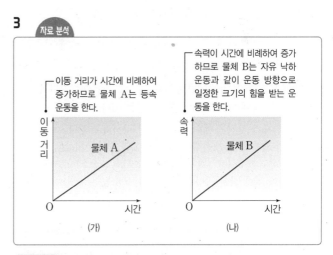

- 이동 거리가 시간에 비례하여 증가하므로 물체 A는 등속 운동을 한다.
- 속력이 시간에 비례하여 증가하므로 물체 B는 자유 낙하 운동과 같이 운동 방향으로 일정한 크기의 힘을 받는 운동을 한다.

모범 답안 (가) 무빙워크, 컨베이어, 에스컬레이터 등
(나) 나무에서 떨어지는 사과, 자유 낙하 운동 하는 물체 등

채점 기준	배점
(가), (나)의 예를 모두 옳게 서술한 경우	100 %
(가), (나)의 예 중 1가지만 옳게 서술한 경우	50 %

3-1 **모범 답안** 시간에 따라 속력이 일정하다.

02 일과 에너지

개념 학습 교재 113, 115쪽

기초를 튼튼히! 개념 잡기

1 (1) × (2) × (3) × (4) ○ (5) ○ (6) × **2** 80 J **3** 65 J **4** (1) (2) ○ (3) × (4) × **5** (1) 150 J (2) 50 J **6** (1) ○ (2) × (3) × (4) × **7** 49 J **8** ㄴ, ㄷ **9** (1) 4배 (2) 2배 (3) 18배 (4) 12배 **10** 392 J

1 과학에서는 힘이 작용한 방향으로 물체를 이동시킨 경우에만 일을 하였다고 한다.

오답 피하기 | (1) 힘의 방향과 이동 방향이 수직이므로 한 일은 0이다.
(2) 이동 거리가 0이므로 한 일은 0이다.
(3) 정신적인 활동은 과학에서의 일이 아니다.
(6) 작용한 힘이 0이므로 한 일은 0이다.

2 한 일=힘×이동 거리=20 N×4 m=80 J

3 중력에 대해 한 일=물체의 무게×들어 올린 높이=50 N× 1.3 m=65 J

4 (1), (2) 에너지는 일을 할 수 있는 능력으로, 일의 단위와 같은 J(줄)을 사용한다.

오답 피하기 | (3) 물체에 일을 해 주면 물체가 가진 에너지가 증가하고, 물체가 일을 하면 물체가 가진 에너지가 감소한다.
(4) 일과 에너지는 서로 전환될 수 있다.

5 (1) 물체에 해 준 일의 양만큼 물체의 에너지가 증가한다. 따라서 물체의 에너지는 100 J+50 J=150 J이 된다.
(2) 물체가 한 일의 양만큼 물체의 에너지가 감소한다. 따라서 물체의 에너지는 100 J−50 J=50 J이 된다.

6 (1) 기준면에 따라 물체의 높이가 달라지기 때문에 기준면에 따라 물체의 위치 에너지도 달라진다.

오답 피하기 | (2) 물체가 기준면에 있을 때 위치 에너지는 0이다.
(3) 운동하는 물체가 가지는 에너지를 운동 에너지라 하며, 높은 곳에 있는 물체가 가지는 에너지를 위치 에너지라고 한다.
(4) 질량이 일정할 때 위치 에너지는 물체의 높이에 비례한다.

7 중력에 의한 위치 에너지=9.8×질량×높이=(9.8×5) N× 1 m=49 J

8 질량이 일정할 때 중력에 의한 위치 에너지는 높이에 비례하고, 높이가 일정할 때 중력에 의한 위치 에너지는 질량에 비례한다.

9 운동 에너지는 질량과 속력의 제곱에 각각 비례한다.

10 물체가 자유 낙하 운동을 할 때 중력이 물체에 일을 하며, 중력이 물체에 한 일은 물체의 운동 에너지로 전환된다. 따라서 기준면에 도달했을 때 물체의 운동 에너지는 (9.8×2) N×20 m=392 J 이다.

개념 학습 교재 116~117쪽

과학적 사고로! 탐구하기

Ⓐ ㉠ 운동, ㉡ 비례
1 (1) ○ (2) ○ (3) × **2** C
Ⓑ ㉠ 중력, ㉡ 운동
1 (1) × (2) × (3) ○ (4) ○ (5) × **2** ㄱ, ㄴ

Ⓐ

1 **오답 피하기** | (3) 수레의 운동 에너지는 수레의 질량과 속력의 제곱에 각각 비례한다.

2 속력이 같을 때 수레의 운동 에너지는 질량에 비례하고, 수레의 운동 에너지가 클수록 나무 도막이 멀리 밀려난다.

Ⓑ

1 **오답 피하기** | (2) 쇠구슬이 낙하하는 동안 쇠구슬의 높이가 낮아지므로 쇠구슬의 위치 에너지는 감소한다.
(5) 쇠구슬의 질량이 2배가 되면 중력이 쇠구슬에 한 일이 2배가 되므로 A점에서 쇠구슬의 운동 에너지는 2배가 된다.

2 ㄱ, ㄴ. 추가 떨어진 거리가 증가할수록 중력이 추에 한 일의 양이 증가하여 추의 운동 에너지도 증가한다.
오답 피하기 | ㄷ. 추에 작용하는 중력은 추가 떨어진 거리에 관계없이 항상 일정하다.

개념 학습 교재 118~120쪽

실력을 키워! 내신 잡기

01 ③ **02** 15 N **03** ③ **04** ② **05** ② **06** ④ **07** ④ **08** ③ **09** ② **10** 300 J **11** ⑤ **12** ① **13** ④ **14** ④ **15** 3배 **16** ⑤ **17** 36 m

01 **오답 피하기** | ③ 물체에 한 일의 양은 물체에 작용한 힘과 힘의 방향으로 이동한 거리의 곱이다.

02 용수철저울의 눈금은 물체에 작용한 힘을 나타내고, 물체에 한 일의 양=힘×이동 거리이다. 따라서 60 J=힘×4 m에서 용수철저울에 나타난 힘은 15 N이다.

03 물체가 자유 낙하 운동을 할 때 중력이 물체에 일을 하며, 이때 중력이 한 일=중력의 크기×낙하한 높이=(9.8×3) N× 2 m=58.8 J이다.

04 ㄴ. 희주와 민주 모두 물체를 들어 올리는 일을 하였으므로 중력에 대해 일을 한 것이다.
오답 피하기 | ㄱ, ㄷ. 희주가 한 일의 양은 (9.8×10) N×1 m= 98 J이고, 민주가 한 일의 양은 98 N×1 m=98 J이다.

05 현수가 수평 방향으로 한 일의 양은 0이고, 수직 방향으로 한 일의 양은 (9.8×10) N×0.3 m×6=176.4 J이다.

06 ④ 상자를 민 방향으로 상자가 이동했으므로 일을 한 것이다.
오답 피하기 ①, ③ 이동 거리가 0이므로 한 일의 양이 0이다.
② 힘의 방향과 이동 방향이 수직이므로 한 일의 양이 0이다.
⑤ 우주선에 작용한 힘이 0이므로 한 일의 양이 0이다.

07 **오답 피하기** ④ 물체가 외부에 일을 하면 한 일의 양만큼 물체의 에너지가 감소하고, 물체가 외부에서 일을 받으면 받은 일의 양만큼 물체의 에너지가 증가한다.

08 ㄱ. (가)에서는 추에 중력에 대해 일을 해 준 것이므로 추는 일을 할 수 있는 능력인 에너지를 가지게 된다.
ㄷ. (가)에서 추를 더 높이 들어 올리면 추가 가진 중력에 의한 위치 에너지가 증가하므로 말뚝을 더 깊게 박을 수 있다.
오답 피하기 ㄴ. (나)에서는 추가 가진 에너지로 말뚝을 박는 일을 한 것이므로 말뚝을 박고 난 후 추가 가진 에너지는 감소한다.

09 물체가 외부에 일을 하면 에너지가 감소하고, 외부에서 일을 받으면 증가한다. 따라서 최종적으로 가지는 에너지는 $500\,\text{J} - 300\,\text{J} + 400\,\text{J} = 600\,\text{J}$이다.

10 중력에 대해 한 일의 양이 물체의 중력에 의한 위치 에너지로 전환된다. 따라서 중력에 의한 위치 에너지는 $300\,\text{J}$이다.

11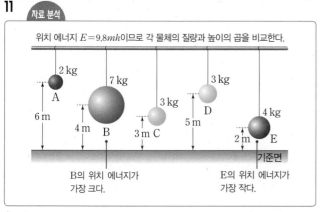

위치 에너지 $E = 9.8mh$이므로 각 물체의 질량과 높이의 곱을 비교한다.

B의 위치 에너지가 가장 크다.

E의 위치 에너지가 가장 작다.

중력에 의한 위치 에너지는 물체의 질량과 높이에 각각 비례한다. 각 물체의 중력에 의한 위치 에너지의 비는 A : B : C : D : E $= 2 \times 6 : 7 \times 4 : 3 \times 3 : 3 \times 5 : 4 \times 2 = 12 : 28 : 9 : 15 : 8$이다.

12 중력에 의한 위치 에너지는 $9.8 \times$질량$\times$높이로, 질량이 일정할 때 높이에 비례한다.

13 ① 옥상을 기준면으로 할 때 물체의 높이가 0이므로 물체가 가지는 중력에 의한 위치 에너지는 0이다.
② 지면을 기준면으로 할 때 물체의 높이가 $5\,\text{m}$이므로 물체가 가지는 중력에 의한 위치 에너지는 $(9.8 \times 5)\,\text{N} \times 5\,\text{m} = 245\,\text{J}$이다.
③ 베란다를 기준면으로 할 때 옥상에 놓여 있는 물체의 높이는 $2.5\,\text{m}$이므로 $(9.8 \times 5)\,\text{N} \times 2.5\,\text{m} = 122.5\,\text{J}$의 중력에 의한 위치 에너지를 가진다.
⑤ 지면을 기준면으로 할 때와 베란다를 기준면으로 할 때 물체의 높이가 각각 $5\,\text{m}$, $2.5\,\text{m}$이므로 물체가 가지는 중력에 의한 위치 에너지의 비는 지면 : 베란다$=2 : 1$이다.

오답 피하기 ④ 기준면에 따라 물체의 높이가 달라지므로 기준면에 따라 중력에 의한 위치 에너지도 달라진다.

14 ㄱ, ㄴ. 처음 쇠구슬을 놓은 지점에서 쇠구슬이 가진 중력에 의한 위치 에너지가 나무 도막을 미는 일로 전환된다. 따라서 쇠구슬의 중력에 의한 위치 에너지가 클수록 나무 도막이 밀려난 거리가 크다.
오답 피하기 ㄷ. 쇠구슬의 중력에 의한 위치 에너지는 쇠구슬의 높이와 질량에 각각 비례하므로, 질량이 2배가 되면 위치 에너지가 2배가 되어 나무 도막이 밀려난 거리도 2배가 된다.

15 운동 에너지는 질량과 속력의 제곱에 각각 비례하므로 승용차의 운동 에너지는 트럭의 $\frac{3}{4} \times 2^2 = 3$(배)이다.

16 ⑤ 쇠구슬이 자유 낙하 운동을 하는 동안 중력이 쇠구슬에 일을 하며, 중력이 한 일의 양만큼 운동 에너지가 증가한다. 따라서 O점에서 A점까지 쇠구슬이 낙하하는 동안 중력이 한 일의 양은 A점에서 쇠구슬의 운동 에너지와 같다.
오답 피하기 ①, ② 낙하하는 동안 쇠구슬의 운동 에너지가 점점 증가하므로 속력도 점점 증가한다.
③ O점에서 A점으로 낙하하는 동안 높이가 낮아지므로 쇠구슬의 중력에 의한 위치 에너지는 점점 감소한다.
④ 쇠구슬에 작용하는 중력의 크기는 쇠구슬의 질량에 비례한다.

17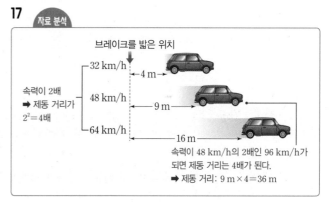

제동 거리는 운동 에너지에 비례하므로 결국 자동차의 속력의 제곱에 비례한다. 따라서 $96\,\text{km/h}$의 속력으로 달릴 때의 제동 거리는 $48\,\text{km/h}$의 속력으로 달릴 때 제동 거리의 4배인 $9\,\text{m} \times 4 = 36\,\text{m}$이다.

실력의 완성! **서술형 문제** 개념 학습 교재 **121**쪽

1 **모범 답안** 힘의 방향과 이동 방향이 수직이므로 힘의 방향으로 이동한 거리가 0이어서 한 일의 양은 0이다.

채점 기준	배점
한 일의 양이 0임을 풀이 과정과 함께 옳게 서술한 경우	100 %
한 일의 양이 0이라고만 서술한 경우	40 %

2

자료 분석

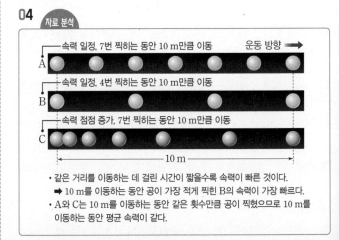

지구에서 중력에 의한 위치 에너지: $9.8mh$

m

h

지구

달에서 중력에 의한 위치 에너지: $9.8mh \times \frac{1}{6}$

m

h

달

모범 답안 (1) 중력에 의한 위치 에너지의 크기는 지구에서가 달에서보다 크다. 중력에 의한 위치 에너지는 물체에 작용하는 중력과 높이의 곱으로 구하는데 지구에서의 중력이 더 크기 때문이다.
(2) 운동 에너지의 크기는 지구에서가 달에서보다 크다. 물체가 자유 낙하 운동을 할 때 중력이 한 일의 양이 물체의 운동 에너지로 전환되는데 지구에서의 중력이 더 크기 때문이다.

	채점 기준	배점
(1)	중력에 의한 위치 에너지의 크기를 까닭과 함께 옳게 비교한 경우	50 %
	중력에 의한 위치 에너지의 크기만 옳게 비교한 경우	20 %
(2)	운동 에너지의 크기를 까닭과 함께 옳게 비교한 경우	50 %
	운동 에너지의 크기만 옳게 비교한 경우	20 %

2-1 **모범 답안** 4배, 중력에 의한 위치 에너지는 질량과 높이에 각각 비례하기 때문이다.

3 수레의 운동 에너지가 나무 도막을 미는 일을 한다. 나무 도막과 충돌 직전 세 수레의 속력은 모두 같으므로 수레의 질량과 운동 에너지의 관계를 알 수 있다.

모범 답안 (1) 나무 도막과 충돌하기 직전 세 수레의 속력을 모두 같게 하기 위해서이다.
(2) 물체의 속력이 일정할 때 물체의 질량과 운동 에너지의 관계를 알 수 있다.

	채점 기준	배점
(1)	모범 답안과 같이 서술한 경우	50 %
(2)	모범 답안과 같이 서술한 경우	50 %
	물체의 속력이 일정하다는 언급 없이 질량과 운동 에너지의 관계를 알 수 있다고만 서술한 경우	30 %

핵심만 모아모아! **단원 정리하기** 개념 학습 교재 122쪽

① ❶ 위치 ❷ 빠르기 ❸ 짧을 ❹ 길
② ❶ 일정 ❷ 비례 ❸ 속력 ❹ 이동 거리
③ ❶ 중력 ❷ 증가 ❸ 일정 ❹ 증가
④ ❶ 반대 ❷ 9.8
⑤ ❶ 힘 ❷ 무게 ❸ 중력 ❹ 수직
⑥ ❶ 전환 ❷ 증가 ❸ 감소
⑦ ❶ 기준면 ❷ 비례 ❸ 비례
⑧ ❶ 속력 ❷ 운동

실전에 도전! **단원 평가하기** 개념 학습 교재 123~127쪽

01 B   02 ③   03 1 m/s   04 ②   05 ④   06 ③   07 ②
08 ③   09 ①   10 44.1 m   11 ④   12 ②   13 ④   14 ③   15 ⑤
16 550 J   17 ②   18 ④   19 ②   20 ②   21 E   22 ⑤   23 ⑤
24 해설 참조   25 해설 참조   26 해설 참조   27 해설 참조
28 해설 참조   29 해설 참조

01 A의 속력은 $\frac{100 \text{ m}}{12 \text{ s}} \approx 8.3$ m/s, B의 속력은 $\frac{1500 \text{ m}}{2 \times 60 \text{ s}} = 12.5$ m/s, C의 속력은 $\frac{49195 \text{ m}}{7215 \text{ s}} \approx 6.8$ m/s이다.

02 ㄱ. 공 사이의 거리가 점점 감소하므로 공의 속력은 점점 감소한다는 것을 알 수 있다.
ㄴ. 일정한 시간 간격으로 공의 운동을 나타냈으므로 공 사이의 거리가 가장 큰 A 구간에서의 평균 속력이 가장 빠르다.
오답 피하기 ㄷ. 공의 속력이 점점 감소하고 있으므로 공의 운동 방향과 반대 방향으로 힘이 작용하고 있는 것이다.

03 우리 집에서 학교까지 600 m를 10분 동안 이동한 것이므로 평균 속력은 $\frac{600 \text{ m}}{10 \times 60 \text{ s}} = 1$ m/s이다.

04

자료 분석

속력 일정, 7번 찍히는 동안 10 m만큼 이동   운동 방향 ➡
A

속력 일정, 4번 찍히는 동안 10 m만큼 이동
B

속력 점점 증가, 7번 찍히는 동안 10 m만큼 이동
C
◀ 10 m ▶

• 같은 거리를 이동하는 데 걸린 시간이 짧을수록 속력이 빠른 것이다.
➡ 10 m를 이동하는 동안 공이 가장 적게 찍힌 B의 속력이 가장 빠르다.
• A와 C는 10 m를 이동하는 동안 같은 횟수만큼 공이 찍혔으므로 10 m를 이동하는 동안 평균 속력이 같다.

② C는 물체 사이의 거리가 점점 커지므로 속력이 점점 빨라지는 운동을 한 것이다.

오답 피하기 | ① A와 B가 10 m를 이동하는 동안 A는 공이 7번 찍혔고, B는 4번 찍혔다. 즉, 같은 거리를 이동하는 데 걸린 시간은 B가 더 짧으므로 B의 속력이 더 빠르다.
③ A, B는 속력이 일정한 운동, C는 속력이 점점 빨라지는 운동을 하였다.
④ 운동 방향과 같은 방향으로 힘이 작용하는 경우는 물체의 속력이 점점 증가하는 경우이다. A는 속력이 일정한 운동을 한다.
⑤ 10 m를 이동하는 동안 평균 속력은 공이 가장 적게 찍힌 B가 가장 빠르다.

05 ㄴ. A~D는 모두 그래프의 기울기, 즉 속력이 일정하므로 등속 운동을 한다.
ㄷ. 같은 시간 동안 이동한 거리가 가장 큰 물체는 속력이 가장 빠른 A이다.
오답 피하기 | ㄱ. 시간-이동 거리 그래프의 기울기는 속력을 의미한다. 따라서 D의 속력이 가장 느리다.

06 그림은 속력이 일정한 등속 운동을 나타낸 것이다.
오답 피하기 | ③ 롤러코스터는 속력이 변하는 운동을 한다.

07

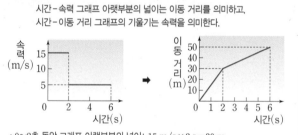

시간-속력 그래프 아랫부분의 넓이는 이동 거리를 의미하고, 시간-이동 거리 그래프의 기울기는 속력을 의미한다.

· 0~2초 동안 그래프 아랫부분의 넓이: 15 m/s×2 s=30 m
· 2~6초 동안 그래프 아랫부분의 넓이: 5 m/s×4 s=20 m

0~2초 동안 15 m/s의 속력으로 등속 운동을 하면서 30 m를 이동하였고, 2~6초 동안 5 m/s의 속력으로 등속 운동을 하면서 20 m를 이동하였다.

08 공의 운동 방향과 같은 방향으로 중력이 작용하여 공의 속력이 점점 빨라지므로 손뼉을 치는 시간 간격이 점점 빨라지는 것이다.

09 ㄱ. 세로축은 일정한 시간 간격당 이동한 거리, 즉 속력을 의미한다.
오답 피하기 | ㄴ, ㄷ. 시간-속력 그래프가 기울어진 직선 형태이므로 자유 낙하 하는 물체의 속력은 시간에 비례하여 증가하고, 이동 거리는 시간에 따라 점점 더 증가한다는 것을 알 수 있다.

10 시간-속력 그래프 아랫부분의 넓이는 이동 거리, 즉 낙하한 거리를 의미하므로 $\frac{1}{2}$×29.4 m/s×3 s=44.1 m이다.

11 ①, ②, ③ 쇠구슬과 깃털이 낙하하면서 동시에 떨어지고 있다. 이는 진공 중에서의 낙하 모습으로 쇠구슬과 깃털의 1초당 속력 변화는 같다.

⑤ 쇠구슬과 깃털의 속력이 점점 증가하고 있다. 이는 쇠구슬과 깃털에 운동 방향과 같은 방향으로 중력이 작용하기 때문이다.
오답 피하기 | ④ 쇠구슬과 깃털에는 각각의 질량에 비례하는 중력이 작용한다. 즉, 쇠구슬에 작용하는 힘의 크기가 더 크다.

12 진공 중에서 낙하하는 물체, 즉 자유 낙하 하는 물체의 1초당 속력 변화는 질량에 관계없이 모두 9.8 m/s로 같다.

13 한 일의 양은 작용한 힘과 힘의 방향으로 이동한 거리의 곱이다. 따라서 영수가 한 일=30 N×2 m=60 J이고, 철수가 한 일=50 N×2 m=100 J이며, 명수는 힘과 이동 방향이 수직이어서 힘의 방향으로 이동한 거리가 0이므로 한 일의 양은 0이다.

14 이동 거리-힘 그래프 아랫부분의 넓이는 힘이 한 일의 양을 나타낸다. 따라서 물체가 6 m 이동하는 동안 힘이 한 일의 양은 2 N×4 m+1 N×2 m=10 J이다.

15 ㄱ. 들어 올린 추는 높이를 가지므로 중력에 의한 위치 에너지를 가진다.
ㄴ. 추를 들어 올리는 것은 중력에 대해 일을 하는 것이고, 추가 떨어지는 것은 중력이 추에 일을 하는 것이다.
ㄷ. 추를 떨어뜨리면 추가 가진 중력에 의한 위치 에너지가 말뚝을 박는 일로 전환된다.

16 외부에 일을 한 만큼 에너지가 감소하므로 물체가 일을 하기 전 가지고 있던 에너지는 250 J+300 J=550 J이다.

17 **오답 피하기** | ② 중력에 의한 위치 에너지는 물체의 질량과 기준면으로부터의 높이에 각각 비례한다.

18 지면을 기준면으로 할 때 물체의 높이는 5 m이고 베란다를 기준면으로 할 때 물체의 높이는 2 m이다. 질량이 일정할 때 중력에 의한 위치 에너지는 높이에 비례하므로 위치 에너지의 비는 5 : 2이다.

19 추의 중력에 의한 위치 에너지가 나무 도막을 밀어내는 일로 전환된다. 위치 에너지는 추의 질량과 낙하 높이에 각각 비례하므로 질량이 2배, 낙하 높이가 $\frac{1}{2}$이 되면 위치 에너지의 크기는 변하지 않아 나무 도막이 밀려난 거리도 변하지 않는다.

20 수레가 가진 운동 에너지는 $\frac{1}{2}$×5 kg×(2 m/s)²=10 J이고, 수레가 가진 운동 에너지만큼 다른 물체에 일을 할 수 있다.

21 나무 도막에 충돌하기 직전 쇠구슬의 운동 에너지가 나무 도막을 미는 일로 전환된다. 운동 에너지는 질량과 속력의 제곱에 각각 비례하므로 운동 에너지가 가장 큰 E에서 나무 도막의 이동 거리가 가장 크다.

22 ① 물체에 작용하는 중력의 크기는 9.8×2=19.6(N)이다.
②, ③ 물체가 낙하하는 동안 중력을 받아 속력이 일정하게 증가한다. 따라서 물체의 운동 에너지도 증가한다.

④ 10 m 높이에서 물체가 지닌 중력에 의한 위치 에너지의 크기는 $(9.8 \times 2)\,\text{N} \times 10\,\text{m} = 196\,\text{J}$이다.

오답 피하기 | ⑤ 지면에 도달했을 때 물체의 중력에 의한 위치 에너지는 0이고, 운동 에너지의 크기는 10 m 높이에서 중력에 의한 위치 에너지의 크기와 같은 196 J이다.

23 10 m 높이에서 낙하하는 동안 중력이 물체에 한 일의 양만큼 운동 에너지로 전환된다. 따라서 $(9.8 \times 2)\,\text{N} \times 10\,\text{m} = \dfrac{1}{2} \times 2\,\text{kg} \times v^2$에서 지면에 도달한 순간 물체의 속력은 $v = 14\,\text{m/s}$이다.

24 [모범 답안] A 구간, 시간-이동 거리 그래프의 기울기는 속력을 의미하는데 기울기가 클수록 속력이 빠르기 때문이다.

채점 기준	배점
A 구간을 고르고, 그 까닭을 옳게 서술한 경우	100 %
A 구간만 고른 경우	40 %

25 [모범 답안] 질량에 관계없이 속력 변화가 같으므로 시간-속력 그래프의 기울기가 변하지 않는다.

채점 기준	배점
제시된 단어를 모두 포함하여 옳게 서술한 경우	100 %
그 외의 경우	0 %

26 [모범 답안] (1) 자유 낙하 하는 물체의 속력은 1초당 9.8 m/s씩 증가하고 지면에 도달할 때까지 3초가 걸렸으므로 지면에 도달하기 직전의 속력은 $9.8\,\text{m/s} \times 3 = 29.4\,\text{m/s}$이다.

(2) 자유 낙하 하는 물체의 속력 변화는 질량에 관계없이 같으므로 같은 높이에서 자유 낙하 시키면 지면에 도달하는 시간은 5 kg인 물체와 같은 3초이다.

	채점 기준	배점
(1)	풀이 과정과 함께 속력을 옳게 구한 경우	50 %
	속력만 옳게 쓴 경우	20 %
(2)	지면에 도달할 때까지 걸린 시간을 까닭과 함께 옳게 구한 경우	50 %
	지면에 도달할 때까지 걸린 시간만 옳게 쓴 경우	20 %

27 [모범 답안] (가)는 물체의 이동 거리가 0이기 때문이고, (나)는 물체에 작용한 힘이 0이기 때문이다.

채점 기준	배점
한 일의 양이 0인 까닭을 (가)와 (나) 모두 옳게 서술한 경우	100 %
(가)와 (나) 중 1가지만 까닭을 옳게 서술한 경우	50 %

28 [모범 답안] (1) 중력에 의한 위치 에너지 = 9.8 × 질량 × 높이 = $(9.8 \times 3)\,\text{N} \times 10\,\text{m} = 294\,\text{J}$이다.

(2) 운동 에너지 = $\dfrac{1}{2} \times$ 질량 × 속력^2 = $\dfrac{1}{2} \times 3\,\text{kg} \times (6\,\text{m/s})^2 = 54\,\text{J}$이다.

	채점 기준	배점
(1)	풀이 과정과 함께 위치 에너지의 크기를 옳게 구한 경우	50 %
	위치 에너지의 크기만 옳게 쓴 경우	30 %
(2)	풀이 과정과 함께 운동 에너지의 크기를 옳게 구한 경우	50 %
	운동 에너지의 크기만 옳게 쓴 경우	30 %

29 [모범 답안] D>C>B>A, 물체가 자유 낙하 운동을 할 때 중력이 물체에 한 일은 물체의 운동 에너지로 전환된다. 물체의 질량이 일정하므로 물체의 높이가 높을수록 중력이 물체에 한 일의 양이 많아져서 물체의 운동 에너지가 커져 속력도 커진다.

채점 기준	배점
D>C>B>A라고 쓰고, 그 까닭을 옳게 서술한 경우	100 %
D>C>B>A라고만 쓴 경우	40 %

01 감각 기관

1 (1) F, 홍채 (2) G, 수정체 (3) E, 섬모체 (4) C, 망막 **2** ㉠ 수정체, ㉡ 망막, ㉢ 시각 신경 **3** ㉠ 확장, ㉡ 축소, ㉢ 축소, ㉣ 확대 **4** (1) ㉠ 가까운 곳, ㉡ 먼 곳 (2) ㉠ 수축, ㉡ 이완 **5** (1) × (2) × (3) ○ (4) ○ **6** (1) A, 귓속뼈 (2) C, 전정 기관 (3) B, 반고리관 (4) H, 고막 (5) G, 귀인두관 (6) F, 달팽이관 **7** ㉠ 고막, ㉡ 달팽이관 **8** (1) ㉠ 후각 세포, ㉡ 기체 (2) ㉠ 맛세포, ㉡ 액체 **9** (1) ○ (2) × (3) ○ (4) ○

1 A는 공막, B는 맥락막, C는 망막, D는 유리체, E는 섬모체, F는 홍채, G는 수정체, H는 각막이다.

2 시각의 성립 경로는 빛 → 각막 → 수정체 → 유리체 → 망막의 시각 세포 → 시각 신경 → 뇌이다.

3 홍채에 의한 동공의 크기 변화에 의해 눈으로 들어오는 빛의 양이 조절된다. 밝을 때 홍채가 확장되면서 동공이 축소되어 눈으로 들어오는 빛의 양이 감소하며, 어두울 때 홍채가 축소되면서 동공이 확대되어 눈으로 들어오는 빛의 양이 증가한다.

4 섬모체에 의한 수정체의 두께 변화에 의해 망막에 상이 뚜렷하게 맺힌다. 가까운 곳을 볼 때 섬모체가 수축하면 (가)와 같이 수정체가 두꺼워지며, 먼 곳을 볼 때 섬모체가 이완하면 (나)와 같이 수정체가 얇아진다.

5 **오답 피하기**| (1) 몸의 부위에 따라 감각점이 분포하는 정도가 다르다.
(2) 일반적으로 감각점 중 통점의 수가 가장 많고, 온점의 수가 가장 적다.

6 A는 귓속뼈, B는 반고리관, C는 전정 기관, D는 평형 감각 신경, E는 청각 신경, F는 달팽이관, G는 귀인두관, H는 고막이다.

7 청각의 성립 경로는 소리 → 귓바퀴 → 외이도 → 고막 → 귓속뼈 → 달팽이관의 청각 세포 → 청각 신경 → 뇌이다.

8 (1) (가)는 코의 구조 중 일부를 나타낸 것으로, A는 후각 세포이다. 후각 세포(A)는 기체 상태의 화학 물질을 자극으로 받아들인다.
(2) (나)는 혀의 구조 중 일부를 나타낸 것으로, B는 맛세포이다. 맛세포(B)는 액체 상태의 화학 물질을 자극으로 받아들인다.

9 **오답 피하기**| (2) 감칠맛은 기본적인 맛에 해당한다. 매운맛은 혀와 입속 피부의 통점에서 자극을 받아 느끼는 피부 감각으로, 혀로 느끼는 기본적인 맛에 해당하지 않는다.

Ⓐ ㉠ 많이, ㉡ 예민, ㉢ 상대적인 온도 변화
1 (1) ○ (2) × (3) ○ (4) ○ (5) × **2** ② **3** ㉠ 통점, ㉡ 온점

Ⓐ

1 **오답 피하기**| (2) 손바닥에서 이쑤시개가 2개로 느껴지는 최소 거리는 6 mm이므로, 이쑤시개 사이의 간격이 4 mm이면 손바닥에서는 이쑤시개가 1개로 느껴진다.
(5) 온점과 냉점에서는 절대적인 온도를 감각하는 것이 아니고, 상대적인 온도 변화를 감각한다. 처음보다 온도가 높아지면 온점이 자극을 받아들이고, 처음보다 온도가 낮아지면 냉점이 자극을 받아들인다.

2 피부 감각점은 신체의 부위에 따라 분포 정도가 다르다. 특히 손가락 끝의 감각이 손등보다 예민한 까닭은 손등보다 손가락 끝에 감각점이 많기 때문이다.

3 일반적으로 몸 전체에 수가 가장 많은 감각점은 통점이고, 수가 가장 적은 감각점은 온점이다.

1 (1) (가) (2) (나) (3) (나) (4) (가) (5) (나) **2** ㉠ 원시, ㉡ 볼록렌즈 **3** ④ **4** ④

1 (가)는 먼 곳의 물체가 잘 보이지 않는 근시로, 수정체와 망막 사이의 거리가 정상보다 먼 경우이다. 근시는 오목렌즈로 교정한다. (나)는 가까운 곳의 물체가 잘 보이지 않는 원시로, 수정체와 망막 사이의 거리가 정상보다 가까운 경우이다. 원시는 볼록렌즈로 교정한다.

2 가까운 곳의 물체를 볼 때 상이 망막 뒤에 맺혀 물체가 잘 보이지 않는 눈의 이상은 원시이며, 볼록렌즈를 이용하여 교정한다.

3 그림은 상이 망막 앞에 맺히는 근시를 나타낸 것이다.
오답 피하기| ④ 근시의 경우 먼 곳의 물체가 잘 보이지 않는다.

4 ① 상이 망막 뒤에 맺히므로 볼록렌즈로 교정한다.
②, ③ 상이 망막 뒤에 맺히는 눈의 이상인 원시이다.
⑤ 수정체와 망막 사이의 거리가 정상보다 가까워서 상이 망막 뒤에 맺히는 경우이다.
오답 피하기| ④ 이 사람은 가까운 곳의 물체가 잘 보이지 않는다.

01 ③ **02** F, 황반 **03** ⑤ **04** ③ **05** ③ **06** ③ **07** ③ **08** ㉠ 손가락 끝, ㉡ 손등 **09** ② **10** ③ **11** ⑤ **12** ⑤ **13** (가) A, (나) B **14** ① **15** ④ **16** ⑤ **17** ④ **18** ④

01 A는 홍채, B는 수정체, C는 섬모체, D는 맥락막, E는 망막, F는 황반, G는 맹점이다.

오답 피하기 | ③ 섬모체(C)는 수축·이완하여 수정체의 두께를 조절한다. 동공의 크기를 조절하는 것은 홍채(A)이다.

02 황반은 망막에서 시각 세포가 많이 모여 있는 부분으로, 이곳에 상이 맺히면 물체를 가장 선명하게 볼 수 있다.

03 당근이 보이지 않게 된 것은 당근의 상이 맹점에 맺혔기 때문이다. 맹점은 시각 신경이 모여서 나가는 부분으로, 시각 세포가 없어 이곳에 상이 맺혀도 보이지 않는다.

04 ③ 밝은 낮에 어두운 영화관 안으로 들어가면 동공이 확대되어 눈으로 들어오는 빛의 양이 증가한다.

오답 피하기 | ① 눈동자에 손전등을 비추었을 경우에는 홍채가 확장되어 동공이 축소된다.
② 밝은 방안에서 책을 읽는 경우에는 홍채가 확장되어 동공이 축소되고 섬모체가 수축되어 수정체가 두꺼워진다.
④ 산 정상에서 멀리 있는 풍경을 바라보는 경우에는 섬모체가 이완되어 수정체가 얇아진다. 동공의 변화와 관계없다.
⑤ 교실에서 창밖을 바라보다가 책상 위의 책을 보았을 경우에는 섬모체가 수축되어 수정체가 두꺼워진다. 동공의 변화와 관계없다.

05 ㄱ. A는 수정체의 두께가 두꺼우므로 가까운 곳을 볼 때이다. 가까운 곳을 볼 때 섬모체가 수축하여 수정체가 두꺼워진다.
ㄴ. B는 수정체의 두께가 얇으므로 먼 곳을 볼 때이다. 먼 곳을 볼 때 섬모체가 이완하여 수정체가 얇아진다.

오답 피하기 | ㄷ. 책을 보다가 창밖의 먼 산을 볼 때에는 수정체가 얇아져야 하므로 A에서 B로 변한다.

06 ㄴ. 어두운 곳에서는 홍채가 축소되어 동공이 커지므로 눈으로 들어오는 빛의 양이 증가한다.
ㄹ. 가까운 곳의 물체를 볼 때 섬모체가 수축하여 수정체가 두꺼워진다.

오답 피하기 | ㄱ. 밝은 곳에서는 홍채가 확장되어 동공이 작아지므로 눈으로 들어오는 빛의 양이 감소한다.
ㄷ. 먼 곳의 물체를 볼 때 섬모체가 이완하여 수정체가 얇아진다.

07 ①, ② 감각점은 피부에서 자극을 받아들이는 부위이며, 일반적으로 통점의 수가 가장 많다.
④ 감각점에서는 통증, 압력, 접촉 등과 같은 물리적인 변화나 상대적인 온도 변화를 감지한다.
⑤ 감각점에는 통점, 압점, 촉점, 냉점, 온점이 있는데, 하나의 감각점에서는 한 종류의 자극을 받아들인다.

오답 피하기 | ③ 감각점은 몸의 부위에 따라 분포 정도가 다르다.

08 이쑤시개가 2개로 느껴지는 최소 거리가 짧은 부위일수록 감각점이 많이 분포하여 감각이 예민하다.

09 ㄴ. 이쑤시개가 1개로 느껴지는 까닭은 이쑤시개 간격에 해당하는 거리에 감각점이 1개만 분포하기 때문이다. 따라서 이쑤시개가 2개로 느껴지는 최소 거리가 짧은 부위일수록 감각점이 많이 분포한 곳이다.

오답 피하기 | ㄱ. 감각점이 가장 많이 분포한 곳은 손가락 끝이다.
ㄷ. 두 이쑤시개 사이의 간격이 3 mm이면 손바닥에서 이쑤시개가 1개로 느껴진다.

10 처음보다 온도가 높아지면 온점이 자극을 받아들이고 처음보다 온도가 낮아지면 냉점이 자극을 받아들인다. 그러므로 왼손과 오른손을 25 ℃의 물에 동시에 넣었지만 왼손은 차갑다고 느끼고 오른손은 따뜻하다고 느끼게 된다.

오답 피하기 | ③ 냉점은 절대적인 온도가 아닌 상대적인 온도 변화를 감각한다.

11 A는 고막, B는 귓속뼈, C는 반고리관, D는 전정 기관, E는 청각 신경, F는 달팽이관, G는 귀인두관이다.
⑤ 달팽이관(F)에는 소리를 자극으로 받아들이는 청각 세포가 있다.

오답 피하기 | ① 소리를 증폭시키는 것은 귓속뼈(B)이다.
② 몸의 회전을 감지하는 것은 반고리관(C)이다.
③ 몸의 기울어짐을 감지하는 것은 전정 기관(D)이다.
④ 고막 안팎의 압력을 같게 조절하는 것은 귀인두관(G)이다.

12 청각의 성립 경로는 소리 → 귓바퀴 → 외이도 → 고막(A) → 귓속뼈(B) → 달팽이관(F)의 청각 세포 → 청각 신경(E) → 뇌이다.

13 A는 반고리관, B는 전정 기관, C는 평형 감각 신경, D는 달팽이관이다. 몸의 회전을 감지하는 것은 반고리관(A)이고, 몸의 기울어짐을 감지하는 것은 전정 기관(B)이다.

14 ㄱ. 평형 감각에 관여하는 구조는 반고리관(A)과 전정 기관(B)이다.

오답 피하기 | ㄴ. 평형 감각 신경(C)을 통해 반고리관(A)과 전정 기관(B)에서 받아들인 자극이 뇌로 전달된다.
ㄷ. 고막 안쪽과 바깥쪽의 압력을 같게 조절하는 것은 귀인두관이다.

15 ㄴ. 후각은 기체 상태의 화학 물질을 자극으로 받아들여 냄새를 느끼는 감각이다.
ㄹ. 후각은 매우 예민한 감각이지만 쉽게 피로해지기 때문에 같은 냄새를 계속 맡으면 그 냄새를 잘 느끼지 못한다.

오답 피하기 | ㄱ. 후각은 사람의 감각 중 매우 예민한 감각이다.
ㄷ. 후각 상피의 후각 세포에서 기체 상태의 화학 물질을 자극으로 받아들인다.

16 A는 유두, B는 맛봉오리, C는 맛세포, D는 미각 신경이다.

오답 피하기 | ⑤ 매운맛은 혀와 입속 피부의 통점에서 자극을 받아 느끼는 피부 감각이다.

17 혀의 맛세포에서 느끼는 기본적인 맛은 단맛, 짠맛, 신맛, 쓴맛, 감칠맛이다.

오답 피하기| ④ 떫은맛은 혀와 입속 피부의 압점에서 자극을 받아 느끼는 피부 감각이다.

18 혀로 느끼는 기본적인 맛 외의 다양한 맛은 미각과 후각을 종합하여 느끼는 것이다. 따라서 코가 막히면 음식의 맛을 제대로 느끼지 못한다.

실력의 완성! **서술형 문제** 개념 학습 교재 139쪽

1 **모범 답안** 홍채가 축소되어 동공의 크기가 확대되므로 눈으로 들어오는 빛의 양이 증가하며, 섬모체가 이완되어 수정체의 두께가 얇아진다.

채점 기준	배점
제시된 단어를 모두 이용하여 옳게 서술한 경우	100 %
제시된 단어 중 2가지만 포함하여 옳게 서술한 경우	50 %

2 **모범 답안** 손등보다 손가락 끝에 감각점이 더 많이 분포되어 있기 때문이다.

채점 기준	배점
손가락 끝과 손등을 비교하여 까닭을 옳게 서술한 경우	100 %
손가락 끝과 손등을 비교하지 않고 '손가락 끝에 감각점이 많이 분포하기 때문이다.'라고만 서술한 경우	50 %

3 A는 귓속뼈, B는 반고리관, C는 전정 기관, D는 달팽이관, E는 귀인두관이다.

모범 답안 E, 침을 삼키면 귀인두관이 열려 고막 안쪽과 바깥쪽의 압력이 같아지기 때문이다.

채점 기준	배점
E를 쓰고, 까닭을 옳게 서술한 경우	100 %
E만 쓴 경우	30 %

3-1 반고리관(B)은 몸의 회전을, 전정 기관(C)은 몸의 기울어짐을 감지한다.

모범 답안 B, C

4 **모범 답안** A: 후각 세포, B: 맛세포, A에서는 기체 상태의 화학 물질을, B에서는 액체 상태의 화학 물질을 자극으로 받아들인다.

채점 기준	배점
A와 B의 이름을 쓰고, 받아들이는 자극의 종류에 대해 옳게 서술한 경우	100 %
A와 B의 이름만 쓴 경우	30 %

---

02 신경계와 호르몬

기초를 튼튼히! **개념 잡기** 개념 학습 교재 141, 143, 145쪽

1 (1) A, 신경 세포체 (2) C, 축삭 돌기 (3) B, 가지 돌기 **2** (1) A: 감각 뉴런, B: 연합 뉴런, C: 운동 뉴런 (2) A → B → C **3** (1) C, 중간뇌 (2) D, 연수 (3) E, 소뇌 (4) B, 간뇌 **4** (1) ✕ (2) ○ (3) ✕ (4) ✕ **5** (1) ✕ (2) ○ (3) ○ (4) ○ **6** (1) 의 (2) 의 (3) 무 (4) 무 **7** (1) A: 뇌하수체, B: 갑상샘, C: 부신, D: 이자, E: 난소 (2) ㄹ, ㅂ, ㅅ **8** ㉠ 항이뇨 호르몬, ㉡ 세포 호흡, ㉢ 아드레날린(에피네프린), ㉣ 감소, ㉤ 테스토스테론 **9** (1) ㉡ (2) ㉣ (3) ㉢ (4) ㉠ **10** ㉠ 혈액, ㉡ 뉴런, ㉢ 넓다, ㉣ 좁다 **11** (1) ㉠ 높을 때, ㉡ 낮을 때 (2) A: 증가, B: 감소, C: 증가 **12** (1) ✕ (2) ○ (3) ✕ (4) ✕

1 뉴런은 신경 세포체(A), 가지 돌기(B), 축삭 돌기(C)로 이루어져 있다.

2 (1) 뉴런은 기능에 따라 감각 뉴런, 연합 뉴런, 운동 뉴런으로 구분된다.
(2) 자극의 전달 경로는 자극 → 감각 기관 → 감각 뉴런 → 연합 뉴런 → 운동 뉴런 → 반응 기관 → 반응이다.

3 A는 대뇌, B는 간뇌, C는 중간뇌, D는 연수, E는 소뇌이다.

4 **오답 피하기**| (1) 말초 신경계는 감각 신경과 운동 신경으로 구성된다.
(3) 자율 신경은 대뇌의 직접적인 명령 없이 내장 기관의 운동을 자율적으로 조절한다.
(4) 교감 신경은 호흡 운동과 심장 박동을 촉진하고, 소화 운동을 억제한다.

5 **오답 피하기**| (1) 무조건 반사의 중추는 척수, 연수, 중간뇌이다. 대뇌는 의식적인 반응의 중추이다.

6 의식적인 반응은 대뇌가 중추가 되어 일어나는 반응이고, 무조건 반사는 대뇌의 판단을 거치지 않고 무의식적으로 일어나는 반응이다.

7 (1) 사람의 내분비샘에는 뇌하수체(A), 갑상샘(B), 부신(C), 이자(D), 난소(E), 정소 등이 있다.
(2) 뇌하수체(A)에서는 생장 호르몬, 항이뇨 호르몬, 갑상샘 자극 호르몬이 분비된다. 인슐린과 글루카곤은 이자(D), 티록신은 갑상샘(B), 에스트로젠은 난소(E), 아드레날린(에피네프린)은 부신(C)에서 분비된다.

8 뇌하수체에서 분비되는 항이뇨 호르몬은 콩팥에서 물의 재흡수를 촉진하며, 갑상샘에서 분비되는 티록신은 세포 호흡을 촉진한다. 부신에서 분비되는 아드레날린(에피네프린)은 심장 박동을 촉진하며, 이자에서 분비되는 인슐린은 혈당량을 감소시킨다. 정소에서 분비되는 테스토스테론은 남자의 2차 성징을 발현시킨다.

9 당뇨병은 인슐린 결핍, 소인증은 생장 호르몬 결핍, 거인증이

나 말단 비대증은 생장 호르몬 과다, 갑상샘 기능 항진증은 티록신 과다인 경우 나타나는 호르몬 분비 이상이다.

10 호르몬은 혈액을 통해 자극을 전달하기 때문에 전달 속도가 느리지만 작용 범위가 넓고 효과가 지속적이다. 신경은 뉴런을 통해 자극을 전달하기 때문에 전달 속도가 빠르지만 작용 범위가 좁고 효과가 일시적이다.

11 체온이 정상보다 높을 때 열 방출량이 증가하고, 체온이 정상보다 낮을 때 열 방출량이 감소하고 열 발생량이 증가한다.

12 **오답 피하기** | (1) 식사 직후에는 인슐린의 분비량이 증가한다.
(3) 혈당량이 낮을 때는 글루카곤의 분비량이 증가한다.
(4) 인슐린은 조직 세포가 포도당을 흡수하는 것을 촉진하여 혈당량을 낮춘다.

과학적 사고로! **탐구하기** 개념 학습 교재 146쪽

ⓐ ㉠ 대뇌, ㉡ 의식적인 반응, ㉢ 무조건 반사, ㉣ 척수
1 (1) ○ (2) × (3) × (4) ○ (5) × (6) ○ **2** ④

ⓐ

1 **오답 피하기** | (2) 반응이 빠르게 일어날수록 자가 떨어진 거리가 짧다.
(3) 시각과 같이 얼굴에서 받아들인 자극은 척수를 거치지 않고 대뇌로 전달된다. 따라서 떨어지는 자를 눈으로 보고 잡는 반응의 경로는 눈 → 시각 신경 → 대뇌 → 척수 → 운동 신경 → 손의 근육이다.
(5) 의식적인 반응은 대뇌의 판단 과정을 거치므로 무조건 반사보다 느리게 일어난다.

2 ④ 반응 중추가 척수인 예로는 뜨거운 물체에 손이 닿았을 때 재빨리 떼는 행동이 해당한다.
오답 피하기 | ① 무릎 반사의 반응 중추는 척수이다.
② 무릎 반사는 의식적인 반응보다 반응 속도가 빠르다.
③ 고무망치로 무릎뼈 아랫부분을 가볍게 치면 다리가 무의식적으로 올라간다.
⑤ 반응 경로는 자극 → 감각 기관 → 감각 신경 → 척수 → 운동 신경 → 반응 기관이다.

Beyond **특강** 개념 학습 교재 147쪽

1-1 (가) 무조건 반사, (나) 의식적인 반응, (다) 의식적인 반응
1-2 ⑤
2-1 (가) 무조건 반사, (나) 의식적인 반응, (다) 의식적인 반응, (라) 의식적인 반응
2-2 ①

1-1 (가)는 대뇌의 판단을 거치지 않고 무의식적으로 일어나는 반응인 무조건 반사이다. (나)와 (다)는 대뇌가 중추가 되어 일어나는 반응인 의식적인 반응이다.
1-2 ㄴ. 겨울에 손이 시려워서 주머니에 손을 넣는 반응은 의식적인 반응으로, 반응 경로는 A → B → C → D → E이다.
ㄷ. 신호등이 바뀌는 것을 보고 급히 브레이크를 밟는 반응은 의식적인 반응으로, 눈에서 자극을 받아 대뇌를 거치므로 반응 경로는 F → C → D → E이다.
오답 피하기 | ㄱ. 팔이나 다리에서 받아들인 자극은 척수를 거쳐 대뇌로 전달된다. 시각이나 청각과 같이 얼굴에서 받아들인 자극은 척수를 거치지 않고 대뇌로 전달된다.

2-1 (가)는 대뇌의 판단을 거치지 않고 무의식적으로 일어나는 반응인 무조건 반사이다. (나), (다), (라)는 대뇌가 중추가 되어 일어나는 반응인 의식적인 반응이다.
2-2 ㄱ. 눈이나 귀 등 얼굴에서 받아들인 자극은 척수를 거치지 않고 대뇌로 전달된다.
오답 피하기 | ㄴ. F → G → I는 척수 반사 경로이다. 먼지를 마시고 재채기를 할 때의 반응 중추는 연수이다.
ㄷ. 공을 보고 원하는 방향으로 찰 때의 반응 경로는 A → B → E → H이다.

실력을 키워! **내신 잡기** 개념 학습 교재 148~151쪽

01 ② **02** ③ **03** ④ **04** ② **05** ④ **06** (가) A, (나) C, (다) D
07 ② **08** ② **09** ③ **10** ② **11** ⑤ **12** ㉠ 대뇌, ㉡ 척수 **13** ①
14 ⑤ **15** ④ **16** ③ **17** ④ **18** ③ **19** ① **20** ③ **21** ②, ⑤
22 A: 인슐린, B: 글루카곤, ㉠ 증가(높아짐), ㉡ 감소(낮아짐) **23** ①

---

01 A는 가지 돌기, B는 신경 세포체, C는 축삭 돌기이다.
ㄴ. 신경 세포체(B)는 핵과 세포질이 있으며, 여러 가지 생명 활동이 일어난다.
오답 피하기 | ㄱ. 다른 뉴런이나 기관으로 자극을 전달하는 것은 축삭 돌기(C)이다.
ㄷ. 다른 뉴런이나 감각 기관에서 전달된 자극을 받아들이는 것은 가지 돌기(A)이다.

02 ㄱ, ㄴ. 뉴런은 신경계를 구성하는 신경 세포로, 하나의 세포로 이루어져 있다.
오답 피하기 | ㄷ. 한 뉴런의 축삭 돌기에서 다음 뉴런의 가지 돌기 쪽으로 자극이 전달된다.

03 A는 감각 뉴런, B는 연합 뉴런, C는 운동 뉴런이다.
오답 피하기 | ④ 감각 뉴런(A)과 운동 뉴런(C)은 모두 말초 신경계를 구성한다. 중추 신경계를 구성하는 것은 연합 뉴런(B)이다.

04 **오답 피하기** | ①, ③ A는 중추 신경계, B는 말초 신경계이다.
④ 말초 신경계(B) 중 자율 신경은 대뇌의 직접적인 명령을 받지 않

으며, 자율적으로 내장 기관의 운동을 조절한다.

⑤ 말초 신경계(B)는 감각 신경과 운동 신경으로 이루어져 있다.

05 A는 대뇌, B는 간뇌, C는 중간뇌, D는 소뇌, E는 연수이다.
오답 피하기 ④ 무릎 반사, 배뇨 등의 반사 중추는 척수이다. 소뇌(D)는 몸의 자세와 균형을 유지한다.

06 (가) 대뇌(A)는 기억, 추리, 학습, 감정 등 정신 활동을 담당한다.
(나) 동공 반사의 중추는 중간뇌(C)이다.
(다) 몸의 자세와 균형을 유지하는 중추는 소뇌(D)이다.

07 오답 피하기 ② 말초 신경계는 감각 신경과 운동 신경으로 이루어져 있다. 말초 신경계 중 자율 신경은 내장 기관에 연결되어 대뇌의 직접적인 명령 없이 내장 기관의 운동을 자율적으로 조절한다. 자율 신경은 운동 신경으로만 구성되어 있다.

08 ㄴ, ㄷ. 부교감 신경이 작용하면 호흡 운동과 심장 박동이 억제된다.
오답 피하기 ㄱ, ㄹ. 부교감 신경이 작용하면 동공이 축소되고, 소화 운동이 촉진된다.

09 ①, ② (가)는 의식적인 반응으로, 자극 → 감각 기관(눈) → 감각 신경(시각 신경) → 대뇌 → 척수 → 운동 신경 → 반응 기관(팔의 근육) → 반응의 경로로 일어난다.
④ (다)는 무조건 반사로, 대뇌의 판단 과정을 거치지 않으며 중추는 척수이다.
오답 피하기 ③ (나)는 연수가 중추인 무조건 반사이다.

10 (가) 재채기, 침 분비 등의 중추는 연수이다.
(나) 날카로운 물체가 몸에 닿았을 때 몸을 떼는 반응과 무릎 반사 등의 중추는 척수이다.
(다) 동공 반사의 중추는 중간뇌이다.

11 ⑤ (가)와 (나)는 모두 대뇌의 판단 과정을 거치는 의식적인 반응이다.
오답 피하기 ①, ② 시각을 통한 반응(가)과 청각을 통한 반응(나)은 반응 경로가 다르기 때문에 반응 시간에 차이가 난다.
③ (가)와 (나)는 모두 의식적인 반응이다.
④ 자가 떨어진 거리가 길수록 반응 시간이 길다.

12 자를 잡기까지의 경로는 눈(귀) → 시각 신경(청각 신경) → 대뇌 → 척수 → 운동 신경 → 손의 근육 → 반응이다.

13 ㄱ, ㄷ. 무릎 반사의 중추는 척수이다. 무릎 반사가 대뇌를 거치지 않고 일어난다고 해서 대뇌에서 감각을 느끼지 못하는 것은 아니다. 고무망치가 닿는 자극은 대뇌로도 전달되므로 고무망치가 닿는 느낌은 무릎 반사가 일어난 후에 일어난다.
오답 피하기 ㄴ. 고무망치가 닿는 자극은 대뇌로도 전달된다.
ㄹ. 무릎 반사가 일어나는 경로는 자극 → 감각 기관 → 감각 신경 → 척수 → 운동 신경 → 반응 기관이다.

14 ⑤ (다)는 의식적인 반응으로, 반응 경로는 감각 기관(피부 감각) → 감각 신경 → 척수 → 대뇌 → 척수 → 운동 신경 → 반응 기관(팔의 근육)이므로 A → B → C → D → E이다.
오답 피하기 ① (가)의 중추는 대뇌, (나)의 중추는 척수이다.
② (다)는 의식적인 반응이다.
③ (가)의 반응 경로는 F → C → D → E이다.
④ (나)의 반응 경로는 A → G → E이다.

15 ㄱ, ㄴ. 호르몬은 내분비샘에서 만들어져 혈액을 통해 이동한다.
ㄷ. 적은 양으로 우리 몸의 생리 작용을 조절한다.
오답 피하기 ㄹ. 호르몬은 표적 세포 또는 표적 기관에만 작용한다.

16 뇌하수체(A)에서는 생장 호르몬, 갑상샘 자극 호르몬, 항이뇨 호르몬이 분비되며, 갑상샘(B)에서는 티록신이 분비된다. 부신(C)에서는 아드레날린(에피네프린)이 분비되고, 이자(D)에서는 인슐린, 글루카곤이 분비되며, 난소(E)에서는 에스트로젠이 분비된다.

17 이자(D)에서는 혈당량의 증가를 촉진시키는 호르몬인 글루카곤과 혈당량의 감소를 촉진시키는 호르몬인 인슐린이 모두 분비된다.

18 ㄴ. 티록신이 부족하면 추위를 잘 타고 체중이 증가하는 갑상샘 기능 저하증에 걸린다.
ㄷ. 성장기 이후에 생장 호르몬이 과다 분비되면 몸의 말단부가 커지는 말단 비대증에 걸린다.
오답 피하기 ㄱ. 인슐린이 부족하면 오줌에 포도당이 섞여 나오는 당뇨병에 걸린다.
ㄹ. 갑상샘 자극 호르몬이 부족하면 갑상샘에서 티록신이 잘 분비되지 않게 되어 갑상샘 기능 저하증에 걸릴 수 있다.

19 ㄱ, ㄷ. 항상성은 혈당량과 체온 등을 일정하게 유지하려는 성질이며, 호르몬과 신경의 작용으로 항상성이 유지된다.
오답 피하기 ㄴ. 항상성 유지의 조절 중추는 간뇌이다.
ㄹ. 항상성은 환경 변화에 적절히 반응하여 몸의 상태를 일정하게 유지하려는 성질이다.

20 추울 때 피부 근처 혈관이 수축하여 열 방출량이 감소하며, 세포 호흡이 촉진되고 근육이 떨려 열 발생량이 증가한다.

21 ②, ⑤ 더울 때 피부 근처 혈관이 확장되고, 땀 분비가 증가하여 열 방출량이 증가한다.
오답 피하기 ①, ③, ④ 근육이 떨리고, 열 발생량이 증가하며, 열 방출량이 감소하는 것은 추울 때 일어나는 반응이다.

22 혈당량이 증가했을 때에는 이자에서 인슐린 분비가 증가하고, 혈당량이 감소했을 때에는 이자에서 글루카곤 분비가 증가한다.

23 ㄱ. A는 식사 후에 분비량이 증가하므로 혈당량을 감소시키는 것을 촉진하는 인슐린이다.
ㄴ. 인슐린(A)은 조직 세포의 혈액 속 포도당 흡수를 촉진하여 혈당량을 감소시킨다.
오답 피하기 ㄷ. 인슐린(A)이 부족하면 당뇨병에 걸린다.

ㄹ. B는 식사 후에 분비량이 감소하므로 글루카곤이다. 글루카곤은 간에서 글리코젠을 포도당으로 분해하는 과정을 촉진한다.

실력의 완성! **서술형 문제** 　 개념 학습 교재 152쪽

1 모범 답안 교감 신경, 동공의 크기가 확대되고, 심장 박동이 빨라진다.

채점 기준	배점
교감 신경을 쓰고, 변화를 옳게 서술한 경우	100 %
교감 신경만 쓴 경우	30 %

2 모범 답안 (1) 무조건 반사, F → G → I
(2) 의식적인 반응, F → D → B → E → H
(3) 무조건 반사는 대뇌를 거치지 않고 무의식적으로 일어나는 반응이며, 의식적인 반응은 대뇌가 중추가 되어 일어나는 반응이다.

	채점 기준	배점
(1)	무조건 반사를 쓰고, 반응 경로를 옳게 나열한 경우	30 %
	무조건 반사만 쓴 경우	10 %
(2)	의식적인 반응을 쓰고, 반응 경로를 옳게 나열한 경우	30 %
	의식적인 반응만 쓴 경우	10 %
(3)	'대뇌'를 포함하여 차이점을 옳게 서술한 경우	40 %
	'대뇌'를 포함하지 않고 차이점을 서술한 경우	0 %

3 모범 답안 호르몬은 신경에 비해 전달 속도가 느리지만, 작용 범위가 넓고, 효과가 지속적으로 나타난다.

채점 기준	배점
전달 속도, 작용 범위, 효과의 지속성을 모두 포함하여 옳게 서술한 경우	100 %
전달 속도, 작용 범위, 효과의 지속성 중 1가지만 포함하여 옳게 서술한 경우	30 %

4 운동 후 체온이 올라간 후 (가) 구간에서는 체온이 내려가고 있으므로 체온이 높을 때 체온을 낮추기 위한 반응이 일어난다.
모범 답안 피부 근처 혈관이 확장되고 땀 분비가 증가하므로 열 방출량이 증가하여 체온이 내려간다.

채점 기준	배점
제시된 단어를 포함하여 모두 옳게 서술한 경우	100 %
제시된 단어 중 1가지만 포함하여 옳게 서술한 경우	30 %

4-1 모범 답안 피부 근처 혈관이 수축하여 열 방출량이 감소한다.

핵심만 모아모아! **단원 정리하기** 　 개념 학습 교재 153쪽

1 ❶ 확장 ❷ 축소 ❸ 축소 ❹ 확대 ❺ 수축 ❻ 이완
2 ❶ 고막 ❷ 귓속뼈 ❸ 달팽이관 ❹ 반고리관 ❺ 전정 기관 ❻ 귀인두관
3 ❶ 대뇌 ❷ 간뇌 ❸ 중간뇌 ❹ 연수 ❺ 소뇌 ❻ 척수
4 ❶ 중추 ❷ 감각 ❸ 교감 ❹ 대뇌
5 ❶ 대뇌 ❷ 감각 ❸ 운동 ❹ 무의식적 ❺ 척수
6 ❶ 말단 비대증 ❷ 항이뇨 ❸ 티록신 ❹ 아드레날린(에피네프린) ❺ 당뇨병 ❻ 글루카곤
7 ❶ 증가 ❷ 감소 ❸ 증가 ❹ 인슐린 ❺ 포도당 ❻ 글루카곤

실전에 도전! **단원 평가하기** 　 개념 학습 교재 154~158쪽

01 ② **02** ②, ④ **03** 이마 **04** ⑤ **05** ①, ⑤ **06** (가) G, (나) D
07 ④ **08** B, 연합 뉴런 **09** ⑤ **10** ④ **11** ① **12** ⑤ **13** ②
14 (다) **15** ② **16** ④ **17** ③ **18** ① **19** ② **20** ③ **21** ⑤
22 ㉠ 인슐린, ㉡ 글리코젠, ㉢ 촉진 **23** ④ **24** ② **25** 해설 참조
26 해설 참조 **27** 해설 참조 **28** 해설 참조 **29** 해설 참조
30 해설 참조

01 A는 각막, B는 수정체, C는 홍채, D는 섬모체, E는 유리체, F는 망막, G는 맥락막이다.
오답 피하기 ② 수정체(B)는 빛을 굴절시켜 망막에 상이 맺히게 한다. 눈으로 들어오는 빛의 양을 조절하는 것은 홍채(C)이다.

02 어두운 곳에서 밝은 곳으로 나왔으므로 홍채(C)가 확장하여 동공이 축소되어 눈으로 들어오는 빛의 양이 감소한다. 멀리 날아가는 새를 보았으므로 먼 곳의 물체를 보기 위해 섬모체(D)가 이완하여 수정체의 두께가 얇아진다.

03 이쑤시개가 2개로 느껴지는 최소 거리가 긴 부위일수록 감각점이 적게 분포하여 감각이 둔감하다. 따라서 이마에 감각점이 가장 적게 분포한다.

04 피부에서 자극을 받아들이는 부위는 감각점이다. 감각점의 종류에는 통점, 압점, 촉점, 냉점, 온점이 있으며, 일반적으로 통점의 수가 가장 많다.
오답 피하기 ⑤ 처음보다 온도가 높아지면 온점이 자극을 받아들인다.

05 A는 고막, B는 귓속뼈, C는 반고리관, D는 전정 기관, E는 청각 신경, F는 달팽이관, G는 귀인두관이다.
오답 피하기 ② 소리를 모으는 역할을 하는 것은 귓바퀴이다.
③ 반고리관(C)과 전정 기관(D)이 몸의 균형을 유지하는 데 관여한다.
④ 달팽이관(F)에 청각 세포가 분포한다.

06 (가) 고막 안쪽과 바깥쪽의 압력을 조절하는 것은 귀인두관

(G)이다.

(나) 중력 자극을 받아들여 몸의 기울어짐을 느끼는 것은 전정 기관(D)이다.

07 A는 후각 신경, B는 후각 세포, C는 맛세포, D는 미각 신경이다.

④ 다양한 맛은 미각과 후각을 종합하여 느끼는 것이므로, 뇌에서는 후각 신경(A)과 미각 신경(D)을 통해 전달된 자극을 통합하여 다양한 맛을 느낀다.

오답 피하기 | ①, ② B는 후각 세포이며, 기체 상태의 화학 물질을 자극으로 받아들인다.

③ C는 맛세포이며, 액체 상태의 화학 물질을 자극으로 받아들인다.

⑤ 후각 세포(B)는 맛세포(C)에 비해 매우 예민하고 쉽게 피로해진다.

08 뉴런은 기능에 따라 감각 뉴런(A), 연합 뉴런(B), 운동 뉴런(C)으로 구분된다.

09 ⑤ 감각 뉴런(A)과 연결된 ㉠은 감각 기관이고, 운동 뉴런(B)과 연결된 ㉡은 반응 기관이다.

오답 피하기 | ① 감각 뉴런(A)은 신경 세포체, 가지 돌기, 축삭 돌기로 구성되어 있다. 감각 뉴런(A)에서 신경 세포체는 축삭 돌기의 한쪽 옆에 있다.

②, ③ 감각 뉴런(A)과 운동 뉴런(C)은 말초 신경계를 구성하고, 연합 뉴런(B)은 중추 신경계를 구성한다.

④ 자극의 전달 방향은 감각 뉴런(A) → 연합 뉴런(B) → 운동 뉴런(C)이다.

10 신경계의 기본 단위는 뉴런이며, 신경계는 중추 신경계와 말초 신경계로 구분된다. 말초 신경계를 구성하는 운동 신경은 체성 신경과 자율 신경으로 구분된다.

오답 피하기 | ⑤ 말초 신경계는 감각 신경과 운동 신경으로 구성된다.

11 A는 대뇌, B는 간뇌, C는 중간뇌, D는 소뇌, E는 연수이다.

오답 피하기 | ② 동공의 크기를 조절하는 것은 중간뇌(C)이다.

③ 체온, 혈당량 조절의 중추는 간뇌(B)이다.

④ 심장 박동과 호흡 운동을 조절하는 것은 연수(E)이다.

⑤ 몸의 자세와 균형을 유지하는 것은 소뇌(D)이다.

12 교감 신경이 작용하면 동공의 크기가 확대되고, 호흡 운동과 심장 박동이 촉진되며, 소화 운동과 소화액 분비가 억제된다.

13 무조건 반사는 대뇌의 판단을 거치지 않고 무의식적으로 일어나는 반응이다. 무조건 반사는 반응이 매우 빠르게 일어나므로 갑작스러운 위험으로부터 우리 몸을 보호한다.

오답 피하기 | ② 무조건 반사의 중추에는 척수, 중간뇌, 연수가 있다.

14 (가)와 (나)는 대뇌가 중추인 의식적인 반응이며, (다)는 연수가 중추인 무조건 반사이다.

15 ㄴ. 무릎 반사의 경로는 감각 신경(D) → 척수(E) → 운동 신경(F)이다.

오답 피하기 | ㄱ. 무릎 반사의 중추는 척수이고, 딸꾹질 반응의 중추는 연수이다.

ㄷ. 고무망치가 닿는 자극은 대뇌로도 전달되므로 자극은 C로 전달된다.

16 호르몬은 내분비샘에서 분비되는데, 신경에 비해 전달 속도는 느리지만 효과가 지속적이다. 분비량이 너무 많거나 적으면 과다증이나 결핍증이 나타날 수 있다.

오답 피하기 | ④ 호르몬은 분비관이 따로 없으며 혈액을 통해 이동하다가 표적 기관이나 표적 세포에 작용한다.

17 A는 뇌하수체, B는 갑상샘, C는 부신, D는 이자, E는 정소이다.

③ 부신(C)에서 분비되는 아드레날린(에피네프린)은 심장 박동을 촉진한다.

오답 피하기 | ① 뇌하수체(A)에서 분비되는 항이뇨 호르몬은 콩팥에서 물의 재흡수를 촉진한다.

② 갑상샘(B)에서 분비되는 티록신은 세포 호흡을 촉진한다.

④ 이자(D)에서 분비되는 글루카곤은 혈당량을 증가시킨다.

⑤ 정소(E)에서 분비되는 테스토스테론은 남자의 2차 성징 발현을 촉진한다.

18 성장기에 과다하게 분비되면 거인증이 나타나는 (가)는 생장 호르몬이고, 과다하게 분비되면 눈이 돌출되고 체중이 감소하는 갑상샘 기능 항진증이 나타나는 (나)는 티록신이며, 결핍되면 당뇨병이 나타나는 (다)는 인슐린이다.

19 ③ 인슐린과 글루카곤에 의해 혈당량이 일정하게 조절되므로 인슐린과 글루카곤은 항상성 유지에 관여한다.

⑤ 추울 때 피부 근처 혈관이 수축하여 열 방출량이 감소하면 체온이 다시 올라가는데, 이는 체온을 일정하게 유지하는 항상성 유지 작용이다.

오답 피하기 | ② 호르몬과 신경에 의해 항상성이 유지된다.

20

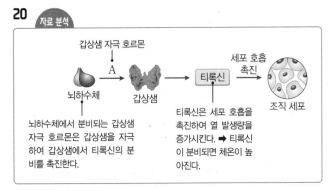

자료 분석

갑상샘 자극 호르몬
A
뇌하수체 → 갑상샘 → 티록신 → 세포 호흡 촉진 → 조직 세포

뇌하수체에서 분비되는 갑상샘 자극 호르몬은 갑상샘을 자극하여 갑상샘에서 티록신의 분비를 촉진한다.

티록신은 세포 호흡을 촉진하여 열 발생량을 증가시킨다. ➡ 티록신이 분비되면 체온이 높아진다.

ㄱ. A는 갑상샘을 자극하여 티록신의 분비를 촉진하므로 갑상샘 자극 호르몬이다.

ㄴ. 티록신은 세포 호흡을 촉진하여 열 발생량을 증가시킨다.

오답 피하기 | ㄷ. 체온이 정상보다 낮아지면 체온을 높이기 위해 티

록신의 분비량이 증가한다.

21 근육 떨림과 피부 근처 혈관 수축은 신경에 의한 작용이며, 세포 호흡 촉진은 호르몬에 의한 작용이다.

22 혈당량이 높을 때에는 이자에서 인슐린이 분비되어 간에서 포도당을 글리코젠으로 합성하는 과정을 촉진하고, 조직 세포에서의 포도당 흡수가 촉진되어 혈당량이 낮아진다.

23

자료 분석

식사 후에는 혈당량이 증가하므로 혈당량을 감소시키는 호르몬 분비가 증가한다.
➡ A는 인슐린

운동 후에는 혈당량이 감소하므로 혈당량을 증가시키는 호르몬 분비가 증가한다.
➡ B는 글루카곤

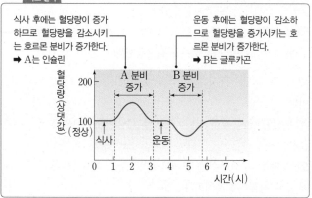

④ 글루카곤(B)은 간에서 글리코젠을 포도당으로 분해하는 과정을 촉진한다.

오답 피하기 ①, ② A는 식사 후 분비량이 증가하는 인슐린이며, 인슐린은 혈당량을 감소시킨다.
③ 인슐린(A)과 글루카곤(B)의 표적 기관은 간이다.
⑤ 인슐린(A)이 부족하면 오줌에서 포도당이 검출될 수 있다.

24 몸속 수분량이 감소하면 뇌하수체에서 항이뇨 호르몬 분비가 촉진되어 콩팥에서 물의 재흡수가 촉진되므로 오줌의 양이 감소한다.

25 모범 답안 A, 섬모체가 이완하여 수정체의 두께가 얇아진다.

채점 기준	배점
A를 쓰고, 수정체의 두께 변화 과정을 옳게 서술한 경우	100 %
A만 쓴 경우	30 %

26 모범 답안 C, D, 반고리관(C)은 몸의 회전을 감지하고, 전정기관(D)은 몸의 기울어짐을 감지한다.

채점 기준	배점
C와 D를 쓰고, C와 D가 각각 감지하는 것을 옳게 서술한 경우	100 %
C와 D만 쓴 경우	30 %

27 2개의 이쑤시개를 몸에 대어 보았을 때 이쑤시개가 2개로 느껴지는 부위가 1개로 느껴지는 부위보다 감각점의 수가 더 많다.
모범 답안 (가) 부위는 (나) 부위에 비해 감각점이 많이 분포되어 있다.

채점 기준	배점
(가)와 (나) 부위의 감각점 분포를 옳게 비교하여 서술한 경우	100 %
그 외의 경우	0 %

28 모범 답안 A → B → C → D → E, 대뇌가 중추가 되어 일어나는 의식적인 반응이다.

채점 기준	배점
반응 경로를 옳게 나열하고, 반응의 종류에 대해 중추를 포함하여 옳게 서술한 경우	100 %
반응 경로만 옳게 나열한 경우	40 %

29 모범 답안 생장 호르몬은 몸의 생장을 촉진한다. 항이뇨 호르몬은 콩팥에서 물의 재흡수를 촉진한다. 갑상샘 자극 호르몬은 티록신 분비를 촉진한다. 중 2가지

채점 기준	배점
2가지를 모두 쓰고, 기능을 옳게 서술한 경우	100 %
1가지만 쓰고, 기능을 옳게 서술한 경우	50 %

30 모범 답안 A는 글루카곤으로, 간에서 글리코젠을 포도당으로 분해하는 과정을 촉진하여 혈당량을 증가시킨다. B는 인슐린으로, 간에서 포도당을 글리코젠으로 합성하는 과정을 촉진하여 혈당량을 감소시킨다.

채점 기준	배점
A와 B의 이름과 기능을 제시된 단어를 모두 포함하여 옳게 서술한 경우	100 %
A와 B 중 하나의 이름과 기능만 제시된 단어를 모두 포함하여 옳게 서술한 경우	50 %

I 화학 반응의 규칙과 에너지 변화 »

01 물질 변화와 화학 반응식

중단원 핵심 정리
시험 대비 교재 2쪽

❶ 물리 ❷ 화학 ❸ 분자 ❹ 원자 ❺ 물리 ❻ 화학 ❼ 원자
❽ 화학 반응식 ❾ 왼 ❿ 오른 ⓫ 원자 ⓬ 1 ⓭ 1 : 3 : 2
⓮ 1 : 3 : 2

중단원 퀴즈
시험 대비 교재 3쪽

1 물리 **2** 화학 **3** (1) 화학 (2) 물리 (3) 화학 (4) 물리 **4** ㄱ, ㄴ, ㄹ, ㅁ, ㅂ **5** ㉠ 원자, ㉡ 변한다 **6** ㉠ 물리, ㉡ 화학 **7** 화학 반응식 **8** (1) ㉠ 2, ㉡ 1 (2) ㉠ 2, ㉡ 2 **9** 분자 수 **10** 4개

계산 문제 공략
시험 대비 교재 4쪽

1 (1) 1, 1, 1 (2) 1, 3, 2 (3) 2, 1, 2 (4) 2, 1, 2 (5) 2, 1, 2 (6) 2, 2, 1 (7) 5, 3, 4 (8) 1, 1, 2 **2** (1) $2CO+O_2 \longrightarrow 2CO_2$ (2) $2H_2O_2 \longrightarrow 2H_2O+O_2$ (3) $CH_4+2O_2 \longrightarrow CO_2+2H_2O$ (4) $AgNO_3+NaCl \longrightarrow AgCl+NaNO_3$ (5) $2NaHCO_3 \longrightarrow Na_2CO_3+H_2O+CO_2$ **3** (1) 11 (2) (가)>(나) **4** (1) 반응물: 수소 원자 2개, 염소 원자 2개, 생성물: 수소 원자 2개, 염소 원자 2개 (2) 1 : 1 : 2 (3) 염소 분자: 2개, 염화 수소 분자: 4개

1 반응 전후 원자의 종류와 개수가 같아지도록 계수를 맞춘다.

2 반응물의 화학식을 화살표의 왼쪽에, 생성물의 화학식을 화살표의 오른쪽에 적은 후, 반응 전후 원자의 종류와 개수가 같아지도록 계수를 맞춘다.

3 (1) ㉠은 1, ㉡은 3, ㉢은 2, ㉣은 2, ㉤은 1, ㉥은 2이므로 계수 ㉠~㉥의 합은 1+3+2+2+1+2=11이다.
(2) (가)의 각 계수의 합은 1+3+2=6이고, (나)의 각 계수의 합은 2+1+2=5이므로 (가)>(나)이다.

4 (1) 화학 반응식에서 화살표 왼쪽에 있는 것이 반응물, 화살표 오른쪽에 있는 것이 생성물이다.
(2) 화학 반응식에서 반응물과 생성물의 분자 수의 비는 화학 반응식의 계수비와 같다.
(3) 화학 반응식에서 반응물과 생성물의 분자 수의 비는 화학 반응식의 계수비와 같다. 따라서 분자 수의 비는 수소 : 염소 : 염화 수소=1 : 1 : 2이다.

중단원 기출 문제
시험 대비 교재 5~9쪽

01 ④ **02** ④ **03** ⑤ **04** 물리 변화: (가), (다), (바), 화학 변화: (나), (라), (마) **05** ④ **06** ③ **07** ② **08** ⑤ **09** ③ **10** ③ **11** ⑤ **12** ④ **13** ② **14** ⑤ **15** ④ **16** ② **17** ② **18** ③ **19** 12 **20** ④ **21** ③ **22** ④ **23** 40개 **24** ⑤ **25** ② **26** ② **27** 해설 참조 **28** 해설 참조 **29** 해설 참조

01 ④ 물질의 변화는 물질의 고유한 성질이 변하는지 변하지 않는지에 따라 화학 변화와 물리 변화로 구분한다.
오답 피하기 ① 물리 변화가 일어날 때는 물질의 고유한 성질이 변하지 않는다.
② 물질의 모양이나 상태만 변하는 것은 물리 변화이다.
③ 화학 변화가 일어날 때는 물질의 고유한 성질이 변한다.
⑤ 새로운 분자가 생성되어 물질의 종류가 변하는 것은 화학 변화이다.

02 물리 변화는 물질 고유의 성질은 변하지 않으면서 모양이나 상태 등이 변하는 현상이므로 물질의 상태가 변하는 것은 물리 변화에서 관찰할 수 있는 현상이다.
오답 피하기 ①, ②, ③, ⑤ 앙금 생성, 기체 발생, 열과 빛 발생, 색깔이나 맛 변화는 화학 변화가 일어날 때 관찰할 수 있는 현상이다.

03 ⑤ 화학 변화는 원자의 배열이 달라져 분자의 종류가 다른 새로운 물질이 생성되므로 물질의 성질이 변한다.
오답 피하기 ① 화학 변화는 원자의 배열이 변한다.
②, ③ 주로 물질의 상태나 모양이 변하고, 분자의 종류와 개수가 변하지 않는 현상은 물리 변화이다.
④ 철사가 휘어지는 것은 물리 변화이다.

04 (가) 도자기의 모양이 변하는 현상으로 물리 변화이다.
(나) 나무의 연소로 화학 변화이다.
(다) 유리의 상태 변화로 물리 변화이다.
(라) 김치의 맛이 변하므로 화학 변화이다.
(마) 철이 녹스는 현상으로 화학 변화이다.
(바) 우유를 코코아에 녹이는 용해 현상으로 물리 변화이다.

05 원자의 배열이 달라져 새로운 분자가 생성되어 물질의 성질이 변하는 변화는 화학 변화이다. 물리 변화와 화학 변화는 모두 원자의 종류와 개수가 변하지 않는다.

06 화학 변화가 일어나면 분자의 종류가 다른 새로운 물질이 생성되므로 물질의 성질이 변한다.
①, ②, ④, ⑤ 모두 새로운 물질이 생성되므로 화학 변화이다.
오답 피하기 ③ 물과 소금을 섞어 소금물을 만들 때 물과 소금의 성질은 변하지 않으므로 물리 변화이다.

07 ① 오이가 썩는 것은 물질의 성질이 변하는 화학 변화이다.

③ 반딧불이의 세포 속 물질이 효소의 작용으로 산소와 반응할 때 빛을 내므로 화학 변화이다.

④, ⑤ 딸기가 익는 것과 잘라 놓은 사과의 색깔이 변하는 것은 화학 변화이다.

오답 피하기 | ② 빙하의 상태 변화(융해)로 물리 변화이다.

08 (가)는 원자의 배열이 달라져 새로운 분자가 생성되므로 물질의 성질이 변하는 화학 변화이다.

⑤ 발포정을 물에 넣으면 주성분인 탄산수소 나트륨과 물이 반응하여 이산화 탄소가 발생하므로 기포가 발생한다.

오답 피하기 | ①, ③ 자동차가 찌그러지거나 돌을 쪼개어 조각상을 만드는 것은 모두 물질의 모양이 변하는 물리 변화이다.

②, ④ 철과 양초가 녹는 것은 모두 융해로, 물질의 상태가 변하는 물리 변화이다.

09 ③ (나)는 분자 사이의 거리가 멀어지고 분자의 배열이 더 불규칙적으로 변했다.

오답 피하기 | ① (나)는 분자의 배열만 달라지므로 물리 변화의 모형이다.

②, ④, ⑤ 물리 변화는 분자의 종류와 개수, 물질의 전체 질량, 원자의 종류와 개수가 변하지 않는다.

10 ㄱ, ㄹ, ㅁ. 화학 변화가 일어날 때 원자의 배열, 분자의 종류, 물질의 성질은 변한다.

오답 피하기 | ㄴ, ㄷ, ㅂ. 화학 변화가 일어날 때 원자의 종류와 개수, 물질의 전체 질량은 변하지 않는다.

11 ① 물에 설탕이 녹아 설탕물이 되는 현상은 용해로 물리 변화이다.

②, ④, ⑤ 물에 설탕이 녹는 현상은 물리 변화이므로 물과 설탕의 분자 배열이 변하고, 물과 설탕의 분자의 종류가 변하지 않으므로 물질의 성질이 변하지 않는다.

오답 피하기 | ③ 물에 설탕이 녹을 때 물과 설탕의 원자의 종류와 개수는 변하지 않는다.

12 ④ 반응물과 생성물을 구성하는 원자의 배열이 달라져 새로운 분자가 생성되었다.

오답 피하기 | ①, ⑤ 반응물과 생성물을 구성하는 분자의 종류가 변해 새로운 물질이 생성되었으므로 화학 변화이다.

② 화학 변화이므로 물질의 성질이 변한다.

③ 화학 변화에서 반응 전후 원자의 종류와 개수는 변하지 않는다.

13 불판 위의 고기가 익는 것은 고기를 구성하고 있는 물질(단백질)의 성질이 변하기 때문이므로 화학 변화이고, 오븐에 넣은 밀가루 반죽이 부풀어 오르면서 빵이 만들어지는 것은 반죽에 넣은 베이킹파우더의 주성분인 탄산수소 나트륨이 분해되어 이산화 탄소가 발생하기 때문이므로 화학 변화이다.

② 화학 변화가 일어날 때 원자의 종류와 개수, 물질의 전체 질량은 항상 변하지 않는다.

오답 피하기 | ①, ③, ④, ⑤ 화학 변화가 일어날 때 원자의 배열, 분자의 종류, 물질의 성질은 항상 변하고, 분자의 개수는 변할 수도 있고 변하지 않을 수도 있다.

14 ①, ② (가)와 (나)에서는 모두 수소 기체가 발생하며, 이를 통해 마그네슘 리본을 구부려도 마그네슘의 성질이 변하지 않음을 알 수 있다.

③, ④ (다)에서는 수소 기체가 발생하지 않으며, 이를 통해 마그네슘 리본을 태우는 과정은 물질의 성질이 변하는 화학 변화임을 알 수 있다.

오답 피하기 | ⑤ (나)에서 마그네슘의 성질이 변하지 않았으므로 마그네슘 리본을 구부리는 과정은 물리 변화이다. 따라서 (가)와 (나)의 결과를 비교하면 물리 변화가 일어날 때 물질의 성질이 변하는지를 알 수 있다. 화학 변화가 일어날 때 물질의 성질 변화 여부를 알아보려면 (가)와 (다)의 결과를 비교해야 한다.

15 **오답 피하기 |** ④ 화살표 양쪽에 있는 원자의 종류와 개수가 같아지도록 화학식 앞의 계수를 맞춘다.

16 마그네슘의 화학식은 Mg, 염화 수소의 화학식은 HCl, 염화 마그네슘의 화학식은 $MgCl_2$, 수소의 화학식은 H_2이며, 반응 전후 원자의 종류와 개수가 같아지도록 화학식 앞의 계수를 맞춘다.

오답 피하기 | ⑤ 화학식 앞의 계수는 가장 간단한 정수비로 나타내야 한다.

17 반응물은 에탄올(C_2H_5OH)과 산소(O_2), 생성물은 이산화 탄소(CO_2)와 물(H_2O)이며, 반응 전후 원자의 종류와 개수가 같아지도록 화학식 앞의 계수를 맞춘다.

18 화살표 양쪽에 있는 원자의 종류와 개수가 같아지도록 화학식 앞의 계수를 맞춘다.

오답 피하기 | ③ $2NaN_3 \longrightarrow 2Na+3N_2$

19 프로페인 연소 반응의 화학 반응식을 완성하면 $C_3H_8+5O_2 \longrightarrow 3CO_2+4H_2O$이다. 따라서 $a=5$, $b=3$, $c=4$이므로 $a+b+c=12$이다.

20 ㄱ, ㄴ, ㄹ. 화학 반응식을 통해 반응물과 생성물의 종류, 반응물과 생성물을 구성하는 원자의 종류와 개수, 반응물과 생성물의 분자 수의 비 등을 알 수 있다.

오답 피하기 | ㄷ. 화학 반응식을 통해 반응물과 생성물을 구성하는 원자의 크기는 알 수 없다.

21 과산화 수소의 화학식은 H_2O_2, 물의 화학식은 H_2O, 산소의 화학식은 O_2이다. 화학 반응식에서 계수비는 분자 수의 비와 같으므로 계수비는 과산화 수소 : 물 : 산소=2 : 2 : 1이다. 따라서 화학 반응식은 $2H_2O_2 \longrightarrow 2H_2O+O_2$이다.

22 ① 반응 전후 원자의 종류는 질소와 수소로 같다.

② 반응 전 분자의 개수는 질소 1개, 수소 3개 총 4개이고, 반응 후 분자의 개수는 암모니아 2개이므로 분자의 개수가 감소한다.

③ 질소와 수소가 반응하여 암모니아가 생성되는 반응의 화학 반응식이다.

⑤ 화학 반응식의 계수비＝분자 수의 비이므로 반응하는 분자 수의 비는 질소 : 수소 : 암모니아＝1 : 3 : 2이다.

오답 피하기 ④ 분자 수의 비는 질소 : 수소 : 암모니아＝1 : 3 : 2 이므로 암모니아 분자 2개를 얻기 위해 수소 분자 3개가 필요하다. 이때 수소 분자 1개는 수소 원자 2개로 이루어져 있으므로 암모니아 분자 2개를 얻기 위해 수소 원자 6개가 필요하다.

23 화학 반응식의 계수비＝분자 수의 비이므로 분자 수의 비는 수소 : 산소 : 물＝2 : 1 : 2이다. 따라서 수소 분자 40개와 산소 분자 20개가 반응할 때 생성되는 물 분자의 개수는 40개이다.

24 ⑤ 반응하는 분자 수의 비는 A_2 : B_2＝1 : 3이므로 A_2 분자 1개를 반응시키기 위해 B_2 분자 3개가 필요하다.

오답 피하기 ① 반응물의 원자의 전체 개수는 A 2개＋B 6개＝8개이다.

② 생성물의 분자의 개수는 AB_3 2개이다.

③ A 원자 1개당 B 원자 3개가 반응한다.

④ 화학 반응식의 계수비＝분자 수의 비이며, 분자 수의 비는 A_2 : B_2 : AB_3＝1 : 3 : 2이므로 화학 반응식은 $A_2 + 3B_2 \longrightarrow 2AB_3$이다.

25 자료 분석

ㄷ. B와 D에서는 모두 기체가 발생하므로 화학 변화가 일어난 것이다. 따라서 원자의 배열이 변한다.

오답 피하기 ㄱ. (가)에서는 철 가루와 황가루가 섞여 혼합물이 되므로 물리 변화가 일어나고, (나)에서는 새로운 물질(황화 철)이 생성되므로 화학 변화가 일어난다.

ㄴ. A에서는 철 가루가 자석에 붙으므로 A의 종이 위 물질은 철 가루의 성질을 가지고 있고, C에서는 자석에 붙는 물질이 없으므로 C의 종이 위 물질은 철 가루의 성질을 가지지 않는다. 즉, A의 종이 위 물질은 (가)에서 물리 변화에 의해 생성되므로 철 가루의 성질을 가지고 있고, C의 종이 위 물질은 (나)에서 화학 변화에 의해 생성되므로 철 가루와 황가루의 성질을 가지지 않는다.

26 자료 분석

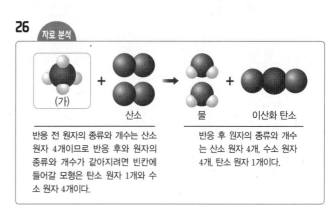

| 반응 전 원자의 종류와 개수는 산소 원자 4개이므로 반응 후의 원자의 종류와 개수가 같아지려면 빈칸에 들어갈 모형은 탄소 원자 1개와 수소 원자 4개이다. | 반응 후 원자의 종류와 개수는 산소 원자 4개, 수소 원자 4개, 탄소 원자 1개이다. |

ㄴ, ㄷ. 물질 (가)는 탄소 원자 1개와 수소 원자 4개로 이루어져야 하므로 빈칸에 들어가는 물질 (가)의 분자 모형의 개수는 1개이다.

오답 피하기 ㄱ. 물질 (가)는 탄소와 수소로 이루어진 화합물이다.

ㄹ. 분자 수의 비는 물질 (가) : 물＝1 : 2이다. 따라서 물질 (가) 분자 3개가 완전히 연소하면 물 분자 6개가 생성된다.

27 물리 변화는 물질의 고유한 성질은 변하지 않으면서 모양이나 상태 등이 변하는 현상이고, 화학 변화는 어떤 물질이 성질이 전혀 다른 새로운 물질로 변하는 현상이다.

모범 답안 (1) (가)는 화학 변화이고, (나)는 물리 변화이다.
(2) (가)는 물질의 성질이 변하고, (나)는 물질의 성질이 변하지 않기 때문이다.

	채점 기준	배점
(1)	분류 기준을 변화의 종류와 관련지어 옳게 서술한 경우	40 %
(2)	분류한 까닭을 물질의 성질과 관련지어 옳게 서술한 경우	60 %

28 (가)는 융해, (다)는 응고가 일어나므로 물리 변화이다. (나)에서 설탕의 색깔이 변하고, 베이킹파우더의 주성분인 탄산수소 나트륨이 분해되면서 발생하는 이산화 탄소 때문에 부풀어 오른다. 따라서 설탕과 다른 새로운 물질이 생성되었으므로 화학 변화이다.

모범 답안 (가), (다)는 물리 변화이고, (나)는 화학 변화이다. (가)와 (다)는 물질의 성질은 변하지 않고 물질의 상태만 변하고, (나)는 성질이 전혀 다른 새로운 물질이 생성되기 때문이다.

채점 기준	배점
물리 변화와 화학 변화로 구분하고, 그 까닭을 옳게 서술한 경우	100 %
물리 변화와 화학 변화의 구분만 옳게 한 경우	40 %

29 2개의 A_2 분자와 2개의 B_2 분자가 반응하여 4개의 AB 분자가 생성되므로 화학 반응식은 $A_2 + B_2 \longrightarrow 2AB$이다.

모범 답안 $A_2 + B_2 \longrightarrow 2AB$

채점 기준	배점
화학 반응식을 옳게 나타낸 경우	100 %
그 외의 경우	0 %

02 질량 보존 법칙, 일정 성분비 법칙

중·단·원 핵심 정리
시험 대비 교재 10쪽

❶ 질량 보존 ❷ 종류 ❸ = ❹ 감소 ❺ 감소 ❻ 증가 ❼ 일정 성분비 ❽ 화합물 ❾ 2 : 1 ❿ 1 : 2 ⓫ 1 : 3 ⓬ 1 : 8 ⓭ 9 ⓮ 4 : 1

중단원 퀴즈
시험 대비 교재 11쪽

1 ㉠ 종류(개수), ㉡ 개수(종류) **2** ㄱ, ㄴ, ㄷ, ㄹ **3** = **4** (1) 증가 (2) 감소 (3) 일정 **5** 16 g **6** ㄱ, ㄹ **7** 14 : 3 **8** 1 : 8 **9** 4 : 1 **10** 산소, 4 g

계·산 문제 공략
시험 대비 교재 12쪽

1 45 g **2** 32 g **3** (1) 3 : 2 (2) 25 g **4** 산소: 1.5 g, 산화 구리(Ⅱ): 7.5 g **5** 질소: 1.4 g, 수소: 0.3 g **6** (1) 1 : 8 (2) 산소 0.4 g **7** (1) 3 : 2 (2) 2.2 g

1 '반응물의 전체 질량=생성물의 전체 질량'이므로 혼합 용액의 질량은 25 g+20 g=45 g이다.

2 '반응물의 전체 질량=생성물의 전체 질량'이므로 발생한 산소 기체의 질량=36 g-4 g=32 g이다.

3 (1) 마그네슘 3 g과 산소 2 g이 반응하므로 반응하는 마그네슘과 산소의 질량비는 3 : 2이다.
(2) 마그네슘 15 g과 반응하는 산소의 질량(x)은 3 : 2=15 : x, x=10에서 10 g이므로 생성되는 산화 마그네슘의 질량은 15 g+10 g=25 g이다.

4 구리 0.4 g이 반응하여 산화 구리(Ⅱ) 0.5 g이 생성되었으므로 반응하는 산소의 질량은 0.1 g이다. 따라서 반응하는 구리와 산소의 질량비는 4 : 1이다. 구리 6 g이 완전히 반응하기 위해 필요한 산소의 질량(x)은 4 : 1=6 : x, x=1.5이므로 1.5 g이다. 그리고 반응물의 전체 질량과 생성물의 전체 질량이 같으므로 생성되는 산화 구리(Ⅱ)의 질량은 6 g+1.5 g=7.5 g이다.

5 반응하는 질량비는 질소 : 수소 : 암모니아=14 : 3 : 17이다. 따라서 암모니아 1.7 g을 만들기 위해 필요한 질소의 질량(x)과 수소의 질량(y)은 14 : 3 : 17=x : y : 1.7에서 x=1.4, y=0.3이므로 질소 1.4 g, 수소 0.3 g이다.

6 (1) 실험 2에서 반응 후 남은 기체가 없으므로 반응하는 수소와 산소의 질량비는 수소 : 산소=0.4 g : 3.2 g=1 : 8이다.
(2) 반응하는 수소와 산소의 질량비가 1 : 8이므로 실험 1에서 수소 0.2 g과 산소 1.6 g이 반응하고, 산소 0.4 g이 남는다.

7 (1) 마그네슘 0.3 g이 반응하여 산화 마그네슘 0.5 g이 생성되므로 반응한 산소의 질량은 0.2 g이다. 따라서 반응하는 마그네슘과 산소의 질량비는 0.3 g : 0.2 g=3 : 2이다.
(2) 마그네슘 3.3 g을 완전히 연소시키는 데 필요한 산소의 질량(x)은 3 : 2=3.3 : x, x=2.2이므로 2.2 g이다.

중단원 기출 문제
시험 대비 교재 13~17쪽

01 ⑤ **02** ③ **03** ⑤ **04** ⑤ **05** ⑤ **06** ④, ⑤ **07** ㄷ **08** 0.6 g **09** ③ **10** ⑤ **11** ⑤ **12** ② **13** ④ **14** ⑤ **15** 2 : 1 **16** ③ **17** ④ **18** ③ **19** ② **20** ③ **21** ② **22** ② **23** ② **24** ⑤ **25** ① **26** 해설 참조 **27** 해설 참조 **28** 해설 참조

01 질량 보존 법칙은 물리 변화와 화학 변화 모두에서 성립한다. ㄱ은 화학 변화(연소), ㄴ은 물리 변화(용해), ㄷ은 물리 변화(응고의 상태 변화), ㄹ은 화학 변화(이산화 탄소 기체 발생)이다.

02 ③ 강철 솜을 가열하여 산화 철이 되는 반응은 화학 변화(연소), 암모니아를 물에 녹여 암모니아수를 만드는 것은 물리 변화(용해), 질소와 수소가 반응하여 암모니아가 생성되는 반응은 화학 변화이다. 화학 변화와 물리 변화에서 모두 성립하는 법칙은 질량 보존 법칙이다.
오답 피하기 | ①, ② 보일 법칙과 샤를 법칙은 각각 압력과 온도에 따른 기체의 부피 변화와 관련된 법칙이다.
④ 일정 성분비 법칙은 화합물에서만 성립한다.
⑤ 기체 반응 법칙은 반응물과 생성물이 모두 기체인 화학 반응에서 성립한다.

03 ①, ②, ③, ④ 염화 나트륨 수용액과 질산 은 수용액이 반응하면 염화 은의 흰색 앙금이 생성되는 화학 변화가 일어나므로 물질의 성질이 변한다. 앙금 생성 반응에서 반응 전후 질량이 같으므로 (가)와 (다)의 질량이 같다.
오답 피하기 | ⑤ 앙금 생성 반응은 반응 용기의 밀폐 여부와 관계없이 질량이 변하지 않는다.

04 **오답 피하기** | ⑤ 화학 반응이 일어날 때 물질을 구성하는 원자는 없어지거나 새로 생기지 않아 원자의 종류와 개수는 변하지 않고, 원자의 배열만 달라지므로 질량 보존 법칙이 성립한다.

05 질량 보존 법칙이 성립하므로 반응물의 질량인 탄산수소 나트륨의 질량은 생성물의 질량인 (탄산 나트륨+이산화 탄소+물)의 질량과 같다.

06 ④, ⑤ 모형에서 반응 전후 원자의 종류와 개수가 일정하므로 반응물의 전체 질량과 생성물의 전체 질량이 같다.
오답 피하기 | ① 반응물은 탄산 나트륨과 염화 칼슘이고, 생성물은 탄산 칼슘과 염화 나트륨이므로 물질의 종류가 다르다.

②, ③ 반응 전후 원자의 종류와 개수가 일정하므로 질량 보존 법칙이 성립한다.

07 ㄷ. 이 반응에서 이산화 탄소 기체가 발생하며, 발생한 이산화 탄소 기체의 질량을 고려하면 질량 보존 법칙이 성립한다.
오답 피하기 ㄱ. (나)에서 탄산 칼슘과 묽은 염산이 반응하면 이산화 탄소 기체가 발생한다.
ㄴ. (나)에서는 발생한 이산화 탄소가 용기 안에 있으므로 반응 후 질량이 일정하고, (다)에서는 발생한 이산화 탄소가 용기 밖으로 빠져나가므로 질량이 감소한다.

08 묽은 염산과 금속 아연이 반응하면 수소 기체가 발생하며, 수소 기체가 빠져나가 전체 질량이 감소한 것이다. 따라서 발생한 수소 기체의 질량은 감소한 전체 질량과 같으므로 32.5 g−31.9 g=0.6 g이다.

09 ㄱ. 나무를 연소시킨 후 재의 질량이 처음 나무의 질량보다 작은 것으로부터 기체가 발생하여 공기 중으로 빠져나간 것을 알 수 있다.
ㄴ. 마그네슘을 연소시키면 공기 중의 산소와 결합하여 산화 마그네슘이 된다.
오답 피하기 ㄷ. 두 반응 모두 발생한 기체와 결합한 산소의 질량을 고려하면 질량 보존 법칙이 성립한다.

10 ⑤ 강철 솜을 가열하면 산소와 결합하여 질량이 늘어나지만 결합한 산소의 질량을 고려하면 반응 전후 원자의 종류와 개수가 변하지 않는다.
오답 피하기 ①, ③ 강철 솜을 가열하면 산소와 결합하여 산화 철이 생성되며, 기체는 발생하지 않는다.
② 산화 철은 강철 솜과 성질이 다른 물질이므로 자석에 붙지 않는다.
④ 연소 후 질량이 늘어나지만 결합한 산소의 질량을 고려하면 질량 보존 법칙이 성립한다.

11 ①~④는 모두 반응 후 기체가 생성되므로 열린 용기에서 반응이 일어날 때 반응 후 질량이 감소한다.
오답 피하기 ⑤ 염화 나트륨 수용액과 질산 은 수용액의 앙금 생성 반응은 열린 용기와 닫힌 용기 모두에서 반응 전후 질량이 일정하다.

12 (가), (다) 열린 용기에서는 연소 후 발생한 기체가 공기 중으로 빠져나가므로 질량이 감소한다.
(나) 열린 용기에서는 연소 후 결합한 산소의 양만큼 질량이 증가한다.
(라) 앙금 생성 반응이므로 질량이 일정하다.

13 제시된 설명은 일정 성분비 법칙이다. 일정 성분비 법칙은 화합물에서 성립하고, 혼합물에서는 성립하지 않는다. 물, 메테인, 과산화 수소, 암모니아, 이산화 탄소, 산화 마그네슘은 화합물이다.

오답 피하기 소금물, 우유, 공기, 흙탕물, 탄산음료는 혼합물이다. 화합물은 2가지 이상의 원소가 결합하여 생성된 물질이며, 나트륨과 철은 1가지 원소로만 이루어진 물질이다.

14 ①, ②, ③ 일산화 탄소와 이산화 탄소는 모두 탄소와 산소로 이루어져 있지만 구성하는 원자의 개수비가 달라 질량비가 다르므로 서로 다른 물질이다. 따라서 물질의 성질이 다르다.
④ 일산화 탄소는 탄소 원자 1개와 산소 원자 1개로 이루어져 있으므로 개수비는 탄소 : 산소=1 : 1이다.
오답 피하기 ⑤ 이산화 탄소를 구성하는 탄소와 산소의 질량비는 $(1 \times 12) : (2 \times 16) = 3 : 8$이다.

15 화합물 모형을 최대 5개 만들고 B 1개가 남았으므로 A 10개와 B 5개로 화합물 모형 5개를 만든 것이다. 따라서 화합물 모형 1개는 A 2개와 B 1개로 이루어져 있으므로 개수비는 A : B=2 : 1이다.

16 ㄷ, ㄹ. 화합물 BN_2를 구성하는 볼트와 너트의 개수비는 1 : 2로 일정하므로 볼트와 너트의 질량비도 $(1 \times 5) : (2 \times 2) = 5 : 4$로 일정하다. 따라서 화합물 BN_2에서 일정 성분비 법칙이 성립한다.
오답 피하기 ㄱ, ㄴ. 볼트 7개와 너트 14개로 화합물 BN_2 7개를 만들고, 볼트 3개가 남는다.

17 실험 1에서 반응 후 물질 B 0.2 g이 남으므로 물질 A 2.0 g과 물질 B 0.8 g이 반응한다. 그리고 실험 2에서 반응 후 물질 A 0.5 g이 남으므로 물질 A 3.5 g과 물질 B 1.4 g이 반응하기 때문에 반응하는 질량비는 A : B=5 : 2이다. 따라서 물질 A 5.0 g과 물질 B 2.0 g이 반응하므로 생성되는 화합물 AB의 질량은 7.0 g이다.

18 각 경우에 생성되는 물의 질량은 다음과 같다.
① 수소 2 g+산소 16 g ⟶ 물 18 g
② 수소 3 g+산소 24 g ⟶ 물 27 g
③ 수소 3.75 g+산소 30 g ⟶ 물 33.75 g
④ 수소 3.125 g+산소 25 g ⟶ 물 28.125 g
⑤ 수소 2.5 g+산소 20 g ⟶ 물 22.5 g

19 황화 철을 구성하는 철과 황의 질량비는 철 : 황=7 : 4이므로 황화 철 33 g을 만들기 위해 필요한 철의 질량은 21 g이고, 황의 질량은 12 g이다.

20 반응하는 구리와 산소의 질량비는 일정하므로 생성되는 산화 구리(Ⅱ)의 질량은 증가하다가 더 이상 반응할 구리가 없어지면 일정해진다.

21 구리 2 g이 반응하여 산화 구리(Ⅱ) 2.5 g이 생성되므로 반응한 산소의 질량은 0.5 g이다. 따라서 반응하는 질량비는 산소 : 산화 구리(Ⅱ)=0.5 g : 2.5 g=1 : 5이다. 따라서 산화 구리(Ⅱ) 1 g을 얻기 위해 필요한 산소의 최소 질량(x)은 $1 : 5 = x : 1$, $x = 0.2$이므로 0.2 g이다.

22 ①, ④ 마그네슘 3 g이 반응하여 산화 마그네슘 5 g이 생성되었으므로 반응한 산소의 질량은 2 g이다. 따라서 반응하는 질량비는 마그네슘 : 산소 : 산화 마그네슘=3 : 2 : 5이다.

③ 반응하는 질량비는 마그네슘 : 산소 : 산화 마그네슘=3 : 2 : 5이므로 마그네슘 15 g은 산소 10 g과 반응하여 산화 마그네슘 25 g이 생성된다.

⑤ 그래프에서 반응하는 마그네슘의 질량이 증가하면 생성되는 산화 마그네슘의 질량도 증가한다.

오답 피하기 | ② 반응하는 질량비는 마그네슘 : 산소=3 : 2이므로 산화 마그네슘 30 g에 들어 있는 마그네슘의 질량은 18 g, 산소의 질량은 12 g이다.

23 ② 농도가 같은 아이오딘화 칼륨 수용액과 질산 납 수용액은 1 : 1의 부피비로 반응하므로 일정량의 아이오딘화 칼륨과 반응하는 질산 납의 양은 일정하다.

오답 피하기 | ① 노란색의 아이오딘화 납 앙금이 생성된다.

③, ⑤ 질산 납 수용액의 양이 많을수록 생성되는 앙금의 양이 많아지다가 6 mL 이상 넣어 줄 때부터는 더 이상 반응할 아이오딘화 칼륨이 없기 때문에 앙금의 높이가 일정하다.

④ 시험관 C에는 납 이온이 없으므로 아이오딘화 칼륨 수용액을 더 넣어도 앙금이 생기지 않아 앙금의 높이가 변하지 않는다.

24 자료 분석

화합물	화합물의 질량(g)	화합물에 들어 있는 A의 질량(g)	화합물에 들어 있는 B의 질량(g)
(가)	30	14	30−14=16
(나)	76	28	76−28=48

화학식: AB

화합물 (가)에 들어 있는 A의 질량이 14 g이므로 B의 질량은 16 g이고, (가)의 화학식이 AB이므로 질량비는 A : B=14 : 16이다. 화합물 (나)에 들어 있는 A의 질량이 28 g이므로 B의 질량은 48 g이고, 질량비는 A : B=28 : 48이다. 따라서 화합물의 (나)의 화학식은 A_2B_3이다.

25 자료 분석

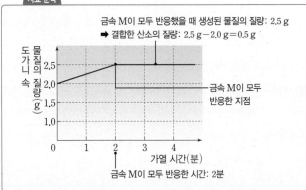

ㄱ, ㄴ. 반응한 금속 M과 생성된 물질의 질량비는 2.0 g : 2.5 g=4 : 5이다. 따라서 금속 M 가루 10 g을 가열할 때 생성되는 물질의 질량(x)은 4 : 5=10 : x, x=12.5에서 12.5 g이다.

오답 피하기 | ㄷ. 금속 M 가루의 양을 늘리면 모두 반응하는 데 걸리는 시간이 길어지므로 도가니 속 물질의 질량이 일정해지는 시간이 2분보다 길어진다.

ㄹ. 반응하는 금속 M과 산소의 질량비는 2.0 g : 0.5 g=4 : 1이다. 따라서 생성된 물질의 화학식이 MO이면 M 원자와 산소 원자가 1 : 1의 개수비로 결합한 것이므로 금속 M 원자 1개와 산소 원자 1개의 질량비도 4 : 1이다.

26 구리는 공기 중의 산소와 결합하여 산화 구리(Ⅱ)가 생성되고, 숯가루의 성분은 탄소이므로 공기 중의 산소와 결합하여 이산화 탄소가 생성된다.

모범 답안 (가)는 구리가 공기 중의 산소와 결합하므로 질량이 증가하고, (나)는 숯이 공기 중의 산소와 결합하여 이산화 탄소가 발생하여 공기 중으로 빠져나가므로 질량이 감소한다.

채점 기준	배점
(가)와 (나)의 질량 변화와 그 까닭을 모두 옳게 서술한 경우	100 %
(가)와 (나) 중 1가지의 질량 변화와 그 까닭만 옳게 서술한 경우	50 %

27 탄산 칼슘과 묽은 염산이 반응하면 이산화 탄소가 발생한다.

모범 답안 (1) (가)와 (나)의 질량은 같다. 반응 후 이산화 탄소가 발생하므로 고무풍선이 부풀어 오른다.

(2) 질량이 감소한다. 고무풍선을 제거하면 발생한 이산화 탄소가 공기 중으로 빠져나가기 때문이다.

	채점 기준	배점
(1)	(가)와 (나)의 질량 비교와 (나)의 고무풍선이 부풀어 오른 까닭을 모두 옳게 서술한 경우	50 %
	(가)와 (나)의 질량 비교와 (나)의 고무풍선이 부풀어 오른 까닭 중 1가지만 옳게 서술한 경우	25 %
(2)	질량 변화와 그 까닭을 모두 옳게 서술한 경우	50 %
	질량 변화만 옳게 쓴 경우	20 %

28 설탕물을 이루는 설탕과 물의 비율이 일정하지 않으므로 설탕물은 일정 성분비 법칙이 성립하지 않는다.

모범 답안 설탕물, 설탕물은 혼합물로 성분 물질의 양에 따라 혼합 비율이 달라지기 때문이다.

채점 기준	배점
물질을 옳게 고르고, 그 까닭을 옳게 서술한 경우	100 %
물질만 옳게 고른 경우	40 %

03 기체 반응 법칙, 화학 반응에서의 에너지 출입

1 (1) 기체의 부피비는 수소 : 산소 : 수증기=2 : 1 : 2이므로
수소 기체 10 mL와 산소 기체 5 mL가 반응하여 수증기 10 mL
가 생성된다.
(2) 기체의 부피비는 수소 : 산소 : 수증기=2 : 1 : 2이므로 수증
기 20 mL를 얻기 위해 수소 기체 20 mL와 산소 기체 10 mL가
필요하다.

2 (1) 기체의 부피비는 수소 : 염소 : 염화 수소=1 : 1 : 2이므
로 수소 기체 30 mL와 염소 기체 30 mL가 반응하여 염화 수소
기체 60 mL가 생성된다.
(2) 기체의 부피비는 수소 : 염소 : 염화 수소=1 : 1 : 2이므로 염
화 수소 기체 50 mL를 얻기 위해 수소 기체와 염소 기체가 각각
25 mL씩 필요하다.

3 기체의 부피비는 질소 : 수소 : 암모니아=1 : 3 : 2이므로
질소 기체 30 mL와 수소 기체 90 mL가 반응하여 암모니아 기체
60 mL가 생성되고, 수소 기체 10 mL가 남는다.

4 실험 2에서 남는 기체가 없으므로 수소 기체 40 mL와 산소
기체 20 mL가 반응하여 수증기 40 mL가 생성된다. 따라서 기
체의 부피비는 수소 : 산소 : 수증기=2 : 1 : 2이므로 실험 1에
서 수소 기체 20 mL와 산소 기체 10 mL가 반응하고, 산소 기체
10 mL가 남는다.

5 화학 반응식의 계수비는 기체의 부피비와 같으므로 기체의 부
피비는 질소 : 수소 : 암모니아=1 : 3 : 2이다. 따라서 암모니아
기체 40 mL를 얻기 위해 질소 기체 20 mL와 수소 기체 60 mL
가 필요하다.

01 ㄱ, ㄷ. 일정한 온도와 압력에서 기체의 부피비가 수소 : 산소
: 수증기=2 : 1 : 2이므로 기체 반응 법칙을 설명할 수 있다. 따
라서 수소 기체 6 L와 산소 기체 3 L가 반응하여 수증기 6 L가 생
성된다.
오답 피하기| ㄴ. 수소 기체와 산소 기체는 2 : 1의 부피비로 반응한다.
ㄹ. 반응하는 수소 기체와 산소 기체의 부피의 합이 생성되는 수증
기의 부피보다 크다.

02 기체 반응 법칙은 반응물과 생성물이 모두 기체인 경우에만
성립한다.
④ 반응물과 생성물이 모두 기체이다.
오답 피하기| ① 과산화 수소와 물은 액체이다.
②, ③ 탄소, 마그네슘, 산화 마그네슘은 모두 고체이다.
⑤ 이산화 탄소만 기체이다.

03 일정한 온도와 압력에서 모든 기체는 같은 부피 속에 같은 수
의 분자가 들어 있다. 따라서 25 ℃, 1기압에서 부피가 클수록 기
체 분자 수가 많으므로 (가)=(다)<(나)<(라)이다.

04 ① 반응 전후 질소 원자 수는 2개, 수소 원자 수는 6개로 같다.
②, ⑤ 질량비는 질소 : 수소=(2×14) : (6×1)=14 : 3이므로
질소 기체 28 g과 수소 기체 6 g이 반응하여 암모니아 기체 34 g
이 생성된다.
③ 부피비가 질소 : 수소 : 암모니아=1 : 3 : 2이므로 분자 수의
비도 질소 : 수소 : 암모니아=1 : 3 : 2이다.
오답 피하기| ④ 부피비가 질소 : 수소 : 암모니아=1 : 3 : 2이므로
질소 기체 1 L와 수소 기체 3 L가 반응하여 암모니아 기체 2 L가
생성되고, 질소 기체 1 L가 남는다.

05 ② 실험 1에서 반응하는 기체의 부피비는 일산화 탄소 : 산소
: 이산화 탄소=20 mL : 10 mL : 20 mL= 2 : 1 : 2이다. 따
라서 실험 3에서 일산화 탄소 기체 40 mL와 산소 기체 20 mL가
반응하여 이산화 탄소 기체 40 mL가 생성되므로 ㉡은 '40'이다.
⑤ 실험 1에서 일산화 탄소 기체가 남으므로 산소 기체를 더 넣으
면 반응이 일어나 이산화 탄소 기체가 생성된다.
오답 피하기| ① 실험 2에서 일산화 탄소 기체 30 mL와 산소 기체
15 mL가 반응하므로 산소 기체 5 mL가 남는다. 따라서 ㉠은 '산
소, 5'이다.
③, ④ 기체의 부피비는 일산화 탄소 : 산소 : 이산화 탄소=2 : 1
: 2이므로 화학 반응식은 $2CO + O_2 \longrightarrow 2CO_2$이다.

06 5 L의 산소 기체가 반응하면 10 L의 수증기가 생성된다. 모
든 기체는 같은 부피 속에 같은 수의 분자가 들어 있고, 기체 1 L

속에 들어 있는 분자의 개수가 10개이므로 수증기 분자 100개를 얻을 수 있다.

07 부피비는 일산화 탄소 : 산소 : 이산화 탄소＝2 : 1 : 2이므로 분자 수의 비도 일산화 탄소 : 산소 : 이산화 탄소＝2 : 1 : 2이다. 따라서 일산화 탄소 분자 20개와 산소 분자 10개가 반응하여 이산화 탄소 분자 20개가 생성되고, 산소 분자 10개가 남으므로 반응 후 용기 속에 들어 있는 기체의 전체 분자 수는 30개이다.

08 실험 1에서 기체 A 15 mL와 기체 B 15 mL가 반응하여 기체 C 30 mL가 생성되고, 실험 2에서 기체 A 20 mL와 기체 B 20 mL가 반응하여 기체 C 40 mL가 생성되므로 기체의 부피비는 A : B : C＝1 : 1 : 2이다. 따라서 화학 반응식의 계수비도 A : B : C＝1 : 1 : 2이다.
① 계수비는 H_2 : Cl_2 : HCl＝1 : 1 : 2이다.
오답 피하기 | ② 계수비는 N_2 : H_2 : NH_3＝1 : 3 : 2이다.
③ 계수비는 CO : O_2 : CO_2＝2 : 1 : 2이다.
④ 계수비는 NO : O_2 : NO_2＝2 : 1 : 2이다.
⑤ 계수비는 H_2 : O_2 : H_2O＝2 : 1 : 2이다.

09 ㄱ. (가)는 에너지를 흡수하는 흡열 반응이므로 주변의 온도가 낮아진다.
ㄹ. (나)는 발열 반응이며, 금속과 산의 반응은 발열 반응이다.
오답 피하기 | ㄴ. (나)는 주변으로 에너지를 방출한다.
ㄷ. (가)는 흡열 반응이므로 온열 장치인 발열 도시락에 이용할 수 없다.

10 ②는 흡열 반응이므로 에너지를 흡수하고, 나머지는 모두 발열 반응이므로 에너지를 방출한다.

11 ㄱ. (가)는 발열 반응이고, (나)는 흡열 반응이다.
오답 피하기 | ㄴ. (가)는 주변으로 에너지를 방출하는 발열 반응이므로 주변의 온도가 높아진다.
ㄷ. 금속과 산의 반응은 발열 반응이므로 (가)로 분류할 수 있다.

12 ⑤ 질산 암모늄이 물에 녹을 때 흡열 반응이 일어나 주변의 온도가 낮아지므로 이 반응을 이용하여 냉찜질 주머니나 손 냉장고를 만들 수 있다.
오답 피하기 | ①, ②, ③ 흡열 반응이 일어나 주변의 에너지를 흡수하므로 비닐 팩의 온도가 낮아진다.
④ 철 가루와 산소의 반응은 발열 반응이다.

13 자료 분석

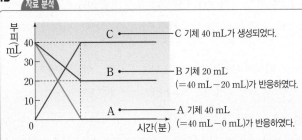

14 ①, ③, ④ 수산화 바륨과 염화 암모늄의 반응은 주변으로부터 에너지를 흡수하는 흡열 반응이다. 따라서 주변의 온도가 낮아지므로 나무판 위의 물이 얼어 삼각 플라스크를 들어 올릴 때 나무판이 같이 들린다.
⑤ 빵 반죽을 구우면 베이킹파우더의 주성분인 탄산수소 나트륨이 에너지를 흡수하여 분해될 때 발생하는 이산화 탄소에 의해 빵이 부풀어 오른다.
오답 피하기 | ② 삼각 플라스크 안에서 흡열 반응이 일어나므로 삼각 플라스크를 만져 보면 차갑다.

15 (2) 온도와 압력이 일정할 때 기체의 반응에서 화학 반응식의 계수비는 부피와 같다.
모범 답안 (1) ㉠ B, 10, ㉡ 40, 실험 2에서 반응 후 남은 물질이 없으므로 기체의 부피비는 A : B : C＝15 mL : 45 mL : 30 mL＝1 : 3 : 2이다. 따라서 실험 1에서 A 10 mL와 B 30 mL가 반응하고 B 10 mL가 남으며, 실험 3에서 A 20 mL와 B 60 mL가 반응하여 C 40 mL가 생성된다.
(2) $A + 3B \longrightarrow 2C$

	채점 기준	배점
(1)	㉠과 ㉡을 옳게 쓰고, 구하는 과정을 모두 옳게 서술한 경우	60 %
	㉠과 ㉡ 중 1가지만 값과 구하는 과정을 옳게 서술한 경우	30 %
	㉠과 ㉡만 옳게 쓴 경우	20 %
(2)	화학 반응식을 옳게 쓴 경우	40 %

16 제시된 반응은 모두 발열 반응의 예이다.
모범 답안 주변의 온도가 높아진다. 반응이 일어날 때 주변으로 에너지를 방출하기 때문이다.

채점 기준	배점
주변의 온도 변화와 그 까닭을 모두 옳게 서술한 경우	100 %
주변의 온도 변화만 옳게 쓴 경우	40 %

17 철과 산소의 반응은 발열 반응이다.
모범 답안 철 가루가 공기 중의 산소와 반응할 때 주변으로 방출하는 에너지를 이용하여 발을 따뜻하게 한다.

채점 기준	배점
철 가루의 반응과 에너지 출입을 모두 이용하여 옳게 서술한 경우	100 %
철 가루의 반응과 에너지 출입 중 1가지만 이용하여 서술한 경우	50 %

Ⅱ 기권과 날씨 »

01 기권과 지구 기온

중단원 핵심 정리   시험 대비 교재 24쪽

❶ 1000   ❷ 기온   ❸ 크다   ❹ 낮아   ❺ 자외선   ❻ 기상   ❼ 일정
❽ 70   ❾ 지표   ❿ 복사 평형   ⓫ 온실 기체   ⓬ 상승   ⓭ 감소
⓮ 증가

중단원 퀴즈   시험 대비 교재 25쪽

1 대류권   **2** 질소, 산소   **3** 기온, 성층권   **4** 대류권   **5** 오존층,
높아   **6** ㄱ, ㄴ   **7** 복사 평형   **8** A: 20 %, B: 30 %   **9** 지구, 이
산화 탄소   **10** ㄱ, ㄹ

중단원 기출 문제   시험 대비 교재 26~29쪽

01 ③   **02** ①   **03** ②   **04** ②, ③   **05** 오존   **06** ③, ④
07 (나), (다), (가)   **08** ②   **09** ①, ⑤   **10** ⑤   **11** ④, ⑤   **12** ①, ⑤
13 ⑤   **14** ⑤   **15** 온실 효과   **16** ③   **17** 이산화 탄소   **18** ⑤
19 ④, ⑤   **20** ②   **21** ④   **22** ②   **23** 해설 참조   **24** 해설 참조
25 해설 참조   **26** 해설 참조

01 ③ 중간권 계면은 중간권과 열권의 경계면으로, 중간권 계면 부근에서 기온이 가장 낮다.
오답 피하기 ① 기권에서는 높이 올라갈수록 공기가 희박해지며, 대부분의 공기는 대류권에 모여 있다.
② 성층권과 열권에서는 높이 올라갈수록 기온이 상승하므로 대기가 안정하다.
④ 대기는 질소, 산소, 아르곤, 이산화 탄소 등의 여러 가지 기체로 이루어져 있으며, 질소와 산소가 대부분을 차지한다.
⑤ 기권은 높이에 따른 기온 변화를 기준으로 지표면에서부터 대류권, 성층권, 중간권, 열권의 4개의 층으로 구분한다.

02 ① 대기는 질소, 산소, 아르곤, 이산화 탄소 등의 여러 가지 기체로 이루어져 있으며, 질소가 가장 많은 양을 차지하고 다음으로 산소가 많은 양을 차지한다. 따라서 지구 대기에서 가장 많은 양을 차지하는 A는 질소이다.
오답 피하기 ② 비, 구름 등의 기상 현상을 일으키는 원인이 되는 기체는 수증기이다.
③ 지구 대기에서 두 번째로 많은 양을 차지하는 B는 산소이다.
④ 온실 효과를 일으키는 기체는 이산화 탄소 등의 온실 기체이다.
⑤ 태양으로부터 오는 유해한 자외선을 막아 주는 기체는 오존 이다.

03 기권은 높이에 따른 기온 변화에 따라 지표면에서부터 대류권, 성층권, 중간권, 열권의 4개 층으로 구분한다.

04 ① A층은 대류권으로, 아래쪽에 따뜻한 공기가 분포하고 위쪽에 찬 공기가 분포하므로 대류가 활발하게 일어난다.
④ 대류권에서는 대류가 일어나고 수증기가 존재하기 때문에 구름이 생성되고 비나 눈 등의 기상 현상이 나타난다.
⑤ 대류권에서는 높이 올라갈수록 지표에서 방출되는 에너지가 적게 도달하기 때문에 기온이 낮아진다.
오답 피하기 ② 기권에서는 높이 올라갈수록 공기가 희박해진다. 따라서 열권(D층)은 공기가 매우 희박하므로 낮과 밤의 기온 차가 가장 크다.
③ 성층권(B층)은 아래쪽에 찬 공기가 분포하고 위쪽에 따뜻한 공기가 분포하므로 대류가 일어나지 않고 안정하다. 따라서 장거리 비행기의 항로로 이용된다.

05 오존은 대부분 성층권(B층)의 오존층(높이 약 20~30 km)에 분포하며, 오존은 자외선을 흡수하여 지상의 생명체를 보호한다.

06 그림은 오로라로, 태양에서 날아오는 전기를 띤 입자가 상층 대기에서 대기 입자와 충돌하여 빛을 내는 현상이다. 오로라는 열권에서 발생한다.
③ 열권은 태양 에너지에 의해 직접 가열되기 때문에 높이 올라갈수록 기온이 높아진다.
④ 열권은 인공위성의 궤도로 이용되기도 한다.
오답 피하기 ① 열권은 아래쪽에 찬 공기가 분포하고 위쪽에 따뜻한 공기가 분포하므로 대류가 일어나지 않고 안정하다.
② 공기의 대부분은 대류권에 분포하며, 열권은 공기가 매우 희박하다.
⑤ 유성이 관측되며, 대류가 활발하게 일어나는 층은 중간권이다.

07 (나) 대류권에서는 비나 눈, 바람 등의 기상 현상이 나타난다.
(다) 중간권에서는 대류가 일어나지만 수증기가 거의 없기 때문에 기상 현상이 나타나지 않는다.
(가) 기권 중 기온이 가장 낮은 곳은 중간권과 열권의 경계면인 중간권 계면이다.

08 (가) 열권은 태양 에너지에 의해 직접 가열되기 때문에 높이 올라갈수록 기온이 상승한다.
(나) 대류권과 중간권은 높이 올라갈수록 지표에서 방출되는 에너지가 적게 도달하기 때문에 기온이 하강한다.
(다) 성층권은 오존층에서 태양에서 오는 자외선을 흡수하여 가열되기 때문에 높이 올라갈수록 기온이 상승한다.

09 ② 성층권은 아래쪽에 찬 공기가 분포하고 위쪽에 따뜻한 공기가 분포하므로 대기가 안정하여 대류가 일어나지 않는다.
③ 중간권에서는 우주에서 지구로 들어오는 물질이 대기와의 마찰로 타면서 빛을 내는 유성이 관측된다.
④ 기권은 높이에 따른 기온 변화에 따라 지표에서부터 대류권, 성

층권, 중간권, 열권으로 구분하며, 열권은 높이 약 80~1000 km 의 구간이다.

오답 피하기 | ① 성층권의 오존층은 태양으로부터 오는 유해한 자외 선을 막아 준다.

⑤ 기권 중 중간권과 열권의 경계면인 중간권 계면 부근에서 최저 기온이 나타난다.

10 ㄷ. 지구는 흡수하는 태양 복사 에너지양과 방출하는 지구 복 사 에너지양이 같아서 평균 기온이 거의 일정하게 유지된다.

ㄹ. 지구 대기는 지구 복사 에너지의 일부를 흡수했다가 지표면으 로 다시 방출하므로 지구의 평균 기온이 높게 유지되는 온실 효과 가 일어난다.

오답 피하기 | ㄱ. 복사 에너지는 물질의 도움 없이 직접 전달된다.

ㄴ. 물체의 온도가 높을수록 방출하는 복사 에너지양이 많다.

11 실험 시작 직후에는 컵이 흡수하는 에너지양이 방출하는 에 너지양보다 많기 때문에 컵 속 공기의 온도가 높아지며, 어느 정도 시간이 지나면 컵이 흡수하는 에너지양과 방출하는 에너지양이 같 아 A, B 속 공기의 온도가 일정하게 유지된다. 이때 A는 B보다 적외선등(열원)으로부터의 거리가 가까우므로 더 높은 온도에서 복사 평형을 이룬다. 따라서 이 실험을 통해 지구의 평균 기온이 일정하게 유지되는 까닭과 열원으로부터의 거리에 따른 복사 평형 온도를 알 수 있다.

12 ② 이 실험에서 적외선등은 태양, 컵은 지구에 해당한다.

③, ④ A와 B 모두 컵 속의 온도가 높아지다가 시간이 지나면 일 정해지는 복사 평형 상태에 도달한다.

오답 피하기 | ① A는 B보다 적외선등으로부터의 거리가 가까우므 로 복사 평형 온도가 높다.

⑤ 컵 속의 온도가 높아지는 까닭은 흡수하는 복사 에너지양이 방 출하는 복사 에너지양보다 많기 때문이다.

13 지구는 흡수하는 태양 복사 에너지양과 방출하는 지구 복사 에너지양이 같은 복사 평형 상태이므로, 평균 기온이 거의 일정하 게 유지된다.

14 ① 태양 복사 에너지 100 %＝(대기와 지표면에 의한 반사 30 %＋대기와 구름에 흡수 20 %＋지표면에 흡수 A)이므로, A 는 50 %이다.

② B는 대기가 지표면에서 방출되는 에너지를 흡수한 후 지표로 재방출하는 과정이므로, 이 과정에 의해 온실 효과가 일어난다.

③ B 과정이 일어나지 않을 경우 대기에 의한 온실 효과가 일어나 지 않으므로, 지구의 평균 온도는 현재보다 낮아질 것이다.

④ 지구는 흡수하는 태양 복사 에너지양과 방출하는 지구 복사 에 너지양이 같은 복사 평형 상태이다.

오답 피하기 | ⑤ 대기와 지표면에 의해 반사되는 에너지양이 증가해 도 지구는 복사 평형을 이룬다. 단지 현재보다 흡수하는 태양 복사 에너지양과 방출하는 지구 복사 에너지양이 적어질 뿐이다.

15 지표에서 방출하는 지구 복사 에너지의 일부를 대기가 흡수했 다가 지표로 다시 방출하여 지구의 평균 기온이 높게 유지되는 현 상을 온실 효과라고 한다.

16 ③ 온실 효과를 일으키는 수증기, 이산화 탄소, 메테인 등의 기체를 온실 기체라고 한다.

오답 피하기 | ①, ⑤ 대기는 태양 복사 에너지의 일부를 흡수하며, 흡수한 지구 복사 에너지 중 일부를 지표로 다시 방출하고 일부를 우주로 방출한다.

②, ④ 온실 효과가 강해지면 지구의 평균 기온이 높아지며, 지구 에 대기가 없다면 온실 효과가 일어나지 않을 것이다.

17 최근 들어 대기 중 이산화 탄소의 농도가 증가하면서 온실 효 과가 강화되어 지구의 평균 기온이 높아지고 있다.

18 ㄱ. 대기 중의 A(이산화 탄소) 농도가 증가하여 지구의 평균 기온이 높아지면 대륙 빙하가 녹고 해수의 열팽창이 일어나 해수 면이 상승하며, 이로 인해 육지 면적이 감소할 것이다.

ㄴ. A(이산화 탄소)는 지구 온난화에 가장 큰 영향을 미치는 온실 기체이다.

ㄷ. 대기 중의 A(이산화 탄소) 농도와 지구의 평균 기온은 대체로 비례 관계에 있다.

19 지구 대기를 이루고 있는 기체 중 지구 복사 에너지를 흡수하 여 온실 효과를 일으키는 기체를 온실 기체라고 한다. 온실 기체에 는 수증기, 이산화 탄소, 메테인 등이 있다.

20 ①, ③, ⑤ 지구 온난화에 의해 빙하의 면적 감소, 해수면 상 승, 육지 면적 감소, 기상 이변 증가, 농작물 생산량 감소, 만년설 감소, 생태계 변화 등이 나타난다.

④ 지구 온난화를 막기 위해서는 화석 연료의 사용을 줄여 온실 기 체 배출량을 줄이고, 친환경 에너지를 개발해야 한다.

오답 피하기 | ② 지구 온난화가 진행되면 지구의 평균 기온이 높아지 므로 극지방의 기온도 점점 높아진다.

21 자료 분석

오존층에서 태양에서 오는 자외선을 흡수하 여 가열된다. → 높이 올라갈수록 기온이 높 아진다. → 기권이 4개 의 층으로 구분된다.

높이 올라갈수록 기온이 낮아진다. → 대기가 불안정하다. → 대류가 일어난다.

ㄴ. A층(대류권)과 C층(중간권)은 아래쪽에 따뜻한 공기가 분포하고 위쪽에 찬 공기가 분포하므로 대기가 불안정하여 대류가 활발하게 일어난다.

ㄹ. 만약 성층권의 오존층이 없다면 기권은 높이 올라갈수록 지표에서 방출되는 에너지가 적게 도달하기 때문에 기온이 낮아지는 층과 태양 에너지에 의해 직접 가열되기 때문에 높이 올라갈수록 기온이 높아지는 2개의 층으로 구분될 것이다.

오답 피하기ㅣ ㄱ. 기권 각 층의 경계면은 아래층의 이름을 붙여 대류권 계면(대류권과 성층권의 경계면), 성층권 계면(성층권과 중간권의 경계면), 중간권 계면(중간권과 열권의 경계면)이라고 한다. 따라서 ㉠은 중간권 계면, ㉡은 성층권 계면, ㉢은 대류권 계면이다.

ㄷ. B층(성층권)은 오존층에서 태양으로부터 오는 자외선을 흡수하여 가열되기 때문에 높이 올라갈수록 기온이 높아지고, D층(열권)은 태양 에너지에 의해 직접 가열되기 때문에 높이 올라갈수록 기온이 높아진다.

22 ② B일 때는 A일 때보다 온도가 높으므로 물체가 흡수하는 복사 에너지양이 많다.

오답 피하기ㅣ ① A일 때는 물체가 흡수하는 복사 에너지양이 방출하는 복사 에너지양보다 많아서 온도가 높아진다.

③ C일 때는 물체가 흡수하는 복사 에너지양과 방출하는 복사 에너지양이 같다.

④ (가)일 때는 물체가 흡수하는 복사 에너지양과 방출하는 복사 에너지양이 다르므로 복사 평형 상태가 아니다.

⑤ 복사 평형 상태에서는 물체가 흡수하는 복사 에너지양과 방출하는 복사 에너지양이 같다. 따라서 복사 평형 상태인 (나)일 때도 복사 에너지를 흡수하고 방출한다.

23 **모범 답안** 대류권, 대류가 일어나고 수증기가 존재하기 때문이다.

채점 기준	배점
기상 현상이 나타나는 기권의 층과 까닭을 모두 옳게 서술한 경우	100 %
기상 현상이 나타나는 까닭만 옳게 서술한 경우	70 %
기상 현상이 나타나는 기권의 층만 옳게 쓴 경우	30 %

24 **모범 답안** 지표에서 방출하는 지구 복사 에너지의 일부를 대기가 흡수했다가 지표로 다시 방출하여 지구의 평균 기온이 높게 유지되는 온실 효과가 일어난다.

채점 기준	배점
지구에서 온실 효과가 일어나는 과정을 제시된 단어 3가지를 모두 포함하여 옳게 서술한 경우	100 %
지구에서 온실 효과가 일어나는 과정을 제시된 단어 중 2가지만 포함하여 옳게 서술한 경우	50 %

25 적외선등을 비추면 처음에는 컵 속 공기가 흡수하는 에너지양이 방출하는 에너지양보다 많기 때문에 온도가 높아지고, 어느 정도 시간이 지나면 흡수하는 에너지양과 방출하는 에너지양이 같아

서 복사 평형을 이루기 때문에 온도가 일정하게 유지된다. 따라서 이 실험을 통해 지구의 복사 평형(지구의 평균 기온이 거의 일정하게 유지되는 까닭)을 알 수 있다.

모범 답안 (1) 지구의 복사 평형
(2) 처음에는 온도가 높아지다가 어느 정도 시간이 지나면 온도가 일정하게 유지된다.

	채점 기준	배점
(1)	실험에서 알아보려고 하는 것을 옳게 쓴 경우	40 %
(2)	처음과 어느 정도 시간이 지난 후의 온도 변화를 모두 옳게 서술한 경우	60 %
	어느 정도 시간이 지난 후의 온도 변화만 옳게 서술한 경우	30 %

26 이 기간 동안 대표적인 온실 기체인 이산화 탄소의 대기 중 농도가 증가하였으므로 지구의 평균 기온이 높아졌을 것이다.

모범 답안 온실 효과가 강화되어 지구의 평균 기온이 높아지며, 이로 인해 빙하가 녹아 빙하 면적이 감소하고 해수면이 상승한다.

채점 기준	배점
나타날 수 있는 현상을 제시된 단어 4가지를 모두 포함하여 옳게 서술한 경우	100 %
나타날 수 있는 현상을 제시된 단어 중 3가지만 포함하여 옳게 서술한 경우	60 %

02 구름과 강수

3 기온이 20 ℃인 공기 1 kg에 최대한 포함할 수 있는 수증기량은 14.7 g이므로, 기온이 20 ℃인 공기 5 kg에 최대한 포함할 수 있는 수증기량은 14.7 g/kg×5 kg=73.5 g이다.

4 기온이 25 ℃인 공기의 포화 수증기량은 20.0 g/kg이므로, 공기 1 kg이 포화 상태가 되기 위해 더 필요한 수증기량은 20.0 g−10.6 g=9.4 g이다.

6 공기 A의 기온이 25 ℃이므로 1 kg의 공기 A에 최대한 포함할 수 있는 수증기량은 20.0 g이다. 따라서 3 kg의 공기 A에 최대한 포함할 수 있는 수증기량은 20.0 g/kg×3 kg=60.0 g이다.

7 기온이 25 ℃인 공기의 포화 수증기량은 20.0 g/kg이므로, 3 kg의 공기 A가 포화 상태가 되기 위해 더 필요한 수증기량은 (20.0 g/kg−5.4 g/kg)×3 kg=43.8 g이다.

8 기온이 20 ℃이므로 실험실 공기의 포화 수증기량은 14.7 g/kg이다.

11 공기 B와 C는 실제 수증기량이 14.7 g/kg으로 같으므로, 이슬점이 20 ℃로 같다.

12 실제 수증기량이 많을수록 이슬점이 높으므로, 공기 A의 이슬점이 가장 높고 공기 E의 이슬점이 가장 낮다.

15 기온이 25 ℃인 공기 2 kg에 15.2 g의 수증기가 포함되어 있으므로, 공기 1 kg에는 7.6 g의 수증기가 포함되어 있다. 따라서 이 공기의 이슬점은 10 ℃이다.

16 기온이 30 ℃인 공기 2 kg에 29.4 g의 수증기가 포함되어 있으므로, 공기 1 kg에는 14.7 g의 수증기가 포함되어 있다. 따라서 이 공기의 이슬점은 20 ℃이다.

1 기온이 10 ℃인 공기의 포화 수증기량은 7.6 g/kg이므로, 응결량은 20.1 g−7.6 g=12.5 g이다.

2 기온이 30 ℃인 공기의 포화 수증기량은 27.1 g/kg이고 기온이 20 ℃인 공기의 포화 수증기량은 14.7 g/kg이므로, 응결량은 27.1 g−14.7 g=12.4 g이다.

3 이 공기 1 kg에는 20.3 g의 수증기가 포함되어 있다. 기온이 10 ℃인 공기의 포화 수증기량은 7.6 g/kg이므로, 응결량은 (20.3 g/kg−7.6 g/kg)×5 kg=63.5 g이다.

4 기온이 5 ℃인 공기의 포화 수증기량은 5.4 g/kg이므로, 응결량은 10.6 g−5.4 g=5.2 g이다.

5 기온이 10 ℃인 공기의 포화 수증기량은 7.6 g/kg이므로, 응결량은 (10.6 g/kg−7.6 g/kg)×3 kg=9.0 g이다.

6 기온이 20 ℃이므로 포화 수증기량은 14.7 g/kg이고, 실제 수증기량은 10.6 g/kg이다. 따라서

상대 습도(%)=$\dfrac{\text{현재 공기 중에 포함된 수증기량(g/kg)}}{\text{현재 기온에서 포화 수증기량(g/kg)}}$×100

＝$\dfrac{10.6 \text{ g/kg}}{14.7 \text{ g/kg}}$×100≒72.1 %이다.

7 기온이 25 ℃이므로 포화 수증기량은 20.0 g/kg이고, 실제 수증기량은 10.6 g/kg이다. 따라서

상대 습도(%)=$\dfrac{\text{현재 공기 중에 포함된 수증기량(g/kg)}}{\text{현재 기온에서 포화 수증기량(g/kg)}}$×100

＝$\dfrac{10.6 \text{ g/kg}}{20.0 \text{ g/kg}}$×100＝53 %이다.

8 기온이 20 ℃이므로 포화 수증기량은 14.7 g/kg이고, 실제 수증기량은 10.1 g/kg이다. 따라서

상대 습도(%)=$\dfrac{\text{현재 공기 중에 포함된 수증기량(g/kg)}}{\text{현재 기온에서 포화 수증기량(g/kg)}}$×100

＝$\dfrac{10.1 \text{ g/kg}}{14.7 \text{ g/kg}}$×100≒68.7 %이다.

9 기온이 20 ℃이므로 포화 수증기량은 14.7 g/kg이고, 이슬점이 10 ℃이므로 실제 수증기량은 7.6 g/kg이다. 따라서

$$\text{상대 습도}(\%)=\frac{\text{현재 공기 중에 포함된 수증기량(g/kg)}}{\text{현재 기온에서 포화 수증기량(g/kg)}}\times100$$
$$=\frac{7.6\,\text{g/kg}}{14.7\,\text{g/kg}}\times100≒51.7\,\%\text{이다.}$$

10 기온이 20 ℃이므로 포화 수증기량은 14.7 g/kg이고, 15 ℃일 때 응결이 일어났으므로 실험실 공기의 실제 수증기량은 10.6 g/kg이다. 따라서

$$\text{상대 습도}(\%)=\frac{\text{현재 공기 중에 포함된 수증기량(g/kg)}}{\text{현재 기온에서 포화 수증기량(g/kg)}}\times100$$
$$=\frac{10.6\,\text{g/kg}}{14.7\,\text{g/kg}}\times100≒72.1\,\%\text{이다.}$$

11 기온이 25 ℃이므로 포화 수증기량은 20.0 g/kg이다.

$$\text{상대 습도}(\%)=\frac{\text{현재 공기 중에 포함된 수증기량(g/kg)}}{\text{현재 기온에서 포화 수증기량(g/kg)}}\times100$$
$$68\,\%=\frac{x\,\text{g/kg}}{20.0\,\text{g/kg}}\times100\text{에서 }x=13.6\text{이다.}$$

12 기온이 10 ℃이므로 포화 수증기량은 7.6 g/kg이다.

$$\text{상대 습도}(\%)=\frac{\text{현재 공기 중에 포함된 수증기량(g/kg)}}{\text{현재 기온에서 포화 수증기량(g/kg)}}\times100$$
$$75\,\%=\frac{x\,\text{g/kg}}{7.6\,\text{g/kg}}\times100\text{에서 }x=5.7\text{이다. 따라서 이 공기 5 kg}$$
에 포함되어 있는 수증기의 양은 5.7 g/kg×5 kg=28.5 g이다.

중단원 기출 문제
시험 대비 교재 **34~37**쪽

01 ③ **02** ④ **03** ③, ⑤ **04** A, 20 g/kg **05** ①, ③ **06** ③
07 ② **08** ② **09** 약 73.8 % **10** ③ **11** ② **12** ③, ⑤ **13** ①, ③
14 ② **15** ③, ⑤ **16** 공기의 상승이 강할 때 **17** ⑤ **18** ②, ④
19 빙정설, 중위도나 고위도 지방 **20** ②, ④ **21** ④ **22** 해설 참조 **23** 해설 참조 **24** 해설 참조 **25** 해설 참조

01 증발은 물 표면에서 물이 수증기로 변하는 현상이고, 응결은 공기 중의 수증기가 물로 변하는 현상이다. 따라서 물에 젖은 종이가 마르거나 컵에 든 물이 점점 줄어드는 것은 증발에 의한 현상이고, 찬 음료수 캔 표면에 물방울이 맺히거나 저기압 중심으로 모여든 공기가 상승하여 구름이 생성되는 것은 응결에 의한 현상이다.

02 ①, ⑤ 공기 중으로 나가는 물 분자 수와 물속으로 들어오는 물 분자 수가 같으므로, 수조 속 공기는 포화 상태이다.
②, ③ 처음에는 공기 중으로 나가는 물 분자 수가 물속으로 들어오는 물 분자 수보다 많아 물의 높이가 낮아졌으며, 현재는 공기 중으로 나가는 물 분자 수와 물속으로 들어오는 물 분자 수가 같아 물의 높이는 더 이상 변하지 않는다.
오답 피하기 ④ 수조 속 공기는 수증기를 최대로 포함하고 있는 포화 상태이다.

03 ①, ② 기온이 높을수록 포화 수증기량이 많아지고, 실제 수증

기량이 많을수록 이슬점이 높아진다.
④ 포화 상태는 공기가 수증기를 최대로 포함하고 있는 상태로, 포화 상태의 공기는 실제 수증기량이 포화 수증기량과 같다.
오답 피하기 ③ 불포화 공기의 기온을 낮추거나 수증기를 공급하면 포화 상태로 만들 수 있다.
⑤ 이슬점은 공기 중의 수증기가 응결하기 시작할 때의 온도이며, 공기가 냉각되어 이슬점보다 낮은 온도가 되면 응결이 일어난다.

04 기온이 높을수록 포화 수증기량이 많으므로, 기온이 가장 낮은 공기 A의 포화 수증기량이 가장 적다. 공기 A의 실제 수증기량은 20 g/kg으로, 포화 수증기량과 같다.

05 ① A와 B는 포화 수증기량 곡선상에 있으므로 포화 상태이다.
③ B와 C는 실제 수증기량이 같다.
오답 피하기 ② A와 D는 실제 수증기량이 같으므로 이슬점이 같다.
④ C와 D는 기온이 같으므로 포화 수증기량이 같다.
⑤ C와 D는 포화 수증기량 곡선 아래에 있으므로 불포화 상태로, 수증기를 더 포함할 수 있는 상태이다.

06 ① (가)에서는 플라스크 안의 기온이 높아져 포화 수증기량이 증가하므로 증발이 일어난다.
②, ④ (나)에서는 플라스크 안의 기온이 낮아져 포화 수증기량이 감소하므로, 응결이 일어나 플라스크 안이 뿌옇게 흐려진다.
⑤ 이 실험을 통해 기온에 따른 포화 수증기량의 변화를 알 수 있다. 즉, 기온이 높을수록 포화 수증기량이 증가하는 것을 알 수 있다.
오답 피하기 ③ (가)에서는 플라스크 안의 기온이 높아지므로, 공기가 포함할 수 있는 수증기의 양이 증가한다.

07 공기 3 kg에 22.8 g의 수증기가 포함되어 있으므로 이 공기 1 kg에는 7.6 g의 수증기가 포함되어 있다. 따라서 이 공기의 이슬점은 10 ℃이다.

08 공기 2 kg에 26 g의 수증기가 포함되어 있으므로 이 공기 1 kg에는 13 g의 수증기가 포함되어 있고, 기온이 5 ℃인 공기의 포화 수증기량은 5.4 g/kg이다. 따라서 이 공기 1 kg을 5 ℃까지 냉각시킬 때 응결량은 13 g−5.4 g=7.6 g이다.

09 이 공기 1 kg에는 20 g의 수증기가 포함되어 있고, 기온이 30 ℃인 공기의 포화 수증기량은 27.1 g/kg이다. 따라서 이 공기의

$$\text{상대 습도}(\%)=\frac{\text{현재 공기 중에 포함된 수증기량(g/kg)}}{\text{현재 기온에서 포화 수증기량(g/kg)}}\times100$$
$$=\frac{20.0\,\text{g/kg}}{27.1\,\text{g/kg}}\times100≒73.8\,\%\text{이다.}$$

10 ㄱ. 5 ℃일 때 응결이 일어나 컵 표면이 뿌옇게 흐려졌으므로 이슬점은 5 ℃이다.
ㄷ. 이슬점이 5 ℃이므로 이 공기의 실제 수증기량은 5.4 g/kg이고, 실험실의 기온이 15 ℃이므로 포화 수증기량은 10.6 g/kg이

다. 따라서 이 공기의

$$상대 \ 습도(\%)=\frac{현재 \ 공기 \ 중에 \ 포함된 \ 수증기량(g/kg)}{현재 \ 기온에서 \ 포화 \ 수증기량(g/kg)}\times100$$

$$=\frac{5.4 \ g/kg}{10.6 \ g/kg}\times100≒50.9 \ \%이다.$$

오답 피하기 | ㄴ. 실험실의 기온이 15 ℃이므로 포화 수증기량은 10.6 g/kg이다.

11 ㉠ 공기 B의 실제 수증기량은 14.7 g/kg이고, 기온이 15 ℃인 공기의 포화 수증기량은 10.6 g/kg이다. 따라서 1 kg의 공기 B를 15 ℃로 냉각시켰을 때 응결량은 14.7 g-10.6 g=4.1 g이다.

㉡ 공기 C의 실제 수증기량은 14.7 g/kg이고, 기온이 30 ℃이므로 포화 수증기량은 27.1 g/kg이다. 따라서 공기 C의 상대 습도는 $\frac{14.7 \ g/kg}{27.1 \ g/kg}\times100≒54.2 \ \%$이다.

12 ① 공기 A는 포화 상태이며, 실제 수증기량이 20.0 g/kg이므로 이슬점은 25 ℃이다.

② 공기 A와 B는 기온이 25 ℃로 같으므로 포화 수증기량은 20.0 g/kg으로 같다.

④ 공기 D의 실제 수증기량은 7.6 g/kg이고, 기온이 15 ℃이므로 포화 수증기량은 10.6 g/kg이다. 따라서 공기 D의 상대 습도는 $\frac{7.6 \ g/kg}{10.6 \ g/kg}\times100≒71.7 \ \%$이다.

오답 피하기 | ③ 공기 B와 C는 실제 수증기량이 같으므로, 1 kg의 공기 B와 C를 10 ℃로 냉각시킬 때 응결량은 14.7 g-7.6 g=7.1 g으로 같다.

⑤ 1 kg의 공기 D에는 7.6 g의 수증기가 포함되어 있고, 기온이 15 ℃이므로 포화 수증기량은 10.6 g/kg이다. 따라서 2 kg의 공기 D에 (10.6 g/kg-7.6 g/kg)×2 kg=6.0 g의 수증기를 공급하면 포화 상태가 된다.

13 ①, ③ 맑은 날에는 공기 중의 수증기량이 거의 변하지 않으므로, 기온에 따라 포화 수증기량이 달라져 상대 습도가 변한다. 기온이 높은 낮에는 포화 수증기량이 증가하여 상대 습도가 낮아지고, 기온이 낮은 밤에는 포화 수증기량이 감소하여 상대 습도가 높아진다. 따라서 A는 이슬점이며, 그림은 날씨가 맑은 날 측정한 자료이다.

오답 피하기 | ② 새벽에 가장 높게 나타나는 B는 상대 습도이고, 오후 2~3시경에 가장 높게 나타나는 C는 기온이다.

④ 기온이 높을 때 상대 습도가 낮게 나타난다.

⑤ 맑은 날 하루 동안 공기 중에 포함된 수증기량은 거의 일정하므로, 이슬점이 거의 일정하게 나타난다.

14 공기 덩어리가 상승하면 주위 공기의 압력이 낮아지므로 단열 팽창이 일어나 기온이 하강하며, 이슬점에 도달하여 응결이 일어나 구름이 생성된다.

15 ①, ② (가)와 같이 간이 가압 장치를 여러 번 누르면 단열 압

축이 일어나므로 기온이 상승하고 증발이 일어난다. (나)와 같이 플라스틱 병에 공기를 채운 후 뚜껑을 열어 공기를 단열 팽창시키면 기온이 하강하고, 수증기가 물방울로 응결한다.

④ (가)에서는 증발이 일어나므로 플라스틱 병 내부의 변화가 없고, (나)에서는 응결이 일어나므로 플라스틱 병 내부가 뿌옇게 흐려진다.

오답 피하기 | ③ (가)에서는 간이 가압 장치를 여러 번 누르므로 단열 압축이 일어나고, 플라스틱 병에 공기를 채운 후 (나)에서는 뚜껑을 열었으므로 단열 팽창이 일어난다.

⑤ (나)에서는 공기를 단열 팽창시켜 응결이 일어났으므로, 구름이 생성되는 원리를 알 수 있다.

16 위로 솟는 모양의 적운형 구름은 공기의 상승이 강할 때 생성되며 주로 소나기가 내린다.

17 ㄷ. 공기의 상승이 약할 때는 옆으로 퍼지는 모양의 층운형 구름이 생성되고, 공기의 상승이 강할 때는 위로 솟는 모양의 적운형 구름이 생성된다.

ㄹ. 구름은 수증기가 응결하여 생긴 물방울이나 얼음 알갱이가 하늘에 떠 있는 것이다.

오답 피하기 | ㄱ. 구름은 공기가 상승하면서 단열 팽창하여 생성된다.

ㄴ. 구름은 모양에 따라 적운형 구름과 층운형 구름으로 분류한다.

18 구름은 공기 덩어리가 상승하면서 단열 팽창하여 생성된다. 공기가 저기압 중심으로 모여들거나 산의 경사면을 타고 올라갈 때, 찬 공기가 따뜻한 공기 아래로 파고들거나 따뜻한 공기가 찬 공기를 타고 올라갈 때는 공기의 상승이 일어나므로 구름이 생성된다.

오답 피하기 | ②, ④ 공기가 하강할 때는 구름이 생성되지 않는다.

19 중위도나 고위도 지방의 구름 속에서는 물방울에서 증발한 수증기가 얼음 알갱이에 달라붙어 얼음 알갱이가 커지고 무거워져 떨어지면 눈이 되고, 떨어지다가 녹으면 비(차가운 비)가 된다. 이와 같은 과정으로 강수를 설명하는 이론을 빙정설이라고 한다.

20 자료 분석

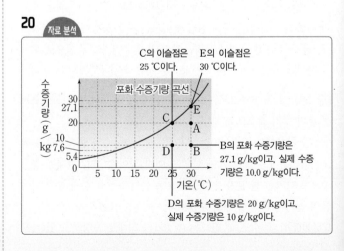

② 공기 B의 기온이 30 ℃이므로 포화 수증기량은 27.1 g/kg이고, 실제 수증기량은 10.0 g/kg이다. 따라서

상대 습도(%)=$\dfrac{\text{현재 공기 중에 포함된 수증기량(g/kg)}}{\text{현재 기온에서 포화 수증기량(g/kg)}}×100$

$=\dfrac{10.0\,\text{g/kg}}{27.1\,\text{g/kg}}×100≒36.9\,\%$이다.

④ 공기 D의 기온은 25 ℃이므로 포화 수증기량은 20 g/kg이고, 실제 수증기량은 10 g/kg이다. 따라서 10 kg의 공기 D에 (20 g/kg −10 g/kg)×10 kg=100 g의 수증기를 공급하면 포화 상태가 된다.

오답 피하기| ① 5 kg의 공기 A를 5 ℃로 냉각시켰을 때 응결량은 (공기 A의 실제 수증기량−5 ℃일 때 포화 수증기량)×5 kg= (20.0 g/kg−5.4 g/kg)×5 kg=73 g이다.

③ 공기 C의 이슬점은 25 ℃이고, 공기 E의 이슬점은 30 ℃이다.

⑤ 기온이 30 ℃이므로 포화 수증기량은 27.1 g/kg이다.

상대 습도(%)=$\dfrac{\text{현재 공기 중에 포함된 수증기량(g/kg)}}{\text{현재 기온에서 포화 수증기량(g/kg)}}×100$

$73.8(\%)=\dfrac{\text{실제 수증기량}}{27.1\,\text{g/kg}}×100$에서 실제 수증기량은

약 20.0 g/kg이다. 따라서 이 공기 3 kg을 10 ℃로 냉각시켰을 때 응결량은 (실제 수증기량−10 ℃일 때 포화 수증기량) ×3 kg=(약 20.0 g/kg−7.6 g/kg)×3 kg≒37.2 g이다.

21 **자료 분석**

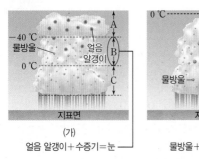 

| (가) | (나) |
| 얼음 알갱이+수증기=눈 | 물방울+물방울=비 |

ㄱ. 중위도나 고위도 지방의 구름 속 온도가 −40~0 ℃인 구간에서는 물방울에서 증발한 수증기가 얼음 알갱이에 달라붙어 얼음 알갱이가 커지고 무거워져 떨어지면 눈이 되고, 떨어지다가 녹으면 비(차가운 비)가 된다. 이와 같은 과정으로 강수를 설명하는 이론을 빙정설이라고 한다. 따라서 우리나라의 겨울철에 비가 내리는 과정은 (가)의 구름으로 설명할 수 있다.

ㄷ. (가)의 빙정설에서 B 구간의 온도는 −40~0 ℃이고, (나)의 병합설에서 구름 속의 온도는 0 ℃ 이상이다.

ㄹ. (나)의 구름 속에는 크고 작은 물방울들이 있으며 물방울들이 합쳐져 점점 커지고, 무거워지면 떨어져 비가 된다.

오답 피하기| ㄴ. (가)의 B 구간에는 물방울과 얼음 알갱이가 존재하며, 물방울에서 증발한 수증기가 얼음 알갱이에 달라붙어 얼음 알갱이가 점차 커진다.

22 불포화 공기의 기온을 낮추거나 수증기를 공급하면 포화 상태로 만들 수 있다. 공기 A의 기온을 이슬점인 10 ℃로 낮추면 포화 상태가 된다. 또는 공기 A의 포화 수증기량은 27.1 g/kg

이고 실제 수증기량은 7.6 g/kg이므로, 27.1 g/kg−7.6 g/kg =19.5 g/kg의 수증기를 공급하면 포화 상태가 된다.

모범 답안 기온을 10 ℃로 낮춘다. 19.5 g/kg의 수증기를 공급한다.

채점 기준	배점
공기 A를 포화 상태로 만드는 방법 2가지를 모두 옳게 서술한 경우	100 %
공기 A를 포화 상태로 만드는 방법 2가지 중 1가지만 옳게 서술한 경우	50 %

23 **모범 답안** 기온이 25 ℃이므로 포화 수증기량은 20 g/kg이다. 이 공기의 상대 습도가 50 %이므로,

$50(\%)=\dfrac{\text{실제 수증기량}}{20\,\text{g/kg}}×100$에서 실제 수증기량은 10 g/kg이다.

따라서 이 공기 3 kg에 포함되어 있는 수증기량은 10 g/kg× 3 kg=30 g이다.

채점 기준	배점
상대 습도를 구하는 식을 이용하여 이 공기 3 kg에 포함되어 있는 수증기량을 구하는 방법을 옳게 서술한 경우	100 %
그 외의 경우	0 %

24 **모범 답안** A(지표)에서 공기 덩어리가 상승하면 주위 공기의 압력이 낮아지므로 B와 같이 단열 팽창이 일어나 기온이 하강하며, C에서 이슬점에 도달하여 응결이 일어나 구름이 생성된다.

채점 기준	배점
A~C를 모두 포함하여 구름이 생성되는 과정을 옳게 서술한 경우	100 %
A~C 중 2가지만 포함하여 구름이 생성되는 과정을 옳게 서술한 경우	50 %

25 **모범 답안** 열대 지방의 구름 속에서는 크고 작은 물방울들이 서로 부딪치면서 합쳐져 점점 커지고, 무거워지면 지표면으로 떨어져 비(따뜻한 비)가 된다.

채점 기준	배점
열대 지방에서 비가 내리는 과정을 2가지 단어를 모두 포함하여 옳게 서술한 경우	100 %
열대 지방에서 비가 내리는 과정을 1가지 단어만 포함하여 옳게 서술한 경우	50 %

03 기압과 바람

01 ㄱ. 공기가 끊임없이 움직이기 때문에 기압은 측정 장소와 시간에 따라 달라진다.
ㄴ. 바람은 두 지점의 기압 차이에 의해 불며, 기압이 높은 곳에서 낮은 곳으로 분다.
ㄷ. 공기는 대부분 대류권에 모여 있으며, 높이 올라갈수록 공기의 양이 줄어든다. 따라서 높이 올라갈수록 기압이 낮아진다.
오답 피하기 ㄹ. 풍선이 하늘로 높이 올라가면 점점 커지는 것은 높이 올라갈수록 기압이 낮아지기 때문이다.

02 **오답 피하기** ④ 해안 지역에서 하루를 주기로 바람의 방향이 바뀌는 것은 지표면의 가열이나 냉각 차이에 의해 기압 차이가 발생하기 때문이다.

03 ㄱ, ㄴ. 뜨거운 물을 넣은 플라스틱 병을 찬물에 담그면 플라스틱 병 내부의 기압이 외부 기압보다 낮아진다. 기압은 모든 방향으로 같은 크기로 작용하므로 플라스틱 병은 모든 방향으로 찌그러지게 된다.
오답 피하기 ㄷ. 기압이 모든 방향으로 같은 크기로 작용하기 때문에 나타나는 현상이다.

04 ① 1기압은 수은 기둥의 높이 76 cm에 해당하는 압력이다.
④, ⑤ 기압이 같을 때 유리관을 기울이거나 굵기가 다른 유리관을 사용해도 수은 기둥의 높이는 같다.
오답 피하기 ② 기압은 측정 장소와 시간에 따라 변한다.
③ 1기압은 약 1013 hPa이므로, 수은 기둥의 높이가 78 cm일 때

기압은 약 1040 hPa이다.
  76 cm : 1013 hPa=78 cm : x, $x≒1040$ hPa

05 유리관 속의 수은 기둥에 의한 압력과 수은 면에 작용하는 기압의 크기가 같기 때문에 유리관 속의 수은 기둥이 내려오다가 멈춘다.

06 높이 올라갈수록 기압이 낮아지므로, 설악산 정상에 올라가서 토리첼리의 실험을 하면 수은 기둥의 높이는 한강 공원보다 낮을 것이다. 또한 달에는 대기가 없으므로 수은 기둥이 수은 면까지 내려올 것이다.

07 1기압=76 cmHg=약 1013 hPa=물기둥 약 10 m의 압력=공기 기둥 약 1000 km의 압력
오답 피하기 ④ 기압의 단위로는 기압, hPa, cmHg 등을 사용한다.

08 공기는 대부분 대류권에 모여 있으며, 높이 올라갈수록 공기의 양이 줄어들므로 공기의 밀도가 급격히 작아진다. 또한 높이 올라갈수록 기압이 낮아지므로 수은 기둥의 높이가 낮아진다.

09 ②, ⑤ 바람은 두 지점의 기온 차이 때문에 기압 차이가 발생하여 기압이 높은 곳에서 낮은 곳으로 분다.
오답 피하기 ① 풍향은 바람이 불어오는 방향으로 나타낸다.
③ 기압 차이가 클수록 바람이 강하므로, 바람의 세기는 두 지점의 기압 차이에 비례한다.
④ 지표면이 가열되는 곳은 기압이 낮고 냉각되는 곳은 기압이 높으므로, 바람은 지표면이 냉각되는 곳에서 가열되는 곳으로 분다.

10 ⑤ B 지역은 지표면이 냉각되는 곳으로, 지표면이 냉각되면 공기가 수축하면서 밀도가 커져 하강하고 상공에서 주변의 공기가 모여든다.
오답 피하기 ① 지표면이 가열되면 공기가 팽창하면서 상승하여 주변으로 퍼져 나간다. 따라서 A 지역은 지표면이 가열된 곳이다.
② 지표면이 가열되면 공기가 팽창하면서 상승하고, 지표면이 냉각되면 공기가 수축하면서 하강한다. 따라서 기온은 A 지역이 B 지역보다 높고, 기압은 B 지역이 A 지역보다 높다.
③ 바람은 기압이 높은 B 지역에서 기압이 낮은 A 지역으로 분다.
④ 지표면의 기온 차이 때문에 기압 차이가 발생하며, 두 지역의 기온 차이가 커지면 기압 차이가 커진다.

11 이 실험은 모래와 물의 가열 또는 냉각 차이에 의한 공기의 흐름을 통해 바람(해륙풍, 계절풍)이 부는 원리를 알아보기 위한 것이다.

12 모래는 물보다 비열이 작아서 모래와 물을 가열하면 모래가 빨리 가열되므로, 모래 쪽의 공기가 팽창하여 밀도가 작아져 상승한다. 따라서 물 쪽의 기압이 모래 쪽의 기압보다 높아지므로, 향 연기는 공기의 흐름을 따라 물에서 모래 쪽으로 이동한다.

13 ㄷ. 따뜻한 물이 있는 쪽은 공기가 가열되어 밀도가 작아지므

로 상승하고, 얼음물이 있는 쪽은 공기가 냉각되어 밀도가 커지므로 하강한다. 따라서 얼음물 쪽의 기압이 따뜻한 물 쪽의 기압보다 높아진다.

ㄹ. 이 실험과 같은 원리로 해안 지역에서 부는 해륙풍의 원리를 알 수 있다.

오답 피하기| ㄱ. B는 A보다 기압이 높다.

ㄴ. 향 연기는 공기의 흐름을 따라 B에서 A로 이동한다.

14 해안 지역에서 낮에는 육지가 바다보다 빨리 가열되므로, 육지 쪽의 공기가 상승한다. 따라서 기온은 육지가 바다보다 높고 기압은 바다가 육지보다 높아서 바다에서 육지 쪽으로 해풍이 분다.

구분	해풍	육풍
부는 때	낮	밤
기온	육지>바다	육지<바다
기압	육지<바다	육지>바다
바람이 부는 방향	바다 → 육지	육지 → 바다

15 ⑤ 해륙풍과 계절풍은 지표면의 가열이나 냉각 차이에 의한 기압 차이로 부는 바람이다.

오답 피하기| ① 해륙풍은 하루를 주기로 풍향이 바뀌고, 계절풍은 1년을 주기로 풍향이 바뀐다.

② 바람의 세기는 기압 차이가 클수록 강하다.

③, ④ 해풍은 해안 지역에서 낮에 불고, 육풍은 해안 지역에서 밤에 분다. 한편 남동 계절풍은 대륙과 해양 사이에서 우리나라의 여름철에 불고, 북서 계절풍은 대륙과 해양 사이에서 우리나라의 겨울철에 분다.

16 해안 지역에서 밤에는 육지가 바다보다 빨리 냉각되므로 육지 쪽의 공기가 하강한다. 따라서 기온은 바다가 육지보다 높고 기압은 육지가 바다보다 높아서 육지에서 바다 쪽으로 육풍이 분다.

17 우리나라의 겨울철에는 대륙이 해양보다 빨리 냉각되므로 대륙 쪽의 공기가 하강하여 기압이 높아진다. 따라서 대륙에서 해양 쪽으로 바람이 분다. 한편 우리나라의 여름철에는 대륙이 해양보다 빨리 가열되므로 대륙 쪽의 공기가 상승하여 기압이 낮아진다. 따라서 해양에서 대륙 쪽으로 바람이 분다.

18 우리나라의 겨울철에는 대륙이 해양보다 빨리 냉각되므로 대륙 쪽의 공기가 하강한다. 따라서 대륙에 고기압, 해양에 저기압이 형성된다.

19 ㄴ. 해풍과 남동 계절풍은 육지 또는 대륙이 바다 또는 해양보다 빨리 가열되어 발생한 기압 차이로 부는 바람이다.

ㄹ. 해안 지역에서 낮에는 육지가 바다보다 빨리 가열되므로, 육지 쪽의 공기가 상승하고, 바다에서 육지 쪽으로 바람이 분다.

오답 피하기| ㄱ. 해륙풍은 하루를 주기로 풍향이 바뀌고, 계절풍은 1년을 주기로 풍향이 바뀐다.

ㄷ. 우리나라의 여름철에는 대륙이 해양보다 빨리 가열되므로 대륙 쪽의 공기가 상승한다. 따라서 대륙이 해양보다 기압이 낮다.

20 자료 분석

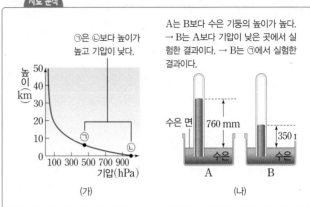

③은 ⓒ보다 높이가 높고 기압이 낮다.

A는 B보다 수은 기둥의 높이가 높다. → B는 A보다 기압이 낮은 곳에서 실험한 결과이다. → B는 ③에서 실험한 결과이다.

(가)　　　(나)

① 1기압은 약 1013 hPa이므로, ③에서 수은 기둥의 높이가 35 cm일 때 기압은 약 466.5 hPa이다.

76 cm : 1013 hPa＝35 cm : x, x≒466.5 hPa

③ (가)에서 높이 올라갈수록 기압이 급격히 낮아지는 것은 높이 올라갈수록 공기의 양이 급격히 적어지기 때문이다.

⑤ 1기압은 물기둥 약 10 m의 압력과 같으므로, 기압이 1기압보다 낮은 ③에서 물기둥을 이용하여 실험하면 물기둥의 높이는 10 m보다 낮을 것이다.

오답 피하기| ② (나)의 B는 A보다 수은 기둥의 높이가 낮다. 따라서 B는 A보다 기압이 낮은 곳에서 실험한 결과이므로, (가)의 ③에서 실험한 결과이다.

④ 기압이 같을 때는 유리관의 굵기에 관계없이 수은 기둥의 높이는 같다.

21 ㄴ. 우리나라의 여름철에는 대륙이 해양보다 빨리 가열되므로 대륙 쪽의 공기가 상승하여 기압이 낮아진다. 따라서 해양에서 대륙 쪽으로 남동 계절풍이 분다. (가)의 여름철에 우리나라는 무덥고 습한 날씨가 나타난다.

ㄹ. (가)에서는 대륙이 해양보다 빨리 가열되어 해양에서 대륙 쪽으로 남동 계절풍이 불고, (나)에서는 육지가 바다보다 빨리 냉각되어 육지에서 바다 쪽으로 육풍이 분다.

오답 피하기| ㄱ. (가)에서는 해양에서 대륙으로 바람이 분다. 따라서 해양에는 고기압, 대륙(A 지역)에는 저기압이 발달한다.

ㄷ. (나)는 우리나라의 동해안 지역이므로 동쪽에 바다, 서쪽에 육지가 위치한다. 따라서 낮에는 바다에서 육지 쪽으로 동풍이 불고 밤에는 육지에서 바다 쪽으로 서풍이 분다.

22 **모범 답안** 76 cm, 1기압은 수은 기둥 76 cm 높이가 누르는 압력과 같기 때문이다.

채점 기준	배점
수은 기둥의 높이와 까닭을 모두 옳게 서술한 경우	100 %
수은 기둥의 높이만 옳게 쓴 경우	30 %

23 **모범 답안** 향 연기는 모래에서 물 쪽으로 이동한다. 물과 모래를 냉각시키면 모래가 빨리 냉각되어 모래 쪽의 기압이 물 쪽의 기압보다 높아지기 때문이다.

채점 기준	배점
향 연기의 이동 방향과 까닭을 모두 옳게 서술한 경우	100 %
향 연기의 이동 방향만 옳게 쓴 경우	30 %

24 (모범 답안) 우리나라의 겨울철에는 대륙이 해양보다 빨리 냉각되므로 대륙 쪽의 공기가 하강하여 기압이 높아진다. 따라서 대륙에서 해양 쪽으로 북서 계절풍이 분다.

채점 기준	배점
북서 계절풍이 부는 까닭을 4가지 단어를 모두 포함하여 옳게 서술한 경우	100 %
북서 계절풍이 부는 까닭을 3가지 단어만 포함하여 옳게 서술한 경우	60 %

25 (모범 답안) 해륙풍은 하루를 주기로 풍향이 바뀌고, 계절풍은 1년을 주기로 풍향이 바뀐다.

채점 기준	배점
해륙풍과 계절풍의 차이점을 2가지 단어를 모두 포함하여 옳게 서술한 경우	100 %
그 외의 경우	0 %

04 날씨의 변화

시험 대비 교재 44쪽

중 단 원 핵심 정리

❶ 시베리아 ❷ 북태평양 ❸ 정체 ❹ 한랭 ❺ 온난 ❻ 높은
❼ 낮은 ❽ 남동 ❾ 북서 ❿ 봄 ⓫ 가을 ⓬ 장마 ⓭ 북서

중단원 퀴즈

시험 대비 교재 45쪽

❶ 기온, 변한다 ❷ ㄴ, ㄷ, ㅁ ❸ 전선면 ❹ 한랭, 온난 ❺ 초여름, 장마 ❻ ㄷ, ㄹ, ㅁ ❼ C ❽ 남서풍, 북서풍 ❾ 봄철, 건조
❿ 서고동저, 폭설

중단원 기출 문제

시험 대비 교재 46~49쪽

01 ④, ⑤ **02** C, 오호츠크해 기단 **03** ⑤ **04** ⑤ **05** ⑤ **06** 전선의 형성 원리 **07** ③ **08** ③, ④ **09** ⑤ **10** A: 저기압, B: 고기압 **11** ④, ⑤ **12** A: 한랭 전선, B: 온난 전선 **13** ③ **14** ⑤ **15** ④ **16** ④ **17** ③ **18** ①, ⑤ **19** ② **20** ①, ④ **21** ③ **22** 해설 참조 **23** 해설 참조 **24** 해설 참조 **25** 해설 참조

01 ①, ③ 고위도에서 발생한 기단은 기온이 낮고, 저위도에서 발생한 기단은 기온이 높다. 또한 해양에서 발생한 기단은 다습하고, 육지에서 발생한 기단은 건조하다.
② 기단의 기온, 습도 등의 성질은 발생지의 성질에 따라 달라진다.
오답 피하기 ④ 우리나라의 봄철에는 저위도의 대륙에서 발생한 양쯔강 기단의 영향을 받는다.
⑤ 차고 건조한 기단이 따뜻한 바다 위를 이동하면 열과 수증기를 공급받으므로, 기온이 높아지고 수증기량이 증가한다.

02 오호츠크해 기단은 고위도의 해양에서 발생하여 한랭 다습하며, 우리나라의 초여름에 동해안 지역에 저온 현상을 가져오기도 한다.

03 A는 시베리아 기단, B는 양쯔강 기단, C는 오호츠크해 기단, D는 북태평양 기단이다.

04 ⑤ D는 북태평양 기단으로, 북쪽의 찬 기단과 만나 장마 전선을 형성한다.
오답 피하기 ①, ② A는 시베리아 기단으로, 겨울철에 영향을 미친다. 겨울철에는 북서 계절풍이 분다.
③ B는 양쯔강 기단으로, 저위도의 대륙에서 발생하여 온난 건조하다.
④ C는 오호츠크해 기단이다. 이동성 고기압과 이동성 저기압이 자주 통과하는 계절은 봄철과 가을철로, 양쯔강 기단(B)의 영향을 받는다.

05 ⑤ 우리나라의 초여름에는 북태평양 기단과 북쪽의 찬 기단이 만나 장마 전선이 형성된다. 따라서 B(고온 다습한 북태평양 기단)와 D(한랭 다습한 오호츠크해 기단)가 만나 장마 전선이 형성될 수 있다.
오답 피하기 ① A는 기온이 높고 습도가 낮으므로, 우리나라의 봄철이나 가을철에 영향을 미치는 온난 건조한 양쯔강 기단이다.
② B는 기온이 높고 습도가 높으므로, 우리나라의 여름철에 영향을 미치는 고온 다습한 북태평양 기단이다. 한편 날씨 변화가 심한 계절은 이동성 고기압과 이동성 저기압이 자주 지나가는 봄철이나 가을철이다.
③ C는 기온이 낮고 습도가 낮으므로, 고위도의 대륙에서 형성된 시베리아 기단이다. 시베리아 기단은 우리나라의 겨울철에 영향을 미친다.
④ D는 기온이 낮고 습도가 높으므로 고위도의 해양에서 발생하였다.

06 칸막이를 서서히 들어 올리면 따뜻한 물과 찬물은 쉽게 섞이지 않고 경계면을 형성한다. 따라서 이 실험은 성질이 다른 두 기

단이 만나 전선이 형성되는 원리를 알아보기 위한 것이다.

07 한랭 전선은 찬 공기가 따뜻한 공기 아래로 파고들 때 형성되고, 폐색 전선은 속도가 빠른 한랭 전선이 온난 전선을 따라잡아 겹쳐질 때 형성되며, 정체 전선은 세력이 비슷한 두 기단이 만나 한곳에 오랫동안 머무를 때 형성된다.

08 ③ 따뜻한 공기가 찬 공기 위로 타고 오르면서 형성되는 온난 전선이다. 온난 전선이 통과한 후에는 따뜻한 공기의 영향을 받으므로 기온이 높아진다.
④ 온난 전선의 앞쪽에는 층운형 구름이 생성된다.
오답 피하기| ① 온난 전선은 이동 속도가 느리고, 한랭 전선은 이동 속도가 빠르다.
② 온난 전선의 앞쪽에는 층운형 구름이 생성되어 넓은 지역에 지속적인 비가 내린다.
⑤ 온난 전선이 통과하기 전에는 남동풍이 불고, 통과한 후에는 남서풍이 분다.

09 ①, ④ 북반구 고기압에서는 바람이 시계 방향으로 불어 나가고, 북반구 저기압에서는 바람이 시계 반대 방향으로 불어 들어온다. 따라서 A는 고기압으로 주위보다 기압이 높은 곳이고, B는 저기압으로 주위보다 기압이 낮은 곳이다.
②, ③ 고기압(A)에서는 하강 기류가 나타나므로 구름이 소멸되어 맑은 날씨가 나타나고, 저기압(B)에서는 상승 기류가 나타나므로 구름이 생성되어 흐리고 비나 눈이 내리는 날씨가 나타난다.
오답 피하기| ⑤ 바람은 고기압(A)에서 저기압(B)으로 분다.

10 A에는 구름이 많으므로 저기압이, B에는 구름이 없으므로 고기압이 형성되어 있다.

11 ① A와 C는 주위보다 기압이 낮으므로 저기압이고, B는 주위보다 기압이 높으므로 고기압이다.
② A는 저기압으로, 상승 기류가 발달한다.
③ B는 고기압으로, 하강 기류가 나타나 구름이 소멸되므로 맑은 날씨가 나타난다.
오답 피하기| ④, ⑤ 북반구 고기압(B)에서는 바람이 시계 방향으로 불어 나가고, 북반구 저기압(C)에서는 바람이 시계 반대 방향으로 불어 들어온다.

12 온대 저기압의 중심에서 남서쪽으로 한랭 전선, 남동쪽으로 온난 전선이 형성된다. 따라서 A는 한랭 전선, B는 온난 전선이다.

13 ㄴ. A(한랭 전선)는 전선면의 기울기가 급하고, B(온난 전선)는 전선면의 기울기가 완만하다.
ㄷ. 한랭 전선의 뒤쪽과 온난 전선의 앞쪽에는 찬 공기가 분포하고, 한랭 전선과 온난 전선 사이에는 따뜻한 공기가 분포한다. 따라서 ㉠~㉢ 지역 중 기온은 ㉡ 지역이 가장 높다.
오답 피하기| ㄱ. A(한랭 전선)는 이동 속도가 빠르고, B(온난 전선)는 이동 속도가 느리다. 따라서 한랭 전선이 온난 전선을 따라잡아

겹쳐져 폐색 전선이 형성된다.
ㄹ. ㉠ 지역은 한랭 전선의 뒤쪽에 위치하므로 적운형 구름이 생성되어 짧은 시간 동안 소나기가 내리고, ㉢ 지역은 온난 전선의 앞쪽에 위치하므로 층운형 구름이 생성되어 지속적인 비가 내린다.

14 ⑤ A 지역은 한랭 전선의 뒤쪽에 위치하므로, 적운형 구름이 생성되어 짧은 시간 동안 소나기가 내린다. B 지역은 온난 전선과 한랭 전선 사이에 위치하므로 따뜻한 공기의 영향을 받아 기온이 높고, 맑은 날씨가 나타난다. C 지역은 온난 전선의 앞쪽에 위치하므로, 층운형 구름이 생성되어 지속적인 비가 내린다.
오답 피하기| ②, ③ A 지역은 한랭 전선의 뒤쪽에 위치하므로 북서풍이 불고, B 지역은 온난 전선과 한랭 전선 사이에 위치하므로 남서풍이 불며, C 지역은 온난 전선의 앞쪽에 위치하므로 남동풍이 분다.

15 ①, ③ 우리나라에 정체 전선의 일종인 장마 전선이 형성되어 있으므로, 여름철(초여름)의 일기도이다.
②, ⑤ 우리나라의 초여름에는 북태평양 기단과 북쪽의 찬 기단이 만나 장마 전선이 형성된다. 따라서 전선의 남쪽은 북태평양 기단의 영향을 받으며, 전선 부근에서는 많은 비가 내린다.
오답 피하기| ④ 우리나라에 춥고 건조한 날씨가 나타나는 계절은 겨울이다.

16 ④ (나)는 서고동저형의 기압 배치가 나타나므로 겨울철의 일기도이다. 한랭 건조한 시베리아 기단의 영향을 받는 겨울철에는 한파가 나타난다.
오답 피하기| ①, ② (가)는 이동성 고기압과 이동성 저기압(온대 저기압)이 자주 지나가는 봄철이나 가을철의 일기도이다. 폭염과 열대야는 고온 다습한 북태평양 기단의 영향을 받는 여름철에 나타난다.
③ 황사는 주로 봄철에 나타난다.
⑤ 잦은 날씨 변화는 이동성 고기압과 이동성 저기압이 자주 지나가는 봄철이나 가을철에 나타난다.

17 ㄱ. (나)의 A는 주위보다 기압이 높으므로 고기압이다.
ㄴ. 기상 위성 영상에서 구름이 있는 부분은 하얗게 나타난다. 따라서 (가)에서 ㉠ 지역에는 구름이 발달한다.
오답 피하기| ㄷ. 우리나라의 겨울철에는 춥고 건조한 날씨가 나타난다.

18 ② 남고북저형의 기압 배치가 나타나므로 여름철 일기도이다. 우리나라의 남동쪽에 고기압이 발달하므로, 우리나라에는 남동 계절풍이 분다.
③, ④ 여름철에는 고온 다습한 북태평양 기단의 영향을 받아 덥고 습한 날씨가 나타난다.
오답 피하기| ① 봄철에는 이동성 고기압과 이동성 저기압이 자주 지나간다.

⑤ 가을철에는 낮과 밤의 기온 차이가 커지면서 첫서리가 내린다.

19 ② 여름철에는 장마 전선이 형성되고, 고온 다습한 북태평양 기단의 영향을 받으므로 강수량이 가장 많다.
오답 피하기| ① 봄철에는 온난 건조한 양쯔강 기단의 영향을 받는다.
③ 꽃샘추위는 봄철에 일시적으로 시베리아 기단의 세력이 강해질 때 나타난다.
④, ⑤ 가을철에는 북태평양 기단의 세력이 약해지고, 낮과 밤의 기온 차이가 커지면서 첫서리가 내린다.

20 ① A 지역은 온난 전선의 앞쪽에 위치하므로, 층운형 구름이 발달하여 넓은 지역에 지속적인 비가 내린다.
④ 온대 저기압은 서쪽에서 동쪽으로 이동하므로, 우리나라를 지나간 온대 저기압은 일본 쪽으로 이동한다.
오답 피하기| ② B 지역은 현재 온난 전선과 한랭 전선 사이에 위치하므로 남서풍이 불고, 앞으로 한랭 전선이 통과하면 북서풍이 분다.
③ C 지역은 한랭 전선의 뒤쪽에 위치하므로, 온난 전선과 한랭 전선이 이미 지나갔다.
⑤ 온대 저기압은 중위도 지방에서 북쪽의 찬 기단과 남쪽의 따뜻한 기단이 만나 발생한다.

21

자료 분석

ㄴ. (가)의 B는 주위보다 기압이 낮으므로 저기압이고, C는 주위보다 기압이 높으므로 고기압이다. 따라서 B에서는 상승 기류가, C에서는 하강 기류가 나타난다.
ㄷ. (가)는 남고북저형의 기압 배치가 나타나므로 여름철 일기도이다. 여름철에 영향을 미치는 기단은 고온 다습한 북태평양 기단이므로, (나)의 ㉡이다.
오답 피하기| ㄱ. (가)의 A는 주위보다 기압이 낮으므로 저기압이다.
ㄹ. (나)의 ㉠은 습도가 높으므로 해양에서 형성된 기단이고, ㉢은 습도가 낮으므로 대륙에서 형성된 기단이다.

22 차가운 육지에서 발생하여 한랭 건조한 기단이 따뜻한 바다 위를 지나면 열과 수증기를 공급받으므로, 기온이 상승하고 수증

기량이 증가한다. 또한 구름이 생성되어 비나 눈이 내린다.
모범 답안 기온이 상승하고, 수증기량이 증가하며, 구름이 생성되어 비나 눈이 내린다.

채점 기준	배점
기단의 성질 변화를 3가지 단어를 모두 포함하여 옳게 서술한 경우	100 %
기단의 성질 변화를 2가지 단어만 포함하여 옳게 서술한 경우	50 %

23 **모범 답안** 온대 저기압 중심에서 남서쪽으로 한랭 전선이 형성되고 남동쪽으로 온난 전선이 형성되며, 온대 저기압은 서쪽에서 동쪽으로 이동하기 때문이다.

채점 기준	배점
온난 전선이 먼저 지나간 후 한랭 전선이 지나가는 까닭 2가지를 모두 옳게 서술한 경우	100 %
온대 저기압이 서쪽에서 동쪽으로 이동하기 때문이라고 서술한 경우	40 %

24 북반구 저기압에서는 바람이 시계 반대 방향으로 불어 들어오고, 북반구 고기압에서는 바람이 시계 방향으로 불어 나간다.
모범 답안 (1) (가) 저기압, (나) 고기압
(2) (가)에서는 상승 기류가 발달하여 구름이 생성되며 흐리고 비나 눈이 내린다. (나)에서는 하강 기류가 발달하여 구름이 소멸되고 맑은 날씨가 나타난다.

	채점 기준	배점
(1)	(가), (나)의 중심 기압을 옳게 쓴 경우	40 %
(2)	(가), (나)의 중심에서 나타나는 기류와 날씨를 모두 옳게 서술한 경우	60 %
	(가), (나)의 중심에서 나타나는 기류와 날씨 중 1가지만 옳게 서술한 경우	30 %

25 **모범 답안** 우리나라의 겨울철에는 서고동저형의 기압 배치가 나타나 북서쪽에 고기압이 위치하고 동쪽에 저기압이 위치하므로 북서 계절풍이 분다.

채점 기준	배점
북서 계절풍이 부는 이유를 3가지 단어를 모두 포함하여 옳게 서술한 경우	100 %
북서 계절풍이 부는 이유를 2가지 단어만 포함하여 옳게 서술한 경우	50 %

Ⅲ 운동과 에너지 　》》》

01 운동

중단원 핵심 정리 　시험 대비 교재 50쪽

❶ 위치 　❷ 일정 　❸ 일정 　❹ 비례 　❺ 크다 　❻ 중력 　❼ 증가
❽ 9.8 　❾ 공기 저항 　❿ 같다

중단원 퀴즈 　시험 대비 교재 51쪽

❶ ㉠ 짧을수록, ㉡ 길수록 　❷ (나) 　❸ 5 m/s 　❹ A 　❺ 자유 낙하
운동 　❻ 44.1 m 　❼ 진공 중 　❽ 19.6 m/s

계산 문제 공략 　시험 대비 교재 52쪽

1 ㉠ 10, ㉡ 100, ㉢ 15, ㉣ 20 　**2** 32 m/s 　**3** 15 m/s 　**4** 450 m
5 1200 km 　**6** 400 m 　**7** 50초 　**8** 21600초

1 (가)는 $\dfrac{100\ \text{m}}{10\ \text{s}}=10\ \text{m/s}$, (나)는 15 m/s, (다)는 $\dfrac{360000\ \text{m}}{3600\ \text{s}}$
$=100\ \text{m/s}$, (라)는 $\dfrac{108000\ \text{m}}{7200\ \text{s}}=15\ \text{m/s}$, (마)는 $\dfrac{1800\ \text{m}}{90\ \text{s}}=20\ \text{m/s}$
이다.

2 평균 속력 $=\dfrac{\text{전체 이동 거리}}{\text{걸린 시간}}=\dfrac{1600\ \text{m}}{50\ \text{s}}=32\ \text{m/s}$

3 평균 속력 $=\dfrac{\text{전체 이동 거리}}{\text{걸린 시간}}=\dfrac{40\ \text{m}+20\ \text{m}}{2\ \text{s}+2\ \text{s}}=\dfrac{60\ \text{m}}{4\ \text{s}}=15\ \text{m/s}$

4 이동 거리 $=$ 속력 $\times$ 걸린 시간 $=15\ \text{m/s}\times30\ \text{s}=450\ \text{m}$

5 시간－이동 거리 그래프의 기울기는 속력을 의미한다. 고속
열차는 300 km/h의 속력으로 운행하므로 4시간 동안 운행했을
때 이동한 거리는 300 km/h $\times$ 4 h $=$ 1200 km이다.

6 물체는 20 m/s의 일정한 속력으로 운동하므로 20초 동안 이
동한 거리는 20 m/s $\times$ 20 s $=$ 400 m이다.

7 걸린 시간 $=\dfrac{\text{이동 거리}}{\text{속력}}=\dfrac{1000\ \text{m}}{20\ \text{m/s}}=50$초

8 자동차는 $\dfrac{100\ \text{km}}{2\ \text{h}}=50\ \text{km/h}$의 속력으로 이동하므로 부산
까지 가는 데 걸린 시간은 $\dfrac{300\ \text{km}}{50\ \text{km/h}}=6\ \text{h}=6\times3600\ \text{s}=21600\ \text{s}$
이다.

중단원 기출 문제 　시험 대비 교재 53~57쪽

01 ③ 　02 ①, ⑤ 　03 ④ 　04 ① 　05 30 m 　06 ② 　07 ④
08 ① 　09 ③ 　10 A>B>C>D 　11 ⑤ 　12 ② 　13 ⑤ 　14 ①
15 ① 　16 ⑤ 　17 ⑤ 　18 ⑤ 　19 29.4 　20 ⑤ 　21 ㄷ, ㄹ 　22 ⑤
23 ④ 　24 ④ 　25 16 m 　26 ③ 　27 해설 참조 　28 해설 참조
29 해설 참조

01 ㄱ. 자전거의 위치를 1초마다 나타낸 연속 사진이므로 A 구
간을 이동하는 데 걸리는 시간은 1초이다.
ㄴ. B 구간에서 이동한 거리가 A 구간에서 이동한 거리보다 길므
로 B 구간을 이동할 때의 속력이 A 구간을 이동할 때의 속력보다
빠르다.
오답 피하기 | ㄷ. A, B 구간을 이동하는 데 걸리는 시간은 모두 1초
이다.

02 ①, ⑤ 물체의 빠르기는 같은 시간 동안 이동한 거리가 길수
록, 같은 거리를 이동하는 데 걸린 시간이 짧을수록 빠르다.

03 **오답 피하기** | ㄷ. 속력은 일정한 시간 동안 물체가 이동한 거리
를 걸린 시간으로 나누어 구한다.

04 ② 같은 시간 동안 타조가 이동한 거리가 더 길므로 타조의 속
력이 말의 속력보다 빠르다.
③ 말은 1분 동안 400 m를 달리므로 같은 속력으로 5분 동안
2000 m를 달린다.
④ 타조는 1분 동안 900 m를 달리므로 같은 속력으로 3분 동안
달렸을 때 이동한 거리는 2700 m이다.
⑤ 타조의 속력이 더 빠르므로 5 km 떨어진 지점까지 달렸을 때
타조가 먼저 도착한다.
오답 피하기 | ① 타조의 속력은 $\dfrac{900\ \text{m}}{60\ \text{s}}=15\ \text{m/s}$이다.

05 36 km/h $=\dfrac{36000\ \text{m}}{3600\ \text{s}}=10\ \text{m/s}$이다. 따라서 3초 동안 이동
한 거리는 10 m/s $\times$ 3 s $=$ 30 m이다.

06 (가)는 속력이 일정한 운동으로 무빙워크, 컨베이어, 스키장의
리프트 등이 속력이 일정한 운동을 한다.
(나)는 속력이 점점 감소하는 운동으로 위로 던진 공이 올라갈 때
속력이 점점 감소한다.

07 ㄴ. 80 km/h $=\dfrac{80000\ \text{m}}{3600\ \text{s}}\approx22.2\ \text{m/s}$이다. 즉, 자동차는
1초에 약 22.2 m를 이동할 수 있는 속력으로 달리고 있다.
ㄷ. 80 km/h는 1시간 동안 80 km를 이동할 수 있는 속력이다.
오답 피하기 | ㄱ. 속력계는 지금 이 순간의 속력이 얼마인지를 나타
내므로 몇 시간 동안 운동했는지는 알 수 없다.

08 시간 - 이동 거리 그래프의 기울기는 속력을 나타낸다. 따라서 A의 속력은 $\dfrac{4\ \text{m}}{2\ \text{s}}=2\ \text{m/s}$이고, B의 속력은 $\dfrac{2\ \text{m}}{2\ \text{s}}=1\ \text{m/s}$이다.

09 등속 운동은 속력이 일정한 운동이므로 1초마다 이동한 거리가 일정하다.

10 시간 - 이동 거리 그래프의 기울기는 속력을 의미한다. 따라서 기울기가 가장 큰 A의 속력이 가장 크고, 기울기가 가장 작은 D의 속력이 가장 작다.

11 ③ B 구간에서 이동한 거리는 12 m/s×2 s=24 m이다.
오답 피하기 ⑤ 시간 - 속력 그래프 아랫부분의 넓이는 이동 거리를 의미한다. 따라서 A 구간에서 이동한 거리는 $\dfrac{1}{2}\times12\ \text{m/s}\times3\ \text{s}$ =18 m이고, C 구간에서 이동한 거리는 $\dfrac{1}{2}\times12\ \text{m/s}\times4\ \text{s}=24\ \text{m}$이다.

12 등속 운동을 하는 구간은 시간에 비례하여 이동 거리가 증가한다. 따라서 그래프가 기울어진 직선 모양인 A 구간과 C 구간에서 물체는 등속 운동을 한다.
오답 피하기 B와 D 구간은 물체가 정지해 있는 구간이다.

13 ① A는 24 cm를 이동하는 데 0.1초×6=0.6초가 걸렸으므로 A의 속력은 $\dfrac{24\ \text{cm}}{0.6\ \text{s}}=40\ \text{cm/s}$이다.
② B는 24 cm를 이동하는 데 0.1초×3=0.3초가 걸렸으므로 B의 속력은 $\dfrac{24\ \text{cm}}{0.3\ \text{s}}=80\ \text{cm/s}$이다.
③ A와 B 모두 물체 사이의 간격이 일정하므로 등속 운동을 한다.
④ B는 등속 운동을 하므로 시간 - 속력 그래프를 그리면 시간축에 나란한 직선 모양이다.
오답 피하기 ⑤ A와 B는 모두 등속 운동을 하므로 시간 - 속력 그래프를 그리면 시간축에 나란한 직선 모양이고, 시간 - 이동 거리 그래프를 그리면 기울어진 직선 모양이다.

14 시간에 비례하여 이동 거리가 일정하게 증가하므로 물체는 속력이 일정한 등속 운동을 한다.

15 **오답 피하기** ① 그네는 속력이 계속 변하는 운동을 한다.

16 ㄱ, ㄷ. (가)에서 원판 사이의 간격이 점점 작아지므로 (가)의 원판은 속력이 점점 느려진다. 이는 원판에 운동 방향과 반대 방향으로 바닥과의 마찰력이 작용하기 때문이다.
ㄴ. (나)에서 원판 사이의 간격이 일정하므로 (나)의 원판은 일정한 속력으로 운동한다. 이는 원판이 살짝 뜬 상태로 운동하여 원판에 마찰력이 작용하지 않기 때문이다.

17 ⑤ 속력이 일정하게 증가하므로 자유 낙하 운동 하는 물체에서 볼 수 있는 속력 변화이다.
오답 피하기 ①, ②, ③, ④는 모두 속력이 일정한 등속 운동에 대한 설명이다.

18 **오답 피하기** ⑤ 공기 저항을 무시하므로 사과는 자유 낙하 운동을 한다. 따라서 사과는 중력만을 받아 매초당 속력이 9.8 m/s씩 증가하는 운동을 한다.

19 자유 낙하 하는 물체의 속력은 1초마다 9.8 m/s씩 증가하므로 3초일 때의 속력은 9.8 m/s×3=29.4 m/s이다.

20 공기 저항을 무시하므로 네 물체는 모두 자유 낙하 운동을 한다. 자유 낙하 운동을 할 경우 물체의 질량에 관계없이 속력 변화가 같아 네 물체는 모두 동시에 지면에 도달한다.

21 ㄷ. 달에서는 공기가 없으므로 같은 실험을 달에서 하면 쇠구슬과 깃털은 자유 낙하 운동을 하여 동시에 바닥에 도달한다.
ㄹ. 물체에 작용하는 중력의 크기는 물체의 질량에 비례한다. 따라서 쇠구슬에 작용하는 중력의 크기가 깃털에 작용하는 중력의 크기보다 크다.
오답 피하기 ㄱ, ㄴ. 표면적이 큰 깃털이 쇠구슬보다 공기 저항을 많이 받는다. 따라서 공기 저항을 적게 받은 쇠구슬이 먼저 바닥에 도달한다.

22 ⑤ (나)는 진공 중에서 쇠구슬과 깃털이 자유 낙하 운동을 하고 있는 모습이다. 따라서 (나)에서 쇠구슬과 깃털은 모두 1초마다 9.8 m/s씩 속력이 증가한다.
오답 피하기 ① (가)는 쇠구슬이 먼저 떨어지므로 공기 중에서의 낙하 모습이다.
② (가)에서 쇠구슬이 깃털보다 먼저 떨어지는 까닭은 쇠구슬이 깃털보다 공기 저항을 적게 받기 때문이다.
③ (나)는 쇠구슬과 깃털이 동시에 떨어지므로 진공 중에서의 낙하 모습이다.
④ 물체에 작용하는 중력의 크기는 물체의 질량에 비례하므로 (나)에서 쇠구슬에 작용하는 중력의 크기가 더 크다.

23 자유 낙하 운동 하는 물체의 속력은 질량에 관계없이 1초당 9.8 m/s씩 증가하므로 2 kg인 물체의 시간 - 속력 그래프는 1 kg인 물체의 시간 - 속력 그래프와 같다.

24
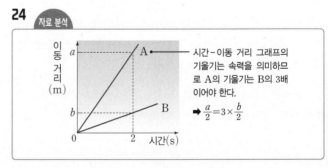

2초일 때 A가 B보다 8 m 앞서 있으므로 $a-b=8$이고, A의 속력이 B의 3배이므로 $a=3b$이다. 따라서 $3b-b=8$에서 $b=4$, $a=12$이다.

25 A는 $\dfrac{12\ \text{m}}{2\ \text{s}}=6\ \text{m/s}$의 속력으로 등속 운동을 하고, B는 $\dfrac{4\ \text{m}}{2\ \text{s}}$

$=2\ \mathrm{m/s}$의 속력으로 등속 운동을 한다. 따라서 4초 후 A는 24 m를 이동하고 B는 8 m를 이동하므로 A와 B 사이의 거리는 16 m이다.

26 자료 분석

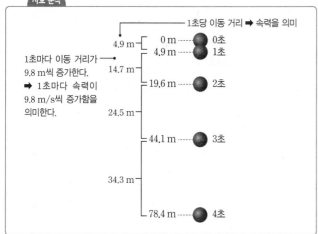

1초당 이동 거리 ➡ 속력을 의미

4.9 m
0 m ───── 0초
4.9 m ───── 1초
14.7 m
1초마다 이동 거리가 9.8 m씩 증가한다.
➡ 1초마다 속력이 9.8 m/s씩 증가함을 의미한다.
19.6 m ───── 2초
24.5 m
44.1 m ───── 3초
34.3 m
78.4 m ───── 4초

① 1~2초 동안 19.6 m-4.9 m=14.7 m를 이동하였으므로 평균 속력은 $\dfrac{14.7\ \mathrm{m}}{1\ \mathrm{s}}=14.7\ \mathrm{m/s}$이다.

② 물체의 속력이 1초마다 9.8 m/s씩 빨라진다. 이는 운동 방향과 같은 방향으로 일정한 크기의 중력이 작용하기 때문이다.

④ 4~5초 동안 34.3 m+9.8 m=44.1 m를 이동하므로 5초일 때 물체는 낙하 지점으로부터 78.4 m+44.1 m=122.5 m 떨어진 곳에 위치한다.

⑤ 3~4초 동안은 34.3 m를 이동하므로 평균 속력은 $\dfrac{34.3\ \mathrm{m}}{1\ \mathrm{s}}=$ 34.3 m/s이고, 2~3초 동안은 24.5 m를 이동하므로 평균 속력은 $\dfrac{24.5\ \mathrm{m}}{1\ \mathrm{s}}=24.5\ \mathrm{m/s}$이다. 따라서 3~4초 동안의 평균 속력은 2~3초 동안의 평균 속력보다 34.3 m/s-24.5 m/s=9.8 m/s 만큼 빠르다.

오답 피하기| ③ 물체에는 중력만이 작용하며, 중력의 크기는 항상 일정하다.

27 모범 답안 A는 속력이 일정하므로 ⓛ에 해당하고, B는 속력이 점점 감소하므로 ⓒ에 해당하며, C는 속력이 점점 증가하므로 ⓐ에 해당한다.

채점 기준	배점
A~C의 속력에 대해 모두 옳게 서술하고, 그래프도 모두 옳게 고른 경우	100 %
A~C의 속력에 대해서만 옳게 서술한 경우	50 %

28 등속 운동 하는 물체의 시간-이동 거리 그래프는 원점을 지나는 기울어진 직선 모양이고, 시간-속력 그래프는 시간축에 나란한 직선 모양이다. 따라서 A~D는 모두 등속 운동 하는 물체이다.

모범 답안 (1) A, B, C, D

(2) 시간-이동 거리 그래프의 기울기는 속력을 의미하므로 A의 속력은 $\dfrac{60\ \mathrm{m}}{2\ \mathrm{s}}=30\ \mathrm{m/s}$이고, B의 속력은 $\dfrac{60\ \mathrm{m}}{4\ \mathrm{s}}=15\ \mathrm{m/s}$이다. 따라서 속력의 비는 A:B:C:D=30 m/s:15 m/s:30 m/s :15 m/s=2:1:2:1이다.

	채점 기준	배점
(1)	A, B, C, D를 모두 고른 경우	40 %
(2)	속력의 비를 풀이 과정과 함께 옳게 구한 경우	60 %
	속력의 비만 옳게 쓴 경우	30 %

29 모범 답안 물체가 낙하하는 동안 운동 방향과 같은 방향으로 일정한 크기의 힘(중력)을 계속 받기 때문이다.

채점 기준	배점
제시된 단어를 모두 포함하여 옳게 서술한 경우	100 %
그 외의 경우	0 %

02 일과 에너지

③ 수레의 질량이 2배가 되므로 나무 도막과 충돌하기 직전 수레의 운동 에너지도 2배가 된다. 따라서 나무 도막에 한 일이 2배가 되므로 나무 도막의 이동 거리는 2배가 된다.

중 · 단 · 원 핵심 정리
시험 대비 교재 58쪽

❶ 힘 ❷ 1 m ❸ 수직 ❹ 증가 ❺ 감소 ❻ J(줄) ❼ 비례
❽ 비례 ❾ 높이 ❿ 중력

중단원 퀴즈
시험 대비 교재 59쪽

❶ 힘의 방향 ❷ 50 J ❸ 490 J ❹ 490 J ❺ ㉠ 증가, ㉡ 감소
❻ 294 J ❼ 2배 ❽ 50 J ❾ 9배 ❿ 196 J

계산 문제 공략
시험 대비 교재 60쪽

1 (1) 0 (2) 29.4 J (3) 78.4 J (4) 29.4 J 2 600 J 3 16배 4 1 : 18
5 (1) 490 J (2) 490 J 6 (1) 4 J (2) 4 J (3) 1 m

1 (1) 물체의 높이가 0이므로 중력에 의한 위치 에너지는 0이다.
(2) 물체의 높이가 3 m이므로 중력에 의한 위치 에너지는 (9.8×1) N$\times 3$ m$=29.4$ J이다.
(3) 물체의 높이가 8 m이므로 중력에 의한 위치 에너지는 (9.8×1) N$\times 8$ m$=78.4$ J이다.
(4) 물체의 높이가 3 m만큼 감소했으므로 중력에 의한 위치 에너지는 (9.8×1) N$\times 3$ m$=29.4$ J만큼 감소한다.

2 중력에 의한 위치 에너지는 높이에 비례하므로 높이가 3배가 되면 위치 에너지도 3배가 된다.

3 운동 에너지는 질량과 속력의 제곱에 각각 비례한다. 따라서 $4 \times 2^2 = 16$(배)가 된다.

4 운동 에너지는 질량과 속력의 제곱에 각각 비례한다. B가 A에 비해 질량이 2배, 속력이 3배이므로 운동 에너지는 $2 \times 3^2 = 18$(배)가 된다.

5 (1) 추를 들어 올린 일만큼 추의 중력에 의한 위치 에너지가 증가한다. 추를 들어 올린 일$=(9.8 \times 10)$ N$\times 5$ m$=490$ J이므로 중력에 의한 위치 에너지도 490 J이다.
(2) 낙하하는 추에는 중력이 일을 하며, 중력이 한 일만큼 추의 운동 에너지가 증가한다. 말뚝과 충돌하기 직전까지 5 m 낙하하는 동안 중력이 한 일$=(9.8 \times 10)$ N$\times 5$ m$=490$ J이므로 운동 에너지도 490 J이다.

6 (1) 운동 에너지$=\dfrac{1}{2} \times$ 질량$\times$(속력)$^2=\dfrac{1}{2} \times 2$ kg$\times (2$ m/s$)^2$ $=4$ J
(2) 수레는 나무 도막을 미는 일을 한 후 정지하였으므로 수레가 가지고 있던 운동 에너지만큼 나무 도막에 일을 한 것이다.

중단원 기출 문제
시험 대비 교재 61~65쪽

01 ④ 02 ① 03 30 N 04 ③ 05 ① 06 ① 07 ⑤ 08 ①
09 ⑤ 10 ③ 11 ㄴ, ㄹ 12 ③ 13 ⑤ 14 ③ 15 ④ 16 2.45 J
17 ㄴ, ㄷ 18 ④ 19 ④ 20 50 J 21 ③ 22 ①, ② 23 ④
24 ③ 25 ① 26 해설 참조 27 해설 참조 28 해설 참조

01 ㄴ, ㄹ. 과학에서는 물체에 힘을 작용하여 물체를 힘의 방향으로 이동시킨 경우에 일을 한 것이다.
오답 피하기 ㄱ. 이동 거리가 0이므로 한 일의 양은 0이다.
ㄷ. 정신적인 일은 과학에서의 일이 아니다.

02 ① 한 일의 양$=20$ N$\times 3$ m$=60$ J
오답 피하기 ② 이동 거리가 0이므로 한 일의 양은 0이다.
③ 한 일의 양$=(9.8 \times 2)$ N$\times 2$ m$=39.2$ J
④ 이동 거리가 0이므로 한 일의 양은 0이다.
⑤ 물체에 작용하는 힘이 0이므로 한 일의 양은 0이다.

03 물체를 들어 올리는 것은 중력에 대해 일을 한 것이며, 이때 중력에 대해 한 일$=$물체에 작용하는 중력의 크기$\times$들어 올린 높이이다. 따라서 60 J$=$책에 작용하는 중력의 크기$\times 2$ m에서 책에 작용하는 중력의 크기는 30 N이다.

04 물체에 한 일$=$작용한 힘$\times$힘의 방향으로 이동한 거리$=10$ N $\times 2$ m$=20$ J

05 (가)는 물체에 작용한 힘의 방향과 이동 방향이 수직이므로 한 일의 양이 0이다.
(나)는 지게차가 수평 방향으로 이동한 경우는 한 일의 양이 0이고, 수직 방향으로 들어 올릴 때 한 일의 양은 물체의 무게$\times$들어 올린 높이$=1000$ N$\times 2$ m$=2000$ J이다.

06 물체를 들어 올리려고 하는 방향으로 물체가 이동한 거리가 0이므로 물체에 한 일의 양은 0이다.

07 ㄱ. 에너지와 일의 단위는 모두 J(줄)이다.
ㄴ, ㄷ. 에너지는 일을 할 수 있는 능력으로, 에너지를 가진 물체가 일을 하면 물체가 가지고 있던 에너지는 감소한다.

08 일과 에너지는 서로 전환될 수 있으며, 단위는 J(줄)로 서로 같다.

09 ⑤ 물체가 가진 에너지의 크기는 그 에너지를 사용해서 한 일의 양을 측정하면 알 수 있다. 이는 일과 에너지가 서로 전환될 수 있으며 같은 단위인 J(줄)을 사용하기 때문이다.

오답 피하기 ① 일과 에너지는 서로 전환된다.

② 일과 에너지의 단위는 모두 J(줄)이다.

③ 물체가 일을 하면 한 일의 양만큼 물체의 에너지는 감소한다.

④ 물체에 일을 해 주면 해 준 일의 양만큼 물체의 에너지는 증가한다.

10 ㄱ. 우현이가 돌을 들어 올리는 일을 한 만큼 돌의 중력에 의한 위치 에너지가 증가한다.

ㄴ. 에너지를 가진 돌이 떨어져 말뚝을 박는 일을 한 후 한 일의 양만큼 돌이 가진 에너지는 감소한다.

오답 피하기 ㄷ. 돌을 더 높이 들어 올리면 돌이 가진 에너지가 증가하므로 말뚝을 박는 일의 양도 증가한다. 따라서 말뚝이 더 깊이 박힌다.

11 ㄴ. 수력 발전은 높은 곳에 있는 물의 중력에 의한 위치 에너지를 이용한다.

ㄹ. 공사장의 항타기는 건물 공사장에서 쓰이는 말뚝을 박는 기계로 중력에 의한 위치 에너지를 이용한다.

오답 피하기 ㄱ, ㄷ. 풍력 발전과 무동력 요트는 바람의 운동 에너지를 이용한다.

12 ③ 기준면보다 높은 곳에 물체가 놓여 있는 경우 중력에 의한 위치 에너지만 가진다.

오답 피하기 ① 지면에 놓여 있으므로 중력에 의한 위치 에너지는 0이다.

② 하늘 위를 날고 있는 새는 중력에 의한 위치 에너지와 운동 에너지를 모두 가진다.

④ 지면에서 굴러가고 있는 축구공은 운동 에너지만을 가진다.

⑤ 빗면을 따라 굴러 내려가고 있는 구슬은 중력에 의한 위치 에너지와 운동 에너지를 모두 가진다.

13 중력에 의한 위치 에너지는 질량과 높이에 각각 비례한다. B는 A보다 질량과 높이가 모두 2배이므로 위치 에너지는 4배인 80 J이 된다.

14 중력에 의한 위치 에너지는 질량과 높이에 각각 비례한다. 따라서 중력에 의한 위치 에너지를 비교하면 A : B : C : D : E $=1\times1 : 2\times2 : 1\times4 : 1\times2 : 3\times1=1 : 4 : 4 : 2 : 3$이다.

15 ①, ③ 물체를 들어 올리는 것은 중력에 대해 일을 하는 것이다. 중력에 대해 한 일의 양은 (9.8×20) N $\times1$ m $=196$ J이다.

② 물체에 작용하는 중력의 크기는 $9.8\times20=196$(N)이다.

⑤ 중력에 대해 한 일이 중력에 의한 위치 에너지로 전환되므로 중력에 대해 한 일의 양과 물체가 가지는 중력에 의한 위치 에너지는 같다.

오답 피하기 ④ 물체가 가지는 중력에 의한 위치 에너지$=9.8\times$질량$\times$높이$=(9.8\times20)$ N $\times1$ m $=196$ J이다.

16 추의 중력에 의한 위치 에너지가 나무 도막을 밀어내는 일로 전환된다. 따라서 추가 나무 도막에 한 일의 양은 (9.8×0.5) N $\times0.5$ m $=2.45$ J이다.

17 ㄴ. 중력에 의한 위치 에너지와 높이의 관계를 알아보려면 쇠구슬의 질량은 일정하게 하고 높이를 다르게 해야 한다. 따라서 실험 (가)와 (나)를 비교하면 된다.

ㄷ. 중력에 의한 위치 에너지와 질량의 관계를 알아보려면 쇠구슬의 높이는 일정하게 하고 질량을 다르게 해야 한다. 따라서 실험 (가)와 (다)를 비교하면 된다.

오답 피하기 ㄱ. (라)의 쇠구슬은 (가)의 쇠구슬보다 질량과 높이가 각각 2배이므로 중력에 의한 위치 에너지는 4배이다.

18 ㄴ, ㄷ. 수레의 운동 에너지가 나무 도막을 미는 일을 한다. 따라서 나무 도막의 이동 거리는 수레의 운동 에너지에 비례하며, 수레의 운동 에너지는 수레의 질량과 속력의 제곱에 각각 비례한다.

오답 피하기 ㄱ. 수레의 운동 에너지는 수레의 속력의 제곱에 비례한다.

19 ㄱ, ㄷ, ㄹ. 쇠구슬에 중력이 한 일은 쇠구슬이 자유 낙하 하는 동안 쇠구슬의 감소한 중력에 의한 위치 에너지와 같다. 쇠구슬의 질량과 O점에서 A점까지의 거리, 즉 낙하한 거리를 측정하면 중력이 한 일의 양을 알 수 있고, 쇠구슬의 질량과 A점에서의 속력을 알면 A점에서의 운동 에너지를 알 수 있다.

오답 피하기 ㄴ. 쇠구슬의 부피는 중력이 한 일이나 운동 에너지와는 관계가 없다.

20 50 J의 일을 받은 후 물체의 운동 에너지는 $\frac{1}{2}\times2$ kg $\times(10$ m/s$)^2$ $=100$ J이다. 따라서 처음에 물체가 가지고 있던 운동 에너지는 50 J이었음을 알 수 있다.

21 물체가 자유 낙하 운동을 할 때 중력이 물체에 한 일이 운동 에너지로 전환된다. 따라서 높이가 6 m인 지점에서 위치 에너지와 운동 에너지의 비는 (9.8×2) N $\times6$ m $: (9.8\times2)$ N $\times2$ m $=3 : 1$이다.

22 ① 공이 아래로 낙하하는 동안 공의 낙하 거리, 즉 공이 이동한 거리는 계속 증가한다.

② 공이 아래로 낙하하면서 공의 중력에 의한 위치 에너지가 운동 에너지로 전환되므로 운동 에너지는 계속 증가한다.

오답 피하기 ③, ⑤ 공의 지면으로부터의 높이가 감소하므로 중력에 의한 위치 에너지도 감소한다.

④ 공에 작용하는 중력의 크기는 변하지 않는다.

23 10 m만큼 자유 낙하 하는 동안 감소한 중력에 의한 위치 에너지는 (9.8×1) N $\times10$ m $=98$ J이고, 감소한 위치 에너지만큼 운동 에너지가 증가한다. 따라서 98 J $=\frac{1}{2}\times1$ kg $\times v^2$에서 10 m만큼 낙하했을 때의 속력은 $v=14$ m/s이다.

24

자료 분석

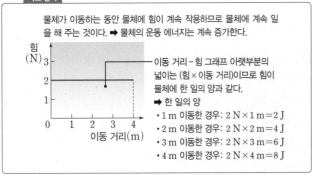

물체가 이동하는 동안 물체에 힘이 계속 작용하므로 물체에 계속 일을 해 주는 것이다. ➡ 물체의 운동 에너지는 계속 증가한다.

이동 거리 – 힘 그래프 아랫부분의 넓이는 (힘×이동 거리)이므로 힘이 물체에 한 일의 양과 같다.
➡ 한 일의 양
• 1 m 이동한 경우: 2 N×1 m=2 J
• 2 m 이동한 경우: 2 N×2 m=4 J
• 3 m 이동한 경우: 2 N×3 m=6 J
• 4 m 이동한 경우: 2 N×4 m=8 J

ㄱ. 이동 거리 – 힘 그래프 아랫부분의 넓이는 힘이 한 일을 의미하므로, 4 m 이동하는 동안 힘이 물체에 한 일의 양은 2 N×4 m =8 J이다.

ㄷ. 3 m 이동했을 때 물체에 한 일의 양은 6 J이고, 1 m 이동했을 때 물체에 한 일의 양은 2 J이다. 마찰이 없는 수평면에서 물체에 일을 해 주었으므로 물체에 한 일의 양은 물체의 증가한 운동 에너지와 같다. 따라서 3 m 이동했을 때 물체의 운동 에너지는 6 J이므로 1 m 이동했을 때 운동 에너지인 2 J의 3배이다.

오답 피하기 | ㄴ. 4 m 이동했을 때 물체의 운동 에너지는 8 J이고, 1 m 이동했을 때 물체의 운동 에너지는 2 J이다. 운동 에너지는 속력의 제곱에 비례하므로 4 m 이동했을 때 물체의 속력은 1 m 이동했을 때 속력의 2배이다.

25

자료 분석

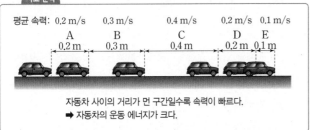

자동차 사이의 거리가 먼 구간일수록 속력이 빠르다.
➡ 자동차의 운동 에너지가 크다.

② A 구간과 D 구간에서 자동차의 속력은 0.2 m/s로 같다.

③ A 구간에서 E 구간까지 5초 동안 0.2 m+0.3 m+0.4 m +0.2 m+0.1 m=1.2 m를 이동하였으므로 자동차의 평균 속력은 $\dfrac{1.2\ \text{m}}{5\ \text{s}}$=0.24 m/s이다.

④ A~E 구간 중 자동차의 운동 에너지가 가장 큰 구간은 속력이 가장 큰 구간인 C 구간이다.

⑤ C 구간에서의 속력은 A 구간에서 속력의 2배이다. 따라서 자동차의 운동 에너지는 C 구간에서가 A 구간에서의 4배이다.

오답 피하기 | ① 운동 에너지는 속력의 제곱에 비례한다. 따라서 자동차의 속력이 증가했다 감소하므로 자동차의 운동 에너지도 증가했다가 감소한다.

26

중력에 의한 위치 에너지는 질량과 높이에 각각 비례한다. 계단을 올라가는 동안 화분의 지면으로부터의 높이가 높아지므로 중력에 의한 위치 에너지는 증가한다. 운동 에너지는 질량과 속력의

제곱에 각각 비례한다. 화분은 일정한 속력으로 이동하므로 운동 에너지는 일정하다.

모범 답안

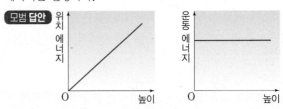

채점 기준	배점
두 그래프를 모두 옳게 그린 경우	100 %
한 그래프만 옳게 그린 경우	50 %

27 **모범 답안** 시간 – 이동 거리 그래프의 기울기는 속력을 의미한다. 따라서 A의 속력은 $\dfrac{12\ \text{m}}{4\ \text{s}}$=3 m/s이므로 A의 운동 에너지는 $\dfrac{1}{2}$×1 kg×(3 m/s)^2=4.5 J이고, B의 속력은 $\dfrac{6\ \text{m}}{3\ \text{s}}$=2 m/s 이므로 B의 운동 에너지는 $\dfrac{1}{2}$×2 kg×(2 m/s)^2=4 J이다.

채점 기준	배점
A, B의 속력과 운동 에너지를 모두 옳게 구한 경우	100 %
A, B 중 1가지만 속력과 운동 에너지를 옳게 구한 경우	50 %

28 쇠구슬이 낙하할 때 중력이 쇠구슬에 일을 하므로 쇠구슬의 운동 에너지가 증가한다. 따라서 낙하하면서 쇠구슬의 속력과 운동 에너지는 증가하게 된다.

모범 답안 ⑴ C>B>A

⑵ C>B>A, 낙하하는 동안 중력이 쇠구슬에 한 일이 운동 에너지로 전환되므로 낙하 거리가 길수록 운동 에너지가 커지기 때문이다.

	채점 기준	배점
⑴	C>B>A라고 옳게 쓴 경우	30 %
⑵	C>B>A라고 쓰고, 그 까닭을 일과 에너지의 관계를 이용하여 옳게 서술한 경우	70 %
	C>B>A라고만 쓴 경우	30 %

IV 자극과 반응 >>>

01 감각 기관

시험 대비 교재 66쪽

중 단 원 핵심 정리

❶ 동공 ❷ 수정체 ❸ 섬모체 ❹ 맹점 ❺ 확장 ❻ 축소 ❼ 수축 ❽ 이완 ❾ 통점 ❿ 고막 ⓫ 귓속뼈 ⓬ 달팽이관 ⓭ 귀인두관 ⓮ 반고리관 ⓯ 전정 기관 ⓰ 기체 ⓱ 감칠맛 ⓲ 액체

중단원 퀴즈

시험 대비 교재 67쪽

1 ㉠ 망막, ㉡ 황반 **2** ㉠ 동공, ㉡ 홍채 **3** ㉠ 섬모체, ㉡ 두께
4 ㉠ 두꺼워, ㉡ 작아 **5** ㉠ 감각점, ㉡ 통점 **6** ㉠ 다르며, ㉡ 예민
7 ㉠ 외이도, ㉡ 귓속뼈, ㉢ 달팽이관 **8** ㉠ 반고리관, ㉡ 전정 기관
9 ㉠ 후각 세포, ㉡ 맛세포 **10** ㉠ 신맛, ㉡ 후각

암 기 문제 공략

시험 대비 교재 68쪽

눈의 구조
❶ 홍채 ❷ 각막 ❸ 수정체 ❹ 섬모체 ❺ 유리체 ❻ 공막
❼ 맥락막 ❽ 망막 ❾ 시각 신경

눈의 기능
❶ 홍채 ❷ 섬모체 ❸ 망막 ❹ 맥락막 ❺ 맹점

귀의 구조
❶ 귓바퀴 ❷ 외이도 ❸ 귓속뼈 ❹ 고막 ❺ 귀인두관 ❻ 달팽이관 ❼ 청각 신경 ❽ 전정 기관 ❾ 반고리관

귀의 기능
❶ 고막 ❷ 귓속뼈 ❸ 귀인두관 ❹ 달팽이관 ❺ 반고리관
❻ 전정 기관

중단원 기출 문제

시험 대비 교재 69~73쪽

01 ③ **02** ①, ② **03** ④ **04** (가) 황반, (나) 맹점 **05** ③ **06** ②
07 ④ **08** ⑤ **09** ⑤ **10** ④ **11** ① **12** ㉠ 온점, ㉡ 냉점 **13** ⑤
14 ①, ④ **15** ② **16** (가) 반고리관, (나) 전정 기관, (다) 귀인두관
17 ②, ③ **18** ①, ⑤ **19** ② **20** ㉠ 유두, ㉡ 맛봉오리, ㉢ 맛세포
21 ② **22** ⑤ **23** ③ **24** ③, ④ **25** ④ **26** ④ **27** 해설 참조
28 해설 참조 **29** 해설 참조 **30** 해설 참조

01 A는 홍채, B는 각막, C는 수정체, D는 섬모체, E는 망막, F는 맹점, G는 시각 신경, H는 유리체이다.

02 ① 홍채(A)는 동공의 크기를 조절하여 눈으로 들어오는 빛의 양을 조절한다.
② 수정체(C)는 볼록렌즈와 같이 빛을 굴절시켜 망막에 상이 맺히게 한다.

오답 피하기 ③ 섬모체(D)가 수축하면 수정체(C)의 두께가 두꺼워진다.
④ E는 물체의 상이 맺히는 곳인 망막이다. 검은색 색소가 분포하여 눈 속을 어둡게 하는 것은 맥락막이다.
⑤ 맹점(F)에는 시각 세포가 없다.

03 시각의 성립 경로는 빛 → 각막(B) → 수정체(C) → 유리체(H) → 망막(E)의 시각 세포 → 시각 신경(G) → 뇌이다.

04 황반은 망막에서 시각 세포가 밀집되어 있는 부분으로, 이곳에 상이 맺히면 가장 선명하게 볼 수 있다. 맹점은 시각 신경이 모여서 나가는 부분으로, 시각 세포가 없어 이곳에 상이 맺혀도 보이지 않는다.

05 ①, ② 눈동자에 손전등을 비추면 홍채가 확장하여 동공이 작아지므로 (가) → (나)로 변한다.
④, ⑤ (나) → (가)로 될 때 홍채가 축소하여 동공이 커지므로 눈으로 들어오는 빛의 양이 증가한다.
오답 피하기 ③ 밝은 곳에서 어두운 곳으로 이동하면 (나) → (가)로 변한다.

06 ① (가)는 가까운 곳을 볼 때 섬모체가 수축하여 수정체가 두꺼워진 상태이고, (나)는 먼 곳을 볼 때 섬모체가 이완하여 수정체가 얇아진 상태이다.
③ 책을 보다가 창밖의 먼 산을 볼 때 수정체가 얇아지므로 (가) → (나)로 변한다.
④ 작은 글자를 볼 때 수정체가 두꺼워지므로 (나) → (가)로 변한다.
⑤ (나) → (가)로 될 때 섬모체가 수축하여 수정체가 두꺼워진다.
오답 피하기 ② (가) → (나)로 될 때 섬모체가 이완하여 수정체가 얇아진다.

07 형광등을 켜서 밝아졌으므로 홍채가 확장하여 동공이 축소하며, 작은 글자를 보았으므로 섬모체가 수축하여 수정체가 두꺼워진다.

08 상이 망막 뒤에 맺히므로 가까운 곳의 물체가 잘 보이지 않는 원시이며, 원시는 볼록렌즈로 교정한다.
오답 피하기 ⑤ 원시는 수정체와 망막 사이의 거리가 정상보다 가까울 때 나타난다.

09 ⑤ 감각점이 많은 신체 부위일수록 예민하므로 손등보다 손가락 끝이 감각점이 많아 예민하다.
오답 피하기 ① 떫은맛은 압점에서 감지한다.
② 통점은 피부의 진피에 위치한다.
③ 우리 몸의 내장 기관에도 감각점이 있다.
④ 몸의 부위에 따라 감각점의 분포 정도가 다르다.

10 일반적으로 통점의 수가 가장 많아 통증에 예민하게 반응하여 위험으로부터 우리 몸을 보호할 수 있다.

11 ㄱ, ㄴ. 2개의 이쑤시개를 (가)는 2개로 느끼고 (나)는 1개로 느끼므로 (가)는 (나)에 비해 감각점이 많이 분포하여 예민하다.

오답 피하기| ㄷ. (가)에서 2개의 이쑤시개 간격을 더 좁혀서 누르면 1개로 느껴진다.

ㄹ. 이쑤시개를 2개로 느끼는 최소 거리가 짧을수록 감각점이 많이 분포한다.

12 온점과 냉점은 상대적인 온도 변화를 감지한다. 처음보다 온도가 높아지면 온점이 자극을 받아들이고, 처음보다 온도가 낮아지면 냉점이 자극을 받아들인다.

13 A는 고막, B는 귓속뼈, C는 반고리관, D는 전정 기관, E는 청각 신경, F는 달팽이관, G는 귀인두관이다.

14 ① 고막(A)은 소리에 의해 진동하는 얇은 막이다.

④ 전정 기관(D)은 몸의 기울어짐을 감지하므로 전정 기관(D)에 이상이 있는 경우 균형을 잘 잡지 못한다.

오답 피하기| ② 귓속뼈(B)는 고막(A)의 진동을 증폭한다.

③ 반고리관(C)은 몸의 회전을 감지한다.

⑤ 달팽이관(F)에 이상이 있는 경우 소리를 듣지 못한다. G는 고막 안쪽과 바깥쪽의 압력을 같게 조절하는 귀인두관이다.

15 청각의 성립 경로는 소리 → 귓바퀴 → 외이도 → 고막(A) → 귓속뼈(B) → 달팽이관(F)의 청각 세포 → 청각 신경(E) → 뇌이다.

16 (가)는 몸의 회전을 감지하는 반고리관, (나)는 몸의 기울어짐을 감지하는 전정 기관, (다)는 고막 안쪽과 바깥쪽의 압력을 같게 조절하는 귀인두관과 관계가 깊다.

17 A는 반고리관, B는 전정 기관, C는 평형 감각 신경, D는 달팽이관이다.

② 전정 기관(B)은 몸의 기울어짐을 감지한다.

③ 평형 감각 신경(C)을 통해 반고리관(A)과 전정 기관(B)에서 받아들인 자극이 뇌로 전달된다.

오답 피하기| ① 달팽이관(D)에 청각 세포가 있다.

④ 고막 안쪽과 바깥쪽의 압력을 같게 조절하는 것은 귀인두관이다.

⑤ 전정 기관(B)은 평형 감각에 관여하는 구조이다.

18 ① 음식의 다양한 맛은 미각과 후각을 종합하여 느끼는 것이므로 후각은 음식 맛을 구별하는 데 관여한다.

⑤ 후각의 성립 경로는 기체 상태의 화학 물질 → 후각 상피의 후각 세포 → 후각 신경 → 뇌이다.

오답 피하기| ② 후각은 사람의 감각 중 가장 예민한 감각이다.

③ 유두의 옆면에 분포하는 것은 맛봉오리이다.

④ 혀로 느끼는 기본적인 맛의 종류가 5가지이다.

19 후각은 쉽게 피로해지므로 같은 냄새를 계속 맡으면 그 냄새를 잘 느끼지 못한다. 이는 같은 자극이 계속되면 감각 세포가 적응하여 자극을 느끼지 못하게 되기 때문이다.

20 혀의 표면에 있는 작은 돌기인 유두의 옆면에 맛봉오리가 분포하며, 이곳에 액체 상태의 화학 물질을 자극으로 받아들이는 감각 세포인 맛세포가 있다.

21 ㄴ. 미각의 성립 경로는 액체 상태의 화학 물질 → 맛봉오리의 맛세포 → 미각 신경 → 뇌이다.

ㄷ. 혀에서 느끼는 기본적인 맛의 종류는 단맛, 짠맛, 쓴맛, 신맛, 감칠맛으로 5가지이다.

오답 피하기| ㄱ. 혀에 있는 맛세포에서 기본적인 맛을 느낀다.

ㄹ. 매운맛은 피부의 통점에서 자극을 받아 느끼는 피부 감각이다.

22 음식의 다양한 맛은 미각과 후각을 종합하여 느끼는 것이기 때문에 코가 막히면 음식의 맛을 제대로 느끼지 못한다.

23 ③ 피부에서 받아들이는 자극은 통증, 압력, 접촉, 온도 변화이다.

오답 피하기| ① 귀에서 받아들이는 자극은 소리이다.

② 눈에서 받아들이는 자극은 빛이다.

④ 코에서 받아들이는 자극은 기체 상태의 화학 물질이다.

⑤ 혀에서 받아들이는 자극은 액체 상태의 화학 물질이다.

24 달팽이관은 귀를 구성하는 구조, 망막은 눈을 구성하는 구조, 후각 상피는 코를 구성하는 구조, 맛봉오리는 혀를 구성하는 구조이다. 달팽이관에는 청각 세포, 망막에는 시각 세포, 후각 상피에는 후각 세포, 맛봉오리에는 맛세포가 있다.

25 자료 분석

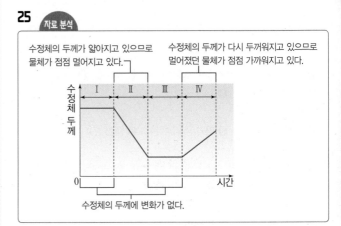

ㄴ. 구간 Ⅱ에서 섬모체가 이완하여 수정체의 두께가 얇아지고 있으므로 물체가 점점 멀어지고 있다.

ㄹ. 구간 Ⅳ에서 섬모체가 수축하여 수정체의 두께가 다시 두꺼워지고 있으므로 멀어졌던 물체가 점점 가까워지고 있다.

오답 피하기| ㄱ. 구간 Ⅰ에서 수정체의 두께가 변화가 없으므로 섬모체가 이완하지 않는다.

ㄷ. 구간 Ⅳ에서 물체가 점점 가까워지고 있다.

26 자료 분석

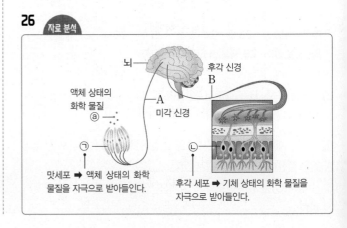

① ㉠은 맛세포로, 맛봉오리에 있다.

② ㉡은 후각 세포로, 후각 상피에 있다.

③ ⓐ는 맛세포에서 받아들이는 자극이므로 액체 상태의 화학 물질이다.

⑤ 뇌에서 미각 신경(A)과 후각 신경(B)을 통해 전달된 자극을 통합하여 맛을 느낀다.

오답 피하기| ④ 후각 세포(㉡)는 쉽게 피로해지므로 같은 자극을 계속 받으면 자극을 느끼지 못하게 된다.

27 맹점은 시각 신경이 모여서 나가는 부분으로, 시각 세포가 없어서 이곳에 상이 맺혀도 보이지 않는다.

모범 답안 당근의 상이 맹점에 맺혔기 때문이다.

채점 기준	배점
까닭을 옳게 서술한 경우	100 %
그 외의 경우	0 %

28 몸의 부위에 따라 감각점의 분포 정도는 다르며, 특정 감각점이 많은 신체 부위는 그 감각점이 받아들이는 자극에 더 예민하다.

모범 답안 몸의 부위에 따라 피부 감각점의 분포 정도가 다르기 때문이다.

채점 기준	배점
까닭을 옳게 서술한 경우	100 %
그 외의 경우	0 %

29 귀에서는 청각과 평형 감각을 느낄 수 있으며, 귀의 구조 중 평형 감각과 관련된 구조는 반고리관과 전정 기관이다. 반고리관은 몸의 회전 자극을 받아들여 몸이 회전하는 것을 느끼며, 전정 기관은 몸의 기울어짐을 느낀다.

모범 답안 반고리관, 몸의 회전 자극을 받아들여 몸이 회전하는 것을 느낀다.

채점 기준	배점
반고리관을 쓰고, 기능을 옳게 서술한 경우	100 %
반고리관만 쓴 경우	30 %

30 후각은 코에서 기체 상태의 화학 물질을 자극으로 받아들여 냄새를 느끼는 감각이다. 미각은 혀에서 액체 상태의 화학 물질을 자극으로 받아들여 맛을 느끼는 감각이다.

모범 답안 후각이 성립하는 경로는 기체 상태의 화학 물질 → 후각 상피의 후각 세포 → 후각 신경 → 뇌이고, 미각이 성립하는 경로는 액체 상태의 화학 물질 → 맛봉오리의 맛세포 → 미각 신경 → 뇌이다.

채점 기준	배점
후각과 미각이 성립하는 경로를 모두 옳게 서술한 경우	100 %
후각과 미각이 성립하는 경로 중 1가지만 옳게 서술한 경우	50 %

02 신경계와 호르몬

01 A는 신경 세포체, B는 가지 돌기, C는 축삭 돌기이다.

④ 축삭 돌기(C)는 다른 뉴런으로 자극을 보낸다.

오답 피하기| ① A는 신경 세포체이다.

② 신경 세포체(A)에서 다양한 생명 활동이 일어난다.

③ 신경 세포체(A)에 핵과 세포질이 있다.

⑤ 자극의 전달 방향은 가지 돌기(B) → 신경 세포체(A) → 축삭 돌기(C)이다.

02 자극은 한 뉴런의 축삭 돌기에서 다른 뉴런의 가지 돌기 쪽으로만 전달되므로 C, D, E에는 자극이 전달되고, A, B에는 자극이 전달되지 않는다.

03 ② 감각 뉴런(A)은 감각 기관에서 받아들인 자극을 연합 뉴런(B)으로 전달한다.

③ 연합 뉴런(B)은 뇌와 척수를 구성한다.

④ 운동 뉴런(C)은 말초 신경계를 구성한다.

⑤ 자극의 전달 경로는 감각 뉴런(A) → 연합 뉴런(B) → 운동 뉴런(C)이다.

오답 피하기| ① 감각 뉴런(A)에서 신경 세포체는 축삭 돌기의 한쪽 옆에 있다.

04 ㄱ. 신경계를 구성하는 기본 단위는 뉴런이다.

ㄷ. 자율 신경은 말초 신경계(B)에 속한다.

ㄹ. A는 뇌와 척수로 구성되는 중추 신경계이고, B는 뇌와 척수에서 뻗어 나와 온몸에 퍼져 있는 말초 신경계이다.

오답 피하기| ㄴ. 중추 신경계(A)는 연합 뉴런으로 구성되어 있다.

05 A는 대뇌, B는 간뇌, C는 중간뇌, D는 소뇌, E는 연수이다. 간뇌는 체온, 혈당량을 일정하게 유지하므로 (가)와 관계가 깊은 부위는 간뇌(B)이다. 소뇌는 몸의 자세와 균형을 유지하므로 (나)와 관계가 깊은 부위는 소뇌(D)이다. 중간뇌는 동공과 홍채의 변화를 조절하므로 (다)와 관계가 깊은 부위는 중간뇌(C)이다.

06 대뇌는 좌우 2개의 반구로 이루어져 있으며, 기억·추리·학습·감정 등 정신 활동을 담당하므로 대뇌에 이상이 생기면 기억력이 떨어질 수 있다.

07 ① 말초 신경계는 뇌와 척수에서 뻗어 나와 온몸에 퍼져 있는 신경이다.

④ 말초 신경계 중 자율 신경은 내장 기관에 연결되어 있어 대뇌의 직접적인 명령 없이 내장 기관의 운동을 자율적으로 조절한다.

오답 피하기| ② 말초 신경계는 감각 신경과 운동 신경으로 구성되어 있다.

③ 말초 신경계 중 자율 신경은 대뇌의 직접적인 명령을 받지 않는다.

⑤ 위기에 처했을 때 자율 신경 중 교감 신경이 작용한다.

08 ㄱ. ㉠은 교감 신경만의 특징이므로 '심장 박동을 촉진한다.'는 ㉠에 해당한다.

ㄷ. ㉡은 교감 신경과 부교감 신경의 공통점이므로 '자율 신경에 해당한다.'는 ㉡에 해당한다.

오답 피하기| ㄴ. ㉡은 교감 신경과 부교감 신경의 공통점이므로 '대뇌의 직접적인 명령을 받지 않는다.'가 ㉡에 해당한다.

ㄹ. ㉢은 부교감 신경만의 특징이므로 '소화액 분비를 촉진한다.'가 ㉢에 해당한다.

09 ㄱ, ㄴ. (가)는 대뇌가 중추인 의식적인 반응이고, (나)는 척수가 중추인 무조건 반사이다.

오답 피하기| ㄷ. 코에 먼지가 들어와 재채기를 하는 반응의 중추는 연수이다.

10 침 분비의 중추는 연수이고, 의식적인 반응의 중추는 대뇌이며, 동공 반사의 중추는 중간뇌이다.

11 (가)와 (나)는 모두 대뇌의 판단 과정이 일어나는 의식적인 반응이다. (가)는 시각이 관여하고 (나)는 청각이 관여하므로 반응 시간이 다르다.

오답 피하기| ⑤ (가)는 자극 → 눈 → 시각 신경 → 대뇌 → 척수 → 운동 신경 → 손의 근육 → 반응의 경로로 일어난다.

12 무조건 반사는 대뇌의 판단을 거치지 않고 무의식적으로 일어나는 반응으로, 빠르게 일어나므로 갑작스런 위험으로부터 우리 몸을 보호한다. 중추에 따라 척수 반사, 연수 반사, 중간뇌 반사가 있다.

13 무릎 반사는 고무망치로 무릎뼈 아래를 치면 자신의 의지와 관계없이 다리가 들리는 반응으로, 자신의 의지와 관계없이 일어나는 무조건 반사이며, 반응 중추는 척수이다.

오답 피하기| ④ 대뇌의 판단을 거치지 않으므로 다리의 움직임을 의지대로 조절할 수 없다.

14 골대를 향해 날아오는 공을 본 골키퍼가 공을 막아 내는 것은 의식적인 반응으로, 대뇌의 판단 과정을 거친다. 그러므로 이 반응은 F → C → D → E의 경로를 거친다.

15 호르몬은 내분비샘에서 혈액으로 분비되고, 표적 기관으로 신호를 전달하여 몸의 기능을 조절하는 화학 물질이다.

오답 피하기| ① 분비관이 따로 없어 혈액으로 분비된다.

16 A는 뇌하수체, B는 갑상샘, C는 부신, D는 이자, E는 난소이다.

① 뇌하수체(A)에서는 갑상샘(B)의 호르몬 분비를 조절하는 호르몬인 갑상샘 자극 호르몬이 분비된다.

오답 피하기| ② 갑상샘(B)에서는 티록신이 분비된다.

③ 부신(C)에서는 아드레날린(에피네프린)이 분비된다.

④ 이자(D)에서는 인슐린과 글루카곤이 분비된다.

⑤ 난소(E)는 내분비샘이다.

17 세포 호흡을 촉진하며, 부족 시 갑상샘 기능 저하증, 과다 시 갑상샘 기능 항진증이 나타나는 호르몬은 티록신이며, 갑상샘에서 분비된다.

18 ② 생장 호르몬이 과다 분비 시 성장기일 때에는 거인증, 성장기 이후일 때에는 말단 비대증이 나타난다.

오답 피하기| ① 인슐린 결핍-당뇨병

③ 생장 호르몬 결핍-소인증

④ 티록신 과다-갑상샘 기능 항진증

⑤ 티록신 결핍-갑상샘 기능 저하증

19 항상성은 우리 몸이 환경 변화에 적절히 반응하여 몸의 상태를 일정하게 유지하려는 성질로, 조절 중추는 간뇌이다. 호르몬과 신경의 작용에 의해 항상성이 유지된다.

20 호르몬의 전달 매체는 혈액이다. 호르몬은 신경에 비해 전달 속도는 느리고, 작용 범위는 넓으며, 효과가 지속적이다.

21 (가)는 피부 근처 혈관이 확장되어 피부 근처 혈관을 흐르는 혈액의 양이 많아 열 방출량이 많으므로 더울 때 일어나는 변화이다. (나)는 피부 근처 혈관이 수축되어 피부 근처 혈관을 흐르는 혈액의 양이 적어 열 방출량이 적으므로 추울 때 일어나는 변화이다.

오답 피하기| ① (가)는 (나)에 비해 열 방출량이 많다.

② 열 발생량은 피부 근처 혈관의 변화와 관계 없다.

④ (가)는 (나)에 비해 피부 근처 혈관을 흐르는 혈액의 양이 많다.

22 체온 조절 중추인 간뇌에서 체온이 낮음을 감지한 후 (다) 뇌하수체에 자극을 주어 뇌하수체에서 갑상샘 자극 호르몬이 분비되며 (라), 갑상샘 자극 호르몬이 갑상샘에 자극을 주어 갑상샘에서 티

록신이 분비된다(나). 티록신에 의해 세포 호흡이 촉진되어 열 발생량이 증가하므로(가) 체온이 상승하게 된다.

23 호르몬 A에 의해 혈당량이 감소하므로 A는 인슐린이고, B에 의해 혈당량이 증가하므로 B는 글루카곤이다.
④ 인슐린(A)이 부족하면 당뇨병에 걸릴 수 있다.
⑤ 글루카곤(B)은 간에서 글리코젠을 포도당으로 분해하는 과정을 촉진한다.
오답 피하기 | ① 운동을 하면 글루카곤(B)의 분비량이 증가한다.
② 식사 후에는 인슐린(A)의 분비량이 증가한다.
③ 인슐린(A)과 글루카곤(B)의 표적 기관은 간이다.

24 뇌하수체에서 분비되는 항이뇨 호르몬은 콩팥에서 물의 재흡수를 촉진하여 수분량을 조절한다.

25

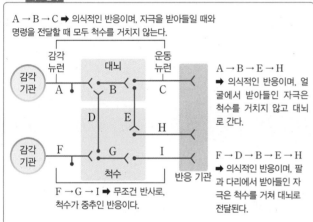

② 영화의 한 장면을 보고 눈을 찡그리는 반응은 의식적인 반응이며, 반응의 경로는 A → B → C이다.
③ 압정을 밟았을 때 자신도 모르게 발을 들 때의 반응은 척수가 중추인 무조건 반사이며, 반응의 경로는 F → G → I이다.
오답 피하기 | ① 팔에서 받아들인 자극은 척수를 거쳐서 대뇌로 전달된다.
④ 어두운 방에서 손을 더듬어 전등 스위치를 누르는 반응의 경로는 F → D → B → E → H이다.
⑤ 신호등이 바뀌는 것을 보고 급히 브레이크를 밟았을 때의 반응 경로는 A → B → E → H이다.

26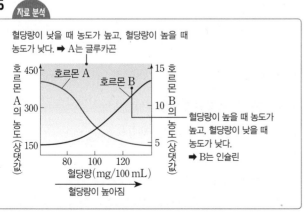

ㄱ, ㄷ. 글루카곤(A)은 간에서 글리코젠을 포도당으로 분해하는 과정을 촉진하여 혈당량을 높이며, 인슐린(B)은 간에서 포도당을 글리코젠으로 합성하거나 조직 세포의 포도당 흡수를 촉진하여 혈당량을 낮춘다.
ㄹ. 글루카곤(A)과 인슐린(B)은 이자에서 분비되며, 간에서 작용하므로 간은 글루카곤(A)과 인슐린(B)의 표적 기관이다.
오답 피하기 | ㄴ. 식사 후 분비량이 증가하는 호르몬은 혈당량을 낮추는 인슐린(B)이다.

27 컵에 물을 따르는 행동은 대뇌의 판단을 거치는 의식적인 반응이고, 뜨거운 냄비에 손이 닿았을 때 재빨리 손을 떼는 반응은 척수가 중추인 무조건 반사이다.
모범 답안 (1) (가) 대뇌, (나) 척수
(2) (가)는 대뇌의 판단을 거치지만 (나)는 대뇌의 판단을 거치지 않기 때문이다.

	채점 기준	배점
(1)	(가)와 (나)의 중추를 모두 옳게 쓴 경우	40 %
	(가)와 (나)의 중추 중 1가지만 옳게 쓴 경우	20 %
(2)	까닭을 옳게 서술한 경우	60 %
	그 외의 경우	0 %

28 긴장하거나 위기 상황에 처했을 때 우리 몸을 대처하기 알맞은 상태로 만들어 주는 것은 교감 신경이다.
모범 답안 교감 신경, 동공 크기는 확대되고, 심장 박동은 빨라지며, 소화 운동은 억제된다.

채점 기준	배점
교감 신경을 쓰고, 동공 크기, 심장 박동, 소화 운동의 변화를 모두 옳게 서술한 경우	100 %
교감 신경만 쓴 경우	30 %

29 추울 때는 피부 근처 혈관이 수축하여 열 방출량이 감소하고, 근육이 떨리며, 티록신이 분비되어 세포 호흡이 촉진되고 열 발생량이 증가한다.
모범 답안 (1) ㉠ 수축, ㉡ 증가
(2) 갑상샘에서 분비된 티록신이 세포 호흡을 촉진하여 열 발생량이 증가한다.

	채점 기준	배점
(1)	㉠과 ㉡을 모두 옳게 쓴 경우	40 %
	㉠과 ㉡ 중 1가지만 옳게 쓴 경우	20 %
	제시된 내용을 모두 포함하여 옳게 서술한 경우	60 %
(2)	티록신의 작용과 열 발생량 변화만 포함하여 옳게 서술한 경우	40 %

비오드